HISTOIRE ET PHILOSOPHIE DES SCIENCES
sous la direction de Vincent Jullien et David Rabouin
28

Balance de l'équation
dans la science d'algèbre
et al-muqābala

Ouvrage publié avec le soutien de l'Institut humanités
sciences sociétés de l'université de Paris

ʿIzz al-Dīn al-Zanjānī

Balance de l'équation dans la science d'algèbre et al-muqābala

Traduction et édition critique par Eleonora Sammarchi

PARIS
CLASSIQUES GARNIER
2022

Eleonora Sammarchi est docteure en histoire des mathématiques. Elle s'intéresse principalement aux mathématiques arabes et à la circulation du savoir mathématique autour de la Méditerranée au Moyen Âge et à la Renaissance.

© 2022. Classiques Garnier, Paris.
Reproduction et traduction, même partielles, interdites.
Tous droits réservés pour tous les pays.

ISBN 978-2-406-14102-0 (livre broché)
ISBN 978-2-406-14103-7 (livre relié)
ISSN 2117-3508

PRÉFACE

Dans le cadre des études historiques sur l'algèbre arabe, plusieurs contributions ont permis de découvrir les écrits et les traditions qui ont caractérisé l'activité mathématique au sein de l'empire arabo-musulman entre le IXe et le XIIe siècle. En revanche, la production des auteurs du XIIIe siècle, notamment de ceux qui furent actifs dans la partie orientale de l'empire, demeure moins étudiée. Ainsi, le livre *Balance de l'équation dans la science d'algèbre et al-muqābala*, qui fut écrit dans la première moitié du XIIIe siècle par le mathématicien persan 'Izz al-Dīn al-Zanjānī, constitue un témoignage important de cette période moins explorée par l'historiographie. Conservé en deux copies manuscrites, le texte se compose de dix chapitres à travers lesquels l'auteur développe son enseignement de l'algèbre. La première partie du livre est centrée sur la définition et l'établissement des règles de calcul algébrique : al-Zanjānī organise son exposé autour de la notion d'opération, en introduisant les puissances algébriques et en formulant des règles pour l'application des opérations arithmétiques aux inconnues algébriques. Chaque règle est accompagnée de plusieurs exemples, qui à la fois expliquent la règle en question et en justifient la généralité. Ensuite, l'auteur présente des collections de propositions et problèmes arithmétiques de différents types (arithmétiques commerciales, calcul de salaire, problèmes d'origine diophantienne, etc.) résolus algébriquement. Le dernier chapitre du traité est entièrement consacré à l'*istiqrā'*, en reproduisant la distinction entre règles de calcul et collection de problèmes. Au moment d'entamer mes recherches doctorales sur al-Zanjānī, *Balance de l'équation* était encore presque inconnu des historiens des mathématiques. J'en ai donc rédigé l'édition critique à partir des deux copies conservées, ainsi que sa traduction en français, cette dernière permettant au lecteur non-arabophone d'avoir accès au texte. J'ai également développé une analyse historico-mathématique de l'écrit, en abordant plusieurs questions liées aux stratégies résolutives et argumentatives adoptées par al-Zanjānī.

La composition de ce livre est issue de mon travail de thèse de doctorat. L'édition et la traduction de *Balance de l'équation* sont maintenant précédées d'une introduction générale structurée en deux parties. La première vise à situer le travail d'al-Zanjānī dans le contexte du développement de l'algèbre et de l'arithmétique arabes. Le lecteur y trouvera des repères historiques qui lui permettront de mieux saisir l'état de l'algèbre avant le XIIIe siècle et la pluralité de calculs arithmétiques qui caractérisait les mathématiques arabes. L'algèbre de *Balance de l'équation* s'inscrit dans les recherches d'une tradition arithmético-algébrique initiée par le mathématicien al-Karajī (fin X^e- début XIe siècle) et poursuivie par plusieurs commentateurs de ce dernier, parmi lesquels le plus connu est al-Samaw'al (XIIe siècle). Ainsi, il m'a semblé important de rappeler certains aspects de la vie de ces deux mathématiciens et de leurs travaux en algèbre et en arithmétique, cela afin d'identifier les liens d'al-Zanjānī avec cette tradition et, inversement, les traits originaux de sa recherche. Dans la deuxième partie de l'introduction générale, j'ai rassemblé les informations concernant la vie et les œuvres d'al-Zanjānī qui figurent dans les sources biobibliographiques anciennes et dans la littérature récente. Des remarques sur les aspects significatifs de *Balance de l'équation* sont également incluses dans cette partie. Ces remarques ne se veulent pas exhaustives mais doivent plutôt être interprétées comme étant des éléments de réflexion. S'il est indéniable qu'al-Zanjānī s'inspire profondément des écrits rédigés autour de l'année 1000 par son prédécesseur al-Karajī, plusieurs aspects de sa démarche sont caractérisés par une certaine originalité et présentent des traits novateurs. Par « novateurs » j'entends ici des aspects qui relèvent d'une maturité mathématique qui ne figure pas chez les prédécesseurs. En effet, il ne faut pas oublier qu'al-Zanjānī écrit vers la moitié du XIIIe siècle, c'est-à-dire deux siècles et demi après al-Karajī. Il arrive donc en pleine course d'un chemin d'arithmétisation de l'algèbre et d'algébrisation de l'arithmétique, et il est ainsi en mesure de pouvoir réorganiser le travail de ses prédécesseurs. Ces traits novateurs correspondent notamment à la valeur démonstrative qu'al-Zanjānī attribue à ses propositions arithmético-algébriques, aux améliorations apportées à l'organisation des collections de problèmes, ainsi qu'à l'inclusion structurée de l'*istiqrāʾ* en tant que chapitre autonome et exhaustif de l'algèbre.

L'analyse philologique du traité, unie à celle des textes qui constituent une référence pour ce dernier, montre clairement que le lexique de l'algèbre de l'époque n'était pas encore stable et bien défini. Pour cette raison, le commentaire mathématique, qui figure dans les annexes de cet ouvrage, inclut l'analyse de plusieurs choix lexicaux et termes techniques. Ce commentaire est une réécriture en langage symbolique moderne des principales règles et exemples formulés par al-Zanjānī dans son traité, cela afin de faciliter au lecteur d'aujourd'hui la compréhension du texte. Il est également accompagné d'une table des correspondances entre les problèmes de *Balance de l'équation* et ceux des textes des prédécesseurs, notamment les collections qui figurent dans les écrits d'al-Karajī et d'Abū Kāmil, ainsi que les problèmes des versions grecques et arabes des *Arithmétiques* de Diophante. L'ensemble de ces sources constitue une référence indispensable afin de situer le recueil de problèmes de notre auteur, dans l'histoire de la transmission du savoir algébrique. On trouvera en conclusion de l'ouvrage un glossaire Arabe-Français, qui inclue les termes significatifs de l'écrit.

Ce livre permet de découvrir l'algèbre de *Balance de l'équation*, mais il ne constitue évidemment pas un point d'arrivée. Au contraire, il vise à ouvrir des questions et à identifier des pistes de recherche concernant la production mathématique d'al-Zanjānī, ainsi que le développement de l'algèbre - et de l'arithmétique - au XIIIe siècle dans le cadre des réseaux scientifiques persans.

Mes remerciements vont à Pascal Crozet, Fabien Grégis, Zeinab Karimian, Hossein Masoumi-Hamedani, Anne Michel-Pajus, Erwan Penchèvre, Christine Proust et Sabine Rommevaux-Tani pour leurs commentaires dans les phases d'élaboration et de relecture de cet écrit. Je souhaite remercier encore une fois Erwan Penchèvre pour son aide dans la préparation de ce livre à l'édition.

INTRODUCTION GÉNÉRALE : COMPRENDRE L'ALGÈBRE D'AL-ZANJĀNĪ

PREMIÈRE PARTIE

INTRODUCTION GÉNÉRALE. CONTEXTE DE
AL-BRÎT AL-AZÂNI

LA TRADITION ARITHMÉTICO-ALGÉBRIQUE ARABE ORIENTALE

Le livre *Balance de l'équation sur la science d'algèbre et al-muqābala* du mathématicien du XIIIe siècle al-Zanjānī, qui fait l'objet de cette étude, est un texte représentatif de la recherche et de l'enseignement de l'algèbre menées dans le cadre des mathématiques médiévales en langue arabe. Dans la suite de notre ouvrage, nous désignerons par le terme algèbre une théorie mathématique susceptible de se décliner sous différentes formes et introduisant une nouvelle entité mathématique appelée équation, à savoir une égalité entre deux expressions algébriques simples ou composées. Puisque l'équation engage des quantités inconnues qui peuvent représenter aussi bien des grandeurs continues que des nombres, elle permet de résoudre efficacement et les problèmes géométriques et arithmétiques. Théorie des équations quadratiques, théorie des équations cubiques, développement du calcul algébrique sont trois déclinaisons de l'algèbre telle qu'elle fut élaborée, à partir du IXe siècle, par les mathématiciens arabes. La troisième des susdites déclinaisons, à savoir le développement du calcul algébrique, devient l'un des sujets privilégiés d'une tradition de mathématiciens qui vécurent entre la fin du Xe et le XIIIe siècle dans la partie orientale de l'empire arabo-musulman. Nous qualifions cette tradition d'arithmético-algébrique, en adoptant une appellation choisie par Roshdi Rashed dans certains de ses écrits des années '70, tels que l'édition critique *Al-Bāhir en algèbre d'as-Samaw'al* de 1972[1], la notice *Al-Karajī* du *Dictionnary of Scientific Biography* parue en 1973[2] et, toujours en 1973, l'article *Recommencements de l'algèbre au XIe et XIIe*

---

1 Ahmad et Rashed (1972). Une nouvelle édition critique accompagnée de la traduction en français du texte figure dans Rashed (2021).
2 Gillspie (1970), p. 240-246.

siècles[3]. Les deux derniers écrits que nous venons de mentionner seront ensuite intégrés à son ouvrage de 1984 *Entre arithmétique et algèbre : recherches sur l'histoire des mathématiques arabes*. Dans ce texte récapitulatif, Rashed explique que, suite à la mise en place de la théorie des équations quadratiques, deux projets différents voient le jour dans le cadre de l'algèbre arabe :

> On peut donc isoler deux nouveaux commencements de l'algèbre, et deux courants de recherche qui s'engagèrent à la suite d'al-Khwārizmī, mais aussi contre lui. Le premier, arithmétique, le second, géométrique, tous deux modifièrent profondément la nature de la discipline (Rashed (1984c), p. 26).

Le fondateur de ce courant arithmético-algébrique oriental est considéré Abū Bakr al-Karajī, mathématicien actif principalement dans la ville de Bagdad entre la fin du Xe et le début du XIe siècle. La démarche d'al-Karajī est caractérisée par certains aspects cruciaux :

> Il s'agit d'une part, selon les termes mêmes de l'un des successeurs d'al-Karajī, As-Samaw'al, « d'opérer sur les inconnues au moyen de tous les instruments arithmétiques, comme l'arithméticien opère sur les connues » ; et, d'autre part, d'opter de plus en plus pour les démonstrations algébriques, aux dépens des démonstrations géométriques. C'est donc vers une application systématique des opérations de l'arithmétique élémentaire aux expressions algébriques que l'on s'oriente (Rashed (1984c), p. 27).

Si Rashed insiste particulièrement sur le projet d'arithmétisation de l'algèbre, l'analyse des textes montre clairement que celui-ci va de pair avec un projet d'algébrisation de l'arithmétique, selon un véritable échange entre les deux branches des mathématiques qui devient la spécificité de l'école d'al-Karajī. Le fil rouge de la réflexion étant la notion d'opération, les efforts sont voués à montrer qu'il existe une correspondance entre calcul sur les nombres et calcul sur les inconnues, c'est-à-dire entre les procédés arithmétiques et les procédés algébriques.

Les écrits conservés d'al-Karajī et de son successeur al-Samaw'al sont les sources de cette tradition les plus connues par l'historiographie. D'autres écrits furent rédigés par des commentateurs d'al-Karajī, tels que al-Shahrazūrī et al-Shaqqāq. Ces commentaires sont

---

3   Cet article fait maintenant partie de Murdoch et Sylla (1975), p. 33-60.

conservés, mais demeurent presque inconnus. Parmi les textes de la tradition qui n'avaient pas encore été étudiés de manière approfondie, figuraient également les travaux d'al-Zanjānī, dont notamment son livre d'algèbre *Balance de l'équation dans la science d'algèbre et al-muqābala*. Il est important de préciser que, bien qu'al-Zanjānī ne mentionne ni le nom d'al-Karajī ni celui d'autres membres de la tradition arithmético-algébrique, l'analyse de son traité révèle qu'il s'inspire profondément d'au moins deux écrits d'al-Karajī, à savoir *al-Fakhrī* et *al-Badī'*. De son prédécesseur, al-Zanjānī emprunte l'organisation des chapitres et la formulation des règles générales. Par ailleurs, il propose souvent les mêmes exemples et exercices. On arrive même à constater une correspondance presque mot-à-mot entre certains passages de *Balance de l'équation* et d'autres passages des écrits mentionnés. La continuité entre les algèbres des deux auteurs témoigne de la longévité de cette tradition et de la célébrité des livres d'al-Karajī, ces derniers constituant, encore au XIIIe siècle, la référence pour l'apprentissage du calcul algébrique. Des liens indirects peuvent également être établis avec des écrits plus tardifs, tels que le livre d'arithmétique de Kamāl al-Dīn al-Fārisī (seconde moitié du XIIIe s.) et celui d'al-Kāshī (XVe s.)[4]. Notre étude de l'algèbre d'al-Zanjānī se place dans la lignée des recherches déjà menées sur la tradition arithmético-algébrique arabe orientale, et vise en particulier à montrer que, puisque ce mathématicien arrive vers la fin de la tradition, son travail témoigne d'une approche plus mûre et structurée de la théorisation du calcul algébrique et de la constitution d'un corpus de problèmes typiques de cet art. Nous allons donc faire d'al-Zanjānī un miroir de la tradition à laquelle il appartient, tout en soulignant les aspects d'originalité de sa démarche.

Afin de mieux appréhender le contenu de *Balance de l'équation*, il faut d'abord préciser le contexte mathématique qui encadre la conception de ce traité. Il s'agit notamment de :

1. définir ce qu'est l'algèbre avant l'arrivée d'al-Karajī et identifier les études du IXe et Xe siècle qui ont inspiré ce dernier ;

---

4   Pour une édition critique de l'arithmétique d'al-Fārisī, voir al-Fārisī (1994). Le traité d'al-Kāshī a été édité par Nabulsi (1977) et traduit en anglais par Aydin et Hammoudi (2019).

2. comprendre en quoi consiste l'interaction entre algèbre et arithmétiques pendant les premiers siècles de l'algèbre arabe ;
3. décrire les différentes traditions arithmétiques en vogue à l'époque d'al-Karajī.

Ce travail préliminaire nous permettra de reconnaître les spécificités de la tradition arithmético-algébrique. Dans un deuxième temps, il est important de rappeler la vie et les œuvres des deux mathématiciens actuellement plus connus de la tradition, à savoir al-Karajī et al-Samaw'al.

L'ALGÈBRE ET AL-MUQĀBALA AVANT AL-KARAJĪ

LE IXᴱ SIÈCLE

Autour de l'année 820, le mathématicien al-Khwārizmī rédige, à la Maison de la Sagesse de Bagdad, son *Kitāb al-jabr wa al-muqābala* (*Livre d'algèbre et al-muqābala*), un livre qui vise à présenter une méthode particulièrement efficace pour la résolution aussi bien de problèmes géométriques qu'arithmétiques[5]. Cette méthode se base sur la construction de l'équation, à savoir une égalité établie entre deux expressions algébriques – que nous appelons aujourd'hui membres de l'équation – dont au moins l'une des deux contient des inconnues algébriques, et sur deux opérations typiques, à savoir la restauration (*al-jabr*) et la comparaison (*al-muqābala*). Pour al-Khwārizmī, les trois objets de base de l'algèbre sont : la racine (*jidhr*) ou chose (*shay'*) ; le carré (*māl*) et le nombre (*'adad*), ce dernier étant une quantité discrète connue. Il les présente de la manière suivante :

> J'ai trouvé les nombres dont on a besoin dans le calcul d'*al-jabr* et d'*al-muqābala*, selon trois modes qui sont : les racines, les *carrés*, et le nombre simple, qui n'est rapporté ni à une racine, ni à un *carré*.
> La racine, parmi ces modes, est toute chose multipliée par elle-même, à

---

5   Le livre d'al-Khwārizmī est l'un des textes mathématiques en langue arabe qui circulera le plus dans le monde latin. Il a été édité et analysé dans Rashed (2007). Nous rappelons également la traduction de Rosen (1831) et, parmi les études historiques sur al-Khwārizmī et son algèbre, les recherches menées par Jeffrey Oaks, en particulier Oaks et Alkhateeb (2005) pour l'usage du terme *māl* et Oaks (2014) pour une analyse des problèmes du *Livre d'algèbre et al-muqābala*.

partir de l'unité, les nombres qui sont au-dessus d'elle, et les fractions qui sont au-dessous d'elle.

Le *carré* est ce qu'on obtient lorsqu'on multiplie la racine par elle-même. Le nombre simple est un nombre qu'on exprime sans qu'il soit rapporté ni à une racine, ni à un *carré* (Rashed (2007), p. 96).

Ainsi, l'équation est une comparaison qui prend la forme d'égalité entre deux expressions constituées par des racines, des carrés et/ou des nombres. Al-Khwārizmī classifie six formes d'équations, qui se distinguent en simples et composées selon le nombre de termes impliqués.

Équations simples :

1. des carrés égalent des racines ;
2. des carrés égalent un nombre ;
3. des racines égalent un nombre.

Équations composées :

4. des carrés plus des racines égalent un nombre ;
5. des carrés plus un nombre égalent des racines ;
6. des carrés égalent des racines plus un nombre.

Al-Khwārizmī conçoit les susdites formes d'équation comme étant fixes et exhaustives. En effet, comme il l'explique lui-même à conclusion de son livre, toute équation algébrique peut se ramener à l'une d'elles :

> Nous avons trouvé que tout ce qui est fait par le calcul d'*al-jabr* et d'*al-muqābala* te mène nécessairement à l'un de ces six procédés que j'ai décrits dans l'introduction de mon livre que voici. J'ai achevé leur commentaire sache-le (Rashed (2007), p. 120).

Afin de parvenir à l'une des formes mentionnées, il faut parfois appliquer la restauration, qui prévoit d'additionner ou soustraire un terme des deux membres de l'équation, en parvenant ainsi à le déplacer de l'expression de droite à celle de gauche, ou inversement. On peut aussi avoir recours à la comparaison, celle-ci consistant à additionner ou soustraire les termes d'un même genre qui se trouvent dans le même membre de l'équation. La détermination de la valeur de l'inconnue passe par un procédé – aujourd'hui il serait appelé algorithme – qui est décrit pour chacune des six formes d'équation. Ce procédé doit être rigoureux et valoir pour toute équation concevable. Dans son commentaire à al-Khwārizmī, Rashed remarque que, si pour les formes d'équations simples, il est facile de justifier l'algorithme de résolution à travers un calcul, pour les formes quadratiques complètes cette recherche de rigueur devient plus complexe. Elle correspond notamment à la recherche de la *cause* (*'illa*), qu'al-Khwārizmī repère en ayant recours à la géométrie[6]. Il s'agit de représenter géométriquement l'équation en établissant les étapes de l'algorithme sur la base des relations instaurées entre les éléments de la figure. S'approchant à une justification plutôt qu'à une véritable démonstration, la construction géométrique développée par al-Khwārizmī lors de l'explication par la cause présente toutefois de fortes similitudes avec la démonstration des propositions 5 et 6 des *Éléments* d'Euclide. Puisque, dans les mêmes années de rédaction de l'algèbre d'al-Khwārizmī, le traducteur al-Ḥajjāj ibn Yusūf ibn Maṭar travaillait, lui aussi à la Maison de la Sagesse, à sa version arabe des *Éléments*, il est probable qu'al-Khwārizmī avait effectivement eu accès au texte euclidien ou bien à une version arabe de celui-ci[7]. Cependant, l'absence de toute référence explicite à Euclide, ainsi qu'à la méthode axiomatico-déductive typique de la démarche de ce dernier, ne nous permet pas d'affirmer cela avec certitude.

Une fois que les traductions des *Éléments* commencent à circuler, les algébristes qui succèdent à al-Khwārizmī s'aperçoivent clairement que la méthode euclidienne est un garant parfait de la rigueur recherchée pour l'algorithme de résolution de l'équation et donc pour l'algèbre en général. Ainsi, ils en font une référence incontournable, en citant explicitement les propositions 5 et 6 du Livre II lors de la justification par la cause des équations composées. Cela est notamment le cas de deux écrits de la fin du IXe siècle : l'œuvre du mathématicien égyptien Abū Kāmil[8] et l'opuscule de Thābit ibn Qurra *Rétablir les*

---

6   Al-Khwārizmī écrit (Rashed (2007), p. 108) : « La cause de "un *carré* plus dix racines égaux à trente-neuf dirhams" : la figure relative à cela est la surface d'un carré dont les côtés sont inconnus, qui est le *carré* que tu cherches à connaître, ainsi que connaître sa racine ; soit la surface AB ; chacun de ses côtés est sa racine, et si tu multiplies chacun de ses côtés par un nombre quelconque, les nombres que tu obtiens sont les nombres des racines. Toute racine est égale à la racine de cette surface. ».

7   Cette hypothèse a été examinée dans Rashed (2007), p. 31-48.

8   Les écrits algébriques d'Abū Kāmil sont édités et traduits en français dans Rashed

problèmes de l'algèbre par les démonstrations géométriques[9]. Dans ces deux textes, les auteurs vont au-delà de la simple traduction géométrique de l'algorithme de résolution et visent à établir une correspondance entre le procédé algébrique et la démonstration géométrique, en mettant ainsi algèbre et géométrie l'une face à l'autre. L'opuscule de Thābit ibn Qurra est un texte très concis, écrit par un géomètre qui s'intéresse à l'algèbre tout en restant géomètre dans l'esprit. En revanche, les écrits d'Abū Kāmil constituent un corpus plus riche et structuré. L'auteur expose la nouvelle théorie des équations algébriques en proposant plusieurs démonstrations pour la même forme d'équation, ainsi qu'en remarquant la correspondance entre les propositions 5 et 6 du Livre II et les propositions 28 et 29 du Livre VI. Il analyse donc le lien entre l'équation et la géométrie mais, comme nous le verrons dans la suite de cette introduction générale, il s'intéresser aussi au développement du calcul algébrique. Cette double orientation de la recherche d'Abū Kāmil est encore plus manifeste dans le cadre des problèmes : selon l'esprit qui était déjà typique d'al-Khwārizmī, il vise à montrer la grande variété de problèmes, géométriques et arithmétiques, que les méthodes algébriques peuvent efficacement résoudre. De cette façon, il parvient à rédiger un exposé complet sur les équations quadratiques et sur les problèmes que celles-ci peuvent résoudre.

LA RÉCEPTION DE DIOPHANTE ET LES COMMENTAIRES AUX *ÉLÉMENTS*

Avec leurs écrits, al-Khwārizmī, Abū Kāmil et les autres algébristes du IXe siècle inaugurent une intense activité de recherche. Parallèlement à ce type de recherche, un grand nombre de textes scientifiques d'origine grecque sont découverts et traduits en arabe. C'est également vers la fin du IXe siècle que Qusṭā ibn Lūqā rédige *L'art de l'algèbre*, traduction en arabe des *Arithmétiques* de Diophante[10].

(2012). Voir également Levey (1966).

9   Ce court écrit fut traduit par Luckey (1941) et a été plus récemment édité et traduit dans Rashed (2009), p. 160-168.

10   Les livres IV à VII de Qusṭā ibn Lūqā sont édités et traduits en français dans Rashed (1984a) et Rashed (1984b). Une étude historique et mathématique plus approfondie figure dans Houzel et Rashed (2013). Jacques Sesiano a également rédigé une édition et une traduction en anglais du texte. Voir Sesiano (1982).

Comme certains choix de traduction en témoignent, dans sa traduction Ibn Lūqā fait appel au lexique de l'algèbre. C'est ainsi que les arithméticiens-algébristes reçoivent une version des *Arithmétiques* qui se prête bien à leur lecture algébrisante. Ils réalisent rapidement que les énoncés et les méthodes qui y sont étudiés s'adaptent parfaitement à une application du calcul algébrique et, dans leurs collections de problèmes, ils reproduisent donc des sections entières des livres traduits par Ibn Lūqā.

Les traductions des textes mathématiques grecs s'accompagnent de travaux de révisions et commentaires de ces mêmes traductions. C'est notamment le cas des *Éléments*, dont l'histoire de la réception dans le monde arabe est extrêmement complexe[11]. Les commentateurs arabes visent en particulier à préciser certaines notions euclidiennes jugées problématiques, telles que la définition de rapport, de proportion, ou encore d'incommensurabilité entre grandeurs. Ils sont fortement influencés par la remise en cause de la frontière entre nombres et grandeurs, celle-ci dérivant principalement du développement des méthodes algébriques dans l'histoire des commentaires arabes au Livre X[12]. Afin de comprendre la manière selon laquelle l'algèbre intervient dans la lecture des *Éléments*, prenons l'exemple de la définition de la proportion formulée par Euclide au début du Livre V. Pour l'auteur grec, la proportion correspond à une identité de rapports :

> Des grandeurs sont dites être dans le même rapport, une première relativement à une deuxième et une troisième relativement à une quatrième quand des équimultiples de la première et de la troisième ou simultanément dépassent, ou sont simultanément égaux ou simultanément inférieurs à des équimultiples de la deuxième et de la quatrième, selon n'importe quelle multiplication, chacun à chacun [et] pris de manière correspondante.

---

11 L'étude de Rommevaux, Djebbar et Vitrac (2001) souligne à quel point il est difficile de tracer une histoire de la réception des *Éléments* dans le monde arabe et latin. À propos des versions arabes du texte euclidien, nous signalons les travaux de De Young (1984), De Young (2004), Brentjes (2001) et Brentjes (2006), qui analysent dans le détail ce riche corpus de traductions, recensions et commentaires.

12 La réception arabe du Livre X d'Euclide a été analysée dans Ben Miled (2005). L'auteur présente le chemin d'algébrisation du Livre X qui va des premières lectures effectuées par al-Māhānī jusqu'aux témoignages du XIe et XIIe siècles d'Ibn al-Haytham, al-Karajī, al-Khayyām et al-Samaw'al.

Et que les grandeurs qui ont le même rapport soient dites en proportion[13].

Dans le monde arabe, cette définition a fait l'objet de nombreux commentaires. Nous en considérons trois en particulier : le *Traité sur la difficulté relative à la question du rapport* d'al-Māhānī (écrit dans la seconde moitié du IXe siècle)[14] ; le commentaire aux *Éléments* d'al-Nayrīzī (écrit à la fin du IXe siècle)[15] et le *Commentaire sur les difficultés de certains postulats de l'ouvrage d'Euclide* d'al-Khayyām[16].

En faisant écho au traité d'al-Māhānī, al-Nayrīzī et al-Khayyām distinguent entre une définition « usuelle » et une définition « véritable » de la proportion. La première correspond à la définition V, 5 des *Éléments* que nous venons de rappeler. La deuxième correspond à la définition par anthyphérèse, une définition fondée sur le procédé qui est communément appelé « l'algorithme d'Euclide » et présenté aussi bien au Livre VII (pour les nombres) qu'au Livre X (pour les grandeurs)[17]. L'avantage de la définition par anthyphérèse de la proportion est justement son applicabilité aussi bien aux grandeurs géométriques qu'aux nombres. Pour cette raison, elle convient parfaitement aux commentateurs arabes, qui l'ont privilégiée et ont fait de la définition usuelle, selon les mots d'al-Khayyām, « une conséquence nécessaire de la proportionnalité véritable »[18].

---

13 Euclide (1994), p. 41 – Ici, comme dans la suite de notre ouvrage, nous reprenons toujours la traduction de Bernard Vitrac. Celles-ci sont les définitions 5 et 6 du Livre V.

14 Pour une édition et traduction de ce traité, voir Vahabzadeh (2015).

15 Voir à ce sujet De Young (2004) et Lo Bello (2009).

16 Ce commentaire est édité et traduit dans Rashed et Vahabzadeh (1999), p. 306-385.

17 Dans les livres euclidiens, l'anthyphérèse représente un critère qui permet de distinguer si deux grandeurs inégales sont commensurables ou incommensurables. Selon la proposition euclidienne, il s'agit d'appliquer un procédé qui prévoit de soustraire la plus petite grandeur de la plus grande, puis de réitérer l'opération sur le reste obtenu, jusqu'à vérifier si le procédé se termine ou pas. Dans le premier cas, les grandeurs sont commensurables. Dans le deuxième, elles sont incommensurables. Voir à ce propos Euclide (1998), p. 96-101 et Rabouin (2016), p. 119-121.

18 Rashed et Vahabzadeh (1999), p. 344 – Dans Euclide (1994), p. 546, Vitrac explique, à propos d'al-Khayyām, que : « la question des rapports et des proportions est en un sens élucidée puisqu'il prend soin de bien distinguer ses Définitions de l'égalité et de l'inégalité des rapports des Définitions euclidiennes (Df. V. 5 et 7) et de démontrer l'équivalence entre les deux approches. La sienne est caractéristique des mathématiciens des pays d'Islam : – utilisation de la définition anthyphérétique de la proportion ; – dans les démonstrations, distinction des cas "commensurable" / "incommensurable",

LA BIFURCATION DE LA RECHERCHE EN ALGÈBRE À PARTIR DU XIE SIÈCLE

Si le développement d'une théorie exhaustive pour les équations de degré inférieur ou égal à 2 est l'un des résultats fondamentaux de la recherche en algèbre au IXe siècle, à partir du XIe siècle deux autres projets sont entamés[19]. D'une part, l'école arithmético-algébrique attire l'attention sur l'application des opérations arithmétiques aux inconnues et vise à formuler et justifier les règles de calcul algébrique. Dans cette perspective, l'élaboration d'un corpus de problèmes d'origine arithmétique qui deviennent typiques de l'algèbre est au cœur de la démarche. D'autre part, la tradition qui présente une orientation de type géométrico-algébrique s'engage sur un travail différent, mais également crucial. Associée en particulier aux noms d'al-Khayyām (1048-1131) et de Sharaf al-Dīn al-Ṭūsī (actif autour de 1170), cette tradition s'inspire, entre autres, des travaux d'al-Māhānī sur les rapports entre coniques et problèmes solides[20], et combine cette étude

---

le second étant ramené au premier grâce à des approximations ; elles-mêmes justifiées par la dichotomie indéfinie des grandeurs ; – démonstration de l'assertion relative à la proportionnalité contenue dans la Définition V. 5. ».

19 Pour une description détaillée des deux traditions de recherche, voir en particulier le chapitre *Recommencements de l'algèbre au XIe et XIIe siècles* de Rashed (1984c), p. 43-70, et le chapitre *L'algèbre* de Rashed (1997), p. 31-54.

20 Al-Khayyām évoque explicitement les tentatives de traduction des problèmes solides en équations de troisième degré d'al-Māhānī à deux occasions. La première figure au début de son livre d'algèbre : « Quant aux Modernes, c'est al-Māhānī qui parmi eux se trouva amené à analyser par l'algèbre le lemme qu'Archimède a utilisé, le considérant comme admis, dans la proposition quatre du deuxième livre de son ouvrage *Sur la Sphère et le Cylindre*. Il est alors parvenu à des cubes, des carrés et des nombres en une équation qu'il ne réussit pas à résoudre après y avoir longtemps réfléchi ; il trancha donc en jugeant que c'était impossible » (Rashed et Vahabzadeh (1999), p. 117). La deuxième se trouve à la fin du traité *Sur la division d'un quart de cercle* : « Parmi les modernes, qui, eux, parlent notre langue, le premier qui eut besoin d'une espèce trinôme de ces quatorze espèces est al-Māhānī le géomètre. Il résolut le lemme qu'Archimède a utilisé, le considérant comme admis, dans la proposition 4 du livre II de son ouvrage sur La Sphère et le Cylindre [...] La quatrième proposition concerne la division d'une sphère par un plan, selon un rapport donné. Mais al-Māhānī utilisait les termes des algébristes pour rendre les choses faciles ; comme l'analyse amenait à des nombres, des carrés et des cubes en équation, et qu'il ne pouvait pas la résoudre par les sections coniques, il trancha donc en disant que c'est impossible. » (Rashed et Vahabzadeh (1999), p. 254).

géométrique à la théorie des équations linéaires et quadratiques des prédécesseurs. Elle parvient ainsi à élaborer une théorie des équations cubiques à l'aide de la géométrie, sans passer par les radicaux. Pour les géomètres-algébristes le défi consiste à développer des formes d'équations cubiques qui soient vérifiées à l'aide des coniques. Par conséquent, comme al-Khayyām le remarque dans son traité, ce travail « ne sera compris que de ceux qui maîtrisent le livre d'Euclide sur les *Éléments* et son livre sur les *Données*, ainsi que deux livres de l'ouvrage d'Apollonius sur les *Coniques* »[21]. Telle est aussi la démarche de Sharaf al-Dīn al-Ṭūsī, qui poursuit les études d'al-Khayyām en décrivant un procédé numérique pour l'approximation des racines[22].

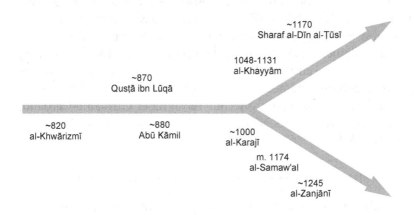

FIG. 2.1 : La bifurcation de la recherche en algèbre

---

21   Rashed et Vahabzadeh (1999), p. 122.
22   Voir à ce sujet Rashed (1986) et Hogendijk (1989).

Bien que partageant une égale volonté d'explorer les capacités de l'algèbre, les deux traditions restent bien distinctes : à notre connaissance, aucun mathématicien ne fait partie et de l'une et de l'autre. Par ailleurs, si pour les arithméticiens-algébristes le travail sur les problèmes est essentiel, les géomètres-algébristes ne rédigent aucune collection de problèmes. Puisqu'ils ne disposent pas d'un algorithme de résolution des équations cubiques qui soit rigoureux et universel, ils ne visent pas non plus à établir une correspondance entre procédés de l'algèbre et démonstration de la géométrie. De ce point de vue, ils s'écartent aussi des algébristes de la génération d'Abū Kāmil. Ainsi, nous distinguons deux *modus operandi* de la recherche en algèbre, l'un centré sur l'opération et l'expression algébrique, l'autre sur l'équation et les liens avec la géométrie. Sans nécessairement postuler une continuité historique, il est intéressant de remarquer que ces deux orientations de recherche réapparaîtront à la Renaissance, au-delà de la Méditerranée. D'un côté, en introduisant un nouvel type de nombre, appelé nombre cossique, Michael Stifel et les cossistes allemands du XVIe et XVIIe siècle visent eux-aussi à élargir le domaine du nombre et du calcul arithmétique. Une démarche similaire caractérisera également *L'Arithmétique* de Simon Stévin. De l'autre côté, l'équation est au centre de l'étude de la résolution par radicaux des équations cubiques menée par les algébristes italiens du XVIe siècle tels que Scipione del Ferro, Niccolò Tartaglia et Girolamo Cardano, mais aussi des recherches géométrico-algébriques de René Descartes au XVIIe siècle.

L'ALGÈBRE DANS LES CLASSIFICATIONS DES SCIENCES MATHÉMATIQUES

L'élaboration d'une science de l'algèbre, avec son lexique spécifique, ses règles générales et son corpus de problèmes typiques, interpelle aussi bien les mathématiciens que les philosophes de l'empire quant à la place qu'il faut lui attribuer dans les classifications des sciences traditionnelles. L'organisation des sciences mathématiques arabes est héritée du modèle d'enseignement grec tardif, mais elle présente aussi plusieurs éléments de nouveauté[23]. Parmi ceux-ci, nous

---

23 Au sujet de l'héritage du modèle grec dans la classification des sciences au Moyen Âge

comptons l'introduction de certaines sciences, telles que la science des poids et celle des « procédés ingénieux », qui se veulent directement liées aux besoins de la société. C'est ainsi qu'au Xe siècle, al-Fārābī répartit la science mathématique en sept branches : science des nombres, de la géométrie, de la vision, des étoiles, de la musique, des corps pesants et des procédés ingénieux. Selon le modèle aristotélicien, chacune de ces sciences est présentée en rappelant l'objet d'étude, la finalité et les méthodes qui y sont utilisées. Al-Fārābī place l'algèbre au sein de la science des procédés ingénieux, cette dernière étant la science

> du mode de préparation destiné à faire que tout ce dont on a démontré mathématiquement les modalités (d'existence) par le discours et la démonstration, (et) qui a été présenté antérieurement, soit conforme aux corps naturels, et quant à la réception des uns et quant à la position des autres dans ceux (qui sont) en acte (Galonnier (2015), p. 257).

Il s'agit donc d'un type de savoir qui reflète bien la démarche typiquement arabe de présenter les mathématiques comme une science intermédiaire entre la logique et la science naturelle. Plus précisément, al-Fārābī considère l'algèbre comme l'un des procédés ingénieux qui concernent les nombres :

> Parmi eux il y a aussi les procédés ingénieux des nombres, qui existent aussi sous plusieurs formes, comme la science appelée chez nos contemporains algèbre et *almucabala*, et celles qui lui sont semblables, bien que cette science soit commune au nombre et à la géométrie (Galonnier (2015), p. 259).

De la même façon, au XIe siècle Avicenne inclut l'algèbre parmi les sciences secondaires de la science des nombres. Selon le modèle d'enseignement du *quadrivium*, la philosophie mathématique se composait de quatre parties principales, à savoir la science des nombres, la géométrie, l'astronomie et la musique. Avicenne écrit à propos de la première :

> La science des nombres nous fait connaître l'état des espèces des nombres, la propriété de chaque espèce en elle-même, et l'état de leurs rapports les unes aux autres [...] Parmi les branches de la science des nombres figurent : l'art de la sommation et la séparation et la division selon le calcul indien,

---

arabe et latin et des changements qui y sont apportés, voir Jolivet (1999).

et l'art de l'algèbre et d'*al-muqābala* (Avicenne (1984), p. 145).

Ainsi, l'algèbre acquiert sa place en tant que sous-branche de la science du calcul, dans le cadre d'une classification qui demeure profondément liée à une organisation aristotélicienne du savoir. La difficulté de comprendre quel est son statut et en quoi elle consiste caractérise l'ensemble des contributions des savants médiévaux et de la Renaissance. Concernant nos auteurs arabes, l'algèbre n'est pas identifiée en tant que discipline, mais, comme nous l'avons déjà évoqué, elle est appelée « science » ou « art », avec ses propres règles, ses méthodes et un vaste domaine d'application.

LE CALCUL ALGÉBRIQUE

S'il est vrai que le travail d'al-Karajī présente plusieurs aspects d'originalité, il ne faut toutefois pas oublier que l'idée de faire interagir l'arithmétique avec l'algèbre figurait déjà dans les premiers textes d'algèbre. Considérons, par exemple, l'un des thèmes fondamentaux de la démarche arithmético-algébrique, à savoir l'établissement d'une liste exhaustive de règles de calcul algébrique. Dans le *Livre d'algèbre* d'al-Khwārizmī, seules la multiplication et l'addition-soustraction algébriques sont présentées[24]. Leur explication figure juste après la justification par la cause de l'algorithme de résolution des équations et prévoit une explication du fonctionnement de l'opération dans le cadre des nombres, puis des exemples sur les nombres, les racines et les carrés. Des problèmes sont ensuite formulés, cela afin d'entraîner le lecteur au maniement des termes algébriques. L'exposé de ces règles est toutefois très concis et incomplet. Les règles de calcul ne sont formulées que pour le cas des nombres, tandis que les cas qui prévoient de manipuler des inconnues algébriques ne sont considérés que sous la forme d'exemples. Par ailleurs, les opérations de division, rapport et extraction de racine ne sont pas abordées dans l'exposé d'al-Khwārizmī[25]. Il semble donc que ce dernier n'envisage pas d'exploiter complètement le plein fonctionnement de cette arith-

---

24 Voir Rashed (2007), p. 122-130.
25 Al-Khwārizmī rédige uniquement un court paragraphe sur la division des radicaux. Voir Rashed (2007), p. 132-140.

métique des inconnues. Si certains calculs sont maîtrisés au moment de passer aux problèmes, ils sont toutefois peu intégrés à une élaboration théorique. De ce point de vue, l'exposé d'Abū Kāmil est plus détaillé. À l'image de son prédécesseur, le mathématicien égyptien commence par montrer comment :

> multiplier les choses qui sont les racines les unes par les autres si elles sont seules ou si elles sont avec des nombres ou si elles sont soustraites d'un nombre ou si le nombre est soustrait d'elles, et comment les additionner les unes aux autres, et comment les soustraire les unes des autres (Rashed (2012), p. 280).

Il s'agit donc d'effectuer la multiplication d'expressions algébriques simples ou composées et leur addition-soustraction. Contrairement à al-Khwārizmī, Abū Kāmil présente la règle directement pour les cas qui correspondent, en langage symbolique moderne, aux multiplications de $(a + x)(b + x)$, $(a - x)(b - x)$, $(a + x)(b - x)$, $(a + x)(x - c)$ et $(x - c)(x - d)$, où x est l'inconnue et a, b, c, d sont des quantités numériques rationnelles et positives. Il inclut dans son explication la règle pour opérer avec des additionnés et des retranchés (que nous appellerions la règle des signes[26]) et rappelle également que : « le produit des choses par des choses est des *carrés*, et les choses par les nombres sont des choses ou des racines »[27]. Ensuite, il propose une liste d'exemples, pour chacun desquels il détaille d'abord le procédé de résolution de l'opération, puis la correspondance entre ce procédé et une construction géométrique et enfin la démonstration géométrique de l'énoncé ainsi trouvé. De cette façon, il résout et démontre géométriquement les multiplications suivantes :

1. $2x \cdot 2x$ et $3x \cdot 6$;
2. $(10 + x)x$ et $(10 - x)x$;
3. $(10 + x)(10 + x)$; $(10 - x)(10 - x)$; $(10 + x)(10 - x)$ et $(10 + x)(x - 10)$;
4. $(10 + \frac{2}{3}x)(3 - 6x)$.

---

26 Abū Kāmil l'énonce ainsi : « La multiplication de deux soustraits l'un par l'autre est additive, la multiplication du soustrait par l'additif est soustractive et la multiplication de l'additif par l'additif est additive » (Rashed (2012), p. 282).

27 Rashed (2012), p. 282.

Selon la même démarche sont aussi expliquées la multiplication et la division des racines carrées. Concernant la division, Abū Kāmil écrit :

> Sache que, quand tu multiplies le quotient par le diviseur on retrouve le divisé : comme lorsque tu divises dix par deux, on obtient cinq. Lorsque tu multiplies deux par cinq, on obtient dix, qui est le nombre qu'on vient de diviser. Je compose pour ce procédé une proposition générale.
> Pour tout nombre divisé par un nombre, le produit du quotient par le nombre diviseur est égal au nombre divisé.
> *Exemple* : A est le nombre divisé, B est le diviseur, on a divisé A par B, on obtient C. Je dis que le produit de B par C est A.[28].

Fondée sur la théorie des proportions euclidienne, la démonstration de l'*Exemple* général est à son tour suivie d'exemples prévoyant des valeurs numériques précises. Le premier de ces exemples est $\sqrt{9} : \sqrt{4}$. Dans ce cas, il faut calculer $9 : 4 = 2 + \frac{1}{4}$ dont la racine est $1 + \frac{1}{2}$. C'est le résultat de la division.

Enfin, Abū Kāmil montre comment additionner ou soustraire des radicaux, en précisant que cela est possible seulement pour des carrés parfaits, ou bien pour des radicaux dont le quotient ou le produit, est un carré parfait. Ainsi, il revient sur l'exemple de $\sqrt{9}$ et $\sqrt{4}$ et montre cette fois-ci que, afin de calculer $\sqrt{9} + \sqrt{4}$, il faut d'abord calculer $9 + 4 = 13$ et $9 \cdot 4 = 36$. Puis, $2\sqrt{36} = 12$ et $13 + 12 = 25$. Le résultat est donc $\sqrt{25} = 5 = \sqrt{9} + \sqrt{4}$. Il fonde la démonstration géométrique de ce procédé sur la proposition 4 du Livre II d'Euclide.

De cette manière, Abū Kāmil conçoit un exposé sur les opérations algébriques plus structuré que celui de son prédécesseur : pour chacun des cas que nous venons d'énoncer il prend soin d'introduire une règle générale, des exemples, un procédé de résolution et une démonstration géométrique dont l'*incipit* est toujours : « je compose une figure par laquelle je te fais comprendre que... ». Lorsqu'il s'agit de diviser, l'opération est justifiée par le biais de la théorie des proportions, avec une représentation des nombres sous la forme de segments comme cela est fait dans les *Éléments*.

---

28   Rashed (2012), p. 308 – A, B et C sont représentés par Abū Kāmil en imitant la représentation des segments euclidiens du Livre V des *Éléments*.

L'exposé d'al-Karajī s'inspire fortement de celui d'Abū Kāmil, comme si ce dernier avait semé des graines que son successeur fera pousser. La différence fondamentale entre les deux réside dans le fait que, chez Abū Kāmil, l'étude des opérations algébriques n'est pas systématisée et ne constitue pas le sujet principal de la partie théorique de son algèbre, ce dernier étant, comme chez al-Khwārizmī, l'élaboration et la justification de la théorie des équations quadratiques. Par ailleurs, les règles conçues par Abū Kāmil sont strictement liées à une représentation géométrique de l'inconnue. Nous pouvons supposer que c'est pour cette raison que, par exemple, la règle des signes pour la soustraction n'est pas formulée lors de l'exposé de l'addition-soustraction. Au contraire, en se concentrant sur la relation entre nombres et inconnues, plutôt que sur l'apport de la géométrie à l'algèbre, al-Karajī met au centre l'opération et parvient à élaborer une théorisation du calcul algébrique, dans laquelle la théorie des équations quadratiques passe en deuxième plan et la nécessité de représenter géométriquement l'inconnue disparait progressivement.

L'autre domaine dans lequel les origines de la tradition arithmético-algébrique sont manifestes est celui des problèmes. Dans la deuxième section de cette introduction générale, nous recenserons les collections de problèmes qui caractérisent aussi bien les écrits des algébristes du IXe siècle que ceux des arithméticiens-algébristes. Ces collections sont rédigées afin de montrer que de nombreux types de problèmes, aussi bien arithmétiques que géométriques, peuvent être efficacement résolus en utilisant l'algèbre. Elles sont transmises d'un mathématicien à l'autre et vont progressivement constituer un corpus de problèmes typiques de l'algèbre. Au XIIIe siècle, le recueil d'al-Zanjānī témoigne parfaitement de la constitution de ce corpus.

LES TRADITIONS ARITHMÉTIQUES ENTRE X^E ET XIIIE SIÈCLE

S'il n'est pas facile de comprendre quel statut attribuer à l'algèbre pré-symbolique, il est également difficile de définir en quoi consistait l'arithmétique à l'époque de nos auteurs. En effet, le terme « arithmétique » présentait une nature polysémique, et aux vues de la variété des écrits sur les nombres, les systèmes de comptage et le calcul, il serait plus approprié de parler d'arithmétiques au pluriel. Sont incluses parmi ces arithmétiques des formulations plus théoriques, telles que la théorie des nombres euclidienne (fondée sur la notion de primalité) ou l'étude des nombres figurés typique de la tradition néopythagoricienne (fondée sur la relation pair-impair). Ces approches théoriques permettent de considérer l'arithmétique en tant que discipline à proprement parler. Mais appartiennent aussi au domaine des arithmétiques des pratiques très hétérogènes de calcul sur les quantités numériques qui, par ailleurs, constituent la partie la plus répandue de l'arithmétique en tant qu'activité des ḥussāb. La pluralité intrinsèque à la définition arabo-médiévale d'arithmétique est bien résumée dans les mots de Pascal Crozet, lorsque ce dernier écrit :

> Si ce que nous entendons ici [dans cette notice] par arithmétique se rapporte bien d'une façon générale à l'art du calcul sur des quantités connues, celui-ci semble ressortir de prime abord à des disciplines qui, sans être tout à fait indépendantes, n'en sont pas moins distinctes : calcul indien fondé sur la numération décimale de position ; calcul s'appuyant sur l'écriture alphabétique des nombres héritée des Grecs (notation abǧad) ; calcul digital ; calcul « aérien » ; calcul sexagésimal ; etc. Plusieurs traditions arithmétiques coexistent en effet dès le IXe siècle, se distinguant autant par leur règles opératoires et les systèmes de numération qui les fondent, que par leurs usages et leurs champs d'application[29].

Au niveau linguistique, aucun terme utilisé par les mathématiciens arabes médiévaux correspond parfaitement au sens moderne du mot arithmétique. En effet, le terme *al-Arithmāṭīqī*, qui figure par exemple chez Avicenne, ne désigne qu'une branche spécifique de l'arithmétique, à savoir celle issue de la tradition néopythagoricienne[30]. En dehors de cela, chaque calcul présente une

---

29 Traduit en français à partir de la notice *Aritmetica* de Crozet (2002), p. 498 – Rappelons que non seulement plusieurs types de calculs coexistaient, mais aussi plusieurs types de notation des nombres étaient employés : le système d'écriture en chiffres alphabétiques (appelé système de numération *jummal*), selon l'alphabet grec ou arabe ; la notation en chiffres indo-arabes, associée en particulier au calcul indien, et l'écriture des nombres en toutes lettres, cette dernière étant prédominante dans le calcul aérien et devenant également l'écriture privilégiée pour les textes d'algèbre arabes orientaux.

appellation spécifique. Le calcul digital, qui est l'un des premiers à avoir été introduit dans le monde arabe, est appelé *ḥisāb al-yadd* (littéralement, calcul de la main), ou *ḥisāb al-Rūm wa al-'Arab* (calcul des Byzantins et des Arabes)[31]. Le calcul sexagésimal est appelé *ḥisāb al-daraj wa al-daqā'iq* (calcul des degrés et des minutes), ou bien *ḥisāb al-Zīj* (calcul des tables astronomiques), ou encore *ṭarīq al-munajjimīn* (méthode des astronomes)[32]. Le calcul indien (*ḥisāb al-Hindī*) est synonyme de *ḥisab al-takht*, *al-turāb*, ou *al-ghubār* en raison des instruments (tablette, sable, poussière) qui y sont utilisés. Enfin, on parle de calcul aérien (*ḥisāb al-hawā'ī*) ou ouvert (*maftūḥ*) en raison de la nature théorique des règles de calculs qui y sont développés.

Lorsque les arithméticiens commencent à systématiser et unifier les susdits calculs, ils parviennent à élaborer un type d'arithmétique plus générale et inclusive, dont les règles et exemples sont regroupés sous le nom de « science du calcul » (*'ilm al-ḥisāb*). Au départ, cette appellation désignait uniquement des travaux sur le calcul digital, ce dernier étant un système caractérisé par la notation des nombres en toutes lettres et par des manipulations mentales s'appuyant sur le comptage digital. Avec l'introduction du calcul indien, puis du calcul aérien, les livres traitant de *ḥisāb* deviennent progressivement plus hétérogènes, et vont constituer un véritable genre scientifique. Ils traitent des règles pour les opérations avec les nombres, ainsi que de tout savoir susceptible de devenir utile pour l'étude des nombres. On y présente les opérations arithmétiques élémentaires (multiplication, division et addition-soustraction) appliquées aux nombres entiers et aux fractions, les règles pour l'extraction de racine carrée et le calcul de séries numériques. Des sections sur l'algèbre ou sur le calcul des aires et des volumes peuvent aussi y figurer en tant que parties secondaires de la science des nombres. Est exclue de ces textes la théorie des nombres euclidienne, cela en raison du caractère descriptif de celle-ci. Les types de calculs proposés dans les traités de *ḥisāb* sont

---

30   Voir à ce sujet Crozet (2018).
31   Telle est l'appellation utilisée par al-Uqlīdīsī. Voir à ce propos Sa'īdān (1978), p. 35 et p. 348.
32   Cette appellation figure par exemple dans Sa'īdān (1978), p. 7.

très variés. Parfois ils sont développés selon le système de numération décimale, d'autres fois ils sont fondés sur le système de calcul sexagésimal. Il peut y avoir un intérêt plus marqué pour le calcul indien, ou bien pour le calcul aérien, ou encore des tentatives de combinaison de différents calculs. Dans son étude sur l'arithmétique d'al-Uqlīdīsī, Aḥmad Salīm Saʿīdān remarque que l'hétérogénéité qui caractérise les traités de *ḥisāb* vient justement de la volonté de leurs auteurs de parvenir à unifier ces différents systèmes de comptage, mais que cette unification ne fut pas immédiate. En effet, dans un premier temps les arithméticiens testent des stratégies afin de combiner les différents calculs :

> Thus al-Uqlīdīsī gives us Hindi arithmetic enriched with *Rūmī* and Arabic devices expressed by Hindi numerals. Abū al-Wafāʾ and al-Karajī present finger-reckoning combined with the scale of sixty, but even in their attempt to turn their back on Hindi devices, they prove to have borrowed from them. Kushyār gives the scale of sixty expressed in Hindi numerals. A text called *Hindi (arithmetic) extracted from al-Kāfī* attempts to present finger-reckoning expressed by Hindi numerals. A distinguished author, Ibn Ṭāhir al-Baghdādī, gives us, in his *al-Takmila*, arithmetic divided into seven kinds, with one chapter devoted to each kind. Hindi arithmetic covers two chapters, one for whole numbers and one for fractions. Finger reckoning and the scale of sixty cover one chapter each. The other three chapters are the outcome of the Muslims' direct contact with Greek lore (Saʿīdān (1978), p. 8).

Saʿīdān propose aussi une classification des textes arithmétiques, que nous choisissons d'adopter afin d'organiser les sources à disposition. Il identifie quatre groupes de textes[33] :

1. les textes qui présentent explicitement dans le titre les mots *hindī, takht, ghubār* ou *turāb* et qui témoignent ainsi du calcul indien ;
2. les textes qui témoignent du calcul aérien, auxquels nous sommes maintenant en mesure d'ajouter au moins deux écrits d'al-Zanjānī, à savoir *L'appui des arithméticiens* et l'*Épître de ʿIzz al-Dīn sur le calcul aérien* ;
3. les textes consacrés aussi bien au calcul indien qu'à des cal-

---

33 Cette classification figure dans Saʿīdān (1978), p. 15-16.

culs plus anciens. Tel est le cas d'*al-Takmila fī al-ḥisāb* d'Ibn al-Ṭāhir al-Baghdādī (m. 1037), dans lequel l'auteur présente différents types d'arithmétiques : le calcul indien des entiers, le calcul indien des fractions, des procédés indiens appliqués au calcul sexagésimal, et une arithmétique d'origine grecque qui ne fait pas usage de chiffres indo-arabes ;

4. les textes arithmétiques les plus tardifs, dans lesquels l'unification et l'harmonisation des techniques précédentes est accomplie.

En ayant à l'esprit cette classification, nous allons maintenant décrire le calcul indien et le calcul aérien. En effet, les deux sont indispensables afin de mieux saisir la nature du calcul algébrique.

LE CALCUL INDIEN

Nous avons rappelé que, avant l'introduction du calcul indien, les deux principaux systèmes de calcul en vogue chez les arabes étaient le sexagésimal et le digital. Typique des sources babyloniennes, le premier est principalement utilisé dans le cadre des calculs astronomiques. Il peut faire appel à l'agencement tabulaire et à une notation de type alphabétique[34]. En arithmétique, on avait recours au calcul sexagésimal pour opérer avec les fractions, selon un système mixte qui prévoit de travailler en base dix avec les entiers et en base soixante avec les fractions. Quant au calcul digital (*ḥisāb al-yadd*), il est fondé sur un comptage par les doigts et les opérations sont effectuées mentalement selon certaines règles données. On y utilise principalement la notation en toutes lettres, parfois aussi la notation alphabétique.

Le plus ancien texte qui nous soit parvenu sur ce que les arabes qualifient de calcul indien est le traité d'al-Uqlīdisī, écrit à Damas entre 952 et 953[35]. Il s'agit d'un calcul qui fait usage des chiffres indo-arabes et nécessite un instrument : une tablette (*takht*) couverte

---

34 Saʿīdān précise que le calcul sexagésimal est « a complete and independent system, standing side by side with *ḥisāb al-yadd*, relying to a lesser extent on finger reckoning, and having its own multiplication table expressed in the *jummal* notation » (Saʿīdān (1978), p. 7).

35 Le traité *Kitāb al-fuṣūl fī al-ḥisāb al-hindī* a été traduit en anglais dans Saʿīdān (1978). Pour un résumé de son contenu, voir également Saʿīdān (1997), p. 11-29.

de sable ou de poussière (*turāb*, *ghubār*) sur laquelle écrire les chiffres. Puisqu'elle est fondée sur un système de numération décimale de position très précis, dans lequel les opérations s'effectuent en colonne, les techniques qui caractérisent cette arithmétique prévoient très peu de calcul mental. C'est toutefois al-Uqlīdisī lui-même qui nous signale, en ouverture de son écrit, que le calcul indien fait l'objet d'avis opposés parmi les arithméticiens :

> Most scribes will have to use it because it is easy, quick and needs little precaution, little time to get the answer, and little keeping of the heart busy with the working that he (i.e. the scribe) has to see between his hands, to the extent that if he talks, that will not spoil his work ; and if he leaves it and busies himself with something else, when he turns back to it, he will find it the same and thus proceed, saving the trouble of memorizing it and keeping the heart busy with it. This is not the case in the other (arithmetics) which requires finger bending and other necessities. Most calculators will have to use it (i.e. Hindu arithmetic) with numbers that cannot be managed by the hand because they are big. If some persons dislike it because it needs the *takht*, we say that this is a science and technique that needs a tool. [...] If others dislike it because it is sometimes not easy to have the *takht*, or ugly to carry it, as it is indeed ugly to see in the hand of the scribe attending at the diwan or sitting in the market places, we say that we have substituted for it something that will not require a *takht* [...] but a sheet (of paper) (Saʿīdān (1978), p. 35).

Outre cela, le travail avec la tablette oblige l'arithméticien à effacer progressivement les étapes intermédiaires du calcul, ainsi que certaines des données de départ, en gardant uniquement le résultat final. On déplace et on efface les chiffres, ceux-ci étant écrits en ligne et en colonne selon un agencement tabulaire qui est un élément fondamental du procédé de résolution du calcul. Certains arithméticiens s'aperçoivent toutefois de l'inconvénient d'effacer les passages intermédiaires lorsqu'on veut retranscrire ce calcul sur le papier. Si al-Uqlīdisī est conscient de la difficulté de reproduire les manipulations du calcul indien avec un moyen autre que la tablette et la poussière, il reconnaît toutefois les grands avantages de la notation typique de ce calcul. Il essaie donc d'y apporter des modifications, notamment en combinant le calcul indien avec le calcul digital. Cette démarche se révèle gagnante, et elle est adoptée par les arithméticiens qui viennent après al-Uqlīdisī. Dans les textes de ces derniers, la première étape consiste à présenter le principe de la numération décimale de position, les neuf chiffres indo-arabes et leurs rangs, ainsi que la valeur du 0 comme place vacante. La deuxième étape consiste à introduire les opérations principales du calcul, à savoir la multiplication, la division et l'extraction de racine carrée. Il est important de remarquer que cela ne correspond pas, comme dans le cas des théoriciens du calcul aérien ou des arithméticiens-algébristes de l'école d'al-Karajī, à définir ce que sont ces opérations, mais plutôt à décrire comment on les applique. Des procédés de résolution sont donc proposés pour opérer avec les nombres entiers, les fractions et les quantités exprimées en sexagésimaux. Puisque les traces des passages intermédiaires ne sont pas conservées, une attention particulière est portée sur les méthodes de vérification du calcul, telle que la preuve par neuf.

Des témoignages sur le calcul indien à l'époque arabe viennent aussi d'al-Nasawī et de son maître Kūshyār Ibn Labbān. Actif dans la seconde moitié du Xe siècle, Ibn Labbān nous a laissé un *Livre sur les principes du calcul indien*[36]. Il s'agit d'un texte concis qui offre au lecteur un aperçu du calcul indien tel qu'il était en vogue autour de l'année 1000. Après avoir présenté le procédé d'utilisation de la tablette et le système des neuf chiffres, Ibn Labbān formule une arithmétique pour les nombres entiers selon un système de position décimal. Il y présente notamment les opérations fondamentales de l'arithmétique, l'extraction de racine carrée et cubique, ainsi que certaines méthodes de vérification. Les mêmes opérations sont également expliquées dans le cadre des fractions et du système sexagésimal, en ayant toujours recours à la méthode des tableaux.

L'idée de combiner différents calculs sera partagée non seulement par ceux qui écrivent sur le calcul indien mais aussi par les arithméticiens qui nous ont laissé des textes de *ḥisāb* plus hétérogènes. Tel est le cas du traité *al-Takmila fī al-ḥisāb* d'al-Baghdādī – que Saʿīdān classe parmi les textes du troisième groupe – ainsi que, quelques siècles plus tard, des écrits de Naṣīr al-Dīn al-Ṭūsī, d'Ibn al-Bannāʾ ou encore d'al-Kāshī. Bien que n'étant pas exclusivement consacrés au calcul indien,

---

36 Le texte *Kitāb al-uṣūl ḥisāb al-Hindī* de Kūshyār Ibn Labbān est traduit en anglais dans Levey et Petruck (1965).

ces écrits plus tardifs montrent des techniques et des notions provenant de ce dernier. Nous y retrouvons par exemple l'explication de certaines méthodes de vérifications (preuve par neuf, mais aussi par sept, par huit ou par onze), ou bien de l'usage des tableaux pour les calculs.

L'attention portée sur les opérations et l'agencement tabulaire des calculs sont deux des caractéristiques qui font que le calcul indien parvient également à attirer l'attention des algébristes. Rappelons que, bien avant al-Uqlīdisī, al-Khwārizmī avait écrit un livre consacré au calcul indien. Il s'agit d'un texte rédigé autour de 825, après le *Livre d'algèbre* et qui visait à introduire les méthodes indiennes de calcul auprès du cercle de mathématiciens de Bagdad[37]. Perdu dans sa version arabe, nous n'en conservons que des versions en latin, rédigées à partir du XIIe siècle principalement en Espagne. Celles-ci montrent que le calcul indien tel qu'il était connu par al-Khwārizmī correspondait au point de départ d'al-Uqlīdisī, c'est-à-dire l'ensemble de procédés de calcul que ce dernier regroupe dans les premiers chapitres de son ouvrage et à partir desquels il entamera sa propre hybridation du calcul.

Pour ce qui concerne la tradition arithmético-algébrique, aussi bien al-Karajī que Samaw'al se sont penchés activement sur le calcul indien. Dans son traité *al-Badīʿ*, al-Karajī écrit avoir composé un livre à propos du calcul indien. Al-Samaw'al, quant à lui, nous a laissé un court écrit, dont le titre est *L'essentiel sur le calcul indien*[38]. Leurs algèbres manifestent également de fortes influences par ce type de calcul : non seulement ils utilisent des tableaux afin de résoudre certaines opérations algébriques, mais aussi bien al-Karajī qu'al-Samaw'al adoptent parfois les chiffres indo-arabes à la place de la traditionnelle notation en toutes lettres. C'est en particulier chez al-Samaw'al qu'un type d'écriture mixte, c'est-à-dire mélangeant chiffres indo-arabes et nombres en toutes lettres, devient un registre typique de l'algèbre. Au contraire, nous pouvons remarquer qu'au-

---

37 Pour une description du texte, voir l'introduction de André Allard dans Khwārizmī (1992), p. I-XXXV.

38 Le texte d'al-Samaw'al *al-Qiwāmī fī al-ḥisāb al-hindī* est édité dans Rashed (1984c), p. 140-145.

cune notation en chiffres n'est utilisée par al-Zanjānī, ni dans *Balance de l'équation* ni dans *L'appui des arithméticiens*.

LE CALCUL AÉRIEN

Aux calculs sexagésimal, digital et indien s'ajoute le calcul aérien (*ḥisāb al-hawā'ī*). Il s'agit d'un calcul qui fut élaboré à la même période que l'écrit d'al-Uqlīdisī et qui témoigne de l'idée d'unifier les pratiques arithmétiques connues. Le calcul aérien est un type de calcul pour lequel on n'a pas recours à un outil de comptage (doigts, tablettes...) et qui, en raison de cela, est considéré comme ayant une dimension théorique pure. Certains historiens l'ont qualifié de mental, bien que cela ne corresponde pas à une caractéristique déclarée par les arithméticiens qui le pratiquent[39]. Au contraire, ces derniers sont plutôt enclins à se concentrer sur la nature des opérations arithmétiques, en étudiant l'opération en soi et en théorisant ses règles d'application. Une autre différence par rapport au calcul digital originaire est que l'arithmétique aérienne utilise principalement un système d'écriture des nombres en toutes lettres.

Des textes arithmétiques sur le calcul aérien sont *al-Kāfī fī al-ḥisāb* (*Le suffisant dans le calcul*) d'al-Karajī, et un traité plus ancien : le *Livre sur ce qui est nécessaire en arithmétique pour les fonctionnaires, les préfets et autres* d'Abū al-Wafā' al-Būzjānī, ce dernier étant considéré comme une référence pour l'arithmétique d'al-Karajī[40]. Écrit dans la seconde moitié du Xe siècle, le texte d'al-Būzjānī est une arithmétique fondée sur le calcul digital, sans pourtant traiter des techniques de comptage avec les doigts. Il s'agit plutôt de décrire les opérations et de théoriser leur application aux quantités connues. Al-Būzjānī aborde non seulement l'étude des opérations arithmétiques élémentaires et des fractions, mais aussi la géométrie de la mesure et les arithmétiques utiles

---

39 Cet aspect a été remarqué dans Crozet (2002), p. 498. Rappelons aussi que « mental arithmetic » est justement la désignation utilisée par Saʿīdān dans ses recherches sur le sujet.

40 Le titre original de cette arithmétique d'Abū al-Wafā' al-Būzjānī est *Kitāb fī mā yaḥtāju ilayhi al-kuttāb wa al-ʿummāl wa ghayruhum min ʿilm al-ḥisāb*. Saʿīdān a édité et commenté l'ensemble de l'ouvrage dans al-Būzjānī (1971). Il a également publié un résumé en anglais du contenu du texte. Voir à ce sujet Saʿīdān (1974).

dans le cadre commercial et administratif : problèmes sur le paiement d'impôts, sur la valeur de la récolte et sur les échanges de monnaie. Il est destiné aux secrétaires et aux administrateurs du califat, et témoigne ainsi de l'intérêt social de ces pratiques arithmétiques. *L'appui des arithméticiens* d'al-Zanjānī et le livre d'arithmétique *Les fondements des règles dans les principes d'utilité* de Kamāl al-Dīn al-Fārisī sont deux autres textes plus tardifs présentant les mêmes traits typiques[41].

Concentrons-nous sur la façon selon laquelle le calcul aérien est développé par al-Karajī et al-Zanjānī[42]. Les deux auteurs reprennent la définition euclidienne de nombre comme multitude d'unités. Ensuite, trois notions sont indispensables afin de décrire le nombre : le rang[43], à savoir les unités, les dizaines et les centaines, les milliers, les dizaines de milliers, etc. ; la notion de nœud, à savoir de un à neuf[44] et le nom, qui permet d'écrire les nombres sous la forme rhétorique. Dans la langue arabe, il est possible d'avoir douze noms : de un à neuf, puis dix, cent et mille. Ces notions, en particulier celle de rang, permettent de distinguer les nombres simples, à savoir nombres d'un seul rang (tels que neuf, vingt ou trois cent), des nombres composés, à savoir de plusieurs rangs (tels que onze, vingt-trois, cinq cent cinquante-cinq, etc.). Ensuite les opérations sont introduites. Ainsi, pour chaque opération une définition générale est formulée, puis des règles de calcul sont théorisées. On détaille comment appliquer l'opération dans le cadre des nombres simples et des nombres composés, ainsi que dans le cadre des fractions, ces dernières n'étant pas définies, mais conçues, selon les cas, comme des parties ou comme des rapports

---

41 L'arithmétique d'al-Fārisī, dont le titre original est *Asās al-qawā'id fī uṣūl al-fawā'id*, est éditée dans al-Fārisī (1994). Pour une étude de l'auteur, voir également les contributions de Oaks (2019) et de Crozet (à paraître)

42 Puisque nous n'avons pas pu examiner les trois autres écrits arithmétiques d'al-Zanjānī, notre analyse sera limitée à *L'appui des arithméticiens*, qui est clairement conçu selon le modèle d'*al-Kāfī* d'al-Karajī.

43 La notion de rang provient du calcul indien et sera également fondamentale dans le cadre de la définition et de la construction des puissances algébriques. Voir à ce sujet Crozet (2002), p. 504 et Rashed (2017), p. 283-286.

44 À propos des nœuds, Crozet explique que le nombre de nœuds (*'uqūd*) « spécifie la valeur à attribuer à chaque rang (ainsi pour les dizaines, *dix* n'a qu'un seul nœud, alors que *soixante* en a six) ; le nombre des "nœuds" pour chaque rang varie de *un* à *neuf* et correspond au bout du compte au chiffre dans le calcul indien (le terme *'uqūd* semble par contre emprunté au vocabulaire du calcul digital) » (Crozet (2002), p. 504).

de nombres entiers. Les opérations envisagées sont la multiplication, la division, le rapport, l'addition-soustraction et l'extraction de racine carrée. Les exemples qui accompagnent chaque règle sont choisis afin de certifier que la règle est générale, en contribuant aussi bien à l'explication de celle-ci qu'à sa justification. Ils acquièrent donc un double statut.

Comme cela a été évoqué, les arithméticiens du calcul aérien se concentrent principalement sur l'opération et sur sa description. La même démarche est employée dans l'étude du calcul algébrique, et en effet on peut constater que les textes de calcul aérien contiennent souvent un chapitre consacré à l'algèbre[45]. Des usages au calcul sexagésimal (le « calcul des minutes et des secondes ») et des questions de géométrie de la mesure figurent également dans ces textes. Les collections de problèmes figurent dans la partie finale de l'écrit. Les énoncés de ces problèmes peuvent concerner des nombres au sens abstrait, ou bien représenter des usages concrets de l'arithmétique, tels que les questions commerciales, le calcul du salaire ou d'autres calculs similaires. Comme les notions de base en témoignent, un aspect intéressant de ce calcul aérien est le fait que leurs auteurs y intègrent des éléments du calcul indien, mais aussi des notions d'origine euclidienne, telles que la définition du nombre, du rapport et de la proportion. Ces notions seront fondamentales afin d'expliquer comment opérer avec les fractions. Enfin, n'oublions pas que d'autres notions et problèmes proviennent des arithmétiques diophantiennes. Nous comprenons donc que, bien que dépourvus de références explicites, le textes sur le calcul aérien témoignent, encore plus que le calcul indien, de la variété de pratiques arithmétiques typique de l'époque.

---

45 Dans sa classification des textes arithmétiques, Saʿīdān remarque que certaines algèbres, telles que celle d'Abū Kāmil et al-Bāhir d'al-Samawʾal, sont liées au groupe de textes sur le calcul aérien, car elles procèdent selon les même critères et en évitant le système de numération indo-arabe. Nous avons toutefois remarqué que, lorsque le procédé de calcul passe par la construction d'un tableau, aussi bien al-Samawʾal qu'avant lui al-Karajī, utilisent les chiffres indo-arabes dans leurs textes d'algèbre.

LES RELATIONS ENTRE CALCULS

Le court résumé que nous venons de rédiger à propos des différents calculs et de leurs spécificités, nous aide a comprendre que ces calculs ne sont pas opposés l'un à l'autre, mais représentent plutôt différentes déclinaisons de l'étude des nombres et des opérations. Les arithméticiens-algébristes s'appliquent à mettre en place une dynamique dans laquelle chacun des trois calculs – indien, aérien et algébrique – féconde les deux autres. Comptage sur la base des puissances de dix, élaboration de règles pour les opérations, justifications de propriétés telles que la distributivité de la multiplication sur l'addition sont certains des contenus qui rendent le calcul aérien intéressant aux yeux des algébristes. Il s'agit notamment d'établir une analogie entre l'arithmétique des inconnues et celle des connues. Inversement, en lisant ces traités arithmétiques, nous comprenons que l'adoption d'une *forma mentis* algébrique a largement aidé des auteurs comme al-Karajī lors de la systématisation des règles de calcul aérien. Pour ce qui concerne la relation avec le calcul indien, nous verrons que la méthode de résolution par tableaux de certaines opérations algébriques proposée par al-Karajī et al-Samaw'al vient des agencements tabulaires du calcul indien. Enfin, en vertu de sa nature théorique, le calcul aérien permet d'expliquer les règles qui sont à la base du calcul indien et en échange ce dernier lui offre une mécanique et des techniques de calcul avantageuses.

Au lieu d'imaginer une seule et unique discipline, la variété de calculs utilisés et d'études sur les nombres permet d'identifier plusieurs traditions arithmétiques. Chacune de ces arithmétiques apporte sa contribution mais aucune ne possède les caractéristiques permettant de la mettre au fondement des autres. Conscients de cela, les arithméticiens-algébristes puisent dans les différentes arithmétiques afin de réutiliser tel ou tel autre concept ou technique, et développer, à l'aide de ceux-ci, des raisonnements algébriques.

LES ACTEURS DE LA TRADITION ARITHMÉTICO-ALGÉBRIQUE

Dans cette section sont rassemblées les informations principales sur la vie et les œuvres des deux maîtres spirituels d'al-Zanjānī, à savoir al-Karajī et al-Samaw'al. Depuis la fin du XIXe siècle des recherches historiographiques ont été menées sur ces deux auteurs et certains de leurs travaux ont été édités à partir des copies manuscrites conservées et commentées[46]. Les commentaires d'al-Shahrazūrī et d'al-Shaqqāq, ainsi que les écrits d'al-Zanjānī, suggèrent que tous ces auteurs font partie d'une école, qui fut en vogue pendant plusieurs siècles et qu'il serait maintenant important d'étudier de manière plus approfondie. Par exemple, il est très probable que, comme cela a été le cas d'al-Zanjānī, d'autres membres de cette tradition soient encore à découvrir.

AL-KARAJĪ

La vie d'al-Karajī

Abū Bakr b. Muḥammad al-Ḥasan al-Karajī était un mathématicien et un ingénieur qui vécut entre la fin du Xe et le début du XIe siècle[47]. Son nom a été longtemps objet d'incertitude : il fut d'abord identifié par l'historiographie avec le nom d'al-Karkhî – ainsi le nomme Franz Woepcke dans sa notice sur le *Fakhrī*– jusqu'à ce que Giorgio Levi della Vida découvre en 1933 que cette première appellation est fautive et que le nom correct figurant dans les écrits est Karajī[48]. Originaire des « Pays des montagnes », une région si-

---

46 Concernant les études sur al-Karajī, sont à signaler la *Notice sur le Fakhrî* de Woepcke (1851), p. 1-43 ; l'introduction de Anbouba (1964), p. 7-32 ; la notice « al-Karadjī » de J. Vernet dans Vernet (1997), vol. 4, p. 600, ainsi que la notice « al-Karajī » de Gillspie (1970), p. 240-245. Concernant les études sur al-Samaw'al, nous signalons Rashed (2021) qui reprend et améliore l'édition de Ahmad et Rashed (1972), ainsi que la notice « al-Samaw'al » de Gillspie (1970), vol. 12, p. 91-94. Une présentation des deux mathématiciens figure également dans Ben Miled (2005), p. 185-193 et p. 217-225.

47 D'après les recherches de Heinrich Suter, al-Karajī serait mort autour de 1029. Voir à ce propos Suter (1900), p. 84.

tuée entre l'Iran, la Perse et l'Azerbaïdjan, al-Karajī arriva à Bagdad autour de l'année 1000 et était en pleine activité lorsque Fakhr al-Mulk fut nommé nouveau gouverneur de la région. Celui-ci devint le protecteur d'al-Karajī, qui lui dédia son traité d'algèbre *al-Fakhrī* (écrit probablement autour de 1011) ainsi que ses ouvrages successifs, *al-Badī*ʿ et *al-Kāfī fī al-ḥisāb*. Trois textes sont mentionnés dans *al-Fakhrī* et furent donc composés avant ce dernier : un livre sur des questions testamentaires, un *Livre des questions rares* et un troisième sur l'analyse indéterminée. Les trois demeurent aujourd'hui introuvables.

Peu après *al-Fakhrī* al-Karajī écrivit un autre traité d'algèbre, dont le titre est *al-Badī*ʿ, puis le traité d'arithmétique *al-Kāfī fī al-ḥisāb*. Dans la préface de ce dernier texte, il précise l'avoir composé à Bagdad, sur commande d'Abū ʿalī al-Battī, et il le destine aux fonctionnaires de la religion et de l'administration[49]. Adel Anbouba estime qu'al-Karajī n'aurait quitté Bagdad qu'après la mort de son protecteur, survenue en 1020. La préface d'un autre livre, *Inbāṭ al-miyāh al-khafiyya* (*Sur l'extraction des eaux souterraines*), témoigne d'un dernier séjour aux Pays des montagnes. Il serait donc mort, là-bas ou ailleurs, dans les années '20 ou '30 du XIᵉ siècle.

Les œuvres d'al-Karajī

Les travaux de recherche autour de la figure d'al-Karajī, tels que ceux d'Anbouba et de Fuad Sezgin nous permettent d'établir la liste suivante[50].

Risāla fī al-istiqrāʾ (Épître sur l'istiqrāʾ).
Mentionné à la fin du chapitre homonyme d'*al-Fakhrī*, il s'agit d'un livre perdu[51].

---

48 Voir à ce sujet Anbouba (1964), p. 7-12.
49 Voir à ce propos Hochheim (1878), p. 3-4.
50 Voir plus précisément Anbouba (1964), p. 19-31 et Sezgin (1967). Nous mentionnons également les recherches de Giuseppina Ferriello sur la figure d'al-Karajī ingénieur (Ferriello (2007)), ainsi que la thèse de doctorat de Christophe Hebeisen, qui est une traduction d'*al-Badī*ʿ à partir de l'édition d'Anbouba et dans laquelle figure un résumé de la vie et des œuvres d'al-Karajī (Hebeisen (2009), p. 19-23).

Kitāb Nawādir al-ashkāl (Livre des questions rares).
Il s'agit d'un livre perdu, cité dans la conclusion d'*al-Fakhrī*[52].

Kitāb al-Dawr wa al-Waṣāyā (Livre des questions testamentaires).
Il s'agit d'un livre perdu, cité dans le même passage que le livre
précédent.

Kitāb fī al-ḥisāb al-Hindī (Livre sur le calcul indien).
Il s'agit d'un livre mentionné dans *al-Badīʿ* lors de l'exposé de la règle
pour l'extraction de racine d'une expression algébrique composée.

Al-Fakhrī fī al-jabr wa al-muqābala (L'honorable en algèbre).
Écrit à Bagdad autour du 1011 et dédié au « vizir des vizirs » Fakhr
al-Mulk, ce traité d'algèbre constitue le plus ancien écrit d'al-Karajī
qui nous soit parvenu. En 1853, Woepcke s'intéresse à cet ouvrage et
rédige une *Notice sur le Frakhrî*, accompagnée d'un *Extrait du Fakhrî*.
Dans la notice, Woepcke introduit les aspects historiques concernant
le texte et son auteur, et le compare aux *Arithmétiques* de Diophante
et au *Liber Abaci* de Fibonacci en raison de la similitude au niveau des
contenus et des problèmes abordés. Dans l'*Extrait*, il résume le traité
en langage symbolique moderne, en traduisant intégralement seulement certains passages du texte qu'il juge significatifs[53]. Conservé
en plusieurs copies manuscrites, *al-Fakhrī* a été édité par Saʿīdān en
1986. Le traité se compose de deux parties. Dans la première figurent

---

51 Saʿīdān (1986), p. 168 – Woepcke traduit le passage en question de la manière suivante :
    « J'ai aussi composé un ouvrage qui traite d'une manière développée, de la méthode de
    l'istikrâ en particulier » (Woepcke (1851), p. 74).

52 Voir Saʿīdān (1986), p. 308 – Woepcke traduit le passage en question de la manière
    suivante : « J'avais désiré y faire entrer quelque chose sur les particularités des figures,
    du cercle, et des testaments ; mais je ne l'ai pas fait, pour deux raisons : la première,
    c'est mon aversion pour la prolixité ; la seconde, c'est que j'ai déjà composé sur chacune
    de ces questions un ouvrage volumineux contenant les éléments de chacune, leurs théo-
    ries exactes et la solution des problèmes les plus subtiles d'après leur vraie méthode »
    (Woepcke (1851), p. 138).

53 Bien qu'aujourd'hui d'autres études aient perfectionné les recherches de Woepcke, son
    extrait demeure un outil de travail efficace et permet d'avoir un résumé détaillé du
    contenu du traité.

des définitions, des règles de calcul et des théorèmes, notamment :

- la définition des noms, des rangs, des parties et une méthode pour le comptage des rangs ;
- les règles de calcul pour l'arithmétique des inconnues, avec un chapitre pour chacune des opérations de multiplication, division, rapport, addition-soustraction et extraction de racine ;
- la démonstration de certains théorèmes utiles pour l'arithmétique des inconnues ;
- la lecture arithmétique de certaines propositions du Livre II des *Éléments*, l'égalité double diophantienne et d'autres identités remarquables ;
- les six problèmes algébriques correspondant aux six formes d'équations quadratiques ;
- l'introduction de l'analyse indéterminée.

La seconde partie de l'écrit se compose d'une longue collection de 254 problèmes, repartis en cinq sections.

Les références principales d'*al-Fakhrī* sont les traités de *ḥisāb*, l'œuvre algébrique d'Abū Kāmil et la version arabe des *Arithmétiques* de Diophante. Cependant, les seuls noms propres explicitement cités dans le texte sont ceux d'Euclide et de Diophante. Aux *Arithmétiques*, al-Karajī emprunte une bonne partie des problèmes des Livres II et III et l'intégralité du livre qui correspond au quatrième Livre de la traduction rédigée par Qusṭā ibn Lūqā.

La nouveauté d'*al-Fakhrī* est principalement liée à l'organisation de la partie théorique du livre autour de la notion d'opération. La progressive émancipation de l'opération et de l'équation de leur représentation géométrique, ainsi que la variété de types de problèmes étudiés algébriquement, sont également des aspects significatifs de ce texte. Puisqu'al-Karajī s'adresse ici à un lecteur débutant en algèbre, certaines opérations plus complexes, telles que la division ou l'extraction de racine carrée, ne sont pas examinées de manière exhaustive et l'étude du calcul des quantités irrationnelles n'est pas abordée.

Al-Badīʿ fī al-ḥisāb (Le Merveilleux dans le calcul).
Rédigé après *al-Fakhrī*, ce traité est destiné à des arithméticiens-

algébristes plus expérimentés. Malgré la courte distance temporelle qui les sépare, *al-Fakhrī* et *Al-Badī'* présentent des différences significatives aussi bien dans la forme que dans le contenu. *Al-Badī'* est plus concis et aucun long recueil de problèmes n'y est inclus. En revanche, les sujets qui y sont abordés sont plus avancés[54]. Le traité se compose de trois livres.

Le premier livre inclut :
- un abrégé des Livres VII à IX des *Éléments*, à savoir les livres arithmétiques d'Euclide ;
- l'étude de certaines identités algébriques remarquables, l'égalité double de Diophante et une lecture algébrique des propositions du Livre II des *Éléments* ;
- une lecture arithmético-algébrique des propositions du Livre X des *Éléments*, qui inclut également les règles de calcul des quantités numériques associées aux lignes irrationnelles[55].

Le deuxième livre porte sur « les inconnues algébriques » et il est consacré à l'étude des règles suivantes :
- la règle pour l'extraction de racine d'une grandeur algébrique composée de termes additifs ;
- la règle pour l'extraction de racine d'une grandeur algébrique composée de termes additifs et soustractifs.

Dans ce livre, al-Karajī expose deux méthodes de résolution pour l'extraction de racine, dont l'une passe par la construction des tableaux et n'était pas mentionnée dans *al-Fakhrī*.

Enfin, le troisième livre est consacré à l'analyse indéterminée, avec l'étude de l'opération d'égalisation – sur laquelle nous reviendrons plus loin dans cette introduction – et la résolution d'un petit groupe de problèmes.

Al-Badī' profite pleinement des recherches précédentes de son auteur sur l'arithmétique des inconnues et sur les problèmes d'analyse indéterminée, mais aussi de la tradition des commentaires arabes aux *Éléments* et du calcul indien.

---

54 Pour une étude approfondie de cet ouvrage, voir les déjà mentionnés Anbouba (1964) et Hebeisen (2009).

55 Un exposé détaillé de la conception des quantités irrationnelles chez al-Karajī et al-Samaw'al figure dans Ben Miled (2005), p. 193-215.

Al-Kāfī fī al-ḥisāb (Le suffisant dans le calcul).
Ce traité d'arithmétique fut commandé par Abū 'alī al-Battī et écrit probablement en 1013. Dans ce texte, al-Karajī s'adresse aux fonctionnaires de la religion et de l'administration. Par ailleurs, il écrit avoir été interrompu à plusieurs reprises pendant la rédaction du livre[56]. Anbouba affirme que le *Kāfī* fut rédigé en prenant pour modèle la célèbre arithmétique d'al-Buzjānī (*al-Mānazil fī al-ḥisāb*) avec l'intention de parvenir à une version plus courte et accessible de celle-ci. Comme l'algèbre, l'arithmétique d'al-Karajī est organisée autour de la notion d'opération. *Al-Kāfī* et *al-Fakhrī* ont également la même structure, avec une partie plus courte composée de règles et théorèmes, et une longue collection de problèmes.

Entre 1878 et 1880 Adolf Hochheim rédigea une traduction-résumé en allemand du *Kāfī* à l'image de ce que Woepcke avait fait avec *al-Fakhrī*. En 1986, le texte fut édité en arabe par Sami Chalhoub à partir des plusieurs copies manuscrites conservées[57].

'Ilal ḥisāb al-jabr wa al-muqābala (Causes du calcul d'algèbre et al-muqābala).
Il s'agit d'un court traité d'algèbre conservé en plusieurs copies manuscrites[58]. Il est consacré à la démonstration algébrique de l'algorithme de résolution des équations quadratiques, et traite aussi des opérations sur les radicaux et de leur démonstration algébrique.

Inbāṭ al-miyāh al-khafiyya (Sur l'extraction des eaux souterraines).
Ce livre traite des questions d'ingénierie hydraulique. Selon les historiens, ce texte remonte à la dernière phase de la vie d'al-Karajī, lorsqu'il était de retour aux Pays des montagnes. En effet, à l'époque la région était le lieu d'importants travaux hydrauliques. Dédié au

---

56 Voir à ce sujet, Hochheim (1878), p. 4.

57 L'édition de Chalhoub (1986) est également accompagnée d'un court commentaire mathématique.

58 Hebeisen indique l'existence de cinq copies manuscrites de ce texte, en précisant qu'il est conservé aussi sous le nom *Kitāb al-ajdār (niṣf al-ajdār)* (*Livre sur la moitié des racines*). Marouane Ben Miled indique la référence de deux de ces copies, notamment le Ms. Hūsner pasa, Istanbul 257 et le Ms. Bodleian Lib., I, 968, 3. Voir Ben Miled (2005) p. 193.

vizir Abū Ghānim Ma'rūf ibn Moḥammad, le texte s'adresse à des mathématiciens-ingénieurs et témoigne du niveau de connaissances hydrologiques et géologiques au XIe siècle[59].

Kitāb 'uqūd al-abiniya (Livre des constructions).
Il s'agit d'un écrit mentionné par al-Sinjārī, al-Qalqashandī et par Tash Köpri Zadeh[60].

Al-madkhal fī 'ilm al-nughūm (Introduction à la science des astres).
De ce dernier écrit, nous savons qu'il a été mentionné par des bio-bliographes tels que Hājjī Khalīfa[61].

Enfin, nous signalons que, dans son *al-Bāhir*, al-Samaw'al écrit avoir lu dans un texte d'al-Karajī la règle de composition du tableau triangulaire correspondant à ce que nous appelons aujourd'hui « la formule du binôme »[62]. Ce texte d'al-Karajī est aujourd'hui perdu, mais nous supposons qu'il était aussi connu par al-Zanjānī. En effet, ce dernier mentionne la règle à la fin de son chapitre VI, en relation à l'étude de l'extraction de racine carrée. Il ne reproduit toutefois pas le tableau triangulaire qui caractérisait l'exposé d'al-Samaw'al.

Deux commentateurs d'al-Karajī

Nous savons que certains écrits d'al-Karajī furent lus et commentés par les arithméticiens-algébristes des générations successives. Outre al-Samaw'al et al-Zanjānī, sont également à mentionner :
- Abū al-Ḥasan al-Shahrazūrī, mathématicien qui a probablement vécu entre 1086 et 1155. Al-Shahrazūrī est l'auteur du *Sharḥ al-Shāfī lī-kitāb al-Kāfī fī al-hisāb lī-l-Karajī* , volumineux commentaire du *Kāfī*. Al-Samaw'al écrit avoir été son élève à Bagdad [63].

---

59 Le texte a été étudié et traduit dans Ferriello (2007).
60 Anbouba (1964), p. 31 et Hebeisen (2009), vol. I, p. 23.
61 Anbouba (1964), p. 31.
62 Voir à ce propos Rashed (2021), p. xlvii-xlviii et p. 101-102
63 Lory (1997), vol. 9, p. 219.

- al-Shaqqāq, docteur de la loi coranique, il parvint à l'étude de l'arithmétique en raison de son travail sur les question testamentaires. Il s'agit donc du destinataire idéal de l'arithmétique d'al-Karajī. Il est l'auteur d'un commentaire à *al-Kāfī*, dont le titre est *Sarḥ al-Kāfī*. À ce propos, Anbouba signale que :

> Un manuscrit anonyme conservé à la Bibliothèque Nationale de Paris nous apprend qu'al-Shaqqāq étudia sur Abū l-Fadi al-Hamadānī le livre *al-ǧabr wal Wasāyā wad-Dawr* que ce dernier avait composé. Al-Hamadānī, nous dit ibn al-Atīr, mourut en 489 H., presque octogénaire ; ce qui rapporte sa naissance à l'époque où vivait al-Karajī. Nous ne savons pas si as-Saqqāq étudia *al-Kāfī* sur al-Hamadānī, mais le fait ne serait pas improbable (Anbouba (1964), p. 10-11).

La présence de ces commentateurs d'al-Karajī, qui s'ajoutent aux plus connus al-Samaw'al et al-Zanjānī, suggère qu'une véritable école se développe dans la lignée des travaux d'al-Karajī.

AL-SAMAW'AL

La vie d'al-Samaw'al

Contrairement à celle d'al-Karajī, la vie d'al-Samaw'al est bien documentée, ce dernier nous ayant même laissé une autobiographie[64]. Al-Samaw'al ibn Yahyā al-Maghribī est le fils d'un rabbin lettré qui émigra de Fez à Bagdad, d'où son appellation al-Maghribī. Il vécut au début du XIIᵉ siècle, et étudia la médecine et les mathématiques dans sa ville natale, Bagdad, dont le milieu scientifique était toutefois en décadence à l'époque. Samaw'al écrit avoir eu plusieurs maîtres, parmi lesquels il mentionne Abū al-Ḥasan al-Daskarī, qui lui apprit les méthodes du calcul indien et l'étude des tables astronomiques (*zīj*), Abū al-Barakāk al-Baghdādī, qui lui apprit l'étude de la médecine, et le mathématicien al-Shahrazūrī, qui l'introduisit à l'étude de l'algèbre et de l'arithmétique selon la tradition d'al-Karajī. Grâce à ses maîtres, il parvient donc à avoir une éducation mathématique de base, celles-ci incluant aussi les premiers livres des *Éléments* et la géométrie

---

64 R. Rashed signale que cette autobiographie fait partie du livre d'al-Samaw'al *Ifḥām al-Yahūd*. Voir à ce propos Rashed (2021), p. ix.

de la mesure. Pour l'étude des textes mathématiques avancés, tels que les derniers livres des *Éléments*, l'arithmétique d'al-Wasīṭī[65], l'algèbre d'Abū Kāmil et *al-Badī'* d'al-Karajī, il se retrouve toutefois obligé de continuer en autodidacte. Après de longs voyages, Samaw'al s'installa à Maragha, où il se convertit à l'Islam et passa les dernières années de sa vie. Les historiens fixent la date de sa mort autour de 1174[66].

Les œuvres d'al-Samaw'al

Al-Samaw'al fut un savant très productif. Si une bonne partie de ses écrits sont aujourd'hui perdus, nous pouvons toutefois consulter plusieurs de ses textes scientifiques sur l'algèbre, l'arithmétique, l'astronomie, ou encore la médecine. Notre étude sera limitée à son traité *al-Bāhir fī al-jabr (Le merveilleux en algèbre)*[67]. Il s'agit d'un traité d'algèbre qu'al-Samaw'al compose dans sa jeunesse, une fois accomplies ses études mathématiques. Nous disposons de deux copies manuscrites (l'une complète, l'autre lacunaire) et d'un fragment du texte[68]. Dans leur édition de 1972, Ahmad et Rashed remarquent que :

> *Al-Bāhir* se présente [...] à la fois comme un traité d'algèbre et comme une explicitation, développement dans la même orientation mais avec une rigueur croissante et délibérée, de l'œuvre d'al-Karajī (Ahmad et Rashed (1972), p. 1).

En effet, al-Samaw'al conçoit son travail comme un commentaire et une extension de l'algèbre d'al-Karajī. Il cite ce dernier plusieurs fois, mais manifeste aussi un esprit très créatif qui l'amène à s'approprier du travail du prédécesseur en élaborant de nouvelles règles de

---

65   Maymūn ibn Najīb al-Wasīṭī est un mathématicien-astronome qui travailla à la Maison de la Sagesse autour de 1074. Dans la même période Malik Shāh était en train de recruter un groupe d'astronomes, parmi lesquels figurait aussi al-Khayyām, dont la tâche était d'effectuer des observations pour la réforme du calendrier. Voir à ce sujet De Blois (2004), p. 301.

66   Au sujet de ce que nous venons d'indiquer sur la vie d'al-Samaw'al, voir, Brockelmann (1937), vol. I, Erst. Suppl., p. 857, la notice *Al-Samaw'al* de Gillspie (1970), vol. 12, p. 91 et Rashed (2021), p. ix-xiv.

67   Pour une description détaillée de l'ensemble des écrits scientifiques d'al-Samaw'al, nous renvoyons à la lecture de Rashed (2021), p. x-xi.

68   Voir à ce sujet Rashed (2021), p. lxix-lxx.

calcul.

Al-Bāhir se compose de quatre livres (*maqālat*) qui traitent des sujets suivants :

1. un livre sur l'arithmétique des inconnues ;
2. un livre sur « la détermination des inconnues » qui inclut plusieurs sujets, tels que l'étude des équations quadratiques, l'analyse indéterminée, des sommes de suites arithmétiques, ou encore la règle des deux erreurs, c'est-à-dire la double fausse position ;
3. une extension de l'étude d'al-Karajī sur les quantités irrationnelles, dans laquelle al-Samaw'al développe une arithmétique des quantités numériques associées aux lignes irrationnelles et décrit des méthodes pour la détermination des lignes composées, à savoir des irrationnelles euclidiennes (binômes, apotomés, bimédiales, etc.) ;
4. une classification des problèmes algébriques en trois catégories : nécessaires, possibles et impossibles. Les problèmes nécessaires sont ceux dont on peut savoir s'ils possèdent une ou plusieurs (voir une infinité) de solutions. Les problèmes impossibles sont ceux qui, selon al-Samaw'al, n'ont aucune solution. Enfin, les problèmes possibles sont un type de problèmes dont « l'arithméticien ou le géomètre [...] ne trouve une démonstration ni de son existence ni de sa non-existence ou de son inaccessibilité, par conséquent il l'ignore et l'appelle alors possible »[69].

Par rapport à al-Karajī, al-Samaw'al élargit le calcul algébrique par l'introduction de la puissance nulle, ainsi que par l'élaboration de règles telles que celle pour la division de deux expressions algébriques composées, ou celle pour l'extraction de racine carrée d'une expression algébrique qui présente des termes retranchés (une opération abordée par al-Karajī, mais que ce dernier ne parvient pas à terminer). Dans le deuxième livre du traité figure également le triangle pour le calcul de la formule du binôme, avec sa règle de construction et sa représentation tabulaire. Comme précédemment évoqué, al-Samaw'al attribue

---

69   Rashed (2021), p. 238 – Au sujet de la classification des problèmes d'al-Samaw'al, voir en particulier Ben Miled (2005), p. 277-284 et Rashed (2021), p. lxii-lxvi.

cette règle à al-Karajī, ce qui suggère que la règle était contenue dans un texte perdu de ce dernier. Il est intéressant de remarquer que, afin de noter les quantités numériques, al-Samaw'al adopte un langage mixte, avec des nombres écrits en chiffres indiens et d'autres écrits en toutes lettres. Ce choix est entre autres motivé par l'usage qui est fait, tout au long de l'écrit, des tableaux, ces derniers nécessitant de nombres écrits en chiffres. L'usage des tableaux pour la résolution de certaines opérations algébriques est également un élément de nouveauté par rapport aux textes conservés d'al-Karajī, dans lesquels les tableaux sont mentionnés mais jamais dessinés.

D'autres textes arithmétiques attribués à al-Samaw'al sont le déjà mentionné *L'essentiel sur le calcul indien* (*Kitāb al-Qiwāmī fī al-hisāb al-hindī*)[70] ; *Introduction à la science du calcul* (*al-Tabṣira fī al-ḥisāb*) et *Le résumé du calcul* (*Al-mūjiz fī al-ḥisāb*).

Du côté de l'astronomie, on rappellera *L'exposition des erreurs des astrologues* (*Kashf 'uwār al-munajjimīn wa ghalaṭihim fī akhbār al-a'māl wa al-aḥkām*)[71]. Enfin, al-Samaw'al nous a aussi laissé un livre de médecine *Nuzhat al-ashāb* et une critique du judaïsme *Ifḥām al-Yahūd*.

LES SPÉCIFICITÉS DE LA TRADITION ARITHMÉTICO-ALGÉBRIQUE

La relation instaurée entre arithmétique et algèbre est fondée sur la possibilité d'aborder algébriquement un corpus très hétérogène de problèmes arithmétiques. Il s'agit de combiner les opérations arithmétiques élémentaires appliquées aux inconnues avec les opérations de restauration et comparaison. Cela permet de renvoyer le problème à l'une des formes d'équation, et d'appliquer à celle-ci un procédé que nous appellerions aujourd'hui un algorithme de résolution. Dans l'ensemble de cette démarche, le principal élément de nouveauté apporté par l'école d'al-Karajī est le suivant : le développement du calcul algébrique et l'extension de l'arithmétique au calcul de nouveaux objets (irrationnels et inconnues algébriques) devient le cœur de l'enseigne-

---

70 Rashed (1984c), p. 140-145.
71 Une liste plus complète des écrits mathématiques attribués à al-Samaw'al se trouve dans Ihsanoğlu et Rosenfeld (2003), p. 184-185.

ment de l'algèbre. De cette manière, un dialogue est instauré entre les méthodes de l'algèbre et les méthodes de l'arithmétique. À côté des règles de calcul, les problèmes sont les autres protagonistes de cet enseignement. Plus précisément, l'étude de l'opération et la résolution des problèmes constituent les deux faces d'une même médaille. Par conséquent, elles sont développées en parallèle. Le contexte scientifique que nous venons de résumer permet d'identifier plus clairement les objectifs en algèbre de la tradition arithmético-algébrique :

1. faire de l'interaction algèbre-arithmétique le sujet principal d'un traité d'algèbre ;
2. établir une correspondance entre l'arithmétique des connues et celle des inconnues ;
3. mettre en place une théorie complète du calcul algébrique, fondée sur l'arithmétique des inconnues, sur des propositions et théorèmes arithmétiques utiles à l'algèbre et sur la théorie des équations de degré inférieur ou égal à 2 ;
4. émanciper l'expression algébrique de sa représentation géométrique ;
5. constituer un corpus de problèmes typiques de l'algèbre.

Nous en venons à considérer al-Karajī comme le fondateur de la tradition arithmético-algébrique, puisqu'il fut le premier à regrouper tous ces objectifs dans son enseignement. Il perçoit la nécessité d'un traitement plus structuré de la théorie à la base du calcul algébrique et entame donc un travail de recherche qui sera poursuivi et perfectionné par ses successeurs, parmi lesquels se distingue al-Zanjānī. Le cadre général que nous venons de décrire nous aidera à identifier les éléments de nouveauté de ce dernier mathématicien.

AL-ZANJĀNĪ ET SON LIVRE D'ALGÈBRE

LA VIE D'AL-ZANJĀNĪ

Le nom d'al-Zanjānī n'est pas méconnu des historiens. Mentionné par les biographes et biobibliographes arabes anciens, il figure dans les plus importants ouvrages de référence biographiques contemporains en langue anglaise tels que *Encyclopedia of Islam* et *Dictionnary of scientific biography*, ainsi que dans plusieurs ouvrages du même genre en langue arabe ou persane. Nous disposons toutefois de peu d'informations biographiques sur al-Zanjānī. Originaire de la région de Zanjan, son identité a été l'objet de deux thèses différentes[1]. Un groupe de biographes et biobibliographes attribue à Ibrahīm bin ʿAbd al-Wahhāb al-Zanjānī et à ʿAbd al-Wahhāb ibn Ibrahīm al-Zanjānī le mêmes écrits et les voit donc comme une seule et unique personne. A ce groupe appartiennent, par exemple, Khaīr al-Dīn al-Ziriklī et, plus tard, Carl Brockelmann, l'un fixant la date de la mort d'al-Zanjānī en 1257, l'autre en 1262[2]. Leur argument s'appuie sur le témoignage du savant égyptien al-Suyūṭī (1445-1505), qui, dans son dictionnaire biographique, nous indique qu'al-Zanjānī aurait travaillé au moins une partie de sa vie à Bagdad[3]. Toujours selon Suyūṭī, il serait l'auteur du *Sharḥ al-Hādī*, du traité de grammaire *Taṣrīf* et d'ouvrages sur la métrique et la rime. D'autres historiens considèrent qu'il ne faudrait pas unifier les deux noms, car l'un serait le père et l'autre le fils. Cette thèse a été notamment soutenue par l'orientaliste allemand Rudolf Sellheim[4], en référence à la plus ancienne source mentionnant le nom d'al-Zanjānī dont nous

---

1   Voir à ce sujet Gillot (1993), p. 385-562.
2   Ziriklī (1989), p. 179 ; Brockelmann (1937), erst. Supp., p. 497-498.
3   Suyūṭī (1908), p. 318.
4   Sellheim (1976), vol. II, p. 53-55.

disposons aujourd'hui, à savoir le dictionnaire biographique *Majmaʿ al-ādāb fī muʿjam al-alqāb* de l'historien Ibn al-Fuwaṭī (1244-1323)[5]. Selon cette thèse, l'auteur de *Balance de l'équation* serait le fils, un savant qui fut d'abord actif à Tabrīz en tant que lexicographe, grammairien et rhétoricien. Après un passage à Khursaran, al-Zanjānī revint à Tabrīz, où il fit la connaissance de Naṣīr al-Dīn al-Ṭūsī et composa pour lui des ouvrages sur les sciences de la nature, dont nous avons perdu les traces aujourd'hui. Sa mort aurait eu lieu en 1261, à Tabrīz ou à Maragha. En commentant cette thèse, Claude Gillot remarque que :

> Ces informations paraissent d'autant plus dignes de confiance qu'Ibn al-Fuwaṭī se trouva avec al-Ṭūsī en 660/1261 et qu'il faisait fonction de bibliothécaire à l'observatoire de ce dernier à Maragha[6].

Nous partageons l'avis de Gillot et privilégions donc cette deuxième hypothèse de travail. L'image d'al-Zanjānī qui émerge est dans les deux cas celle d'un savant avec un double profil : d'une part un grammairien, lexicographe et linguiste, d'autre part un mathématicien et astronome.

Comme dans le cas d'al-Karajī et d'al-Samawʾal, des informations précieuses par rapport à la vie et à la production scientifique d'al-Zanjānī nous viennent directement des préfaces de ses écrits. Dans celle de son traité d'algèbre, nous apprenons par exemple qu'il avait étudié les mathématiques dans sa jeunesse, qu'il les avait ensuite enseignées et que ce sont justement ses élèves et collègues qui l'ont poussé à écrire un livre d'algèbre. Al-Zanjānī souhaite laisser une trace de ses enseignements avant que d'autres se les approprient. En effet, il se plaint d'avoir été victime de plagiat.

LES ÉCRITS D'AL-ZANJĀNĪ

De même que sa vie, les œuvres d'al-Zanjānī sont encore très peu connues. La plupart des écrits linguistiques, ainsi que l'intégralité

---

5   Ibn al-Fuwaṭī (1962), Tome 4, Partie 1, p. 234-235, notice 297, et Tome 4, Partie 2, p. 652, notice 652.
6   Gillot (1993), p. 500 – Voir aussi Rosenthal (1986), vol. 3, p. 769-770.

des écrits mathématiques, demeurent inédits[7]. Puisque leur ordre de rédaction est incertain, nous avons choisi de les regrouper en deux catégories : les écrits « linguistiques » (des ouvrages de grammaire, morphologie, poétique, etc.) et les écrits « mathématiques ».

LES ÉCRITS LINGUISTIQUES

Kitāb al-Taṣrīf al-ʿIzzī (Livre de morphologie d'al-ʿIzzī).
Il s'agit d'un traité de morphologie, écrit probablement en 1228 et conservé en plusieurs copies manuscrites[8]. Le traité a été l'objet de plusieurs commentaires. En 1336, alors qu'il était encore très jeune, le savant al-Taftāzānī (1322-1390) rédige son premier écrit de linguistique : le *Sharḥ al-Taṣrīf al-ʿIzzī*, qui est un commentaire du livre d'al-Zanjānī, ʿIzz al-Dīn étant l'un des noms utilisés pour identifier al-Zanjānī[9]. Le traité d'al-Zanjānī est le troisième de son genre à avoir été transmis au monde latin. Il circula au Moyen Âge et fit par la suite l'objet d'une édition et de deux traductions en latin, l'une littéraire l'autre idiomatique, qui furent rédigées par Giovanni Battista Raimondi à la cour des Médicis[10].

Al-Maḍnūn bihī ʿalā ghayr ahlih.
Ce texte est une anthologie de fragments poétiques aux sujets variés (amour, amitié, prière, etc.). Dans la notice consacrée à al-Zanjānī de l'*Encyclopaedia of Islam*, Emeri Van Donzel indique qu'en 1324 al-ʿUbaydī termina un commentaire à cet ouvrage[11].

Kitāb miʿyār al-nuẓẓār fī ʿulūm al-ashʿār (Livre sur la mesure des observateurs sur les dix sciences).

---

7   En raison du petit nombre d'études rigoureux menées sur la figure d'al-Zanjānī, il est très probable que d'autres écrits puissent lui être attribués.

8   Les informations sur le contenu de cet écrit ici reportées sont incluses dans la notice « al-Zanjānī » de Van Donzel (2004), vol. 12, p. 841-842.

9   Pour une édition de ce texte, voir Taftāzānī (2012).

10   Raimondi (1610).

11   Voir Van Donzel (2004). Le nom complet d'al-ʿUbaydī indiqué par Van Donzel est ʿUbayd Allāh ibn ʿAbd al-Kāfī ibn ʿAbd al-Mayyīd al-ʿUbaydī, et le titre du commentaire en question est *Sharḥ al-Maḍnūn bihī ʿalā ghayr ahlih*. Le texte étant toutefois attribué à un certain ʿIzz al-Dīn ʿAbd al-Wahhāb ibn Ibrāhīm Khazrajī.

Il s'agit d'un livre sur les sciences poétiques qui inclut aussi une liste des sciences du langage (*'ulūm adabiyya*) : lexique, morphologie, dérivation, syntaxe, rhétorique, prosodie, rime, taxonomie, écriture en prose, composition poétique, art de l'écriture à la main et art de la citation. Wolfhart Heinrichs remarque que, à l'époque de ce texte, le domaine des sciences du langage était très hétérogène. Ainsi, le fait que cette liste soit la première de ce type qui nous soit parvenue et d'autant plus digne de note. Il s'agit de la liste composée par le savant al-Zamakhsharī (1075-1144) dans ses travaux sur la prosodie[12]. Pour ce texte, comme pour certains des poèmes d'*al-Maḍnūn*, al-Zanjānī utilise des sources en langue persane. Une édition du *Mi'yār*, rédigée par Muḥammad 'Alī Rizk al-Khafādjī, a été publiée en 1991[13].

Sharḥ al-Hādī (Commentaire d'al-Hādī).
Ce commentaire est également attribué à al-Zanjānī, notamment par al-Suyūṭī [14].

LES ÉCRITS MATHÉMATIQUES

Concernant les écrits mathématiques, une liste des ouvrages d'al-Zanjānī fut rédigée par Ekmeleddin Ihsanoğlu et Boris A. Rosenfeld[15]. Les deux historiens y détaillent les titres des textes, les manuscrits conservés dont ils connaissent l'existence et d'éventuelles études historiographiques dont ils ont connaissance. Nous avons intégré à cette liste les informations qui figurent dans d'autres sources historiographiques consacrées à notre auteur, ainsi que celles qui proviennent de la lecture des deux textes *L'appui des arithméticiens* et *Balance de l'équation*.

'Umdat al-ḥussāb (L'appui des arithméticiens).
Un traité d'arithmétique conservé en – au moins – deux copies

---

12 Heinrichs (1995), p. 137-138.
13 Zanjānī (1991).
14 Suyūṭī (1908), p. 318 et Gillot (1993), p. 500.
15 Ihsanoğlu et Rosenfeld (2003), p. 207.

manuscrites. Une copie de ce texte figure dans chacun des deux recueils qui contiennent *Balance de l'équation*. Rédigé avant le livre d'algèbre, il y est mentionné plusieurs fois. Pour al-Zanjānī il constitue une étape préliminaire à l'apprentissage de l'algèbre. Le titre est également signalé par Ziriklī[16] et par Fuad Sayyid[17].

Kitāb al-uṣūl fī al-handasa (Livre des éléments de géométrie).
D'après les recherches d'Ihsanoğlu et de Rosenfeld, ce livre de géométrie conservé en une seule copie manuscrite[18]. Au chapitre VII de son livre d'algèbre, al-Zanjānī renvoie la démonstration des propositions qui composent ce chapitre à un *Livre des éléments*, qui contient les démonstrations des propositions énoncées dans ce même chapitre. Nous pouvons supposer qu'il s'agit donc de cet autre ouvrage.

Qisṭās al-muʿādala fī ʿilm al-jabr wa al-muqābala (Balance de l'équation dans la science d'algèbre et al-muqābala).
Cet écrit vient à la suite d'une longue activité d'enseignement et de la rédaction de son traité d'arithmétique *L'appui des arithméticiens*. À propos de l'algèbre, al-Zanjānī écrit :

> Au début de ma jeunesse, je m'en étais passionné pendant un certain temps. J'ai voué à cela une partie de l'arbre de ma vie et j'ai dicté sur cela plusieurs épîtres dans lesquelles j'ai mentionné les choses minutieuses que personne n'avait mentionnées auparavant, ainsi que les choses subtiles sur lesquelles personne n'avait réfléchi avant moi. Malheureusement, le peu d'intérêt que j'y prêtais à cause de ma grande habilité dans ce genre de choses a fait que je n'ai pas conservé les originaux [de ces écrits]. Ceux-ci se sont donc dispersés dans les mains des étudiants, qui, pour la majorité d'entre eux, se les sont appropriés, en prétendant être à l'origine de leur découverte et en avoir établi les principes et les ramifications.
>
> C'est alors que l'un de mes frères et de mes amis les plus fidèles m'a demandé de clarifier et de rédiger un petit livre contenant les principes de cette science et ses branches, en y indiquant les critères et les ramifications des problèmes selon les règles [de cette science], et d'y inclure ce dont je me

---

16   Ziriklī (1989), p. 179.
17   Sayyid, *Makhṭuṭat al-Yaman*, mentionné dans Ihsanoğlu et Rosenfeld (2003), p. 207.
18   Il s'agit du Ms. Baku (B 2520, 4280/1).

souviens de ses singularités, et de tout ce que l'esprit y voit comme étant un cas extraordinaire. J'ai donc composé cet petit livre afin de répondre à la demande [de cet ami] et enflammer son esprit de recherche. Je l'ai appelé *Balance de l'équation dans la science de l'algèbre et al-muqābala*. Je l'ai dénué des démonstrations, car le lieu approprié pour exposer celles-ci est la science de la géométrie[19].

Fortement influencé par les écrits d'al-Karajī, al-Zanjānī retravaille ses sources et parvient à la composition d'un « abrégé », comme il l'appelle lui-même, qui a, toutefois, la forme d'un véritable traité d'algèbre. Transmises en binôme avec le traité d'arithmétique, deux copies manuscrites de l'algèbre d'al-Zanjānī nous sont parvenues. *Balance de l'équation* est mentionné par Rashed dans son ouvrage sur l'histoire de l'analyse diophantienne[20], ainsi que par Mohammad Yadegari dans un article à propos de la formule du binôme que al-Zanjānī introduit, sans la démontrer, à la fin du chapitre VI[21].

Traité sur les carrés magiques.
Ce texte sans titre est un court traité sur la construction des carrés magiques[22]. Sesiano remarque que la quantité de copies qui nous sont parvenues témoigne de la large circulation de ce texte au Moyen Âge. Il signale également que l'écrit est consacré aux usages pratiques des carrés magiques : les règles de construction des carrés magiques sont introduites, mais rien n'est dit sur leur démonstration. Deux copies manuscrites sont indiquées par Ihsanoğlu et Rosenfeld[23].

Al-Risāla al-'Izziyya fī al-ḥisāb al-hawā'ī (Épître de 'Izz al-Dīn sur le calcul aérien).
Conservé en plusieurs copies manuscrites recensées par Ihsanoğlu et

---

19 Traduit à partir de Ms. [A] f⁰ 106r⁰ et Ms. [B] f⁰ 2r⁰.

20 Rashed (2013), p. 34-74.

21 Yadegari (1980) – En raison du peu d'études sur al-Zanjānī mathématicien, il est important de mentionner cet article, bien qu'il soit très concis et qu'il présente plusieurs imprécisions.

22 Le texte est édité dans Sesiano (1987), p. 78-79. À propos de son contenu, voir aussi Sesiano (2004), p. 16-17.

23 Il s'agit de Ms. Istanbul Köprülü 828 et de Ms. Istanbul Millet Feyzullah 1362/5. Voir Ihsanoğlu et Rosenfeld (2003), p. 207.

Rosenfeld, cet écrit est consacré au calcul aérien[24]. Comme al-Karajī, al-Zanjānī aussi se penche activement sur le calcul aérien. Ainsi, nous estimons qu'une étude approfondie de ce texte pourrait révéler des liens intéressants avec *al-Kāfī* et avec les autres écrits mathématiques d'al-Zanjānī.

Bahr al-fawāid fī 'ilm al-hisāb (Mer des usages de la science du calcul). Ihsanoğlu et Rosenfeld indiquent que cet autre texte d'arithmétique est mentionné dans le précédent comme étant un traité plus exhaustif.

Nous incluons à cette liste deux derniers écrits scientifiques recensés par Ihsanoğlu et Rosenfeld, sur lesquels nous n'avons toutefois aucune information supplémentaire :

- *al-Risāla al-kāfiyya fī al-hisāb (Épître sur le suffisant dans le calcul)*
- *Mukhtasar fī isti'māl al-astrulāb (Abrégé sur l'usage de l'astrolabe)*

LE *QISṬĀS AL-MU'ĀDALA FĪ 'ILM AL-JABR WA AL-MUQĀBALA*

L'HISTOIRE DU TEXTE

Nous avons repéré deux copies manuscrites de *Balance de l'équation*. L'une est le manuscrit Istanbul, Topkapi Sarayi Müzesi, III Ahmet 3457. L'autre est le manuscrit Dublin, Chester Beatty Library, Arberry 3927. Nous ne sommes pas en mesure de dater la première copie. En revanche, Arberry signale que la copie de son recueil fut rédigée par le copiste 'Alī Naqī b Muḥammad Mu'min al-Abharī, le jeudi 28 Muharram 643, à savoir le 25 juin 1245. Si cette indication est correcte, cela signifie que la copie en question aurait été rédigé avant la mort d'al-Zanjānī, située par les historiens entre les années '50 et '60 du XIIIe siècle.

Dans notre édition, nous avons indiqué la copie du recueil 3457 Ahmet III avec la lettre [١] et la copie d'Arberry 3927 avec la lettre [ب]. Celles-ci deviendront [A] et [B] dans la traduction. Dans la copie [A] une version de *L'appui des arithméticiens* précède celle de *Ba-*

---

24 Ihsanoğlu et Rosenfeld traduisent le titre en utilisant l'expression *mental arithmetics*. Voir Ihsanoğlu et Rosenfeld (2003), p. 207.

lance de l'équation, tandis que dans [B] elle la suit. Les deux copies ont été numérotées par les conservateurs. La copie [A] se compose de 118 folios, avec 25 lignes par page. La copie [B] se compose de 133 folios avec 17 lignes par page et elle ne présente pas les quatre derniers folios du traité, c'est-à-dire que les six derniers problèmes du chapitre X y sont absents. Dans les deux recueils, le traité d'algèbre se présente divisé en dix chapitres.

Entre les deux versions manuscrites, il est possible de repérer un certain nombre de variantes telles que le choix de la personne et/ou du temps verbal employés dans la conjugaison des verbes. Par exemple, le copiste de [A] préfère utiliser la troisième personne du singulier masculin, tandis que dans [B] les phrases sont plus souvent à la deuxième personne du singulier masculin. Par ailleurs, plusieurs passages figurent dans [A] mais sont absents de [B], ou bien figurent dans [B] mais sont absents de [A]. Ces longues omissions ne sont donc pas identiques dans les deux copies et montrent ainsi que les deux manuscrits ne sont pas en lien de filiation. Il faut plutôt supposer l'existence d'un ancêtre commun qui demeure, pour l'instant, perdu.

L'ORGANISATION DU TRAITÉ

Le titre des dix chapitres de *Balance de l'équation* sont les suivants :
1. Sur les noms et les rangs (Ms. [A], f° 106r°-107v°)
2. Sur la multiplication (Ms. [A], f° 107v°-110v°)
3. Sur la division, (Ms. [A], f° 110v°-115v°)
4. Sur l'addition et la soustraction (Ms. [A] f° 115v°-118v°)
5. Sur les nombres en proportion (Ms. [A] f° 118v°-122v°)
6. Sur l'extraction de racine des inconnues (Ms. [A] f° 122v°-127v°)
7. Sur des propositions dont la plupart est démontrée dans le *Livre des éléments* (Ms. [A] f° 127v°-132r°)
8. Sur les six problèmes algébriques (Ms. [A] f° 132r°-140v°)
9. Sur les problèmes algébriques qui appartiennent aux principes précédents (Ms. [A] f° 140v°-183v°)
10. Sur l'analyse indéterminée (Ms. [A] f° 183v°-223r°)

Nous avons indiqué le nombre de folios de chaque chapitre afin d'en montrer le poids par rapport à l'économie générale du traité. De manière similaire à l'organisation des textes sur le calcul aérien, le premier chapitre contient les définitions des rangs, les noms des puissances algébriques, et les règles de construction de ces dernières. Les chapitres suivants sont consacrés aux opérations arithmétiques élémentaires appliquées aux inconnues. S'ajoute à cela le chapitre V, qui constitue un compendium de la théorie euclidienne des nombres, et le chapitre VI, qui traite de l'opération d'extraction de racine carrée. Le chapitre VII est un recueil de propositions arithmético-algébriques qui seront utiles lors de la justification de certains passages résolutifs des problèmes, tandis que le chapitre VIII est un résumé de la théorie des équations quadratiques élaborée par les prédécesseurs d'al-Zanjānī. Mais la partie la plus volumineuse du traité est constituée par l'ensemble des chapitres IX et X. Le chapitre IX est une collection de problèmes arithmétiques transposés en algèbre (189 problèmes). Quant au chapitre X, ce dernier présente une courte section théorique (*Sur les principes à la base de l'analyse indéterminée*) suivie d'une collection de 126 problèmes (*Sur les problèmes spécifiques à l'analyse indéterminée*).

Selon al-Zanjānī, le calcul algébrique inclut l'arithmétique des inconnues, à savoir les règles d'application des opérations arithmétiques élémentaires et de l'extraction de la racine carrée aux quantités inconnues ; la théorie euclidienne des nombres et les propositions utiles pour l'algèbre. Unie à la théorie des équations quadratiques, cette théorisation du calcul algébrique est ensuite appliquée aux problèmes. Il est intéressant de remarquer que les « six problèmes algébriques », à savoir les six formes d'équations quadratiques, deviendront, à leur tour, un outil indispensable pour la résolution des autres problèmes algébriques du traité et jouent ainsi un double rôle, à la fois problème et méthode de résolution. Dans les deux derniers chapitres de son texte al-Zanjānī reprend la distinction, établie par ses prédécesseurs, entre problèmes déterminés et « fluides » (*sayyala*), c'est-à-dire indéterminés, et vise à rédiger une collection la plus possible exhaustive de problèmes arithmético-algébriques. Les problèmes déterminés sont rangés au chapitre IX, tandis que les indéterminés figurent aussi bien au chapitre IX, mélangés aux déterminés, qu'au chapitre X. Cependant, comme son titre le suggère, ce dernier chapitre ne comprend que les problèmes d'*istiqrā'*, c'est-à-dire d'analyse indéterminée. Ainsi, pour al-Zanjānī tous les problèmes d'*istiqrā'* sont indéterminés, mais l'inverse n'est pas vrai. Nous avons résumé la susdite organisation générale du traité au moyen de la figure 2.2.

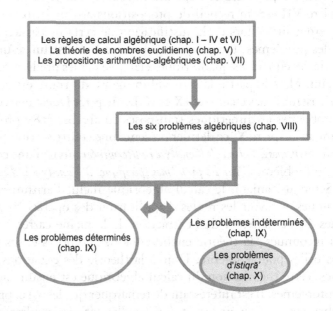

Fɪɢ. 3.2 : L'organisation du traité d'al-Zanjānī

    L'algèbre d'al-Zanjānī est caractérisée par une double relation de dépendance, d'une part avec les écrits d'al-Karajī, d'autre part avec *L'appui des arithméticiens*. Dans le cadre de notre analyse, il est donc important d'examiner ces deux relations.

L'HÉRITAGE D'AL-KARAJĪ ET LES ASPECTS NOVATEURS DE *BALANCE DE L'ÉQUATION*

Dans le chapitre précédent, il a été évoqué le fait qu'al-Zanjānī reprend la formulation des règles et de nombreux exemples et problèmes au moins d'*al-Fakhrī* et d'*al-Badī*. La lecture du premier de ces deux textes a sans aucun doute influencé notre auteur dans sa manière de concevoir l'arithmétique des inconnues, dans le choix des problèmes et, plus généralement, dans son organisation du traité. Rappelons encore une fois que, aussi bien *al-Fakhrī* que *Balance de l'équation* sont conçus pour un lecteur arithméticien qui veut s'initier à l'algèbre. Concernant *al-Badī*, les emprunts les plus explicites faits par al-Zanjānī correspondent au résumé des propositions euclidiennes sur les nombres en proportion et à la partie sur l'analyse indéterminée.

Al-Zanjānī ne se limite pas à copier son maître. Au contraire, il réorganise les contenus qui se présentaient dispersés dans les textes karajiens, il améliore l'exposé en ajoutant des exemples là où la règle n'est pas suffisamment claire ou exhaustive, et il corrige certains passages qu'il juge erronés. Un intéressant témoignage de cette appropriation du texte karajien figure dans la première section du chapitre sur l'analyse indéterminée. Al-Zanjānī y présente l'opération d'égalisation, c'est-à-dire qu'il explique comment choisir le carré parfait qui remplacera la deuxième inconnue de l'équation indéterminée afin de rendre l'équation déterminée. Dans *al-Badī*, al-Karajī aussi s'était penché sur les règles pour l'égalisation, et il avait accompagné chaque forme d'équation indéterminée de plusieurs exemples d'application de la règle. Un de ces exemples est l'équation : « un *carré-carré* (*māl māl*) plus dix unités égalent un carré (*murabbaʿ*) », à savoir

$$x^4 + 10 = y^2,$$

pour laquelle il n'existe aucune solution positive et rationnelle. Al-Karajī écrit :

Tu passes en revue les quantités jusqu'à ce que tu trouves un carré tel que, si tu en retranches dix unités, le reste sera un *carré-carré*, ou tu l'égalises à des *carrés-carrés* tels que, si on retranche les *carrés-carrés* qui sont avec le nombre, le nombre qui reste de ceux-ci sera semblable au nombre. La similarité est que le rapport de l'un des deux nombres à l'autre sera égal au rapport d'un *carré-carré* rationnel à un *carré-carré* rationnel. J'entends par rationnel ce qui a une racine de racine[25].

Cette obscure explication n'est suivie d'aucune tentative de résolution[26]. Or, lorsque al-Zanjānī reprend cet exemple, il change stratégiquement le nombre « dix » en « vingt ». L'équation devient alors :

$$x^4 + 20 = y^2$$

L'orthographe des deux termes arabes *'ashara* (dix) et *'ishrīn* (vingt) étant susceptible de confusion, nous avons d'abord pensé à une erreur, attribuable soit à une mauvaise lecture d'al-Zanjānī du passage d'*al-Badī'*, soit à mauvaise transcription des copistes d'al-Zanjānī. La comparaison détaillée des deux textes montre qu'il n'en est rien et qu'il s'agit d'une correction intentionnelle du texte d'al-Karajī de la part de notre auteur. Al-Zanjānī recopie l'explication d'al-Karajī, change le terme qui rendrait le problème impossible, et complète le paragraphe avec la résolution de l'équation qui, avec 20 à la place de 10, devient possible. Voici son explication :

> Tu passes en revue les grandeurs afin de trouver un nombre carré tel que, si tu soustrais de lui vingt unités, le reste sera un *carré-carré*, comme trente-six. Ou bien tu l'égalises à un *carré-carré* radicande tel que, si tu ôtes de lui le *carré-carré* qui est avec le nombre, le nombre qui reste de ceux-ci sera semblable au nombre. La similarité est que le rapport de l'un des deux nombres à l'autre est comme le rapport d'un *carré-carré* rationnel à un *carré-carré* rationnel, j'entends par rationnel ce qui a comme racine une racine

---

25 (Rashed, 2013), p. 51 – Rashed traduit ce passage à partir de Anbouba (1964), p. 69. Le terme *miqdār* est ici traduit par « quantité ». Dans la version du problème d'al-Zanjānī, nous garderons au contraire la traduction « grandeur ».

26 Dans le commentaire qui suit la traduction de ce passage, Rashed remarque que : « Ainsi al-Karajī s'arrête sans tenter de résoudre le problème. En fait, le problème est impossible et, avec les moyens qui lui offraient les mathématiques de l'époque, al-Karajī n'était pas en mesure de connaître cette impossibilité, encore moins de la démontrer. C'est très probablement pour cette raison qu'il n'a pas abordé la solution du problème » (Rashed (2013), p. 51).

rationnelle. Tu l'égalises alors à un *carré-carré* plus un quart d'un *carré-carré* et tu obtiens : un *carré-carré* est égal à seize unités[27].

Ainsi, il prend soit $y = 6$, donc $x^4 + 20 = 36$; soit $y = \frac{3}{2}x^2$, donc $x^4 + 20 = 2x^4 + \frac{1}{4}x^4$. Dans les deux cas, il obtient la solution $x^4 = 16$, donc $x = 2$.

Nous avons déjà précisé les origines du projet arithmético-algébrique. Nous constatons maintenant que le texte d'al-Zanjānī témoigne d'une forme déjà bien avancée de ce projet. Ainsi, la table des matières que nous venons de décrire, tout comme l'exemple que nous venons d'analyser, nous amènent à développer quelques remarques à propos de la démarche d'al-Zanjānī. La première concerne la partie du texte que nous qualifions de théorique. Celle-ci confirme le fait que, contrairement aux traités du IXe siècle – dans lesquels l'attention portait sur la formulation d'une théorie pour les équations linéaires et quadratiques et sur leur justification – ici ce sont les opérations et les règles de calcul qui deviennent le principe organisateur du traité. La deuxième remarque concerne la place à attribuer à la géométrie dans cette algèbre et la présence de nouvelles formes argumentatives. Enfin, une troisième remarque porte sur la relation instaurée entre partie théorique du texte et problèmes. Comme dans l'étude des équations quadratiques menée au IXe siècle, la formulation des règles de calcul algébrique devient indissociables du corpus de problèmes. Ce lien étroit implique de devoir réfléchir à propos du statut des problèmes dans cette tradition. Nous abordons chacune de ces trois remarques dans les pages suivantes.

L'ARITHMÉTIQUE DES INCONNUES

Comme cela a été évoqué, l'arithmétique des inconnues est développée dans les chapitres I à IV auxquels nous ajoutons aussi le chapitre VI. Les règles et les exemples contenus dans ces chapitres étant détaillés dans le commentaire mathématique en annexe, nous nous limitons à résumer ici certains des aspects significatifs qui émergent de ce travail exégétique du texte. En accord avec ses maîtres, al-Zanjānī

---

27 Traduit à partir de Ms.[A] f° 188v° et Ms. [B], f° 98r°.

veut montrer que le calcul algébrique, c'est-à-dire l'ensemble des
opérations arithmétiques appliquées au domaine des inconnues algébriques, suit les mêmes règles que le calcul arithmétique. En reprenant la démarche typique du *Fakhrī*, pour chaque opération il formule d'abord une définition générale de l'opération en question, puis
introduit progressivement les règles pour l'opération et les exemples
qui justifient ces dernières. Tout comme, dans le calcul arithmétique,
les nombres peuvent être simples ou composés, dans le calcul algébrique l'expression algébrique peut être simple (lorsque l'inconnue
est d'un seul rang) ou composée, (lorsqu'elle se compose de plusieurs
rangs qui sont additionnés ou soustraits)[28]. La première étape de ce
travail sur l'expression algébrique consiste à introduire les puissances
algébriques. Al-Zanjānī adopte la définition formulée dans le *Fakhrī*
et ayant de claires origines diophantiennes :

> Toute chose, multipliée par elle-même, est appelée une racine, et le résultat
> de cela un *carré* (*māl*), ou un carré (*murabba'*), ou un radicande (*majdhūr*).

> Le résultat du produit de la racine par le *carré* est un *cube* (*ka'b*), ou un
> cube (*muka''b*), par le *cube* un *carré-carré*, par le *carré-carré* un *carré-cube*, par
> le *carré-cube* un *cube-cube*, par le *cube-cube* un *carré-carré-cube* et ainsi de suite.
> Si la racine est deux, le *carré* est quatre, le *cube* huit, le *carré-carré* seize, le
> *carré-cube* trente-deux, le *cube-cube* soixante-quatre et le *carré-carré-cube* cent
> vingt-huit[29].

Viennent par la suite des règles afin de multiplier ou diviser les
puissances algébriques et obtenir ainsi des puissances de plus haut,
ou de plus bas, degré. Ces mêmes règles sont aussi valables pour les
« parties » – c'est-à-dire les inverses des puissances – telles que $\frac{1}{x}$; $\frac{1}{x^2}$;
$\frac{1}{x^3}$; etc., ces dernières étant également incluses dans l'expression algébrique simple ou composées. Les objets mathématiques d'un même
rang, telles que les choses, les *carrés*, les *cubes*, et ainsi de suite, sont
qualifiés par un adjectif numéral qui accompagne la puissance algé-

---

28 Dans notre étude, nous avons choisi de privilégier autant que possible la terminologie
    des acteurs, en utilisant donc les appellatifs « expression » ou « grandeur » simple
    et composée au lieu de monôme et polynôme. De même, nous préférons parler de
    « nombre » (ou « quantité ») de l'inconnue plutôt que de coefficient. Ce choix nous
    permet en effet de nuancer l'analyse des concepts mathématiques engagés dans le texte
    et de ne pas les désigner par des notions historiquement plus récentes.
29 Traduit à partir de Ms. [A] f° 106r° et Ms. [B], f° 2r°-v°.

brique. Dans le cas d'al-Zanjānī, il s'agit d'un nombre qui exprime la multiplicité de l'inconnue qu'il accompagne[30] Ainsi, lorsqu'on écrit « quatre carrés » on entend par cela une multitude de carrés et non pas le nombre entier quatre associé à l'inconnue[31]. Selon al-Zanjānī et les arithméticiens-algébristes, les adjectifs numéraux peuvent être aussi bien des entiers que des fractions rationnelles. En revanche, on trouve seulement très rarement des adjectifs numéraux irrationnels ou des valeurs numériques irrationnelles en tant que solutions d'un calcul ou d'une équation[32].

Une dernière remarque concerne les règles pour opérer avec les termes additionnés et retranchés. Ces derniers représentent des entités relationnelles, qui interviennent uniquement dans le cadre d'un nombre composé ou d'une expression algébrique composée. Ainsi, bien que des règles aient été mises en place assez rapidement afin de multiplier, diviser, additionner et soustraire des retranchés, ces derniers nécessitent toujours une quantité à partir de laquelle être retranchés. Pour cette raison, il n'y a jamais d'expression algébrique composée uniquement de termes retranchés, ou d'expression algébrique simple représentée par un retranché. Par ailleurs, dans le cadre d'une expression composée, les termes retranchés sont toujours rangés en fin d'expression.

L'opération algébrique est ce qui relie les expressions algébriques. Al-Zanjānī considère la multiplication, la division, le rapport, l'addition et la soustraction, chacune desquelles prévoit de manipuler

---

30 Le lexique des multiplicités avait notamment la capacité de s'appliquer, comme les définitions et propositions euclidiennes des Livres V et VII des *Éléments* le témoignent, aussi bien aux nombres qu'aux grandeurs géométriques. Voir à ce sujet Euclide (1994), p. 127-134.

31 Ce point a été souligné dans Oaks (2009), p. 179. L'analyse des règles de calcul, ainsi que des problèmes d'arithmétique qu'al-Zanjānī transpose en algèbre, confirme la thèse de l'article : ce que nous appellerions coefficient correspond à un nombre qui n'est jamais conçu et manipulé de manière autonome et qui se limite à qualifier l'objet auquel il est associé. Comme Oaks l'écrit (p. 180) : « One can have nine dirhams, nine things, or nine *māl*s, but "nine" cannot stand on its own. It must be nine of something. A special word for "coefficient" is not needed as long as "nine things" is thought of as a literal collection of nine "things" ».

32 Par exemple, au problème 45 du chapitre IX, al-Zanjānī accepte comme solution de l'équation $(x + \sqrt{2})^2 = 10$ la valeur numérique $x = \sqrt{10} - \sqrt{2}$, dans laquelle, par ailleurs, la soustraction reste une opération suspendue.

deux expressions algébriques et d'en produire une autre complètement nouvelle. S'écarte de ce modèle l'extraction de racine carrée, puisqu'elle ne s'applique qu'à une seule expression algébrique à la fois et qu'elle n'est jamais utilisée dans le cadre des problèmes. Elle offre donc à l'algébriste l'occasion de se concentrer sur l'analyse des puissances algébriques qui composent l'expression, sur la « quantité » de chacune de ces puissances, ainsi que sur la présence éventuelle de termes retranchés. Chez al-Karajī et al-Samaw'al deux procédés pour l'extraction de racine carrée sont développés, dont le deuxième passe par la méthode des tableaux. Lié au calcul indien, l'usage des tableaux est appliqué, notamment par al-Samaw'al, dans le cadre d'autres opérations aussi, telles que la multiplication et division des puissances algébriques ou bien la division de deux expressions algébriques composées[33]. Or, contrairement à ses prédécesseurs, al-Zanjānī n'a aucun recours à cette méthode, qu'il connaissait probablement, mais qui n'est jamais évoquée dans le cadre de son algèbre. Nous supposons que cela vient du fait que l'usage des tableaux était considérée comme une méthode plus difficile, et donc moins adaptée à un texte pour des arithméticiens-algébristes débutants, comme ceux auxquels l'enseignement d'al-Zanjānī était destiné.

L'arithmétique des inconnues sert en premier lieu pour l'établissement de l'équation algébrique. Comme ses prédécesseurs, al-Zanjānī ne va pas au-delà d'une théorie des équations quadratiques, celle-ci étant développée au chapitre VIII du traité. Dans la deuxième section de ce chapitre, al-Zanjānī décrit les seules opérations que l'on peut effectuer une fois que l'équation est posée, à savoir la restauration (al-jabr) et la comparaison (al-muqābala). Il indique également ce qu'il faut faire afin de ramener « le nombre de carrés », ou bien de le compléter lorsque celui-ci s'exprime par une fraction. Il parvient ainsi à donner un ensemble exhaustif des règles de calcul nécessaires afin d'aborder algébriquement les problèmes arithmétiques de la suite du traité.

---

33 Voir par exemple l'exposé de la division de deux nombres composés dans Rashed (2021), p. 34-40

L'ÉMANCIPATION DE L'ALGÈBRE VIS-À-VIS DE LA GÉOMÉTRIE : DES
NOUVELLES STRATÉGIES ARGUMENTATIVES

Dans ses recherches, Rashed remarque que l'un des aspects novateurs de la démarche arithmético-algébrique est que celle-ci parvient à émanciper progressivement l'algèbre de la démonstration géométrique. Cet aspect est confirmé aussi dans le cas d'al-Zanjānī :
toute justification auparavant formulée en termes géométriques passe
maintenant par une lecture arithmétique des principes géométriques.
Cette attitude, qui est particulièrement visible aux chapitres VII et
VIII de *Balance de l'équation*, mais aussi dans certains problèmes, ne
doit toutefois pas nous induire en erreur. Pour al-Zanjānī, il ne s'agit
pas de renoncer à la rigueur de la géométrie. Celle-ci demeure, comme
il l'écrit dans l'introduction du traité, « la reine des sciences ». Il
s'agit plutôt de développer, en parallèle, des raisonnements arithmétiques qui puissent être également rigoureux et applicables dans la
démonstration de certains procédés algébriques. Dans cette perspective, il est important d'analyser les propositions qui constituent le
chapitre VII. Il s'agit d'un groupe de trente-trois propositions que
al-Zanjānī place, en guise de charnière, après l'arithmétique des inconnues et avant les problèmes. Certaines propositions figuraient déjà
dans *al-Fakhrī*, d'autres dans *al-Badīʿ*, pour d'autres enfin il est difficile d'établir la référence précise. Al-Zanjānī a donc le mérite de les
regrouper en un seul texte, en contribuant à mieux organiser l'exposé de son prédécesseur. Ces propositions sont explicitement desti-
nées à aider le lecteur dans la résolution des problèmes algébriques.
Dix d'entre elles correspondent à la lecture arithmétique du Livre
II des *Éléments*, à la manière proposée par al-Karajī dans *al-Fakhrī*.
Il est intéressant de remarquer que, dans *al-Badīʿ*, al-Karajī élabore
une lecture algébrique des mêmes propositions[34]. Or, cette lecture
est complètement ignorée par al-Zanjānī, qui semble ici faire un saut
en arrière et reprend uniquement la lecture arithmétique. En effet,
les énoncés des propositions concernent tous des nombres et ils sont
accompagnées d'un exemple numérique générique, en guise de jus-

---

34 Afin de comparer les propositions dans les deux textes d'al-Karajī, voir Woepcke (1851),
    p. 62-63 ; Anbouba (1964), f° 21v°-27v° et Hebeisen (2009), vol. I, p. 53-61.

tification. Dans la majorité des cas, l'exemple consiste à partager 10 en 7 et 3 et à vérifier la proposition pour ces deux parties. Un aspect nouveau de l'organisation du discours d'al-Zanjānī est la présence occasionnelle de principes qui sont classés comme des sortes de corollaires à la proposition principale. Par exemple, al-Zanjānī énonce la proposition 6 du chapitre – qui correspond à la célèbre proposition II, 5 des *Éléments* – de la manière suivante :

> [Un nombre est divisé en deux parties différentes.] Le produit d'une des deux parties par l'autre avec le carré de la moitié de la différence entre elles est égal au carré de la moitié du nombre.

> Le produit de sept par trois avec le carré de deux est donc égal au carré de cinq[35].

Suit le corollaire :

> Il résulte de cela que, étant donné un nombre qui mesure un nombre au moyen d'un autre nombre, si tu ajoutes le carré de la moitié de la différence entre les deux nombres qui le mesurent au nombre mesuré, alors le total est le carré de la moitié [de la somme] des deux nombres qui le mesurent. Si tu soustrais le nombre mesuré du carré de la moitié de [la somme] des deux nombres mesurants, alors le reste est le carré de la moitié de la différence entre les deux nombres mesurants[36].

En symboles, si $a = b \cdot c$ alors $(\frac{b-c}{2})^2 + a = (\frac{b+c}{2})^2$ et $(\frac{b+c}{2})^2 - a = (\frac{b-c}{2})^2$.

Comme pour l'énoncé, on retrouve pour le corollaire le même exemple qu'al-Karajī avait proposé, à savoir[37]

---

35 Traduit à partir de Ms. [A] f° 128r° et Ms. [B] f° 29v° – Rappelons que la proposition 5 du Livre II d'Euclide est formulée de la manière suivante : « Si une ligne droite est coupée en segments égaux et inégaux, le rectangle contenu par les segments inégaux de la droite entière pris avec le carré sur la droite comprise entre les points de section est égal au carré sur la moitié de la droite » (Euclide (1990), p. 333).

36 Traduit à partir de Ms. [A] f° 128r° et Ms. [B] f° 29v°-30r°.

37 Voici la suite de la proposition : « Exemple : trois mesure douze au moyen de quatre et le carré de la moitié de la différence entre les deux est un quart. Si tu l'ajoutes à douze, le total est le carré de la moitié de sept. Si tu soustrais douze du carré de la moitié de sept, il reste le carré de la moitié de la différence entre trois et quatre. De la même manière, il mesure six au moyen de deux et le carré de la moitié de la différence entre les deux est quatre. Si tu l'ajoutes à douze le total est le carré de la moitié de huit. Si tu soustrais douze du carré de la moitié de huit, il reste le carré de la moitié de la différence entre six et deux. De la même manière, il mesure douze au moyen de un, huit au moyen

- $12 = 3 \cdot 4$ donc $(\frac{4-3}{2})^2 = \frac{1}{4}$; $\frac{1}{4} + 12 = (\frac{7}{2})^2$
  et $(\frac{7}{2})^2 - 12 = (\frac{4-3}{2})^2$;
- $12 = 6 \cdot 2$ donc $(\frac{6-2}{2})^2 = 4$; $12 + 4 = (\frac{8}{2})^2$
  et $(\frac{8}{2})^2 - 12 = (\frac{6-2}{2})^2$.

Les propositions énoncées seront utilisées dans les chapitres suivants afin de justifier certains passages de la résolution des problèmes. Les premiers problèmes proposés par al-Zanjānī sont les six problèmes algébriques correspondant aux formes d'équations linéaires et quadratiques. Nous avons rappelé que, dans une théorie complète et bien fondée de ces dernières, l'algorithme de résolution de chaque forme d'équation est d'abord énoncé, puis vérifié par la voie d'une, ou de plusieurs, démonstrations géométriques. Dans celles-ci, on a explicitement recours à la mention des propositions 5 et 6 du Livre II des *Éléments* et à la méthode d'application des aires du Livre VI. On prend également soin de tracer, pour chaque démonstration, une figure géométrique qui puisse rendre compte des passages déductifs effectués. Dans le traité d'Abū Kāmil, cette démarche est mise en place aussi bien si l'on veut examiner la méthode de résolution pour obtenir la valeur numérique de la racine et du carré, que si l'on veut parvenir directement à la valeur de x^2 sans passer par la racine. De cet exposé si détaillé, al-Karajī ne garde qu'une version très raccourcie. Il décrit l'algorithme de résolution ; il le met à l'œuvre dans plusieurs exemples ; il montre la méthode pour obtenir x^2 sans passer par la racine et il termine avec la démonstration de l'algorithme. Celle-ci se compose d'une représentation géométrique (*shakl*) très simplifiée à partir de laquelle al-Karajī établit des égalités entre formules soutenues par la référence euclidienne. Il propose d'autres exemples, dont la résolution est toujours justifiée géométriquement mais dans lesquels l'attention n'est jamais détournée du développement des calculs. Il conclut en montrant une deuxième méthode de résolution, appelée « la voie de Diophante », qui consiste à développer un raisonnement arithmétique sur les données du problème[38].

---

de un plus un demi, neuf au moyen de un plus un tiers, dix au moyen de un plus un cinquième et ainsi de suite et ce que nous avons mentionné n'a pas d'exception » (Ms. [A] f° 128v°-129r° et Ms. [B] f° 30r°).

Cette version raccourcie caractérise aussi l'exposé d'al-Zanjānī, mais notre auteur fonde la justification de l'algorithme de résolution de chacun des trois problèmes composés directement sur les propositions arithmético-algébriques du Livre VII, sans mentionner la démonstration géométrique. Puisque nous avons analysé la proposition correspondant à *Éléments* II, 5, prenons comme exemple le problème correspondant à la cinquième forme d'équation quadratique, dont la justification se base justement sur cette proposition. Nous rappelons que les deux autres cas d'équations composées sont développés de la même manière, mais justifiés par le biais de la proposition correspondant à *Éléments* II, 6.

La cinquième forme d'équation est celle qui se traduit par

$$x^2 + c = bx.$$

Al-Zanjānī distingue les trois cas $c < (\frac{b}{2})^2$; $c = (\frac{b}{2})^2$ et $c > (\frac{b}{2})^2$. Comme ses prédécesseurs lui ont appris, l'algorithme de résolution pour $c < (\frac{b}{2})^2$ peut se décrire, en symbolisme moderne, de la façon suivante :

$$\frac{b}{2} \rightarrow (\frac{b}{2})^2 \rightarrow (\frac{b}{2})^2 - c \rightarrow \sqrt{(\frac{b}{2})^2 - c}.$$

Soit $\frac{b}{2} + \sqrt{(\frac{b}{2})^2 - c} = x_1$; soit $\frac{b}{2} - \sqrt{(\frac{b}{2})^2 - c} = x_2$.

Al-Zanjānī applique l'algorithme au célèbre exemple $x^2 + 21 = 10x$, mais sa démonstration « par la cause » est maintenant conçue de manière différente. En effet, il écrit :

> La cause de cela est ce que nous avons mentionné dans les propositions : en divisant un nombre quelconque en deux parties différentes, le produit d'une partie par l'autre avec le carré de la moitié de leur différence est égal au carré de la moitié du nombre[39].

Cela veut dire qu'il fait appel à la lecture arithmétique de la proposition euclidienne telle qu'il l'avait formulée au chapitre VII. Ainsi, la « cause » devient ici purement arithmético-algébrique, alors

---

38   Voir Saʿīdān (1986), p. 155-159 et Woepcke (1851), p. 66.
39   Traduit à partir de Ms. [A] f° 135r° et Ms. [B] f° 38r°.

que, pour les algébristes des siècles précédents, elle correspondait à la justification de l'algorithme de résolution à l'aide de la géométrie. Al-Zanjānī applique donc la proposition à l'exemple considéré :

> Ici, dix est plus grand que la racine parce que dix, multiplié par la racine, devient dix racines, ce qui est égal au produit de la racine par elle même avec vingt-et-un. Tu divises dix par la racine et par l'autre nombre ; le produit de ce nombre avec la racine, c'est-à-dire dix tout entier, par la racine est le carré avec vingt-et-un. Si donc nous retranchons de lui le *carré* qui vient du produit de la racine par la racine, il reste vingt-et-un et ce dernier vient du produit de ce nombre par la racine. Cette racine et le nombre sont différents, sinon le produit d'un des deux par l'autre aurait été égal au carré de la moitié de dix[40].

En symboles, puisque $10x = x^2 + 21$, on a $10 > x$, donc $10 = x + a$ et $(x+a)x = x^2 + 21$. Mais $ax = 21$, donc $ax \neq (\frac{10}{2})^2$ et $a \neq x$. De cette manière, al-Zanjānī retrouve la propriété euclidienne :

> Donc le produit de ce nombre par la racine avec le carré de la moitié de la différence entre les deux est égal au carré de la moitié de dix[41].

Ce que nous pouvons traduire en symbolisme moderne par $xa + (\frac{x-a}{2})^2 = (\frac{x+a}{2})^2 = (\frac{10}{2})^2$. Il en conclut que :

> Si nous ôtons du carré de la moitié de dix vingt-et-un, [obtenu] du produit de ce nombre par la racine, il reste le carré de la moitié de la différence. Si nous ajoutons sa racine à la moitié de dix, elle devient la plus grande partie, et si nous la soustrayons de lui, reste la plus petite partie[42].

Cela veut dire que $(\frac{10}{2})^2 - 21 = (\frac{x-a}{2})^2 = 4$, donc $\frac{10}{2} + \sqrt{4} = 7 = x_1$ ou bien $\frac{10}{2} - \sqrt{4} = 3 = x_2$.

En adoptant ce procédé, al-Zanjānī s'appuie sur les bases solides mises en place par ses prédécesseurs, tout en transposant la justification au niveau des objets algébriques. De cette manière, il parvient à garder constamment le discours de sa démonstration sur un plan d'équivalence entre formules algébriques et à ne jamais quitter le registre de l'algèbre. Cela n'aurait pas pu être possible sans le travail de

---

40 Traduit à partir de Ms. [A] f⁰ 135r⁰-v⁰ et Ms. [B] f⁰ 38r⁰.
41 Traduit à partir de Ms. [A] f⁰ 135v⁰ et Ms. [B] f⁰ 38r⁰.
42 Traduit à partir de Ms. [A] f⁰ 135v⁰ et Ms. [B] f⁰ 38v⁰.

relecture arithmétique accompli au chapitre VII. La volonté de garder le discours sur le registre de l'algèbre lorsqu'il faut justifier certains passages caractérise également les problèmes, et constitue l'un des aspects les plus novateurs de la tradition arithmético-algébrique dont al-Zanjānī est un des témoins.

L'HISTOIRE DE LA TRANSMISSION DES PROBLÈMES D'AL-ZANJĀNĪ ET LA SPÉCIFICITÉ DE L'ANALYSE INDÉTERMINÉE

Bien que nécessitant une étude qui peut parfois devenir fastidieuse, les collections de problèmes offrent à l'historien la possibilité de repérer des informations précieuses par rapport à la circulation et à la transmission des textes mathématiques. Elles permettent également d'identifier des traits originaux de chaque auteur. Pour al-Zanjānī, les collections de problèmes sont à la fois origine et but ultime des règles introduites dans la première partie de *Balance de l'équation*[43]. Ses problèmes peuvent concerner les nombres au sens abstrait, ou bien être formulés dans le cadre d'un usage concret de l'arithmétique, tels que l'administration, la loi coranique et le commerce. Passages de propriété, calcul du salaire, questions d'héritage, achats et ventes d'aliments ou de bétail ne sont que des exemples des types de problèmes proposés dans son texte. Tous les problèmes d'al-Zanjānī sont introduits avec leur énoncé arithmétique d'origine, puis résolus par le biais de méthodes algébriques, en allant ainsi constituer un corpus de problèmes typiques de l'algèbre. Si l'on comprend facilement que al-Zanjānī emprunte une bonne partie de ses problèmes aux algébristes qui l'ont précédé, beaucoup moins claires sont les références arithmétiques, éventuellement plus anciennes, à l'origine de ce corpus. Abū Kāmil se réfère toujours à des *ḥussāb* et n'en dit pas plus à propos de l'identité de ces derniers[44].

---

43 Dans Sammarchi (2019) nous avons donné une analyse détaillée des collections de problèmes rédigés par al-Zanjānī et ses prédécesseurs. Nous en reprenons ici certains points fondamentaux, dont notamment l'organisation des problèmes d'al-Khwārizmī à al-Zanjānī, en passant par Abū Kāmil et al-Karajī.

44 Cela se remarque en particulier dans deux passages d'Abū Kāmil . Le premier : « Nous expliquons maintenant beaucoup de problèmes indéterminés que certains arithméticiens appellent fluides [...] certains de ces problèmes circulent parmi les arithméticiens

Il est toutefois possible de repérer des traces de la circulation de ces problèmes d'une langue à l'autre et d'une époque à l'autre. Par exemple, nous savons que les problèmes sur les volatiles, étudiés aussi bien par Abū Kāmil que par les membres de la tradition arithmético-algébrique, ont circulé entre la Chine, l'Inde et l'empire arabo-musulman. De la même façon, la reprise des problèmes diophantiens témoigne de la circulation et transmission de ce corpus grec dans le monde arabe. Nous avons établi en annexe une table des correspondances entre les problèmes d'al-Zanjānī et ceux de ses prédécesseurs Abū Kāmil et al-Karajī, auxquels s'ajoute le corpus diophantien. D'une part, cette table est utile afin d'examiner les emprunts des différentes générations d'algébristes. D'autre part, elle nous aide à tracer l'histoire de la transmission des problèmes arithmético-algébriques. À ce propos, il est utile de rappeler brièvement la composition des collections des prédécesseurs d'al-Zanjānī. Le *Livre d'algèbre* d'al-Khwārizmī comprend :

1. un chapitre sur « les six problèmes » propédeutiques à la première partie du traité ;
2. un chapitre sur des problèmes divers, qui comprend des problèmes sur :
   (a) la division de 10 en deux parties ;
   (b) l'achat d'aliments ;
   (c) les problèmes sur un bien (*māl*) directement employé dans le cadre d'un calcul, ou divisé entre des hommes ;
3. un chapitre sur des transactions commerciales ;
4. un chapitre *Sur les mensurations*, dans lequel il est question de problèmes géométriques résolus algébriquement ;

---

selon des types, sans qu'ils aient établi la cause à partir de laquelle ils procèdent » (Rashed (2012), p. 578). Le deuxième, lors de l'étude des problèmes sur les progressions numériques : « J'ai trouvé un des procédés des arithméticiens, retranscrit dans les livres de leurs prédécesseurs, qui n'est attribué à personne, dont on ne connaît pas l'auteur et dont on ne sait identifier l'inventeur. Tous ceux qui s'adonnent à l'arithmétique, parmi les contemporains que nous avons vus, le redisent et imitent celui qui l'a composé. J'ai beaucoup interrogé ceux qui sont instruits dans l'arithmétique et la géométrie sur sa cause et sur le fondement à partir duquel il a été inventé, mais je n'en ai trouvé aucun qui l'identifie ni le reconnaisse. Je suis resté un bon moment à m'interroger sur la cause qui a amené les arithméticiens à retranscrire ce procédé dans leurs livres » (Rashed (2012), p. 718).

5. le *Livre des Testaments*, qui regroupe des problèmes d'usage concret de l'arithmétique liés notamment à deux sujets : les problèmes sur l'avoir et la dette (24 problèmes) et les problèmes sur le calcul de retour légal (21 problèmes).

Le corpus d'al-Khwārizmī est ensuite retravaillé par la génération d'algébristes successive, dont Abū Kāmil fait partie[45]. Ce dernier nous a laissé quatre collections de problèmes[46] :

1. 70 problèmes déterminés (deuxième partie du *Livre d'algèbre*) ;
2. 20 problèmes d'algèbre appliquée à la géométrie (*Le pentagone et le décagone réguliers*) ;
3. 70 problèmes parmi lesquels figurent 43 problèmes indéterminés et 27 problèmes concrets, certains résolus algébriquement, d'autres faisant appel uniquement à un raisonnement arithmétique sur l'énoncé ;
4. 6 problèmes indéterminés sur les volatiles (*Livre des volatiles*).

Les types de problèmes déterminés de la première collection correspondent à ceux qui se trouvaient déjà dans l'ouvrage d'al-Khwārizmī : problèmes de division de dix en deux parties, problèmes de calcul d'un *māl*, problèmes de division d'un bien entre des hommes, etc. De la même manière, les problèmes du livre *Le pentagone et décagone réguliers* ont pour source d'inspiration le chapitre *Sur les mensurations* d'al-Khwārizmī. C'est donc dans ces deux premières collections que nous retrouvons les emprunts à al-Khwārizmī, les problèmes indéterminés étant absents de l'écrit de ce dernier. Abū Kāmil ne se limite pas à reprendre le travail sur les problèmes de son prédécesseur, mais il l'élargit. En effet, il considère des puissances algébriques de degré supérieur au deuxième, il augmente le nombre d'inconnues du problème et il établit des démonstrations – géométriques et algébriques – pour certains passages de la résolution. Ces avancées témoignent de sa démarche d'intégration de l'algèbre aux pratiques des arithméticiens de son époque.

Les collections d'al-Khwārizmī et d'Abū Kāmil, ainsi que les pro-

---

45 Remarquons que la même démarche figure dans le court traité d'algèbre du mathématicien Sinān ibn al-Fath, qui reprend également l'écrit d'al-Khwārizmī. Voir à ce sujet Sayadi (2004).

46 Nous reprenons ici la répartition de Rashed (2012).

blèmes traités dans l'arithmétique d'Abū al-Wafa' al-Būzjānī, constituent des références claires pour l'école d'al-Karajī. La version arabe des *Arithmétiques* de Diophante en est une autre. Pour ce qui concerne al-Karajī, son corpus de problèmes se résume ainsi[47] :

1. 254 problèmes déterminés et indéterminés, organisés selon cinq sections respectivement de : 51, 50, 50, 60 et 43 problèmes (*al-Fakhrī*) ;
2. un exposé théorique sur l'analyse indéterminée, accompagné d'un petit groupe de problèmes (*al-Badīʿ*, Livre III, chapitre VIII) ;
3. une collection de problèmes sur le *ḥisāb* (*al-Kāfī*, chapitres 64 à 69) ;
4. une collection de problèmes d'analyse indéterminée, perdue mais mentionnée dans *al-Fakhrī*.

Par rapport aux recueils antérieurs, nous repérons deux différences significatives. La première concerne la distinction déterminé-indéterminé : contrairement à Abū Kāmil, al-Karajī ne sépare pas ces deux classes de problèmes, qui se trouvent en effet mélangées dans son texte. Les problèmes d'*al-Fakhrī* suivent un ordre croissant de difficulté, mais sans aucun critère explicite de classification, à l'exception des séries de problèmes d'origine diophantienne, qui reprennent l'ordre du texte grec transmis dans le monde arabe. La deuxième différence concerne le groupe de problèmes algébrico-géométriques, qui figuraient aussi bien chez Abū Kāmil que chez al-Khwārizmī. Ne s'intéressant pas aux questions de géométrie, al-Karajī ignore complètement ces problèmes. Dans le recueil d'al-Karajī les types de problèmes proposés sont les mêmes que ceux qui figuraient chez les prédécesseurs : problèmes autour d'un *māl*, problèmes de division de dix en deux parties, problèmes sur des progressions arithmétiques et problèmes d'arithmétique pratique résolus algébriquement (division d'un bien entre des hommes, achat et vente d'aliments, calcul de salaire, etc.).

Rappelons également que, bien que certains problèmes des prédécesseurs soient repris par al-Samaw'al dans *al-Bāhir*, comme par exemple le cinquième problème sur les volatiles d'Abū Kāmil, au-

---

47 Nous reprenons ici l'organisation de Woepcke (1851) et Saʿīdān (1986).

cune véritable collection de problèmes ne figure chez ce mathématicien. En effet, ses recherches le portent à s'écarter du modèle des prédécesseurs et à privilégier d'autres formes d'exposé.

Venons-en maintenant à l'algèbre d'al-Zanjānī. Comme nous l'avons rappelé, en plus des six problèmes algébriques du chapitre VIII, notre auteur regroupe ses problèmes en deux sections :

1. le chapitre IX, qui contient 189 problèmes déterminés et indéterminés ;
2. la deuxième section du chapitre X, qui se compose de 126 problèmes d'*istiqrā'*.

Concernant les origines de ces problèmes, nous supposons qu'al-Zanjānī connaissait l'œuvre d'Abū Kāmil aussi bien grâce à al-Karajī que par une autre source, directe ou indirecte. En effet, dans son traité il propose une trentaine de problèmes déjà formulés par Abū Kāmil (tels que les problèmes des cent volatiles, certains problèmes de division d'un bien, et d'autres encore) mais qui ne figurent pas chez al-Karajī. Dans la partie sur l'analyse indéterminée, une bonne partie de problèmes sont d'origine diophantienne, tandis que d'autres ont des origines non-diophantiennes et proviennent du groupe de problèmes indéterminés étudié par Abū Kāmil. Nous remarquons également qu'al-Zanjānī ne propose presque aucun problème de la section I du *Fakhrī*, ni la plupart des problèmes de la section II. En revanche, il reprend la quasi-totalité des sections III, IV et V du texte karajien. Enfin, nous constatons que notre auteur ajoute à sa collection, notamment au chapitre IX, plusieurs problèmes nouveaux, c'est-à-dire des problèmes qui ne figurent pas dans les textes que nous connaissons. Soit ces problèmes sont une création d'al-Zanjānī ; soit ils proviennent d'autres membres de la tradition, dont les écrits étaient connus d'al-Zanjānī, mais que nous ne connaissons pas. Selon cette deuxième hypothèse, les problèmes d'al-Zanjānī pourraient alors constituer un important témoignage de la production d'al-Karajī en particulier, que nous savons avoir été plus riche que les seules parties conservées aujourd'hui. Sans privilégier l'une ou l'autre de ces hypothèses, nous nous référerons par la suite à ces problèmes en les désignant comme nouveaux. Remarquons aussi que, parmi les problèmes d'analyse indéterminée, la quantité de problèmes nouveaux est toutefois significativement inférieure. Concernant le critère de constitution du recueil de *Balance de l'équation*, s'il est clair que celui-ci était, fort banalement, la reproduction de l'ordre selon lequel ces problèmes avaient été reçus, pour le cas spécifique du chapitre IX un critère ultérieur semble avoir été adopté. L'objectif de ce chapitre est similaire à celui de la collection du *Fakhrī* : des problèmes réunis ensemble afin, d'une part, d'appliquer les règles et théorèmes d'algèbre introduits dans la première partie du traité, et d'autre part, d'entraîner le lecteur-étudiant. Contrairement au texte karajien, notre auteur regroupe les problèmes en fonction de leur type d'énoncé, à quelques exceptions près. Leur habillage semble donc devenir un critère de distinction plus significatif que leur difficulté de résolution, les méthodes qui y sont utilisées, ou encore certaines caractéristiques mathématiques (type de solution, degré de l'inconnue, etc.). Ce critère constitue donc un élément de nouveauté, par rapport à l'algèbre de son maître.

L'analyse indéterminée selon al-Zanjānī

Al-Zanjānī a l'originalité de faire explicitement de l'analyse indéterminée un chapitre exhaustif et structuré de l'algèbre. Au niveau des contenus, ses considérations sur l'analyse indéterminée sont reprises de ses prédécesseurs : la première section, plus théorique, est vraisemblablement empruntée d'*al-Badī'*, tandis que la plupart des problèmes réunis dans la deuxième section provient soit de la tradition diophantienne, soit de la tradition d'Abū Kāmil, ces derniers par l'intermédiaire d'*al-Fakhrī* et d'*al-Badī'*. L'élément de nouveauté introduit par notre auteur réside toujours dans l'organisation de ces contenus anciens. En regroupant les enseignements de ses maître, il en fait une unité qui a sa propre autonomie interne, tout en restant parfaitement intégrée dans le traité. La raison de cela vient du fait que, comme nous l'avons remarqué, al-Zanjānī est un auteur qui arrive vers la fin de la tradition, à un moment où certaines notions sont bien établies, et il peut donc profiter des réflexions des prédécesseurs.

La section théorique du chapitre X contient l'exposé de l'opération d'égalisation, qu'al-Zanjānī entend comme l'opération typique de l'*istiqrā'*[48]. Il s'agit de rendre déterminée l'équation quadratique indéterminée qui caractérise le problème. On remplace donc le deuxième carré inconnu par un carré parfait, choisi de manière à rendre l'équation déterminée et parvenir à des solutions rationnelles. La question de ce choix est au cœur de l'*istiqrā'*. En reprenant le texte d'*al-Badī'*, al-Zanjānī étudie les différentes formes d'équation sur lesquelles le problème peut aboutir[49]. La deuxième section du chapitre (*Sur les problèmes spécifiques à l'analyse indéterminée*) montre l'égalisation en action. Le grand nombre de problèmes choisis permet au lecteur de se familiariser avec les méthodes de résolution typiques de cette classe de problèmes, méthodes qui sont très proches de la tradition diophantienne.

Il est intéressant de remarquer que le terme *istiqrā'* désigne pour notre auteur non seulement l'étude de cette classe spécifique de problèmes, mais aussi l'étape de la résolution qui prévoit de « passer en revue les grandeurs », c'est-à-dire de choisir en procédant par des essais[50]. Or, ce choix peut s'effectuer librement sur un groupe de valeurs qui vérifient le problème, comme dans le cas suivant, qu'al-Zanjānī emprunte d'al-Karajī et présente dans la première section de son chapitre :

> C'est comme s'il est dit : trois *carrés* plus treize unités égalent un carré. Nous cherchons *par l'analyse indéterminée* un nombre carré tel que, si tu ôtes de lui treize unités, le reste est proportionnel à trois *carrés*, et cela est vingt-cinq. Si tu l'égalises à trois *carrés* plus treize unités, on obtient le *carré*, quatre unités[51].

---

48   Dans Sammarchi (2019) nous avons précisé que al-Zanjānī utilise le verbe *qabila* selon trois sens, que nous avons choisi de traduire différemment. Nous traduisons par « comparaison » l'opération *al-muqābala* décrite au chapitre VIII. Nous traduisons le verbe *qabila* par « confronter » dans certains problèmes, principalement du chapitre IX, lorsqu'il s'agit d'établir une équation et que les deux expressions à égaler sont données dans le problème. Enfin, nous traduisons *qabila* par « égaliser », avec un sens qui est spécifique au chapitre X, lorsqu'il s'agit de rendre déterminée une équation indéterminée en choisissant le deuxième membre de l'équation selon certains critères qu'al-Zanjānī précise dans son chapitre sur l'*istiqrā'*.

49   Pour un commentaire mathématique détaillé de cette partie d'*al-Badī'*, voir en particulier Anbouba (1964), p. 42-45, Rashed (2013), p. 36-58 et Hebeisen (2009), vol. II, p. 187-223.

50   À propos du double sens d'*istiqrā'*, qui apparaît clairement chez al-Karajī, voir la définition de ce terme dans Rashed (2017), p. 630-633.

51   Traduit à partir de Ms. [A] f⁰ 188r⁰ et Ms. [B] f⁰ 97r⁰.

Ici « par l'analyse indéterminée » signifie par des essais. L'équation qui traduit le problème étant $3x^2 + 13 = y^2$, la recherche de valeurs entières pour y telle que $\frac{y^2 - 13}{3} = x^2$ se fait, en effet, sur plusieurs « essais » ayant comme objectif de parvenir à une solution rationnelle positive. Al-Zanjānī choisit $y = 5$, tandis qu'al-Karajī propose aussi d'autres solutions[52].

Une deuxième manière de décliner cette méthode des essais prévoit d'effectuer un choix non pas aussi libre que dans le problème précédent, mais raisonné : on cherche une valeur précise nous permettant de simplifier l'équation et de borner, ainsi, son indétermination. Cet usage figure, par exemple, au problème 32, qui est l'un des problèmes nouveaux d'al-Zanjānī :

> S'il est dit : un carré est tel que, si tu soustrais de lui cinq unités, il vient un radicande et, si tu ajoutes au reste sa racine, il vient un radicande. Nous posons le carré un *carré* et nous soustrayons de lui cinq unités. Il reste un *carré* moins cinq unités et nous lui ajoutons sa racine. Il vient : un *carré* moins cinq unités plus la racine d'un *carré* moins cinq unités et ceci égale un carré. *Par l'analyse indéterminée*, nous posons sa racine une chose moins la moitié d'une unité et nous le mettons au carré. Il vient : un *carré* plus un quart d'unité moins une chose égalent un *carré* moins cinq unités plus la racine d'un *carré* moins cinq unités[53].

En termes mathématiques modernes, la question est ici de traduire le problème en algèbre et de réduire donc le système

$$\begin{cases} n^2 - 5 = a^2 \\ n^2 - 5 + \sqrt{n^2 - 5} = b^2 \end{cases}$$

à une seule équation indéterminée, à savoir $x^2 - 5 + \sqrt{x^2 - 5} = y^2$. Al-Zanjānī choisit d'égaler $y = x - \frac{1}{2}$, ce qui l'amènera à la solution $x = 3 + \frac{17}{168}$. Le choix de la valeur $x - \frac{1}{2}$ n'est donc pas le produit d'essais successifs effectués en prenant des valeurs numériques arbitraires. Au contraire il s'agit de trouver la valeur permettant de simplifier l'équation. À cela sert la première section du chapitre.

Une dernière considération générale concerne le rapport théorie-

---

52 Al-Karajī conclut son exercice en remarquant justement que ce genre de problème ne se résout que par de tels tentatives. Voir à ce propos Anbouba (1964), p. 28, f° 104v°.

53 Traduit à partir de Ms. [A] f° 200v° et Ms. [B] f° 112v°.

problèmes, et porte donc sur la première et la deuxième partie du traité. La théorie du calcul algébrique est rédigée en fonction des problèmes, elle sert à résoudre les problèmes, mais ces derniers sont euxmêmes utiles à l'élaboration de la partie théorique, parce que, en vertu de leur quantité et de leur variété, ils encouragent la recherche de la généralité des règles formulées. Ce sont les problèmes qui montrent les règles et les méthodes algébriques en action. Ce sont également les problèmes qui offrent à l'algébriste la possibilité de repérer de nouvelles branches de sa propre discipline. L'introduction de l'analyse indéterminée comme chapitre de l'algèbre en est un exemple. Cette dernière devient, dans l'écrit d'al-Zanjānī, un chapitre structuré et exhaustif du traité d'algèbre. Les deux sections qui le composent reproduisent la dynamique d'échange entre théorie (ou principes) et problèmes que l'on voit à l'œuvre dans l'ensemble du traité, tout en disposant de règles et méthodes de résolution spécifiques.

DEUX TEXTES, UN TEXTE. *L'APPUI DES ARITHMÉTICIENS* COMME
LECTURE PRÉLIMINAIRE POUR *BALANCE DE L'ÉQUATION*

Nous en venons maintenant, et pour conclure, à examiner la relation entre *Balance de l'équation* et *L'appui des arithméticiens*. La dialectique que al-Zanjānī instaure entre ses deux textes s'inspire de la relation établie par al-Karajī entre *al-Fakhrī* et *al-Kāfī* : dans les deux cas arithmétique et algèbre procèdent ensemble.

Dans la préface de *L'appui des arithméticiens*, al-Zanjānī nous informe vouloir regrouper les nombreuses ramifications du *ḥisāb*, l'objectif étant de composer :

> Un abrégé unificateur pour les principes du calcul des connues de la multiplication, la division, le rapport, les nombres en succession et en proportion, [la règle] des deux erreurs et autre que cela[54].

L'appui des arithméticiens témoigne parfaitement des traités de *ḥisāb* de l'époque : centré sur le calcul aérien, le livre inclut aussi un

---

54 Traduit à partir de Ms. [A] f° 35v° – Les premiers folios de *L'appui des arithméticiens* ont été perdus dans la copie [B]. Remarquons aussi que la règle des deux erreurs correspond à l'explication de la double fausse position.

chapitre sur le calcul sexagésimal et plus en général des thématiques originairement exclues du *ḥisāb*, telles que la théorie des proportions et les livres arithmétiques euclidiens. Sont également utilisées des notions d'origine néo-pythagoricienne, notamment des règles concernant les nombres figurés : une section du chapitre VII traite des nombres triangulaires et le chapitre XI est entièrement consacré à l'exposé des différentes classes de nombres (parfaits, équivalents, amiables, etc.)[55].

Bien que ce traité soit considérablement plus court, l'analogie avec l'algèbre est évidente : dans un cas, les règles de calcul s'appliquent aux connues, dans l'autre, aux inconnues ; dans un cas les problèmes sont résolus par le biais des méthodes de l'arithmétique, dans l'autre en passant par une équation. Le fait de concevoir *L'appui des arithméticiens* comme une lecture préliminaire à l'apprentissage de l'algèbre de *Balance de l'équation* est explicitement annoncé par al-Zanjānī dans l'introduction de ce dernier ouvrage :

> Mais le disciple ne devrait pas aborder la solution de ce livre avant d'avoir maîtrisé les éléments de l'arithmétique des connues, que nous avons donnés dans notre livre appelé *L'appui des arithméticiens* parce que les règles pour les inconnues renvoient aux principes des connues, et celui qui ne maîtrise pas ces derniers ne pourra pas aller très loin dans ces premiers[56].

En raison de cette dépendance d'un texte vis-à-vis de l'autre, al-Zanjānī expose parfois certaines définitions et règles de calcul deux fois : d'abord dans le cadre de l'arithmétique des connues, puis dans le cadre de l'arithmétique des inconnues. Tel est le cas de la définition des rangs, ou bien des règles pour les opérations arithmétiques élémentaires, ou encore de la règle des signes pour la multiplication.

---

55 La table des matières du traité est la suivante : 1. *Sur les noms et les rangs* ; 2. *Sur la multiplication* ; 3. *Sur la division* ; 4. *Sur le rapport* ; 5. *Sur les dénominateurs des fractions* ; 6. *Sur l'extraction de racine carrée* ; 7. *Sur l'addition des nombres* ; 8. *Sur les nombres en proportion* ; 9. *Sur les problèmes avec les connues* ; 10. *Sur les problèmes avec des radicandes* ; 11. *Sur différentes choses, faisant exception aux chapitres {précédents}* ;12. *Sur {la règle des} deux erreurs* (c'est-à-dire la double fausse position).

56 Traduit à partir de Ms. [A] f° 106v° et Ms. [B] f° 2r°.

LA COMPLÉMENTARITÉ DES DEUX TEXTES : LE CAS DU CHAPITRE *SUR LES NOMBRES EN PROPORTION*

Une complémentarité intéressante que nous avons découverte dans les deux textes de notre auteur est celle établie entre les deux chapitres *Sur les nombres en proportion*. Nous avons expliqué que, dans son algèbre, al-Zanjānī rédige un compendium des propositions des Livres VII à IX des *Éléments*. Il s'agit de l'une des parties très probablement empruntée d'*al-Badīʿ*[57]. Chez les deux auteurs, les propositions euclidiennes sont formulées sans aucune démonstration, dépourvues des représentations par segments et du symbolisme des lettres. Al-Zanjānī élimine également de son discours toute sorte d'exemple numérique.

Les définitions d'unité et de nombre ayant été formulées au tout début de l'ouvrage, le chapitre V s'ouvre avec la définition de nombre premier. Suivent d'autres définitions (nombres composés, plans, solides...), et la plupart des propositions des Livres VII, VIII et IX jusqu'à la proposition correspondant à la 19 du Livre IX d'Euclide. Certaines propositions du Livre V y sont également intégrées[58].

On peut s'interroger sur les raisons qui poussent l'auteur à inclure un tel chapitre sur la théorie des nombres dans un texte d'algèbre. Dans le cas d'al-Karajī, après avoir résumé les Livres VII à IX, le mathématicien rappelle les propositions euclidiennes qui concernent la classification des quantités irrationnelles (Livre X). La question de comment aborder algébriquement les quantités irrationnelles est l'un des sujets principaux d'*al-Badīʿ*. La présence d'un résumé préliminaire sur la théorie des nombres peut donc s'expliquer dans le cadre de cette démarche générale. En revanche, pour al-Zanjānī les choses ne sont pas si claires. Notre auteur n'aborde pas le sujet des grandeurs irrationnelles, ni des propositions du Livre X. Ces propositions sur les nombres en proportion ne sont pas utilisées dans la suite de l'ouvrage : seulement 9 problèmes sont résolus à l'aide d'une proportion. Ceux-ci nécessitent uniquement de la définition de la proportion et

---

57 Anbouba (1964), p. 8-25 et Hebeisen (2009), vol. II, p. 29-74.

58 Pour la traduction de la terminologie spécifique de ce chapitre, nous nous sommes appuyés sur la traduction des versions arabes des livres arithmétiques des *Éléments* rédigée par De Young (1981).

de la propositions VII, 19. La première, qui correspond à la définition VII, 21 des *Éléments*, est retranscrite par al-Zanjānī de la manière
suivante :

> Les nombres proportionnels sont ceux dont le rapport du premier au
> deuxième est comme le rapport du troisième au quatrième. Le premier
> est appelé l'antécédent comme le troisième, et le deuxième est appelé le
> conséquent comme le quatrième[59].

La deuxième est la proposition qui établit l'égalité entre le produit des extrêmes et celui des moyens termes, à savoir :

> Le produit du premier de quatre nombres en proportion par le quatrième
> est égal au produit du deuxième par le troisième[60].

C'est en allant chercher du côté de l'arithmétique que nous pouvons formuler une hypothèse par rapport à la présence d'information supplémentaire non-algébrique dans un texte d'algèbre. En effet, dans *L'appui des arithméticiens* figure aussi un chapitre (le chapitre
VIII) dont le titre est *Sur les nombres en proportion*. Il se compose de
trois sections : dans la première section sont abordés les nombres en
proportion dans le cadre de rapports simples ; la deuxième section
est une collection de problèmes d'arithmétique résolus à l'aide d'une
proportion ; la troisième section traite de la composition de rapports.
Or, si nous joignons ce chapitre de l'arithmétique à son homologue
dans l'algèbre, nous parvenons à un exposé complet de la théorie des
proportions euclidienne. Fort du lien établi avec l'arithmétique et
puisqu'il trouve les livres arithmétiques résumés dans *al-Badīʿ*, al-
Zanjānī estime probablement que le meilleur endroit pour rappeler
ces derniers est justement l'algèbre. D'autres éléments témoignent
de la complémentarité des deux textes d'al-Zanjānī, tels que le choix
des exemples pour les règles de calcul et le problème 130 de *Balance
de l'équation*, que l'auteur signale avoir déjà abordé dans l'arithmétique, mais qu'il transpose maintenant en algèbre afin de présenter
une méthode de résolution alternative. Nous sommes certains qu'une
analyse exhaustive des liens entre ces deux textes constituera une piste
de recherche intéressante pour l'avenir.

---

59 Traduit à partir de Ms. [A] f⁰ 119r⁰ et Ms. [B] f⁰ 18r⁰.
60 Traduit à partir de Ms. [A] f⁰ 120r⁰ et Ms. [B] f⁰ 19v⁰.

DEUXIÈME PARTIE

ÉDITION ET TRADUCTION DU TEXTE

AVERTISSEMENT

[ ] ces crochets isolent dans le texte arabe ce qui est ajouté pour combler une lacune du manuscrit. Dans la traduction en français, ils sont introduits pour isoler un ajout au texte arabe, nécessaire à l'intelligence du texte français.

La fin du folio du manuscrit est reportée dans le texte. Dans l'édition critique, elle est indiquée par les raccourcis ا et ب. Ceux-ci figurent entre crochets, accompagnés du nombre de folio et du raccourci و pour recto, ou bien ظ pour verso. Dans la traduction, elle est indiquée par les raccourcis A et B, également entre crochets et également accompagnés du nombre de folio et du raccourci *r* pour recto, ou bien *v* pour verso.

Nous indiquons au moyen d'un symbole, tels que * ou †, des notes renvoyant aux cas où un terme (ou une phrase) se trouve :
- en marge de l'une des deux copies ;
- effacé de l'une des deux copies ;
- répété dans l'une des deux copies ;
- répété en marge de l'une des deux copies.

Ou bien s'il s'agit d'une longue phrase qui figure uniquement dans l'une des deux copies.

Afin d'adapter le texte au lecteur d'aujourd'hui, nous avons ajouté la ponctuation du texte et numéroté les propositions et les problèmes. Pour cela nous nous sommes aidés des indications fournies par les copistes. En effet, dans les deux copies du texte le début d'un problème est indiqué au moyen d'un un tiret au dessus des premiers mots de celui-ci.

INTRODUCTION

Au nom de Dieu, le Clément, le Très Miséricordieux. Grâce à Dieu, dont le savoir renferme toute chose et dont la clémence dissimule les péchés de Ses serviteurs. Qui décide du destin de ses créatures par Son décret. Je lui rends grâce pour ses bienfaits qui sont au-delà de toute numération, et je lui suis reconnaissant pour ses miracles qui dépassent toute recherche approfondie. Je salue ses élus parmi les habitants de la terre et des cieux, à savoir Muḥammad l'élu seigneur des prophètes, ainsi que sa famille et ses compagnons, les meilleurs des hommes, et les guides des savants. Je les salue tous.

Après [je dis :] les sciences mathématiques remontent à plusieurs catégories et genres utiles et nobles, mais les plus utiles sont les sciences du calcul, dont tous les gens ont besoin quel que soit leur rang social ou leurs différentes religions ou langues, en particulier ceux qui s'occupent des sciences religieuses et des décisions légales : Et très particulièrement [utile est] la science d'algèbre et d'al-muqābala, qui est au cœur des sciences du calcul et même de toutes les sciences mathématiques.

Au début de ma jeunesse, je m'en étais passionné pendant un certain temps. J'ai voué à cela une partie de l'arbre de ma vie et j'ai dicté sur cela plusieurs épîtres dans lesquelles j'ai mentionné les choses minutieuses que personne n'avait mentionnées auparavant, ainsi que les choses subtiles sur lesquelles personne n'avait réfléchi avant moi. Malheureusement, le peu d'intérêt que j'y prêtais à cause de ma grande habilité dans ce genre de choses a fait que [B-2r°]
je n'ai pas conservé les originaux [de ces écrits]. Ceux-ci se sont donc dispersés dans les mains des étudiants qui, pour la majorité d'entre eux, se les sont appropriés, en prétendant être à l'origine de leur découverte et d'en avoir établi les principes et les ramifications.

مقدّمة

بسم اللّه الرحمن الرحيم. الحمدُ للّه الذي أحاط بكلّ شيءٍ علمُه وسَتر ذنوب عباده حلمه جملة ونفد في جميع الكائنات قضاؤه وحكمُه. أحمدُه على نعمه التي جلّت عن الإحصاء وأشكر له على آلائه التي تعالت عن الإستقصاء، وأُصلّي على خيرته من أهل الأرض والسماء محمّد المصطفى سيّد الإنبياء وعلى آله وأصحابه صفوة الاولياء وقادة العُلماء وأُسلّم تسليمًا.

أمّا بعدُ، فإنّ العُلوم الرياضيّة ترتقي إلى أصنافٍ كثيرةٍ وأنواعٍ نافعةٍ شريفةٍ لكن أنفعها علوم الحساب التي يحتاج إليها جميع الناس على طبقاتهم واختلاف أديانهم ولغاتهم خصوصًا المتصدّي للعُلوم الدينيّة والفتاوى الشرعية لا سيّما علم الجبر والمقابلة الذي هو لُبّها بل لُبّ العُلوم الرياضية كلّها.

وكُنت في أوّل حداثتي شعفتُ به مدّةً، وصرفت إليه من دَوحَة العُمر شُعبةً، وأمليتُ فيه رَسائل كثيرةً أشرت فيها إلى دقائق لم أُسبق إليها ولطائفَ لم ينبّه مَن قبلنا عليها، إلّا أنّها من قلّة اكتراثي بها لِما أرى من سَماحَة قريحتي بأمثالها [ب-و٢]

لم أحفظ أُصولها فتفرّقت في أيدي الطلبة وصار أكثر مَن وقعت إليه اصطفاها لنفسه مدعيًّا أنّه الذي أبدعها ومَهّد أُصولها وفرّعها.

٣ جملة: جملهُ[١]مجملهم[ب]   ٤ تعالت عن: تعالت عن[١]يغالب على[ب]   ١٣ عليها: عليها[ب]

C'est alors que l'un de mes frères et de mes amis les plus fidèles m'a demandé de clarifier et de rédiger un petit livre contenant les principes de cette science et ses branches, en y indiquant les critères et les ramifications des problèmes selon les règles [de cette science], et d'y inclure ce dont je me souviens de ses singularités, et de tout ce que l'esprit y voit comme étant un cas extraordinaire. J'ai donc composé cet petit livre afin de répondre à la demande [de cet ami] et enflammer son esprit de recherche. Je l'ai appelé *Balance de l'équation dans la science de l'algèbre et al-muqābala*. Je l'ai dénué des démonstrations, car le lieu approprié pour exposer celles-ci est [A-106r°] la science de la géométrie.

J'ai à l'esprit de composer, si Dieu le Très-Haut facilite les choses, un ouvrage dans lequel j'explique leurs démonstrations par la méthode arithmétique et géométrique. Mais le disciple ne devrait pas aborder la solution de ce livre avant d'avoir maîtrisé les éléments de l'arithmétique des connues, que nous avons donnés dans notre livre appelé *L'appui des arithméticiens*. En effet, les règles pour les inconnues renvoient aux principes des connues, et celui qui ne maîtrise pas ces derniers ne pourra pas aller très loin dans les premiers.

Je demande à Dieu, gloire à Lui, qu'Il récompense ma démarche, qu'Il protège ma raison de l'égarement et du doute. C'est à Lui d'exaucer ma demande. Dieu nous suffit et quel bon confiant !

Je l'ai ordonné en dix chapitres.

فطلب منّي بعض إخواني وخُلّص أخداني أن أُصنّف مختصرًا حاويًا لأصول هذا العلم وفروعه، أشير فيه إلى ضوابطه وما يتفرّع من المسائل على قواعده. وأضمّ إليه ما يحضرني ممّا سبَق منّي من غرائبه وما يجود به الخاطر من فرائده. فصنّفتُ هذا المختصر مُسعفًا لالتماسه وموريًا لنار اقتباسه. وسمّيتُه قِسطاس المعادلة في علم الجبر والمقابلة، وعرّيته عن ذكر البراهين فإنّ موضع [۱۰٦-ا۱و] ذكرها علم الهندسة. وفي القلب، إن يسّر اللّه تعالى، أن أصنع كتابًا أذكر فيه براهينها بالطرق الحسابيّة والهندسيّة، لكن ينبغي للمُحصّل أن لا يخوض في حلّ هذا الكتاب إلّا بعد أن يتقن أصول الحساب المعلوم التي أودعناها كتابنا المسمّى بعُمدة الحسُّاب. فإنّ القواعد المجهولة عائدة إلى الأصول المعلومة ومَن لم يتقن تلك، لم يحصُل من هذه على طائلٍ.

وسألتُ اللّه سبحانه أن يقابل سعّيي فيه بالأجر والثواب ويصون عقلي عن الزيغ والإرتياب. إنّه ولي الإجابة وهو حسنا ونعم الوكيل، ورتّبته على عشرة أبواب.

PREMIER CHAPITRE
SUR LES NOMS ET LES RANGS

L'unité est ce par quoi on dit de tout existant qu'il est un. Et le nombre est une multitude composée d'unités[1]. Et un ne relève pas du nombre mais il est plutôt son origine.

Toute chose multipliée par elle-même est appelée une racine, et le résultat de cela un *carré*, ou un carré, ou un radicande[2].

Le résultat du produit [B-2v°] de la racine par le *carré* est un *cube*, ou un cube, par le *cube* un *carré-carré*, par le *carré-carré* un *carré-cube*, par le *carré-cube* un *cube-cube*, par le *cube-cube* un *carré-carré-cube* et ainsi de suite. Si la racine est deux, le *carré* est quatre, le *cube* huit, le *carré-carré* seize, le *carré-cube* trente-deux, le *cube-cube* soixante-quatre et le *carré-carré-cube* cent-vingt-huit.

La racine, lorsqu'elle est rapportée au carré, au cube et aux rangs suivants se nomme côté. Et nous, nous l'appelons racine si rapportée au carré, et côté si rapportée à ce qui est après lui.

Lorsque l'on désigne le nombre, on n'entend pas par lui sa vérité réelle, mais plutôt une grandeur qui soit égale à une unité, ou moins ou plus. La chose peut être utilisée dans le sens de racine, le *carré* dans le sens de carré et les deux sont déjà établis pour toute chose qu'est l'inconnue par elle-même. Si les côtés de ces puissances sont rationnels, alors ces dernières sont appelées rationnelles, sinon elles sont appelées sourdes.

---

1 جماعة مركّبة est la même expression employée dans les versions arabes de la Définition 2 du Livre VII des *Éléments* examinées dans De Young (1981). Nous la traduisons par « multitude composée », de manière à garder également une analogie avec la traduction française du texte grec effectuée par Vitrac dans Euclide (1994), p. 247.

2 Dans la suite de cette traduction, nous écrirons toujours « *carré* » en italique lorsqu'il s'agit de la traduction du terme مال et « carré » sans style particulier lorsqu'il s'agit de la traduction du terme مربّع.

الباب الأوّل
في الأسامي والمراتب

الوحدة ما بها يقال لكلّ موجودٍ إنّه واحد، والعدد جماعة مركّبة من آحاد. والواحد ليس من العدد وإنّما هو أصله.

٥   وكلّ شيءٍ ضُرِبَ في نفسه فإنّه يسمّى جذرًا والمرتفع منه مالًا ومربّعًا ومجذورًا. والمرتفع من ضرب [ب-٢ظ]

الجذر في المال مكعّبٌ وكعبٌ، وفي الكعب مالُ مالٍ، وفي المال مالُ مال كعبٍ، وفي مال كعب كعبُ كعبٍ، وفي كعب الكعب مالُ مال كعبٍ وعلى هذا القياس. فإذا كان الجذر اثنين كان المال أربعة، والكعب ثمانية، ومال المال

١٠ ستّة عشر، ومال الكعب اثنين وثلاثين، وكعب الكعب أربعة وستّين، ومال مال الكعب مائة وثمانية وعشرين.

والجذر يسمّى بالنسبة إلى المربّع والمكعّب وما بعدهما من المراتب ضلعًا. ونحن نسمّيه بالنسبة إلى المربّع جذرًا وإلى ما بعده ضلعًا.

وإذا أطلقوا بالعدد فلا يريدون به حقيقتَه وإنّما يريدون به مقدارٍ ما سواء كان

١٥ واحدًا أو أقلّ أو أكثر. والشيء قد يُستعمل بمعنى الجذر، والمال بمعنى المربّع وقد يوضعان لكلّ شيءٍ هو مجهولٌ في نفسه. وهذه المُضلعات إن كانت أضلاعها منطقة فتسمّى منطقةً وإلّا فصمًّا.

---

١٠ اثنين: اثنان[ا]   ١٤ بالعدد: العدد[ا]

Les principes de ces rangs sont quatre : les unités, les racines, les *carrés* et les *cubes*. La racine est à la place des dizaines [A-106v°] puisqu'elle est au deuxième rang, le *carré* est à la place des centaines puisqu'il est au troisième rang, le *cube* est à la place des milliers puisqu'il est au quatrième rang et ainsi de suite, et [quant à] leurs rangs, ils vont jusqu'à l'infini.

La méthode pour leur génération est que tu poses le premier de ces rangs les unités, le deuxième les racines, le troisième les *carrés* et le quatrième les *cubes*. Ensuite, tu remplaces les *cubes* par des *carrés-carrés* : c'est le cinquième. Ensuite, tu remplaces le dernier *carrés* par un *cube*, il devient des *carrés-cube* : c'est le sixième. Ensuite, les *carrés* par *cubes*, donc tu dis *cubes-cube* : c'est le septième. Ensuite, tu remplaces les *cubes* par les *carrés-carré*, donc il devient *carrés-carré-cube* : [B-3r°] c'est le huitième. Ensuite, tu remplaces *carré* par *cube*, donc il devient le *carrés-cube-cube* : c'est le neuvième. Ensuite, tu remplaces *carrés* par *cubes*, donc il devient *cubes-cube-cube* : c'est le dixième. De cette manière tu remplaces le *carré* dans un rang de façon que le rang qui le suit soit un *cube*, et un *cube* par un *carré-carré*, et un *carré-carré* par un *carré-cube*. Tu fais précéder dans l'explication le rang le plus petit[3] et tu composes les rangs jusqu'à l'infini. Ces rangs se succèdent selon un certain rapport[4]. Le rapport de un à la racine est comme le rapport de la racine au *carré*, du *carré* au *cube*, du *cube* au *carré-carré*, du *carré-carré* au *carré-cube* et du *carré-cube* au *cube-cube*. C'est pourquoi le produit de la racine par le *cube* est égal au produit du *carré* par lui-même, le produit de la racine par le *carré-carré* est égal au produit du *carré* par le *cube* ; le produit du *carré* par le *carré-carré* est égal au produit du *cube* par lui-même et au produit de la racine par le *carré-cube* ; le produit du *carré* par le *cube-cube* est égal au produit du *carré-carré* par lui-même

---

3   De manière générale, nous traduisons par « le plus petit » le terme الأصغر dont le contraire est الأكبر, « le plus grand ». Toutefois, lorsqu'il s'agit de comparer des rangs, l'auteur utilise le terme الأدنى pour désigner, entre deux termes algébriques, celui dont le rang est plus bas en hauteur par rapport à l'autre. Son contraire est الأعلى. Nous avons choisi de traduire également ces deux termes par « le plus petit » et « le plus grand ».

4   L'expression figée متوالية في النسبة, que nous traduisons aussi par « consécutivement selon un certain rapport », provient de la théorie des nombres euclidienne. Par conséquent, nous la retrouverons largement employée au Chapitre V de *Balance de l'équation*.

وأصول هذه المراتب أربعة: آحاد وجذور وأموال وكعاب. فالجذر بمنزلة العشرات [ا-١٠٦ظ]

لكونه في المرتبة الثانية، والمال بمنزلة المئات لكونه في المرتبة الثالثة، والكعب بمنزلة الألوف لكونه في المرتبة الرابعة، وعلى هذا قياس ما بعدها ومراتبها: تمرّ إلى ما لا نهاية له.

والطريق في توليدها أنّك تجعل أوّل مراتبها الآحاد وثانيها الجذور وثالثها الأموال ورابعها الكعاب. ثمّ تبدّل من الكعاب أموال مال وهي الخامس. ثمّ تبدّل من المال الآخر كعبًا فيكون أموال كعبٍ وهي السَادس. ثم من أموال كعابًا فتقول: كعاب كعبٍ وهي السابع. ثمّ تبدّل من كعابٍ أموال مالٍ فيصير أموال مال كعب [ب-٣و]

وهي الثامن. ثمّ من مال كعب فيصير أموال كعب كعبٍ وهي التاسع. ثمّ من أموالٍ كعابًا فيصير كعاب كعب كعبٍ وهي العاشر. وعلى هذا تبدّل من مال في مرتبة لأجل المرتبة التي بعدها كعبًا، ومن كعب مال مالٍ ومن مال مال مال كعبٍ. وتقدّم المرتبة الأدنى في الذكر وتركّب المراتب إلى غير النهاية. وهذه المراتب متوالية في النسبة. فنسبة الواحد إلى الجذر كنسبة الجذر إلى المال، والمال إلى الكعب، والكعب إلى مال المال، ومال المال إلى مال الكعب، ومال الكعب إلى كعب الكعب. ولهذا كان ضرب الجذر في الكعب مثل ضرب المال في نفسه، وضرب الجذر في مال المال مثل ضرب المال في الكعب، وضرب المال في مال المال مثل ضرب الكعب في نفسه، ومثل ضرب الجذر في مال الكعب، وضرب المال في كعب الكعب مثل ضرب مال المال في نفسه، ومثل

et au produit du *cube* par le *carré-cube* et égal au produit de la racine par le *carré-carré-cube*, et ainsi de suite.

Si nous voulons nommer une distance connue à partir des unités, alors nous ôtons toujours de la distance connue une unité et nous divisons le reste par trois. Nous prenons pour chaque unité du résultat de la division un *cube*, et nous les appliquons[5] l'un à l'autre. Si donc le reste du dividende est une chose inférieure à trois, et si elle est deux, alors nous prenons pour elle un *carré* et nous l'appliquons aux *cubes*. Et si elle est une unité, alors nous ôtons des termes *cubes* une unité, nous la remplaçons par un *carré-carré* [A-107r°] et nous l'appliquons au reste des *cubes*.

C'est comme lorsque nous voulons nommer le rang treize à partir des unités. Nous ôtons [B-3v°] de treize une unité, nous divisons le reste par trois et nous obtenons quatre. Nous prenons pour chacun un cube et nous appliquons une partie à l'autre. Il vient un *cube-cube-cube-cube*.

Si le demandé est nommé de rang douzième, alors nous ôtons une unité et nous divisons le reste par trois. Nous obtenons trois et il reste deux. Nous prenons pour chacun des trois un *cube*, pour deux un *carré* et nous les appliquons l'un à l'autre. Il vient un *carré-cube-cube-cube*.

Si le demandé est nommé de rang onzième, alors, après la division, il reste une unité. Nous enlevons l'un des terme *cubes*, nous le remplaçons par un *carré-carré* et nous l'appliquons au reste des cubes. Il vient un *carré-carré-cube-cube*, c'est le demandé.

Si nous voulons connaître la distance d'un rang à partir de l'unité, alors nous multiplions les termes *cubes* par trois et les termes *carrés* par deux. Nous additionnons les deux résultats et nous leur ajoutons toujours un. Le résultat est le demandé.

C'est comme lorsque nous voulons la distance d'un *carré-carré-cube-cube-cube* à partir de l'unité. Nous multiplions les termes *cubes* par trois, il vient neuf, et les termes *carrés* par deux, il vient quatre.

---

5   Le terme اضاف est utilisé ici avec l'idée d'une application par juxtaposition, c'est-à-dire que, dans une même expression, on met les termes l'un concaténé à l'autre.

ضرب الكعب في مال الكعب، ومثل ضرب الجذر في مال مال الكعب وعلى هذا القياس.

فإذا أردنا تسمّية بُعدٍ معلومٍ من الآحاد فنسقط من البُعد المعلوم واحدًا أبدًا ونقسم الباقي على ثلاثة. ونأخذ بكلّ واحدٍ ممّا تخرج من القسمة كعبًا ونضيف بعضها إلى بعضٍ. فإن بقي من المقسوم شيء دون الثلاثة، فإن كان اثنين، فنأخذه مال ونضيفه إلى الكعاب، وإن كان واحدًا فنُنقص من لفظ الكعاب واحدًا ونبدّل به مال مالٍ [١-١٢٧و] ونضيفه إلى بقية الكعاب.

كما إذا أردنا سَمّي المرتبة الثلاثة عشرة من الآحاد. فنسقط [ب-٣ظ] من الثلاثة عشر واحدًا ونقسم الباقي على ثلاثة فنخرج أربعة. فنأخذ بكلّ واحدٍ كعبًا ونضيف بعضها إلى بعضٍ. فيكون كعب كعب كعب كعبٍ.

وإن كان المطلوب سَمّي المرتبة الثانية عشرة فننقص واحدًا ونقسم الباقي على ثلاثة. فنخرج ثلاثة ويبقى اثنان. فنأخذ بكلّ واحدٍ من الثلاثة كعبًا والاثنين مالًا ونضيف بعضها إلى بعضٍ فيكون مال كعب كعب كعبٍ.

وإن كان المطلوب تسمّية المرتبة الحادية عشرة فيبقى بعد القسمة واحد. فننقص من لفظ الكعاب واحدًا به مال مالٍ ونضيفه إلى بقية الكعاب. فيكون مال مال كعب كعبٍ وهو المطلوب.

وإن أردنا أن نعرف بُعد مرتبةٍ من الواحد ضربنا لفظات الكعاب في ثلاثة ولفظات الأموال في اثنين. وجمعنا المبلغين وزدنا عليه واحدًا أبدًا، فما بلغ فهو المطلوب.

كما إذا أردنا بُعد مال مال كعب كعب كعبٍ عن الواحد. ضربنا لفظات الكعاب في ثلاثة، وكان تسعة ولفظات الأموال في اثنين، وكان أربعة.

---

٣ تسمّية: سُمّي [ ] ٦ فنأخذ: نأخذ[ا] ٧ ونبدّل: ونبّل[ا]وتبّل[ب] ٩ فنسقط: فيسقط[ب] ١٠ ونقسم: ويقسم[ب] ١٢ فننقص: فينقص[ب] ١٣ فنخرج: فيخرج[ب] ١٥ تسمّية: سَمّى

Nous additionnons les deux résultats et nous leur ajoutons une unité. Il vient quatorze et nous savons que le rang de *carré-carré-cube-cube-cube* est le quatorzième à partir de l'unité.

Une partie d'une chose est ce qui, si multipliée par celle-ci[6], donne un. Elle est le rapport d'une unité relativement à cette chose.

Chaque fois que la chose est plus petite qu'une unité, sa partie sera plus grande qu'une unité, et inversement. Et une chose est la partie de sa partie. Chaque fois que les choses, les *carrés* et les autres rangs sont à une extrémité de l'unité, leurs parties se trouvent à l'autre extrémité. Les parties [B-4r°]

de ces rangs se suivent aussi selon le rapport, donc le rapport de la partie de la chose à la partie du *carré* est comme le rapport de la partie du *carré* à la partie du *cube*, et comme le rapport de la partie du *cube* à la partie du *carré-carré* et ainsi selon l'ordre. Le rapport d'une partie d'une chose à la partie d'une autre chose est comme le rapport de cette deuxième chose à la première chose, donc le rapport d'une partie de la racine à une partie du *carré* est comme le rapport du *carré* à la racine ; le rapport d'une partie du *carré* à une partie du *carré-cube* est comme le rapport du *carré-cube* au *carré* [A-107v°]

et c'est toujours ainsi. Si donc tu dis : un *carré-carré* plus un *cube* plus un *carré* plus chose plus une unité plus une partie d'une chose plus une partie d'un *carré* plus une partie d'un *cube* plus une partie d'un *carré-carré* et ainsi de suite jusqu'à l'infini, cela est une succession en proportion.

---

6   C'est-à-dire : si multipliée par la chose.

وجمعنا المبلغين وزدنا عليه واحدًا. فصار أربعة عشر فعرفنا أن مرتبة مال مال كعب كعب كعب هي الرابعة عشر من الواحد.

وجزء كلّ شيء ما إذا ضرب فيه كان واحدًا. وهو نسبة الواحد منه. فكلّما كان الشيء أقلّ من الواحد كان جزؤه أعظم من الواحد وبالعكس. وكلّ شيءٍ فهو جزء لجزئه. فكلّما مرّت الأشياء والأموال وسائر المراتب في أحد طرفي الواحد مرّت أجزاؤها في الطّرف الآخر منه. وأجزاء [ب-٤و]

هذه المراتب أيضًا متوالية في النسبة. فنسبة جزء الشيء إلى جزء المال كنسبة جزء المال إلى جزء الكعب وكنسبة جزء الكعب إلى جزء مال المال وهكذا على الترتيب. ونسبة جزء كلّ شيءٍ إلى جزء شيء آخر كنسبة ذلك الشيء الثاني إلى الشيء الأول، فنسبة جزء الجذر إلى جزء المال كنسبة المال إلى الجذر ونسبة جزء المال إلى جزء مال الكعب كنسبة مال الكعب إلى المال /[ا-١٠٧ظ]

وعلى هذا أبدًا. فإذا قلت مال مالٍ وكعبٍ ومالٍ وشيءٍ وواحدٍ وجزء شيءٍ وجزء مالٍ وجزء كعبٍ وجزء مال مالٍ وهكذا إلى غير النهاية كانتْ متناسبة متوالية في النسبة.

DEUXIÈME CHAPITRE
SUR LA MULTIPLICATION

Elle est la demande d'une grandeur, telle que le rapport d'un de ses facteurs à elle-même soit comme le rapport de l'unité à l'autre facteur. Le nombre multiplié par un rang quelconque donne le résultat du genre du multiplicateur. Cinq unités par cinq choses sont donc vingt-cinq choses, par sept *carrés* sont trente-cinq *carrés*, par huit *cubes* sont quarante *cubes*, par dix parties d'une chose sont cinquante parties d'une chose et par douze parties d'un *cube* sont soixante parties d'un *cube*.

Quant à la racine, son produit par un rang quelconque engendre le rang qui est après celui-ci. Le produit de la racine par la racine est donc un *carré*, par un *carré* est un *cube*, par le *cube* est un *carré-carré*, et c'est toujours ainsi.

Quant au reste des rangs, nous avons déjà mentionné dans le livre *L'appui des arithméticiens* que le produit des rangs l'un par l'autre est une expression issue de l'application du multiplicande au multiplicateur. Le produit du *carré* par le *carré* est donc un *carré-carré*, par le *cube* est un *carré-cube*, par le *carré-carré* est un *carré-carré-carré*, je veux dire un *cube-cube*. [B-4v°]

Le produit du *cube* par le *cube* est un *cube-cube*, par un *carré-carré* est un *carré-carré-cube*, et par un *carré-cube* est un *carré-cube-cube*.

La règle pour tout cela est que tu combines les termes du multiplicande et du multiplicateur, en faisant précéder le plus petit [rang] au plus petit. Si tu as une chose, tu l'enlèves et tu prends le rang qui vient après le rang la chose. Tu remplaces chose-chose par *carré*, chose-*carré* par *cube*, chose-*cube* toujours par *carré-carré*. Tu remplaces trois *carrés* appliqués l'un à l'autre par un *cube-cube* et tu laisses le reste à ses propres termes. C'est le résultat de la multiplication.

الباب الثاني
في الضرب

وهو طلب مقدارٍ يكون نسبة أحد المضروبين إليه كنسبة الواحد إلى المضروب الآخر. فالعدد في أيّ مرتبةٍ ضربته كان المرتفع من جنس المضروب فيه. فخمسة آحادٍ في خمسة أشياء خمسة وعشرون شيئًا، وفي سبعة أموالٍ خمسة وثلاثون مالًا، وفي ثمانية كعابٍ أربعون كعبًا، وفي عشرة أجزاء شيء خمسون جزء شيءٍ، وفي اثنى عشر جزء كعبٍ ستّون جزء كعبٍ.

وأمّا الجذر فضربه في أيّ مرتبةٍ كان يولّد المرتبة التي بعدها. فضربه في الجذر مال وفي المال كعب وفي الكعب مال مالٍ وهكذا أبدًا.

وأمّا بقية المراتب فقد ذكرنا في كتاب عُمدة الحُسّاب أنّ ضرب المراتب بعضها في بعضٍ عِبارة عن إضافة المضروب إلى المضروب فيه. فضرب المال في المال مال مالٍ، وفي الكعب مال كعبٍ، وفي المال مال مال مالٍ، أعني كعب كعبٍ. [ب-٤-ظ]

وضرب الكعب في الكعب كعب كعبٍ، وفي مال المال مال مال كعبٍ، وفي مال الكعب مال كعب كعبٍ.

فالضابط في ذلك كلّه إنّك تجمع بين الفاظ المضروب والمضروب فيه وتقدّم الأدنى فالأدنى. وإذا كان معك شيء فتسقطه وتأخذ المرتبة التي بعد المرتبة التي مع الشيء. فتأخذ بدل شيء مالًا وبدل شيء مالٍ كعبًا وبدل شيء كعبٍ مال مالٍ أبدًا. وتأخذ بدل ثلاثة أموال مضاف بعضها إلى بعضٍ كعب كعبٍ وترك البقية على ألفاظها. فما كان فهو المرتفع من الضرب.

____

١١ في بعضٍ: في [ا]   ١٧ وتأخذ: ويأخذ[ب]

C'est comme lorsque tu veux multiplier un *carré-carré-cube-cube* par un *carré-carré-cube* : tu combines les termes des deux et tu fais précéder le plus petit [rang]. Il vient un *carré-carré-carré-carré-cube-cube-cube*. Tu remplaces *carré-carré-carré* par *cube-cube*, et un *carré-cube-cube-cube-cube-cube* est le résultat. La méthode pour la multiplication est que tu multiplies le nombre de l'un {A-108r°} des deux facteurs par l'autre et ce résultat, tu le prends autant de fois que le produit d'un des deux rangs par l'autre. Si donc nous multiplions cinq *carrés* par six *cubes*, alors nous multiplions cinq par six, il vient trente, nous prenons pour chacun d'eux un *carré-cube*, et nous procédons selon cette démarche.

Sur le produit des fractions de ces rangs l'une par l'autre   La moitié d'une chose par la moitié d'une chose est le quart d'un *carré*, la moitié d'un *carré* par la moitié d'un *cube* est le quart d'un *carré-cube*, le tiers d'un *cube* par le quart d'un *carré-cube* est la moitié d'un sixième d'un *carré-cube-cube* et ainsi de suite.

La partie d'une chose par la partie d'une autre chose est la partie qui résulte du produit de deux grandeurs dont tu as multiplié la partie de l'une des deux par la partie de l'autre. La méthode pour cela est que nous combinons {B-5r°} les termes des deux facteurs et que nous retranchons d'un des deux termes la partie. Il reste le rang du résultat de la multiplication. Ainsi, la partie de la chose par la partie de la chose est la partie du *carré*, par la partie du *carré* est la partie du *cube*, par la partie du *cube* est la partie du *carré-carré* et ce dernier est à la place de la partie du *carré* par la partie du *carré*. La partie du *carré* par la partie du *cube* est la partie du *carré-cube*, par la partie du *carré-carré* est la partie du *cube-cube*, et ce-dernier est à la place de la partie du *cube* par la partie du *cube*.

Si tu veux multiplier la partie d'une chose par une chose quelconque parmi le *carré*, le *cube*, le *carré-carré* et autre, alors tu divises le multiplicateur par ce dont la partie du multiplicande est sa partie

كما إذا أردت أن تضرب مال مال كعبٍ في مال مال كعبٍ: فتجمع بين الألفاظهما وتقدّم الأدنى. فيكون مال مال مال مال كعب كعبٍ. فتبدّل من مال مال مالٍ كعب كعبٍ. فيصير مال كعب كعب كعب كعبٍ وهو المرتفع.

والطريق في الضرب إنّك تضرب عدد أحد [أ-١٠٨و] المضروبين في الآخر فما* ارتفع تأخذ به ما يرتفع من ضرب مرتبة أحدهما في مرتبة الآخر. فإذا ضربنا خمسة أموال في ستّة كعابٍ، فنضرب خمسة في ستّة فيكون ثلاثين، ونأخذ بكلّ واحدٍ منها مال كعبٍ ونجرى على هذا القياس.

في ضرب كسور هذه المراتب بعضها في بعضٍ.

فنصف شيءٍ في نصف شيءٍ رُبع مالٍ ونصف مالٍ في نصف كعبٍ رُبع مال كعبٍ وثُلث كعبٍ في رُبع مال كعبٍ نصف سُدس مال كعب كعبٍ وهلمّ جرّاء.

وجزء كلّ شيءٍ في جزء شيءٍ آخر هو جزء الذي يرتفع من ضرب المقدارين الذين ضربت جزء أحدهما في جزء الآخر†. فطريقه أن نجمع بين [ب-٥و] الفاظ المضروبين ونسقط [من] أحد لفظين الجزء. فيبقى مرتبة المرتفع من الضرب. فجزء الشيء في جزء الشيء جزء المال، وفي جزء المال جزء الكعب، وفي جزء الكعب جزء مال المال، وهو بمنزلة جزء المال في جزء المال. وجزء المال في جزء الكعب جزء مال الكعب، وفي جزء مال المال جزء كعب الكعب، وهو بمنزلة جزء الكعب في جزء الكعب.

وجزء كلّ شيءٍ إذا أردت ضربه في أيّ شيءٍ شئت من المال والكعب ومال المال وغيرها، فقسمت المضروب فيه على الذي [هو] الجزء المضروب جزئه،

et le résultat est la réponse. La partie de la chose par la chose est une unité, par le *carré* est une chose et par le *cube* est un *carré*. La partie du *carré* par la chose est une partie d'une chose parce que, selon ce qui sera expliqué à propos de la division, si tu divises la chose par le *carré*, il vient la partie de la chose. La partie du *carré* par le *cube* est une chose, par le *carré-carré* elle est un *carré*. La partie du *cube* par la chose est la partie du *carré*, par le *carré* elle est la partie d'une chose, par le *carré-carré* elle est une chose, par le *carré-cube* elle est un *carré*, par le *cube-cube* elle est un *cube*, et ainsi de suite. Tout s'éclaircit une fois que tu connais la division.

Si tu veux le produit de la racine d'une grandeur par la racine d'une autre grandeur, alors multiplie l'une {A-108v°} des deux grandeurs par l'autre et prends la racine du résultat. C'est le demandé. Puis, si les deux grandeurs sont rationnelles ou semblables, c'est-à-dire que le rapport d'une des deux à l'autre est comme le rapport du carré au carré, alors le résultat est un carré rationnel, sinon il est sourd[1]. La racine de quatre par la racine de neuf est la racine de trente-six, c'est-à-dire six. La racine de cinq par la racine de vingt est la racine de cent, c'est-à-dire dix. La racine de dix par la racine de vingt est la racine de deux-cent.

Si tu veux multiplier la racine d'une grandeur par une grandeur, alors tu mets au carré le multiplicateur et la question {B-5v°} conduit au produit d'une racine par une racine.
C'est comme lorsque tu veux multiplier la racine de quatre par six, mets au carré six et multiplie quatre par lui. Il vient cent-quarante-quatre et sa racine, à savoir douze, est le demandé.

Si tu veux multiplier le côté d'un cube par le côté d'un autre cube, alors multiplie un des deux cubes par l'autre et le côté du produit est le demandé. Ensuite, si les deux cubes sont rationnels ou semblables, c'est-à-dire que le rapport du carré d'un des deux à l'autre est comme le rapport d'un cube à un cube, alors le résultat est un cube rationnel, sinon il est sourd. Le côté de huit par le côté de vingt-sept est le côté de deux-cent-seize, c'est-à-dire six, le côté de deux par le côté de

---

1   À la manière de ses contemporains, al-Zanjānī distingue les quantités en rationnelles, semblables (c'est-à-dire rationnelles en puissance) et sourdes (c'est-à-dire irrationnelles). Il reviendra sur cette distinction au chapitre V.

فما خرج كان جوابًا. فجزء الشيء في الشيء واحدٌ، وفي المال شيءٌ، وفي الكعب مالٌ. وجزء المال في الشيء جزء شيءٍ لأنّ الشيء، إذا قسمته على المال، خرج جزء شيء على ما سيتّضح في القسمة. وفي الكعب شيءٌ، وفي مال المال مالٌ. وجزء الكعب في الشيء جزء مالٍ، وفي المال جزء شيءٍ، وفي مال المال شيءٌ، وفي مال مال كعب مالٌ، وفي كعب الكعب كعبٌ وقس على هذا. ويتّضح كلّ الوضوح إذا عرفت القسمة.

وإن أردت ضرب جذر مقدارٍ في جذر مقدارٍ آخر، فاضرب أحد [١-١٠٨ظ] المقدارين في الآخر وخُذ جذر المبلغ، وهو المطلوب. ثمّ إن كان المقداران منطقيين أو متشابهين، أعني نسبة أحدهما إلى الآخر كنسبة مربّع إلى مربّع فالمرتفع مربّع مُنطقٌ وإلّا فهو أصمّ. فجذر أربعةٍ في جذر تسعةٍ جذر ستّة وثلاثين، أعني ستّة. وجذر خمسةٍ في جذر عشرين جذر مائةٍ، أعني عشرة، وجذر عشرة في جذر عشرين جذر مائتين.

وإن أردت ضرب جذر مقدارٍ في مقدارٍ فربّع المضروب فيه، فيؤل الأمر إلى [ب-٥٥ظ]

ضرب جذر في جذرٍ. كما إذا أردت أن تضرب جذر أربعة في ستّة، فربّع الستّه واضرب فيه الأربعة. فيصير مائة وأربعة وأربعين فجذره، وهو اثنا عشر، هو المطلوب.

وإن أردت أن تضرب ضلع مكعّبٍ في ضلع مكعّبٍ آخر فاضرب أحد المكعّبين في الآخر، فضلع الحاصل هو المطلوب. ثمّ إن كان المكعّبان منطقيين أو متشابهين، أعني نسبة مربّع أحدهما إلى الآخر كنسبة مكعّبٍ إلى مكعّبٍ، فالمرتفع مكعّبٌ منطقٌ وإلّا فهو أصمّ. فضلع ثمانية في ضلع سبعة وعشرين ضلع مائتين وستّة عشر، أعني ستّة، وضلع اثنين في ضلع اثنين وثلاثين ضلع أربعة

---

٦ ويتّضح: ويضّح[١]   ٧ جذر: في[١]   ١٠ مربّع: ربّع[ب]

trente-deux est le côté de soixante-quatre, c'est-à-dire quatre, car le rapport du carré de deux à trente-deux est comme le rapport du cube au cube, le côté de cinq par le côté de dix est le côté de cinquante.

Si tu veux multiplier le côté d'un nombre par un nombre, alors tu mets au cube le multiplicateur et la question conduit au produit du côté d'un cube par le côté d'un autre cube. C'est comme lorsque tu veux multiplier le côté de huit par trois. Tu mets au cube trois, il vient vingt-sept, et la question conduit au produit du côté de huit par le côté de vingt-sept. Il vient le côté de deux-cent-seize, c'est-à-dire six.

Et à partir de ceci, il faut que tu remarques à cette occasion que, si tu veux doubler la racine d'une grandeur, cela est comme lorsque tu veux la multiplier par deux. [A-109r°] Tu mets donc au carré deux, tu multiplies cette grandeur par lui et la racine du résultat est le demandé. Si tu veux la partager en deux, c'est comme lorsque tu veux son produit par un demi, donc tu mets au carré un demi, tu multiplies par lui cette grandeur et la racine du résultat est le demandé. De la même manière, [B-6r°] si tu veux doubler le côté d'un cube, alors tu mets au cube deux, il vient huit, tu multiplies par lui ce cube et le côté du résultat est le demandé. Si tu veux le partager en deux moitiés, alors tu mets au cube un demi, il vient un huitième, tu multiplies par lui ce cube et le côté du résultat est le demandé.

Si tu veux multiplier deux racines de quatre par trois racines de neuf, alors tu détermines de quel nombre deux racines de quatre est la racine. C'est ce par quoi tu mets au carré deux et tu le multiplies par quatre. Il vient seize et sa racine est deux racines de quatre. Tu détermines de quel nombre trois racines de neuf est la racine. C'est ce par quoi tu mets au carré trois et tu le multiplies par neuf. On obtient quatre-vingt-un et sa racine est trois racines de neuf. La question conduit au produit de la racine de seize par la racine de quatre-vingt-un, donc tu multiplies seize par quatre-vingt-et-un, il vient mille-deux-cent-quatre-vingt-seize et sa racine, c'est-à-dire trente-six, est le demandé.

وستّين أعني أربعة لأنّ نسبة مربّع الاثنين إلى اثنين وثلاثين كنسبة مكعّبٍ إلى مكعّبٍ، وضلع خمسةٍ في ضلع عشرةٍ ضلع خمسين.

وإن أردت ضرب ضلع عددٍ في عددٍ فكعّب المضروب فيه، فيؤل الأمر إلى ضرب ضلع مكعّبٍ في ضلع مكعبٍ آخر. كما إذا أردت أن تضرب ضلع ثمانية في ثلاثةٍ. فكعّب الثلاثة فيكون سبعة وعشرين فيؤل الأمر إلى ضرب ضلع ثمانية في ضلع سبعة وعشرين، فيكون ضلع مائتين وستة عشر، أعني ستّة.

وممّا ينبغي أن ينبّه عليه في هذا الوضع أنّك إذا أردت تضعيف جذر مقدارٍ فكأنّك تريد ضربه في اثنين. [١٠٩ا-و]
فتربّع الاثنين وتضرب فيه ذلك المقدار فجذر المبلغ هو المطلوب. وإن أردت تنصيفه فكأنّك تريد ضربه في نصفٍ فتربّع النصف وتضرب فيه ذلك المقدار. فجذر المبلغ هو المطلوب. وكذلك [ب-٦و]
إن أردت تضعيف ضلع مكعّبٍ فكعّب الاثنين فيكون ثمانية وتضرب فيه ذلك المكعّب، فضلع المبلغ هو المطلوب. وإن أردت تنصيفه فكعّب النصف، فيكون ثمنًا تضرب فيه ذلك الكعب. فضلع المبلغ هو المطلوب.

فإن أردت أن تضرب جذري أربعة في ثلاثة أجذار تسعةٍ فاستخرج أنّ جذري أربعة جذر أيّ عددٍ هو وذلك بأن تربّع الاثنين وتضربه في الأربعة. فيكون ستّة عشر فجذره هو جذرا أربعة. ويستخرج أنّ ثلاثة أجذار تسعة جذر أيّ عددٍ هو وذلك بأن تربّع الثلاثة وتضربه في التسعة. فيكون أحد وثمانين فجذره هو ثلاثة أجذار تسعة. فآل الأمر إلى ضرب جذر ستّة عشر في جذر أحدٍ وثمانين فتضرب ستّة عشر في أحدٍ وثمانين. فيكون ألفًا ومائتين وستّة وتسعين فجذره، أعني ستّة وثلاثين، هو المطلوب.

Si tu veux multiplier un quart de la racine de quatre par un cinquième de la racine de neuf, alors mets au carré le quart, multiplie-le par quatre, il vient un quart, et sa racine est un quart de racine de quatre. Puis, mets au carré un cinquième et multiplie-le par neuf. Il vient un cinquième plus quatre cinquièmes d'un cinquième et sa racine est un cinquième de racine de neuf. La question conduit au produit de la racine d'un quart par la racine d'un cinquième plus quatre cinquièmes d'un cinquième. Tu multiplies l'un des deux radicandes par l'autre, il vient neuf parties de cent parties d'une unité. Sa racine, à savoir trois dixièmes, est le demandé. Procède de cette façon pour le produit des multiples du côté d'un cube, ou pour ses parties, ainsi que pour le produit des multiples des côtés des autres puissances et de leurs parties par quelque chose d'autre.

Si tu veux [A-109v°]
mettre au cube la racine de quatre, [B-6v°]
c'est-à-dire multiplier quatre par sa racine, alors tu multiplies quatre par lui-même, il vient seize, et tu demandes entre les deux un moyen tel que le rapport de quatre à celui-ci est comme le rapport du moyen à seize. Tu multiplies quatre par seize et la racine du total est le moyen, je veux dire le cube de la racine de quatre.

Si tu veux multiplier la racine d'un carré par le côté d'un cube, alors élève-les afin qu'ils deviennent du rang de l'unité, cela en mettant au cube le carré et en mettant au carré le cube. Chacun des deux devient un *cube-cube*, tu multiplies le côté de l'un des deux par le côté de l'autre, à condition que chacun des deux soit un *cube-cube*, et tu obtiens le demandé.

C'est comme lorsque tu veux multiplier la racine de neuf par le côté de huit. Tu mets au cube neuf, il vient sept-cent-vingt-neuf et tu mets au carré huit, il vient soixante-quatre. Tu multiplies le côté d'un des deux par le côté de l'autre à condition que les deux soient des *cubes-cubes*, cela en multipliant l'un des deux par l'autre. Il vient quarante-six-mille-six-cent-cinquante-six, tu prends sa racine, à savoir deux-cent-seize, et elle est le cube de son côté, à savoir six. C'est le résultat du produit de la racine de neuf par le côté de huit.

وإن أردت أن تضرب رُبع جذر أربعةٍ في خُمس جذر تسعةٍ فربّع الرُبع واضربه في أربعةٍ، يكون رُبعًا فجذره هو رُبع جذر أربعة. ثمّ ربّع الخُمس واضربه في تسعةٍ، يكون خُمسًا وأربعة أخماس خُمس فجذره هو خُمس جذر تسعةٍ. فآل الأمر إلى ضرب جذر رُبع في جذر خُمسٍ وأربعة أخماس خُمسٍ. فتضرب أحد المجذورين في الآخر فيكون تسعة أجزاءٍ من مائة جزءٍ من واحدٍ فجذره، وهو ثلاثة أعشار، هو المطلوب.

وقس على هذا ضرب أضعاف ضلع مكعّبٍ أو أجزائه وكذلك ضرب أضعاف أضلاع سائر المضلعات وأجزائها في غيرها.

وإن أردت [١-٩ظ، ١٠]

١٠ أن تكعّب جذر أربعةٍ [ب-٦ظ]

أعني تضرب أربعةً في جذرها فتضرب أربعة في نفسها. يكون ستّة عشر وتطلب بينهما واسطة يكون نسبة الأربعة إليها كنسبة الواسطة إلى ستّة عشر. فتضرب أربعة في ستّة عشر فجذر المبلغ هو الواسطة أعني مكعّب جذر أربعة.

وإن أردت أن تضرب جذر مربّع في ضلع مكعّبٍ فارفعهما حتّى يصيرا من مرتبةٍ واحدةٍ، وذلك بأن تكعّب المربّع وتربّع المكعّب. فيصير كلّ واحدٍ منهما ١٥ كعب كعبٍ فتضرب ضلع أحدهما في ضلع الآخر على أنّ كلّ واحدٍ منهما كعب كعبٍ، فتخرج المطلوب.

كما إذا أردت أن تضرب جذر تسعةٍ في ضلع ثمانيةٍ. فكعّب التسعة فيكون سبعمائةٍ وتسعة وعشرين، وتربّع الثمانية فيكون أربعة وستّين. فتضرب ضلع أحدهما ٢٠ في ضلع الآخر على أنّ كلّهما كعب كعبٍ وذلك بأن تضرب أحدهما في الآخر. فيكون ستّة وأربعين ألفًا وستّمائة وستّة وخمسين وتأخذ جذره، [أي] مائتين وستّة عشر، فهذا مكعّب ضلعه وهو ستّة [و]هو المرتفع من ضرب جذر تسعةٍ في ضلع ثمانية.

____

١٢ الأربعة إليها كنسبة: الأربعة إليها كنسبتها أيّ كنسبة

Procède ainsi pour le côté de *carrés-carrés* et ce qui le suit parmi les rangs. Cette espèce, c'est-à-dire le produit des racines et des côtés, n'est d'intérêt que dans [le cas] des puissance sourdes.

Si tu veux le produit de deux espèces ou plus par deux espèces ou plus, alors tu multiplies tous les rangs du multiplicande par tous les rangs du multiplicateur et tu additionnes le résultat. C'est la réponse. Nous observons les rangs de l'ajout et du défaut : l'ajout par l'ajout et le défaut par le défaut est un ajout et l'ajout par le défaut est un défaut, et nous entendons par le défaut le retranché et par l'ajout ce qui ne l'est pas. Si l'ajout et le défaut sont du même genre, alors tu élimines l'un des deux [B-7r°] de l'autre. Tout cela est clair, toutefois nous citons quelques exemples afin de nous exercer.

Si tu multiplies dix unités moins une chose par dix choses moins un *carré*, alors tu multiplies dix unités par dix [A-110r°] choses, il vient cent choses, moins une chose par moins un *carré*, il vient un *cube*, dix unités par moins un *carré*, il vient moins dix *carrés*, et dix choses par moins une chose, il vient moins dix *carrés* et tu additionnes le total. Il vient cent choses plus un *cube* moins vingt *carrés*, ce qui est le résultat.

Si tu multiplies une chose plus la racine de dix par une chose plus la racine de dix, alors tu multiplies une chose par une chose, il vient un *carré*, tu multiplies la racine de dix par la racine de dix, il vient dix unités, et tu multiplies une chose par la racine de dix deux fois, donc deux racines de dix *carrés*, c'est-à-dire racine de quarante *carrés*. Tu additionnes cela, il vient un *carré* plus dix unités plus la racine de quarante *carrés*, c'est le résultat.

Si tu multiplies la racine de dix moins une chose par elle-même, alors, si la chose est retranchée de dix, le résultat est dix moins une chose, si la chose est retranchée de la racine de dix, alors tu multiplies la racine de dix par elle-même, il vient dix unités, moins une chose par elle-même, il vient un *carré*, et racine de dix par

وقس على هذا ضلع أموال الأموال وما بعدهما من المراتب. وهذا النوع أعني ضرب الجذور والأضلاع لا فائدة له إلّا في المضلّعات الصمّاء.

وإن أردت ضرب نوعين أو أكثر في نوعين أو أكثر فتضرب جميع مراتب المضروب في جميع مراتب المضروب فيه وتجمع المبلغ فيكون الجواب.

ونراعى المراتب الزائد والناقص: وإنّ الزائد في الزائد والناقص في الناقص زائد، والزائد في الناقص ناقص، ونعني بالناقص المستثنى وبالزائد غيره. وإن كان الزائد والناقص متجانسين فتحذف أحدهما [ب-٧و]

بالآخر. وكلّ ذلك ظاهر إلّا أنّما نذكر بعض أمثلته على سبيل الرّياضة.

فإذا ضربت عشرة آحاد إلّا شيئًا في عشرة أشياء إلّا مالًا فتضرب عشرة آحادٍ في عشرة [ا-١١٠و]

أشياء فيكون مائة شيء، وإلّا شيئًا في إلّا مالًا فيكون كعبًا، وعشرة آحادٍ في إلّا مالًا يكون إلّا عشرة أموالٍ، وعشرة أشياء في إلّا شيئًا فيكون إلّا عشرة أموال وتجمع المبلغ. فيكون مائة شيء وكعبًا إلّا عشرين مالًا، وهو المرتفع .

وإذا ضربت شيئًا وجذر عشرةٍ في شيءٍ وجذر عشرة شيئًا فتضرب شيئًا في شيءٍ فيكون مالًا، وتضرب جذر عشرةٍ في جذر عشرة فيكون عشرة آحاد، وتضرب شيئًا في جذر عشرةٍ مرّتين فيكون جذري عشر أموال أعني جذر من أربعين مالًا. وتجمع ذلك فيكون مالًا وعشرة آحادٍ وجذر أربعين مالًا وهو المرتفع.

وإذا ضربت جذر عشرةٍ إلّا شيئًا في نفسه فإن كان الشيء مستثنى من العشرة فالمرتفع عشرة إلّا شيئًا، وإن كان الشيء مستثنى من جذر عشرة فتضرب جذر عشرةٍ في نفسه فيكون عشرة آحادٍ، وإلّا شيئًا في نفسه فيكون مالًا، وجذر عشرةٍ

moins une chose deux fois, il vient moins deux racines de dix carrés, c'est-à-dire moins la racine de quarante *carrés*. Tu additionnes tout cela. Il vient un *carré* plus dix unités moins la racine de quarante *carrés*, c'est le résultat.

Si tu multiplies une chose plus une racine de quatre par une chose moins le côté de huit, alors tu multiplies une chose par une chose, il vient un *carré*, une chose par une racine de quatre, il vient racine de quatre *carrés*, c'est-à-dire deux choses, une chose par moins côté de huit, il vient moins côté de huit *cubes*, je veux dire moins deux choses, et la racine de quatre [B-7v°]

par moins côté de huit, il vient moins côté de quatre-mille-quatre-vingt-seize à condition qu'il soit un *cube-cube*, je veux dire moins quatre unités. Tu additionnes le total et tu ôtes deux choses en ajout de deux choses en défaut. Il reste un *carré* moins quatre unités, c'est la réponse.

Si tu multiplies cinq *cubes* plus trois *carrés* plus quatre choses par cinq *carrés* plus trois choses plus quatre unités, alors tu multiplies cinq *cubes* par cinq *carrés*, il vient vingt-cinq *carré-cube*, par trois choses, il vient quinze *carré-carré*, et par quatre unités, il vient vingt *cubes*. Puis, tu multiplies trois *carrés* par cinq *carrés*, [A-110v°]

il vient quinze *carrés-carrés*, par trois choses, il vient neuf *cubes*, et par quatre unités, il vient douze *carrés*. Puis, tu multiplies quatre choses par cinq *carrés*, il vient vingt *cubes*, par trois choses, il vient douze *carrés*, et par quatre unités, il vient seize choses. Nous additionnons tout cela. Il vient vingt cinq *carré-cubes* plus vingt *carré-carrés* plus quarante-neuf *cubes* plus vingt-quatre *carrés* plus seize choses, à savoir le résultat du produit. Et tu procèdes selon ce raisonnement.

في إلّا شيئًا مرّتين فيكون إلّا جذري عشرة أموال أعني هو* إلّا جذر أربعين مالًا. وتجمع ذلك كلّه. فيكون مالًا وعشرة آحادٍ إلّا جذر أربعين مالًا وهو المرتفع.

وإذا ضربت شيئًا وجذر أربعةٍ في شيءٍ إلّا ضلع ثمانية فتضرب شيئًا في شيءٍ فيكون مالًا، وشيئًا في جذر أربعةٍ فيكون جذر أربعة أموالٍ أعني شيئين، وشيئًا† في إلّا ضلع ثمانية فيكون إلّا ضلع ثمانية كعابٍ أعني إلّا شيئين، وجذر أربعةٍ [ب-٧ظ]

في إلّا ضلع ثمانية فيكون إلّا ضلع أربعة ألفٍ وستّة وتسعين على أنّه كعب كعبٍ، أعني إلّا أربعة آحادٍ. وتجمع المبلغ وتسقط شيئين زائدًا بشيئين ناقصًا. فيبقى ١٠ مال إلّا أربعة آحادٍ وهو الجواب.

وإذا ضربت خمسة كعابٍ وثلاثة أموالٍ وأربعة أشياء في خمسة أموالٍ وثلاثة أشياء وأربعة آحادٍ فتضرب خمسة كعابٍ في خمسة أموالٍ فتكون خمسة وعشرين مال كعبٍ، وفي ثلاثة أشياء فيكون خمسة عشر مال مالٍ، وفي أربعة آحادٍ فيكون عشرين كعبًا. ثم تضرب ثلاثة أموالٍ في خمسة أموالٍ [ا-١١٠ظ]

١٥ فيكون خمسة عشر مال مالٍ، وفي ثلاثة أشياء فيكون تسعة كعابٍ، وفي أربعة آحادٍ فيكون اثنى عشر مالًا. ثم تضرب أربعة أشياء في خمسة أموال فيكون عشرين كعبًا، وفي ثلاثة أشياء فيكون اثنى عشر مالًا، وفي أربعة آحادٍ فيكون ستّة عشر شيئًا. ونجمع ذلك كلّه. فيكون خمسة وعشرين مال كعبٍ وثلاثين مال مالٍ وتسعة وأربعين كعبًا وأربعة وعشرين مالًا وستّة عشر شيئًا وهو المرتفع من الضرب.
٢٠ وقس على هذا.

---

¹ إلّا شيئًا: الأشياء[ا]

* إلّا جذري عشرة أموال أعني هو: في الهامش [ا]   † وشيئًا: في الهامش [ا]

TROISIÈME CHAPITRE
SUR LA DIVISION

Elle est la demande d'une grandeur telle que son rapport relativement au dividende soit comme le rapport de un relativement au diviseur[1], donc son produit par le diviseur est égal au dividende. Elle est le contraire de la multiplication.

Le résultat de la division d'un rang par ce qui est du même rang est des unités. Si donc nous divisons dix choses par cinq choses, ou vingt *carrés* par dix *carrés*, ou trente *cubes* par quinze *cubes*, ou deux *carrés-carrés* par un *carré-carré*, alors le résultat est deux en nombre car, si nous multiplions deux par le diviseur dans tout cela, on revient au dividende.

Si les rangs sont différents, alors tu mesures [B-8r°] ce qui se trouve entre les rangs du diviseur et du dividende avec leurs rangs[2], tu mesures le nombre [ainsi obtenu] à partir du rang de l'unité, et ce décompte est ce à quoi on aboutit. Ce rang est donc appelé le résultat si le dividende est de rang plus élevé que le diviseur, c'est-à-dire plus éloigné du rang des unités, ou bien, dans le cas inverse, il est appelé une partie.

---

1 La façon la plus fréquente d'exprimer le rapport d'une quantité à une autre quantité est celle qui prévoit d'utiliser la préposition *ilā* (إلى). Ainsi, dans cette phrase on écrirait : « La division demande une grandeur telle que le rapport du dividende à elle soit comme le rapport du diviseur à un » (نسبة المقسوم إلى المقدار كنسبة المقسوم عليه إلى الواحد). Contrairement à cela, al-Zanjānī construit ici sa phrase au moyen de la préposition *min* (من). Cette préposition doit être comprise comme « rapporté à », et prévoit d'indiquer d'abord ce qui est rapporté, puis ce à quoi on rapporte. Dans la phrase en question al-Zanjānī écrit, en effet, نسبة <المقدار> من المقسوم كنسبة الواحد من المقسوم عليه qui se traduit littéralement par : « le rapport de la grandeur *du* dividende est comme le rapport de un *du* diviseur ». Cependant, afin de faciliter la lecture du texte, nous le traduisons par « relativement à ».

2 C'est-à-dire : en incluant aussi leurs rangs.

الباب الثالث
في القسمة

وهي طلب مقدارٍ يكون نسبة من المقسوم كنسبة الواحد من المقسوم عليه. فيكون ضربه في المقسوم عليه مثل المقسوم. وهو عكس* الضرب. فالخارج من قسمة كلّ مرتبةٍ على ما في مرتبتها آحادٌ. فإذا قسمنا عشرة أشياء على خمسة أشياء، أو عشرين مالًا على عشرة أموالٍ، أو ثلاثين كعبًا على خمسة عشر كعبٍ، أو مالي مالٍ على مال مالٍ فالخارج اثنان من العدد لأنّنا لو ضربنا اثنين في المقسوم عليه في جميع ذلك عاد المقسوم.

وإن اختلفت المراتب فتُعدّ [ب-٨و] ما بين† مرتبتي المقسوم عليه والمقسوم مع مرتبتيهما، فما اجتمع فتعدّ مثل ذلك العدد من مرتبة الواحد فما انتهى إليه العدّ. فالخارج يسمّى تلك المرتبة إن كان المقسوم أعلى رتبة من المقسوم عليه أيّ أبعد من مرتبة الآحاد، أو جزء يسمّى تلك المرتبة إن كان الأمر بالعكس.

---

٧ كعبٍ: كعبًا   ١٢ أبعد: العدّ [ب]

* عكس: في الهامش [ب]   † ما بين: مكررة في الهامش [ب]

C'est comme lorsque tu veux diviser un *cube-cube* par un *carré*. On compte ce qui se trouve entre leurs deux rangs avec leur rangs : c'est cinq. Tu comptes cinq à partir du rang de l'unité et le comptage se termine au *carré-carré*, à savoir le rang du résultat de la division. C'est pour cela que, si tu multiplies un *carré-carré* par un *carré*, il en résulte un *cube-cube*.

Si tu veux diviser un *carré* par un *cube-cube*, le résultat est une partie du *carré-carré*. Donc la division du *cube* par le *carré* est une chose, la division du *carré* par le *cube* est une partie d'une chose, la division du *carré-carré* par le *cube* est une chose, [A-111r°]
par le *carré* un *carré* et par la chose un *cube*. La division de la chose par le *carré-carré* est une partie d'un *cube*, la division du *carré* par le *carré-carré* est une partie d'un *carré*, la division d'un *cube* par le *carré-carré* est une partie d'une chose. Le résultat de la division du plus petit par le plus grand est donc une partie du résultat de la division du plus grand par le plus petit.

Nous avons déjà mentionné dans le livre *L'appui* que la division des rangs l'un par l'autre est la soustraction du rang du diviseur du rang du dividende. On divise le nombre du dividende par le nombre du diviseur et on le retient. Puis, s'ils sont de même rang, le résultat est en nombre. Si leurs rangs sont différents, nous retranchons l'un des deux de l'autre. Si le dividende est de plus haut degré que le diviseur, le reste est le rang du résultat de la division ; dans le cas contraire, le rang du résultat est sa partie. [B-8v°]

Il faut que nous posions le *carré* à la place d'une chose appliquée à une chose de manière que, si tu enlèves de lui le rang d'une chose, il reste une chose ; et que nous posions le *cube* à la place d'une chose-*carré* de manière que, si tu le divises par un *carré*, il en résulte une chose, ou bien, [si tu le divises] par une chose, il en résulte un *carré* ; que nous posions le *carré-carré* à la place d'une chose-*cube*

كما إذا أردت أن تقسم كعب كعبٍ على مالٍ. فيعدّ ما بين مرتبتيهما مع مرتبتيهما فيكون خمسةً. فيعدّ من مرتبة الواحد خمسة فينتهي العدّ إلى مال المال وهو مرتبة الخارج من القسمة. ولهذا هو* فإنّك إذا ضربت مال مالٍ في مالٍ، يرتفع منه كعب كعبٍ.

وإن أردت أن تقسم مالًا على كعب كعبٍ فالخارج جزء مال المال. فقسمة الكعب على المال شيء، وقسمة المال على الكعب جزء شيءٍ، وقسمة مال المال على الكعب شيءٌ [١-١١١و]

وعلى المال مالٌ، وعلى الشيء كعبٌ. وقسمة الشيء على مال المال جزء كعبٍ وقسمة المال على مال المال جزء مالٍ وقسمة الكعب على مال المال جزء مال وقسمة الكعب على مال المال جزء شيءٍ. فالخارج من قسمة الأدنى على الأعلى هو جزء الخارج من قسمة الأعلى على الأدنى.

وقد ذكرنا في كتاب العُمدة أنّ قسمة المراتب بعضها على بعضٍ هو اسقاط مرتبة المقسوم عليه من مرتبة المقسوم. فيقسم عدد المقسوم على عدد المقسوم عليه ويحفظه. ثمّ إن كانا من مرتبةٍ واحدةٍ فالخارج من العدد. وإن اختلفت مرتبتهما فنسقط إحداهما من الآخرى. فما يبقى فهو مرتبة الخارج من القسمة، إن كان المقسوم أعلى رُتبةً من المقسوم عليه، أو مرتبة ما الخارج جزؤه إن كان [ب-٨ظ] بالعكس.

وينبغي أن يجعل المال بمنزلة شيءٍ مضافٍ إلى شيءٍ حتّى إذا أسقطتَ منه مرتبة شيءٍ، يبقى شيء، ونجعل الكعب بمنزلة شيء مالٍ حتّى إذا قسمته على مال خرج شيءٌ أو على شيء خرج مالٌ، ونجعل مال المال بمنزلة شيء كعبٍ

---

١ فيعدّ: فبعد[١]   ٨ مالٌ: في[١]   ٩ وقسمة الكعب على مال المال جزء مال: في[ب]   ١٤ اختلفت: اختلف[ب]   ١٥ فنسقط: فيسقط[ب]   ٢٠ ونجعل: ويجعل[ب]   ٢١ ونجعل: ويجعل[ب]

* ولهذا هو: في الهامش [ب]

de manière que, si tu le divises par un *cube*, il en résulte une chose, et si tu le divises par une chose, il en résulte un *cube* ; et que nous posions un *cube-cube* à la place d'un *carré-carré-carré* de manière que, si tu le divises par un *carré-carré*, il en résulte un *carré*, et par *carré*, il en résulte un *carré-carré*.

Si tu divises la partie d'une chose par la partie d'une autre chose, le résultat est ce que l'on obtient de la division de ce dont le diviseur est la partie par ce dont le dividende est la partie. Le résultat de la division d'une partie d'un *carré* par une partie d'un *cube* est donc une chose, à savoir le résultat de la division d'un *cube* par un *carré* ; par une partie d'un *carré* c'est une unité ; par une partie d'une chose c'est une partie d'une chose, à savoir le résultat de la division d'une chose par un *carré*.

Si tu divises la partie d'une chose par une autre chose, on obtient la partie du résultat du produit de ce dont le dividende est la partie par le diviseur. Le résultat de la division d'une partie du *carré* par une chose est donc une partie d'un *cube*, par un *carré* c'est une partie d'un *carré-carré*, par un *cube* c'est une partie d'un *carré-cube*.

Si tu divises une chose par une partie d'une chose, alors le résultat est ce que l'on obtient du produit du dividende par une partie du diviseur. [A-111v°]
Le résultat de la division d'une grandeur par sa partie est donc le carré du dividende. Le résultat de la division d'une chose par sa partie est un *carré*, de la division d'un *carré* par sa partie est un *carré-carré* et de la division d'un *cube* par sa partie est un *cube-cube*. Le résultat de la division d'un *carré* par une partie d'une chose, ou de la division d'une chose par une partie du *carré*, est un *cube*. En effet, si tu multiplies un *carré* par une chose, cela devient un *cube*.

Le résultat de la division de la racine d'une grandeur par la racine d'une grandeur est le résultat obtenu de la division du carré du dividende [B-9r°]
par le carré du diviseur.

حتّى إذا قسمته على كعبٍ خرج شيءٌ وعلى شيء خرج كعبٌ، ونجعل¹ كعب الكعب بمنزلة مال مال مالٍ* حتّى إذا قسمته على مال مالٍ خرج مال مالٍ أو على مال خرج مال مالٍ.

وجزء كلّ شيءٍ إذا قسمته على جزءٍ لشيءٍ آخرٍ، فالخارج هو ما يخرج من قسمة ما المقسوم عليه جزئه على ما المقسوم جزئه.

فالخارج من قسمة جزء مالٍ على جزء كعبٍ شيء وهو الخارج من قسمة كعبٍ على مالٍ، وعلى جزء مالٍ واحدٍ، وعلى جزء شيء جزء شيءٍ، وهو الخارج من قسمة شيءٍ على مالٍ.

وجزء كلّ شيءٍ إذا قسمته على شيءٍ آخر فيخرج جزء المرتفع من ضرب ما المقسوم جزئوه في المقسوم عليه. فالخارج من قسمة جزء مالٍ على شيءٍ جزء كعبٍ، وعلى مالٍ جزء مال مالٍ، وعلى كعبٍ جزء مال كعبٍ.

وكلّ شيءٍ قسمته على جزءٍ لشيءٍ فالخارج ما يرتفع من ضرب المقسوم في الذي المقسوم عليه [ا-١١١ظ] جزؤه. فالخارج من قسمة كلّ مقدارٍ على جزئه هو مربّع المقسوم. فالخارج من قسمة شيءٍ على جزئه مالٌ، ومن قسمة مالٍ على جزئه مال مالٍ، ومن قسمة كعبٍ على جزئه كعب كعبٍ. والخارج من قسمة مالٍ على جزء شيءٍ، أو من قسمة شيءٍ على جزء مالٍ كعبٌ، لأنّك لو ضربت مالًا في شيءٍ صار كعبًا.

والخارج من قسمة† جذر مقدارٍ على جذر مقدارٍ هو جذر ما يخرج من قسمة مربّع المقسوم على [ب-٩و] مربّع المقسوم عليه.

---

¹ ونجعل: ويجعل [ب]

* على: مشطوب في [ا]   † مالٍ على جزء شيءٍ أو من قسمة شيءٍ على جزء مالٍ: مشطوب في [ا]

Le résultat de la division de la racine de neuf par la racine de quatre est la racine du résultat de la division de neuf par quatre, c'est-à-dire racine de deux plus un quart, à savoir un plus un demi.

Il résulte de cela que, si tu mets au carré le résultat de la division d'un nombre par un nombre, ce résultat est égal au résultat de la division du carré du dividende par le carré du diviseur.

Le résultat de la division du côté d'un cube par le côté d'un autre cube est le côté du résultat de la division du cube du dividende par le cube du diviseur. Le résultat de la division du côté de vingt-sept par le côté de huit est donc le côté du résultat de la division de vingt-sept par huit, c'est-à-dire le côté de trois plus trois huitièmes, à savoir un plus un demi.

Si tu veux diviser un nombre par la racine d'un nombre ou bien la racine d'un nombre par un nombre, alors tu mets au carré le nombre et le procédé conduit à la division de la racine d'un nombre par la racine d'un nombre.

Si tu veux diviser un nombre par le côté d'un cube ou bien le côté d'un cube par un nombre, alors tu mets au cube le nombre et la question conduit à la division du côté d'un cube par le côté d'un cube. Si tu veux diviser le côté de vingt-sept par la racine de quatre, élève-les comme tu as introduit dans la multiplication, et cela en mettant au carré vingt-sept et en le divisant par le cube de quatre. On obtient onze unités plus vingt-cinq parties de soixante-quatre parties d'unités. Prends sa racine, à savoir trois unités plus trois huitièmes d'unité, et celle-ci est un cube. Son côté, c'est-à-dire [A-112r°]
un plus un demi, est le résultat de la division.

Si tu divises deux espèces ou plus par une seule espèce, comme lorsque tu divises un *carré-carré* plus deux *cubes* plus quatre *carrés* par deux choses, alors tu divises chaque [espèce] individuellement et tu additionnes le résultat. Il vient la moitié d'un *cube* plus un *carré* [B-9v°]
plus deux choses, et c'est la réponse.

فالخارج من قسمة جذر تسعةٍ على جذر أربعة هو جذر الخارج من قسمة تسعةٍ على أربعةٍ، أعني جذر اثنين ورُبع وهو واحدٌ ونصفٌ.

فيلزم من هذا أنّك إذا ربّعت الخارج من قسمة عددٍ على عددٍ كان مثل الخارج من قسمة مربّع المقسوم على مربّع المقسوم عليه.

٥   والخارج من قسمة ضلع مكعّبٍ على ضلع مكعّب آخر هو ضلع الخارج من قسمة مكعّب المقسوم على مكعّب المقسوم عليه.

فالخارج من قسمة ضلع سبعةٍ وعشرين على ضلع ثمانيةٍ هو ضلع ما يخرج من قسمة سبعةٍ وعشرين على ثمانيةٍ، أعني ضلع ثلاثة وثلاثة أثمان وهو واحدٌ ونصفٌ.

وإن أردت أن تقسم عددًا على جذر عددٍ أو جذر عددٍ على عددٍ فتربّع العدد

١٠   فيؤول الأمر إلى قسمة جذر عددٍ على جذر عددٍ.

وإن أردت أن تقسم عددًا على ضلع مكعّبٍ أو ضلع مكعّبٍ على عددٍ فكعّب العدد فيؤول الأمر إلى قسمة ضلع مكعّبٍ على ضلع مكعّبٍ.

وإن أردت أن يقسم ضلع سبعةٍ وعشرين على جذر أربعةٍ فأرفعهما كما تقدّم في الضرب وذلك بأن يربّع سبعة وعشرين ويقسم علي مكعّب أربعةٍ. فيخرج أحد

١٥   عشر أحدًا وخمسة وعشرين جزئًا من أربعةٍ وستّين جزئًا من واحدٍ. خذ جذره، وهو ثلاثة آحادٍ وثلاثة أثمان واحدٍ، وهو مكعّب ضلعه أعني [١-١١٢و] واحدًا ونصفًا هو الخارج من القسمة.

وإذا قسمت نوعين أو أكثر على نوع واحدٍ، كما إذا قسمت مال مالٍ وكعبين وأربعة أموالٍ على شيئين، فتقسم كلّ واحدٍ على إنفراده وتجمع المبلغ. فيكون

٢٠   نصف كعبٍ ومالًا [ب-٩ظ] وشيئين وهو الجواب.

---

٧ سبعةٍ: في[ا]   ٩ تقسم: يقسم[ب]   ٩ فتربّع: فيربّع[ب]   ١١ تقسم: يقسم[ب]   ١٥ وعشرين: وعشرون[ب]   ١٩ فتقسم: فيقسم[ب]   ١٩ وتجمع: ويجمع[ب]

C'est comme lorsque tu veux diviser dix choses moins dix unités par dix choses. Tu divises dix choses par dix choses et tu obtiens une unité. Tu divises moins dix unités par dix choses et tu obtiens moins une partie d'une chose. Tu dis : le résultat est un moins une partie d'une chose.

C'est comme lorsque tu veux la division de dix *carrés* plus la racine de dix choses par dix choses. On divise dix *carrés* par dix choses et on obtient une chose. On divise la racine de dix choses par dix choses. Il résulte une partie de la racine de dix choses, car le résultat de la division de la racine par son carré est une partie de la racine. Si tu veux inverser, il résulte la racine d'un dixième de la partie d'une chose. Tu dis : le résultat est une chose plus une partie de la racine de dix choses ou bien une chose plus la racine d'un dixième d'une partie d'une chose.

C'est comme lorsque tu veux diviser dix *cubes* plus le côté de dix *carrés* par cinq choses. On divise dix *cubes* par cinq choses, il résulte deux *carrés*, et on divise le côté de dix *carrés* par cinq choses, il résulte le côté de deux cinquièmes d'un cinquième d'une partie d'une chose. On dit alors : le résultat est deux *carrés* plus le côté de deux cinquièmes d'un cinquième d'une partie d'une chose.

C'est comme lorsque tu veux diviser dix *carrés* plus le côté de dix choses par la racine de dix unités. On divise dix *carrés* par la racine de dix unités. On obtient la racine de dix *carrés-carrés* et on divise le côté de dix choses par la racine de dix unités. On obtient le côté de la racine d'un dixième d'un *carré*. On dit alors : le résultat est la racine de dix *carrés-carrés* plus le côté de la racine d'un dixième d'un *carré*.

Si le diviseur est de deux espèces, alors on ne peut pas le désigner autrement que par : ceci est divisé par cela.

C'est comme lorsque tu divises dix choses par un *carré* plus un dirham. Tu dis : le résultat est dix choses divisées par un *carré* plus un dirhams. [A-112v°]

Si tu divises dix *carrés* plus dix choses par un *carré* [B-10r°]

وكذلك إن أردت أن يقسم عشرة أشياء إلّا عشرة آحادٍ على عشرة أشياء
فتقسم عشرة أشياء على عشرة أشياء فيخرج واحدٌ. وتقسم إلّا عشرة آحادٍ على
عشرة أشياء فيخرج إلّا جزء شيءٍ. فيقول الخارج واحد إلّا جزء شيءٍ.

وكذلك إن أردت قسمة عشرة أموالٍ وجذر عشرة أشياء على عشرة أشياء
فيقسم عشرة أموالٍ على عشرة أشياء فيخرج شيء ويقسم جذر عشرة أشياء على
عشرة أشياء. فيخرج جزء جذر عشرة أشياء لأنّ الخارج من قسمة الجذر على
مربّعه هو جزء الجذر. وإن شئت قلتَ: يخرج جذر عُشر جزء شيءٍ فيقول
الخارج شيء وجزء جذر عشرة أشياء أو شيء وجذر عُشر جزء شيءٍ.

وكذلك إن أردت أن يقسم عشرة كعابٍ وضلع عشرة أموالٍ على خمسة أشياء
فيقسم عشرة كعابٍ على خمسة أشياء فيخرج مالان ويقسم ضلع عشرة أموال
على خمسة أشياء، فيخرج ضلع خَمسي خُمسي جزء شيءٍ. فيقول الخارج
مالان وضلع خمسَي خُمسي جزء شيءٍ.

وكذلك إن أردت أن يقسم عشرة أموالٍ وضلع عشرة أشياء على جذر عشرة
آحادٍ. فيقسم عشرة أموالٍ على جذر عشرة آحادٍ. فيخرج جذر عشرة أموال مالٍ
ويقسم ضلع عشرة أشياء على جذر عشرة آحادٍ. فيخرج ضلع جذر عُشر مالٍ.
فيقول الخارج حينئذٍ جذر عشرة أموال مالٍ وضلع جذر عشر مالٍ.

وإن كان المقسوم عليه نوعين فلا يعبّر عنه إلّا بكذا مقسوم على كذا.

كما إذا قسمت عشرة أشياء على مالٍ ودرهمٍ. قلتَ: الخارج عشرة أشياء
مقسومة على مالٍ ودرهمٍ. [ا-١١٢ظ]

وإذا قسمت عشرة أموالٍ وعشرة أشياء على مالٍ [ب-١٠و]

---

plus deux choses, tu dis : le résultat est dix *carrés* plus dix choses divisé par un *carré* plus deux choses, car tu ne trouves aucune grandeur exprimable par lui ni parmi les connues ni parmi les inconnues. Tu le multiplies par un *carré* plus deux choses. Il vient dix *carrés* plus dix choses, et cela Dieu seul le sait sauf si le dividende et le diviseur s'accordent en espèces et si leurs espèces sont en proportion, c'est-à-dire que le rapport de chaque espèce dans le diviseur à ce qui est du même genre dans le dividende est comme le rapport du reste des espèces qui sont dans le diviseur à leurs genres dans le dividende. Tu divises alors une espèce quelconque du dividende par ce qui relève de son genre dans le diviseur et le résultat est le demandé.

C'est comme lorsque tu veux diviser dix *carrés* plus dix choses par deux *carrés* plus deux choses, ou bien dix *carrés* plus vingt choses plus trente unités par deux *carrés* plus quatre choses plus six unités, ou bien dix *cubes* plus vingt *carrés* plus trente choses par deux *cubes* plus quatre *carrés* plus six choses. Tu divises une quelconque de leurs espèces par ce qui est de son genre, tu obtiens cinq en unités, c'est le demandé.

Ainsi, si tu multiplies cinq unités par le diviseur dans l'ensemble de ces cas de figure, on revient au dividende. C'est comme lorsque les espèces dans les deux sont différentes mais le nombre de rangs dans les deux est égal : le rapport des rangs du diviseur l'un à l'autre est comme le rapport des rangs du dividende l'un à l'autre et le rapport du plus grand parmi ceux qui sont au diviseur au plus grand parmi ceux qui sont au dividende est comme le rapport de ce qui le mesure à ce qui le mesure et de cette manière jusqu'au dernier rang.

C'est comme lorsque tu veux diviser quarante *cubes-cubes* plus trente *carrés-carrés* plus vingt *cubes* plus dix *carrés* par dix *carrés-carrés* [B-10v°]
plus sept *carrés* plus un demi *carré* plus cinq choses plus deux unités plus un demi. Si tu suis la méthode que nous avons montré, on obtient de la division quatre *carrés*, ce qui correspond à la réponse.

وشيئين* قلتَ: الخارج عشرة أموالٍ وعشرة أشياء مقسومة على مالٍ وشيئين لأنّك لا تجد مقدارًا منطقًا به من المعلومات ولا من المجهولات. تضربه في مالٍ وشيئين فتكون عشرة أموالٍ وعشرة أشياء. اللّهم إلّا أن يكون المقسوم والمقسوم عليه متفقين في الأنواع وكانتْ الأنواع فيهما متناسبة، أعني كانتْ نسبة كلّ نوعٍ في المقسوم عليه إلى ما في المقسوم من جنسه كنسبة بقية الأنواع التي في المقسوم عليه إلى أجناسها في المقسوم. فإنّك حينئذٍ تقسم أيّ نوع منها أردت من المقسوم على ما في المقسوم عليه من جنسه فالخارج هو المطلوب.

كما إذا أردت أن تقسم عشرة أموالٍ وعشرة أشياء على مالين وشيئين، أو عشرة أموالٍ وعشرين شيئًا وثلاثين أحدًا على مالين وأربعة أشياءٍ وستّة آحادٍ، أو عشرة كعابٍ وعشرين مالًا وثلاثين شيئًا على كعبين وأربعة أموالٍ وستّة أشياء. فإنّك تقسم أيّ نوع منها أردت على ما هو من جنسه، فيخرج خمسة من الآحاد وهو المطلوب.

فإنّك اذا ضربت خمسة آحاد في المقسوم عليه في جميع هذه الصور عاد المقسوم. وكذا إذا كانت الأنواع فيهما مختلفة لكن عدد المراتب فيهما متساوية ونسبة مراتب المقسوم عليه بعضها إلى بعضٍ كنسبة مراتب المقسوم بعضها إلى بعضٍ ونسبة أعلى على ما في المقسوم عليه إلى أعلى ما في المقسوم كنسبة ما يعدّه إلى ما يعدّه، وهكذا إلى أخِر المراتب.

كما إذا أردت أن تقسم أربعين كعب كعب وثلاثين مال مال وعشرين كعبًا وعشرة أموال على عشرة أموال [ب-١٠ظ]

مال وسبعة أموال ونصف مال وخمسة أشياء واحدين ونصف. فإنّك إذا سلكت المنهاج الذي بيناه خرج من القسمة أربعة أموال وهو الجواب.

٦ تقسم: يقسم[ب] ١١ تقسم: يقسم[ب] ١٣ آحاد: الآحاد[ب] ١٣ الصوّر: الصورة[ب] ١٤-٢١ وكذا إذا كانت الأنواع ... وهو الجواب: في [ب]

* وشيئين : مكررة في الهامش [ب]

Si tu veux diviser cent choses par vingt *carrés*, divisés par un *cube*, tu divises vingt *carrés* par un *cube* et on obtient vingt parties d'une chose. Tu divises par cela cent choses, on obtient cinq *carrés*, c'est la réponse. Et, plus simplement que cela, si tu multiplies le dividende, à savoir cent choses, par le deuxième diviseur, à savoir un *cube*, il vient cent *carrés-carrés*. Tu le divises par vingt *carrés* et on obtient cinq *carrés*, comme ce que nous avons mentionné.

Si tu veux diviser cent *carrés* par cinquante *cubes*, divisés par vingt *carrés*, divisés par cinq choses, alors tu multiplies le premier dividende, à savoir cent *carrés*, par le deuxième diviseur à savoir vingt *carrés*. Il vient deux-mille *carrés-carrés*, tu le divises par le résultat de la multiplication [A-113r°]
du premier diviseur, à savoir cinquante *cubes*, par le troisième diviseur, à savoir cinq choses, ce qui est deux-cent *carrés-carrés* plus cinquante *carré-carrés*. Il vient huit unités, c'est la réponse.

Si tu veux, tu divises vingt *carrés* par cinq choses, puis tu divises par le résultat un cinquième d'un *cube*. Tu divises par le résultat cent *carrés*, et cela correspond aussi à ce que nous avons mentionné.

Si tu veux diviser cent *carrés* par cinquante *cubes*, divisés par vingt choses, divisés par dix *carré-carrés*, divisés par cinq *carrés-cubes*, alors tu multiplies le premier dividende, à savoir cent *carrés*, par le deuxième diviseur, à savoir vingt choses, puis le résultat par le quatrième diviseur, à savoir [B-11r°]
cinq *carrés-cubes*. Il vient dix-mille *carrés-cubes-cubes* et tu divises le résultat par le produit du premier diviseur, à savoir cinquante *cubes*, par le troisième diviseur, à savoir dix *carrés-carrés*, c'est-à-dire cinq-cent *carrés-carrés-cubes*. On obtient vingt choses, c'est la réponse.

وإن أردت أن تقسم مائة شيءٍ على عشرين مالًا مقسومة على كعبٍ، فتقسم عشرين مالًا على كعبٍ فيخرج عشرون جزء شيءٍ. تقسم عليها مائة شيءٍ فيخرج خمسة أموال وهو الجواب. وأسهل من ذلك، إن تضرب المقسوم وهو مائة شيء في المقسوم عليه الثاني وهو كعبٌ. فيكون مائة مال مالٍ. تقسمها على عشرين مالًا فيخرج خمسة أموال كما ذكرنا.

وإن أردت أن تقسم مائة مالٍ على خمسين كعبًا مقسومة على عشرين مالٍ مقسومة على خمسة أشياء، فتضرب المقسوم الأوّل وهو مائة مالٍ في المقسوم عليه الثاني وهو عشرون مالًا. فيصير ألفي مال مالٍ، تقسمه على ما يرتفع من ضرب [ا-١١٣و]

المقسوم عليه الأوّل، وهو خمسون كعبٌ في المقسوم عليه الثالث وهو خمسة أشياء، وهو مائتا مال مالٍ وخمسون مال مال. فتخرج ثمانية آحادٍ وهو الجواب.

وإن شئت قسمت عشرين مالًا على خمسة أشياء ثمّ قسمت على الخارج خمس كعبًا. وما خرج قسمت عليه مائة مال، خرج أيضًا كما ذكرناه*.

وإن أردت أن تقسم مائة مالٍ على خمسين كعبًا مقسومة على عشرين شيئًا مقسومة على عشرة أموال مالٍ مقسومة على خمسة أموالٍ كعبٍ، فتضرب المقسوم الأوّل وهو مائة مالٍ في المقسوم عليه الثاني وهو عشرون شيئًا، ثمّ المبلغ في المقسوم عليه الرابع، وهو [ب-١١و]

خمسة أموال كعبٍ. فتصير عشرة آلاف مال كعبٍ وتقسم المبلغ على ما يرتفع من ضرب المقسوم عليه الأوّل، وهو خمسون كعبًا، في المقسوم عليه الثالث، وهو عشرة أموال مالٍ، أعني خمسمائة مال مال كعبٍ. فيخرج عشرون شيئًا وهو الجواب.

---

٣ تضرب: تضرب[ا]يضرب[ب]   ٦ مالٍ: مالٍ[ا]مالًا[ب]   ١٠ كعبٌ: كعبًا[ب]   ١١ فتخرج: فتخرج[ا]فيخرج[ب]   ١٥ فتضرب: فتضرب[ا]فيضرب[ب]

* وإن شئت قسمت عشرين... كما ذكرناه: في [ب]

Continue toujours de cette manière, à savoir tu multiplies le dividende par tous les rangs pairs du diviseur, c'est-à-dire que tu le multiplies par le deuxième diviseur, puis le résultat par le quatrième diviseur, puis le résultat par le sixième diviseur jusqu'au dernier des pairs qui s'y trouvent. Tu divises l'ensemble de ces résultats par le produit des rangs impairs du diviseur l'un par l'autre, je veux dire le produit du premier diviseur par le troisième diviseur, puis le résultat par le cinquième diviseur jusqu'au dernier des impairs qui s'y trouvent. Le résultat est la réponse.

Cela est agréable, donc montrons-le. Si tu veux diviser cent *carrés*, divisés par vingt choses, par cinquante *carrés-carrés*, divisés par dix *cubes*, alors tu divises en premier cent *carrés* par vingt choses. Il vient cinq choses, tu les divises par cinquante *carrés-carrés*, divisés par dix *cubes*, c'est-à-dire cinq choses. Ou bien tu multiplies cinq moins une chose par le divisé par dix *cubes*. Il vient cinquante *carrés-carrés*, tu les divises par cinquante *carrés-carrés*. Tu obtiens un, c'est la réponse.

Si tu veux diviser cent *carrés-carrés*, divisés par [A-113r⁰]
dix *cubes*, divisés par deux *carrés*, divisés par deux choses, par cinquante *carrés-cubes*, divisés par cinq *carrés*, divisés par dix unités, alors tu multiplies cent *carrés-carrés* par deux *carrés*. [B-11v⁰]
Il vient deux-cent *cubes-cubes*, tu les divises par le résultat du produit de dix *cubes* par deux choses, c'est-à-dire vingt *carrés-carrés*. Il vient dix *carrés*, à savoir le dividende. Puis, tu multiplies cinquante *carrés-cubes* par dix unités. Il vient cinq-cent *carrés-cubes*, tu le divises par cinq *carrés*. Il vient cent *cubes*, à savoir le diviseur. Tu divises alors dix *carrés* par cent *cubes*. Tu obtiens un dixième d'une partie d'une chose, c'est la réponse.

وانسج على هذا المنوال أبدًا وهو أنّك تضرب المقسوم في جميع أزواج مراتب المقسوم عليه، أعني تضربه في المقسوم عليه الثاني، ثمّ المبلغ في المقسوم عليه الرابع، ثمّ المبلغ في المقسوم عليه السادس إلى آخر الأزواج التي فيها. وتقسم جميع ما يرتفع على ما يرتفع من ضرب أفراد مراتب المقسوم عليه بعضها في بعضٍ، أعني ما يرتفع من ضرب المقسوم عليه أوّلًا في المقسوم عليه الثالث ثم المبلغ في المقسوم عليه الخامس إلى آخر الأفراد التي فيها. فما خرج فهو الجواب.

وهذا لطيفٌ فتبيّنه. وإن أردت أن تقسم مائة مالٍ مقسومة على عشرين شيئًا على خَمسين مال مالٍ مقسومة على عشرة كعابٍ، فتقسم أوّلًا مائة مالٍ على عشرين شيئًا. فيخرج خمسة أشياء، تقسمها على خمسين مال مالٍ مقسومةٍ على عشرة كعابٍ، أعني خمسة أشياء. أو تضرب الخمسة إلّا شيئًا في المقسومة في عشرة كعابٍ. فيصير خَمسين مال مالٍ تقسمها على خَمسين مال مالٍ. فيخرج واحد وهو الجواب.

وإن أردت أن تقسم مائة مال مالٍ مقسومة على [ا-١١٣ظ]

عشرة كعابٍ مقسومة على مالين مقسومة على شيئين على خمسين مال كعبٍ مقسومة على خمسة أموال مقسومة على عشرة آحادٍ، فتضرب مائة مال مالٍ في مالين. [ب-١١ظ]

فيصير مائتي كعب كعبٍ، تقسمها على المرتفع من ضرب عشرة كعابٍ في شيئين أعني عشرين مال مالٍ. فيخرج عشرة أموالٍ وهي المقسوم. ثمّ تضرب خمسين مال كعبٍ في عشرة آحادٍ. فتصير خمسمائة مال كعبٍ تقسمها على خمسة أموالٍ. فيخرج مائة كعبٍ، وهو المقسوم عليه. فتقسم عشرة أموالٍ على مائة كعبٍ. فتخرج عشر جزء شيءٍ وهو الجواب.

---

٣ فيها. وتقسم: فيهنا. ويقسم[ب] ⁴ ضرب أفراد مراتب: ضرب مراتب[ا] ⁴ عليه: في[ا]
١٠ تقسمها: تقسمهما[ب] ١١ في المقسومة: فالمقسومة[ب] ٢١ وهو: وهي[ب]

Remarque : nous avons déjà mentionné dans *L'appui* que le rapport s'applique selon deux sens [différents]. Le premier des deux consiste à connaître la mesure de ce dont on prend le rapport relativement à ce à quoi on rapporte[3]. Comme s'il est dit : cinq choses sont la moitié de dix choses et quatre *carrés* sont un cinquième de vingt *carrés*. Le second consiste à demander une part du [nombre] entier un lors de la soustraction entre ce dont on prend le rapport et des parties de ce à quoi on rapporte selon égalité, et c'est [le sens] cherché ici. Dans ce sens, [le rapport est] une espèce de la division et pour cette raison, si nous multiplions le résultat de ce rapport par ce à quoi on rapporte, on revient à ce dont on prend le rapport. Ce dont on prend le rapport est à la place du dividende, et ce à quoi on rapporte est à la place du diviseur sans qu'il n'y ait de distinction entre les deux.

Si tu rapportes deux espèces à une espèce, alors tu lui rapportes chacune des deux individuellement. Si donc tu rapportes un *carré* plus une chose relativement à quatre choses, alors le résultat est un quart d'une chose plus un quart d'unité, car, si tu multiplies un quart d'une chose plus un quart d'unité par quatre choses, il vient un *carré* plus une chose.

Si tu rapportes à deux espèces, alors on ne peut pas le désigner autrement que par : ceci est rapporté à cela.

C'est comme lorsque tu rapportes quatre choses à deux *carrés* plus cinq choses, tu dis : le résultat est quatre choses rapportées à deux *carrés* plus cinq choses. Puis, nous ramenons le total à un seul rang, et c'est ce par quoi nous le divisons par une chose. Nous disons : le résultat est quatre unités rapportées à deux choses plus cinq unités, sauf si ce dont on prend le rapport et ce à quoi on rapporte [B-12r°] s'accordent en espèces et les espèces sont en proportion. Tu rapportes, alors une espèce prise dans ce rapporté à ce qui est de son genre dans ce à quoi on rapporte [A-114r°]

et le résultat est le demandé.

---

3   « Ce dont on prend le rapport » (المنسوب) correspond au premier terme du rapport, tandis que « ce à quoi on rapporte » (المنسوب إليه) correspond au deuxième terme. Al-Zanjānī explique à la fin de son passage qu'il s'agit de la même distinction qui existe entre le dividende et le diviseur.

تنبيهٌ: قد ذكرنا في العُمدة أنّ النسبة يطلق على معنين. أحدهما إنّها معرفة قدر المنسوب من المنسوب إليه. كما يقال خمسة أشياء نصف عشرة أشياء وأربعة أموالٍ خُمس عشرين مالًا. والثاني إنّها طلب نصيب الواحد التّام عند تفريق المنسوب على أجزاء المنسوب إليه بالسّوية وهو المراد هنا. وهي بهذا المعنى نوعٌ من القسمة ولهذا فإنّنا اذا ضربنا الخارج من هذا النسبة في المنسوب إليه عاد المنسوب. فالمنسوب بمنزلة المقسوم والمنسوب إليه بمنزلة المقسوم عليه من غير فرقٍ بينهما.

فإذا نسبت نوعين إلى نوعٍ فتنسب كلّ واحدٍ منهما على إنفراده إليه. فإذا نسبت مال وشيئًا من أربعة أشياء فالخارج ربع شيءٍ وربع واحدٍ لأنّك إذا ضربت ربع شيءٍ وربع واحدٍ في أربعة أشياء، صار مالًا وشيئًا. وإن نسبت إلى نوعين فلا يعبّر عنه إلّا بكذا منسوب إلى كذا.

كما إذا نسبت أربعة أشياء إلى مالين وخمسة أشياء قلت: الخارج أربعة أشياء منسوبة إلى مالين وخمسة أشياء، ثم نحطّ الكلّ مرتبةً واحدةً وذلك بأن نقسمه على شيءٍ. ونقول: الخارج أربعة آحادٍ منسوبة إلى شيئين وخمسة آحادٍ إلّا أن يكون المنسوب والمنسوب [ب-١٢و]

إليه* متّفقين في الأنواع وكانتْ الأنواع فيهما متناسبةً. فحينئذٍ تنسب أيّ نوعٍ منهما أردت من المنسوب إلى ما في المنسوب إليه من جنسه [ا-١١٤و] فما† خرج فهو المطلوب.

---

٣ نصيب: نصف[ب] ٤ بالسّوية: مال[ب] ٩ من: إلى[ب] ١٣ نحطّ: تحطّ[ب]

* إليه هكررة: في الهامش [ب] † فما : في الهامش [ا]

C'est comme lorsque tu veux rapporter un *cube* plus deux *carrés* plus trois choses plus quatre unités à cinq *cubes* plus dix *carrés* plus quinze choses plus vingt unités. Tu rapportes une espèce quelconque à ce qui est de son genre, il résulte un cinquième d'unité et c'est la réponse. Ainsi, si tu multiplies un cinquième d'unité par toute la somme de ce à quoi on rapporte, on retrouve ce dont on prend le rapport. De cette façon, s'ils sont différents mais si le nombre de leurs rangs est égal, alors on retrouve ici la proportionnalité que nous avons mentionnée.

C'est comme lorsque tu veux rapporter quatre unités plus deux choses plus cinq *carrés* à vingt *carrés* plus dix *cubes* plus vingt-cinq *carrés-carrés*. Si tu dérives ce que nous avons expliqué, on obtient du rapport un cinquième d'une partie d'un *carré*, c'est la réponse.

Concernant ce qui précède sur la division, une liste de plusieurs exemples est citée ici une fois que tu sais qu'il n'y a aucune différence entre le propos de celui qui dit : « rapporte ceci à cela » et son propos sur la division, donc le résultat du rapport est toujours le résultat de la division.

SECTION : SUR LES OPÉRATIONS POUR LESQUELLES ON A BESOIN DE CONNAÎTRE ET LA MULTIPLICATION ET LA DIVISION

Si tu veux multiplier dix, divisé par un *carré*, par une chose, alors soit tu multiplies dix par une chose et tu divises le total par un *carré* ; soit tu divises le *carré* par la chose et tu divises dix par ce résultat ; soit tu divises dix par un *carré* et tu multiplies le résultat par une chose ; soit tu divises la chose par le *carré* et tu multiplies le résultat par dix. Tu obtiens dix parties d'une chose, à savoir la réponse.

La règle pour cela est que tu multiplies le multiplicande [B-12v°] par le multiplicateur et que tu divises le produit par le diviseur ; ou que tu divises le diviseur par le multiplicateur et que tu divises par ce résultat le multiplicande qui est le dividende ; ou que tu divises le dividende par le diviseur et que tu multiplies le résultat par le multiplicateur ; ou que tu divises le multiplicateur

كما إذا أردت أن تنسب كعبًا ومالين وثلاثة أشياء وأربعة آحادٍ إلى خمسة كعابٍ وعشرة أموالٍ وخمسة عشر شيئًا وعشرين أحدًا. فتنسب أيّ نوع منهما أردت إلى ما هو من جنسه فيخرج خُمس واحدٍ وهو الجواب. فإنّك إذا ضربت خُمس واحدٍ في جميع المنسوب إليه عاد المنسوب. وكذا إذا كانتْ مختلفة لكنّها متساويّة عدد المراتب وحينئذٍ فيها التناسب التي ذكرناه.

كما إذا أردت أن تنسب أربعة آحادٍ وشيئين وخمسة أموالٍ إلى عشرين مال وعشرة كعاب وخمسة وعشرين مال مالٍ. فإذا انتسبت ما ذكرنا خرج من النسبة خُمس جزء مالٍ وهو الجواب.

وفيما سبق في القسمة عُنِّية عن كثير الأمثلة هنا بعد أن عرفت أنه لا فرق بين قول القائل: أنسب كذا إلى كذا، وبين قوله قسمة عليه، فالخارج من النسبة هو الخارج من القسمة أبدًا.

فصل: في أعمالٍ يحتاج فيها إلى معرفة الضرب والقسمة

إذا أردت أن تضرب عشرة مقسومة على مالٍ في شيءٍ فأمّا أن تضرب عشرة في شيءٍ* وتقسم المبلغ على مالٍ، أو تقسم المال على الشيء فما خرج تقسم عليه العشرة، أو تقسم عشرة على مالٍ وتضرب الخارج في شيءٍ، أو تقسم الشيء على المال وتضرب الخارج في القسمة. فيخرج عشرة أجزاء شيءٍ وهو الجواب. فالضابط فيه إنّك تضرب المضروب [ب-١٢ظ]

في المضروب فيه وتقسم المبلغ على المقسوم عليه، أو تقسم المقسوم عليه على المضروب فيه فما خرج تقسم عليه المضروب الذي هو المقسوم، أو تقسم المقسوم على المقسوم عليه وتضرب الخارج في المضروب فيه، أو تقسم المضروب

٢ فتنسب: فينسب[ب] ٦ وشيئين: وستين[ا]وعشرين[ب] ١٣ إذا أردت أن تضرب: إذا أردنا أن نضرب[ا] ١٩ تقسم: يقسم[ب] ١٩ تقسم: يقسم[ب] ٢٠ تقسم: يقسم[ب]

* فأمّا أن تضرب عشرة في شيءٍ: مكررة في [ب]

qui n'est pas le dividende par le dividende et que tu multiplies le résultat par le multiplicande [A-114v°]
qui est le dividende. La réponse est égale à ce que nous avons fait. Si aucune de ces opérations n'est possible, alors multiplie le multiplicande par le multiplicateur, pose le total divisé par le diviseur et dis : le résultat est ceci divisé par cela.

C'est comme lorsque tu veux multiplier dix choses, divisées par un *carré* plus une unité, par trois choses. Tu multiplies dix choses par trois choses et tu poses le produit divisé par un *carré* plus une unité. Tu dis : le résultat est trente *carrés* divisés par un *carré* plus une unité.

Si tu veux multiplier dix unités, divisées par un *cube*, par un *carré* plus une chose, soit tu multiplies dix unités par un *carré* plus une chose et tu divises le total par un *cube* ; soit tu divises le *cube* par un *carré*, on obtient une chose, et par une chose, on obtient un *carré*, et tu divises dix par chacun des deux, c'est-à-dire par la chose et par le *carré* séparément ; soit tu divises dix par un *cube* et tu multiplies le résultat par un *carré* plus une chose ; ou encore tu divises un *carré* plus une chose par un *cube* et tu multiplies le résultat par dix. On obtient dix parties d'un *carré* plus dix parties d'une chose, c'est la réponse.

Si tu veux multiplier cinquante unités, divisées par cinq choses plus cinq unités, par cinq unités, alors divise cinq choses plus cinq unités par cinq unités. Tu obtiens une chose plus un, tu poses cinquante [B-13r°]
divisé par cela et tu dis : le résultat est cinquante unités divisées par une chose plus une unité.

Si tu veux multiplier dix unités, divisées par une chose plus une unité, divisées [à leur tour] par une chose, par cinq unités, alors multiplie dix par cinq, puis le total par le deuxième diviseur,

فيه الذي هو غير المقسوم على المقسوم وتضرب الخارج في المضروب [١-
ظ١١٤]

الذي هو المقسوم. فيخرج الجواب كما مثلنا. وإن لم يمكن فيه شيءٌ من
هذه الأعمال فاضرب المضروب في المضروب فيه واجعل الجُملة مقسومة على
المقسوم عليه وقل: الخارج كذا مقسومٌ على كذا.

كما إذا أردت أن تضرب عشرة أشياء مقسومة على مالٍ وواحدٍ في ثلاثة
أشياء. فتضرب عشرة أشياء في ثلاثة أشياء وتجعل الحاصل مقسومًا على مالٍ
وواحدٍ. فتقول: الخارج ثلاثون مالًا مقسومة على مالٍ وواحدٍ.

وإن أردت أن تضرب عشرة آحادٍ مقسومة على كعبٍ في مالٍ وشيءٍ فأمّا أن
تضرب عشرة آحادٍ* في مالٍ وشيءٍ وتقسم المبلغ على كعبٍ، أو تقسم الكعب
على مالٍ، فيخرج شيءٌ، وعلى شيءٍ فيخرج مالٌ، وتقسم العشرة على كلّ واحدٍ
منهما، أعني على الشيء وعلى المال على الانفراد، أو تقسم عشرة على كعبٍ
وتضرب الخارج في مالٍ وشيءٍ، أو تقسم مالًا وشيئًا على كعبٍ وتضرب الخارج
في عشرةٍ. فيخرج عشرة أجزاء مالٍ وعشرة أجزاء شيءٍ وهو الجواب.

وإن أردت أن تضرب خمسين أحدًا، مقسومة على خمسة أشياء وخمسة
آحادٍ في خمسة آحادٍ فأقسم خمسة أشياء وخمسة آحادٍ على خمسة آحادٍ.
فيخرج شيءٌ وواحدٌ، تجعل الخمسين [ب-١٣و]

مقسومة عليه وتقول: المرتفع خمسون أحدًا مقسومة على شيءٍ وواحدٍ.

وإن أردت أن تضرب عشرة آحادٍ، مقسومة على شيءٍ وواحدٍ، مقسومين على
شيءٍ، في خمسة آحادٍ، فاضرب عشرة في خمسةٍ ثمّ المبلغ في المقسوم

١٠ وتقسم: ويقسم[ب] ١٠ تقسم: يقسم[ب] ١١ وتقسم: ويقسم[ب] ١١ كلّ: في[ا]
١٢ تقسم: يقسم[ب] ١٣ وتضرب: ويضرب[ب] ١٣ تقسم: يقسم[ب] ١٨ وتقول: ويقول[ب]

* مقسومة على كعبٍ في مالٍ وشيءٍ فأمّا أن تضرب عشرة آحاد : مكررة في [ب]

à savoir une chose. Il vient cinquante choses. Pose-le divisé par une chose plus une unité, le résultat est cinquante choses divisées par une chose plus une unité.

Si tu veux multiplier dix unités, divisées par trois choses, divisées [à leur tour] par une chose plus un, par trois choses, alors multiplie dix par le deuxième diviseur, à savoir une chose plus un. Il vient dix choses plus dix unités [A-115r°] divisées par trois choses. Tu le multiplies par trois choses. Il vient dix choses plus dix unités et c'est la réponse car, si tu multiplies le résultat de la division par le diviseur, on revient au dividende.

Si tu veux multiplier une grandeur, divisée par une grandeur, par une grandeur, divisée par une grandeur, tu multiplies un des deux facteurs par l'autre et tu divises le total par le produit d'un de leurs diviseurs par l'autre.

C'est comme lorsque tu veux multiplier dix unités, divisées par une chose, par dix unités, divisées par un *carré*. Tu multiplies dix par dix, tu poses le total divisé par le résultat du produit d'une chose par un carré et tu dis : le résultat est cent unités divisées par un *cube*, à savoir cent parties d'un *cube*.

Et si on peut diviser un des deux dividendes par un des deux diviseurs, qu'il soit divisé par lui ou par l'autre nombre, alors divise et ramène cette grandeur, puis multiplie ce qui résulte de la division par l'autre dividende. Le résultat de cela [B-13v°] est divisé par la grandeur qui n'a pas été retranchée.

C'est comme lorsque tu veux multiplier dix choses, divisées par une chose plus un, par vingt unités divisées par une chose. Tu divises dix choses divisées par une chose plus un,

عليه الثاني وهو شيءٌ. فيكون خمسين شيئًا. اجعلها مقسومةً على شيء واحدٍ فالخارج خمسون شيئًا مقسومة على شيءٍ وواحدٍ.

وإن أردت أن تضرب عشرة آحادٍ، مقسومة على ثلاثةِ أشياء، مقسومة على شيءٍ وواحدٍ، في ثلاثة أشياء، فأُضرب العشرة في المقسوم عليه الثاني، وهو شيء وواحدٌ. فيكون عشرة أشياء وعشرة آحاد [ا-١١٥و]

مقسومة على ثلاثة أشياء. فتضربها في ثلاثة أشياء. فيصير عشرة أشياء وعشرة آحاد وهو الجواب لأنّ الخارج من القسمة، إذا ضرب في المقسوم عليه، عاد المقسوم.

وإذا أردت أن تضرب مقدارًا مقسومًا على مقدارٍ في مقدارٍ مقسومٍ على مقدارٍ، ضربت أحد المضروبين في الآخر وقسمت المبلغ على ما يرتفع من ضرب أحد المقسوم عليهما في الآخر.

كما إذا أردت أن تضرب عشرة آحادٍ مقسومة على شيءٍ في عشرة آحادٍ مقسومة على مالٍ، فتضرب عشرة في عشرة وتجعل المبلغ مقسومًا على المرتفع من ضرب شيءٍ في مالٍ وتقول: الخارج مائة أحدٍ مقسومة على كعبٍ، وهو مائة جزء كعبٍ.

وإن أمكن أن يقسم أحد المقسومين على أحد المقسوم عليهما سَواء على ما قسّم عليه هو أو العدد الآخر، فاقسم وحُطّ ذلك المقدار، ثمّ اضرب ما خرج من القسمة في المقسوم الآخر فما ارتفع من ذلك [ب-١٣ظ]

يكون مقسومًا على المقدار الذي لم يسقط.

كما إذا أردت أن تضرب عشرة أشياء مقسومة على شيءٍ وواحدٍ في عشرين أحدًا، مقسومة على شيءٍ. فتقسم عشرة أشياء مقسومة على شيءٍ وواحدٍ على

---

١٣ فتضرب: فيضرب[ب] ١٣ وتجعل: ويجعل[ب] ١٣ على المرتفع: على ما المرتفع[ا] ١٤ وتقول: ويقول[ب] ١٦-١٧ على ما قسّم عليه: على ما اقسم عليه[ا]

par la chose qui est l'autre dividende. On obtient dix unités divisées par une chose plus un, tu le multiplies par vingt unités et il vient deux-cent unités divisées par une chose plus un.

Si tu peux diviser le premier dividende par le deuxième diviseur et le deuxième dividende par le premier diviseur, et multiplier un des deux résultats par l'autre, alors ce résultat est la réponse.

C'est comme lorsque tu veux multiplier dix choses, divisées par une chose plus un, par dix choses plus dix unités divisées par une chose. Tu divises dix choses par une chose, tu divises dix choses plus dix unités par une chose plus un et tu multiplies un des deux résultats par l'autre. On obtient cent unités, c'est la réponse {A-115v°}

Remarque : nous avons déjà expliqué dans *L'appui* que, si tu multiplies une grandeur par une grandeur et si tu divises le total par une autre grandeur, alors le résultat de la division est toujours une grandeur telle que le rapport d'un des deux facteurs à elle est comme le rapport du diviseur à l'autre facteur. Si tu veux multiplier une grandeur parmi les inconnues par une autre grandeur et diviser le total par une troisième grandeur, alors divise deux facteurs quelconques par le diviseur, multiplie le résultat par l'autre facteur et tu obtiens la réponse.

C'est comme lorsque tu veux multiplier cinq choses par dix *cubes* et diviser le total par vingt *carrés*, alors divise dix *cubes* par vingt *carrés*. On obtient la moitié d'une chose. Multiplie-la par cinq choses. Il vient deux *carrés* plus un demi, à savoir le résultat de la division après {B-14r°}

la multiplication.

الشيء الذي هو المقسوم عليه الآخر. فيخرج عشرة آحادٍ مقسومة على شيء
وواحدٍ، تضربها في عشرين أحدًا فيكون مائتي أحدٍ مقسومةٍ على شيءٍ وواحدٍ.

وإن أمكن أن تقسم المقسوم الأوّل على المقسوم عليه الثاني والمقسوم الثاني
على المقسوم عليه الأوّل وتضرب أحد الخارجين في الآخر فإنّه يخرج الجواب.

كما إذا أردت أن تضرب عشرة أشياء مقسومة على شيءٍ وواحدٍ في عشرة
أشياء وعشرة آحادٍ مقسومة على شيءٍ. فتقسم عشرة أشياء على شيءٍ وتقسم
عشرة أشياء وعشرة آحادٍ على شيءٍ وواحدٍ وتضرب أحد الخارجين في الآخر.
فيخرج مائة أحدٍ وهو الجواب. [ا-١١٥ظ]

تنبيّهٌ: قد ذكرنا في العُمدة أنّك إذا ضربت مقدارًا في مقدارٍ وقسمت المبلغ على
مقدارٍ آخر فالخارج من القسمة أبدًا يكون مقدارًا نسبة أحد المضروبين إليه كنسبة
المقسوم عليه إلى المضروب الآخر. فإذا أردت أن تضرب مقدارًا من المجهولات
في مقدارٍ آخر وتقسم المبلغ على مقدارٍ ثالثٍ، فاقسم أي المضروبين أردت على
المقسوم عليه واضرب الخارج في المضروب الآخر فيخرج الجواب.

كما إذا أردت أن تضرب خمسة أشياء في عشرة كعابٍ وتقسم المبلغ على
عشرين مالًا، فاقسم عشرة كعابٍ على عشرين مالًا. فيخرج نصف شيءٍ. اضربه
في خمسة أشياء فيكون مالين ونصفًا، وهو الخارج من القسمة بعد [ب-١٤و]
الضرب. *

---

٦ وتقسم: ويقسم[ب]   ١٢ وتقسم: ويقسم[ب]

* الضرب : مكررة في الهامش [ب]

QUATRIÈME CHAPITRE
SUR L'ADDITION ET LA SOUSTRACTION

et [dans ce chapitre] il y a trois sections.

PREMIÈRE SECTION : SUR L'ADDITION

La méthode pour cela c'est que nous ajoutons chaque genre à son genre et que nous laissons le reste selon sa dénomination. Si, dans l'un des deux côtés, il y a un retranché et si dans l'autre côté il y a ce qui le restaure complètement ou en partie, alors tu le restaures. Sinon tu le laisses dans son état.

Si tu veux additionner cinq choses plus quatre *carrés* à trois choses plus dix unités, tu dis : c'est huit choses plus quatre *carrés* plus dix unités. Si tu additionnes cinq choses moins trois unités à cinq unités moins trois choses, il vient cinq choses plus cinq unités, moins trois unités et moins trois choses. Ôte trois unités plus trois choses de cinq choses plus cinq unités en raison du défaut. Il reste deux choses plus deux en unités.

Si tu additionnes vingt plus la racine de dix à dix moins la racine de quarante, il vient trente plus la racine de dix moins la racine de quarante. Nous retranchons la racine de dix de la racine de quarante. Il reste la racine de dix, car la racine de toute grandeur est le double de la racine de son quart. Il reste trente [A-116r°]
moins la racine de dix.

Si tu veux additionner dix plus côté de dix à dix plus côté de quatre-vingt, alors il vient vingt plus trois côtés de dix, c'est-à-dire côté de deux-cent-soixante-dix, parce que le côté d'une grandeur est la moitié du côté de huit fois celle-ci et trois côtés d'une grandeur sont le côté de vingt-sept fois celle-ci.

الباب الرابع
في الجمع والتفريق

وفيه ثلاثة فصول.

الفصل الأوّل: في الجمع

الطريق فيه أن نزيد كلّ جنس على جنسه ونترك الباقي على لفظه. وإن كان
في أحد الجانبين إستثناء فإن كان في الجانب الآخر ما تجبره أو بعضه به جبرته.
وإلّا تركته على حاله.

فإذا أردت أن تجمع خمسة أشياء وأربعة أموالٍ إلى ثلاثة أشياء وعشرة آحادٍ
فقُل: هي ثمانية أشياء وأربعة أموالٍ وعشرة آحادٍ. وإن جمعت خمسة أشياء إلّا
ثلاثة آحادٍ إلى خمسة آحادٍ إلّا ثلاثة أشياء، فتكون خمسة أشياء وخمسة آحادٍ
إلّا ثلاثة آحادٍ وإلّا ثلاثة أشياء. فألق ثلاثة آحادٍ وثلاثة أشياء من خمسة أشياء
وخمسة آحادٍ لأجل الناقص. فيبقى شيئان واثنان من الآحاد.

فإن جمعت عشرين وجذر عشرة إلى عشرة إلّا جذر أربعين، فيكون ثلاثين
وجذر عشرة إلّا جذر أربعين. فنسقط جذر عشرة من جذر أربعين. فيبقى جذر
عشرةٍ لأنّ جذر كلّ مقدارٍ ضعف جذر ربعه. فيبقى ثلاثون [١١٦-ا و]
إلّا جذر عشرةٍ.

وإن أردت أن تجمع عشرةً وضلع عشرةٍ إلى عشرةٍ وضلع ثماينين فيكون
عشرين وثلاثة أضلاع عشرةٍ، أعني ضلع مائتين وسبعين لأنّ ضلع كلّ مقدارٍ هو
نصف ضلع ثمانية أمثاله وثلاثة أضلاع كلّ مقدارٍ هو ضلع سبعة وعشرين مثلًا
له.

٥ نزيد: يزيد[ب]   ٥ ونترك: ويترك[ب]   ١٧ تجمع: يجمع[ب]   ١٩-٢٠ وثلاثة أضلاع كلّ مقدارٍ
هو ضلع سبعة وعشرين مثلًا له: في[ا]

Si tu additionnes vingt moins la racine de quarante à quarante moins la racine de vingt, alors il vient soixante moins la racine de vingt et moins la racine de quarante.

Deux grandeurs homogènes quelconques divisées par une même grandeur sont homogènes, donc il est permis de les additionner. C'est comme [B-14v°]
si tu additionnes dix unités, divisées par une chose plus une unité, à cinq unités, divisées par une chose plus une unité. Tu dis : c'est quinze unités divisées par une chose plus une unité.

Si les deux dividendes ne sont pas homogènes, ou si les diviseurs sont différents, alors leur sommation n'est pas possible, mais tu énonces, dans l'addition, chaque expression simple. C'est comme lorsque tu additionnes cinq unités, divisées par une chose plus trois unités, à dix unités, divisées par une chose plus une unité. Tu dis : c'est cinq unités divisées par une chose plus trois unités, plus dix unités divisées par une chose plus une unité.

Si tu veux additionner les racines de deux grandeurs, tu multiplies l'une des deux grandeurs par l'autre, tu prends deux racines du résultat et tu leur ajoutes la somme des deux grandeurs. La racine du total est le demandé. C'est comme lorsque tu veux additionner la racine de quatre à la racine de neuf. Tu multiplies quatre par neuf, tu prends deux racines du total, à savoir douze, tu lui ajoutes la somme de quatre et de neuf. Tu parviens à vingt-cinq et sa racine est le demandé.

Les racines des grandeurs sourdes sont établies de la même manière, donc tu n'as pas besoin de l'exprimer.

Puis, si les grandeurs sont deux *carrés*, alors la somme de leurs racines est une grandeur rationnelle. Si elles sont semblables, à savoir que le rapport d'une des deux à l'autre est comme le rapport du carré au carré selon ce qui a été dit auparavant, comme trois et douze [A-116v°]

وإن جمعت عشرين إلّا جذر أربعين إلى أربعين إلّا جذر عشرين فيكون ستّين إلّا جذر عشرين وإلّا جذر أربعين.

وكلّ مقدارين متجانسين مقسومين على مقدارٍ واحدٍ فإنّهما متجانسان فيجوز جمعهما. كما [ب-١٤ظ]

إذا جمعت عشرة آحاد مقسومةٍ على شيءٍ وواحدٍ إلى خمسة آحادٍ مقسومةٍ على شيءٍ وواحدٍ. فتقول: هي خمسة عشر أحدًا مقسومةً على شيءٍ وواحدٍ.

فإن كان المقسومان غير متجانسين أو كان المقسوم عليهما مختلفين لم يجز الجمع بينهما بل تذكُر عند الجمع كلّ جملةٍ مفردةٍ. كما إذا جمعت خمسة آحادٍ مقسومة على شيءٍ وثلاثة آحادٍ إلى عشرة آحادٍ مقسومة على شيءٍ وواحدٍ، فتقول: هي خمسة آحاد مقسومة على شيءٍ وثلاثة آحادٍ وعشرة آحادٍ مقسومة على شيءٍ وواحدٍ.

وإن أردت أن تجمع جذري مقدارين فتضرب أحد المقدارين في الآخر وتأخذ جذري المبلغ وتزيد عليهما مجموع المقدارين. فجذر المبلغ هو المطلوب.

كما إذا أردت أن تجمع جذر أربعة وجذر تسعةٍ فتضرب أربعة في تسعةٍ وتأخذ جذري المبلغ وهو اثنا عشر، وتزيد عليه مجموع الأربعة والتسعة. فيبلغ خمسة وعشرين فجذره هو المطلوب.

ومثل هذا يوضع لجذور* المقادير الصُّمّ فإنّ المُنطق لا يحتاج إليه.

ثمّ إن كان المقداران مربّعين فمجموع جذريهما مقدارٌ مُنطقٌ. وإن كانا متشابهين وهي أن يكون نسبة أحدهما إلى الآخر كنسبة مربّع إلى مربّع على ما سبق، كالثلاثة والاثنى عشر [ا-١١٦ظ]

١٢ تجمع: يجمع[ب]   ١٢ فتضرب: فيضرب[ب]   ١٢ وتأخذ: ويأخذ[ب]   ١٣ وتزيد: ويزيد[ب]
١٤ تجمع: يجمع[ب]   ١٤ فتضرب: فيضرب[ب]   ١٤ وتأخذ: ويأخذ[ب]   ١٥ وتزيد: ويزيد[ب]

* لجذور: في الهامش [ب]

et comme huit et dix-huit, alors on peut exprimer la somme de leurs racines au moyen d'un seul terme. En effet le produit d'un des deux par l'autre est un carré, la division d'une des deux par l'autre est un carré et le rapport d'un des deux à l'autre est un carré.

S'ils ne sont pas ainsi, alors on ne peut pas désigner leur racine par un seul terme. C'est comme lorsque tu additionnes la racine de cinq [B-15rᵒ] et la racine de dix. Tu dis : c'est la racine de cinq plus la racine de dix.

Si tu veux additionner les côtés de deux cubes, alors tu multiplies le carré d'un des cubes par l'autre cube et tu prends le côté de ceci en tant que cube, trois fois toujours. Puis, tu multiplies le carré de l'autre cube par le premier et tu prends le coté du total en tant que cube, toujours trois fois. Tu l'ajoutes à ce qui est gardé. Tu ajoutes le total aux cubes dont tu veux la somme des côtés. Le côté du total est donc le demandé.

C'est comme lorsque tu veux additionner les côtés de huit et de vingt-sept. Tu multiplies le carré de huit par vingt-sept. Il vient mille-sept-cent-vingt-huit, tu prends le côté du total trois fois, à savoir trente-six, et tu le gardes. Puis, tu multiplies le carré de vingt-sept par huit. Il vient cinq-mille-huit-cent-trente-deux, et tu prends le côté du total trois fois. Il vient cinquante-quatre, tu l'ajoutes au trente-six qui a été gardé et il vient quatre-vingt. Tu lui ajoutes l'ensemble des cubes, c'est-à-dire huit et vingt-sept. Il vient cent-vingt-cinq, tu prends son côté, à savoir cinq, et c'est le demandé.

وكالثمانية والثمانية عشر، فيمكن أن يُعبّر عن مجموع جذريهما بلفظٍ واحدٍ لأنّ ضرب أحدهما في الآخر مربّع وقسمة أحدهما على الآخر مربّع ونسبة أحدهما إلى الآخر مربّع.

فإن لم يكونا كذلك فلا يمكن أن يعبّر عن جذريهما بلفظ واحدٍ.

٥ كما إذا جمعت جذر خمسةٍ [ب-١٥و]

وجذر* عشرةٍ. قلت: هي جذر خمسةٍ وجذر عشرةٍ.

وإن أردت أن تجمع ضلعي مكعّبين فتضرب مربّع أحد المكعّبين في المكعّب الآخر وتأخذ ضلع ذلك على أنّه مكعّب† ثلاث مراتٍ أبدًا. ثمّ تضرب مربّع المكعّب الآخر في الأوّل وتأخذ ضلع ما بلغ على أنّه مكعّب ثلاث مراتٍ أبدًا.

١٠ وتزيده على المحفوظ. فما بلغ تزيده على المكعّبين اللّذين أردت جمع ضلعهما. فضلع ما بلغ هو المطلوب.

كما إذا أردت أن تجمع ضلعي ثمانية وسبعةٍ وعشرين. فتضرب مربّع الثمانية في السبعة والعشرين. يكون ألفًا وسبعمائةٍ وثمانية وعشرين وتأخذ ضلع المبلغ ثلاث مراتٍ، وهو ستّة وثلاثون، فتحفظها. ثمّ تضرب مربّع سبعةٍ وعشرين في ١٥ ثمانيةٍ. يكون خمسة آلافٍ وثمانمائة واثنين وثلاثين وتأخذ ضلع المبلغ ثلاث مراتٍ. فيكون أربعة وخمسين، تزيدها على الستّة والثلاثين المحفوظة فيكون تسعين. تزيد عليها مجموع المكعّبين، أعني ثمانية وسبعة وعشرين. فيبلغ مائة وخمسة وعشرين فتأخذ ضلعها خمسة وهو المطلوب.

---

٧ تجمع: يجمع[ب]   ٨ وتأخذ: ويأخذ[ب]   ٩ وتأخذ: ويأخذ[ب]   ١٠ وتزيده: ويزيده[ب]

١٠ تزيده: يزيده[ب]   ١٢ تجمع: يجمع[ب]   ١٢ فتضرب: فيضرب[ب]   ١٣ وتأخذ: ويأخذ[ب]

١٤ فتحفظها: فيحفظها[ب]   ١٤ تضرب: يضرب[ب]   ١٥ وتأخذ: ويأخذ[ب]   ١٦ تزيدها: يزيدها[ب]   ١٧ تزيد: يزيد[ب]   ١٨ فتأخذ: فيأخذ[ب]

* وجذر: مكررة في الهامش [ب]   † على أنّه مكعّب: في الهامش [ب]

Ceci se poursuit aussi si on désigne les deux par un seul terme sauf si les nombres sont deux cubes ou bien s'ils sont semblables, à savoir si le rapport d'un des deux à l'autre est comme le rapport du cube au cube. Comme deux et cinquante-quatre : si dans la somme de leurs côtés nous suivons ce que nous avons montré, la réponse est le côté de cent-vingt-huit. S'il n'en est pas ainsi, comme lorsque tu veux additionner les côtés de dix [B-15v°]
et de cinq, alors tu dis : la réponse est le côté de dix plus le côté de cinq.

DEUXIÈME SECTION : SUR LA SOUSTRACTION

La méthode pour cela c'est que tu retranches le genre du genre et que tu soustrais [A-117r°]
le reste du reste.

C'est comme lorsque tu veux retrancher trois choses plus quatre carrés de dix choses plus dix unités. Tu retranches trois choses de dix choses, il reste sept choses plus dix unités. Tu retranches d'eux quatre carrés, il reste sept choses plus dix unités moins quatre carrés.

S'il y a dans le soustrait un retranché, alors tu le restaures et tu ajoutes son égal à ce dont il est soustrait, puis tu soustrais comme nous avons expliqué. C'est comme lorsque tu veux soustraire vingt choses moins un nombre vingt de vingt *carrés* moins dix unités. Tu restaures le soustrait par le nombre vingt et tu ajoutes son équivalent à ce dont il est soustrait, puis tu soustrais vingt choses de vingt *carrés* plus dix unités. Il reste vingt *carrés* plus dix unités moins vingt choses.

Si tu veux soustraire vingt unités moins la racine de deux-cent, de vingt unités plus la racine de deux-cent, alors tu restaures le soustrait par la racine de deux-cent et tu ajoutes son équivalent à l'autre côté.

وهذا أيضا يستمرّ فيه أن يعبّر عنهما بلفظٍ واحدٍ إلّا إذا كان العددان مكعّبين أو متشابهين، وهو أن يكون نسبة أحدهما إلى الآخر كنسبة مكعّبٍ إلى مكعّبٍ. مثل الاثنين والأربعة والخمسين: فإنكَّ إذا سلكت في جميع ضلعهما ما ذكرنا، خرج الجواب ضلع مائة وثمانية وعشرين. وإن لم يكونا كذلك، كما إذا أردت أن تجمع ضلعي عشرة وخمسةٍ، قلت: الجواب ضلع عشرة [ب-١٥ظ] وضلع خمسةٍ.

الفصل الثاني: في التفريق

والطريق فيه أن تسقط الجنس من الجنس وتستثني [١-١١٧و] الباقي من الباقي.

كما إذا أردت أن تسقط ثلاثة أشياء وأربعة أموالٍ من عشرة أشياء وعشرة آحادٍ، فتسقط ثلاثة أشياء من عشرة أشياء، يبقى سبعة أشياء وعشرة آحادٍ. يسقط منها أربعة أموالٍ فيبقى سبعة أشياء وعشرة آحادٍ إلّا أربعة أموالٍ.

وإن كان في المنقوص إستثناء فتجبره وتزيد مثله على المنقوص منه، ثمّ تنقص كما ذكرنا. كما إذا أردت أن تنقص عشرين شيئًا إلّا عشرين عددًا من عشرين مالًا إلّا عشرة آحادٍ، فتجبر المنقوص بعشرين عددًا وتزيد مثلها على المنقوص منه ثمّ تنقص عشرين شيئًا من عشرين مالٍ وعشرة آحادٍ. فيبقى عشرون مالًا وعشرة آحادٍ إلّا عشرين شيئًا.

وإن أردت أن تنقص عشرين أحدًا إلّا جذر مائتين من عشرين أحدًا وجذر مائتين، فتجبر المنقوص بجذر مائتين وتزيد مثله على الجانب الآخر.

---

١ يستمرّ: لا يستمرّ[ب]   ١ إلّا إذا: أمّا إذا[ا]   ٢ وهو: فهو[ب]   ٣ سلكت: سلكنا[ب]   ١٣ وتزيد: ويزيد[ب]   ١٣ تنقص: ينقص[ب]   ١٤ تنقص: ينقص[ب]   ١٥ فتجبر: فيجبر[ب]   ١٥ وتزيد: ويزيد[ب]   ١٦ تنقص: ينقص[ب]   ١٦ مالٍ: مالًا   ١٨ تنقص: ينقص[ب]   ١٩ فتجبر: فيجبر[ب]   ١٩ وتزيد: ويزيد[ب]

C'est vingt unités plus deux racines de deux-cent. Tu soustrais d'elles vingt unités, il reste deux racines de deux-cent, c'est-à-dire la racine de huit-cent.

Si tu veux retrancher dix choses, divisées par une chose plus un, de vingt choses, divisées par une chose plus un, alors tu retranches dix choses de vingt choses et tu poses le reste divisé par le diviseur. Tu dis : le reste est dix choses divisées par une chose plus un.

Si tu veux soustraire dix choses, divisées par une chose plus un, de vingt choses divisées par une chose plus deux, alors leur termes deviennent [B-16r°]
retranchés l'un de l'autre et on dit : le reste est vingt choses divisées par une chose plus deux moins dix choses divisées par une chose plus un.

Si tu veux soustraire dix, divisé par un *carré*, de cent, divisé par une chose, alors tu divises dix par un *carré* et il en résulte dix parties d'un *carré*. Tu le soustrais du résultat de la division de cent par une chose, à savoir cent parties d'une chose, et il reste cent parties d'une chose moins dix parties d'un *carré*.

Si tu veux soustraire la racine de huit de la racine de dix-huit, alors multiplie [A-117v°]
huit par dix-huit et prends deux racines du total. Il vient vingt-quatre, retranche-le de la somme de huit et dix-huit, il reste deux donc sa racine est le demandé.

Si tu veux retrancher le côté de deux du côté de cinquante-quatre, alors multiplie le carré de deux par cinquante-quatre. Il vient deux-cent-seize. Prends trois fois le côté de cela.

فيصير عشرين أحدًا وجذري مائتين. تنقص منها عشرين أحدًا، يبقى جذرا مائتين، أعني جذر ثمانمائة.

وإن أردت أن تسقط عشرة أشياء مقسومة على شيءٍ وواحدٍ من عشرين شيئًا مقسومة على شيءٍ وواحدٍ، فتسقط عشرة أشياء من عشرين شيئًا وتجعل
٥ الباقي مقسومًا على المقسوم عليه. فتقول: الباقي عشرة أشياء مقسومة على شيءٍ وواحدٍ.

وإن أردت عشرة أشياء مقسومة على شيءٍ وواحدٍ من عشرين شيئًا مقسومة على شيءٍ واثنين، فتأتي بلفظهما [ب-١٦و] مستثنى* أحدهما من الآخر. فيقول: الباقي عشرون شيئًا مقسومة على شيءٍ
١٠ واثنين إلّا عشرة أشياء مقسومة على شيءٍ وواحدٍ.

وإن أردت أن تنقص عشرة مقسومة على مالٍ من مائة مقسومة على شيءٍ فتقسم عشرة على مالٍ، فيخرج عشرة أجزاء مالٍ. تنقصها ممّا يخرج من قسمة مائةٍ على شيءٍ، وهو† مائة جزء شيءٍ، فيبقى مائة جزء شيءٍ إلّا عشرة أجزاء مالٍ.

١٥ وإن أردت أن تنقص جذر ثمانية من جذر ثمانية عشرة فاضرب‡ [ا-١١٧ظ] ثمانية في ثمانية عشر وخذ جذري المبلغ. يكون أربعة وعشرين، اسقطها من مجموع ثمانية وثمانية عشرة يبقى اثنان فجذره هو المطلوب.

وإن أردت أن تسقط ضلع اثنين من ضلع أربعة وخمسين، فاضرب مربّع اثنين في أربعة وخمسين. يكون مائتين وستّة عشر. خذ ضلع ذلك ثلاث مراتٍ.

Il vient dix-huit, ajoute-lui cinquante-quatre, il vient soixante-douze, garde-les, puis multiplie le carré de cinquante-quatre par deux. Il vient cinq-mille-huit-cent-trente-deux. Prends trois fois son côté, il vient cinquante-quatre, ajoute-lui deux. Il vient cinquante-six. Ôte-le du gardé, à savoir soixante-douze. Il reste seize et son côté est la réponse.

Et tout ce que nous avons mentionné à propos des racines et des côtés n'est pas rejeté dans [le cas des] nombres sourds à condition que ces derniers soient semblables à ce qui a été introduit.

TROISIÈME SECTION : SUR L'ADDITION DES INCONNUES D'ÉGALE DIFFÉRENCE

La méthode pour cela est comme celle pour tous les nombres connus sans distinction. [B-16v°]

Nous avons déjà traité le propos dans le livre *L'appui*, mais nous mentionnons ici ce qui conduit l'étudiant vers la manière de procéder.

Nous disons : si tu veux additionner de un à une chose selon l'ordre naturel, c'est-à-dire par l'ajout de un à un, alors tu additionnes les extrêmes et tu multiplies le total par la moitié du nombre de fois, à savoir la moitié d'une chose. Il vient la moitié d'un *carré* plus la moitié d'une chose, et c'est la réponse. Ou bien tu multiplies une chose par elle-même, tu lui ajoutes une chose et tu prends la moitié du total. C'est comme ce que nous avons mentionné et tu exiges dans les exemples de ces problèmes que la chose soit un nombre entier plus grand que un.

Si tu veux additionner de un à un *carré* selon l'ordre naturel, alors tu additionnes les extrêmes et tu multiplies le total par la moitié du nombre de fois, à savoir la moitié d'un *carré*. Ou bien tu multiplies le *carré* par lui-même, tu lui ajoutes le *carré* et tu prends la moitié du total. Il vient la moitié d'un *carré-carré* plus la moitié d'un *carré*, c'est la réponse.

فيكون ثمانية عشر، زد عليها أربعة وخمسين. يكون اثنين وسبعين، احفظهما ثمّ اضرب مربّع أربعة وخمسين في اثنين. يكون خمسة آلاف وثمانمائة واثنين وثلاثين. خذ ضلعه ثلاث مراتٍ. يكون أربعة وخمسين، زيد عليها اثنين. يكون ستّة وخمسين، القها من المحفوظ الذي هو اثنان وسبعون. يبقى ستّة عشر فضلعها هو الجواب.

وجميع ما ذكرنا في الأجذار والأضلاع لا يطرد في الأعداد الصُمّ إلّا إذا كانت متشابهة على ما تقدّم.

الفصل الثالث: في جمع المجهولات المتساوية التفاضُل

الطريق في ذلك كما هو في جميع الأعداد المعلومة من غير فرقٍ. [ب-ظ١٦]

وقد استوفينا القول فيه في كتاب العُمدة لكنّا نذكر هنا ما يرشد الناظر إلى كيفيّة العمل فيه.

فنقول إذا أردت أن تجمع من واحدٍ إلى شيءٍ على النظم الطبيعى، أي بزيادة واحد واحدٍ، فتجمع بين الطرفين وتضرب المبلغ في نصف عدد المرات وهو نصف شيءٍ. فيصير نصف مالٍ ونصف شيءٍ وهو الجواب. أو تضرب شيئًا في مثله وتزيد عليه شيئًا وتأخذ نصف المبلغ. فيكون كما ذكرنا وتشترط في أمثال هذه المسائل أن يكون الشيء عددًا صحيحًا أكثر من الواحد.

وإن أردت أن تجمع من واحدٍ إلى مالٍ على النظم الطبيعي فتجمع بين الطرفين وتضرب المبلغ في نصف عدد المرات وهو نصف مالٍ. أو تضرب المال في نفسه، وتزيد عليه المال، وتأخذ نصف المبلغ. فيكون نصف مال مالٍ ونصف مالٍ وهو الجواب.

---

١٣ تجمع: يجمع[ب]   ١٤ واحد واحدٍ، فتجمع: واحدٍ، فيجمع[ب]   ١٦ وتزيد: ويزيد[ب]
١٦ وتأخذ: ويأخذ[ب]   ١٦ وتشترط: ويشترط[ب]   ١٧ صحيحًا: كثيرًا[ب]   ١٨ تجمع: يجمع[ب]
١٨ فتجمع: فيجمع[ب]   ٢٠ وتزيد: ويزيد[ب]   ٢٠ وتأخذ: ويأخذ[ب]

Si tu veux [A-118r°]
additionner d'un demi à une chose par l'ajout d'un demi à un demi,
alors tu détermines premièrement le nombre de fois où l'on procède
par ajout, et cela en prenant la différence entre les extrêmes, à savoir
une chose moins un demi ; tu lui ajoutes la grandeur en ajout, à savoir
un demi, et tu divises le total par la grandeur en ajout. Il en résulte
deux choses, à savoir le nombre de fois. Tu multiplies sa moitié par
la somme des extrêmes. Il vient un *carré* plus la moitié d'une chose,
à savoir le résultat de l'addition.

Si tu veux additionner de deux à une chose par l'ajout de deux
à deux, alors tu additionnes les extrêmes et il vient une chose plus
deux. Tu le multiplies par la moitié du nombre de fois où l'on
procède par ajout. La méthode de sa détermination [B-17r°]
est ce que nous avons mentionné précédemment, et c'est que tu
prends la différence entre les extrêmes, à savoir une chose moins
deux, et que tu lui ajoutes la grandeur en ajout, à savoir deux. Il
vient une chose, tu la divises par la grandeur en ajout, à savoir deux.
Il en résulte la moitié d'une chose, à savoir le nombre de fois où l'on
procède par ajout. Tu multiplies sa moitié, à savoir un quart d'une
chose, par la somme des extrêmes. C'est un quart d'un *carré* plus la
moitié d'une chose, à savoir le demandé.

Si tu veux additionner d'une chose à un *carré* par l'ajout de un
à un, alors tu multiplies la somme des extrêmes par la moitié du
nombre de fois où l'on procède par ajout, à savoir la moitié de la
différence entre les deux grandeurs plus l'ajout d'un demi. Ceci est la
moitié d'un *carré* plus un demi moins la moitié d'une chose. Il vient
un demi *carré-carré* plus la moitié d'une chose, et c'est la réponse.

وإن أردت [ا-١١٨و]

أن تجمع من نصف واحدٍ إلى شيءٍ بزيادة نصف واحدٍ نصف واحدٍ، فتستخرج عدد مرات التزائد أوَّلًا، وذلك بأن تأخذ الفضل بين الطرفين وهو شيء إلّا نصف واحدٍ، وتزيد عليه مقدار التزائد وهو نصف واحدٍ، وتقسم المبلغ على مقدار التزائد. فيخرج شيئان وهو عدد المرات، تضرب نصفه في مجموع الطرفين، فيصير مالًا ونصف شيءٍ وهو الحاصل من الجمع.

وإن أردت أن تجمع من اثنين إلى شيءٍ بزيادة اثنين اثنين، فتجمع بين الطرفين، فيكون شيئًا واثنين. تضربها في نصف عدد مرات التزائد. وطريق استخراجها [ب-١٧و]

ما ذكرناه* آنفًا، وهو أن تأخذ الفضل بين الطرفين، وهو شيء إلّا اثنين، تزيد عليها مقدار التزائد، وهو اثنان. فيصير شيئًا تقسمه على مقدار التزائد، وهو اثنان. فيخرج نصف شيءٍ وهو عدد مرات التزائد. تضرب نصفه وهو رُبع شيءٍ في مجموع الطرفين. فيكون رُبع مالٍ ونصف شيءٍ وهو المطلوب.

وإن أردت أن تجمع من شيءٍ إلى مالٍ بزيادة واحدٍ واحدٍ فتضرب مجموع الطرفين في نصف عدد مرات التزائد، وهو نصف الفضل بين المقدارين وزيادة نصف واحدٍ عليه. وذلك نصف مالٍ ونصف واحدٍ إلّا نصف شيءٍ. فيصير نصف مال مالٍ ونصف شيءٍ وهو الجواب.

---

٢ تجمع: يجمع[ب]   ٢ فتستخرج: فيستخرج[ب]   ٣ تأخذ: يأخذ[ب]   ٤ وتزيد: ويزيد[ب]

٤ وتقسم: ويقسم[ب]   ٧ تجمع: يجمع[ب]   ٧ فتجمع: فيجمع[ب]   ٨ تضربها: يضربها[ب]

١٠ تزيد: يزيد[ب]   ١٤ تجمع: يجمع[ب]   ١٤ فتضرب: فيضرب[ب]

* ما ذكرناه : مكررة في الهامش [ب]

Si tu veux additionner d'une chose à un *cube-cube* par l'ajout, chaque fois, d'une chose à une chose, alors, à travers la méthode précédente, tu détermines le nombre de fois où l'on procède par ajout : tu prends la différence entre les extrêmes, à savoir un *cube-cube* moins une chose, tu lui ajoutes la grandeur en ajout, à savoir une chose, et il vient un *cube-cube*. Tu le divises par la grandeur en ajout, à savoir une chose, il en résulte un *carré-cube* et ceci est le nombre de fois où l'on procède par ajout. Tu multiplies sa moitié, à savoir la moitié d'un *carré-cube*, par la somme des extrêmes, à savoir un *cube-cube* plus une chose. Il vient la moitié d'un *carré-cube-cube-cube* plus la moitié d'un *cube-cube*. C'est le résultat de l'addition. [A-118v°]

Si tu veux additionner d'un *carré* à un *cube-cube* par l'ajout de deux choses à deux choses, alors tu prends la différence entre les extrêmes, à savoir un *cube-cube* moins un *carré* et tu lui ajoutes la grandeur en ajout, à savoir deux choses. Il vient un *cube-cube* plus deux choses moins un *carré*. Tu le divises par la grandeur en ajout, [B-17v°] à savoir deux choses, et il en résulte la moitié d'un *carré-cube* plus un moins la moitié d'une chose et ceci est le nombre de fois où l'on procède par ajout. Tu multiplies sa moitié, à savoir un quart d'un *carré-cube* plus un demi moins un quart d'une chose, par la somme des extrêmes, à savoir un *cube-cube* plus un *carré*. Il vient un quart d'un *carré-cube-cube-cube* plus la moitié d'un *cube-cube* plus la moitié d'un *carré* moins un quart d'un *cube*, c'est la réponse.

Si tu veux additionner [les nombres] entre deux et [ce que l'on obtient] par l'ajout de deux à deux un nombre de fois [égal] à la chose, alors tu obtiens premièrement la grandeur qui se trouve dans le dernier rang. La méthode pour cela est que tu prends le nombre de fois où tu as procédé par ajout, à savoir une chose moins un, car il n'y a pas d'ajout pour le premier rang.

وإن أردت أن تجمع من شيءٍ إلى كعب كعبٍ بزيادة شيءٍ شيءٍ في كلّ
مرّةٍ، فتستخرج عدد مرات التزائد بالطريق الذي سبق، وهو أن تأخذ الفضل بين
الطرفين وهو كعب كعبٍ إلّا شيئًا وتزيد عليه مقدار التزائد وهو شيء فيصير كعب
كعبٍ. تقسمه على مقدار التزائد وهو شيء، فيخرج مال كعبٍ وذلك* عدد
مرات التزائد. فتضرب نصفه وهو نصف مال كعبٍ في مجموع الطرفين وهو
كعب كعبٍ وشيء. فيصير نصف مال كعب كعبٍ ونصف كعب كعبٍ
وهو الحاصل من الجمع. [ا-١١٨ظ]

وإن أردت أن تجمع من مالٍ إلى كعب كعبٍ بزيادة شيئين شيئين، فتأخذ
الفضل بين الطرفين، وهو كعب كعبٍ إلّا مالًا، وتزيد عليه مقدار التزائد، وهو
شيئان. فيصير كعب كعبٍ وشيئين إلّا مالًا. تقسمه على مقدار التزائد، [ب-
١٧ظ]

وهو شيئان، فيخرج نصف مال كعبٍ وواحدٍ إلّا نصف شيءٍ وذلك عدد مرات
التزائد. فتضرب نصفه، وهو رُبع مال كعبٍ ونصف واحدٍ إلّا رُبع شيءٍ، في
مجموع الطرفين، وهو كعب كعبٍ ومالٍ. فيصير مال كعب كعبٍ ونصف
كعب كعبٍ ونصف مال إلّا رُبع كعبٍ وهو الجواب.

وإن أردت أن تجمع من اثنين بزيادة اثنين اثنين بعدد مرات الشيء، فتخرج
أوّلًا المقدار الذي يقع في المرتبة الأخيرة. وطريقه أن تأخذ عدد المرات التي فيها
التزائد، وهو شيء إلّا واحدًا، لأنّ المرتبة الأولى ليس فيها تزائدٌ.

١ تجمع: يجمع[ب] ٢ فتستخرج: فيستخرج[ب] ٣ تأخذ: يأخذ[ب] ٣ وتزيد: ويزيد[ب]
٨ تجمع: يجمع[ب] ٨ فتأخذ: يأخذ[ب] ٩ وتزيد: ويزيد[ب] ١٥ كعب: [ا] ١٦ تجمع من:
تجمع بين[ا]يجمع من[ب] ١٦ بعدد: بعدّ[ا] ١٦ فتخرج: فيخرج[ب] ١٧ الأخيرة: الآخرة[ب]
١٧ تأخذ: يأخذ[ب] ١٨ لأنّ: لا أن[ب]

* وذلك: مكررة في [ب]

Tu le multiplies par la grandeur de l'ajout, à savoir deux, donc il vient deux choses moins deux, à savoir la grandeur de l'excédent du dernier sur le premier. Tu lui ajoutes le premier, il vient deux choses, à savoir le dernier nombre. Tu additionnes de deux jusqu'à deux choses par l'ajout de deux à deux, et cela en combinant les extrêmes et en multipliant le total par la moitié du nombre de fois, à savoir la moitié d'une chose. Il vient un *carré* plus une chose, c'est la réponse.

Et celui qui maîtrise le chapitre sur l'addition des nombres du livre *L'appui* trouvera ces exemples simples.

فتضربه في مقدار التزائد، وهو اثنان، فيصير شيئين إلّا اثنين وهي مقدار زيادة الآخِر على الأوّل، فتزيد عليها الأوّل. فيصير شيئين وهو العدد الأخير. وتجمع من اثنين إلى شيئين بزيادة اثنين اثنين بأن تجمع بين الطرفين وتضرب المبلغ في نصف عدد المرات وهو نصف شيءٍ. فيصير مالًا وشيئًا وهو الجواب.

ومَن أتقن باب جمع الأعداد من كتاب العُمدة سهل عليه أمثال ذلك. ٥

CINQUIÈME CHAPITRE
SUR LES NOMBRES EN PROPORTION

Le nombre plus petit qui mesure le plus grand est une partie de ce dernier et le plus grand est son multiple[1].

Le nombre premier est celui que seulement le un mesure[2].

Le nombre composé est celui qu'un nombre mesure au moyen d'un autre nombre, et il est aussi dit le produit, ou bien le plan. Si les distances des deux [nombres] sont égales, alors il est [dit] le carré, le radicande ou le *carré*[3].

Le nombre solide est celui qu'un nombre mesure au moyen d'un nombre composé, et il est dit aussi le volume. Si les dimensions des trois [nombres] [B-18r°]

sont égales, alors il est un cube[4].

Les nombres dont il est dit qu'ils sont premiers entre eux sont ceux qui n'ont aucune grandeur qui les mesure différente de un[5].

Les [nombres] plans semblables sont ceux dont les côtés sont proportionnels et ils sont tels que, si chacun des deux vient du produit [A-119r°]

---

1 Dans ce chapitre, al-Zanjānī mentionne la plupart des définitions et propositions des Livres VII, VIII et IX des *Élements*. Ce résumé figurait déjà dans le premier livre d'*al-Badī'* d'al-Karajī. Puisqu'al-Zanjānī a déjà introduit les définitions d'unité et de nombre au début du premier chapitre, il peut commencer ici par mentionner les définitions de partie et de multiple, celles-ci étant correspondant aux définitions 3, 4 et 5 du Livre VII d'Euclide. Afin de faciliter la lecture du texte, nous indiquons en note de bas de page le correspondant euclidien des propositions énoncées dans ce chapitre, selon Euclide (1994).

2 Él. VII, déf. 12.

3 al-Zanjānī réunit ici les définitions correspondant à Él. VII, déf. 14, 17 et 19.

4 al-Zanjānī réunit ici les deux définitions correspondant à Él. VII, déf. 18 et 20.

5 Él. VII, 13.

الباب الخامس
في الأعداد المتناسبة

العدد الأصغر العادّ للأكبر جزءٌ له والأكبر إضعافٌ له. والعدد الأوّل هو الذي يَعدّه الواحد فقطْ.

والعدد المركّب هو الذي يَعدّه عدد بعددٍ آخر ويقال له المسطّح وغير البسيط أيضًا. فإن تساوي بُعداه فهو المربّع والمجذور والمال.

والعدد المُجسّم هو الذي يَعدّه عدد بعددٍ مركّبٍ ويقال له العدد الجرمي أيضًا. فإن تساوى أبعادَه الثلاثة [ب-١٨و] فهو* مكعّب.

والأعداد التي يقال لبعضها أوّل عند بعضٍ هي التي ليس لها مقدارٌ واحدٌ يعدّها غير الواحد.

والمسطّحات المتشابهة هي التي أضلاعها متناسبة، وهي أن يكون كلّ واحدٍ† منهما من ضرب [ا-١١٩و]

d'un nombre par un nombre, alors le rapport du multiplicande de l'un des deux à son multiplicateur est comme le rapport du multiplicande de l'autre à son [respectif] multiplicateur. Comme trois et douze : trois vient du produit de un par trois, douze vient du produit de deux par six et le rapport de un à trois est comme le rapport de deux à six. Comme huit et dix-huit : huit vient du produit de deux par quatre, dix-huit vient du produit de trois par six et le rapport de deux relativement à quatre est comme le rapport de trois relativement à six[6].

Les [nombres] solides semblables sont ceux dont les six côtés sont proportionnels. Comme huit et vingt-sept : huit vient du produit de deux par deux par deux, vingt-sept vient du produit de trois par trois par trois, et le rapport de deux à trois est comme le rapport de deux à trois et de deux à trois. Comme deux et cinquante-quatre : deux vient du produit de un par un par deux et cinquante-quatre vient du produit de trois par trois par six et le rapport de un à trois est comme le rapport de un à trois et de deux à six[7].

Les nombres proportionnels sont ceux dont le rapport du premier au deuxième est comme le rapport du troisième au quatrième. Le premier est appelé l'antécédent comme le troisième, et le deuxième est appelé le conséquent comme le quatrième[8].

Les nombres [B-18v°] appelés homologues dans le rapport sont les antécédents aux antécédents et les conséquents aux conséquents[9].

---

6   Al-Zanjānī utilise la construction du rapport à travers la proposition مِن, que nous avons choisi de traduire par « relativement à ». Ainsi, 3 et 12 sont deux nombres plans semblables, car $3 = 1 \cdot 3$, $12 = 2 \cdot 6$ et $\frac{1}{3} = \frac{2}{6}$. De même sont 8 et 18, car $8 = 2 \cdot 4$, $18 = 3 \cdot 6$ et $\frac{2}{4} = \frac{3}{6}$.

7   Cette définition et la précédente correspondent à Él. VII, déf. 22.

8   La définition des nombres proportionnels correspond à Él. VII, 21. Rappelons que Vitrac traduit la définition euclidienne en question de cette façon : « Des nombres sont en proportion quand le premier, du deuxième, et le troisième, du quatrième sont équimultiples, ou la même partie, ou les mêmes parties » (Euclide (1994), p. 262). On constate donc que, dans sa définition, al-Zanjānī n'introduit ni la notion d'équimultiple, ni celle de partie.

9   Al-Zanjānī inclut dans son chapitre un groupe de définitions du Livre V des *Éléments*, la première desquelles correspond à Él. V, déf. 11.

عددٍ في عددٍ، يكون نسبة المضروب من أحدهما إلى المضروب منه كنسبة المضروب من الآخر إلى المضروب فيه منه. كالثلاثة والاثنى عشر فإنّ الثلاثة من ضرب واحدٍ في ثلاثةٍ، والاثنى عشر من ضرب اثنين في ستّةٍ، ونسبة الواحد إلى الثلاثة كنسبة الاثنين إلى الستّة. وكالثمانية والثمانية عشر، فإنّ الثمانية من ضرب اثنين في أربعةٍ، والثمانية عشر من ضرب ثلاثةٍ في ستّةٍ، ونسبة اثنين من أربعةٍ كنسبة ثلاثةٍ من ستّةٍ.

والمجسّمات المتشابهة هي التي أضلاعها الستّة متناسبة. كالثمانية والسبعة والعشرين، فإنّ الثمانية من ضرب اثنين في اثنين في اثنين، والسبعة والعشرين من ضرب ثلاثةٍ في ثلاثةٍ في ثلاثةٍ، ونسبة اثنين إلى ثلاثةٍ كنسبة اثنين إلى ثلاثة واثنين إلى ثلاثة. وكاثنين وأربعةٍ وخمسين، فإنّ الاثنين من ضرب واحدٍ في واحدٍ في اثنين، والأربعة والخمسين من ضرب ثلاثةٍ في ثلاثةٍ في ستّةٍ، ونسبة واحدٍ إلى ثلاثةٍ كنسبة واحدٍ إلى ثلاثةٍ واثنين إلى ستّةٍ.

والأعداد المتناسبة هي التي يكون نسبة الأوّل منها إلى الثاني كنسبة الثالث إلى الرابع. فالأوّل يسمّى المقدّم وكذا الثالث، والثاني يسمّى التالي وكذا الرابع. والأعداد التي [ب-١٨ظ] يقال لها النظيرة في النسبة هي المقدّمات للمقدّمات والتوالي للتوالي.

٧ متناسبة: مناسبة [ب]

L'alternance de rapport est [le fait de prendre] le rapport de l'antécédent à l'antécédent et du conséquent au conséquent[10].

La composition de rapport est [le fait de prendre] le rapport de l'ensemble de l'antécédent et du conséquent à l'antécédent ou au conséquent[11].

La séparation de rapport est [le fait de prendre] le rapport de la différence entre l'antécédent et le conséquent à l'antécédent ou au conséquent[12].

L'inversion de rapport est [le fait de prendre] le rapport du conséquent à l'antécédent[13].

La conversion de rapport est [le fait de prendre] le rapport de l'antécédent à la différence entre lui et le conséquent[14].

Les nombres consécutivement dans le rapport sont ceux en quantité quelconque dont le rapport est continu : le rapport du premier au troisième est comme son rapport au deuxième pris deux fois, un des deux rapports étant appliqué à l'autre[15]. [A-119v°]

Le rapport du premier d'eux au quatrième est comme deux fois son rapport au deuxième ; le rapport du deuxième d'eux au quatrième est comme son rapport au troisième pris deux fois ; le rapport du deuxième d'eux au cinquième est comme deux fois son rapport au troisième et ainsi de suite jusqu'à l'infini.

Le rapport à égalité est [le fait de prendre] le rapport des extrêmes l'un à l'autre lorsque tu as supprimé les moyens[16].

---

10 Él. V, déf. 12. En commentant cette définition euclidienne, Vitrac remarque que, puisqu'elle porte sur quatre termes, il serait plus correct de parler d'alternance de proportion, plutôt que d'alternance de rapport. Voir à ce propos Euclide (1994), p. 50. La même remarque s'applique au cas d'al-Zanjānī.

11 Él. V, déf. 14.

12 Él. V, déf. 16. Ces cinq dernières définitions figurent également dans le chapitre *Sur les nombres en proportion* de *L'appui des arithméticiens*.

13 Él. V, déf. 13.

14 Él. V, déf. 16.

15 Él. V, déf. 5. Al-Zanjānī utilise plusieurs manières afin d'exprimer l'idée de nombres successifs en proportion : nombres consécutivement selon un certain rapport (متوالية على نسبة) ; nombres consécutivement dans un certain rapport (متوالية في نسبة) ; nombres consécutivement selon un même rapport (متوالية على نسبة واحدة). Ces expressions figuraient aussi dans les versions arabes des *Éléments* examinées dans De Young (1981).

16 Él. V, déf. 17.

إبدال النسبة هو نسبة المقدّم إلى المقدّم والتالي إلى التالي.

تركيب النسبة هو نسبة مجموع المقدّم والتالي إلى المقدّم أو إلى التالي.

تفضيل النسبة هو نسبة الفضل بين المقدّم والتالي إلى المقدّم أو إلى التالي.

عكس النسبة هو نسبة التالي إلى المقدّم.

قَلب النسبة هو نسبة المقدّم إلى الفضل بينه وبين التالي.

والأعداد المتوالية في النسبة هي التي نسبتهما متصلة كما كانتْ، ونسبة الأوّل منها إلى الثالث كنسبته إلى الثاني مثناةٍ بالتكرير أيّ مضافة إحدى النسبتين منهما إلى الآخر. [ا-١١٩ظ]

ونسبة الأوّل منها إلى الرابع كنسبته إلى الثاني مثليه ونسبة الثاني منها إلى الرابع كنسبته إلى الثالث مثناه بالتكرير. ونسبة الثاني منها إلى الخامس كنسبته إلى الثالث مثليه بالتكرير وعلى هذا القياس إلى ما لا نهاية له.

نسبة المُساواة هي نسبة الأطراف بعضها إلى بعضٍ إذا أسقطت الوسايط.

---

⁹ مثليه: مثله بالتكرير[ب]   ⁹ الثاني: التالي[ب]   ¹⁰ بالتكرير: التكرير[ب]   ¹¹ مثليه: مثله[ب]

Et la plus petite proportion se trouve parmi trois termes[17].

Si tu veux trouver le plus grand nombre qui mesure deux nombres connus, tu ôtes du plus grand des deux le plus petit des deux. [Si] la soustraction n'est pas possible, alors [le procédé] se termine et le plus petit est le plus grand nombre qui mesure les deux : le plus petit est une partie du plus grand et le plus grand est son multiple. S'il ne se termine pas, tu ôtes toujours le reste du plus petit. S'il se termine, alors le reste est la plus grande grandeur qui mesure les deux. S'il ne se termine pas [encore], tu ôtes toujours le deuxième reste du premier. S'il se termine, le deuxième reste [B-19rº] est la plus grande grandeur qui mesure les deux, et s'il ne se termine pas [encore], alors tu as besoin de continuer le procédé que nous avons montré à propos de la soustraction jusqu'à ce qu'une des deux grandeurs s'épuise par soustraction de l'autre. Le nombre auquel on s'arrête est alors la plus grande grandeur qui mesure les deux. Si [cette grandeur] est un, les deux nombres sont différents et chacun des deux est dit premier avec l'autre. Si elle est plus grande que un, les deux ont comme partie commune ce nombre[18].

Si tu veux trouver le plus grand nombre qui mesure trois nombres, tu cherches le plus grand nombre qui mesure deux des trois nombres, puis tu cherches le plus grand nombre qui mesure ce nombre mesurant et le troisième des trois nombres et de même tu cherches le plus grand nombre qui mesure quatre nombres ou cinq ou plus[19].

Étant données deux grandeurs quelconques telles que, si tu multiplies chacune des deux par une troisième grandeur, ou si tu divises chacune des deux par une troisième grandeur, qu'elles soient des entiers, ou des fractions ou des entiers plus des fractions, alors le rapport du plus grand des deux résultats au plus petit est comme le rapport de la plus grande des deux premières grandeurs à la plus petite.

Il est donc nécessaire d'après ceci que, si tu as pris de chacune des deux grandeurs une partie ou des parties, le rapport de la partie à la partie, de la dernière à la dernière et du reste au reste soit comme le

---

17   Él. V, déf. 7.
18   Él. VII, 2. Il s'agit de l'exposé de l'algorithme d'Euclide.
19   Él. VII, 3.

وأقلّ المناسَبة يقع في ثلاثة حُدودٍ.

إذا أردت أن تجد أعظم عددٍ يعدّ عددين معلومين: ألقيت أصغرهما من أعظمهما. ما أمكن الإلقاء فإن فنى به، فالأصغر أعظم عدد يعدّهما والأصغر جزء الأكبر والأكبر إضعاف له. وإن لم يفن به، ألقيت الباقي من الأصغر دائمًا.

فإن فنى به فالباقي أعظم مقدارٍ يعدّهما. وإن لم يفن به، ألقيت البقية الثانية من الأولى دائمًا. فإن فنى بها فالبقية الثانية [ب-١٩و] أعظم مقدارٍ يعدّهما، وإن لم يفن بها، لزمت القياس الذي يتنبّه في الإلقاء إلى أن يفن أحد المقدارين بإلقاء الآخر منه. فيكون العدد المفنى أعظم مقدارٍ يعدّهما. فإن كان واحدًا فالعددان متباينان ويقال لكلّ واحدٍ منهما إنّه أوّل عند الآخر. وإن كان أكثر من الواحد فهما مشتركان بجزء ذلك العدد.

وإن أردت أن تجد [أعظم] عددٍ يعدّ ثلاثة أعدادٍ، طلبت أعظم عددٍ يَعدّ عددين منها ثمّ طلبت أعظم عددٍ يَعدّ هذا العدد العادّ والعدد الثالث منها وعلى هذا تطلب أعظم عددٍ يَعدّ أربعة أعدادٍ أو خمسة أو أكثر.

كلّ مقدارين كيف ما كانا فإنّك إذا ضربت كلّ واحدٍ منهما في مقدار ثالث أو قسمت كلّ واحدٍ منهما على مقدار ثالث، صحاحًا كان أو كسورًا أو صحاحًا وكسورًا، فأن نسبة أعظم المبلغين إلى أصغرهما كنسبة أعظم المقدارين الأوّلين إلى الأصغر.

فقد وجب من ذلك أنّك إذا أخذت من كلّ واحدٍ من المقدارين جزئًا أو أجزاء فإنّ نسبة الجزء إلى الجزء والآخِر إلى الآخِر والباقي إلى الباقي

<hr />

١٣ تطلب: يطلب [ب]

rapport [A-120r°]
du total au total et comme le rapport du multiple au multiple[20].

Et il faut aussi que, si les quatre grandeurs sont proportionnelles, alors après l'alternance, la permutation, l'inversion, la composition et la séparation, elles soient encore proportionnelles[21].

Si donc des nombres en quantité quelconque sont en proportion, le rapport d'un des deux antécédents à son associé parmi les conséquents est comme le rapport de tous les antécédents à tous les conséquents[22].

Le produit du premier [B-19v°]
de quatre nombres en proportion par le quatrième est égal au produit du deuxième par le troisième[23].

Les plus petits nombres dans un même rapport sont premiers entre eux. En effet, tu ne trouves qu'une seule grandeur qui les mesure [et celle-ci est] égale à un[24].

Et tous les nombres en rapport avec eux sont des multiples d'eux selon l'égalité du plus petit au plus petit et du plus grand au plus grand.

Si des nombres en quantité quelconque sont consécutivement selon un même rapport et le premier d'eux est premier avec le dernier, alors ils sont les plus petits nombres selon ce même rapport[25].

Si nous voulons trouver les plus petits nombres en quantité quelconque selon un certain rapport de nombres connu, et si ces nombres sont premiers entre eux ou si aucun nombre ne les mesure, alors ils sont les plus petits nombres selon ce rapport[26]. S'il y a un commun, alors tu prends le plus grand nombre qui les mesure, tu divises chacun d'eux par lui et on obtient les plus petits nombres selon ce rapport.

---

20 Él. VII, 11.
21 Cette proposition est également mentionnée dans le chapitre *Sur les nombres en proportion* de *L'appui des arithméticiens*.
22 Él. VII, 12.
23 Él. VII, 19.
24 Él. VII, 22. Cette proposition est également mentionnée dans le chapitre *Sur les nombres en proportion* de *L'appui des arithméticiens*.
25 Él. VIII, 1.
26 Él. VII, 22. Cette proposition est également mentionnée dans le chapitre *Sur les nombres en proportion* de *L'appui des arithméticiens*.

كنسبة [ا-١٢٠و]

الكلّ إلى الكلّ وكذلك نسبة الأضعاف إلى الأضعاف.

ووجب أيضًا إن المقادير الأربعة المتناسبة بعد الإبدال والقَلْب والعكس والتركيب والتفصيل أيضًا متناسبة.

وإنّه إذا كانت أعداد متناسبة كم كانت فإنّ نسبة واحدٍ من المقدّمات إلى قرينه من التوالي كنسبة جميع المقدّمات إلى جميع التوالي.

ضرب الأوّل [ب-١٩ظ]

من الأعداد الأربعة المتناسبة في الرابع مثل ضرب الثاني في الثالث.

أقلّ الأعداد على نسبةٍ واحدةٍ فإن بعضها أوّل عند بعض لأنّك لا تجد مقدارًا واحدًا يعدّها سِوى الواحد. وجميع الأعداد التي تكون على نسبتها فإنّها يكون أضعافًا لها بالسَوية الأقلّ للأقلّ والأكثر للأكثر.

وإذا كانت أعداد متوالية علي نسبةٍ واحدةٍ كم كانت، وكان أوّلًا عند آخر، فإنّها أقلّ أعدادٍ على نسبتها.

إذا أردنا أن نطلب أقلّ أعدادٍ على نسبة أعدادٍ معلومةٍ كم كانت، فإن كان بعض هذه الأعداد أوّلًا عند بعض أو لم يعدّها كلّها عدد فهي أقلّ الأعداد على تلك النسبة. وإن كانت مشتركه فتأخذ أكثر عددٍ يعدّه وتقسم كلّ واحدٍ منها عليها فيخرج أقلّ الأعداد على تلك النسبة.

١٢ وكان أوّلًا: وكان واحد منها أيّ واحدٍ كان أوّلًا ١٦ وتقسم: ويقسم[ب]

Si nous voulons trouver le plus petit nombre que deux nombres mesurent, et si un des deux nombres mesure l'autre, alors le plus grand est le plus petit nombre qu'ils mesurent. S'il ne le mesure pas et si l'un des deux est premier avec l'autre, alors le plan obtenu à partir du produit d'un des deux par l'autre est le plus petit nombre qu'ils mesurent. S'il n'en est pas ainsi, alors un certain nombre les mesure, donc cherche le plus grand nombre qui mesure les deux, puis détermine ce nombre par une grandeur quelconque qui mesure un des deux nombres. Si tu la trouves, alors tu la multiplies par l'autre nombre et ce qui vient de cela est le plus petit nombre que les deux mesurent[27].

Si tu veux chercher un nombre que trois nombres mesurent, alors tu cherches le plus petit nombre que deux des trois nombres mesurent. Si tu le trouves, alors tu cherches le plus grand nombre qui mesure ce nombre et le troisième nombre. C'est le demandé[28]. [A-120v°]

Si tu veux un nombre [B-20r°]

pour lequel des parties simples soient valides, alors tu demandes le plus petit nombre mesuré par des nombres qui complètent ces parties, c'est le demandé.

Si tu veux trouver les trois plus petits nombres consécutivement selon le rapport de deux à cinq, alors tu multiplies deux par lui-même, tu le poses comme premier, tu multiplies deux par cinq et tu le poses comme deuxième, cinq par lui même et tu le poses comme troisième. Ceux-ci sont les trois nombres selon ce rapport. Si tu veux qu'ils soient quatre nombres, tu multiplies deux par quatre, par dix et par vingt cinq, puis cinq par vingt-cinq. Il vient huit, vingt, cinquante et cent-vingt-cinq. Ceux-ci sont les quatre nombres selon ce rapport et ce sont les plus petits nombres selon ce rapport. Si tu veux qu'ils soient cinq, tu les multiplies tous par deux et le dernier par cinq, et ainsi de suite si tu veux qu'ils soient plus nombreux que cela.

27　Él. VII, 34. Il s'agit de l'exposé de l'algorithme d'Euclide pour trouver le PPCM.
28　Él. VII, 36 et 37.

وإذا أردنا أن نجد أقلّ عددٍ يَعدّه عددان فإن كان أحد العددين يعدّ الآخر فالأعظم أقلّ عددٍ يَعدّانه. وإن لم يَعدّه، فإن كان أحدهما أوّلًا عند الآخر، فالمُسطح الكائن من ضرب أحدهما في الآخر هو أقلّ عددٍ يَعدّانه. وإن لم يكن كذلك فإنّه يَعدّهما عددها، فاطلب أعظم عددٍ يَعدّهما ثمّ انظر هذا العدد بأيّ مقدارٍ يَعدّ أحد العددين. فإذا وجدته، ضربته في العدد الآخر. فما كان من ذلك كان أقلّ عددٍ يَعدّانه.

وإذا أردت أن تطلب عددًا يَعدّه ثلاثة أعدادٍ، طلبت أقلّ عددٍ يَعدّه عددان منها فإذا وجدته، طلبت أعظم عددٍ يَعدّه هذا العدد والعدد الثالث وهو المطلوب. [ا-١٢٠ظ]

وإذا أردت عددًا يصحّ [ب-٢٠و] له أجزاء مفروضة طلبت أقلّ عدد يعدّه الأعداد المستمية لتلك الأجزاء وهو المطلوب.*

إذا أردت أن تجد أقلّ ثلاثة أعدادٍ متواليةٍ على نسبة اثنين إلى خمسة، فتضرب الاثنين في نفسها وتجعله الأوّل وتضرب الاثنين في خمسةٍ وتجعله الثاني والخمسة في نفسها وتجعله الثالث. فهذه ثلاثة أعدادٍ على تلك النسبة. فإن أردت أن يكون أربعة أعدادٍ، ضربت الاثنين في كلّ واحدٍ من الأربعة والعشرة والخمسة والعشرين، ثمّ الخمسة في الخمسة والعشرين، فيكون ثمانية وعشرين وخمسين ومائة وخمسة وعشرين. فهذه أربعة أعدادٍ على تلك النسبة وهي أقلّ أعدادٍ على نسبتهما.

فإن أردت أن يكون خمسة، ضربتها كلّها في الاثنين وضربت الآخِر منها في الخمسة، وعلى هذا إن أردت أن يكون أكثر منها.

---

٧ عددًا: أقلّ عدد[ب]   ٨-٧ عددان منها فإذا وجدته، طلبت أعظم عددٍ يَعدّه: في[ا]   ١٣ إذا: وإن[ب]   ٢٠ الآخِر منها: الآخرين منهما[ب]

* وإذا أردت عددًا يصحّ ... وهو المطلوب: في [ب]

Selon cette composition il faut que les extrêmes des trois premières grandeurs soient deux carrés, que le moyen entre eux soit deux
fois [le produit] de la racine d'un des deux carrés par la racine de
l'autre et que le rapport d'un des deux carrés à l'autre soit comme le
rapport de son côté au côté de l'autre pris deux fois. [Et il faut que] les
extrêmes des quatre premières soient deux cubes, et qu'il y ait deux
nombres entre eux dont l'un des deux vient du produit du carré obtenu à partir du côté du deuxième cube par le côté du premier cube et
le rapport d'un des cubes à l'autre est comme le rapport de son côté
au côté de l'autre pris trois fois.

S'il y a cinq nombres consécutivement dans le rapport et si ceux-
ci sont les plus petits nombres dans ce rapport, alors les extrêmes sont
deux *carrés-carrés* entre lesquels se trouvent trois nombres : le premier
obtenu du produit [B-20v°]
du cube obtenu à partir de racine-racine du premier par racine-racine
du deuxième ; le deuxième obtenu du produit du carré de racine-
racine du premier par le carré de racine-racine du deuxième, c'est-
à-dire de la racine du premier par la racine du deuxième ; le troisième
obtenu du produit du cube de racine-racine du deuxième par racine-
racine du premier. Tu continues la proportion de cette manière jusqu'à l'infini[29].

Si tu veux trouver les plus petits nombres consécutivement dans
le rapport de un [A-121r°]
à deux, le rapport de trois à quatre et le rapport de cinq à six, alors tu
cherches le plus petit nombre que deux et trois mesurent, à savoir six.
Pose-le comme deuxième du demandé, puis tu cherches un nombre
que un mesure comme deux mesure six. Tu trouves trois. Pose-le
comme premier. Puis, tu cherches le plus petit nombre que quatre
mesure comme trois mesure six. Tu trouves huit. Pose-le comme troisième. Ceux-ci sont les trois nombres selon le rapport de un à deux et
de trois à quatre. Si huit est mesurable par cinq mais que nous prenons un quatrième nombre que six mesure de la même manière que
cinq mesure huit, alors celui-ci est le quatrième. S'il ne le mesure pas,
nous demandons le plus petit nombre que huit et cinq mesurent,

---

29   Él. VIII, 2 et son corollaire.

في الأعداد المتناسبة ١٢٥

فقد وجب من هذا التركيب أن يكون الطرفان من المقادير الثلاثة الأوّل مربّعين، وبينهما واسطة وهي من [ضرب] جذر أحد المربّعين في جذر الآخر [مرّتين].
وتكون نسبة أحد المربّعين إلى الآخر كنسبة ضلعه إلى ضلع الآخر مشاة بالتكرير.
وأن يكون الطرفان من الأربعة الأوّل مكعّبين، وبينهما عددان أحدهما من ضرب المربّع الكائن من ضلع المكعّب الثاني في ضلع المكعّب الأوّل، ويكون نسبة أحد المكعّبين إلى الآخر كنسبة ضلعه إلى ضلع الآخر اثنين مثليه بالتكرير.

وإنّه إذا كانت خمسة أعدادٍ متواليةٍ في النسبة، وهي أقلّ أعدادٍ على تلك النسبة، فيكون الطرفان مالي مالٍ بينهما ثلاثة أعدادٍ: الأوّل كائن من ضرب [ب- ظ٢٠]

المكعّب الكائن من جذر جذر الأوّل في جذر جذر الثاني، والثاني كائن من ضرب جذر جذر الأوّل في مربّع جذر جذر الثاني، أعني من جذر جذر الأوّل في جذر الثاني، والثالث كائن من ضرب مكعّب جذر جذر الثاني في جذر جذر الأوّل* وعلى هذا تمرّ متناسبة إلى ما لا نهاية له.

إذا أردت أن تجد أقلّ أعدادٍ متوالية على نسبة واحدٍ [ا-١٢١و] إلى اثنين، ونسبة ثلاثة إلى أربعةٍ، ونسبة خمسةٍ إلى ستّةٍ، طلبت أقلّ عددٍ يَعدّه الاثنان والثلاثة وهو ستّة. فاجعله الثاني من المطلوب، ثمّ طلبت عددًا يَعدّه الواحد بمثل ما يعدّ الاثنان الستّة. فتجده ثلاثة. فاجعلها الأوّل. ثمّ طلبت أقلّ عددٍ يعدّه الأربعة بمثل ما يَعدّ الثلاثة الستّة. فتجده ثمانية. فاجعلهما الثالث. فهذه ثلاثة أعدادٍ على نسبة الواحد إلى اثنين وثلاثة إلى أربعة. فلو كانت الثمانية مَعدودة بالخمسة لكنّا نأخذ عددًا رابعًا يعدّه الستّة بمثل ما يَعدّ الخمسة الثمانية فيكون ذلك هو الرابع. فأمّا لم يعدّها، طلبنا أقلّ عددٍ يعدّه الثمانية والخمسة

٦ اثنين: في[ا]   ٨ مالي مالٍ: مال مال[ب]   ١٥ طلبت: في[ا]   ١٨ بمثل: لمثل[ا]

* في مربّع جذر جذر الثاني ... جذر الأوّل: في [ا]

à savoir quarante. Tu le poses en tant que troisième et tu poses en tant que premier le nombre que le premier des trois trouvés, à savoir trois, mesure comme huit mesure quarante. Il vient quinze. Le deuxième est celui que le deuxième des trois trouvés, à savoir six, mesure comme huit mesure quarante. Il vient trente. Nous posons en tant que quatrième le nombre que six mesure comme cinq mesure quarante, à savoir quarante-huit. Voici les quatre quantités successives selon le rapport de un relativement à deux, trois relativement à quatre et cinq relativement à six, à savoir : quinze, trente, quarante et quarante-huit. Ce sont les plus petites grandeurs dans ce [B-21r°] rapport, car tu ne trouves aucune grandeur qui les mesure toutes. Tu procèdes de cette manière si tu en veux cinq, ou six, et ainsi de suite[30].

De tous les nombres en quantité quelconque continûment proportionnels, si le plus petit d'entre eux est le premier [de la succession] et s'il est un nombre premier, alors le rapport de l'ajout du plus grand d'entre eux au premier, à l'ensemble des nombres qui le précèdent est comme le rapport de l'ajout du deuxième au premier, au premier.

Étant donnés deux nombres plans, le rapport de l'un à l'autre est composé des rapports de leurs côtés et le demandé par composition est une application d'un des deux rapports à l'autre. Exemple : nous multiplions quatre par six, il vient [A-121v°] vingt-quatre, et nous multiplions cinq par dix, il vient cinquante. Le rapport de vingt-quatre relativement à cinquante est comme le rapport de quatre relativement à cinq composé avec le rapport de six relativement à dix, à savoir quatre cinquièmes de trois cinquièmes, c'est-à-dire deux cinquièmes plus un cinquième d'un cinquième[31].

Qu'entre deux nombres se trouvent des nombres, et qu'ils soient tous consécutivement dans un même rapport, la distance de ce qui se trouve entre deux de ces nombres se trouve alors [aussi] entre tous les deux nombres qui ont le même rapport que ces deux. Ils sont donc consécutivement dans ce rapport[32].

---

30 Él. VIII, 4.
31 La première partie de l'énoncé de cette proposition correspond à Él. VIII, 5.
32 al-Zanjānī conçoit la distance comme un comptage des nombres moyens qui se trouvent entre les deux nombres donnés. Cette proposition rappelle Él. VIII, 8 mais elle est for-

وهو أربعون. فنجعله الثالث ونجعل الأوّل عدد يَعده أوّل الموجودات الثلاثة،
وهو ثلاثة، بمثل ما يعدّ الثمانية الأربعين. فيكون خمسة عشر. ويكون الثاني ما
يَعدّه ثاني المَوجودات الثلاثة وهو ستّة، بمثل ما يعدّ الثمانية الأربعين. فيكون
ثلاثين. ونجعل الرابع عددًا بعددٍ يعدّه الستّة بمثل ما يعدّ الخمسة الأربعين،
فيكون ثمانية وأربعين. فهذه أربعة مقادير متوالية على نسبة واحدٍ من اثنين، وثلاثة ٥
من أربعة، وخمسة من ستّةٍ، وهي خمسة عشر وثلاثون وأربعون وثمانية وأربعون.
وهي أقلّ مقادير على هذه [ب-٢١و]
النسبة لأنّك لا تجد مقدارًا يَعدّها كلّها. وعلى هذا تعمل إن أردت خمسة أو
ستّة أو غير ذلك.

كلّ أعدادٍ متناسبةٍ متوالية كم كانت إذا كان أصغرها أوّلها وكان عددًا أوّلًا ١٠
فإنّ نسبة زيادة الأعظم منها على الأوّل مجموع الأعداد التي قبله كنسبة زيادة
الثاني على الأوّل إلى الأوّل.

كلّ عددين مُسطحين فإنّ نسبة أحدهما إلى الآخر مؤلّفة من نسبتين
أضلاعهما والمراد بالتأليف إضافة إحدى النسبتين إلى الخرى. مثاله: ضربنا
أربعة في ستّة فكان [ا-١٢١ظ] ١٥
أربعة وعشرين، وضربنا خمسة في عشرة فكان خمسين. فنسبة الأربعة العشرين
من الخمسين كنسبة الأربعة من الخمسة مؤلّف ذلك إلى نسبة الستّة من العشرة،
وهو أربعة أخماس من ثلاثة أخماس أعني خُمسين وخُمس خُمسٍ.

كلّ عددين يقع بينهما أعداد فيصير كلّها متوالية على نسبة واحدةٍ.
فبعده ما يقع بين العددين من الأعداد يقع من كلّ عددين نسبتهما من ٢٠
الأعداد، فيكون متوالية على تلك النسبة.

---

١ فنجعله: فيجعله[ب]   ٤ بعددٍ: في[ب]   ١٨ أخماس: في[ب]   ٢٠ بين: من[ا]

Si deux nombres sont premiers l'un avec l'autre et que tu poses entre eux des nombres en quantité quelconque, alors tous ces nombres sont consécutivement dans un même rapport. La mesure de ce qui se trouve entre deux de ces nombres est égale à la mesure de ce qui se trouve entre chacun des deux [extrêmes] et un, et ils sont [tous] consécutivement dans le même rapport[33]. Exemple : huit et vingt-sept sont premiers l'un avec l'autre et on peut trouver entre eux deux nombres qui ont le même rapport avec eux, à savoir douze et dix-huit. [B-21v°]

On dit : entre un et chacun des deux nombres huit et vingt-sept se trouvent deux nombres qui constituent avec eux quatre nombres proportionnels. Les deux entre un et huit sont deux et quatre, et les deux entre un et vingt-sept sont trois et neuf. Inversement, si entre chacun des deux [extrêmes] et l'unité se trouvent deux nombres et ces derniers sont proportionnels avec eux, alors entre les deux nombres se trouvent deux nombres qui constituent avec eux quatre nombres proportionnels.

Si des nombres en quantité quelconque sont consécutivement dans le même rapport alors leurs carrés et leurs cubes sont aussi en proportion, et également leurs *carrés-carrés* et leurs *carrés-cubes* et ainsi de suite jusqu'à l'infini. Inversement, si leurs carrés ou leurs cubes sont consécutivement dans le même rapport, alors leurs racines et leurs côtés aussi seront consécutivement dans le rapport.

Deux nombres plans semblables sont toujours selon le rapport de deux nombres [A-122r°]

carrés, donc le produit d'un des deux par l'autre est un carré[34]. Inversement, si le produit d'un des deux nombres par l'autre est un carré, alors ils sont selon le rapport de deux carrés et ils sont deux nombres plans semblables[35].

Si on multiplie un carré par lui-même ou par un autre carré, le résultat est un carré. Inversement, si on multiplie un nombre par un

---

mulée de manière différente justement en raison de l'utilisation de la notion de distance.

33 Él. VIII, 9.
34 Él. VIII, 26 et IX, 1.
35 Él. IX, 2.

إذا كان عددان كلّ واحدٍ منهما أوّل عند الآخر ووقعت بينهما أعداد كم
كانت فصارت الأعداد كلّها متوالية على نسبةٍ واحدةٍ. فإنّ عِدة ما يقع بينهما
من الأعداد مثل عِدة ما يقع بين كلّ واحدٍ منهما وبين الواحد من الأعداد فيكون
متوالية على نسبة واحدةٍ.

مثال ذلك: ثمانية هي عدد أوّل عند سبعة وعشرين وقد وقع بينهما عددان يكون
معهما متناسبة، وهما اثنا عشر وثمانية [ب-٢١ظ]
عشر.

فيقول: إنّه يقع بين الواحد وبين كلّ واحدٍ من الثمانية والسبعة والعشرين
عددان يكون معهما أربعة أعدادٍ متناسبةٍ. فالذان بين الواحد والثمانية اثنان وأربعة،
والذان بين الواحد والسبعة والعشرين ثلاثة وتسعة.

وبالعكس إذا كان عددان يقع بين كلّ واحدٍ منهما عددان ويكون معهما متناسبة
فإنّة يقع بين العددين عددان يكونان معهما أربعة أعدادٍ متناسبةٍ.

وإذا كانت أعداد متوالية كم كانت على نسبة واحدةٍ فإنّ مربّعاتها ومكعّباتها
أيضًا متناسبة، وكذلك أموال أموالها وأموال كعابها وهكذا إلى غير النهاية. وبالعكس
إذا كانت مربّعاتها أو مكعّباتها متوالية في النسبة، فجذورها وأضلاعها أيضًا متوالية
في النسبة.

كلّ عددين مسطحين متشابهين فإنّهما أبدًا على نسبة عددين [ا-١٢٢و]
مربّعين، فضرب أحدهما في الآخر يكون مربّعًا. وبالعكس إذا كان ضرب أحدهما
في الآخر مربّعًا فإنّهما يكونان على نسبة مربّعين وهما مسطّحان متشابهان.

كلّ مربّع ضرب في نفسه أو في مربّعٍ آخر فالمرتفع مربّعٌ. وبالعكس كلّ عددٍ

carré et qu'il en résulte un carré, alors le multiplicande est aussi un carré, et le même propos vaut pour la division.

Deux plans semblables sont donnés, si un seul nombre se trouve entre eux, alors [les trois] sont consécutivement dans le même rapport et le rapport entre les nombres plans est comme le rapport du côté de l'un des deux au côté homologue dans le rapport pris deux fois[36]. [B-22r°]

Deux nombres solides semblables sont tels que, si deux nombres se trouvent entre eux et si les quatre se succèdent proportionnellement, alors le rapport entre les deux solides est égal au rapport du côté de l'un de ces nombres au côté homologue pris trois fois[37].

Inversement, si entre deux nombres quelconques se trouvent deux nombres qui constituent ensemble quatre nombres proportionnels, alors ce sont deux solides semblables et le rapport d'un des deux à l'autre est comme le rapport d'un cube à un cube[38].

Si on multiplie un cube par lui-même ou par un autre cube, le résultat est un cube[39]. Inversement, si on multiplie un nombre par un cube et qu'il en résulte un cube, alors le nombre multiplicande est aussi un cube, et ainsi est l'énoncé pour la division[40].

Si des nombres en quantité quelconque sont continûment proportionnels à partir de l'unité, le troisième nombre à partir de l'unité sera un carré et le troisième à partir de ce carré sera un carré et chaque troisième à partir du carré sera un carré ; le quatrième à partir de l'unité sera un cube et chaque quatrième à partir du cube sera un cube ; le cinquième sera un *carré-carré* et chaque cinquième à partir du *carré-carré* sera un *carré-carré*, et ainsi de suite[41].

Si des nombres en quantité quelconque sont continûment proportionnels et si celui qui suit l'unité est un carré, alors ils sont tous des carrés. S'il est un cube, alors ils sont tous des cubes, s'il est un *carré-carré*, alors ils sont tous des *carrés-carrés* et ainsi dans l'ordre[42].

---

36 Él. VIII, 18.
37 Él. VIII, 19.
38 Él. VIII, 21 et 27.
39 Él. IX, 4.
40 Él. IX, 5.
41 Él. IX, 8 le « septième nombre » de la proposition euclidienne est ici remplacé par « le cinquième ».

ضرب في مربّعٍ فحصَل مربّعٌ فإنّ العدد المضروب أيضًا مربّعٌ، وهكذا القول في القسمة.

وكلّ مسطّحين متشابهين فإنّه يقع بينهما عدد واحد، فيتوالى متناسبة ويكون نسبة أحدهما إلى الآخر كنسبة ضلعه إلى ضلعه النظير له في نسبة مثناةٍ بالتكرير. [ب-٢٢و]

وكلّ* عددين مجسّمين متشابهين، فإنّه يقع بينهما عددان ويتوالى الأربعة متناسبة ونسبة أحد المجسّمين إلى الآخر هي نسبة ضلعه إلى ضلعه النظير له مثلثه بالتكرير.

وبالعكس كلّ عددين يقع بينهما عددان يكونان معهما أربعة أعدادٍ متناسبةٍ فإنّهما مجسّمان متشابهان فنسبة أحدهما إلى الآخر كنسبة مكعّبٍ إلى مكعّبٍ.

كلّ مكعّبٍ ضرب في نفسه أو في مكعّبٍ آخر، فالمرتفع مكعّبٌ.

وبالعكس كلّ عددٍ ضرب في مكعّبٍ فحصل مكعّبٌ فإنّ العدد المضروب أيضًا مكعّبٌ، وهكذا القول في القسمة.

إذا كانت أعداد من الواحد متناسبة متوالية كم كانت، فإنّ العدد الثالث من الواحد مربّعٌ، والثالث من هذا المربّع مربّعٌ، وكلّ ثالثٍ من مربّعٍ مربّعٌ، والرابع من الواحد مكعّبٌ، وكلّ رابع من مكعّبٍ مكعّبٌ، والخامس مال مالٍ، وكلّ خامس من مال مالٍ مال مالٌ وهكذا على الترتيب.

إذا كانت أعداد متناسبة متوالية من الواحد كم كانت، فالذي يلي الواحد إن كان مربّعًا فجميعها مربّعة. وإن كان مكعّبًا فجميعها مكعّبة، وإن كان مال مالٍ فجميعها أموال أموالٍ، وهكذا على الترتيب.

---

٣ فيتوالى: فتتوالى[ا] ٣-٤ ويكون نسبة: في[ا] ٤ إلى ضلعه: في[ا] ٧ الآخر هي نسبة: الأخى فنسبة[ب] ٩ أعدادٍ: آحادٍ[ب] ١٠ إلى مكعّبٍ: في[ا] ١٢ فحصل مكعّبٌ: في[ا] ١٧ مال مالٌ: مال[ا] ١٨ من الواحد: في[ب]

* وكلّ: مكاررة في الهامش [ب]

Si des nombres en quantité quelconque sont continûment proportionnels à partir de l'unité, alors chaque nombre premier qui mesure le dernier des deux est celui qui mesure [aussi] le nombre qui suit l'unité. C'est comme lorsque, pour cinq nombres [A-122v°] proportionnels, si leur premier est l'unité et si nous trouvons un sixième nombre premier qui mesure le cinquième, alors celui-ci mesure [aussi] le deuxième[43].

Si trois nombres sont continûment proportionnels et s'ils sont les plus petits nombres selon leur rapport, alors la somme de deux quelconques de ces nombres est un nombre premier avec le troisième[44].

Si deux nombres sont [B-22v°] premiers entre eux, alors tu ne trouves aucun troisième nombre qui constitue avec eux trois nombres proportionnels[45].

Si des nombres en quantité quelconque sont continûment proportionnels et si les extrêmes sont premiers entre eux, alors il n'y a aucun autre nombre qui soit proportionnel avec eux[46].

S'il y a deux nombres et nous voulons savoir s'il est possible qu'un troisième nombre soit ou non en proportion avec eux. Soit le premier et le deuxième sont premiers entre eux, donc il n'y a pas ce troisième nombre. Soit ils ne sont pas premiers entre eux, et nous mettons alors au carré le deuxième. Si le premier le mesure, alors le nombre par lequel le premier mesure le carré du deuxième est le troisième. S'il ne le mesure pas, alors il n'y a aucun troisième nombre qui soit en proportion avec les deux[47].

Si on a trois nombres et que tu veux savoir si tu peux trouver un quatrième nombre qui soit en proportion avec eux, alors, si le premier et le troisième sont premiers entre eux, tu ne trouveras pas ce quatrième nombre ; s'ils ne sont pas premiers entre eux, tu multiplies le deuxième par le troisième. Si le premier mesure le résultat de ce produit, alors le nombre par lequel il le mesure est le quatrième. S'il

---

42   Él. IX, 9.
43   Él. IX, 12.
44   Él. IX, 15.
45   Él. IX, 16.
46   Él. IX, 17.
47   Él. IX, 18.

إذا كانت أعدادٌ من الواحد متناسبة متوالية كم كانت، فكلّ عددٍ أوّل يعدّ الأخير منهما فهو يَعدّ العدد الذي يلي الواحد. كما إذا كانت خمسة أعدادٍ [١- ١٢٢ظ]

متناسبة أوّلها الواحد ووجدنا عددًا سادسًا أوّلًا يعدّ الخامس، فإنّه يعدّ الثاني.

إذا كانت ثلاثة أعداد متناسبة متوالية وكانت أقلّ أعدادٍ على نسبتها، فإنّ مجموع كلّ عددين منها عددٌ أوّل عند الثالث.

إذا كان عددان كلّ واحدٍ منهما [ب-٢٢ظ]

أوّل عند الآخر فليس يوجد عددًا ثالثًا يكون معها ثلاثة أعدادٍ متناسبة.

إذا كانت أعداد متناسبة متوالية كم كانت وكان كلّ واحدٍ من الطرفين أوّلًا عند الآخر، فليس يُوجد عدد آخر يكون معها متناسبة.

إذا كان عددان وأردنا أن نعلم هل يمكن أن يكون عدد ثالث يناسبهما أم لا. فإن كان الأوّل أوّلًا عند الثاني فليس يُوجد ذلك. وإن لم يكن أوّلًا عنده فتربّع الثاني. فإنّ عدّة الأوّل فإنّ العدد الذي به يعدّ الأوّل مربّع الثاني هو الثالث. وإن لم يعدّ فليس يوجد عدد ثالث تناسبهما.

وإن كان ثلاثة أعدادٍ وأردت أن تعلم هل يوجد عددٌ رابعٌ يناسبها، فإن كان الأوّل أوّلًا عند الثالث فليس يوجد ذلك، وإن لم يكن أوّلًا عنده ضربت الثاني في الثالث، فإن عدد الأوّل المرتفع من الضرب فالعدد الذي به يعدّ هو الرابع. وإن لم يعدّه

---

٤ متناسبة أوّلها الواحد ووجدنا عددًا سادسًا أوّلًا يعدّ الخامس، فإنّه يعدّ الثاني: في[ا] ٥ إذا كانت ثلاثة أعداد: في[ا] ٨ أوّل: في[ا]

ne le mesure pas, alors il n'y a aucun quatrième nombre qui soit en proportion avec eux[48]. En connaissant ceci, il nous est possible de chercher un cinquième nombre qui soit en proportion avec quatre nombres ou plus.

---

48 Él. IX, 19.

فليس يوجد عددٌ رابعٌ تناسبها. وبمعرفه ذلك يمكن أن نطلب عددًا خامسًا تناسب أربعة أعدادٍ متناسبة أو أكثر من ذلك.

SIXIÈME CHAPITRE
SUR L'EXTRACTION DE RACINE
DES INCONNUES

Le [calcul] des radicandes des inconnues est en analogie avec [le calcul] des radicandes des connues. Ne vois-tu pas que, si un des rangs des connues est un radicande, le deuxième n'est pas un radicande, le troisième est un radicande, le quatrième n'est pas un radicande et ainsi jusqu'à l'infini ? Ainsi, le rang des unités est un radicande, le rang des dizaines n'est pas un radicande [B-23r°]
le rang des centaines est un radicande, le rang des milliers n'est pas un radicande et ainsi dans l'ordre. [A-123r°]
Et il en est de même pour les rangs des inconnues, donc le rang du nombre est un radicande, le rang des choses n'est pas un radicande, le rang des *carrés* est un radicande, et ainsi jusqu'à l'infini.

La racine du nombre est un nombre, la racine des *carrés* est des choses, la racine des *carrés-carrés* est des *carrés*, la racine des *cubes-cubes* est des *cubes* et de même nous comptons tout rang à partir de sa racine comme nous comptons sa racine à partir de l'unité. Il est donc nécessaire que le radicande soit toujours de rang impair à partir de un, et inversement que sa racine soit le médian de cet impair. Ne vois-tu pas que le *carré* est au troisième rang et sa racine, à savoir la chose, au deuxième rang ; le *carré-carré* est au cinquième rang et sa racine, à savoir le *carré*, au troisième ; le *cube-cube* est au septième rang et sa racine, à savoir le *cube*, au quatrième rang ?

Il faut ici une règle pour connaître la racine des rangs. Nous disons : tu as déjà introduit que le produit des rangs l'un par l'autre est une expression issue de l'application de l'un des deux à l'autre.

الباب السادس
في استخراج جذور المجهولات

مجذورات المجهولات على قياس مجذورات المعلومات. ألا ترى أنّ مراتب المعلومات واحدةٌ منها مجذورة، والثانية غير مجذورةٍ، والثالثة مجذورةٌ، والرابعة غير مجذورةٍ وهكذا إلى غير النهاية؟ فإنّ مرتبة الآحاد مجذورة، ومرتبة العشرات غير مجذورةٍ*، [ب-٢٣و]

ومرتبة المائات مجذورة، ومرتبة الألوف غير مجذورةٍ، وهكذا على الترتيب. [ا-١٢٣و]

فكذلك مراتب المجهولات، فمرتبة العدد مجذورةٌ، ومرتبة الأشياء غير مجذورةٍ، ومرتبة الأموال مجذورةٌ، ومرتبة الكعاب غير مجذورةٍ، ومرتبة أموال المال مجذورةٌ، وهكذا إلى غير النهاية.

فجذر العدد عددٌ، وجذر الأموال أشياء، وجذر أموال الأموال أموالٌ، وجذر كعاب الكعب كعابٌ. وهكذا نعدّ كلّ مرتبةٍ من جذره مثل نعدّ جذره من الواحد. فيلزم أن يكون المجذور في مرتبة فرد من الواحد أبدًا وبالعكس وجذره يكون واسطه ذلك الفرد. ألا ترى أنّ المال في المرتبة الثالثة وجذره، وهو الشيء، في المرتبة الثانية ومال المال في المرتبة الخامسة وجذره، وهو المال، في الثالثة فكعب الكعب في المرتبة السابعة وجذره، وهو الكعب، في المرتبة الرابعة؟†

ولا بدّ هنا من ضابط في معرفة جذر المراتب، فنقول: قد تقدّم أنّ ضرب المراتب بعضها في بعضٍ عبارةٌ عن إضافة أحدهما إلى الأخرى.

---

٩ مراتب: ترائد[ا]   ١٢ أموال الأموال أموالٌ: الأموال أموال [ب]   ١٨ جذر: جذور[ب]

* مجذورةٍ: مكررة في الهامش [ب]   † فيلزم أن يكون المجذور...في المرتبة الرابعة؟ : في [ب]

À partir de cela, il faut donc que tout rang dont les termes ne se divisent pas en deux parties semblables, comme le *cube* et comme le *carré-cube*, ne soit pas un radicande ; si les termes se divisent en deux parties semblables, alors il est un radicande et sa racine est la moitié de ses termes. Donc, la racine d'un *carré* est une chose parce que le *carré* est à la place d'une chose-chose ; la racine d'un *carré-carré* est un *carré* ; la racine d'un *cube-cube* est un *cube* ; la racine d'un *carré-carré-cube-cube* est un *carré-cube* et la racine d'un *carré-cube-cube* [B-23v°] est un *carré-carré*, parce que tu mets à la place d'un *cube-cube* un *carré-carré-carré*, donc le terme devient *carré-carré-carré-carré*.

Il faut aussi que tout rang dont les termes ne se divisent pas en trois parties semblables, comme un *carré*, un *carré-carré*, un *carré-cube* et un *carré-cube-cube*, ne soit pas un cube[1] et s'ils sont divisibles en trois parties semblables, alors il est un cube et son côté est un tiers de ses termes. Donc, le côté d'un *cube* est une chose, car un *cube* est à la place d'une chose-chose-chose ; le côté d'un *cube-cube-cube* est un *cube*, le côté d'un *cube-cube* est un *carré*, car un *cube-cube* est à la place d'un *carré-carré-carré*.

Il résulte de cela que tout rang dont les termes se divisent en deux parties semblables et en trois parties semblables, est [respectivement] un radicande et un cube. Sa racine est la moitié de ses termes et son côté est un tiers de ses termes. La racine d'un *cube-cube* est donc un *cube* et son côté est un *carré* ; la racine d'un *cube-cube-cube-cube* est un *cube-cube* et son côté est un *carré-carré* ; la racine d'un *cube-cube-cube-cube-cube-cube* [A-123v°] est un *cube-cube-cube* et son côté est un *cube-cube*, et ainsi de suite.

Les parties des rangs   La racine de la partie d'un rang est la partie du rang qui est la racine de ce rang, et il en est de même du côté. Donc, la racine de la partie d'un *carré* est la partie d'une chose ; la racine de la partie d'un *carré-carré* est la partie d'un *carré* ; le côté de la partie d'un cube est la partie d'une chose ; le côté de la partie d'un *cube-cube-cube*

---

1   Nous traduisons le terme مكعّب par « cube » et l'écrivons sans style particulier afin de le distinguer de « *cube* », qui traduit كعب. Il signifie littéralement « ce dont on extrait la racine cubique », de même que مجذور, c'est-à-dire le radicande, signifie littéralement « ce dont on extrait la racine carrée ».

فيلزم منه أنّ كلّ مرتبةٍ لا ينقسم ألفاظها بقسمين متساوين ككعب وكمال كعبٍ، فليس بمجذورةٍ، وإن انقسمت ألفاظها بقسمين متساوين فهي مجذورةٌ جذرها نصف ألفاظها. فجذر مال شيء مالًا لأنّ مالًا بمنزلة شيءٍ شيءٍ، وجذر مال مالٍ هو مالٌ، وجذر كعب كعبٍ هو كعبٌ، وجذر مال مالٍ كعب كعبٍ مال كعبٍ، وجذر مال [ب-٢٣ظ]

٥ كعب كعبٍ مال مالٍ، لأنّك تبدّل من كعب كعبٍ مال مال مالٍ، فيصير اللفظ مال مال مال مال.

ويلزم أيضًا أن كلّ مرتبة لا ينقسم ألفاظها بثلاثة أقسام متساويةٍ، كمال ومال مالٍ ومال كعبٍ ومال كعب كعبٍ، فليس بمكعّبةٍ؛ وإن انقسمتْ بثلاثة أقسامٍ متساويةٍ، فهي مكعّبة، وضلعها ثُلث ألفاظها. فضلع كعبٍ شيءٌ، لأنّ كعبًا بمنزلة
١٠ شيء شيءٍ شيءٍ، وضلع كعب كعبٍ كعبٌ وضلع كعب كعبٍ مالٌ، لأنّ كعب كعبٍ بمنزلة مال مال مالٍ.

فيلزم من هذا أن كلّ مرتبة ينقسم ألفاظهما بقسمين متساوين وبثلاثة أقسامٍ متساوية فهي مجذورةٌ ومكعّبة. وجذرها نصف ألفاظها وضلعها ثُلث ألفاظها.
١٥ فجذر كعب كعبٍ كعبٌ وضلعه مالٌ، وجذر كعب كعب كعب كعبٍ هو كعب كعبٍ وضلعه مال مالٍ، وجذر كعب كعب كعب كعب كعب كعبٍ [ا-١٢٣ظ] هو كعب كعب كعبٍ وضلعه كعب كعبٍ، وقس على هذا*.

أجزاء المراتب   فإنّ جذر جزء كلّ مرتبةٍ هو جزء المرتبة التي هي جذر لتلك المرتبة، وكذلك الضلع. فجذر جزء مال جزء شيءٍ؛ وجذر جزء مال مالٍ جزء
٢٠ مالٍ؛ وضلع جزء كعبٍ جزء شيءٍ؛ وضلع جزء كعب كعبٍ كعبٍ جزء كعبٍ،

---

٢ فليس: فليست[ب]   ٦ مال مال مالٍ: مال مالٍ[ا]   ٩ فليس: فليست[ب]   ١٥ كعبٍ كعبٌ: كعب كعبٍ[ا]   ١٨ جذر: في[ب]

* وقس على هذا: مكررة ومشطوب في [ا]

est la partie d'un *cube* ; la racine de la partie d'un *cube-cube* est la partie d'un *cube* et son côté est la partie d'un *carré*, et ainsi de suite.

Si tu connais cela, alors la racine de toute grandeur parmi elles est ce qui, si tu le multiplies par lui-même, revient à ce dont on prend la racine. La racine de trente-six *carrés* est six choses, la racine de seize *cubes-cubes* est quatre *cubes*, [B-24r°] la racine d'un quart d'un *carré-carré* est un demi *carré*, la racine d'un neuvième d'un *cube-cube* est un tiers d'un *cube*.

Si une grandeur entière est avec des fractions, alors on multiplie le dénominateur des fractions par ce dont on prend la racine, puis on divise la racine du résultat par la racine du dénominateur et on obtient la réponse.

C'est comme lorsque tu veux la racine d'un *carré* plus sept neuvièmes de *carré*. Tu multiplies ce-dernier par le dénominateur, à savoir un neuvième, il vient seize, tu divises sa racine, à savoir quatre, par la racine du dénominateur, à savoir trois, et il en résulte un plus un tiers. Tu dis : la racine de cela est une chose plus un tiers d'une chose.

Si la grandeur après le numérateur n'a pas de racine et si le dénominateur n'est pas un radicande, alors la grandeur est sourde et elle n'a pas de racine.

Ensuite, si la racine du demandé est d'un seul rang parmi les rangs des radicandes, comme les *carrés*, les *carrés-carrés* et les *cubes-cubes*, mais si sa quantité n'est pas un radicande, comme trois *carrés* et cinq *carrés-carrés* et six *cubes-cubes*, alors [le demandé] n'a pas du tout de racine. Si sa quantité est un radicande, alors [le demandé] est un radicande et l'extraction de sa racine est évidente. C'est ce par quoi tu prends la racine de son nombre du rang qui est la racine de ce rang, comme nous venons de le mentionner.

Si [la racine du demandé] est de différents rangs, alors il faut que ses extrêmes soient toujours deux radicandes et que sa racine, si elle est un radicande, soit composée d'un nombre de rangs qui soit la moitié du nombre de rangs du radicande. S'il s'y trouve une fraction, alors tu prends son complément.

Si donc le radicande est de trois rangs sa racine est de deux rangs. S'il est [A-124r°]

وجذر جزء كعب كعبٍ جزء كعبٍ، وضلعه جزء مالٍ وعلى هذا القياس.

إذا عرفت هذا فجذر كلِّ مقدارٍ منها ما إذا ضربت في نفسه، عاد المأخوذ جذره. فجذر ستّة وثلاثين مالًا ستّة أشياء، وجذر ستّة عشر كعب كعبٍ أربعة كعابٍ، [ب-٢٤و]

وجذر رُبع مال مالٍ نصف مالٍ، وجذر تُسع كعب كعبٍ ثُلث كعبٍ.

وإن وقع مقدارٌ تامّ مع كسور، فتضرب مخرج الكسور في المأخوذ جذره وتقسم جذر المرتفع على جذر المخرج فيخرج الجواب.

كما إذا أردت جذر مال وسبعة أتساع مالٍ فيضربها في مخرج التسع، فيصير ستّة عشر، يقسم جذرها وهو أربعة على جذر المخرج وهو ثلاثةٌ، فيخرج واحدٌ وثلث. فقُل جذر ذلك شيء وثلث شيءٍ.

فإن لم يكن للمقدار بعد البَسط جذرًا، ولم يكن المخرج مجذورًا، فالمقدار أصمّ لا جذر له.

ثمّ المطلوب جذره، إن كان من مرتبةٍ واحدةٍ من مراتب المجذورات، كالأموال وأموال المال وكعاب الكعب، فإن لم يكن عِدّتها مجذورة، كثلاثة أموال وخمسة أموال مالٍ وستّة كعاب كعبٍ، فلا جذر له أصلًا. وإن كانت عِدّتها مجذورةً فهي مجذورةٌ واستخراج جذرها ظاهرٌ وذلك بأن تأخذ جذر عددها من المرتبة التي هي جذر تلك المرتبة كما ذكرناه الآن.

وإن كان من مراتب مختلفة فلا بدّ من أن يكون الطرفان مجذورين وجذره، إن كان مجذورًا، يكون مركّبًا من مراتب بعدد نصف مراتب المجذور. وإن وقع فيه كسرٌ فنتمّم.

فإن كان المجذور من ثلاث مراتب فجذره من مرتبتين. فإن كان [ا-١٢٤و]

---

de cinq elle est de trois. S'il est de sept elle est de quatre, et ainsi de suite.

Ensuite, lorsque le radicande est de trois rangs, tu prends les racines des deux extrêmes et, si le médian n'est pas égal au produit d'une des deux racines par l'autre [B-24v°] deux fois, alors il n'a pas de racine. En effet, tu sais que le carré de la somme de deux grandeurs est égal au carré de chacune des deux grandeurs plus le produit d'une des deux par l'autre deux fois. Si [le médian] lui est égal, alors le total est un radicande. Sa racine est la racine des deux extrêmes – si le médian n'est pas un retranché – ou bien la racine d'un des deux extrêmes est retranchée de la racine de l'autre extrême – s'il est un retranché.

C'est comme lorsque tu veux prendre la racine d'un *carré* plus quatre choses plus quatre unités. Tu prends les racines des deux extrêmes, à savoir une chose et deux. Le médian, c'est-à-dire quatre choses, est égal à deux fois le produit d'une chose par deux et il n'est pas un retranché. Donc, la racine du total est une chose plus deux.

Si tu veux prendre la racine d'un *carré* plus quatre unités moins quatre choses, tu dis : sa racine est une chose moins deux ou deux moins une chose, parce que le médian est un retranché. Il nous est possible d'avoir les deux propos, malgré le fait qu'une seule grandeur n'ait pas deux racines, parce que les termes des inconnues ne sont pas spécifiques à une certaine chose. Au contraire, ils sont généraux tant qu'ils ne sont pas inclus parmi les termes des connues, et ils deviennent alors spécifiques.

Ce que l'on veut ici est que, si l'on prend deux grandeurs quelconques, l'opération mène à la vérité.

Si le radicande est de cinq rangs, sa racine est de trois rangs. S'ils se succèdent, alors au premier rang du radicande il y a le carré du premier simple ; au dernier le carré du troisième et au milieu le carré du deuxième avec le résultat du produit du premier par le troisième deux fois, car les deux sont ses extrêmes et l'extrême par son homologue est du même genre que le moyen par lui-même ; au deuxième il y a le résultat du produit du premier par le deuxième deux fois ; au quatrième [A-124v°]

من* خَمس فمن ثلاث؛ وإن كان من سَبع فمن أربعٍ وعلى هذا القياس.

ثمّ المجذور، إن كان من ثلاث مراتبٍ فتأخذ جذري الطرفين، فإن كانت الواسطة غير مُساويةٍ للمرتفع ضرب أحد الجذرين في الآخر [ب-٢٤ظ] مرّتين، فلا جذر له. لما عرفت أنّ مربّع مجموع كلّ مقدارين مساوٍ لمربّع كلّ واحدٍ من المقدارين وضرب أحد المقدارين في الآخر مرّتين. وإن كانت متساوية له فالمبلغ مجذورٌ. وجذره جذر الطرفين إن كانت الواسطة غير مُستثناةٍ، أو جذر أحد الطرفين مستثنى عند جذر الطرف الآخر، إن كانت مستثناةً.

كما إذا أردت أن تأخذ جذر مالٍ وأربعة أشياء وأربعة آحادٍ. فتأخذ جذري الطرفين وهو شيء واثنان. والواسطة أعني أربعة أشياء متساوية لضرب شيءٍ في اثنين مرّتين وغير مستثناةٍ. فجذر المبلغ هو شيء واثنان. وإن أردت أن تأخذ جذر مالٍ وأربعة آحادٍ إلّا أربعة أشياء، قلت: جذره شيء إلّا اثنين أو اثنان إلّا شيئًا لأنّ الواسطة مستثناةٌ. وإنّما جوّزنا الأمرين مع أنّه لا يكون لمقدارٍ واحدٍ جذران لأنّ ألفاظ المجهولات لا تخصّ شيئًا بعينه وإنّما هي عامّة إلى أن يدخل الحدّ فيخصّ حينئذٍ.

وإنّما المراد هنا أنّ أيّ المقدارين أخذت أدى إلى صحّة العمل.

وإن كان المجذور من خَمس مراتب، فيكون جذره من ثلاث مراتب. فإن كانت متواليةً، فيكون في المرتبة الأولى من المجذور مربّع المفرد الأوّل، وفي الآخر مربّع الثالث، وفي الوسطى مربّع الثاني مع الذي يكون من ضرب الأوّل في الثالث مرّتين، لأنّهما طرفاه والطرف ونظيره من جنس الواسطة في نفسها، وفي الثانية يكون المرتفع من ضرب الأوّل في الثاني مرّتين وفي الرابعة [ا-١٢٤ظ]

---

٢ ثلاث: ثلث[ب]   ٢ فتأخذ جذري: فتأخذ جذر[ا]   ٥ من المقدارين: في[ب]   ٥ كانت: كان[ب]   ١٠ فجذر: لجذر[ا]   ١٣ يدخل الحدّ: يدخل في الحدّ[ا]   ١٦ ثلاث: ثلث[ب] ١٨ الآخر: الأخير[ا]

* من : مكررة في الهامش [ا]

il y a le résultat du produit [B-25r°]
du deuxième par le troisième deux fois. L'extraction de sa racine est
ce par quoi tu prends la racine de chacun des deux extrêmes et tu la
retiens ; puis tu divises par deux racines quelconques celle plus proche
des grandeurs à leur carré, [tu ajoutes] la moitié du résultat à ce qui
est retenu, c'est le demandé.

Si tu veux tu multiplies la racine d'un des deux extrêmes par
l'autre deux fois et tu ôtes le total du moyen. Tu prends la racine de ce
qui reste et tu l'ajoutes à ce qui est retenu. Si tu veux, tu additionnes
le nombre de chaque genre de la racine du demandé et ce que tu obtiens de ceci est sans aucun doute un radicande si le nombre est un
radicande. Tu extrais sa racine et tu ôtes d'elle le nombre des racines
de chaque extrême. Le reste est le nombre de la grandeur médiane
entre les deux simples desquels la racine du demandé est composée.

Ce procédé se poursuit pour les racines des grandeurs de rang successif ou non-successif. Un exemple de ceci : si tu veux prendre la racine d'un *carré-carré* plus quatre *cubes* plus huit *carrés* plus huit choses
plus quatre unités, alors tu prends les racines des deux extrêmes, à
savoir un *carré* et deux en nombre, puis tu divises par le *carré* quatre
cubes ou par deux huit choses. On obtient quatre choses.

Tu prends leur moitié, à savoir deux choses, et tu l'appliques à
un *carré* plus deux ; ou bien tu ôtes de huit *carrés* le résultat de deux
fois le produit du *carré* par deux, il reste quatre *carrés*, tu prends leur
racine, à savoir deux choses, et tu l'appliques à un *carré* plus deux. Il
vient un *carré* plus deux choses plus deux en nombre. C'est la racine
du total demandé. Si tu veux, [B-25v°]

يكون المرتفع من ضربٍ* [ب-٢٥و]

الثاني في الثالث مرّتين. فإستخراج جذره بأن تأخذ جذر كلّ طرفٍ من الطرفين وتحفظه ثمّ تقسم على أيّ† الجذرين شئت أقرب المقادير إلى مربّع ونصف‡ الخارج إلى المحفوظ، فيكون المطلوب.

وإن شئت ضربت أحد جذري الطرفين في الآخر مرّتين وألقيت المبلغ من الواسطة. فما بقي أخذت جذره وزدّته على المحفوظ. وإن شئت جمعت عدد كلّ جنسٍ من أجناس المطلوب جذره، فما تجمع من ذلك فإنّه يكون مجذورًا لا محالة إن كان العدد مجذورًا. وأخذت جذره وألقيت منه عدد جذر كلّ واحدٍ من الطرفين. فما بقي فهو عدد المقدار المتوسّط بين المفردات التي يركب المطلوب جذره منها.

وهذا القياس مستمرّ فيما يكون جذره مقادير من مراتب متوالية أو غير متوالية. مثال ذلك: إذا أردت أن تأخذ جذر مال مالٍ وأربعة كعوبٍ وثمانية أموالٍ وثمانية أشياء وأربعة آحادٍ فتأخذ جذري الطرفين وهو مال واثنان من العدد، ثمّ تقسم على المال أربعة كعوب أو على الاثنين ثمانية أشياء. فيخرج أربعة أشياء. تأخذ نصفها، وهو شيئان، وتضيفهما إلى مالٍ واثنين، أو تلقي ما يرتفع من ضرب المال في الاثنين مرّتين من ثمانية أموالٍ. يبقى أربعة أموالٍ، تأخذ جذرها شيئين تضيفهما إلى مالٍ واثنين. فيصير مالًا وشيئين واثنين من العدد وهو جذر المبلغ المطلوب.

فإن شئت، [ب-٢٥ظ]

---

² تأخذ: يأخذ[ب] ³ وتحفظه: ويحفظه[ب] ³ تقسم: يقسم[ب] ³ مربّع: مربّعه[ب]
⁸ وأخذت: واجذر[ا] ¹² تأخذ: يأخذ[ب] ¹² كعوبٍ: كعب[ب] ¹³ فتأخذ: فيأخذ[ب]
¹⁵ وتضيفهما: ويضيفهما[ب] ¹⁶ شيئين: ستّين[ا]

* الأوّل في الثاني...من ضربٍ: مكررة في [ب] † نصف: مشطوب في [ا] ‡ نصف: مكررة في [ا]

tu additionnes le nombre de ces genres, il vient vingt-cinq, tu prends sa racine, à savoir cinq, et tu ôtes d'elle le nombre des racines des deux extrêmes. Il reste deux, à savoir le nombre de la grandeur qui est entre le *carré* et deux, je veux dire deux choses. La racine du demandé devient donc un *carré* plus deux choses plus deux en nombre.

Si tu veux prendre la racine d'un *cube-cube* plus quatre [A-125r°] *carrés-cubes* plus quatre *carrés-carrés* plus six *cubes* plus douze *carrés* plus neuf unités, alors tu prends la racine des extrêmes, à savoir un *cube* et trois unités. Puis, tu divises soit quatre *carrés-cubes* par le cube, soit douze *carrés* par trois unités. On obtient quatre *carrés*. On ajoute sa moitié aux deux racines, il vient un *cube* plus deux *carrés* plus trois unités, à savoir la racine du total demandé.

Il n'est pas possible de demander ici le deuxième nombre quant au médian puisqu'il n'y a pas de médian. La raison de cela est que sa racine se compose de rangs non-proportionnels.

Sache que, pour toute grandeur composée de [plusieurs] rangs, si les deux grandeurs aux extrêmes ne sont pas deux radicandes, alors le résultat n'est pas un radicande, et si elles sont deux radicandes, alors il se peut qu'il soit un radicande ou bien qu'il soit sourd. Si tu prends sa racine comme nous l'avons mentionné, alors il faut mettre au carré la grandeur considérée. Si on obtient quelque chose d'égal à ce dont on demande la racine, alors il s'agit de la racine du demandé, sinon il n'a aucune racine.

Sache aussi que, si le radicande est un carré dont le nombre des grandeurs est différent, alors il inclut tous les carrés des grandeurs simples, deux fois le produit du premier par tout ce qui est après lui, deux fois le produit du deuxième par tout ce qui est après lui, deux fois le produit du troisième par tout ce qui est après lui, et ainsi de suite jusqu'au dernier autant qu'ils soient. [B-26r°]

Si [le radicande] est composé de quatre grandeurs différentes, alors il est composé du carré des grandeurs simples ; de deux fois le produit de la première par la deuxième, par la troisième et par la quatrième ; de deux fois le produit de la deuxième par la troisième et par la quatrième, et de deux fois le produit de la troisième par la quatrième.

جمعت عدد هذه الأجناس فيكون خمسة وعشرين، أخذت جذرها خمسة فتلقي منها عدد جذري الطرفين. يبقى اثنان وهو عدد المقدار الذي بين المال والاثنين أعني الشيئين. فصار الجذر المطلوب مالًا وشيئين واثنين من العدد.

وإن أردت أن تأخذ جذر كعبِ كعبٍ وأربعة [ا-١٢٥و]

أموال كعبِ وأربعة أموال مالٍ وستّة كعوبٍ واثنا عشر مالًا وتسعة آحادٍ، فتأخذ جذر كلّ طرفٍ، وهو كعبٌ وثلاثة آحاد. ثمّ تقسم إمّا على الكعب أربعة أموال كعبِ، أو على ثلاثة آحاد اثنا عشر مالًا. فيخرج أربعة أموال. يزيد نصفها على الجذرين، فيكون كعبًا ومالين وثلاثة آحادٍ، وهو جذر المبلغ المطلوب.

ولا يمكن هنا أن يطلب العدد الثاني من جهة الواسطة إذ لا واسطة. وسَببه أنَّ جذره تركّب من مراتب غير متناسبةٍ.

واعلم أنّ كلّ مقدار مركّب من مراتب، إن كان المقداران المتطرفان منه غير مجذورين، فالمبلغ غير مجذورٍ، وإن كانا مجذورين فإنّه يجوز أن يكون مجذورًا ويجوز أن يكون أصمّ. فإذا أخذت جذره كما ذكرنا فلا بدّ من تربيع المقدار المأخوذ. فإن بلغ مثل المطلوب جذره فهو الجذر المطلوب وإلّا فلا جذر له.

واعلم أيضًا أن المجذور إذا كان مربّعًا من عدّة مقادير مختلفة فإنّه يكون مشتملًا على جميع مربّعات المقادير مفردة وعلى ضرب الأوّل في جميع ما بعد مرّتين وضرب الثاني في جميع ما بعده مرّتين وضرب الثالث في جميع ما بعده مرّتين وضرب الثاني في جميع ما بعده مرّتين وضرب الثالث في جميع ما بعده مرّتين وهكذا إلى الآخر كم كانت. [ب-٢٦و]

فإذا كان مركّبًا من أربعة مقادير مختلفة فإنّه يكون مركّبًا من مربّع المقادير مفرودة، ومن ضرب الأوّل في كلّ واحد من الثاني والثالث والرابع مرّتين وضرب الثاني في كلّ واحد من الثالث والرابع مرّتين، ومن ضرب الثالث في الرابع مرّتين.

٢ فتلقي: فيلقي[ب] ⁶ الكعب: المكعّب[ا] ⁹ يطلب: نطلب[ا] ١١ واعلم: اعلم[ا] ١٢ مجذورًا: مجذور[ب]

Si cela est conforme à ce qui a été introduit par rapport au fait que les produits de l'ajout par l'ajour et du défaut par le défaut sont un ajout, et que le produit de l'ajout par le défaut est un défaut, alors la détermination des racines des grandeurs composées devient facile pour toi.

Si tu mets au carré une grandeur de trois genres en proportion, l'un d'eux retranché des deux qui restent ou bien deux d'eux retranchés de celui qui reste, le résultat de sa mise au carré est de neuf grandeurs, car il est obtenu par neuf produits. Que le multiplicande[2] soit de trois rangs, cinq d'entre eux sont des ajouts et quatre des défauts. Les ajouts sont le carré de chacun des trois simples et le produit d'un des deux ajouts, ou des deux défauts, par l'autre deux fois, parce que tu sais que le défaut par le défaut est un ajout comme l'ajout par l'addition.

Or, d'après ce qui précède, tu sais que le premier simple par le troisième simple est du même genre, car ils viennent du carré du deuxième simple. Si l'un des deux extrêmes est un défaut, son produit par l'autre extrême mène à une grandeur soustraite du carré du médian. Si elle lui est égale, alors on retranche l'ajout du défaut et il ne reste rien du médian : le médian s'annule et les extrêmes deviennent l'une des raisons qui indiquent le soustrait [A-125v°]
dans la racine. Si elle est plus grande que le médian, alors tu retranches le médian et il reste la différence à ôter. Si elle est plus petite que le médian [B-26v°]
la grandeur qui reste de lui est un ajout. Si le médian provenant de la racine est lui-même ôté, alors on ne soustrait absolument rien du résultat.

Si tu veux extraire de cette façon la racine de quelque chose, tu prends la racine de chaque extrême, tu divises par l'une des deux la plus proche des grandeurs à son carré et tu ajoutes la moitié du résultat aux racines des deux extrêmes. Puis, tu observes le carré : si soit le deuxième soit le quatrième de ses nombres est un défaut, alors tu sais que l'un des extrêmes de sa racine est retranché des autres [termes], ou bien que les deux [autres termes] sont retranchés de lui.

---

2   C'est-à-dire, la grandeur mise au carré.

فإذا تحقّقت ذلك مع ما تقدّم من أن ضرب الزائد في الزائد والناقص في الناقص زائد وضرب الزائد في الناقص ناقص سَهُل عليك إستخراج جذور المقادير المركّبة*.

وإذا ربّعت مقدارًا من ثلاثة أجناس متناسبةٍ واحد منهما مستثنى من الباقين أو اثنان منها مستثنيان من الباقي، فإنّ الذي يرتفع من تربيعه يكون تسعة مقادير لأنّها مخرج من تسع ضرباتٍ. يكون المضروب من ثلاث مراتب، خمسة منها زائدة وأربعة ناقصة. فالزائد مربّع كلّ واحدٍ من المفردات الثلاثة وضرب أحد الزائدين أو الناقصين في الآخر مرّتين لما عرفت أنّ الناقص في الناقص زائدٌ كالزائد في الزائد.

وقد علمت ممّا تقدّم أنّ المفرد الأوّل في المفرد الثالث مجانسٌ لما يكون من تربيع المفرد الثاني. فإن كان أحد الطرفين ناقصًا فإنّ ضربه في الطرف الآخر يؤدّي إلى مقدارٍ ناقصٍ من مربّعٍ من الواسطة. فإن كان مثله سقط الزائد بالناقص ولم يبق من الواسطة شيء وعدم الواسطة مع وجود الطرفين أحد الأسباب الدالة على الإستثناء [ا-١٢٥ظ]

في الجذر. وإن كان أكثر من الواسطة فسقطت الواسطة وبقي ما فضل مستثنى. وإن كان أقلّ من الواسطة بقي [ب-٢٦ظ]

مقدارٌ منها زائدًا. وإن كانت الواسطة من الجذر ناقصةً وحدها لم يسقط من المبلغ شيء البتّة.

فإذا أردت استخراج جذر شيءٍ من ذلك، أخذت جذر ما في كلّ طرفٍ وقسمت على أحدهما أقرب المقادير إلى مربّعه وزدت نصف الخارج على جذري الطرفين. ثمّ نظرت إلى مربّع. فإن كان ثاني أعداده أو رابعة ناقصًا، علمت أنّ أحد الطرفين من جذره مستثنى من الباقين أو هما مستثنيان منه.

---

⁴ مقدارًا: مقدار[ب]   ⁶ ثلاث: ثلث[ب]   ⁸ في الزائد: في[ا]   ¹⁰ الآخر: الآخرى[ب]
¹⁴ فسقطت: سقطت   ²¹ أو هما: وهما[ب]

* واعلم أيضًا أن المجذور... جذور المقادير المركّبة : في [ب]

Si tu veux connaître ceci, alors tu divises le défaut de la seconde grandeur du carré ou de la quatrième par la racine de l'extrême le plus proche et tu doubles ce qui est obtenu. Le résultat correspond à la grandeur soustraite des deux [termes] restants, ou bien les deux [termes restants] sont soustraits d'elle. Si aussi bien le deuxième que le quatrième des nombres sont des défauts, alors le moyen [terme] de la racine est un défaut ou, inversement, un ajout, et celle-ci est un ajout ou, inversement, un défaut.

Un exemple de cela : si tu veux prendre la racine de quatre *carrés-carrés* plus vingt-cinq *carrés* plus seize unités moins douze *cubes* plus vingt-quatre choses, alors tu prends les racines des deux extrêmes, il vient deux *carrés* et quatre unités. Puis, tu divises soit douze *cubes* par deux *carrés*, soit vingt-quatre choses par quatre unités. Tu prends la moitié du résultat, à savoir trois choses, tu l'appliques aux résultats, il vient deux carrés plus trois choses plus quatre unités, et ce sont les rangs des racines. Si tu veux connaître le soustrait parmi eux, alors tu divises les vingt-quatre choses retranchées par quatre unités, tu prends la moitié du résultat de la division, à savoir trois choses. C'est le défaut {B-27rº}
ou, inversement, l'ajout. On peut trouver à partir du calcul de cet art que l'ajout est pris et non pas le défaut, mais dans ce cas de figure on raccourcit le problème.

Un autre exemple : si tu veux extraire la racine de quatre *cubes-cubes* {A-126rº}
plus quarante-et-un *carrés-carrés* plus quarante-six *carrés* plus neuf unités moins vingt *carrés-cubes* moins cinquante-deux *cubes* moins vingt-quatre choses, alors tu prends la racine de quatre *cubes-cubes*, qui est un extrême du carré et dont la racine est deux cubes. Tu divises par eux la moitié de ce qui suit cet extrême, c'est-à-dire vingt *carrés-cubes*. On obtient de la division cinq *carrés*. Puis, tu procèdes sur l'autre extrême, c'est-à-dire neuf unités, et sur ce qui le suit, c'est-à-dire vingt-quatre choses, cette même opération.

فإذا أردت أن تعرف ذلك، قسمت الناقص من ثاني مقادير المربّع أو رابعه على جذر أقرب الطرفين منه فتضيف ما خرج، هو المقدار الناقص من الباقيّين والباقيان هما الناقصان منه. وإن كان ثاني أعدادٍ ورابعه ناقصين فالواسطة من الجذر ناقصة وغيرها زائدًا وهي زائدة وغيرها ناقص.

مثال ذلك: إذا أردت أن تأخذ جذر أربعة أموال مالٍ وخمسة وعشرين مالًا وستّة أحدًا إلّا اثنى عشر كعبًا وأربعة وعشرين شيئًا، أخذت جذري الطرفين، فيكون مالين وأربعة آحادٍ. ثمّ قسمت أمّا اثنى عشر كعبًا على مالين أو أربعة عشر شيئًا على أربعة آحادٍ وأخذت نصف الخارج، وهو ثلاثة أشياء تضيفها إلى الجذرين يكون مالين وثلاثة أشياء وأربعة آحادٍ، وهي مراتب الجذور. فإذا أردت أن تعرف المستثنى منها* قسمت أربعة وعشرين شيئًا الناقصة على أربعة آحادٍ، ونصف الخارج من القسمة وهو ثلاثة أشياء. هذا هو الناقص [ب-٢٧و] وغير الزائد. وقد يمكن أن يوجد من حسب الصناعة أن يوجد هذا الزائد وغير الناقص ولكن في هذه الصورة قصّر المسألة.

مثال آخر: إذا أردت استخراج جذر أربعة كعوب كعبٍ [ا-١٢٦و] وأحد وأربعين مال مال وستّة وأربعين مالًا وتسعة آحادٍ إلّا عشرين مال كعب واثنين وخمسين كعبًا وأربعة وعشرين شيئًا، فتأخذ جذر أربعة كعب كعب† التي هي أحد طرفي المربّع، وهو مكعّبان. نقسم عليهما نصف ما يلي هذا الطرف، أعني عشرين مال كعبٍ. يخرج من القسمة خمسة أموالٍ. ثمّ تعمل بالطرف الآخر، أعني تسعة آحادٍ، وبما يليها، أعني أربعة وعشرين شيئًا، مثل هذا العمل.

---

٥ تأخذ: يأخذ[ب] ٥ أموال مالٍ: أموال[ب] ٧ وأربعة آحادٍ. ثمّ قسمت: وأربعة آحاد. ثمّ قسمت أمّا اثنى عشر كعبًا على مالين أو أربعة عشر شيئًا على أربعة آحاد. ثمّ قسمت[ب] ٨-٩ تضيفها إلى الجذرين يكون مالين وثلاثة أشياء: في[ب] ١٢ أن يوجد: في[ا] ١٣ قصّر المسألة: يصير المسألة مستحيل[ب] ١٧ نقسم: يقسم[ب] ١٨ تعمل: يعمل[ب]

---

* مراتب الجذور...منه ما: مشطوب في [ب] † وأحد وأربعين مال مال... أربعة كعب كعب: في [ب]

Il en résulte trois unités et quatre choses. La racine est composée de ces quatre grandeurs, à savoir deux cubes plus cinq *carrés* plus quatre choses plus trois unités. Puis, nous regardons ce qui suit les deux extrêmes et nous trouvons deux défauts et nous savons donc que le premier et le troisième sont deux ajouts ou deux défauts, ou bien que le premier et le quatrième sont deux défauts ou deux ajouts. Ensuite, nous mettons au carré le nombre de grandeurs de la racine, c'est-à-dire quatorze, il vient cent-quatre-vingt-seize.

Puis, nous additionnons le nombre de grandeurs du carré et nous le trouvons égal à cela, donc nous savons déjà que le premier et le troisième sont des ajouts ou des défauts.

Sache qu'il y a une difficulté dans l'extraction des racines des grandeurs dans lesquelles il y a un retranché. Dans la plupart de celles-ci, les défauts s'accordent à la racine du carré, cela afin de passer du défaut à l'ajout auprès du carré, sauf si [l'on considère] un carré quelconque, dont la racine est composée d'un nombre de grandeurs, dont l'une [B-27vº]
est un ajout et l'autre un défaut jusqu'à la dernière selon la succession. [Dans ce cas,] le carré obtenu ne change en rien, mais son ensemble reste [avec] ses parties en ajout et ses parties en défaut, comme dans ce cas de figure. Si le carré dont on prend la racine n'est pas complet, c'est-à-dire que le défaut est entièrement le carré obtenu par le nombre de grandeurs de la racine, comme quatre *cubes-cubes* plus neuf *carrés-carrés* plus cinquante-deux cubes plus neuf unités moins vingt *carrés-cubes* plus quatorze *carrés* plus vingt-quatre choses, alors tu regardes les deux grandeurs qui suivent les extrêmes et tu trouves deux défauts. On comprend donc que les extrêmes de la racine sont deux défauts des deux moyens, ou bien que les deux moyens sont deux défauts d'eux. Si tu divises par la racine de chacun des extrêmes la moitié de leurs successeurs parmi les grandeurs et si tu additionnes les deux racines avec les deux résultats [A-126vº]
de la division, il vient deux cubes plus cinq *carrés* plus quatre choses plus trois unités. Retranche, si tu veux, deux cubes et trois unités des deux qui restent, ou bien retranche les deux qui restent d'eux. Si

فيخرج ثلاثة آحادٍ وأربعة أشياء. فالجذر مركّبٌ من هذه المقادير الأربعة وهي مكعّبان وخمسة أموالٍ وأربعة أشياء وثلاثة آحادٍ. ثمّ نظرنا إلى ما يلي الطرفين فوجدناهما ناقصين. فعلمنا أنّ الأوّل والثالث هما زائدان أو ناقصان، أو الأوّل والرابع هما ناقصان أو زائدان.

ثمّ نربّع عدد مقادير الجذر، أعني أربعة عشر، تكون مائة وستّة وتسعين. ثمّ نجمع عدد مقادير المربّع فنجدها مثلها، فقد علمنا أنّ الأوّل والثالث هما زائدان أو ناقصان.

واعلم أنّ استخراج جذور المقادير التي فيها إستثناء فيه صعوبة. لما يتّفق في أكثرها من النقصان عن جذر المربّع لذهاب زائد بناقص منه عند التربيع إلّا أن كلّ مربّع جذره مركّبٌ من عِدة مقادير ويكون واحدٌ منها [ب-٢٧ظ] زائدًا والآخر ناقصًا إلى آخرها على التوّالي. فإنّ المربّع الكائن منه لا يذهب منه شيء البتّة بل يبقى جميعه بعضه زائدًا وبعضه ناقصًا كما في هذه الصورة. وإذا كان المربّع الذي يأخذ جذره غير تامّ، أعني كان ناقصًا عن تمام المربّع الكائن من عدد مقادير الجذر، مثل أربعة كعوبٍ كعب وتسعة أموال مالٍ واثنين وخمسين مكعّبًا وتسعة آحادٍ وإلّا عشرين مال كعبٍ وأربعة عشر مالًا وأربعة وعشرين شيئًا، فتنظر إلي المقدارين الذين يليان الطرفين فتجدهما ناقصين. فيُعلم أن طرفي الجذر ناقصان من الوسطين أو الوسطان ناقصان منهما. فإذا قسمت على جذر كلّ واحدٍ من الطرفين نصف ما يليه من المقدار وجمعت الجذرين مع الخارجين [ا-١٢٦ظ] من القسمة، كان مكعّبين وخمسة أموالٍ وأربعة أشياء وثلاثة آحادٍ. فإستثنى إن شئت مكعّبين وثلاثة آحاد من الباقين أو إستثنى الباقين منهما. وإن لم يكن

---

٢ نظرنا: تنظر[ب] ⁶ نجمع: يجمع[ب] ⁶ فنجدها: فتجدها[ب] ⁹ جذر: حدّ[ا] ¹² ناقصًا: ناقص[ا] ¹⁴ من: في[ا] ¹⁷ الوسطان: الواسطين[ب]

les deux troisièmes grandeurs des extrêmes ne sont pas deux défauts, il faut alors que la première et la deuxième grandeur soient des
défauts des deux qui restent, ou bien que les deux qui restent soient
des défauts des deux.

C'est comme lorsque tu veux extraire la racine de quatre *cubes-cube*
plus quatre *carrés-cube* plus douze choses plus neuf unités moins sept
carrés-carré plus seize cubes plus deux *carrés*. Si tu prends la racine
de chacun des extrêmes et si tu divises par elles la moitié des deux
nombres qui les suivent, il en résulte deux cubes plus un *carré* plus
deux choses plus trois unités. Pose deux choses et trois unités les deux
défauts ou bien les deux ajouts. [B-28rº]

Sache qu'il n'est pas possible de poser le retranché à la place de
l'ajout et l'ajout à la place du retranché, sauf quand le retranché est
plus petit que ce dont il est retranché.

Si donc tu prends la racine de sa grandeur, on obtient trois *carrés* plus
trois unités moins trois choses. On ne peut pas dire trois choses moins
trois carrés plus trois unités parce que, si la chose est un ou plus petite,
alors elle n'est pas retranchée de trois choses plus trois *carrés* plus trois
unités, et si elle est plus grande, alors trois *carrés* sont plus grands que
trois choses donc elle n'est pas retranchée d'eux.

Si tu veux prendre la racine d'une grandeur divisée par une grandeur alors prends la racine du dividende et pose-la divisée par la racine
du diviseur.

C'est comme lorsque tu veux prendre la racine de neuf *carrés* plus
soixante choses plus cent unités divisées par un *carré*. Tu prends les
racines des deux extrêmes, il vient trois choses et dix unités divisées
par une chose, et tu les mets au carré. Si elles sont égales au total,
comme dans l'exemple mentionné, alors ce qui est pris est la racine
du total, sinon il n'a pas de racine.

Si un retranché est dans le carré, alors le procédé est sur l'une de ses
deux racines selon ce que nous avons introduit.

Et nous nous contentons de l'extraction de la racine selon cette
méthode, car la prolixité dans cela mène à l'incompréhensible. Mais
si l'intelligent examine attentivement ce que nous avons mentionné, [A-127rº]

المقدار الثالث للطرفين ناقصين فإنّ ذلك يوجب أن يكون المقدار الأوّل والثاني ناقصين من الباقيّين أو الباقيان ناقصين منهما.

كما إذا أردت استخراج جذر أربعة كعوب كعوب وأربعة أموال كعب واثنى عشر شيئًا وتسعة آحاد إلّا سبعة أموال مالٍ وستّة عشر مكعّبًا ومالين. فإذا أخذت جذر كلّ واحدٍ من الطرفين وقسمت عليهما نصف العددين اللذين يليانهما، يخرج مكعّبان ومال وشيئان وثلاثة آحادٍ. فاجعل شيئين وثلاثة آحادٍ ناقصين أو زائدين. [ب-٢٨و]

واعلم* أنّه لا يجوز وضع المستثنى مكان الزائد والزائد مكان المستثنى إلّا في الموضع الذي يجوز أن يكون المستثنى أقلّ من المستثنى منه.

فإذا أخذت جذر مقدارها، فخرج ثلاثة أموالٍ وثلاثة آحادٍ إلّا ثلاثة أشياء. لا يجوز أن يقول ثلاثة أشياء إلّا ثلاثة أموالٍ وثلاثة آحادٍ لأنّ الشيء، إن كان واحدًا أو أقلّ، فلا يستثني من ثلاثة أشياء وثلاثة أموالٍ وثلاثة آحادٍ، وإن كان أعظم فثلاثة أموال أعظم من ثلاثة أشياء فلا يستثني منها.

وإن أردت أن تأخذ جذر مقدارٍ مقسومٍ على مقدارٍ، فخذ جذر المقسوم واجعله مقسومًا على جذر المقسومة عليه.

كما إذا أردت أن تأخذ جذر تسعة أموالٍ وستّين شيئًا ومائة أحد مقسومة على مالٍ. أخذت جذري الطرفين، فيكون ثلاثة أشياء وعشرة آحادٍ مقسومة على شيءٍ، فتربّعه. فإن كان مثل المبلغ، كما في المثال المذكور، فالمأخوذ جذر المبلغ وإلّا فلا جذر له. وإن كان في المربّع إستثناء، كان العمل في أحد جذريه على ما نقدّم.

وليقتصر في استخراج الجذر على هذا القدر. فإنّ الإطناب في ذلك مخلٌّ بضمان الإختصار مع أنّ الذكيّ إذا أمعن النظر فيما ذكرناه [ا-١٢٧و]

il comprendra par cela ce que nous n'avons pas mentionné.

Et mentionnons ici une méthode sur la mise au carré destinée à l'extraction de racine pour quelqu'un qui s'y applique. C'est lorsque tu veux mettre au carré une grandeur composée de cinq grandeurs ou six ou plus que cela, les unes en étant retranchées des autres. Sa méthode est qu'on met au carré l'ajout tout entier et qu'on lui joint le carré du défaut tout entier. Puis, nous multiplions l'ajout tout entier par le défaut tout entier [B-28v°]

deux fois et nous l'ôtons de l'ensemble des carrés de l'ajout et du défaut. Soit on retranche l'ajout du défaut, alors le carré reste exactement un défaut. Soit rien n'est soustrait de lui et c'est le deuxième cas. Il est donc nécessaire que les grandeurs de la racine soient l'une un défaut et l'une un ajout jusqu'au dernier selon la volonté de Dieu, et il faut que le premier cas soit différent de cela.

Nous finissons ce chapitre en expliquant comment composer les puissances dont les côtés sont un composé afin que cela nous aide à déterminer leurs côtés. Si je veux ça, alors on dit : si tu divises un nombre en deux parties, alors le cube du nombre tout entier est égal aux *cubes* des deux parties plus le produit de chacune des parties par le carré de l'autre trois fois.

Et le *carré-carré* du {nombre} tout entier est égal au *carré-carré* de chacune des deux, plus le produit d'une des deux par le *cube* de l'autre quatre fois, plus le produit du carré d'une des deux par le carré de l'autre six fois.

Et le *carré-cube* du {nombre} tout entier est égal au *carré-cube* de chacune des deux, plus le produit du *carré-carré* d'une des deux par l'autre cinq fois, plus le produit du *cube* d'une des deux par le carré de l'autre dix fois.

عرف به ما لم نذكره.

ولنذكر هنا طريقًا في التربيع معينًا على استخراج الجذر لمَن يفكّر فيه. وهو أنّك إذا أردت أن تربّع مقدارًا مركّبًا من خمسة مقادير أو ستّة مقادير أو أكثر من ذلك بعضها مستثنيً من بعضٍ. فطريقه أن يربّع الزائد جملة واحدةً ويضمّ إليه مربّع الناقص. ثمّ نضرب جملة الزائد في جملة الناقص [ب-٢٨ظ] مرّتين ونلقيه من جملة مربّعي الزائد والناقص. فإمّا أن يسقط بعض الزائد بالناقص فيبقى المربّع ناقصًا عن التمام. وإمّا أن لا يسقط منه شيءٍ، وهذا القسم الثاني. يوجب أن يكون مقادير الجذر واحد منها ناقصًا وواحدٌ زائدًا إلى آخِرها على الوّلى والقسم الأوّل يوجب خلاف ذلك.

ونختم هذا الباب بذكر كيفيّة تركيب بعض المضلعات التي يكون ضلعها مركّبًا ليكون معينًا على استخراج أضلاعها. إذا أُريد ذلك فتقول: إذا قسمت عددًا بقسمين فإنّ مكعّب مجموع العدد مساوٍ لكعبين القسمين وضرب كلّ واحدٍ من القسمين في مربّع الآخر ثلاث مرات.

ومال مال المجموع مساوٍ لمال مال كلّ واحدٍ منهما، ولضرب كلّ واحدٍ في كعب الآخر أربع مرّاتٍ ولضرب مربّع أحدهما في مربّع الآخر ستّ مرّات.

ومال كعب المجموع مساوٍ لمال كعب كلّ واحدٍ منهما ولضرب مال مال كلّ واحدٍ منهما في الآخر خمس مرّات ولضرب كعب كلّ واحدٍ منهما في مربّع الآخر عشر مرّات*.

---

٣ تربّع: يربّع[ب] ٣ مقادير: في[ب] ٤ ويضمّ: ونضمّ[ا] ٥ نضرب: يضرب[ب] ٦ ونلقيه: تلقيه[ب] ٦ مربّعي: مربّع[ب] ٦ يسقط: تسقط[ا] ١٢ لكعبين: بمكعّبين[ب]

* ولضرب كعب ...عشر مرّات: في [ا]

Et le *cube-cube* du [nombre] tout entier est égal au *cube-cube* de chacune des deux plus le produit d'une des deux par le *carré-cube* de l'autre six fois, plus le produit du *carré-carré* d'une des deux par le carré de l'autre quinze fois, plus le produit du cube d'une des deux par le cube de l'autre vingt fois.

Et le *carré-carré-cube* du [nombre] tout entier est égal au *carré-carré-cube* de chacune des deux, plus le produit d'une des deux par le *cube-cube-cube* de l'autre sept fois, plus le produit du carré d'une des deux par le *carré-cube* [A-127v°]
de l'autre vingt-et-un fois, plus le produit du *cube* d'une des deux par le *carré-carré* de l'autre trente-cinq fois.

Et nous avons restreint aux nombres combinés de deux nombres parce que le combiné de trois nombres ou de quatre nombres ou de plus que cela est une dérivation du combiné de deux nombres. Ne vois-tu pas que, [B-29r°]
si tu veux mettre au cube un nombre combiné de trois nombres, tu mets au cube la somme de deux d'eux, puis, sur ce résultat et sur le troisième nombre, tu effectues la [même] opération [que tu as effectuée sur] les deux premiers ? Et c'est que tu mets au cube le troisième, tu multiplies le troisième par le carré de la somme des deux premiers trois fois, tu multiplies la somme des deux premiers par le carré du troisième trois fois et tu additionnes tout cela. Il vient le cube de la somme du nombre combiné des trois nombres. Au moyen de ce que nous avons mentionné, on apprend [aussi] les autres puissances.

وكعب كعب المجموع مساوٍ لكعب كعب كلّ واحدٍ منهما ولضرب كلّ
واحدٍ منهما في مال كعب الآخر ستّ مرّاتٍ ولضرب مال مال كلّ واحدٍ منهما
في مربّع الآخر خمس مرّات*ولضرب مكعّب أحدهما في مكعّب الآخر عشرين
مرّةً.

ومال مال كعب المجموع مساوٍ لمال مال كعب كلّ واحدٍ منهما ولضرب
كلّ واحدٍ منهما في كعب كعب الآخر سبع مرّاتٍ ولضرب مربّع كلّ واحدٍ
منهما في مال [١٢٧-ا ظ]

كعب الآخر إحدى وعشرين مرّةً ولضرب كعب كلّ واحدٍ منهما في مال مال
الآخر خمسًا وثلاثين مرّةً.

وإنّما إقتصرنا على العدد المُؤلَّف من عددين، لأنّ المُؤلَّف من ثلاثة أعدادٍ أو
أربعة أعدادٍ أو أكثر من ذلك يكون فرعًا على المُؤلَّف من عددين. ألا ترى [ب-
٢٩و]

أنّك† إذا أردت أن تكعّب عددًا مُؤلَّفًا من ثلاثة أعدادٍ كعّبت مجموع عددين
منهما، ثمّ عملت بما حصل منه وبالعدد الثالث عمل بالأوّلين، وهو أن تكعّب
الثالث ثمّ تضرب الثالث في مربّع مجموع الأوّلين ثالث مرات، وتضرب مجموع
الأوّلين في مربّع الثالث ثالث مرّاتٍ، وتجمع ذلك كلّه. فيكون مثل مكعّب
مجموع العدد المُؤلَّف من الأعداد الثلاثة.
واعتبر بما ذكرنا سائر المضلعات.

---

٨ إحدى: أحد[ب]   ١١-١٠ أو أربعة أعدادٍ: في[ا]   ١٤ عمل: عملت[ب]

* وكعب كعب المجموع ... خمس مرات: في [ا]   † أنّك: مكررة في الهامش [ب]

SEPTIÈME CHAPITRE
SUR DES PROPOSITIONS
DONT LA PLUPART EST DÉMONTRÉES
DANS LE *LIVRE DES ÉLÉMENTS*

et que l'on utilise pour la détermination des problèmes. Nous les expliquons dans un livre.

1. Tu dis : deux carrés quelconques sont donnés, tu divises leur différence par la différence de leurs racines, si tu ajoutes au résultat de la division la différence entre les deux racines et si tu prends sa moitié, il vient la racine du plus grand des deux *carrés*. Si tu soustrais de lui la différence entre les deux racines et si tu prends la moitié du reste, alors il vient la racine du plus petit des deux *carrés*.

Exemple : nous divisons la différence entre neuf et vingt-cinq, à savoir seize, par la différence entre leurs deux racines, à savoir deux. On obtient de la division huit. Si tu lui ajoutes la différence entre les deux racines, sa moitié est la racine de vingt-cinq. Si tu soustrais de lui la différence entre les deux racines, la moitié du reste est la racine de neuf. Cela s'appelle égalité double et elle fait partie des principes considérés dans cette science.

2. Étant donné un nombre quelconque, tu le divises en deux moitiés puis tu lui ajoutes une grandeur. Le produit du nombre tout entier avec l'ajout par l'ajout avec le carré de la moitié du nombre est égal au carré de la moitié du nombre avec l'ajout.

C'est comme lorsque nous divisons dix [B-29v°] en deux moitiés et nous lui ajoutons trois. Le produit de treize par trois avec le carré de cinq [A-128r°] est égal au carré de la somme de cinq plus trois, c'est-à-dire au carré de huit.

الباب السابع
في مؤامارات برهِن أكثرها في كتاب الأصول

يستعان بها علي استخراج المسائل. نذكرها مُرسلةً.

١. فتقول كلّ مربّعين قسمت فضل ما بينهما على فضل ما بين جذريهما،
فالذي يخرج من القسمة إن زدت عليه فضل ما بين الجذرين وأخذت نصفه،
كان جذر أعظم المالين. وإن نقصت منه فضل ما بين الجذرين وأخذت نصف
الباقي كان جذرًا أصغر المالين.

مثاله: قسمنا الفضل بين تسعةٍ وخمسةٍ وعشرين وهو ستّة عشر على فضل ما
بين جذريهما وهو اثنان. يخرج من القسمة ثمانية. إن زدت عليها فضل ما بين
الجذرين فنصفه جذر خمسة وعشرين. وإن نقصت منها فضل ما بين الجذرين
فنصف الباقي جذر تسعةٍ. وهذا يسمّى المساواة المثناة وهو من القواعد المعتبرة
في هذا العلم.

٢. كلّ عددٍ قسمته بنصفين ثمّ زدت عليه مقدارًا. فإنّ ضرب العدد كلّه
مع الزيادة في الزيادة مع مربّع نصف* العدد مساوٍ لمربّع نصف العدد مع الزيادة.
كأنّا قسمنا عشرة [ب-٢٩ظ]
بنصفين وزدنا عليها ثلاثةً، فضرب ثلاثة عشر في ثلاثة مع مربّع الخمسة [أ-
١٢٨و]
مثل مربّع مجموع الخمسة والثلاثة، أعني مربّع ثمانية.

---

3. Étant donné un nombre, tu le divises en deux parties quelconques, puis tu lui ajoutes un ajout dont la grandeur est l'une de ses deux parties. Le produit de quatre fois le nombre tout entier sans ajout par l'ajout avec le carré de l'autre partie est donc égal au carré du nombre tout entier avec l'ajout.

C'est comme lorsque nous divisons dix en sept et trois et que nous lui ajoutons trois, le produit de dix par trois quatre fois avec le carré de sept est égal au carré de treize.

4. Étant donné un nombre, tu lui ajoutes un ajout : la somme du carré du nombre tout entier avec l'ajout et du carré de l'ajout est le double du carré de la moitié du nombre plus le carré de la moitié du nombre avec l'ajout.

C'est comme lorsque nous ajoutons trois à dix : la somme des carrés de treize et de trois est le double des carrés de cinq et de huit.

5. Un nombre est divisé en deux parties différentes : les carrés des deux parties sont le double du carré de la moitié du nombre avec le carré de la moitié de la différence entre les deux parties.

C'est comme lorsque nous divisons dix en sept et trois : leur carré est cinquante-huit et il est le double du carré de cinq avec le carré de la moitié de la différence entre sept et trois.

6. Le produit d'une des deux parties par l'autre avec le carré de la moitié de la différence entre elles est égal au carré de la moitié du nombre.

Le produit de sept par trois avec le carré de deux est donc égal au carré de cinq.

Il résulte de cela que, étant donné un nombre qui mesure un nombre au moyen d'un autre nombre, si tu ajoutes le carré de la moitié de la différence entre les deux nombres qui le mesurent au nombre mesuré, alors le total est le carré de la moitié de la somme [B-30r°] des deux nombres qui le mesurent. Si tu soustrais le nombre mesuré du carré de la moitié de [la somme] des deux nombres mesurants, alors le reste est le carré de la moitié de la différence entre les deux nombres mesurants.

٣. كلّ عددٍ قسمته بقسمين كيف اتّفق، ثمّ زدت فيه زيادةً بمقدار أحد قسميه. فإنّ ضرب جميع العدد بدون الزيادة في الزيادة أربع مرّاتٍ مع مربّع القسم الآخر مُساوٍ لمربّع جميع العدد مع الزيادة.

كأنّا قسمنا عشرة إلى سبعةٍ وثلاثةٍ وزدنا عليها ثلاثة. فإنّ ضرب عشرةٍ في ثلاثةٍ أربع مرّاتٍ مع مربّع سبعةٍ مُساوٍ لمربّع ثلاثة عشر.

٤. كلّ عددٍ زدت عليه زيادة فمجموع مربّع جميع العدد مع الزيادة مع مربّع الزيادة [هو] ضعف مربّع نصف العدد مع مربّع نصف العدد مع الزيادة.

كأنا زدنا على عشرةٍ ثلاثة فمجموع مربّعي ثلاثة عشر وثلاثة ضعف مربّعي خمسةٍ وثمانية.

٥. كلّ عددٍ قسم بقسمين مختلفين، فإنّ مربّعي القسمين ضعف مربّع نصف العدد مع مربّع نصف الفضل بين القسمين.

كأنّا قسمنا عشرة إلى سبعةٍ وثلاثةٍ فمربّعهما ثمانية وخمسون وهو ضعف مربّع الخمسة مع مربّع نصف الفضل بين سبعة وثلاثة.

٦. وضرب أحد القسمين في الآخر مع مربّع نصف الفضل بينهما مساوٍ لمربّع نصف العدد. فإنّ ضرب سبعة في ثلاثة مع مربّع الاثنين مثل مربّع الخمسة.

ويلزم من هذا أنّ كلّ عددٍ يعدّه عددٌ بعددٍ آخر فإنّك إذا زدت مربّع نصف الفضل بين العددين العادّين على العدد المعدود، كان المبلغ مربّع نصف مجموع [ب-٣٠و] العددين* العادّين. فإذا نقصت العدد المعدود من مربّع نصف [مجموع] العددين العادّين كان الباقي مربّع نصف الفضل بين العددين العادّين.

---

١٠ فإنّ: في[ا]   ١٢ فمربّعهما: فربعاها[ب]

* العددين: مكررة في الهامش [ب]

Exemple : trois mesure douze au moyen de quatre et le carré de la moitié de la différence entre les deux est un quart. Si tu l'ajoutes à douze, le total est le carré de la moitié de sept. Si tu soustrais douze du carré de la moitié de sept, il reste le carré de la moitié de la différence [A-128v°] entre trois et quatre.

De la même manière, il mesure six au moyen de deux et le carré de la moitié de la différence entre les deux est quatre. Si tu l'ajoutes à douze le total est le carré de la moitié de huit. Si tu soustrais douze du carré de la moitié de huit, il reste le carré de la moitié de la différence entre six et deux.

De la même manière, il mesure douze au moyen de un, huit au moyen de un plus un demi, neuf au moyen de un plus un tiers, dix au moyen de un plus un cinquième et ainsi de suite et ce que nous avons mentionné n'a pas d'exception.

7. Un nombre est divisé en deux parties quelconques : le carré du nombre tout entier est égal aux carrés de chacune des deux [parties] avec deux fois le produit de l'une par l'autre, et on nomme le résultat du produit d'une [partie] par l'autre les complémentaires. Les carrés des deux parties excèdent les complémentaires du carré de la différence entre les deux parties, sauf si les deux parties sont égales. Dans ce dernier cas, les carrés des deux parties sont égaux aux complémentaires. Si tu ajoutes les complémentaires aux carrés des deux parties, le total est le carré du nombre tout entier. Si tu les soustrais des deux, lorsque la soustraction est possible, le reste est le carré de la différence entre les deux parties.

C'est comme lorsque nous partageons dix en sept et trois : [B-30v°] le résultat de deux fois la multiplication d'un des deux par l'autre est quarante-deux, à savoir les complémentaires. Si tu l'ajoutes aux carrés de sept et de trois, on parvient au carré de dix. Si tu le soustrais des carrés des deux, il reste le carré de quatre, à savoir la différence entre sept et trois. De ceci il apparaît que le carré d'un nombre est quatre fois le carré de sa moitié.

مثاله: اثنا عشر يعدّها ثلاثة بأربعة ومربّع نصف الفضل بينهما ربع. إذا زدته على اثنى عشر كان المبلغ مربّع نصف السبعة. فإن نقصت اثنى عشر من مربّع نصف السبعة، يبقى مربّع نصف الفضل [١–١٢٨ظ] بين الثلاثة والأربعة.

وكذلك يعدّها ستّة باثنين ومربّع نصف الفضل بينهما أربعة. إذا زدته على اثنى عشر كان المبلغ مربّع نصف الثمانية. فإن نقصت اثنى عشر من مربّع نصف الثمانية يبقى مربّع نصف الفضل بين الستّة والاثنين.

وكذلك يعدّها اثنا عشر بواحدٍ، وثمانية بواحدٍ ونصف، وتسعة بواحدٍ وثلث، وعشرة بواحدٍ وخُمس إلى غير ذلك من الأعداد وما ذكرناه مطّردٌ في جميع ذلك.

٧. كلّ عددٍ قسم بقسمين كيف اتّفق فإنّ مربّع جميع العدد مساوٍ لمربّعي كلّ واحدٍ منهما مع ضرب أحدهما في الآخر مرّتين ويسمّى المرتفع من ضرب أحدهما في الآخر مرّتين بالمتمّمين. فيكون مربّعا القسمين أعظم من المتمّمين بمربّع التفاضل بين القسمين إلّا إذا تساوى القسمان. فإنّ مربّعي القسمين حينئذٍ يساويان المتمّمين. فالمتمّمان إذا زدتهما على مربّعي القسمين كان المبلغ مربّع مجموع العدد، وإن نقصتهما منهما حيث يمكن النقصان، كان الباقي مربّع الفضل بين القسمين.

كأنّا قسمنا العشرة إلى سبعةٍ وثلاثةٍ [ب–٣٠ظ]

فالمرتفع من ضرب أحدهما في الآخر مرّتين اثنان وأربعون وهو المتمّمان. فإذا زدته على مربّعي سبعة وثلاثة بلغ مربّع عشرة. وإن نقصته من مربّعيهما بقي مربّع أربعةٍ، وهو الفضل بين سبعةٍ وثلاثةٍ. ومن هذا يتبيّن أنّ مربّع كلّ عددٍ أربعة أمثال مربّع نصفه.

١٨ في الآخر مرّتين: في الآخرين [ب]

8. Si, de trois nombres quelconques, leur moyen est la moitié des deux extrêmes, alors le produit du premier [nombre] par le deuxième avec le produit du deuxième par le troisième, plus deux fois le carré du moyen est le carré du double du moyen et il est égal aux carrés des extrêmes avec le produit d'un des deux par l'autre deux fois.

9. La différence entre les carrés de deux nombres quelconques est égale au produit de leur somme par leur défaut. Si la somme de leurs carrés est un nombre carré, alors un des deux [nombres] multiplié par l'autre deux fois est un nombre tel que, s'il est ajouté au nombre carré, à savoir à la somme de leurs carrés, le total est un carré et, s'il est soustrait, le reste est un carré.

10. Étant donné un nombre radicande, [A-129r°] si tu lui ajoutes ce que tu veux parmi ses racines avec le carré de la moitié du nombre de ces racines, alors le total est un carré. Sa racine est égale à la racine du premier carré avec l'ajout de la moitié du nombre de racines. Si tu soustrais de lui ce que tu veux parmi ses racines moins le carré de la moitié du nombre de racines, alors le reste est un carré. Sa racine est la racine du premier carré moins la moitié du nombre de racines du soustrait.

Tout nombre auquel tu ajoutes deux de ses racines plus un est un radicande. Sa racine est la racine du premier carré avec l'ajout d'une unité. Si tu lui ajoutes quatre de ses racines plus quatre unités, c'est un radicande. Sa racine est la racine du premier carré avec l'ajout de deux. Si tu lui ajoutes six [B-31r°] de ses racines plus neuf unités, c'est un radicande. Sa racine est la racine du premier carré avec l'ajout de trois unités.

Si tu soustrais de lui deux de ses racines moins une unité, c'est un radicande. Sa racine est la racine du premier carré avec un défaut d'une unité.

Si tu soustrais de lui quatre de ses racines moins quatre unités, c'est un radicande. Sa racine est la racine du premier carré avec un défaut de deux.

٨. وإنّ كلّ ثلاثة أعدادٍ يكون أوسطها نصف الطرفين، فإنّ ضرب الأوّل في الثاني مع ضرب الثاني في الثالث ومربّع الأوسط مرّتين [هو] مربّع ضعف الأوسط، وهو مساوٍ لمربّعي الطرفين مع ضرب أحدهما في الآخر مرّتين.

٩. وإنّ الفضل بين مربّعي كلّ عددين مساوٍ لضرب مجموعهما في تفاضلهما. وإن كلّ عددين مجموع مربّعيهما عددٌ مربّعٌ فإنّ مضروب أحدهما في الآخر مرّتين عددٌ إذا زيد على عدد مربّع، وهو مجموع مربّعيهما، كان المبلغ مربّعًا، وإن نقص منه كان الباقي مربّعًا.

١٠. كلّ عددٍ مجذورٍ [ا-١٢٩و]

إذا زدت عليه ما شئت من أجذاره مع مربّع نصف عدد تلك الأجذار، كان المبلغ مربّعًا. جذره مثل جذر المربّع الأوّل بزيادة نصف عدد الأجذار عليه. وإن نقصت منه ما شئت من الأجذار إلّا مربّع نصف عدد الأجذار كان الباقي مربّعًا. جذره جذر المربّع الأوّل إلّا نصف عدد الأجذار المنقوصة.

وكلّ عددٍ زدت عليه جذريه وواحدًا كان مجذورًا. جذره جذر المربّع الأوّل بزيادة واحدٍ.

وإن زدت عليه أربعة أجذاره وأربعة آحادٍ كان مجذورًا. جذره جذر المربّع الأوّل بزيادة اثنين.

وإن زدت عليه ستّة [ب-٣١و]

أجذاره وتسعة آحادٍ، كان مجذورًا. جذره جذر المربّع الأوّل بزيادة ثلاثة آحادٍ. وإن نقصت منه جذريه إلّا واحدًا كان مجذورًا جذره المربّع الأوّل بنقصان واحدٍ.

وإن نقصت منه أربعة أجذاره إلّا أربعة آحادٍ، كان مجذورًا. جذره جذر* المربّع الأوّل بنقصان اثنين.

---

٦ عددًا: عدد [ا]   ١١ إلّا مربّع: إلّا ربع [ا]   ١١ الباقي: الثاني [ب]   ١٣ وكلّ: فكلّ [ا]

* جذر : مكررة في [ا] و [ب]

Si tu soustrais de lui six de ses racines moins neuf unités, c'est un radicande. Sa racine est la racine du premier carré avec un défaut de trois unités, et ainsi de suite.

C'est comme lorsque nous ajoutons à cent-quatre-vingt-seize dix de ses racines plus le carré de la moitié de dix, c'est-à-dire vingt-cinq unités. Il vient trois-cent-soixante-et-un et il est un carré : sa racine est la racine du premier carré avec l'ajout de cinq, c'est-à-dire dix-neuf. Si nous soustrayons de lui[1] dix de ses racines moins vingt-cinq unités, il reste quatre-vingt-un et c'est un radicande : sa racine est la racine du carré du premier avec un défaut de cinq, c'est-à-dire neuf.

Il résulte de ceci que, étant donnés trois nombres successifs, comme trois, quatre et cinq, lorsque tu mets au carré la moitié du moyen, cela est tel que, si tu lui ajoutes le nombre le plus grand, c'est un radicande et, si tu soustrais de lui le plus petit, c'est un radicande.

11. Deux carrés sont donnés, tu ajoutes à un des deux sa racine et tu soustrais de l'autre sa racine, ils sont alors équivalents. Comme neuf et seize : la racine du plus grand excède la racine du plus petit d'une unité. [A-129v°]

C'est comme lorsque nous ajoutons à l'un des deux deux de ses racines et si nous soustrayons de l'autre deux de ses racines, alors ils s'égalent. Comme neuf et vingt-cinq : la racine du plus grand excède la racine du plus petit de deux. Si ce procédé est sur trois de ses racines, comme neuf [B-31v°]

et trente-six, l'ajout est de trois unités. C'est ainsi pour tout nombre grand ou petit de racines à condition qu'elles soient égales dans l'ajout et dans le défaut et qu'elles soient toujours égales selon le produit de la racine d'un des deux par la racine de l'autre.

12. Étant donnés deux nombres dont l'un est trois quarts de l'autre, comme trois et quatre, si tu additionnes leurs carrés le total est un carré. Sa racine est la racine du carré du plus grand avec l'ajout de son quart.

13. Étant donnés deux nombres dont la différence entre eux est de quatre [unités], comme deux et six, si tu multiplies l'un des deux par l'autre et si tu leur ajoutes quatre, il vient un carré. Sa racine est le plus petit nombre avec l'ajout de la racine de quatre.

---

1 C'est-à-dire, de cent-quatre-vingt-seize.

وإن نقصت منه ستّة أجذاره إلّا تسعة آحادٍ، كان مجذورًا. جذره جذر المربّع الأوّل بنقصان ثلاثة آحادٍ وعلى هذا القياس.

كأنّا زدنا على مائةٍ وستّةٍ وتسعين عشرة أجذارها ومربّع نصف العشرة، أعني خمسة وعشرين أحدًا. فصار ثلاثمائة واحدًا وستّين وهو مربّعٌ: جذره جذر المربّع الأوّل مع زيادة خمسةٍ، أعني تسعة عشر.

وإن نقصنا منها عشرة أجذارها إلّا خمسة وعشرين أحدًا، بقي أحد وثمانون، وهو مجذورٌ جذره جذر المربّع الأوّل بنقصان خمسةٍ منها، أعني تسعة.

ويلزم من هذا أنّ كلّ ثلاثة أعدادٍ متجاورةٍ، كالثلاثة والأربعة والخمسة، فمتى ربّعت نصف الوسط فإنّه يكون بحيث إذا زدت عليه العدد الأعلى كان مجذورًا وإن نقصت منه العدد الأدنى كان مجذورًا.

١١. كلّ مربّعين زدت على أحدهما جذره ونقصت من الآخر جذره فاعتدلا. كالتسعة والستّة عشر: فإنّ جذر الأكبر يزيد على جذر الأصغر بواحدٍ. [١-١٢٩ظ]
وكذا لو زدنا على أحدهما جذريه ونقصنا من الآخر جذريه فاعتدلا. كالتسعة والخمسة والعشرين: فإن جذر الأكبر يزيد على جذر الأصغر باثنين. فلو كان هذا العمل في ثلاثة أجذاره كالتسعة [ب-٣١ظ] والستّة والثلاثين، كان زائدًا عليه بثلاثة آحادٍ. وكذلك كلّما كثُر عدد الأجذار أو قلّ بشرط استوائهما في الزيادة والنقصان واستوائهما يكون بضرب جذر أحدهما في جذر الآخر أبدًا.

١٢. كلّ عددين أحدهما ثلاثة أرباع الآخر، كالثلاثة والأربعة، فإنّك إذا جمعت مربّعيهما كان المبلغ مربّعًا. جذره جذر المربّع الأكبر بزيادة ربعه عليه.

١٣. كلّ عددين يكون الفضل بينهما أربعة، كالاثنين والستّة. فإنّك إذا ضربت أحدهما في الآخر وزدت عليه أربعة فإنّه يكون مربّعًا. جذره العدد الأدنى بزيادة جذر الأربعة.

14. Étant donnés deux nombres successifs, comme cinq et six, si tu multiplies l'un des deux par l'autre, le produit est tel que, en lui ajoutant le plus grand, il vient le carré du plus grand et en soustrayant de lui le plus petit, il reste le carré du plus petit. Et si on lui ajoute une unité, [le total] est tel que, si on lui ajoute le plus petit, il vient le carré du plus grand et si on lui soustrait de lui le plus grand, il reste le carré du plus petit. La détermination des exemples de ces principes est évidente pour celui qui est attentif.

15. Étant donné un nombre, tu le partages en deux parties, tu divises une parties par l'autre, tu additionnes les résultats des divisions et tu le multiplies par le résultat du produit d'un des deux nombres par l'autre : le total est égal aux carrés des deux parties.

C'est comme lorsque nous partageons dix en sept et trois, nous divisons l'un des deux par l'autre, nous additionnons les deux résultats, à savoir deux plus deux tiers plus deux tiers d'un septième, par le résultat du produit de sept par trois. Ceci est égal aux carrés de sept et de trois, c'est-à-dire cinquante-huit. [B-32r°]

16. Si tu multiplies l'un des deux résultats des divisions par l'autre résultat, il vient toujours une unité, aussi bien si les deux divisions sont concordantes que si elles diffèrent.

Ainsi, si tu multiplies le quotient [A-130r°] de sept par trois, à savoir deux plus un tiers, par le quotient de trois par sept, à savoir trois septièmes, il vient un.

17. Si tu multiplies la différence des deux quotients par le produit d'une partie par l'autre, alors le total est égal à la différence entre les carrés des deux parties.

Ainsi, si tu multiplies la différence entre deux plus un tiers et trois septièmes, à savoir un plus six septièmes plus un tiers d'un septième, par le résultat du produit de sept par trois, à savoir vingt-et-un, il vient quarante et cela est égal à la différence entre le carré de sept et le carré de trois.

١٤. كلّ عددين متجاوزين، كالخمسة والستّة، فإنّك إذا ضربت أحدهما في الآخر فالمبلغ بحيث إذا زيد عليه الأكبر كان مربّع الأكبر وإن نقص منه الأصغر بقي مربّع الأصغر. وإن زيد عليه واحدٌ كان بحيث إذا زيد عليه الأصغر كان مربّع الأكبر، وإن نقص منه الأكبر بقي مربّع الأصغر. واستخراج أمثال هذه القواعد ظاهرٌ لمَن تأمّل.

١٥. كلّ عددٍ قسمته بقسمين وقسمت كلّ واحدٍ من القسمين على الآخر وجمعت ما خرج من القسمين وضربته في المرتفع من ضرب أحد العددين في الآخر، كان المبلغ مثل مربّعي القسمين.

كأنّا قسمنا عشرة إلى سبعة وثلاثة، وقسمنا كلّ واحدٍ منهما على الآخر وجمعنا الخارجين، وهما اثنان وثلثان وثلثا سُبع، في المرتفع من ضرب سبعةٍ في ثلاثةٍ. كان مثل مربّعي سبعةٍ وثلاثةٍ، أعني ثمانية وخمسين. [ب-٣٢و]

١٦. وإذا ضربت أحد الخارجين من القسمين في الخارج الآخر كان واحدًا أبدًا سواء اتّفق القسمان أو اختلفا.

فإنّك إذا ضربت الخارج من قسمة [١-١٣٠و]

سبعةٍ على ثلاثةٍ، وهو اثنان وثُلث، في الخارج من قسمة ثلاثة على سبعة، وهو ثلاثة أسباع، كان واحدًا.

١٧. وإذا ضربت الفضل بين الخارجين في المرتفع من ضرب أحد القسمين في الآخر، كان المبلغ مساويًا للفضل بين مربّعي القسمين.

فإنّك إذا ضربت الفضل بين اثنين وثلث وبين ثلاثة أسباع، وهو واحد وستّة أسباع وثلث سبع، في المرتفع من ضرب سبعةٍ في ثلاثةٍ وهو أحدٌ وعشرون، كان أربعين وهو مساوٍ للفضل بين مربّع سبعةٍ ومربّع ثلاثةٍ.

---

١٠ وجمعنا: وضربنا

La somme des deux quotients est égale au résultat de la division des carrés des deux nombres par le résultat du produit d'un des deux par l'autre, c'est-à-dire de la division de cinquante-huit par vingt-et-un dans l'exemple mentionné.

18. Le produit d'un nombre tout entier par une de ses parties est égal au produit d'une partie par l'autre avec le carré du multiplicateur.

Le produit de dix par sept est égal au produit de sept par trois plus le carré de sept, le produit de dix par trois est égal au produit de sept par trois plus le carré de trois.

19. Le produit d'un nombre tout entier par une de ses parties pris deux fois avec le carré de l'autre partie est égal au carré du nombre tout entier avec le carré de la partie [qui correspond au] multiplicateur.

Le produit de dix par sept deux fois avec le carré de trois est donc égal aux carrés de dix et de sept ; le produit de dix [B-32v°] par trois deux fois avec le carré de sept est égal aux carrés de dix et de trois.

20. Le résultat de la division d'une des parties par l'autre est égal au résultat de la division du carré du dividende par le résultat du produit d'une des parties par l'autre.

Le résultat de la division de sept par trois est donc égal au résultat de la division du carré de sept par le résultat du produit de sept par trois.

21. Étant donnés deux nombres quelconques tels que, si tu divises leur différence par une grandeur quelconque, puis tu additionnes le quotient au diviseur, tu mets au carré sa moitié et tu le retiens. Puis, si tu prends la moitié de la différence entre les deux, c'est-à-dire entre le quotient et le diviseur, tu le mets au carré et tu le retiens, alors les deux retenus sont deux carrés. Soit ils excèdent les deux nombres d'un même ajout, soit ils sont en défaut par rapport aux deux [A-130v°]

ومجموع الخارجين مساوٍ للخارج من قسمة مربّعي العددين على المرتفع من ضرب أحدهما في الآخر أعني من قسمة ثمانيةٍ وخمسين على أحدٍ وعشرين في المثال المذكور.

١٨. ضرب العدد كلّه في أحد قسميه مساوٍ لضرب أحد قسميه في الآخر مع مربّع المضروب فيه.

فإنّ ضرب العشرة في سبعةٍ مساوٍ لضرب سبعةٍ في ثلاثةٍ ومربّع سبعةٍ، وضرب العشرة في ثلاثة مساوٍ لضرب سبعة في ثلاثة ومربّع ثلاثة.

١٩. وضرب العدد كلّه في أحد قسميه مرّتين مع مربّع القسم الآخر مساوٍ لمربّع العدد كلّه مع مربّع القسم المضروب فيه.

فإن ضرب العشرة في سبعةٍ مرّتين مع مربّع ثلاثة مساوٍ لمربّعي العشرة والسبعة. وضرب العشرة [ب-٣٢ظ]

في ثلاثةٍ مرّتين مع مربّع سبعةٍ مساوٍ لمربّعي العشرة والثلاثة.

٢٠. والخارج من قسمة أحد القسمين على الآخر مثل الخارج من قسمة مربّع المقسوم على المرتفع من ضرب أحد القسمين في الآخر.

فالخارج من قسمة سبعة على ثلاثة مثل الخارج من قسمة مربّع سبعة على المرتفع من ضرب* سبعةٍ في ثلاثةٍ.

٢١. كلّ عددين كيف ما كانا إذا قسمت الفضل بينهما على أي مقدارٍ شئت ثمّ جمعت بين الخارج من القسمة والمقسوم عليه وربّعت نصفه وحفظته، ثمّ أخذت نصف الفضل بينهما أعني بين الخارج من القسمة والمقسوم عليه، وربّعته وحفظته كان المحفوظان مربّعين. أمّا زائدين معًا على العددين زيادةً واحدةً أو ناقصين عنهما [ا-١٣٠ظ]

١٨ نصفه: في[ب] ١٩-٢٠ ثمّ أخذت نصف الفضل بينهما أعني بين الخارج من القسمة والمقسوم عليه، وربّعته وحفظته: في[ب]

* أحد القسمين في الآخر...من ضرب: في [ب]

d'un même défaut, soit ils sont égaux aux deux.

Exemple : trente et dix sont donnés, si nous divisons leur différence, à savoir vingt, par deux, nous additionnons le résultat de la division au diviseur et nous mettons au carré sa moitié, alors il vient trente-six. Nous le retenons, puis nous prenons la moitié de la différence entre le quotient et le diviseur, à savoir quatre et nous le mettons au carré. Il vient seize et nous le retenons. Les deux retenus excèdent de six les deux nombres, le plus grand du plus grand et le plus petit du plus petit.

Si nous divisons la différence entre les deux nombres par cinq, si nous additionnons le quotient au diviseur et si nous mettons au carré sa moitié, il vient vingt plus un quart. Puis, nous mettons au carré la moitié de la différence entre le quotient et le diviseur. [B-33r°]

Il vient un quart d'unité. Les carrés sont alors en défaut par rapport aux deux nombres de neuf et trois quarts, le plus grand du plus grand et le plus petit du plus petit.

Dernier exemple : trente-six et seize sont donnés, si nous divisons leur différence par dix, si nous additionnons le résultat de la division et le diviseur et si nous mettons au carré sa moitié, il vient trente-six. Ensuite, nous mettons au carré la moitié de la différence entre le résultat de la division et le diviseur. Il vient seize et les deux carrés sont alors égaux aux deux nombres.

22. Deux nombres quelconques sont donnés, tu partages l'un des deux en un nombre de parties que tu veux, puis tu multiplies le nombre qui n'a pas été divisé par chacune des parties du nombre divisé. Le résultat de l'ensemble de cela est égal au produit d'un des deux nombres par l'autre. Cette notion est dite produit du nombre par le nombre que l'on multiplie par l'ensemble de ses parties. De cette manière, un nombre quelconque est tel que, si tu le divises en deux parties ou en plusieurs parties, alors le produit du nombre par lui-même est égal à son produit par chacune de ses deux parties ou chacune de ses parties.

نقصانًا واحدًا وأمّا مُساويين لهما.

مثاله: ثلاثون وعشرة إذا قسمنا الفضل بينهما وهو عشرون على اثنين مثلًا، ثمّ جمعنا بين الخارج من القسمة والمقسوم عليه وربّعنا نصفه، كان ستّة وثلاثين. حفظناها ثمّ أخذنا نصف الفضل بين الخارج من القسمة والمقسوم عليه وهو أربعة وربّعناه. كان ستّة عشر فحفظناها. فالمحفوظان يزيدان على العددين بستّة الأكبر على الأكبر والأصغر على الأصغر.

وإن قسمنا الفضل بين العددين على خمسةٍ وجمعنا بين الخارج من القسمة والمقسوم عليه وربّعنا نصفه كان عشرين وربعًا. ثمّ ربّعنا نصف الفضل بين الخارج من القسمة والمقسوم عليه * . [ب-٣٣و]

كان ربع واحدٌ. فالمربّعان ينقصان عن العددين بتسعةٍ وثلاثة أرباع الأكبر عن الأكبر والأصغر عن الأصغر.

مثال آخر: ستّة وثلاثون وستّة عشر إذا قسمنا الفضل بينهما على عشرةٍ وجمعنا بين الخارج من القسمة والمقسوم عليه وربّعنا نصفه[†]، كان ستّة وثلاثين. ثمّ ربّعنا نصف الفضل بين الخارج من القسمة وبين المقسوم عليه، كان ستّة عشر فالمربّعان مساويان للعددين.

٢٢. كلّ عددين قسمت أحدهما بما شئت من الأقسام ثمّ ضربت العدد الذي لم يقسم في كلّ واحدٍ[‡] من أقسام العدد المقسوم. كان المرتفع من جميع ذلك مساويًا لضرب أحد العددين في الآخر. وهذا معنى قولهم ضرب العدد في العدد ضربه في جميع أجزائه. وكذلك كلّ عددٍ قسمته بقسمين أو بأقسام كيف اتّفق، فإنّ ضرب العدد في نفسه مساوٍ لضربه في كلّ واحدٍ من قسميه أو أقسامه.

---

[٤] نصف: يضيف [ب]

* وربّعنا نصفه كان عشرون وربّعًا. ثمّ ربّعنا نصف الفضل بين الخارج من القسمة و المقسوم عليه: مكررة في [ب]   [†] وربعنا نصفه : في الهامش [ا]   [‡] واحدٍ : مكررة في [ب]

23. Étant donnés deux nombres, tu multiplies chacun d'eux par un nombre, ou bien tu divises chacun [A-131r°] d'eux par un nombre ou bien tu rapportes chacun d'eux à un nombre. Le rapport qui se trouve entre les deux nombres avant cela [=avant ces opérations] est celui qui reste entre les deux résultats du produit, ou de la division ou du rapport. Leurs exemples sont évidents.

24. Un nombre quelconque est divisé par deux nombres diffé-rents. Si tu multiplies un des deux diviseurs par la différence entre les deux résultats, puis si tu divises le total [B-33v°] par la différence de leur deux diviseurs et si tu multiplies le résultat par l'autre diviseur, alors le résultat est égal au nombre dividende.

De la même manière, nous divisons vingt par dix, on obtient deux, et par quinze, on obtient un plus un tiers. Si donc nous multi-plions dix par la différence entre les deux résultats, à savoir [un moins] un tiers d'unité, et si nous divisons le résultat, à savoir six plus deux tiers, par la différence entre les deux diviseurs, à savoir cinq, alors on obtient un plus un tiers. Nous le multiplions par quinze. Il vient vingt, à savoir le nombre dividende.

De même, si nous inversons le propos et nous multiplions quinze par deux tiers d'unité, nous le divisons par cinq et nous multiplions le résultat par dix, alors il vient vingt également.

25. Deux nombres étant donnés, tu les divises l'un par l'autre et tu multiplies le résultat des deux divisions par le diviseur d'un des deux, puis par l'autre diviseur. Cela est égal aux carrés des diviseurs.

٢٣. كلّ عددين ضربت كلّ واحدٍ منهما في عددٍ أو قسمت كلّ واحدٍ [ا-
١٣١و]

منهما على عددٍ أو نسبت كلّ واحدٍ منهما إلى عددٍ فإنّ النسبة التي كانت بين
العددين قبل ذلك باقية بين المرتفعين من الضرب أو الخارجين من القسمة والنسبة
وأمثلته ظاهرةٌ.

٢٤. كلّ عددٍ قسم على عددين مختلفين فإنّك إذا ضربت أحد المقسوم
عليهما في الفضل بين الخارجين، ثمّ قسمت المبلغ على [ب-٣٣ظ]
فضل ما بين المقسوم عليهما وضربت الخارج في المقسوم عليه الآخر فإنّ المرتفع
مساوٍ للعدد المقسوم.

كأنّا قسمنا عشرين على عشرة فخرج اثنان، وعلى خمسة عشر فخرج واحدٌ
وثلث. فإذا ضربنا العشرة في الفضل بين الخارجين وهو [واحد إلّا] ثلثًا واحد،
وقسمنا المرتفع، وهو ستّة وثُلثان، على الفضل بين المقسوم عليهما وهو خمسة
فخرج واحد وثلث*. ضربناه في خمسة عشر. صار عشرين وهو العدد المقسوم.

وكذا لو عكسنا الأمر وضربنا الخمسة عشر في ثلثي واحدٍ وقسمناه على
خمسةٍ وضربنا الخارج في عشرةٍ فإنّه يكون أيضًا عشرين.

٢٥. كلّ عددين قسمت كلّ واحدٍ منهما على الآخر وضربت الخارج من
القسمين في أحد المقسوم عليهما، ثمّ في المقسوم عليه الآخر. فإنّه يصير مثل
مربّعي المقسوم عليهما.

---

٨ فضل: في [ا]   ١٧ أحد: في [ب]

* فإذا ضربنا العشرة ... فخرج واحد وثلث: في [ب]

Ainsi, tu divises vingt par quinze et quinze par vingt, tu multiplies le résultat des divisions, à savoir deux plus la moitié d'un sixième, par quinze, puis le résultat par vingt. Il vient six-cent-vingt-cinq, qui est égal aux carrés de vingt et de quinze.

26. Le résultat de la division d'un nombre par un nombre est égal au résultat de la division du carré du dividende par le produit du dividende et du diviseur.

Le résultat de la division de vingt par quinze est égal au résultat de la division du carré de vingt, c'est-à-dire quatre-cent, par le résultat du produit de vingt par quinze.

Il résulte donc que la somme du résultat de la division de l'un par l'autre est égale à la somme du résultat de la division de leurs carrés par le produit des deux.

27. Le produit du résultat [A-131v°]
de la division d'un des deux [nombres] par l'autre, par le dividende
est égal au produit [B-34r°]
du carré du quotient[2] par le diviseur.

Le produit du résultat de la division de vingt par quinze, à savoir un plus un tiers, par vingt est donc égal au produit du carré de un plus un tiers, par quinze. Le produit du quotient par le dividende, puis par le diviseur est égal au carré du dividende. Tu peux aussi dire que le produit du résultat de la division et le diviseur par le dividende, ou le produit du dividende et du diviseur par le quotient, sont égaux au carré du dividende. La raison de cela est évidente.

28. Le résultat de la division du produit du dividende par un troisième nombre, par le diviseur est égal au produit du premier résultat par le troisième nombre.

---

2   Littéralement : « le résultat ».

كإنّك قسمت العشرين على خمسة عشر والخمسة عشر على عشرين وضربت
الخارج من القسمين وهو اثنان ونصف سُدس في خمسة عشر، ثمّ المبلغ في
عشرين. فإنّه يصير ستّمائةٍ وخمسة وعشرين، وهو مثل مربّعي عشرين وخمسة
عشر.

٢٦. والخارج من قسمة عددٍ على عددٍ مثل الخارج من قسمة مربّع المقسوم
على المسطح من المقسوم والمقسوم عليه.

فإنّ الخارج من قسمة عشرين على خمسة عشر مثل الخارج من قسمة مربّع
العشرين أعني أربعمائةٍ على المرتفع من ضرب عشرين في خمسة عشر.

فيلزم أنّ مجموع الخارج من قسمة كلّ واحدٍ على الآخر مثل مجموع الخارج
من قسمة مربّعيهما على المسطح منهما.

٢٧. والمرتفع من ضرب الخارج [١-١٣١ظ]
من قسمة أحدهما على الآخر في المقسوم مثل المرتفع [ب-٣٤و]
من ضرب مربّع الخارج في المقسوم عليه.

فإنّ المرتفع من ضرب الخارج من قسمة عشرين على خمسة عشر، وهو
واحدٌ وثلثٌ، في العشرين مثل ضرب مربّع واحدٍ وثلث في خمسة عشر. وضرب
الخارج في المقسوم ثمّ في المقسوم عليه مثل مربّع المقسوم. وإن شئت قلت
إنّ مسطح الخارج من القسمة والمقسوم عليه في المقسوم أو مسطح المقسوم
والمقسوم عليه في الخارج مثل مربّع المقسوم وعلّته ظاهرةٌ.

٢٨. والخارج من قسمة مسطح المقسوم في عددٍ ثالثٍ على المقسوم عليه
مثل مسطح الخارج أوّلًا في العدد الثالث.

Le résultat de la division du produit de vingt par cinq, par quinze est égal au produit du résultat de la division de vingt par quinze, par cinq.

29. Deux nombres quelconques sont divisés par deux autres nombres : le produit des deux résultats est égal au quotient du produit des deux dividendes par le produit des deux diviseurs.

De cette manière tu divises dix par cinq et six par quatre : le produit des quotients, à savoir trois, est égal au résultat de la division du produit des deux dividendes, à savoir soixante, par le produit des deux diviseurs, à savoir vingt.

30. Un nombre est partagé en deux parties quelconques, si donc tu divises le nombre dividende par chacune de ses parties, on obtient de la division deux grandeurs dont le produit de l'une par l'autre est égal à leur somme.

De cette manière, tu partages dix en sept et trois et tu divises dix par sept et par trois. Il en résulte un plus trois septièmes et trois plus un tiers. Si tu multiplies l'un des deux par l'autre il vient quatre plus un tiers {A-132r°}
plus trois septièmes, et également si tu les additionnes.

31. Si tu divises une des deux parties par l'autre, alors le résultat est en défaut d'une unité par rapport au résultat de la division du nombre tout entier par la partie diviseur. Cela s'applique au nombre tout entier selon qu'il soit égal {B-34v°}
au dividende et égal au diviseur.

Le résultat de la division de sept par trois est en défaut d'une unité par rapport au résultat de la division de dix par trois.

فالخارج من قسمة مسطح العشرين في خمسة على خمسة عشر مثل مسطح
الخارج من قسمة العشرين على خمسة عشر في خمسة*.

٢٩. كلّ عددين يقسمان على عددين آخرين فمسطحُ الخارجين مساوٍ
للخارج من مسطح المقسومين على مسطح المقسوم عليهما.

كإنّك قسمت عشرةً على خمسةٍ وستّةً على أربعةٍ فمسطح الخارجين، وهو
ثلاثة، مساوٍ للخارج من قسمة مسطح المقسومين، وهو ستّون، على مسطح
المقسوم عليهما، وهو عشرون[†].

٣٠. كلّ عددٍ قسم بقسمين كيف اتّفق فإنّك إذا قسمت العدد المقسوم
على كلّ واحدٍ من قسمته فإنّه يخرج من القسمة مقداران، ضرب أحدهما في
الآخر مثل جمعهما.

كإنّك قسمت عشرة إلى سبعةٍ وثلاثةٍ وقسمت العشرة على السبعة وعلى
الثلاثة. فيخرج واحد وثلاثة أسباع وثلاثة وثلث. فإذا ضربت أحدهما في الآخر
كان أربعة وثُلث   [١-١٣٢و]
وثلاثة سبع وكذا إذا جمعتهما.

٣١. وإذا قسمت أحد القسمين على الآخر، فالخارج ينقص على الخارج
من قسمة جميع العدد على القسم المقسوم عليه بواحدٍ. وذلك لاشتمال جميع
العدد على مثل المقسوم ومثل [ب-٣٤ظ] المقسوم عليه.

فالخارج من قسمة سبعةٍ على ثلاثة ناقص عن الخارج من قسمة عشرة على
ثلاثة بواحدٍ.

---

٤ المقسومين: المقسومين، وهو ستّون[ب]   ٤ المقسوم عليهما: المقسوم عليهما، وهو عشرون[ب]
١٣ وثُلث: وثلثين   ١٤ وثلاثة: وثلثي

* فالخارج من قسمة .... في خمسة : مكررة في [١]   † كإنّك قسمت عشرةً ... وهوعشرون: في
[١]

Il résulte de ceci que, si tu divises le nombre tout entier par chacune de ses deux parties, la somme des deux quotients excède la somme des résultats de la division de chacune des deux parties par l'autre de deux [unités].

32. Le produit du résultat de la division d'une des deux parties par l'autre, par le nombre tout entier est égal au produit du résultat de la division du nombre tout entier par le diviseur, par le dividende.

Le produit du résultat de la division de sept par trois, par dix est vingt-trois plus un tiers, et ceci est égal au produit du résultat de la division de dix par trois, par sept.

33. Étant donné le résultat de la division de chacune des deux parties par leur différence, si tu le multiplies par la différence entre les deux, cela est égal au nombre tout entier.

Ainsi, tu multiplies le résultat de la division de sept et de trois par quatre, par quatre. Il vient dix. Mais si tu divises le résultat de la division de la somme des deux parties par une grandeur quelconque, par le diviseur, ceci est égal au nombre tout entier.

Et les exemples de ces principes sont tels qu'ils peuvent être déterminés avec un minimum d'observation, donc ce que nous avons expliqué est suffisant.

فيلزم من هذا أنّك إذا قسمت جميع العدد على كلّ واحدٍ من قسميه فتزيد مجموع الخارجين على مجموع الخارجين من قسمة كلّ واحدٍ من قسميه على الآخر باثنين.

٣٢. ضرب الخارج من قسمة أحد القسمين على الآخر في جميع العدد مساوٍ لضرب الخارج من قسمة جميع العدد على المقسوم عليه في المقسوم.

فضرب الخارج من قسمة سبعةٍ على ثلاثة في عشرة ثلاثة وعشرون وثلث، وهو مساوٍ لضرب الخارج من قسمة عشرةٍ على ثلاثةٍ في سبعةٍ.

٣٣. والخارج من قسمة كلّ واحدٍ من القسمين على الفضل بينهما إذا ضربته في الفضل بينهما صار مثل جميع العدد.

فكإنّك ضربت الخارج من قسمة سبعة وثلاثة على أربعة في أربعة. فصار عشرة بل الخارج من قسمة مجموع القسمين على أي مقدارٍ كان إذا ضربته في المقسوم عليه صار مثل مجموع العدد.

وأمثال هذه القواعد ممّا يمكن استخراجها بأدنى تأملٍ وفيما ذكرناه مقنعٌ.

---

¹ قسميه: قسمته[ب]   ² قسميه: قسمته[ب]   ⁴ ضرب: وضرب[ب]   ⁶ على ثلاثة في عشرة: على ثلاثة عشر[ا]

HUITIÈME CHAPITRE
SUR LES SIX PROBLÈMES ALGÉBRIQUES

Il s'agit de l'explication des équations que tu établis entre les nombres, les racines et les *carrés*. À partir de celles-ci six problèmes sont engendrés : trois simples et trois composés.

PREMIER PROBLÈME

Des racines égalent un nombre.   [A-132v°]
On divise le nombre par le nombre de racines s'il est plus grand que le nombre de racines, ou bien on le rapporte à lui, s'il est plus petit. Le résultat de la division ou du rapport est la grandeur de chaque racine. Comme s'il est dit dix racines égalent vingt unités, [B-35r°] on divise vingt par dix, on obtient deux, à savoir la grandeur de chaque racine. Si on dit vingt racines égalent dix unités, alors on rapporte dix à vingt, il vient un demi et chaque racine est la moitié de un. Si on dit un cinquième d'une racine égale trois unités, alors une seule racine est quinze. Si on dit trois racines égalent la moitié d'une unité, alors la racine seule est un sixième et ainsi de suite.

Et il faut que tu saches que, si tu désignes des racines ou bien des *carrés* dans un problème, alors ce qui est cherché ce sont des racines égales ou bien des *carrés* égaux. En revanche, si on désigne aussi bien des racines que des *carrés*, alors ce qui est cherché ce sont des racines de ces carrés. De la même manière, si on désigne des puissances connues avec les côtés, alors ce qui est cherché ce sont les côtés de telles puissances. Si on désigne des *carrés* et des *cubes*, alors ce qui est cherché ce sont des *carrés* et des *cubes* tels que la racine d'un *carré* quelconque parmi eux est égale au côté d'un cube quelconque parmi eux, et cela par les puissances connues les unes avec les autres.

الباب الثامن
في المسائل الستّة الجبرية

وهي في بيان المعدلات التي تقع بين العدد والجذور والأموال ويتولّد منها ستّ مسائل: ثلاثٌ مفردةٌ وثلاثٌ مقرنة.

المسألة الأولى

جذور تعدل عددًا. [١-١٣٢ظ]

فيقسم العدد على عدد الجذور، إن كان العدد أكثر من عدد الجذور، أو ينسبه إليه إن كان أقلّ. فما خرج من القسمة أو النسبة فهو مقدار كلّ جذرٍ.

كما إذا قيل عشرة أجذارٍ يعدل عشرين أحدًا، [ب-٣٥و] فيقسم* العشرين على عشرةٍ، فيخرج اثنان وهو مقدار كلّ جذرٍ. فإن قال عشرون جذرًا يعدل عشرة آحادٍ، فتنسب العشرة إلى عشرين، فتكون نصفًا وكلّ جذرٍ نصف واحدٍ. فإن قال خمس جذرٍ يعدل ثلاثة آحادٍ، فالجذر الواحد خمسة عشر. فإن قال ثلاثة أجذارٍ تعدل نصف واحدٍ فالجذر الواحد سُدسٌ واحدٌ وقِس على هذا.

وينبغي أن تَعلم إنّه إذا أُطلِقَت الجذور أو الأموال في مسألةٍ فإنّما يُراد جذورٌ متساوية وأموالٌ متساوية. وإذا أُطلق جذورٌ وأموال فإنّما يُراد بها جذور تلك الأموال. وكذا إذا أُطلق سائر المضلّعات مع الأضلاع فإنّما يراد أضلاع تلك المضلّعات. وإذا أُطلق أموال وكعابٌ فإنّما يُراد أموال وكعاب جذر كلّ مالٍ منهما، مثل ضلع كلّ كعب منهما، وهكذا بسائر المضلّعات بعضها مع بعضٍ.

٤ ستّ: ثلث[ا] ٧ ينسبه: تنسبه[ا] ١١ وكلّ: فكلّ[ب] ١٥ أو الأموال: والأموال[ب] ١٩ كعب: كعب[ب]

* فيقسم: مكررة في الهامش [ب]

DEUXIÈME PROBLÈME

Des carrés égalent un nombre. On divise le nombre par le nombre de *carrés*, s'il est plus grand que lui, ou bien on le rapporte à lui, s'il est plus petit. Le résultat de la division ou bien du rapport est la grandeur [qui correspond à] un *carré*.

Comme s'il est dit : cinq *carrés* égalent quarante-cinq, alors un seul *carré* est neuf. Si on dit : un quart d'un *carré* égale quatre, alors le *carré* est seize. Si on dit : quatre *carrés* égalent un en nombre, alors un seul *carré* est un quart d'une unité.

Cette espèce nécessite de trouver une règle correcte de manière que le nombre confronté à un seul *carré* soit un radicande [multiplié] par lui même ; et telle est la majorité des pratiques des arithméticiens : s'ils désignent le *carré* par le carré, c'est qu'ils veulent par cela que le radicande [A-133r°]
soit rationnel, et s'ils ne veulent pas ceci par cela, [B-35v°]
alors il n'est pas inconcevable de dénommer le sourd un *carré* et celui-ci a également une racine qui n'est connue que par Dieu le Suprême.

TROISIÈME PROBLÈME

Des carrés égalent des racines. On divise le nombre de racines par le nombre de *carrés* si le nombre de racines est plus grand, ou bien on le rapporte à lui s'il est plus petit. Le résultat de la division, ou bien du rapport, est la grandeur de la racine d'un seul carré.

Comme s'il est dit cinq *carrés* égalent quinze racines. Si nous divisons le nombre de racines par le nombre de *carrés* on obtient trois, donc chaque *carré* égale trois de ses racines et sa racine est trois. Cela parce que la racine multipliée par la racine devient un *carré*, multipliée par trois elle devient trois racines, et les deux s'égalent. Et [parce que] si on multiplie une grandeur par deux grandeurs et qu'il en résulte deux grandeurs égales, alors les deux multiplicateurs sont égaux, donc la racine égale trois. Et parce que le rapport du *carré*

المسألة الثانية

أموالٌ تعدل عددًا. فيقسم العدد على عدد الأموال إن كان أكثر منها أو ينسبه إليه إن كان أقلّ، فما خرج من القسمة أو النسبة فهو مقدار كلّ مالٍ.

كما إذا قيل خمسة أموالٍ تعدل خمسة وأربعين، فالمال الواحد تسعة. فإن قال رُبع مالٍ يعدل أربعة، فالمال ستّة عشر. فإن قال أربعة أموالٍ تعدل واحدًا من العدد، فالمال الواحد ربع واحدٍ.

وهذا النوع ينبغى أن يوضع وضعًا صحيحًا بحيث يخرج العدد المقابل للمال الواحد مجذورًا في نفسه، فإنّ الغالب على عادات الحُسّابُ: إذا أطلقوا المال المربّع إن يريدوا به المجذور [١-١٣٣و]

المُنطق، فإن لم يردّ به ذلك [ب-٣٥ظ]

فلا استحالة في تسميّة الأصّم مالًا فإنّ له أيضًا جذرًا في علم اللّه تعالى.

المسألة الثالثة

أموالٌ تعدل جذورًا. فيقسم عدد الجذور على عدد الأموال إن كان عدد الجذور أكثر أو ينسبه إليه إن كان أقلّ. فما خرج من القسمة أو النسبة فهو مقدار جذر مالٍ واحدٍ.

كما إذا قيل خمسة أموالٍ تعدل خمسة عشر جذرًا. فإذا قسمنا عدد الجذور على عدد الأموال يخرج ثلاثة، فكلّ مالٍ يعدل ثلاثة أجذاره فيكون جذره ثلاثة. وذلك لأنّ الجذر ضُرِب في الجذر فصار مالًا، وضُرِبَ في ثلاثة فصار ثلاثة أجذار وهما متعادلان. وكلّ مقدارٍ ضرب في مقدارين فحصل مقداران متساويان فالمضروب فيهما متساويان فالجذر يعدل ثلاثة. ولأنّ نسبة المال

---

٢ ينسبه: تنسبه[ا]   ٤ كما: في[ا]   ١٣ فيقسم: يقسم[ب]   ١٤ ينسبه: تنسبه[ا]

à la racine est comme le rapport de la racine à un. Si donc le *carré* est égal à trois racines, la racine est égale à trois unités.

Si on dit la moitié d'un *carré* égale cinq racines, c'est-à-dire cinq racines d'un *carré* entier, alors un *carré* égale dix racines et la racine du *carré* est dix.

Si on dit : deux *carrés* égalent une racine, alors un *carré* égale la moitié d'une racine, la racine du *carré* est un demi et le *carré* est un quart. Le résultat est que tu poses la quantité de racines qui égalent un seul *carré* une racine de ce *carré*.

Et ceux-ci sont les trois problèmes simples.

QUATRIÈME PROBLÈME

C'est le premier des problèmes composés.

Un carré plus des racines égalent un nombre. Tu prends la moitié du nombre de racines, tu la multiplies par elle-même, tu ajoutes le ré-sultat au nombre mentionné dans le problème, tu prends la racine du total, tu soustrais d'elle la moitié du nombre de racines, le reste est la racine du *carré*, [B-36r°]

tu le mets au carré et il vient le *carré*.

Comme s'il est dit : un *carré* plus dix racines égalent trente-neuf. Cela signifie : [A-133v°]

en ajoutant à un *carré* dix de ses racines on obtient à trente-neuf en nombre. Tu prends la moitié du nombre de racines, à savoir cinq, tu la multiplies par elle-même, tu ajoutes le résultat au nombre men-tionné, c'est-à-dire trente-neuf, et il vient soixante-quatre. Tu prends sa racine, à savoir huit, et tu soustrais d'elle la moitié du nombre de racines. Il reste trois, à savoir la racine du *carré*, donc le *carré* est neuf.

إلى الجذر كنسبة الجذر إلى الواحد. فإذا عادل المال ثلاثة أجذارٍ عادل الجذر ثلاثة آحادٍ.

فإن قال نصف مالٍ يعدل خمسة أجذارٍ، أي خمسة أجذار مالٍ كاملٍ، فمالٌ يعدل عشرة أجذاره فجذر المال عشرة.

فإن قال مالان يعدلان جذرًا فمالٌ يعدل نصف جذر فجذر المال نصفٌ والمال ربعٌ. فالحاصل إنّك تجعل عدّة الجذور التي يعادل مالًا واحدًا جذرًا لذلك المال.

فهذه هي المسائل الثلاث المفردة.

المسألة الرابعة

وهي الأولى من المقرنات.

مالٌ وجذورٌ تعدل عددًا. فتأخذ نصف عدد الأجذار، وتضربه في نفسه، وتزيد المرتفع على العدد المذكور في المسألة، وما بلغ تأخذ جذره وتنقص منه نصف عدد الأجذار، فما يبقى فهو جذر المال، [ب-٣٦و] فتربّعه فيكون المال.

كما إذا قيل مالٌ وعشرة أجذارٍ تعدل تسعةً وثلاثين. [ا-١٣٣ظ] ومعنى ذلك: مال زيدَ عليه عشرة أجذاره فبلغ تسعة وثلاثين من العدد. فتأخذ نصف عدد الأجذار وهي خمسةٌ وتضربها في نفسها، وتزيد المرتفع على العدد المذكور، أعني تسعة وثلاثين، فيصير أربعة وستّين. تأخذ جذرها ثمانية وتنقص منها نصف عدد الأجذار. فيبقى ثلاثة وهي جذر المال فالمال تسعةٌ.

La cause de cela est ce que nous avons mentionné dans les propositions : si tu divises un nombre quelconque en deux moitiés, puis que
tu lui ajoutes une grandeur, alors le produit du nombre tout entier
avec l'ajout par l'ajout avec le carré de la moitié du nombre est égal
au carré de la moitié du nombre avec l'ajout. Le produit du nombre
avec l'ajout par l'ajout est une expression issue du produit du nombre
par l'ajout avec le produit de l'ajout par l'ajout, c'est-à-dire du carré
de l'ajout. En effet, tu as introduit que le produit d'une grandeur par
une grandeur est une expression issue du produit de l'ensemble de
ses parties[1] par elle. Si tu connais ceci, alors dix peut être ajouté à
la racine demandée et au produit de dix avec la racine par la racine,
jusqu'à devenir un *carré* plus dix racines, ce qui égale trente-neuf. Si
nous lui ajoutons le carré de la moitié de dix, on parvient au carré
de la somme de la moitié de dix avec la racine, donc sa racine est la
moitié de dix avec la racine. Si nous ôtons de lui la moitié de dix il
reste la racine demandée.

Si les *carrés* sont plus nombreux qu'un seul *carré*, tu les ramènes à
un seul *carré* ; s'ils sont moins nombreux, tu les complètes en un seul
carré et nous travaillons avec les racines et les nombres comme nous
avons travaillé avec le *carré*. C'est ce par quoi tu rapportes un seul *carré*
à l'ensemble des *carrés* [B-36v°]
qui sont dans le problème et tu prends son rapport relativement aux
carrés, aux racines et aux nombre. Si tu ne veux pas ramener les *carrés*
à un seul *carré*, ou compléter le *carré*, alors tu multiplies la moitié du
nombre de racines qui est avec les *carrés* par elle-même, tu lui ajoutes
le produit du nombre par le nombre de *carrés*, tu prends la racine du
total, [A-134r°]
tu retranches de ceci la moitié du nombre de racines et tu divises ce
qui reste par le nombre de *carrés*. Le résultat est la racine du *carré*.

Comme s'il est dit : trois *carrés* plus dix racines égalent trente-
deux unités. Soit nous prenons un tiers du total, il vient un *carré* plus
trois racines plus un tiers égale dix unités plus deux tiers d'unité.

---

1 Littéralement : « l'ensemble des parties l'une par l'autre ».

وعِلّة ذلك ما ذكرنا في المؤامرات إنّ كلّ عددٍ قسمته بنصفين ثمّ زدت عليه
مقدارًا، فإنّ ضرب العدد كلّه مع الزيادة في الزيادة مع مربّع نصف العدد مساوٍ
لمربّع نصف العدد مع الزيادة. وضرب العدد مع الزيادة في الزيادة عبارةٌ عن ضرب
العدد في الزيادة مع ضرب الزيادة في الزيادة، أعني مربّع الزيادة. لما تقدّم أنّ
ضرب مقدارٍ في مقدارٍ عبارةٌ عن ضرب جميع أجزائه فيه. إذا عرفت هذا فالعشرة ٥
قد زيد عليهما الجذر المطلوب وضربُ العشرة مع الجذر في الجذر حتّى صار
مالًا وعشرة أجذارٍ التي تعدل تسعة وتلاثين. فإذا زدنا عليها مربّع نصف العشرة،
بلغ مربّع المجموع من نصف العشرة مع الجذر، فجذره هو نصف العشرة مع
الجذر. فإذا أسقطنا منه نصف العشرة بقي الجذر المطلوب.

وإن كانت الأموال أكثرُ من مالٍ واحدٍ فتردّها إلى مالٍ واحدٍ، وإن كانت أقلّ ١٠
فتكمّله مالًا واحدًا. ونعمل بالجذور والعدد مثل ما عملناه بالمال. وذلك بأن
تنسب المال الواحد إلى جميع الأموال [ب-٣٦ظ]
التي في المسألة وتأخذ بنسبته من الأموال والجذور والعدد. وإن لم تُرد أن تَرُدّ
الأموال إلى مالٍ واحدٍ أو تكمّل المال، فتضرب نصف عدد الأجذار التي يكون
مع الأموال في نفسه، وتضمّ إليه ما يرتفع من ضرب العدد في عدد الأموال، ١٥
وتأخذ جذر المبلغ [ا-١٣٤و]
فما* كان تسقط منه نصف عدد الأجذار وما يبقى تقسمه على عدد الأموال،
فما خرج فهو جذر المال.

كما إذا قيل ثلاثة أموالٍ وعشرة أجذارٍ يعدل اثنين وثلاثين أحدًا، فأمّا أن تأخذ
ثلث جميع ما معنا فيصير مالٌ وثلاثة أجذارٍ وثلث تعدل عشرة آحادٍ وثلثي واحدٍ. ٢٠

---

٥ ضرب: في[ا] ١٢ تنسب: ينسب[ا] ١٤ تكمّل: يكمّل[ب] ١٤ فتضرب: فيضرب[ب]
١٥ وتضمّ: ويضمّ[ب]

* فما: مكررة في الهامش [ا]

Soit nous multiplions la moitié du nombre de racines par elle-même, il vient vingt-cinq, nous lui ajoutons le résultat du produit de trente-deux par trois, qui est le nombre de *carrés*, il vient cent-vingt-et-un, on prend sa racine, c'est-à-dire onze, on ôte d'elle la moitié du nombre de racines. Il reste six, nous le divisons par trois, qui est le nombre de *carrés*, on obtient deux, à savoir la racine du *carré*.

Comme s'il est dit un tiers plus un quart d'un *carré* plus deux racines égalent trente-trois unités. Soit nous multiplions l'ensemble de notre expression [par un plus] cinq septièmes et il vient : un *carré* plus trois racines plus trois septièmes d'une racine égalent cinquante-six unités plus quatre septièmes d'unité[2]. Soit nous prenons la moitié du nombre de racines, à savoir une unité, nous la multiplions par elle-même, nous lui ajoutons le résultat du produit d'un tiers plus un quart par trente-trois, il vient vingt plus un quart. Tu prends sa racine, à savoir quatre plus un demi, et on ôte d'elle la moitié du nombre de racines : Il reste trois plus un demi, [B-37r°]
nous le divisons par un tiers plus un quart, et cela en cherchant une quantité parmi celles qui lui sont égales. Tu trouves six et c'est la racine du *carré*.

Et ce procédé peut rendre plus facile les problèmes d'association de plusieurs fractions différentes, car leur pratique est difficile.

Si tu veux que ton procédé mène au *carré* sans [passer par] la racine, alors, une fois avoir ramené et complété, le procédé est tel qu'on multiplie le nombre mentionné dans le problème par le carré du nombre de racines, qu'on ajoute au total le résultat du produit de la moitié du carré du nombre de racines par elle-même et qu'on prend la racine du total.

Si tu veux, tu dis : tu soustrais cette racine de la somme de la moitié du carré du nombre de racines, si tu lui associes le nombre qui est au début du problème, alors le reste [A-134v°]

---

2   Deux erreurs figurent dans cet exemple : l'auteur écrit « ajouter » à la place de « multiplier », et il oublie un terme du nombre à multiplier.

وأمّا أن نضرب نصف عدد الأجذار في نفسه، فيكون خمسة وعشرين، نزيد عليها ما يرتفع من ضرب اثنين وثلاثين في ثلاثة التي هي عدد الأموال، فيصير مائة واحدًا وعشرين. يأخذ جذرها أحد عشر، يلقى منه نصف عدد الأجذار. يبقى ستّة نقسمها على الثلاثة التي هي عدد الأموال، يخرج اثنان وهو جذر المال.

وكما إذا قيل ثلث وربع مالٍ وجذران تعدل ثلاثة وثلاثين أحدًا. فأمّا أن نضرب على جميع ما معنا [واحد و]خمسة أسباعه، فيصير مال وثلاثة أجذار وثلاثة أسباع جذرٍ يعدل ستّة وخمسين أحدًا وأربعة أسباع واحدٍ. فأمّا أن تأخذ نصف عدد الأجذار وهو واحدٌ ونضربه في نفسه ونزيد عليه ما يرتفع من ضرب ثلثٍ وربعٍ في ثلاثة وثلاثين فيصير عشرين ورُبعًا. تأخذ جذره أربعة ونصفًا، يلقى منه نصف عدد الأجذار، يبقى ثلاثة ونصفٌ، [ب-٣٧و] نقسمه* على ثُلثه وربعٍ، وذلك بأن ينظر إلى كميّة ما فيه من أمثال. تجده ستّةً وهي جذر المال.

وهذا العمل قد يكون أسهل في المسائل الجامعة لكسور كثيرة مختلفةٍ، لأنّ تجرتها يصعب.

وإن أردتَ أن تؤدى عملك إلى المال دون الجذر فالعمل في ذلك بعد الردّ والإكمال، أن يضرب العدد المذكور في مسألة في مربّع عدد الأجذار ويزيد على المبلغ ما يرتفع من ضرب نصف عدد الأجذار مربّع في نفسه وتأخذ جذر المبلغ. فإن شئت قلتَ: تنقص هذا الجذر ممّا يجتمع من نصف مربّع عدد الأجذار، إذا ضممت إليه العدد الذي كان في أصل المسألة، فما يبقى [ا-١٣٤ظ]

---

١ وأمّا أن نضرب: وإن تضرب[ب]   ٤ نقسمها: يقسمها[ب]   ٥ تعدل: يعدل[ب]   ٦ نضرب: يزيد[ب]
٧ وثلاثة أسباع: أو ثلاثة أسباع   ٧ فأمّا: وأمّا[ب]   ٨ ونضربه: ويضربه[ب]   ٨ ونزيد: ويزيد[ب]
١١ نقسمه: يقسمه[ب]   ١١ ثُلثه: ثُلثِ[ا]   ١٧-١٦ ويزيد على المبلغ ما يرتفع من ضرب نصف مربّع عدد الأجذار: في[ب]   ١٨ تنقص: ينقص[ب]

* يقسمه: مكررة في الهامش [ب]

est le *carré* demandé. Et si tu veux, tu dis : tu soustrais de cette racine la moitié du carré du nombre de racines et tu ôtes le reste du nombre qui est au début du problème. Le reste est le *carré* demandé et sa racine est la racine du carré.

Comme s'il est dit : un *carré* plus cinq racines égale vingt-quatre unités, tu multiplies vingt-quatre par le *carré* de cinq, il vient six-cent, tu lui ajoutes le résultat du produit de la moitié du carré de cinq, à savoir douze plus un demi, par lui-même, à savoir cent-quarante-quatre plus un quart, il vient sept-cent-quarante-quatre plus un quart et tu prends sa racine, à savoir vingt-sept plus un demi.

Soit tu dis : tu prends la moitié du carré du nombre de racines, à savoir douze plus un demi, et tu l'associes au nombre mentionné, à savoir vingt-quatre, donc il vient trente-six plus un demi. Tu soustrais de lui la racine mentionnée, à savoir vingt-sept plus un demi, il reste neuf, à savoir le *carré*. [B-37v°]

Soit tu dis : tu soustrais de vingt-sept plus un demi la moitié du carré du nombre de racines, à savoir douze plus un demi, il reste quinze, tu l'ôtes du nombre mentionné, à savoir vingt-quatre. Il reste neuf, c'est le *carré* demandé et sa racine, à savoir trois, est la racine du carré.

Les arithméticiens introduisent une autre manière d'obtenir la racine, qu'ils rapportent à la voie de Diophante, et cela en demandant, dans l'exemple précédent, un nombre tel que, si nous l'ajoutons à un *carré* plus cinq racines, il vient un premier radicande. Tu trouves deux plus un demi et, si nous l'ajoutons à un *carré* plus cinq racines, il vient un radicande tel que sa racine est une racine plus deux plus un demi.

Nous savons déjà que, en vertu de la question, un *carré* plus cinq racines est vingt-quatre. Si donc nous retranchons un *carré* plus cinq racines d'un *carré* plus cinq racines plus six unités plus un quart, et si nous retranchons vingt-quatre unités, alors il vient trente plus un quart. Sa racine est cinq plus un demi et ceci égale une racine plus

فهو المال المطلوب. وإن شئت قلت: تنقص من هذا الجذر نصف مربّع
عدد الأجذار. فما بقى تلقيه من العدد الذي كان في أصل المسألة فما يبقى
فهو المال المطلوب وجذره جذر المال.

كما إذا قيل مال وخمسة أجذارٍ يعدل أربعة وعشرين أحدًا، فتضرب أربعة
٥ وعشرين في مربّع خمسة فيكون ستّمائة، تزيد عليها ما يرتفع من ضرب نصف
مربّع الخمسة وهو اثنا عشر ونصفٌ في نفسه وهو مائة و أربعة وأربعون ورُبُعٌ، فتصير
سبعمائة و أربعة وأربعون وربعًا، تأخذ جذره سبعة وعشرين ونصفًا.

فإن شئت قلت: تأخذ نصف مربّع عدد الأجذار وهو اثنا عشر ونصفٌ، وتضمّه
إلى العدد المذكور وهو أربعة وعشرون فيصير ستّة وثلاثين ونصفًا، تنقص منه الجذر
١٠ المذكور وهو سبعة وعشرون ونصفٌ، يبقى تسعة وهي المال. [ب-٣٧ظ]

وإن شئت قلت: تنقص من سبعةٍ وعشرين ونصف نصف مربّع عدد الأجذار
وهو اثنا عشر ونصفٌ، فيبقى خمسة عشر، تلقيها من العدد المذكور وهو أربعة
وعشرون، فيبقى تسعة وهي المال المطلوب وجذرها ثلاثة وهي جذر المال.

وأورد الحُسّاب في إخراج الجذر طريقةً أخرى ينسبونها إلى مذهب ديوفبطس
١٥ وذلك أنّا نطلب في المثال السّابق عددًا إذا زدناه على مالٍ وخمسة أجذار وصار
معه مجذور أوّلًا، تجده الاثنين ونصفًا فإذا زدناها على مال وخمسة أجذار كان
مجذورًا، جذره جذر واثنان ونصف.

وقد علمنا بحكم السؤال أنّ مالًا وخمسة أجذارٍ هي أربعة وعشرون، فإذا
أسقطنا من مالٍ وخمسة أجذار وستّة آحادٍ وربع، مالًا وخمسة أجذارٍ وأقمنا مقامها
٢٠ أربعة وعشرين أحدًا، فصار ثلاثين ربعًا وجذرها خمسة ونصفٌ وذلك يعدل جذرًا

---

¹ وإن: فإن[ب] ¹ تنقص: ينقص[ب] ¹ الجذر: الأجذار[ا] ⁵ تزيد: يزيد ⁶ مائة و أربعة
وأربعون: مائة وستّة وخمسون ⁷ سبعمائة و أربعة وأربعون: سبعمائة وستّة وخمسون ⁹ تنقص: ينقص[ب]
¹¹ تنقص: ننقص[ب] ¹² تلقيها: يلقيها[ب] ¹⁵-¹٦ وصار معه مجذور أوّلًا، تجده الاثنين ونصفًا
فإذا زدناها على مال وخمسة أجذار: في[ب] ¹⁸ فإذا: وإذا[ب] ²⁰ فصار: صار[ب]

deux plus un demi. Si nous éliminons deux plus un demi des deux côtés il reste : la racine égale trois unités et elle est la racine du *carré*. Cette méthode [A-135r°]
est la même méthode bien connue que nous avons mentionnée dans le premier problème et, afin que la racine du total soit, après l'ajout, une racine plus la moitié du nombre de racines, ce nombre ne peut pas être moins un carré de la moitié du nombre de racines. On ne distingue pas fondamentalement entre les deux procédés, toutefois la méthode vérifiée est plus simple et plus élégante.

CINQUIÈME PROBLÈME

Un carré plus un nombre égalent des racines.   Si le nombre mentionné avec le *carré* est plus petit que le carré de la moitié du nombre de racines, alors on prend la moitié [B-38r°]
du nombre de racines, on la multiplie par elle-même, on soustrait d'elle le nombre mentionné et tu prends la racine du reste. Soit on l'ajoute à la moitié du nombre de racines, soit on la soustrait d'elle : le total ou le reste est la racine du carré.

Comme s'il est dit : un *carré* plus vingt-et-un unités égalent dix racines. Nous prenons la moitié du nombre de racines, nous la multiplions par elle-même, il vient vingt-cinq, nous ôtons d'elle le nombre mentionné, à savoir vingt-et-un, il reste quatre et nous prenons sa racine, à savoir deux. Soit nous l'ajoutons à la moitié du nombre de racines, il vient sept, à savoir la racine du *carré* et le *carré* est quarante-neuf. Soit nous l'ôtons d'elle, il reste trois, à savoir la racine du *carré* et le *carré* est neuf.

La cause de cela est ce que nous avons mentionné dans les propositions : en divisant un nombre quelconque en deux parties différentes, le produit d'une partie par l'autre avec le carré de la moitié de leur différence est égal au carré de la moitié du nombre.

واثنين ونصفًا. فإذا أسقطنا اثنين ونصفًا من الجانبين يبقى الجذر يعدل ثلاثة آحادٍ وهو جذر المال. وهذه الطريقة [ا-١٣٥و]
بعينها هي الطريقة المشهورةُ التي ذكرناها في أوّل المسألة، فإنّ ذلك العدد لا يمكن أن يكون إلّا مربّع نصف عدد الأجذار، ليكون جذر المبلغ بعد الزيادة جذرًا ونصف عدد الأجذار. فلا فرق بين العملين أصلًا مع أنّ الطريقه المشهورة أسهل وألطف.

المسألة الخامسة

مالٌ وعددٌ يعدل جذورًا. فالعدد المذكور مع المال إن كان أقلّ من مربّع نصف عدد الأجذار فيأخذ نصف [ب-٣٨و]
عدد* الأجذار ويضربه في نفسه، وينقص منه العدد المذكور، وتأخذ جذر الباقي. فأمّا أن يزيده على نصف عدد الأجذار أو ينقصه منه فما بلغ أو بقي فهو جذر المال.

كما إذا قيل مالٌ وأحدٌ وعشرون أحدًا يعدل عشرة أجذارٍ. فنأخذ نصف عدد الأجذار ونضربه في نفسه فيصير خمسة وعشرين، نلقي منها العدد المذكور وهو أحد وعشرون، يبقى أربعة، نأخذ جذرها اثنين. فأمّا أن نزيده على نصف عدد الأجذار فيصير سبعة وهي جذر المال والمال تسعةٌ وأربعون. وأمّا أن ننقصه منه، فيبقى ثلاثة وهي جذر المال والمال تسعة.

وعلّة ما ذكرنا في المؤامرات إنّ كلّ عددٍ قسم بقسمين مختلفين فإنّ ضرب أحد القسمين في الآخر مع مربّع نصف الفضل بينهما مساوٍ لمربّع نصف العدد.

١٠ ويضربه: ونضربه[ا]   ١٠ وتأخذ: ونأخذ[ا]   ١١ ينقصه: تنقص[ب]   ١٣ فنأخذ: فتأخذ[ب]
١٤ ونضربه: وتضربه[ب]   ١٤ نلقي: نلقي[ا]يلقى[ب]   ١٥ نأخذ: تأخذ[ب]   ١٥ نزيده: تزيده[ب]
١٦ ننقصه: ينقصه[ب]   ١٩ الآخر: الأدض[ب]

* عدد: مكررة في الهامش [ب]

Ici, dix est plus grand que la racine parce que dix, multiplié par la racine, devient dix racines, ce qui est égal au produit de la racine par elle même avec vingt-et-un. Tu divises dix par la racine et par l'autre nombre ; le produit de ce nombre avec la racine, c'est-à-dire dix tout entier, par la racine est le carré avec vingt-et-un. Si donc nous retranchons de lui le *carré* qui vient du produit de la racine par la racine, il reste vingt-et-un et ce dernier vient du produit de ce nombre par la racine. Cette racine et le nombre sont différents, sinon le produit d'un des deux par l'autre aurait été égal [A-135v°]

au carré de la moitié de dix, donc le produit de ce nombre par la racine avec le carré de la moitié de la différence entre les deux est égal au carré de la moitié de dix [B-38v°]

Si nous ôtons du carré de la moitié de dix vingt-et-un, [obtenu] du produit de ce nombre par la racine, il reste le carré de la moitié de la différence. Si nous ajoutons sa racine à la moitié de dix, elle devient la plus grande partie, et si nous la soustrayons de lui, reste la plus petite partie.

Il est évident à partir de cela que, si le nombre mentionné est égal au carré de la moitié du nombre de racines, alors la racine du nombre est égale à la racine du *carré*. Comme s'il est dit : un *carré* plus vingt-cinq unités égalent dix racines, donc la racine du carré est cinq. Si le nombre est plus grand que le carré de la moitié du nombre de racines, alors le problème est impossible. Comme s'il est dit : un *carré* plus trente unités égalent dix racines. En effet, le produit d'une des deux parties différentes par l'autre est plus grand que le carré de la moitié du nombre, ce qui est impossible.

Ensuite, dans certains problèmes, le procédé est vrai en ajoutant et en soustrayant comme nous l'avons mentionné, tandis que, dans d'autres, il n'est vrai qu'avec l'une des deux opérations, si Dieu le veut !

Si les *carrés* sont plus nombreux qu'un seul *carré*, alors tu les ramènes à un seul *carré* et tu prends leur rapport rapporté à l'ensemble des racines et du nombre de ton expression. S'ils sont moins nombreux qu'un seul *carré*, alors tu les complètes en un seul *carré* et tu ajoutes ce-dernier au total par ce rapport.

فهنا العشرة أكثر من الجذر، لأنّ العشرة ضرب في الجذر، فصار عشرة أجذار التي هي مثل ضرب الجذر في نفسه مع أحدٍ وعشرين. فالعشرةُ قسمت إلى الجذر وإلى عددٍ آخر وضرب ذلك العدد مع الجذر أعني جميع العشرة في الجذر وهو المال مع أحدٍ وعشرين. فإذا أسقطنا منه المال الذي هو من ضرب الجذر في الجذر بقي أحدٌ وعشرون وهي من ضرب ذلك العدد في الجذر. فذلك الجذر والعدد مختلفان، وإلّا لكان ضرب أحدهما في الآخر مساويًا [١٣٥ظ-١] لمربّع نصف العشرة، فإذًا ضرب ذلك العدد في الجذر مع مربّع نصف الفضل بينهما مساوٍ لمربّع نصف العشرة. [ب-٣٨ظ]

فإذا ألقينا من مربّع نصف العشرة أحدًا وعشرين الذي هو من ضرب ذلك العدد في الجذر يبقى مربّع نصف الفضل. فإن زدنا جذره على نصف العشرة صار القسم الأعظم وإن نقصنا منه بقي القسم الأصغر.

ومن هذا يتبيّن أنّ العدد المذكور إن كان مثل مربّع نصف عدد الأجذار فجذر العدد مثل جذر المال. كما إذا قيل مال وخمسة وعشرون أحدًا يعدل عشرة أجذارٍ فجذر المال خمسة.

وإنّ العدد إن كان أكثر من مربّع نصف عدد الأجذار فالمسألة مستحيلةٌ. كما إذا قيل مالٌ وثلاثون أحدًا يعدل عشرة أجذارٍ لأنّه يصير ضرب أحد القسمين المختلفين في الآخر أكثر من مربّع نصف العدد وهو محالٌ.

ثمّ إنّ العمل يصحّ في بعض المسائل بالزيادة والنقصان كما ذكرنا، وفي بعضها لا يصحّ إلّا بأحدهما على ما يتصحّ في العمليات إن شاء اللّه تعالى.

وإن كانت الأموال أكثر من مالٍ واحدٍ فتردّها إلى مالٍ واحدٍ وتأخذ بنسبته من جميع ما معك من الأجذار والعدد. وإن كان أقلّ من مالٍ واحدٍ فتكمّله مالًا واحدًا وتزيد على ما معك بتلك النسبة.

١ فصار: فصال[ب]   ٣ مع الجذر: في[١]

Si tu ne veux pas ramener les *carrés* à un seul *carré* ou les compléter en un *carré*, alors tu multiplies la moitié du nombre de racines par elle-même, tu ôtes d'elle le produit du nombre de carrés par le nombre et tu prends la racine du reste. Soit on l'ôte de la moitié du nombre de racines, soit on l'ajoute à elle. Tu divises le reste ou le total par le nombre de *carrés*, et le résultat [B-39rº]
est la réponse.

Comme s'il est dit deux *carrés* plus vingt unités égalent quatorze racines. Tu ramènes le total à un demi, il vient : un carré plus dix unités égale sept racines. On multiplie la moitié du nombre de racines par elle-même et on ôte d'elle le résultat du produit du nombre de *carrés* par le nombre. Il reste neuf, on prend sa racine. Soit tu l'ôtes de la moitié du nombre [A-136rº]
de racines : il reste quatre. Soit on l'ajoute à lui : il vient dix. On divise un des deux [résultats] par le nombre de *carrés*. On obtient soit cinq soit deux et chacun des deux convient en tant que racine du carré.

Comme s'il est dit un tiers d'un *carré* plus douze unités égalent cinq racines. Soit tu multiplies le total par trois, il vient : un *carré* plus trente-six unités égalent quinze racines. Soit on multiplie la moitié du nombre de racines par elle-même, il vient six plus un quart, nous multiplions le nombre de *carrés* par le nombre, à savoir quatre, et nous l'ôtons de six plus un quart. Il reste deux plus un quart. Tu prends sa racine, à savoir un plus un demi, soit on l'ajoute à la moitié du nombre de racines et il vient quatre, soit on la soustrait de lui et il reste une unité. On divise deux quelconques d'entre eux par un tiers, qui est le nombre de *carrés*, et on obtient douze ou trois et chacun des deux peut être une racine du *carré*.

Si tu veux que ton procédé mène à la valeur du *carré* sans [passer par] la racine, alors tu multiplies le nombre mentionné dans le problème par le carré du nombre de racines et tu gardes le résultat,

وإن أردت أن لا تردّ الأموال إلى مالٍ واحدٍ أو لا تكمّل مالًا واحدًا، ضربت نصف عدد الأجذار في نفسه وألقيت منه ضرب عدد الأموال في العدد وأخذت جذر الباقي. فأمّا أن يلقيه من نصف عدد الأجذار أو يزيده عليه. فما بقي أو بلغ تقسمه على عدد الأموال فما خرج [ب-٣٩و] كان* جوابًا.

كما إذا قيل مالان وعشرون أحدًا تعدل أربعة عشر جذرًا. فأمّا أن تردّ الكلّ إلى النصف فيكون: مال وعشرة آحادٍ تعدل سبعة أجذارٍ. وأمّا أن يضرب نصف عدد الأجذار في نفسه، ويلقى منه المرتفع من ضرب عدد الأموال في العدد. يبقى تسعة، يأخذ جذرها. فأمّا أن تلقيه من نصف عدد [١٣٦و-١] الأجذار فيبقى أربعة، أو يزيده عليه فيصير عشرة. فيقسم أيّهما شئت على عدد الأموال فيخرج أمّا خمسة أو اثنان وكلّ واحدٍ منهما يصلح أن يكون جذر المال.

وكما إذا قيل ثلث مال واثنا عشر أحدًا تعدل خمسة أجذار، فإمّا أن تضرب جميع ما معنا في ثلاثةٍ فيصير: مال وستّة وثلاثون أحدًا تعدل خمسة عشر جذرًا. وإمّا أن تضرب نصف عدد الأجذار في نفسه فيكون ستّة وربعًا ونضرب عدد الأموال في العدد فيكون أربعة، نلقيها من ستّة وربع. يبقى اثنان وربع. تأخذ جذر ذلك واحدًا ونصفًا، فإمّا أن تزيده على نصف عدد الأجذار فيكون أربعة، أو تنقصه منه فيبقى واحدٌ. فيقسم أيّهما شئت على الثلاث الذي هو عدد الأموال فيخرج اثنا عشر أو ثلاثة وكلّ واحدٍ منهما يجوز أن يكون جذر المال.

وإن أردت أن تؤدى عملك إلى إخراج المال دون الجذر فتضرب العدد المذكور في المسألة في مربّع عدد الأجذار وتحفظ المبلغ، ثمّ تضرب نصف

---

٦ فأمّا أن تردّ: فإن أمّا أن يردّ[ب]   ٩ يأخذ: تأخذ[ا]   ١١ خمسة أو اثنان: اثنان أو خمسة[ب]   ١٢ تضرب: يضرب[ب]   ١٤ تضرب: يضرب[ب]   ١٥ تأخذ: يأخذ[ب]   ١٦ تزيده: يزيده[ب]   ١٧ تنقصه: ينقصه[ب]   ١٧ شئت: سبب[ب]   ١٩ فتضرب: فيضرب[ب]   ٢٠ وتحفظ: ويحفظ[ب]   ٢٠ تضرب: يضرب[ب]

* كان: مكررة في الهامش [ب]

puis tu multiplies la moitié du carré du nombre de racines par elle-même, tu ôtes d'elle le gardé et tu prends la racine du reste. Soit tu l'ajoutes à la moitié [B39v°] du carré du nombre de racines et tu ôtes d'elle le nombre. Soit tu le soustrais de la moitié du carré du nombre de racines, tu ôtes du reste le nombre et il reste le *carré* demandé.

Comme s'il est dit : un *carré* plus vingt-et-un unités égalent dix racines. Tu multiplies vingt-et-un par le carré de dix, il vient deux-mille-cent : Tu le gardes, puis tu multiplie la moitié de cent, à savoir le carré du nombre de racines, par elle-même et tu ôtes d'elle le gardé, il reste quatre-cent. Tu prends sa racine, à savoir vingt, soit tu l'ajoutes à la moitié de cent, il vient soixante-dix, tu ôtes d'elle vingt-et-un et il reste quarante-neuf, à savoir le *carré*. [A-136v°] Soit tu l'ôtes de la moitié de cent et tu retranches du reste vingt-et-un. Il reste neuf, c'est le *carré*.

Il est évident à partir de cela que, si tu multiplies la moitié du carré du nombre de racines par elle-même et si cela est plus petit que le produit du carré du nombre de racines par le nombre, alors le problème est impossible. Comme s'il est dit : un *carré* plus cent unités égalent quinze racines.

Et s'ils sont égaux, alors le *carré* est égal au nombre. Comme s'il est dit : un *carré* plus cent unités égale vingt racines.

Et si tu veux analyser ce problème selon la voie de Diophante, alors tu cherches un carré tel que, si tu retranches de lui dix racines, qui sont égales à un *carré* plus vingt-et-une unités, le reste est un carré. Pose la racine de ce [dernier] carré une racine moins cinq ou cinq moins une racine, le carré est dans les deux valeurs un *carré* plus vingt-cinq unités moins dix racines.

مربّع عدد الأجذار في نفسه وتلقى منه المحفوظ وتأخذ جذر الباقي. فإن شئت زدته على نصف [ب-٣٩ظ]

مربّع عدد الأجذار وألقيت منه العدد. وإن شئت نقصته من نصف مربّع عدد الأجذار وألقيت من الباقي العدد، فيبقى المال المطلوب.

كما إذا قيل مال واحدٌ وعشرون أحدًا يعدل عشرة أجذار. فتضرب الآحد والعشرين في مربّع العشرة فيكون ألفين ومائة. تحفظها ثمّ تضرب نصف المائة التي هي مربّع عدد الأجذار في نفسه وتلقى منه المحفوظ يبقى أربعمائةٍ. تأخذ جذرها عشرين فإمّا أن تزيدها على نصف المائة يكون سبعين، تلقى منها أحدًا وعشرين، يبقى تسعة وأربعون وهي* المال [ا-١٣٦ظ]

وإمّا أن تلقيها من نصف المائة وتسقط من الباقي أحدًا وعشرين فيبقى تسعة وهي المال.

وقد يتبيّن من هذا أنّك إذا ضربت نصف مربّع عدد الأجذار في نفسه فكان أقلّ من ضرب مربّع عدد الأجذار في العدد فالمسألة مستحيلة. كما إذا قيل مال ومائة أحدٍ تعدل خمسة عشر جذرًا.

وإن كان مثله فالمال مثل العدد. كما إذا قيل مالٌ ومائة أحد تعدل عشرين جذرًا.

وإن أردت أن تحلّل هذه المسألة على مذهب ديوفنطس فتطلب مربّعًا إذا نقصت منه عشرة أجذار التي هي مساوية لمالٍ واحدٍ وعشرين أحدًا، كان الباقي مربّعًا. فاجعل جذر ذلك المربّع جذرًا إلّا خمسة أو خمسة إلّا جذرًا فيكون المربّع على التقديرين مالًا وخمسة وعشرين أحدًا إلّا عشرة أجذارٍ†.

---

¹ وتلقى: وتلقي[ا]وبلقي[ب] ¹ وتأخذ: ويأخذ[ب] ⁷ في نفسه: ونفسه[ب] ⁷-⁸ تأخذ جذرها عشرين: ويأخذ عشرين[ب] ¹⁰ أن: في[ب] ¹⁰ وتسقط: ويسقط[ب] ¹⁷ فتطلب: فيطلب[ب] ¹⁹ فاجعل: واجعل[ب]

* هي: مكررة في الهامش [ا]   † فيكون: مشطوب في [ا]

Tu ôtes, à la place de dix racines, un *carré* plus vingt-et-une unités parce qu'ils sont égaux, il reste quatre unités et sa racine est deux. Ainsi, [B-40r°]
cinq moins une racine est deux et la racine est donc trois, ou une racine moins cinq est deux et la racine est alors sept. Cette méthode revient elle-aussi à ce que tu as introduit mais ce que tu as introduit est plus simple.

SIXIÈME PROBLÈME

Un carré égale des racines plus un nombre. On multiplie la moitié du nombre de racines par elle-même, on l'ajoute au nombre mentionné dans le problème, on prend la racine du résultat, on lui ajoute la moitié du nombre de racines et le résultat est la racine du *carré*.

Comme s'il est dit un *carré* égale trois racines plus dix-huit unités. On multiplie la moitié du nombre de racines par elle-même, il vient deux plus un quart, on l'ajoute au nombre, il vient vingt plus un quart, on prend sa racine, à savoir quatre plus un demi, et on lui ajoute la moitié du nombre de racines. Il vient six, c'est la racine du *carré* et le *carré* est trente-six.

La cause de cela est ce qui a été introduit dans les propositions : si un nombre est divisé en deux parties quelconques, alors le produit du nombre par lui-même [A-137r°]
est égal à son produit par chacune de ses parties et deux grandeurs sont telles que, en multipliant une [autre] grandeur par chacune des deux grandeurs, et si le produit [de cette grandeur] par l'une des deux est plus grand que son produit par l'autre, alors la grandeur dont le résultat est plus grand que l'autre est plus grande que l'autre. Tout cela est évident lorsque tu connais ceci.

La racine multipliée par elle-même devient un carré, multipliée par trois devient trois racines et le carré est plus grand que trois racines en vertu de la question, donc la racine est plus grande que trois

فتلقى مكان عشرة أجذارٍ مالًا واحدًا وعشرين أحدًا مساوية لها، يبقى أربعة آحادٍ وجذرها اثنان. فيكون [ب-٤٠و]

خمسة* إلّا جذرًا اثنين فالجذر ثلاثة، أو يكون جذرًا إلّا خمسة اثنين فالجذر سبعة. وهذا أيضًا عائدٌ إلى ما تقدّم وما تقدّم أسهل.

المسألة السادسة

مالٌ يعدل جذورًا وعددًا. فيضرب نصف عدد الأجذار في نفسه ويزيده على العدد المذكور في المسألة ويأخذ جذر المبلغ ويزيد عليه نصف عدد الأجذار، فما كان فهو جذر المال.

كما إذا قيل مالٌ يعدل ثلاثة أجذارٍ وثمانية عشر أحدًا، فيضرب نصف عدد الأجذار في نفسه فيكون اثنين وربعًا، يزيده على العدد فيكون عشرين وربعًا يأخذ جذرها أربعة ونصفًا ويزيد عليه نصف عدد الأجذار. فيصير ستّة وهو جذر المال والمال ستّةٌ وثلاثون.

وعلّة ذلك ما تقدّم في المؤامرات: إن كلّ عددٍ قسم بقسمين كيف اتّفق فإنّ ضرب العدد في نفسه [ا-١٣٧و]

مساوٍ لضربه في كلّ واحدٍ من قسميه. وإنّ كلّ مقدارين ضُرب في كلّ واحدٍ منهما مقدار فصار المرتفع من ضربه في أحدهما أكثر من ضربه في الآخر فالذي المرتفع من ضربه فيه أكثر هو أكثر من الآخر. وذلك كلّه ظاهرٌ إذا عرفت هذا.

فالجذر ضرب في نفسه فصار مالًا، وضرب في ثلاثة فصار ثلاثة أجذارٍ، والمال أكثر من ثلاثة أجذارٍ بحكم السؤال. فالجذر أكثر من ثلاثة فهو منقسمٌ

---

٧ ويأخذ: ويأخذ[ب] ٩ أجذارٍ: [ب] ٩ جذورٍ: جذور[ب] ١٠ يأخذ: يأخذ[ب] ١٠ يأخذ: يأخذ[ب] ١١ فيصير: فيكون[ب]

* خمسةٌ: مكررة في الهامش [ب]

et elle est partageable en trois et en un autre nombre. Le produit
de la racine par elle-même est égal à son produit par trois et à son
produit par cet autre nombre, mais le produit de la racine par trois
est trois racines, [B-40v°]
donc son produit par ce nombre est dix-huit et ceci est le nombre
ajouté à trois. Le produit de trois avec ce nombre, c'est-à-dire la racine,
par ce nombre avec le carré de la moitié de trois est égal au carré du
nombre qui est composé par la moitié de trois et par ce nombre selon
ce qui as été introduit dans le quatrième problème. Mais le produit
de la racine par ce nombre est dix-huit. Si donc nous lui ajoutons le
carré de la moitié de trois, c'est-à-dire deux plus un quart, la somme
devient égale au carré de la moitié de trois avec ce nombre, donc
sa racine est la moitié de trois avec ce nombre, c'est-à-dire la racine
moins la moitié de trois. Si nous lui ajoutons la moitié de trois il en
résulte la racine toute entière.

Sache qu'il est possible de ramener ce problème au quatrième
problème, cela en posant le *carré* et la racine mentionnés dans celui-
ci comme étant égaux au nombre mentionné. Par la méthode ci-
mentionnée tu obtiens la racine, tu l'ajoutes au nombre de racines
et tu parviens à la racine demandée.

Un exemple de ce cas de figure : tu poses que ce qui est demandé
est dit : un *carré* plus trois racines égalent dix-huit unités. Après le
procédé mentionné, la racine résulte trois, nous l'ajoutons au nombre
de racines, on parvient à six, à savoir la racine demandée.

La cause de cela est que la racine est ici plus grande que trois selon
ce que tu connais, donc elle contient [A-137v°]
trois et une grandeur ajoutée. Si nous posons le *carré* et les racines
mentionnés égaux au nombre mentionné et si nous appliquons le procédé mentionné dans le quatrième problème, on obtient la grandeur
en ajout. Si nous l'associons à trois, il en résulte la racine demandée
et ceci est simple, donc comprends-le.

Si les *carrés* sont plus nombreux [B-41r°]

إلى ثلاثة وإلى عددٍ آخر. فضرب الجذر في نفسه مساوٍ لضربه في الثلاثة وضربه في ذلك العدد الآخر لكن ضرب الجذر في ثلاثة ثلاثة أجذار [ب-٤٠ظ] فضربه في ذلك العدد ثمانية عشر العدد فذلك العدد زيد على الثلاثة. فضرب الثلاثة مع ذلك العدد، أعني الجذر، في ذلك العدد مع مربّع نصف الثلاثة مساوٍ لمربّع العدد الذي ينقسم إلى نصف الثلاثة وإلى ذلك العدد على ما تقدّم في المسألة الرابعة. لكن ضرب الجذر في ذلك العدد هو ثمانية عشر. فإذا زدنا عليها مربّع نصف الثلاثة أعني اثنين ورُبعًا، صار المجموع مثل مربّع نصف الثلاثة مع ذلك العدد، فجذره هو نصف الثلاثة مع ذلك العدد أعني الجذر إلّا نصف الثلاثة. فإذا زدنا عليه نصف الثلاثة حصل الجذر كلّه.

واعلم أنّه يمكن ردّ هذه المسألة إلى المسألة الرابعة وذلك بأن تجعل المال والجذور المذكورة فيها مُعادلًا للعدد المذكور. وتخرج الجذر بالطريق المذكور هناك وتزيده على عِدة الأجذار فتبلغ الجذر المطلوب.

مثاله في هذه الصورة: كأن تجعل السائل يقول مالٌ وثلاثة جذورٍ يعدل ثمانية عشر أحدًا. فيخرج الجذر بعد العمل المجذور هناك ثلاثة، تزيدها على عدّة الأجذار فيبلغ ستّةٌ وهو جذر المطلوب.

وعلّة ذلك أن الجذر هنا أكثر من ثلاثة على ما عرفت فهو مشتملٌ [١-١٣٧ظ] على ثلاثةٍ ومقدارٍ زائدٍ، فإذا جعلنا المال والجذور المذكورة معادلة للعدد المذكور وعملنا العمل* المذكور في المسألة الرابعة، خرج ذلك المقدار الزائد. فإذا ضممناه إلى الثلاثة، حصل الجذر المطلوب وهذا لطيفٌ فأفهمه.

فإن كانت الأموال أكثر [ب-٤١و]

---

٦ عليها: عليهما[ب]   ١٣ كأن تجعل السائل يقول: تجعل كأن السائل قال   ١٤ المجذور: المركّبه[ب]
١٦ ذلك: في[ا]   ١٧ معادلة: معادلًا

* العمل: مكررة في [ا]

qu'un seul carré, tu les ramènes à un seul carré et tu prends le rapport de ce dernier relativement à l'ensemble des racines et du nombre que tu as. S'ils sont plus petits qu'un seul *carré*, tu les complètes en un seul *carré* et on l'ajoute à l'ensemble des racines et du nombre selon le même rapport. Et si tu ne veux ni ramener ni compléter, alors tu multiplies la moitié du nombre de racines par elle-même, tu {l'}ajoutes au produit du nombre de *carrés* par le nombre mentionné, tu prends la racine du total, tu lui ajoutes la moitié du nombre de racines et tu divises le total par le nombre de *carrés*. On obtient la racine du *carré*.

Comme s'il est dit : deux *carrés* égalent quatre racines plus six unités. Soit nous ramenons l'ensemble de notre expression à un demi, il vient : un *carré* égale deux racines plus trois unités. Soit tu multiplies la moitié du nombre de racines par elle même, il vient quatre, tu l'ajoutes au résultat du produit du nombre de *carrés* par le nombre mentionné, il vient seize, tu prends sa racine, à savoir quatre, tu lui ajoutes la moitié du nombre de racines et tu divises le total par le nombre de *carrés*. On obtient trois, c'est la racine du *carré* et le *carré* est neuf.

Et comme s'il est dit : un quart de *carré* égale deux racines plus cinq unités. Soit tu multiplies l'ensemble de ton expression par quatre, il vient : un *carré* égale huit racines plus vingt unités. Soit tu multiplies la moitié du nombre de racines par elle-même, tu l'ajoutes au résultat du produit du nombre de *carrés* par le nombre mentionné et il vient deux plus un quart. Tu prends sa racine, à savoir un plus un demi, tu lui ajoutes la moitié du nombre de racines, il vient deux plus un demi et tu le divises [A-138r°] par le nombre de *carrés*. Tu obtiens [B-41v°] dix, c'est la racine du *carré*, donc le *carré* demandé est cent.

Si tu veux que ton procédé mène à la valeur du *carré* sans [passer par] la racine, alors tu multiplies le carré du nombre de racines par le nombre mentionné dans le problème, tu lui ajoutes le résultat du produit de la moitié

من* مالٍ واحدٍ فتردّها إلى مالٍ واحدٍ وتأخذ بنسبته من جميع ما معك من الأجذار والعدد. وإن كان أقلّ من مالٍ واحدٍ فتكمّله مالًا واحدًا ويزيد على جميع ما معك من الأجذار والعدد بمثل تلك النسبة. وإن أردت أن لا تردّ أو لا تكمّل، فتضرب نصف عدد الأجذار في نفسه وتزيد على ما يرتفع من ضرب عدد الأموال في العدد المذكور، وتأخذ جذر المبلغ وتزيد عليه نصف عدد الأجذار وتقسم المبلغ على عدد الأموال فيخرج جذر المال الواحد.

كما إذا قيل مالان يعدلان أربعة أجذارٍ وستّة آحادٍ. فأمّا أن نردّ جميع ما معنا إلى النصف فيصير: مالٌ يعدل جذرين وثلاثة آحادٍ. وأمّا أن تضرب نصف عدد الأجذار في نفسه فيكون أربعة، تزيدها على ما يرتفع من ضرب عدد الأموال في العدد المذكور فيصير ستّة عشر، تأخذ جذرها أربعة وتزيد عليها نصف عدد الأجذار وتقسم المبلغ على عدد الأموال، فيخرج ثلاثة وهو جذر المال والمال تسعةٌ.

وكما إذا قيل رُبع مالٍ يعدل جذرين وخمسة آحاد، فأمّا أن تضرب جميع ما معنا في أربعةٍ فيصير: مالٌ يعدل ثمانية أجذارٍ وعشرين أحدًا. وأمّا أن تضرب نصف عدد الأجذار في نفسه وتزيده على ما يرتفع من ضرب عدد الأموال في العدد المذكور فيصير اثنين ورُبعًا. تأخذ جذره واحدًا ونصفًا وتزيد عليه نصف عدد الأجذار فيصير اثنين ونصفًا، تقسمه [ا-١٣٨و] على عدد الأموال. فتخرج [ب-٤١ظ] عشرة وهو جذر المال، فالمال المطلوب مائة.

وإن أردت أن تؤدى عملك إلى إخراج المال دون الجذر، فتضرب مربّع عدد الأجذار في العدد المذكور في المسألة وتزيد عليه ما يرتفع من ضرب نصف مربّع

---

¹ وتأخذ: ويأخذ[ب]   ² جميع: في[ا]   ⁸ تضرب: يضرب[ب]   ¹⁶ ورُبعًا: واربعًا[ب]

* من: مكرّرة في الهامش [ب]

du carré du nombre de racines par lui-même, tu prends la racine du total, tu lui ajoutes le nombre mentionné dans le problème avec la moitié du carré du nombre de racines et le total est le *carré* demandé. Comme s'il est dit : un *carré* égale trois racines plus quatre en nombre. Tu multiplies le carré du nombre de racines, à savoir neuf, par le nombre mentionné dans le problème, il vient trente-six. Puis, tu multiplies la moitié de neuf, qui est le carré du nombre de racines, par elle-même, il vient vingt plus un quart. Tu l'ajoutes à trente-six, il vient cinquante-six plus un quart, tu prends sa racine, à savoir sept plus un demi, tu lui ajoutes quatre plus la moitié de neuf, on parvient à seize, à savoir le *carré* demandé.

Sache que la condition [pour la résolution] des problèmes combinés et des trois simples est que leur expression soit valide, sinon le problème ne résulte pas ouvert. Complétons ce chapitre avec deux sections.

PREMIÈRE SECTION

Sur les équations en dehors des équations mentionnées et sur la manière de les ramener à celles-ci, lorsqu'il est possible de les ramener.

Sache que l'exposé de la manière de reconduire [les équations] aux problèmes d'origine n'est pas court sauf si on confronte deux genres. Si donc l'un des deux est un nombre, tu divises le nombre par le nombre de l'autre genre et il en résulte un seul d'eux.

Comme s'il est dit : deux cubes égalent seize unités, alors un seul cube est huit. Comme s'il est dit : un quart d'un *carré-cube* égale huit unités, alors le *carré-cube* égale trente-deux.

Si un des deux [genres] n'est pas un nombre, [B-42r°]
alors tu réduis les deux que tu as mesuré et c'est ce par quoi tu divises chacun des deux par le plus petit des deux rangs afin que l'un des deux genres soit reconduit au nombre.

عدد الأجذار في نفسه وتأخذ جذر المبلغ وتزيد عليه العدد المذكور في المسألة مع نصف مربّع* عدد الأجذار فما بلغ فهو المال المطلوب.

كما إذا قيل مالٌ يعدل ثلاثة أجذارٍ وأربعة من العدد. فتضرب مربّع عدد الأجذار وهو تسعةٌ في العدد المذكور في المسألة فيصير ستّة وثلاثين. ثمّ تضرب نصف التسعة التي هي مربّع عدد الأجذار في نفسه فيصير عشرين وربُعًا. تزيدها على الستّة والثلاثين فيصير ستّة وخمسين وربُعًا، تأخذ جذرها سبعة ونصفًا وتزيد عليها الأربعة ونصف التسعة فيبلغ ستّة عشر وهي المال المطلوب.

واعلم أن شرط المسائل المقرنة والثلاثة من المُفردات أنّ يكون وضعها على الصحّة وإلّا فلا يخرج المسألة مفتوحة.

ولنختم هذا الباب بفصلين.

الفصل الأوّل

في المعادلات التي هي خارجةٌ عن المعادلات المذكورة وكيفيّة ردّ ما يمكن ردّه إليها.

اعلم أنّ ما يؤدّي إليه المسائل من الأُصول غير مختصرةٍ، إلّا أنّه إذا تعادل جنسان. فإن كان أحدهما عددًا فتقسم العدد على عدد الجنس الآخر فيخرج الواحد منه.

كما إذا قيل مكعّبان يعدلان ستّة عشر أحدًا، فالكعب الواحد ثمانية. وكما إذا قيل رُبع مال كعبٍ يعدل ثمانية آحادٍ فمال كعبٍ يعدل اثنين وثلاثين.

وإن لم يكن واحدٌ منهما عددًا، [ب-٤٢و]

فتحطّ الجميع منهما قدرت وذلك بأن تقسم كلّ واحدٍ منهما على واحدٍ من أدنى المرتبتين لينتمى أحد الجنسين إلى العدد.

---

٦ وتزيد: تزيد[ب]   ١٥ فتقسم: فيقسم[ب]   ٢٠ منهما على واحدٍ: في[ا]

* وعدد الأجذار...نصف مربّع: في [ب]

Comme s'il est dit : trois *carré-carrés* égalent [A-138v°] quinze *cubes*, tu divises l'ensemble de ton expression par un seul *cube*, il en résulte : trois racines égalent quinze unités, donc la racine est cinq.

Si tu connais la racines, alors tu connais déjà son *cube* et son *carré-carré* et l'ensemble des puissances. Comme s'il est dit : un *carré-carré* égale cent *carrés*, tu divises le total par un seul carré et il en résulte un *carré* égale cent unités.

Si, parmi trois genres, deux d'eux égalent le troisième et s'ils ne sont pas proportionnels, c'est-à-dire qu'il n'y a aucun terme médian entre eux tel que le rapport d'un des deux extrêmes à lui soit comme son rapport à l'autre extrême – comme s'il est dit : un *cube* plus des racines égalent un nombre, ou bien un *carré-cube* plus un nombre égalent des *carrés*, ou bien un *carré-carré* égale un *cube* plus un nombre – alors on ne peut pas obtenir l'inconnue par la méthode que nous avons expliquée.

Si [les trois genres] sont proportionnels et aucun d'eux n'est un nombre, alors tu les ramènes afin que l'un des genres soit reconduit au nombre. C'est ce par quoi tu les divises par le plus petit [genre] parmi ceux que tu as. [Si les trois genres sont proportionnels], si l'un d'eux est un nombre ou bien si, après la réduction, l'un des deux se termine avec un nombre, alors le procédé se termine selon l'un des trois problèmes combinés.

Comme s'il est dit : un *cube* plus dix *carrés* égalent vingt-quatre racines, ou bien un *carré-carré* plus dix *cubes* égalent vingt-quatre *carrés*. Après la réduction il vient : un *carré* plus dix racines égalent vingt-quatre unités.

Comme s'il est dit : un *cube* plus six racines égalent cinq *carrés*, ou bien un *carré-carré* plus six *carrés* égalent cinq *cubes*. Après la réduction, il vient : un *carré* plus six unités égalent cinq racines.

Et comme s'il est dit : un *cube* égale neuf *carrés* plus dix [B-42v°] racines, ou bien un *carré-carré* égale neuf *cubes* plus dix *carrés*. Après la réduction, il vient : un *carré* égale neuf racines plus dix unités.

كما إذا قيل ثلاثة أموال مالٍ يعدل [١-١٣٨ظ]
خمسة عشر كعبًا، فتقسم جميع ما معك على كعبٍ واحدٍ فيخرج: ثلاثة أجذارٍ
يعدل خمسة عشر أحدًا فالجذر خمسة.

وإذا عرفت الجذر فقد عرفت كعبه ومال ماله وسائر المضلّعات. وكما إذا
قيل مال مالٍ يعدل مائة مالٍ فتقسم جميع ما معك على مالٍ واحدٍ فيخرج مال
يعدل مائة أحدٍ.

وإن تعادل ثلاثة أجناس اثنان منها الثالث فإن لم يكن متناسبة، أي لم تكن
فيها واسطة نسبة أحد الطرفين إليها كنسبتها إلى الطرف الآخر، كما إذا قيل
كعبٌ وجذورٌ يعدل عددًا، أو مال كعبٍ وعدد يعدل أموالًا، أو مال مالٍ يعدل
كعابًا وعددًا، فلا يمكن إخراج المجهول منه بما ذكرنا من الطرق.

وإن كانت متناسبة فإن لم يكن فيها عدد، فتحفظها حتّى ينتهي أحد الأجناس
إلى العدد وذلك بأن تقسمها على واحدٍ من أدنى ما معك.

وإن كان فيها عددًا وانتهى واحدٌ منها بعد الحطّ إلى العدد، فإنّ انتهى العمل
إلى إحدى المسائل* الثلاث المقرنه ظهر العملُ.

كما إذا قيل كعبٌ وعشرة أموالٍ يعدل أربعة وعشرين جذرًا، أو مال مالٍ وعشرة
كعابٍ يعدل أربعة وعشرين مالًا. فبعد الحطّ يصير مال وعشرة أجذار يعدل أربعة
وعشرين أحدًا.

وكما إذا قيل كعبٌ وستّة أجذارٍ تعدل خمسة أموالٍ، أو مال مالٍ وستّة أموالٍ
يعدل خمسة كعابٍ. فبعد الحطّ يصير مال وستّة آحادٍ يعدل خمسة أجذارٍ.

وكما إذا قيل كعبٌ يعدل تسعة أموالٍ وعشرة [ب-٤٢ظ]
أجذارٍ، أو مال مالٍ تعدل تسعة كعابٍ وعشرة أموالٍ. فبعد الحطّ يصير مال يعدل
تسعة أجذارٍ وعشرة آحادٍ.

٨ الآخر: في[ب]   ١٤ إحدى: أحد[ب]

* المسائل: في الهامش [ب]

Si on ne se limite pas aux problèmes combinés, alors le rang le plus élevé figure à la place du *carré*, le moyen [figure] à la place de la racine et nous laissons le nombre à sa place pour revenir à poser un des problèmes combinés. [A-139r°]
Puis, tu appliques le procédé mentionné. Ce que l'on obtient à la place de la racine est alors un seul moyen et le résultat de ce procédé. En revanche, si le moyen n'est pas un terme simple, alors on multiplie la moitié du moyen par elle-même, on ajoute le total au plus petit rang, on prend la racine du total et on soustrait d'elle la moitié du moyen si le moyen est de rang plus grand, ou bien on lui ajoute la moitié du moyen si le moyen est de rang plus petit. Le résultat après cela est le nombre de ce qui est dans un seul moyen.

Si le moyen est un terme simple, tu égales deux espèces l'une homologue à l'autre parmi les extrêmes du moyen, tu multiplies la moitié du moyen par elle-même et tu ôtes d'elle ce qui est de plus petit rang. Tu prends la racine du reste et tu l'ajoutes à la moitié du moyen, ou bien tu la soustrais d'elle. Le total, ou le reste, est le nombre de ce qui est dans le moyen seul. Ce procédé est commun à tous les [problèmes] composés de rang quelconque.

Comme s'il est dit : un *carré-carré* plus cinq *carrés* égalent cent-vingt-six unités. Tu multiplies la moitié du nombre de *carrés* par elle-même, car les *carrés* sont le moyen entre les *carré-carrés* et le nombre, et tu ajoutes le résultat au nombre, car le moyen n'est pas un terme simple. Il vient cent-trente-deux plus un quart, tu prends sa racine, à savoir onze plus un demi, tu soustrais d'elle la moitié du nombre de *carrés*, car le moyen est de rang plus élevé. Il reste neuf, [B-43r°] à savoir le nombre qui est dans le moyen seul, c'est-à-dire le *carré*.

Comme s'il est dit : un *carré-carré* plus neuf unités égalent dix *carrés*. Tu multiplies la moitié du nombre de *carrés* par elle-même

وإن لم ينته إلى المسائل المقترنة فنضع أعلاها رتبةً في موضع المال وأوسطها في موضع الجذر ونترك العدد في موضعه ليرجع إلى وضع إحدى المسائل المقترنةً، [١٣٩-١و]

ثمّ تعمل العمل المذكور فيها. فما خرج مكان الجذر فهو واحدٌ من الواسطة وحاصل العمل في ذلك. إنّ الواسطة إن لم تكن مفردة فيضرب نصف الواسطة في نفسه ويزيد المبلغ على أدناها مرتبةً وتأخذ جذر المبلغ وينقص منه نصف الواسطة، إن كانت الواسطة مع أرفعها مرتبةً، أو تزيد عليه نصف الواسطة، إن كانت الواسطة مع أدناها مرتبةً. فما كان بعد ذلك كان عدد ما في الواحد من الواسطة.

وإن كانت الواسطة مفردةً، تعادل نوعين كلّ واحدٍ نظيرًا الآخر من طرفي هذه الواسطة فتضرب نصف الواسطة في نفسه وتلقى منه ما هو أدنى رُبةً ويأخذ جذر الباقي ويزيده على نصف الواسطة أو ينقصه منه فما بلغ أو بقي فهو عدد ما في الواحد من الواسطة.

وهذا عملٌ عامٌّ لجميع المقرنات من أي المراتب كانت.

كما إذا قيل مال مالٍ وخمسة أموالٍ يعدل مائة وستّة عشرين أحدًا، فتضرب نصف عدد الأموال في نفسه لأنّ الأموال هي الواسطة بين مال المال والعدد، وتزيد المرتفع على العدد لأنّ الواسطة ليست بمفردةٍ، فيصير مائة واثنين وثلاثين وربُعًا. تأخذ جذره أحد عشر ونصفًا، تنقص منه نصف عدد الأموال لأنّ الواسطة مع أرفعها مرتبة، فيبقى تسعة [ب-٤٣و]

وهي عدد ما في الواحد من الواسطة أعني المال.

وكما إذا قيل مال مالٍ وتسعة آحادٍ يعدل عشرة أموالٍ، فتضرب نصف عدد

<hr>

١ في موضع المال: في مال المال[ب]   ١١ ويأخذ: ونأخذ[ا]   ١٢ ويزيده: ونزيده[ا]   ١٢ ينقصه: ننقصه[ا]   ١٤ من: في[ا]

et tu ôtes d'elle le nombre, car le moyen est simple. Il reste seize,
tu prends sa racine, à savoir quatre. Soit tu la soustrais de la moitié
du nombre du moyen, c'est-à-dire de la moitié du nombre des *carrés*,
soit tu l'ajoutes à elle. Il vient soit un soit neuf, à savoir le *carré*.
Comme s'il est dit : un *carré-carré* égale deux *carrés* plus huit
unités. Tu multiplies [A-139v°]
la moitié du nombre des *carrés* par elle-même et tu l'ajoutes au
nombre, car le moyen n'est pas simple. Il vient neuf, tu prends sa
racine, à savoir trois, et tu lui ajoutes la moitié du moyen, car le
moyen est de rang plus petit. Il vient quatre, c'est le *carré*.

DEUXIÈME SECTION

Sur le fait de ramener et de compléter, sur la façon de restaurer
et supprimer dans la comparaison et sur la façon de déterminer des
inconnues par l'algèbre et al-muqābala[3].

Quant au fait de ramener, c'est lorsqu'il t'arrive d'avoir deux espèces ou plusieurs espèces dont le rang le plus élevé est plus nombreux
que l'unité et que tu veux les ramener à une [seule espèce]. Tu rapportes une [de ces espèces] à leur ensemble et tu prends l'ensemble
[de ton expression] selon ce rapport.

Comme s'il est dit : un *carré* plus la moitié d'un *carré* plus douze
unités égalent neuf racines. Tu rapportes un *carré* à un *carré* plus un
demi [*carré*], il vient deux tiers, tu prends deux tiers de l'ensemble [de
ton expression] et il vient un *carré* plus huit unités égale six racines.

Quant au fait de compléter, c'est lorsque, parmi les espèces, celle
de rang le plus élevé est plus petite que l'unité et que tu veux la
compléter. Tu rapportes son défaut relativement au reste, et tu ajoutes
à l'ensemble de l'expression l'égal de ce rapport.

Comme s'il est dit : un cinquième d'un *carré* égale une racine plus
dix unités. Tu rapportes le défaut du *carré*, à savoir quatre cinquièmes,
relativement à son reste, à savoir un cinquième. Il vient quatre de ses
équivalents, tu ajoutes à l'ensemble [B-43v°]

---

3   Au lieu de traduire « la restauration et la comparaison », nous préférons garder ici
l'expression figée « l'algèbre et al-muqābala ».

الأموال في نفسه وتلقى منه العدد لأنّ الواسطة مفردة. يبقى ستّة عشر، تأخذ جذره أربعة. فأمّا أن تنقصه من نصف عدد الواسطة أعني نصف عدد الأموال، أو تزيده عليه، فيصير أمّا واحدًا أو تسعةً وهو المال.

وكما إذا قيل مال مالٍ يعدل مالين وثمانية آحادٍ، فتضرب* [ا-١٣٩ظ] نصف عدد الأموال في نفسه وتزيده على العدد لأنّ الواسطة ليست مفردة. فيصير تسعة، تأخذ جذرها ثلاثة وتزيد عليها نصف الواسطة لأنّ الواسطة مع أقعدها رتبة، فيصير أربعة وهي المال. ٥

الفصل الثاني

في الرّدّ والإكمال وكيفيّة الجبر والإلقاء عند المقابلة. وكيفيّة استخراج المجهول بالجبر والمقابلة. ١٠

أمّا الرّدّ، فهو أن يجى معك نوعان أو أنواعٌ ويكون أرفع الأنواع مرتبةً أكثر من الواحد، فتريد أن تردّه إلى الواحد. فتنسب الواحد منه إلى جميعه فما كان تأخذ من جميع ما معك بتلك النسبة.

كما إذا قيل مالٌ ونصف مالٍ واثنا عشر أحدًا يعدل تسعة أجذار، فتنسب مالًا إلى مالٍ ونصف، فيكون ثلثيه، فتأخذ ثلثي جميع ما معك، فيكون: مالٌ ١٥ وثمانية آحادٍ يعدل ستّة أجذارٍ.

وأمّا الإكمال، فهو أن يكون أرفع الأنواع مرتبةً أقلّ من الواحد فتريد أن تكمّله. فتنسب ما نقص منه ممّا بقي وتزيد على جميع ما معك بمثل تلك النسبة.

كما إذا قيل خمس مالٍ يعدل جذرًا وعشرة آحادٍ، فتنسب ما نقص من المال وهو أربعة أخماسٍ ممّا بقي منه وهو خُمس. فيكون أربعة أمثاله وتزيد على ٢٠ جميع [ب-٤٣ظ]

١٥ ثلثيه: ثلث[ب]

* نصف: مشطوب في [ا]

de ton expression quatre de ses équivalents et c'est ce par quoi tu multiplies l'ensemble de ton expression par cinq. Il vient : un *carré* égale cinq racines plus cinquante unités.

Quant à la manière de restaurer et de supprimer dans la comparaison, cela est que, si on pose une égalité entre les deux expressions et si dans les deux ou dans l'une des deux il y a un soustrait, alors tu le supprimes et tu ajoutes l'égal de celui-ci à l'autre côté. Si une quantité est commune aux deux côtés, tu la supprimes des deux.

Comme s'il est dit un *carré* plus cent unités moins dix racines égalent soixante-seize unités. On restaure le premier extrême de dix racines et on ajoute l'égal de celles-ci à l'autre coté. Il vient : un *carré* plus cent égalent dix racines plus soixante-seize unités. Tu supprimes soixante-seize des deux côtés, il reste un *carré* plus vingt-quatre unités égalent dix racines.

Comme s'il est dit : cent unités moins dix racines égalent quatre-vingt unités [A-140-1rº]
moins un *carré* plus une racine. Nous ajoutons aux deux côtés un *carré* plus dix racines, il vient : un *carré* plus cent unités égalent neuf racines plus quatre-vingt unités. Nous retranchons quatre-vingt unités des deux côtés, il reste un *carré* plus vingt unités égalent neuf racines, et ainsi de suite.

Quant à la manière de déterminer les inconnues par l'algèbre et al-muqābala, sache que l'art des arithméticiens est de déterminer ce qui est inconnu au moyen de ce qui est connu et, à partir de moins de deux connues, on n'obtient aucune inconnue. Ne vois-tu pas que le résultat du produit est connu à partir du multiplicande et du multiplicateur, le résultat de la division à partir du dividende et du diviseur, le résultat du rapport à partir du numérateur et du dénominateur, et ainsi de suite ? Si le chercheur de la science d'algèbre et al-muqābala veut déterminer l'inconnue, il ne peut pas la déterminer au moyen du connu, car s'il y parvenait [B-44rº]
il serait meilleur dans cet art. Sa méthode est que, si le demandé n'est ni un radicande ni un cube, alors nous le posons une chose, ou des parties d'une chose ou encore des multiples d'une chose.

ما معك أربعة أمثاله وذلك بأن تضرب جميع ما معك في خمسةٍ فيصير: مال يعدل خمسة أجذارٍ وخمسين أحدًا.

وأمّا كيفيّة الجبر والإلقاء عند* المقابلة، فهو إنّه إذا جعل التعادل بين جملتين، فإن كان فيهما أو في أحدهما استثناء فتجبره به وتزيد على الجانب الآخر مثله، وإن كان بينهما قدرٌ مشتركٌ فتسقط من الجانبين.

كما إذا قيل مالٌ ومائة أحدٍ إلّا عشرة أجذار يعدل ستّة وسبعين أحدًا. فيجبر الطرف الأوّل بعشرة أجذار ويزيد مثلها على الجانب الآخر. فيكون: مال ومائة يعدل عشرة أجذار وستّة وسبعين أحدًا. فتسقط ستّة وسبعين من الجانبين، فيبقى: مالٌ وأربعة وعشرون أحدًا يعدل عشرة أجذارٍ.

وكما إذا قيل مائة أحدٍ إلّا عشرة أجذار يعدل ثمانين أحدًا [ا-١٤٠-١و] إلّا مالًا وجذرًا. فنزيد على كلّي الجانبين مالًا وعشرة أجذارٍ فيصير: مال ومائة أحدٍ يعدل تسعة أجذارٍ وثمانين أحدًا. فنسقط ثمانين أحدًا من الجانبين، يبقى: مالٌ وعشرون أحدًا يعدل تسعة أجذارٍ، وقس على هذا.

وأمّا كيفيّة استخراج المجهول بالجبر والمقابلة فاعلم أنّ صناعة الحُسّاب هو استخراج المجهول من المعلوم ولا يخرج مجهول من أقلّ من معلومين. ألا ترى أنّ الخارج من الضرب يعلم من المضروب والمضروب فيه، والخارج من القسمة من المقسوم والمقسوم عليه، والخارج من النسبة من المنسوب والمنسوب إليه، وهكذا في غير ذلك؟ والباحثُ في علم الجبر والمقابلة إذا أراد استخراج المجهول لا يمكن استخراجه بالمعلوم إذ لو أمكن [ب-٤٤و]

ذلك† فهو أجود في هذه الصناعة. فطريقه أنّ المطلوب، إن لم يكن مجذورًا ولا مكعّبًا فنجعله شيئًا أو أجزاء شيءٍ أو إضعاف شيءٍ.

---

٣ جعل: حصل[ب]   ٦–٨ فيجبر الطرف الأوّل بعشرة أجذار ويزيد مثلها على الجانب الآخر. فيكون: مال ومائة يعدل عشرة أجذار وستّة وسبعين أحدًا: في[ب]

* الإلقاء عند: في الهامش [ا]   † ذلك: مكررة في الهامش [ب]

S'il est un radicande, alors nous le posons un *carré*, des parties radicandes d'un *carré*, ou bien un multiple radicande d'un *carré*, ou bien des *carrés* autres que ceux-ci dont l'inconnue indique leur terme comme étant un radicande. Comme un *carré* plus une chose plus une unité, comme quatre *carrés* plus quatre unités moins quatre choses et [comme] leurs analogues.

S'il est un cube, nous le posons un *cube*, ou bien des multiples cubes d'un *cube*, ou encore des parties cubes d'un *cube* et ce qui est son nombre est un cube. Comme huit *cubes* plus vingt-sept *cubes* plus soixante-quatre *cubes*, comme un huitième d'un *cube* plus trois neuvièmes d'un *cube* et ainsi de suite.

Nous procédons en suivant l'ensemble des conditions demandées pour le produit, la division, l'addition et la soustraction jusqu'à ce que les deux expressions s'égalent. Nous appliquerons à [cette égalité] ce dont nous avons besoin parmi les lemmes précédents jusqu'à qu'elle soit reconduite à l'une des [équations] d'origine.

Comme s'il est dit : un *bien* est donné, si nous multiplions son tiers plus un par son quart plus un, alors il vient vingt. Nous posons le *bien* une chose et nous multiplions un tiers d'une chose plus un par un quart d'une chose plus un. [A-140-1v°]
Il vient un demi d'un sixième d'un *carré* plus un tiers d'un quart d'une chose plus un et ceci égale vingt. Nous retranchons un des deux côtés, nous multiplions ce qui reste par douze, il vient : un *carré* plus sept choses égale deux-cent-vingt-huit unités. On prend la moitié du nombre des choses, à savoir trois plus un demi, on la multiplie par elle-même, on ajoute le total au nombre, donc il vient deux-cent-quarante plus un quart. On prend sa racine, à savoir quinze plus un demi, nous retranchons d'elle la moitié du nombre de choses. Il reste douze, c'est le *bien* demandé.

Comme s'il est dit : deux carrés sont tels qu'il y a cinq unités entre eux. Nous posons l'un des deux un *carré*, l'autre un *carré* plus deux choses [B-44v°]
plus un, la différence entre les deux deux choses plus un et cela égale cinq unités. La chose est deux, l'un des deux *carrés* est quatre, et le deuxième est neuf.

وإن كان مجذورًا، فيجعله مالًا وأجزاء مالٍ مجذورة أو إضعاف مالٍ مجذورةً أو غير ذلك من المربّعات المجهوله التي يدلّ لفظها على كونها مجذورةً. كمال وشيء وواحدٍ، وكأربعة أموالٍ وأربعة آحادٍ إلّا أربعة أشياء وأمثالها.

وإن كان مكعّبًا، فنجعله كعبًا أو إضعاف كعبٍ مكعّبة أو أجزاء كعب مكعّبه وهي التي يكون عددها مكعّبًا. كثمانية كعابٍ وسبعة وعشرين كعبًا وأربعة وستّين كعبًا، وكثمن كعبٍ وثلث تسع كعبٍ، وغير ذلك.

ونعمل به جميع ما شرطه السائل من الضرب والقسمة والجمع والتفريق حتّى يؤدّي إلى التعادل بين جملتين. فسنعمل فيه ما نحتاج إليه من المقدّمات السّابقه إلى أن تؤدى إلى أصلٍ من الأُصول.

كما إذا قيل مالٌ ضربنا ثلثه وواحدًا في رُبعه وواحد فصار عشرين. فنجعل المال شيئًا ونضرب ثلث شيءٍ وواحدًا في رُبع شيءٍ وواحدٍ [ا-١٤٠-١ظ] فيصير نصف سدس مالٍ وثلث شيءٍ ورُبع شيءٍ وواحدًا وذلك يعدل عشرين. فنسقط واحدًا من الجانبين ونضرب ما بقي في اثنى عشر فيصير: مالًا وسبعة أشياء يعدل مائتين وثمانية وعشرين أحدًا. فيأخذ نصف عدد الأشياء ثلاثة ونصفًا ويضربه في نفسه ويزيد المبلغ على العدد، فيصير مائتين وأربعين وربعًا، يأخذ جذرها خمسة عشر ونصفًا، يسقط منه نصف عدد الأشياء. يبقى اثنا عشر وهو المال المسؤول عنه.

وكما إذا قيل مربّعان بينهما خمسة آحادٍ. فنجعل أحدهما مالًا والآخر مالًا وشيئين [ب-٤٤ظ] وواحدًا والفضل بينهما شيئان وواحدٌ، وذلك يعدل خمسة آحادٍ. فالشيء اثنان وأحد المالين أربعة والثاني تسعة.

Comme s'il est dit : un cube est tel que, si nous lui ajoutons dix *carrés*, alors il vient un carré. Tu poses le cube un *cube* et tu lui ajoutes dix *carrés*. Il vient un *cube* plus dix *carrés* et ceci égale un carré. Tu l'égalises à des *carrés* radicandes plus nombreux que dix, donc tu le confrontes à seize *carrés*. La chose est alors six unités, le cube est deux-cent-seize, et le *carré* trente-six.

Si on dit : nous soustrayons de lui[4] dix *carrés* et le reste est un carré. Tu égalises un *cube* moins dix *carrés* à un *carré*. La chose est alors onze, le cube est mille-trois-cent-trente-et-un, et le *carré* est cent-vingt-et-un.

Il se peut que, dans le problème, le nombre d'inconnues ne soit pas évident à déterminer. Par conséquent, on a besoin de dénommer chaque grandeur avec un nom spécial comme le dinar, le saḥm, la portion, la part et ainsi de suite. Tu obtiens ces problèmes par un certain nombre de comparaisons, selon ce qui sera montré. La notion de détermination dans les grandeurs signifie que chacune d'elles est connue ou peut être connue à travers son application au carré ou au cube. Chacune d'elles mesure une seule grandeur, et leurs carrés, leurs cubes ou bien leurs *carré-carrés* mesurent une seule grandeur. Il faut que tu suives parmi les méthodes celle qui est plus simple et plus proche à ce qui est visé, et que tu ne suives pas les méthodes [A-140-2rᵒ]
difficiles sauf s'il s'agit d'une méthode évidente.

S'il est dit : comment ramener trois à trois plus racine de cinq plus un ? La méthode pour cela est de demander une grandeur telle que, si tu la multiplies par trois plus racine de cinq, il vient une unité. C'est ce par quoi on pose cette grandeur une chose et on la multiplie par trois plus racine de cinq. Il vient trois choses plus racine de cinq [B-45rᵒ]
carrés et cela égale un en nombre. Tu ôtes trois choses de chaque côté, il reste : une unité moins trois choses égalent racine de cinq *carrés*. Tu mets au carré chacun des deux, il vient : neuf *carrés* plus un moins six choses égalent cinq *carrés*.

---

4   C'est-à-dire, de ce cube.

وكما إذا قيل مكعّب زدنا عليه عشرة أموالٍ فصار مربّعًا. فتجعل المكعّب كعبًا وتزيد عليه عشرة أموال، فيصير كعبًا وعشرة أموالٍ وذلك يعدل مربّعًا. فتقابله بأموالٍ مجذورةٍ أكثر من عشرة فتقابله بستّة عشر مالًا، فيخرج الشيء بستّة آحادٍ فالمكعّب مائتان وستّة عشر والمال ستّة وثلاثون.

فإن قال نقصنا منه عشرة أموالٍ فكان الباقي* مربّعًا. فتقابل كعبًا إلّا عشرة ٥ أموالٍ بمالٍ فيخرج الشيء أحد عشر فالمكعّب ألفٌ وثلاثمائة واحد وثلاثون والمال مائة واحدٍ وعشرون.

وربّما كان في المسألة مجهولات عدة غير ظاهرة الاشتراك. فيحتاج أنّ يسمّى كلّ مقدارٍ باسمٍ خاصٍّ كالدينار والسهم والقسط والنصيب وغير ذلك. وهذه المسائل تخرج بعدّة مقابلاتٍ على ما سيتّضح. ومعنى الاشتراك في المقادير ١٠ إن يكون كلّها معلومة أو معرفة بإضافتها إلى مربّع أو مكعّب. ويعدّها كلّها مقدارًا واحدًا ويعد مربّعاتها أو مكعّباتها أو أموال أموالها مقدار واحد. وينبغي أن تسلك من الطرق ما هو أسهل وأقرب إلى المقصود ولا تسلك الطرق [١-١٤٠و-٢] الصّعبة إلّا إذا تعيّنت طريقًا.

فإن قيل كيف تردّ ثلاثةٌ وجذر خمسة إلى واحد؟ ١٥ فطريقه أن يطلب مقدارًا إذا ضربته في ثلاثة وجذر خمسة، يكون واحدًا. وذلك بأن يجعل ذلك المقدار شيئًا ويضربه في ثلاثة وجذر خمسة. فيكون ثلاثة أشياء وجذر خمسة [ب-٤٥و]

أموالٍ وذلك يعدل واحدًا من العدد. فتلقى ثلاثة أشياء من كلّي الجانبين، فيبقى: واحدٌ إلّا ثلاثة أشياء يعدل جذر خمسة أموالٍ. فتربّع كلّهما فيكون: تسعة أموالٍ ٢٠ وواحد إلّا ستّة أشياء يعدل خمسة أموال.

---

٢ كعبًا وتزيد عليه عشرة أموال، فيصير: في [ب]   ٨ كان: يكون[ا]   ١٥ تردّ: يردّ[ا]   ١٥ إلى واحد؟:
واحد؟[ا]   ١٦ يطلب: نطلب[ا]

* ستّة وثلاثون. فإن قال...الباقي: مشطوب في [ب]

Tu ajoutes six choses aux deux côtés et tu ôtes d'eux cinq *carrés*. Il vient : quatre *carrés* plus une unité égale six choses. Tu ramènes le résultat à un quart, donc un *carré* plus un quart d'unité égale une chose et un demi. Tu mets au carré la moitié du nombre de choses et tu ôtes un quart d'unité. Il reste cinq parties de seize parties d'unité. Tu prends sa racine et tu la retranches de la moitié du nombre de choses parce que, en ajoutant, le procédé n'est pas vrai. Il reste trois quarts d'unité moins racine de cinq parties de seize parties d'unité, c'est le demandé. Si donc tu le multiplies par trois plus racine de cinq, cela revient à une unité.

S'il y a une partie de *carré* et si tu veux son complément, la méthode est celle qui a été remarquée. On a besoin de cette méthode dans le cas où il vient : un *carré* plus la racine de deux *carré-carrés* égale vingt choses plus dix unités. Tu as besoin de ramener un *carré* plus la racine de deux *carré-carrés* à un seul *carré*. On obtient donc une grandeur telle que, si tu la multiplies par lui, il vient un, et tu la multiplies par l'ensemble de ton expression, puis tu confrontes. Ou bien [dans le cas où] il vient : un tiers d'un *carré* plus la racine de la moitié du *carré-carré* égalent cinq choses et on a besoin de le compléter en un *carré* tout entier, donc tu appliques le procédé mentionné à l'ensemble de l'expression.

Remarque : certains arithméticiens ont déjà utilisé dans le calcul des connues [A-140-2v°] et des inconnues la conversion de l'expression et la conversion du nom. Cela signifie que, si des parties d'une grandeur égalent des parties d'une autre grandeur, alors ils établissent chacune d'entre elles au moyen des parties de l'ensemble de leurs dénominateurs, puis ils posent le nombre de chacune d'entre elles égal [B-45v°] aux parties qui leur sont associées et ils les confrontent l'une à l'autre.

Exemple de cela : si cinq neuvièmes d'un *carré* égalent une chose plus deux tiers d'une chose, alors ils simplifient le total en neuvièmes. Il vient : cinq neuvièmes d'un *carré* égalent quinze neuvièmes d'une chose. Ils posent le nombre du *carré* quinze et le nombre de la chose cinq et ils entendent par cela que, si nous simplifions la chose des parties quelconques, soient ces dernières cinq, alors le *carré* selon ces parties est quinze.

فيزيد ستّة أشياء على كلّي الجانبين ويلقى منها خمسة أموال. فيصير: أربعة
أموالٍ وواحدٍ يعدل ستّة أشياء. فيردّ جميع ما معك إلى الربع، فمالٌ وربعٌ واحدٌ
يعدل شيئًا ونصفًا وربع نصف عدد الأشياء وتلقى منه رُبع واحدٍ، فيبقى خمسة
أجزاء من ستّة عشر جزئًا من واحدٍ، يأخذ جذره ويسقط من نصف عدد الأشياء،
لأنّ بالزيادة لا يصحّ العمل. فيبقى ثلاثة أرباع واحدٍ إلّا جذر خمسة أجزاء من
ستّة عشر جزئًا من واحدٍ وهو المطلوب. فإذا ضربته في ثلاثة وجذر خمسةٍ عاد
إلى واحدٍ.

وإذا كان بعض مالٍ وأردت اكماله، كان الطريق فيه ما يتنبّه ويحتاج إلى هذا
الطريق في موضع يجيء فيه: مال وجذر مالي مالٍ يعدل عشرين شيئًا وعشرة
آحادٍ. وأنت تحتاج أن يردّ مالًا وجذر مالي مالٍ إلى مالٍ واحدٍ. فيخرج المقدار
الذي ضربته فيه، كان واحدًا وتضربه في جميع ما معك ثمّ تقابل، أو يكون:
ثلث مالٍ وجذر نصف مال مالٍ يعدل خمسة أشياء فيحتاج أن يكمّله مالًا تامًّا،
فتعمل العمل المذكور بجميع معك.

تنبيهٌ: قد استعمل بعض الحُسّاب في حساب المعلوم [١-١٤٠ظ]
والمجهول قلب العبارة وقلب الإسم، ومعنى ذلك أنّ أجزاء من مقدارٍ إذا كانت
تعادل أجزاء من مقدارٍ آخر، فيبسطون كلّ واحدٍ منهما بأجزاء مخرج جميعها ثمّ
يجعلون عدد كلّ واحدٍ منهما مثل [ب-٤٥ظ]
أجزاء صاحبه ويقابلون أحدهما بالآخر.

مثال ذلك: إذا كان خمسة أتساع مالٍ يعدل شيئًا وثلثي شيءٍ، فيبسطون
الكلّ اتساعًا. فيكون: خمسة أتساع مالٍ يعادل خمسة عشر تسع شيءٍ.
فيجعلون عدد المال خمسة عشر وعدد الشيء خمسة، يعنون به أنّا إذا بسطنا
الشيء أجزاء أي أجزاء كانت، وكانت خمسة، فيكون المال بتلك الأجزاء خمسة
عشر.

<hr>

٤ يأخذ: تأخذ[ا]   ٢١ أنّا: في[ا]

Puis ils disent : le rapport de la chose au *carré* est comme le rapport de cinq à quinze. La chose est un tiers du *carré*, donc le *carré* est égal à trois de ses racines, la racine est trois et le *carré* est neuf. Cette méthode évidente facilite plusieurs procédés et ici s'arrête l'effort de réflexion sur le produit et la division.

Une autre remarque : sache que la plupart des problèmes dont les données sont des grandeurs connues sont déterminés, c'est-à-dire que leur réponse est unique, comme la plupart des problèmes qui se trouvent au chapitre neuf de ce livre. Et la plupart des problèmes dont les données sont des opérations et des règles sont comme les problèmes d'analyse indéterminée, c'est-à-dire qu'ils ont des réponses différentes. Il semble que tu les as tous si tu analyses les problèmes des deux chapitres qui viennent en conclusion de ce discours.

ثمّ يقولون: نسبة الشيء إلى المال كنسبة خمسة إلى خمسة عشر. فيكون الشيء ثلث مالٍ فالمال يعدل ثلاثة أجذاره فجذره ثلاثة والمال تسعةٌ. وهذا طريقٌ أوضحُ يسهل كثيرًا من الأعمال ويكفى مؤنة الضرب والقسمة.

تنبيه آخر: اعلم أنّ أكثر المسائل التي يكون معظماتها مقادير معلومة يكون محصورةً أعني جوابها يكون واحدًا، كأعمّ المسائل التي يجيء في الباب التاسع من هذا الكتاب. وأكثر المسائل التي يكون معظماتها أعمالًا وإحكامًا، كمسائل الاستقراء يكون مسأله أعني يكون لها أجوبة مختلفة. ويلوح لك ذلك كلّه إذا استقريت مسائل البابين الذين يطأن عقب هذا الكلام.

---

¹ مالٍ: المال[ب]

NEUVIÈME CHAPITRE
SUR LES PROBLÈMES ALGÉBRIQUES
QUI APPARTIENNENT
AUX PRINCIPES PRÉCÉDENTS

1. S'il est dit : un *bien* est donné, tu lui ajoutes sa moitié plus dix unités, on obtient lui-même plus ses deux tiers.

Nous posons le *bien* une chose, nous lui ajoutons sa moitié plus dix unités, elle devient une chose plus la moitié d'une chose plus dix unités et cela égale une chose plus deux tiers d'une chose. Nous retranchons une chose [A-141r°]
plus la moitié d'une chose des deux côtés, il reste : un sixième d'une chose égale dix unités. La chose est soixante, c'est le demandé.

2. S'il est dit : un *bien* est donné, tu soustrais de lui son quart plus dix unités, il reste la moitié d'un *bien*.

Nous posons le *bien* une chose et nous soustrayons de lui [B-46r°]
son quart plus dix unités. Il reste trois quatrièmes d'une chose moins dix unités égalent la moitié d'une chose. Après la restauration et la suppression des [termes] communs, il reste : un quart d'une chose égale dix unités. La chose est quarante, c'est le demandé.

3. S'il est dit : un *bien* est donné, nous lui ajoutons son tiers plus son quart plus un et nous soustrayons du total son tiers plus son quart plus un. Il ne reste rien.

Nous savons déjà par l'énoncé que, en soustrayant son tiers plus son quart plus un, il ne reste rien. L'unité est donc un quart plus un sixième du total, donc, après l'ajout, un *carré* est deux plus deux cinquièmes.

الباب التاسع
في المسائل الجزئة العائدة إلى الأُصُول المتقدّمة

١. فإن قيل مالٌ زدت عليه نصفه وعشرة آحادٍ فحصل مثله ومثل ثلثيه. فنجعل المال شيئًا ونزيد عليه نصفه وعشرة آحادٍ، فيصير شيئًا ونصف شيءٍ وعشرة آحادٍ وذلك يعدل شيئًا وثلثي شيءٍ. فنسقط شيئًا [ا-١٤١و] ونصف شيءٍ من الجانبين. يبقى: سُدس شيءٍ يعدل عشرة آحاد، فالشيء ستّون وهو المطلوب.

٢. فإن قيل مالٌ نقصت منه ربعه وعشرة آحاد، فيبقى نصف المال. فنجعل المال شيئًا وننقص منه [ب-٤٦و] ربعه* وعشرة آحادٍ. يبقى: ثلاثة أرباع شيءٍ إلّا عشرة آحاد يعدل نصف شيءٍ. فبعد الجبر وإسقاط المشترك يبقى: ربع شيءٍ يعدل عشرة آحادٍ. فالشيء أربعون وهو المطلوب.

٣. فإن قيل مالٌ زدنا عليه ثلثه وربعه وواحدًا ونقصنا من المبلغ ثلثه وربعه وواحدًا فلم يبق شيءٌ. فقد عملنا بقوله نقصنا منه ثلثه وربعه وواحدًا، فلم يبق شيء. إنّ الواحد ربع وسُدس المبلغ، فالمال بعد الزيادة اثنان وخُمسان.

---

٣ عليه: في[ا]   ٤ فنجعل: فيجعل[ب]   ٤ ونزيد: ويزيد[ب]   ٨ فيبقى: يبقى[ب]   ٩ فنجعل: فيجعل[ب]   ٩ وننقص: وينقص[ب]

* ربعه: مكررة في الهامش [ب]

C'est comme lorsqu'on dit : un *bien* est donné, nous lui ajoutons son tiers plus son quart plus un, il devient deux plus deux cinquièmes. Nous le posons une chose, après l'ajout il vient : une chose plus un tiers d'une chose plus un quart d'une chose plus un égalent deux plus deux cinquièmes. Après avoir supprimé les [termes] communs, on pose le total en parties de soixante et on convertit le nom. La chose devient quatre-vingt-quatre parties de quatre-vingt-quinze parties d'une unité, c'est le demandé.

4. S'il est dit : deux *biens* sont tels que, si nous ajoutons au premier une unité, celui-ci devient égal à deux fois le deuxième et, si nous ajoutons au deuxième une unité, celui-ci devient trois fois le premier.
Nous posons le premier une chose et le deuxième trois choses moins une unité de manière que, si nous lui ajoutons une unité, il devient trois fois le premier. Puis, nous ajoutons au premier une unité, il vient : une chose plus un et ceci égale deux fois trois choses moins un, c'est-à-dire six choses moins deux. On obtient la chose, trois cinquièmes d'une unité, et elle est le premier. Le deuxième est quatre cinquièmes d'une unité, parce que nous l'avons posé trois choses moins une unité.

5. S'il est dit : deux *biens* sont tels que, si nous soustrayons du premier [A-141v°]
une unité et [si] nous l'ajoutons au deuxième, alors, après la soustraction, le deuxième devient quatre fois le premier.
On pose le premier une chose et le deuxième quatre unités. On soustrait de la chose une unité et on l'ajoute [B-46v°]
à quatre unités. Il vient : cinq unités égalent quatre fois une chose moins une unité, c'est-à-dire quatre choses moins quatre unités. La chose est deux plus un quart, et elle est le premier.

6. S'il est dit : deux *biens* sont tels que, si nous ajoutons au premier l'égal d'un quart du deuxième et au deuxième l'égal d'un tiers du premier, alors ils s'égalent.
Nous posons le premier un nombre qui contient un tiers, qu'il soit trois unités, et le deuxième une chose. Nous ajoutons à la chose un tiers de trois et à trois un quart d'une chose.

فكأنه قال مالٌ زدنا عليه ثلثه وربعه وواحدًا فصار اثنين وخمسين. فنجعله شيئًا فيصير بعد الزيادة: شيئًا وثلث شيءٍ وربع شيءٍ وواحدًا يعدل اثنين وخمسين. فبعد إسقاط المشترك وبسط الكلّ بأجزاء الستّين وقلب الإسم. يكون الشيء أربعة

٥ وثمانين جزئًا من خمسةٍ وتسعين جزئًا من واحدٍ وهو المطلوب.

٤. فإن قيل مالان إن زدنا على الأوّل واحدًا صار مثلي الثاني، وإن زدنا على الثاني واحدًا، صار ثلاثة أمثال الأوّل.

فنجعل الأوّل والثاني شيئًا ثلاثة أشياء إلّا واحدًا حتّى إذا زدنا عليه واحدًا، يصير ثلاثة أمثال الأوّل. ثمّ نزيد على الأوّل واحدًا فيصير شيئًا وواحدًا وذلك يعدل مثلي

١٠ ثلاثة أشياء إلّا واحدًا، أعني ستّة أشياء إلّا اثنين. فيخرج الشيء ثلاثة أخماس واحدٍ وهو الأوّل. فيكون الثاني أربعة أخماس واحدٍ، لأنّا جعلناه ثلاثة أشياء إلّا واحدًا.

٥. فإن قيل مالان نقصنا من الأوّل [١-١٤١ظ]

واحدًا وزدناه على الثاني، فصار الثاني أربعة أمثال الأوّل بعد النقصان.

١٥ فيجعل الأوّل والثاني شيئًا أربعة آحادٍ وينقص من الشيء واحدًا ويزيده [ب٤٦ظ] على أربعة آحادٍ. فيصير: خمسة آحادٍ يعدل أربعة أمثال شيء إلّا واحدًا أعني أربعة أشياء إلّا أربعة آحادٍ. فالشيء اثنان وربعٌ وهو الأوّل.

٦. فإن قيل مالان زدنا على الأوّل مثل ربع الثاني وعلى الثاني مثل ثلث الأوّل، فأعتدلا.

٢٠ فنجعل الأوّل عددًا له ثلثٌ، وليكن ثلاثة آحاد، والثاني شيئًا ونزيد على الشيء ثلث ثلاثة وعلى الثلاثة ربع شيءٍ.

On obtient une chose plus une unité et trois [unités] plus un quart d'une chose, et les deux s'égalent. La chose est deux plus deux tiers, et nous procédons de la même manière avec les défauts.

7. S'il est dit : deux *biens* sont tels que, si nous ajoutons un tiers d'un des deux à l'autre et si nous soustrayons du total son septième, ceci est égal à deux tiers du premier [*bien*].
Nous posons l'un des deux un nombre qui contient un tiers -qu'il soit neuf- et l'autre une chose. Nous soustrayons de neuf son tiers, nous l'ajoutons à la chose et nous soustrayons du total son septième. Il vient : six unités égalent six septièmes d'une chose plus deux plus quatre septièmes d'une unité. La chose est quatre unités. C'est l'autre *bien*.

8. S'il est dit : deux *biens* sont tels que, si nous ajoutons au premier un tiers du deuxième, il devient trois fois le deuxième et si nous ajoutons au deuxième un quart du premier, il devient deux fois le premier.
Tu poses le premier deux choses plus deux tiers d'une chose, et le deuxième une chose. Si tu ajoutes au premier un tiers du deuxième, il devient trois fois le deuxième. Si tu prends un quart du premier, à savoir deux tiers d'une chose, et si tu l'ajoutes à une chose, il vient une chose plus deux tiers d'une chose. Or, ceci n'est pas deux fois le premier, donc, tu sais déjà que la question est impossible.

De la même manière, si on dit : si nous ajoutons au premier la moitié du deuxième, si nous le soustrayons du deuxième, si nous ajoutons au deuxième un tiers du premier et si nous le soustrayons du premier, alors ils s'égalent. La question est également impossible et refusée.

9. S'il est dit : un *bien* est tel que, si nous multiplions sa moitié par son tiers, [B-47r°]
alors il devient quatre-vingt-seize.
Nous posons le *bien* une chose et nous multiplions sa moitié par son tiers. Il vient : un sixième d'un *carré* et ceci égale quatre-vingt-seize. Nous le multiplions par six, [A-142r°]
nous parvenons à cinq-cent-soixante-seize, sa racine est vingt-quatre et elle est le *bien* demandé.

فيصير شيء وواحد وثلاثةٌ وربع شيءٍ وهما متعادلان. فالشيء اثنان وثلاثان وهكذا نعمل في النقصان.

٧. فإن قيل مالان زدنا ثلث أحدهما على الآخر ونقصنا من المبلغ سُبعه، فاعتدلا.

فنجعل أحدهما عددًا له ثلثٌ، وليكن تسعة، والآخر شيئًا وننقص من التسعة ثلثها ونزيده على الشيء، وننقص من المبلغ سُبعه، فيصير: ستّة آحادٍ يعدل ستّة أسباع شيءٍ واثنين وأربعة أسباع واحدٍ. فالشيء أربعة آحادٍ وهو المال الآخر.

٨. فإن قيل مالان إن زدنا على الأوّل ثلث الثاني، صار ثلاثة أمثال الثاني وإن زدنا على الثاني ربع الأوّل، صار مثلي الأوّل.

فنجعل الأوّل شيئين وثلثي شيءٍ والثاني شيئًا. فإذا زدت على الأوّل ثلث الثاني، صار ثلاثة أمثال الثاني، وإذا أخذت من الأوّل ربعه، وهو ثلثا شيءٍ، وزدّته على شيءٍ كان شيئًا وثلثي شيءٍ. وليس ذلك مثلي الأوّل فقد علمت أنّ السؤال محالٌ.

وهكذا لو قال إن زدنا على الأوّل نصف الثاني ونقصناه من الثاني وزدنا على الثاني ثلث الأوّل ونقصناه من الأوّل فاعتدلا، فالسؤال أيضًا محالٌ ممتنع.

٩. فإن قيل مالٌ ضربنا نصفه في ثلثه [ب-٤٧و] فصار*ستّة وتسعين.

فنجعل المال شيئًا ونضرب نصفه في ثلثه. فيصير سُدس مالٍ وذلك يعدل ستّة وتسعين. فنضربه في ستّة [ا-١٤٢و] فيبلغ خمسمائةٍ وستّةٍ وسبعين وجذره أربعة وعشرون وهو المال المسؤول عنه.

---

١ فيصير شيء: في[ا]   ٢ وهكذا: وهكذى[ب]   ٥ وننقص: وينقص[ب]   ٨ الثاني: الباقي[ا]
٨ الثاني: في[ا]   ١٠ فنجعل: فيجعل[ب]   ١١ أخذت: نقصت   ١٤ وهكذا: وهكذى[ب]

* فصار: مكررة في الهامش [ب]

10. S'il est dit : deux *biens* sont tels que leur somme est vingt et le produit d'un des deux par l'autre est quatre-vingt-seize.
Nous posons l'un des deux dix plus une chose, l'autre dix moins une chose et nous multiplions l'un des deux par l'autre. Il vient : cent moins un *carré* égale quatre-vingt-seize. Le *carré* est quatre et sa racine est deux. C'est la chose, donc l'un des deux *carrés* est douze et l'autre est huit.

11. S'il est dit : deux *biens* sont tels que l'un des deux est une fois et demie l'autre, s'ils sont additionnés et si [cette] somme est multipliée par sa moitié, on obtient cinquante unités.
Nous posons la somme des deux *biens* une chose et nous la multiplions par la moitié d'une chose. Il vient : la moitié d'un *carré* égale cinquante. Le *carré* est cent, la chose est dix et elle est la somme des deux *carrés*. Nous prenons deux de ses cinquièmes, à savoir quatre, c'est l'un des deux et l'autre est six.

12. S'il est dit : un *bien* est donné, nous multiplions son tiers par sa moitié, alors le total est cinq fois le *bien*.
Nous posons le *bien* une chose et nous multiplions son tiers par sa moitié. Il vient un sixième d'un *carré* et ceci égale cinq choses. Donc, le *carré* égale trente choses et la chose est trente. C'est le demandé.

13. S'il est dit : un *bien* est donné, tu le multiplies par son tiers et tu retranches le total de ses cinq fois, alors il reste deux fois le *bien*.
Nous posons le *bien* une chose et nous multiplions celle-ci par un tiers d'une chose. Il vient : un tiers d'un *carré*, nous le retranchons de cinq choses et il reste : cinq choses moins un tiers d'un *carré* égalent deux choses. Le *carré* est donc égal à neuf choses, la chose est neuf unités et elle est le demandé.

14. S'il est dit : deux *bien* sont tels que l'un des deux est quatre fois l'autre [B-47v°]
et, si l'un des deux est multiplié par la moitié de l'autre, alors il résulte dix fois le plus petit.
Nous posons le plus petit une chose, donc le plus grand est quatre choses et nous multiplions l'un des deux par la moitié de l'autre. Il vient : deux *carrés* égalent dix choses. Le *carré* seul égale cinq choses, donc la chose est cinq. C'est le plus petit *carré* et le plus grand est vingt.

١٠. فإن قيل مالان مجموعهما عشرون وضرب أحدهما في الآخر ستّة وتسعون.

فنجعل أحدهما عشرة وشيئًا والآخر عشرة إلّا شيئًا ونضرب أحدهما في الآخر.

فيكون: مائة إلّا مالًا يعدل ستّة وتسعين. فالمال أربعة، وجذره وهو الشيء فأحد المالين اثنا عشر والآخر ثمانية.

١١. فإن قيل مالان أحدهما مثل ونصف الآخر، وإذا جُمعا وضُرب المجموع في نصفه، بلغ خَمسين أحدًا.

فنجعل مجموع المالين شيئًا ونضربه في نصف شيء، فيكون: نصف مالٍ يعدل خَمسين. فالمال مائةٌ والشيء عشرة وهو مجموع المالين. نأخذ خُمسيه أربعة وهو أحدهما والآخر ستّة.

١٢. فإن قيل مالٌ ضربنا ثلثه في نصفه فبلغ خمسة أمثال المال.

فنجعل المال شيئًا ونضرب ثلثه في نصفه فيكون سُدس مالٍ، وذلك يعدل خمسة أشياء. فالمال يعدل ثلاثين شيئًا فالشيء ثلاثون وهو المطلوب.

١٣. فإن قيل مالٌ ضربته في ثلثه وأسقطت ما اجتمع من خمسة أمثاله، فيبقى مثلا المال.

فنجعل المال شيئًا ونضربه في ثلث شيءٍ. فيكون ثلث مالٍ، نسقطه من خمسة أشياء فيبقى: خمسة أشياء إلّا ثلث مالٍ يعدل شيئين. فيخرج المال معادلًا لتسعة أشياء فالشيءُ تسعة آحادٍ وهو المسؤول عنه.

١٤. فإن قيل مالان أحدهما أربعة أمثال الآخر [ب-٤٧ظ]

وإذا ضُرب أحدهما في نصف الآخر، حصل عشرة أمثال الأصغر.

فنجعل الأصغر شيئًا فيكون الأكبر أربعة أشياء ونضرب أحدهما في نصف الآخر.

فيصير: مالين يعدلان عشرة أشياء، فالمال الواحد يعدل خمسة أشياء. فالشيء خمسة وهو المال الأصغر فالأكبر عشرون.

---

٣ فنجعل: فيجعل[ب] ١٣ فالمال: والمال[ب]

15. S'il est dit : deux *biens* sont tels qu'un tiers d'un des deux est égal à un quart de l'autre et le produit d'un des deux par l'autre est égal [A-142v°]
à leur somme.
Nous posons l'un des deux trois choses, l'autre quatre choses et nous multiplions l'un des deux par l'autre. Il vient : douze *carrés* égalent sept choses. Le *carré* égale un tiers plus un quart d'une chose. La chose est un tiers plus un quart d'une unité. L'un des deux *carrés* est une unité plus trois quarts et l'autre deux plus un tiers.

16. S'il est dit : le salaire d'un mois d'un employé est une chose inconnue ; il travaille cinq jours et il demande la racine du salaire[1].
Le rapport de la racine du salaire à ce dernier est comme le rapport de cinq à trente, donc la racine du salaire est un sixième de cela. Le salaire est égalé à six de ses racines, donc sa racine est six et le salaire est trente-six.

17. S'il est dit : le salaire d'un jour d'un employé est une chose inconnue ; il travaille un quart de ce jour et il demande la racine du salaire.
Selon ce que nous avons montré le salaire est seize et nous posons le jour un nombre quelconque.

18. S'il est dit : un *bien* radicande est [distribué] parmi cinq hommes de manière non équitable : un [de ces hommes] en a une moitié, un autre son tiers, un autre son quart, un autre son cinquième et un autre encore son sixième. Ils le partagent et le propriétaire d'un sixième obtient cinq racines du *bien*[2].
Nous demandons le dénominateur des cinq fractions, à savoir soixante, et nous additionnons toutes les parties. Il vient quatre-vingt-sept et la part du propriétaire d'un sixième est dix. Puisque le rapport de cinq racines du *bien* [B-48r°]
à dix est comme le rapport de l'ensemble des racines à quatre-vingt-sept, le nombre de racines du *bien* sera quarante-trois plus un demi, la racine sera quarante-trois unités plus un demi et le *bien* demandé

---

1   Dans cet énoncé, al-Zanjānī sous-entend que la racine du salaire est le salaire de cinq jours de travail.

2   Dans ce problème un *bien* radicande est un bien dont la valeur correspond à un carré parfait.

١٥. فإن قيل مالان ثلث أحدهما مثل رُبع الآخر وضرب أحدهما في الآخر مثل [ا-١٤٢ظ]

مجموعهما.

فنجعل أحدهما ثلاثة أشياء والآخر أربعة أشياء ونضرب أحدهما في الآخر. فيكون: اثنى عشر مالًا يعدل سبعة أشياء. فالمال تعدل ثلث وربع شيءٍ فالشيء ثلثٌ وربع واحدٍ فأحد المالين واحدٌ وثلاثة أرباع والآخر اثنان وثلثٌ.

١٦. فإن قيل أجيرٌ أُجرته في الشهر شيء مجهولٌ. عمل خمسة أيامٍ فاستحقّ جذر الأُجرة.

فنسبة جذر الأُجرة إليها كنسبة خمسة إلى ثلاثين، فجذر الأُجرة سُدسها. فالأُجرة معادلةٌ لستّة أجذارها فجذارها ستّةٌ والأُجرة ستّة وثلاثون.

١٧. فإن قيل أجيرٌ أُجرته في أيامٍ فمجهولةٍ شيء مجهول عمل رُبع تلك الأيّام فاستحقّ جذر الأُجرة.

فعلى ما تبيّنا تكون الأُجرة ستّة عشر ونجعل الأيّام أي عددٍ شئنا.

١٨. فإن قيل مالٌ مجدورٌ بين خمسة رجالٍ على سَبيل القول: لواحدٍ نصفه وللآخر ثلثه، وللآخر رُبعه، وللآخر خمسه، وللآخر سُدسه فقسموه. فحصل لصاحب السُدس خمسة أجذار المال.

فنطلب مخرج الكسور الخمسة وهو ستّون. ونجمع الأجزاء كلّها، فيكون سبعة وثمانين ونصيب صاحب السُدس منها عشرة. فلأنَّ نسبة خمسة أجذار المال [ب-٤٨و]

إلى عشرة كنسبة جميع الأجذار إلى سبعةٍ ثمانين فإذن عدد أجذار المال ثلاثة وأربعون ونصفٌ والجذر ثلاثة وأربعون أحدًا ونصفٌ فالمال المسؤول عنه ألفٌ

sera mille-huit-cent-quatre-vingt-douze unités plus un quart.

19. S'il est dit : un *bien* est donné, nous retranchons trois de ses racines, nous multiplions ce qui reste par son équivalent et cela revient au *bien*.

Nous savons déjà que le reste est la racine du *bien*. Si donc le *bien* est quatre de ses racines, alors il est seize.

20. S'il est dit : un *bien* est donné, nous retranchons de lui trois de ses racines, puis nous prenons quatre racines du reste et cela est égal aux trois racines enlevées.

Il résulte de cela que la racine du reste est égale à trois quarts la racine du [*bien*] tout entier.

Nous prenons le *bien* un *carré* et nous retranchons de lui trois de ses racines. Il reste : un *carré* [A-143r°]

moins trois choses égale le carré de trois quarts d'une chose, c'est-à-dire la moitié d'un *carré* plus la moitié d'un huitième d'un *carré*. Après la restauration et la suppression des [termes] communs, il reste : sept parties de seize parties d'un *carré* égale trois choses. Après la multiplication du [nombre] tout entier par seize, la conversion du nom et la division des parties de la chose par les parties du *carré*, le *carré* sera égal à six choses plus six septièmes d'une chose. Donc la chose est six plus six septièmes et le *carré* demandé est quarante-sept unités plus un septième d'un septième d'une unité.

21. S'il est dit : un *bien* est donné, tu le multiplies par lui-même, tu multiplies le total par le *bien*, tu multiplies le résultat par cinq et tu retranches le total de cent. Il reste soixante.

Nous posons le *bien* une chose et nous multiplions celle-ci par elle-même. Il vient un *carré*, nous le multiplions par la chose, nous parvenons à un *cube* et nous le multiplions par cinq. Il vient cinq *cubes*, nous les retranchons de cent et il reste : cent moins cinq *cubes* égalent soixante. Le *cube* seul égale huit, [B-48v°]

son côté est deux, et il est le demandé.

22. S'il est dit : un *bien* est donné, tu multiplies sa moitié par deux de ses tiers, tu multiplies la moitié du résultat par le *bien* et tu retranches du total cinquante. Il reste cent-seize plus deux tiers.

وثمانمائةٍ واثنان وتسعون أحدًا وربع.

١٩. فإن قيل مالٌ أسقطنا ثلاثة أجذاره وضربنا ما بقي في مثله فعاد المال. فقد علمنا أنّ الباقي هو جذر المال. فإذًا المال أربعة أجذاره فهو ستّة عشر.

٢٠. فإن قيل مالٌ أسقطنا منه ثلاثة أجذاره ثمّ أخذنا أربعة أجذار ما بقي فكانت مثل الأجذار الثلاثة* المسقطة.

فيلزم أن يكون جذر ما بقي مثل ثلاثة أرباع جذر الكلّ.

فنأخذ المال مالًا ونسقط منه ثلاثة أجذاره. فيبقى: مالٌ [١٤٣-١و] إلّا† ثلاثة أشياء يعدل مربّع ثلاثة أرباع شيءٍ، أعني نصف مال ونصف ثمن مالٍ.

فبعد الجبر واسقاط المشترك يبقى: سبعة أجزاء من ستّة عشر جزئًا من مالٍ يعدل ثلاثة أشياء. فبعد ضرب الكلّ في ستّة عشر وقلب الإسم وقسمة أجزاء الشيء على أجزاء المال، يخرج المال معادلًا لستّة أشياء وستّة أسباع شيءٍ. فالشيء ستّة وستّة أسباع، والمال المطلوب سبعة وأربعون أحدًا وسُبع سُبع واحدٍ.

٢١. فإن قيل مال ضربته في نفسه، وضربت المبلغ في المال، وضربت الحاصل في خمسةٍ، وأسقطت المبلغ من مائةٍ، فيبقى ستّون.

فنجعل المال شيئًا ونضربه في نفسه. فيصير مالًا، نضربه في الشيء فنبلغ كعبًا، ونضربه في خمسةٍ. فيكون خمسة كعابٍ نسقطها من مائةٍ يبقى: مائة إلّا خمسة كعابٍ يعدل ستّين. فالكعب الواحد يعدل ثمانية [٤٨-ب ظ] وضلعه اثنان وهو المطلوب.

٢٢. فإن قيل مال ضربت نصفه في ثلثيه وضربت نصف الحاصل في المال وأسقطت من المبلغ خمسين، فيبقى مائة وستّة عشر وثلثان.

Nous posons le *bien* une chose et nous multiplions sa moitié par deux de ses tiers. Il vient un tiers d'un *carré* et nous multiplions sa moitié par la chose. Il vient un sixième d'un *cube*, nous retranchons de ceci cinquante, il reste un sixième d'un *cube* moins cinquante, et cela égale cent-seize plus deux tiers. Après la restauration, il vient : un sixième d'un *cube* égale cent-soixante-six plus deux tiers. Un *cube* égale mille, son côté est dix, et il est le demandé.

23. S'il est dit : un *bien* est donné, tu le divises par sa racine, tu multiplies le résultat par dix fois le *bien* et il en résulte quatre-vingt-dix racines du *bien*.

Nous posons le *bien* un *carré* et nous le divisons par sa racine. On obtient une chose, nous la multiplions par dix *carrés* et il résulte : dix *cubes* égalent quatre-vingt-dix choses. Un *cube* égale donc neuf choses, un *carré* égale neuf unités et ce dernier est le demandé. [A-143v°]

24. S'il est dit : un *bien* est donné, tu le multiplies par dix et tu soustrais du total la moitié de son cube. Il reste le double du *bien*.

Nous posons le *bien* une chose, nous la multiplions par dix et nous soustrayons du total la moitié d'un *cube*. Il reste : dix choses moins la moitié d'un *cube* égalent deux choses. Donc, un cube égale seize choses et un *carré* égale seize unités. On prend sa racine, à savoir quatre, et c'est le demandé.

25. S'il est dit : un *bien* est donné, tu soustrais cinq fois son carré de trois fois son cube, le reste est égal à vingt-cinq fois son carré.

Nous posons le *carré* une chose et nous soustrayons cinq *carrés* de trois *cubes*. Il reste : trois *cubes* moins cinq *carrés* égalent vingt cinq *carrés*. Donc un *cube* égale dix *carrés* et une chose égale dix unités. C'est le demandé. [B-49r°]

26. S'il est dit : deux *biens* dont l'un des deux est le double de l'autre sont donnés, nous multiplions le plus petit par lui-même et le total par le plus petit, puis nous multiplions le plus grand par lui-même et nous lui ajoutons le carré du plus petit. Ils sont donc égaux.

فنجعل المال شيئًا ونضرب نصفه في ثلثيه. فيكون ثلث مالٍ، نضرب نصفه
في الشيء. فيكون سُدس كعبٍ، نسقط منه خمسين فيبقى سُدس كعبٍ إلّا
خمسين وذلك يعدل مائة وستّة عشر وثلاثين. فبعد الجبر يصير: سُدس كعبٍ
يعدل مائة وستّة وستّين وثلاثين، فكعّبٌ يعدل ألفًا فضلعه عشرة وهو المطلوب.

٢٣. فإن قيل مالٌ قسمته على جذره وضربت الخارج في عشرة أمثال المال،
فحصل تسعون جذرًا للمال.

فنجعل المال مالًا ونقسمه على جذره. فيخرج شيءٌ نضربه في عشرة أموال
فيحصل: عشرة كعابٍ يعدل تسعين شيئًا. فكعبٌ يعدل تسعة أشياء فمالٌ يعدل
تسعة آحادٍ وهو المطلوب. [١-١٤٣ظ]

٢٤. فإن قيل مالٌ ضربته في عشرة ونقصت من المبلغ نصف مكعّبه، فيبقى
ضعف المال.

فنجعل المال شيئًا ونضربه في عشرة وننقص من المبلغ نصف كعبٍ. فيبقى:
عشرة أشياء إلّا نصف كعبٍ يعدل شيئين. فكعبٌ يعدل ستّة عشر شيئًا فمالٌ
يعدل ستّة عشر أحدًا. فيأخذ جذره أربعة وهو المطلوب.

٢٥. فإن قيل مالٌ نقصت خمسة أمثال مربّعه من ثلاثة أمثال مكعّبه، فصار
الباقي مثل مربّعه خمسًا وعشرين مرّةً.

فنجعل المال شيئًا وننقص خمسة أموالٍ من ثلاثة كعابٍ. يبقى: ثلاثة كعابٍ
إلّا خمسة أموالٍ يعدل خمسة وعشرين مالًا. فكعبٌ يعدل عشرة أموالٍ، فشيء
يعدل عشرة آحادٍ وهو المطلوب. [ب-٤٩و]

٢٦. فإن* قيل مالان أحدهما ضعف الآخر، وضربنا الأصغر في نفسه والمبلغ
في الأصغر، وضربنا الأكبر في نفسه وزدنا عليه مربّع الأصغر، فتساويا.

---

٢ نسقط: تسقط[ب] ١٠ مالٌ: في[ا] ١٤ عشر: عشرة[ب] ١٤ جذره: جذر[ا] ١٧ ونقص:
وينقص[ب] ١٩ يعدل: في[ا]

* فإن: مكررة في الهامش [ب]

Nous posons le plus petit une chose et le plus grand deux choses et nous multiplions le plus petit par lui-même. Cela devient un *carré*, nous le multiplions par la chose et cela devient un *cube*. Nous multiplions deux choses par elles-mêmes et nous ajoutons au total un *carré*. Il devient : cinq *carrés* égalent un *cube* et cinq choses égalent un *carré*. La chose est cinq, c'est le plus petit [*bien*] et le plus grand est dix.

27. S'il est dit : deux *biens* dont l'un des deux est le double de l'autre sont donnés, nous multiplions le carré du plus petit par lui même et cela est égal au résultat du produit du carré du plus grand par le plus grand plus son quart.
Nous posons le plus petit une chose, donc le plus grand est deux choses. Un *carré-carré* égale huit *cubes* plus son quart, c'est-à-dire dix *cubes*. Une chose égale donc dix unités, c'est le demandé.

28. S'il est dit : un *bien* est tel que sa moitié avec cinq de ses racines est cent.
Nous posons le *bien* un *carré*, donc la moitié d'un *carré* plus cinq choses égale cent. Un *carré* plus dix choses égale deux-cent. On ajoute le carré de la moitié du nombre de choses au nombre, il devient deux-cent-vingt-cinq, tu prends sa racine, à savoir quinze, [A-144r°]
et on soustrait d'elle la moitié du nombre de choses. Il reste dix, à savoir la racine du *carré* et le *carré* demandé est cent.

29. S'il est dit : deux nombres sont tels que l'un des deux est trois quarts de l'autre, nous multiplions l'un des deux par l'autre et nous ajoutons au produit les deux nombres. Il vient soixante-deux unités.
Nous posons le plus petit une chose et le plus grand une chose plus un tiers d'une chose. Nous multiplions l'un des deux par l'autre et nous ajoutons au produit les deux nombres. Il vient un *carré* plus un tiers d'un *carré* plus deux choses plus un tiers d'une chose, et cela égale soixante-deux unités. Un *carré* plus une chose plus trois quarts d'une chose égalent donc quarante-six unités plus un demi. [B-49v°]
Nous mettons au carré la moitié du nombre de choses et nous l'ajoutons au nombre. Il vient quarante-sept unités plus un quart d'unité plus la moitié d'un trente-deuxième d'unité. Nous prenons sa racine, à savoir six unités plus sept huitièmes, et nous soustrayons d'elle la moitié du nombre de choses. Il reste six unités, c'est l'un des deux nombres et l'autre est huit unités.

فنجعل الأصغر شيئًا والأكبر شيئين ونضرب الأصغر في نفسه. فيصير مالًا نضربه في الشيء فيصير كعبًا. ونضرب شيئين في نفسهما ونزيد على المبلغ مالًا. فيصير: خمسة أموالٍ يعدل كعبًا فخمسة أشياء يعدل مالًا. فالشيء خمسة وهو الأصغر والأكبر عشرة.

٢٧. فإن قيل مالان أحدهما ضعف الآخر وضربنا مربّع الأصغر في نفسه، فصار مثل المرتفع من ضرب مربّع الأكبر في الأكبر ومثل ربعه. فنجعل الأصغر شيئًا فيكون الأكبر شيئين. فمال مالٍ يعدل ثمانية كعابٍ وربعها أعني عشرة كعابٍ. فشيء يعدل عشرة آحادٍ وهو المطلوب.

٢٨. فإن قيل مالٌ نصفه مع خمسة أجذاره مائة. فنجعل المال مالًا فنصف مالٍ وخمسة أشياء يعدل مائة. فمالٌ وعشرة أشياء يعدل مائتين. فيزيد مربّع نصف عدد الأشياء على العدد فيصير مائتين وخمسة وعشرين، تأخذ جذرها خمسة عشر [١-١٤٤و] تنقص منها نصف عدد الأشياء. يبقى عشرة وهي جذر المال فالمال المسؤول عنه مائة.

٢٩. فإن قيل عددان أحدهما ثلاثة أرباع الآخر، ضربنا أحدهما في الآخر وزدنا عليه العددين، فصار اثنين وستّين أحدًا. فنجعل الأصغر شيئًا والأكبر شيئًا وثلث شيءٍ ونضرب أحدهما في الآخر ونزيد عليه العددين. فيصير مالًا وثلث مالٍ وشيئين وثلث شيء وذلك يعدل اثنين وستّين أحدًا. فمال وشيء وثلاثة أرباع شيءٍ يعدل ستّة وأربعين أحدًا ونصفًا. [ب-٤٩ظ] فنربّع نصف عدد الأشياء ونزيده على العدد. فيصير سبعة وأربعين أحدًا ورُبع واحدٍ وثلث عشرون واحدٍ. تأخذ جذره ستّة آحادٍ وسبعة أثمانٍ، تنقص منه نصف عدد الأشياء. يبقى ستّة آحادٍ وهو أحد العددين والآخر ثمانية آحاد.

---

١٢ تأخذ: يأخذ[ب]   ١٣ تنقص: ينقص[ب]   ٢١ عشرون: عشر   ٢١ تنقص: ينقص[ب]

30. S'il est dit : deux *biens* sont tels qu'ils diffèrent de deux [unités] et, si nous multiplions l'un des deux par l'autre, on parvient à vingt.

Nous posons l'un des deux une chose, l'autre une chose plus deux et on multiplie l'un des deux par l'autre. C'est : un *carré* plus deux choses égalent vingt. Nous ajoutons le carré de la moitié du nombre de racines à vingt et cela devient vingt-et-un. Tu prends sa racine et tu soustrais d'elle une unité. Il reste la racine de vingt-et-un moins une unité, c'est l'un des deux *biens* et l'autre est racine de vingt-et-un plus une unité.

31. S'il est dit : deux *biens* sont tels que l'un des deux est la moitié de l'autre et, si tu ajoutes quarante-cinq à la somme de leurs carrés, il résulte dix fois l'ensemble des deux *biens*.

Nous posons le plus petit une chose, donc le plus grand est deux choses et nous ajoutons quarante-cinq à leurs carrés. Il vient : cinq *carrés* plus quarante-cinq unités égalent trente choses. Un *carré* plus neuf unités égalent donc six choses. Le carré de la moitié du nombre de choses est égalé au nombre et la moitié du nombre de choses, c'est-à-dire trois, est la chose. C'est [A-144vº]

le plus petit *bien* et le plus grand est six.

32. S'il est dit : deux *biens* sont tels que leur différence est une unité, la différence entre leurs carrés est neuf et la somme de leurs carrés est dix fois le plus petit plus un.

Nous posons le plus petit une chose, son carré est un *carré*, donc le carré du plus grand est un *carré* plus neuf unités et leur somme, à savoir deux *carrés* plus neuf unités, égale dix choses plus une unité. Un *carré* plus quatre unités [B-50rº]

égale donc cinq choses. Nous retranchons le nombre du carré de la moitié du nombre de choses et nous prenons la racine du reste, à savoir une unité plus un demi. Nous l'ajoutons à la moitié du nombre de choses car, en soustrayant, on n'obtient pas le problème. Il devient quatre. C'est le plus petit *carré* et le plus grand est cinq.

٣٠. فإن قيل مالان بينهما اثنان وإذا ضربنا أحدهما في الآخر بلغ عشرين. فنجعل أحدهما شيئًا والآخر شيئًا واثنين ويضرب* أحدهما في الآخر. فيكون: مالًا وشيئين يعدل عشرين فنزيد مربّع نصف عدد الأجذار على العشرين فيصير أحدًا وعشرين. تأخذ جذره وتنقص منه واحدًا. يبقى جذر أحدٍ وعشرين إلّا واحدًا وهو أحد المالين. فيكون الآخر جذرًا أحد وعشرين وواحدًا.

٣١. فإن قيل مالان أحدهما نصف الآخر وإذا زدت على مجموع مربّعيهما خمسة وأربعين حصل عشرة أمثال المالين جميعًا.

فنجعل الأصغر شيئًا فالأكبر شيئان ونزيد على مربّعيهما خمسة وأربعين. فيصير خمسة أموالٍ وخمسة وأربعين أحدًا يعدل ثلاثين شيئًا. فمال وتسعة آحادٍ يعدل ستّةَ أشياء. فمربّع نصف عدد الأشياء معادلٌ للعدد ونصف عدد الأشياء أعني ثلاثة هو الشيء وهو [١٤٤-ا ظ] المال الأصغر فالأكبر ستّةٌ†.

٣٢. فإن قيل مالان الفضل بينهما واحدٌ والفضل بين مربّعيهما تسعةٌ ومجموع مربّعيهما عشرة أمثال الأصغر وواحد.

فنجعل الأصغر شيئًا فمربّعه مالٌ، فيكون مربّع الأكبر مالًا وتسعة آحاد، فمجموعهما وهو مالان وتسعة آحادٍ يعدل عشرة أشياء وواحدًا. فمالٌ وأربعة آحادٍ [ب-٥٠و] يعدل خمسة أشياء. فنسقط العدد من مربّع نصف عدد الأشياء ونأخذ جذر الباقي واحدًا ونصفًا فنزيده على نصف عدد الأشياء، لأنّ بالنقصان لا تخرج المسألة. فيصير أربعة وهو المال الأصغر والأكبر خمسة.

---

٤ تأخذ: يأخذ[ب]   ٤ وتنقص: وينقص[ب]   ٧ جميعًا: في[ب]   ٨ شيئان ونزيد: شيئًا ويزيد[ب]
١٥ فنجعل: فيجعل[ب]   ١٨ الباقي: الثاني[ب]   ١٨ فنزيده: فنزيد[ب]

* ويضرب: مكررة في [ب]   † فالأكبر ستّة: في الهامش [ب]

On peut obtenir le résultat de ce problème d'une manière plus simple que celle-ci en remontant à l'égalité entre la chose et le nombre, donc réfléchis-y.

33. S'il est dit : un *bien* est donné, nous prenons trois de ses racines plus la racine du reste et il vient quatorze.

Nous posons le *bien* un *carré*, donc, trois choses plus la racine d'un *carré* moins trois choses égalent quatorze unités. Nous retranchons trois choses des deux côtés. Il reste : quatorze moins trois choses égalent la racine d'un *carré* moins trois choses et nous le mettons au carré.

Il vient neuf *carrés* plus cent-quatre-vingt-seize unités moins quatre-vingt-quatre choses et ceci égale un *carré* moins trois choses. Huit *carrés* plus cent-quatre-vingt-seize unités égalent donc quatre-vingt-une choses. Un *carré* plus vingt-quatre unités plus un demi égalent dix choses plus un huitième d'une chose. Nous retranchons le nombre du carré de la moitié du nombre de choses, il reste un plus trente-trois parties de deux-cent-cinquante-six parties d'une unité. Nous retranchons sa racine, à savoir un plus la moitié d'un huitième, de la moitié du nombre moins une chose. Si, en ajoutant, le procédé n'est pas vrai, alors il reste quatre, à savoir la racine du *carré* et le *bien* demandé est seize.

34. S'il est dit : un *bien* est donné, nous lui ajoutons sept unités et nous multiplions la somme par la racine de trois fois le premier *bien*. Il en résulte dix fois le premier.

Nous posons le *bien* une chose, nous lui ajoutons sept unités, nous le multiplions par la racine [A-145r°]
de trois choses et il vient : la racine de trois *cubes* plus sept racines de trois choses égalent dix choses. Nous divisons l'ensemble de notre expression par la racine de trois choses. On obtient : [B-50v°]
une chose plus sept unités égalent la racine de trente-trois choses plus un tiers d'une chose. Nous mettons tout au carré et il vient : un *carré* plus quatorze choses plus quarante-neuf unités égalent trente-trois choses plus un tiers d'une chose.

وقد يمكن إخراج هذه المسألة بأسهل من هذا بحيث نرجع إلى معادلة الشيء للعدد فتأمّلها.

٣٣. فإن قيل مال أخذنا ثلاثة أجذاره وجذر ما بقي فكان أربعة عشر.

فنجعل المال مالًا فثلاثة أشياء وجذر مالٍ إلّا ثلاثة* أشياء يعدل أربعة عشر أحدًا. فنسقط ثلاثة أشياء من الجانبين. فيبقى: أربعة عشر إلّا ثلاثة أشياء تعدل جذر مالٍ إلّا ثلاثة أشياء فنربّعه.

فيكون تسعة أموالٍ ومائة وستّة وتسعين أحدًا إلّا أربعة وثمانين شيئًا وذلك يعدل مالًا إلّا ثلاثة أشياء فثمانية أموالٍ ومائة وستّة وتسعون أحدًا يعدل أحدًا وثمانين شيئًا. فمالٌ وأربعة وعشرون أحدًا ونصفٌ يعدل عشرة أشياء وثمن شيءٍ. فنسقط العدد من مربّع نصف عدد الأشياء، يبقى واحدٌ وثلاثة وثلاثون جزئًا من مائتين وستّة وخمسين جزئًا من واحدٍ. نسقط جذره، وهو واحدٌ ونصفٌ ثمن، من نصف عددٍ إلّا شيئًا. إذ بالزيادة لا يصحّ العمل فيبقى أربعة وهو جذر المال والمال المسؤول عنه ستّة عشر.

٣٤. فإن قيل مالٌ زدنا عليه سبعة آحادٍ وضربنا المجتمع في جذر ثلاثة أمثال المال الأوّل، فخرج عشرة أمثال الأوّل.

فنجعل المال شيئًا ونزيد عليه سبعة آحادٍ ونضربه في جذر [ا-١٤٥و] ثلاثة أشياء فيكون جذر ثلاثة كعاب وسبعة أجذار ثلاثة أشياء يعدل عشرة أشياء. فنقسم جميع ما معنا على جذر ثلاثة أشياء† فيخرج [ب-٥٠ظ] شيء وسبعة آحادٍ يعدل جذر ثلاثة وثلاثين شيئًا وثلث شيءٍ. فنربّع الكلّ فيكون: مال وأربعة عشر شيئًا وتسعة وأربعون أحدًا يعدل ثلاثة وثلاثين شيئًا وثلث شيءٍ.

Un *carré* plus quarante-neuf unités égalent dix-neuf choses plus un tiers d'une chose. Nous soustrayons le nombre du carré de la moitié du nombre de racines et nous prenons la racine du reste. Soit nous la soustrayons de la moitié du nombre de racines, soit nous l'ajoutons afin d'obtenir le demandé.

Une autre méthode : tu poses le demandé un tiers d'un *carré* et tu lui ajoutes sept unités. Il devient un tiers d'un *carré* plus sept unités, nous le multiplions par une chose, car trois fois un tiers d'un *carré* est le *carré* et sa racine est une chose. Il vient un tiers d'un *cube* plus sept choses et ceci égale trois *carrés* plus un tiers d'un *carré*, à savoir dix multiples du premier *carré*. Un *cube* plus vingt-et-une choses égalent dix *carrés*, donc un *carré* plus vingt-et-une unités égalent dix choses. Tu ôtes le nombre du carré de la moitié du nombre de choses, et tu prends la racine du reste, à savoir deux. Soit tu la soustrais de la moitié du nombre de choses et il reste trois. C'est la racine du *carré*, le *carré* est neuf et trois est le *bien* demandé. Soit nous l'ajoutons à la moitié du nombre de choses et il devient sept. C'est la racine du *carré*, le *carré* est quarante-neuf et son tiers, à savoir le *bien* demandé, est seize plus un tiers.

35. S'il est dit : un *bien* est donné, tu le multiplies par seize et tu soustrais le total de dix fois son carré, il reste donc son cube. Nous posons le *bien* une chose, nous multiplions celle-ci par seize et nous soustrayons le total de dix *carrés*. Il reste : dix *carrés* moins seize choses égalent un cube. Un *cube* plus seize choses égale donc dix *carrés*. Un *carré* [B-51r°]
plus seize unités égale dix choses, donc la chose est soit deux [A-145v°]
soit huit, et elle est le demandé.

36. S'il est dit : un *bien* est donné, tu le soustrais de son carré et il reste un quart de ce qui vient de lui.
Tu poses le *bien* une chose, et tu soustrais celle-ci du *carré*, il reste : un *carré* moins une chose égale un quart d'un *cube*. Un quart

فمال وتسعة وأربعين أحدًا يعدل تسعة عشر شيئًا وثلث شيءٍ. فننقص العدد من مربّع نصف عدد الأجذار ونأخذ جذر الباقي. فإمّا أن ننقصه من نصف عدد الأجذار أو نزيد عليه ليخرج المطلوب.

طريقٌ آخر، وهو أن تجعل المطلوب ثلث مالٍ وتزيد عليه سبعة آحادٍ. فيصير ثلث مالٍ وسبعة آحادٍ نضربه في شيءٍ، لأنّ ثلاثة أمثال ثلث المال هو المال وجذره شيء. فيصير ثلث كعبٍ وسبعة أشياء وذلك يعدل ثلاثة أموالٍ وثلث مالٍ الذي هو عشرة أضعاف المال الأوّل. فكعبٌ وأحد وعشرون شيئًا يعدل عشرة أموال، فمال وأحد وعشرون أحدًا يعدل عشرة أشياء. فتلقي العدد من مربّع نصف عدد الأشياء ونأخذ جذر الباقي اثنين. فإمّا أن تنقصه من نصف عدد الأشياء فيبقى ثلاثة. وهو جذر المال والمال تسعة وثلاثة ثلثه وهو المال المطلوب. وأمّا أن نزيد على نصف عدد الأشياء فيصير سبعة. وهو جذر المال والمال تسعة وأربعون وثلثه ستّة عشر وثلث وهو المال المطلوب.

٣٥. فإن قيل مالٌ ضربته في ستّة عشر ونقصت المبلغ من عشرة أمثال مربّعه فيبقى مكعّبه.

فنجعل المال شيئًا ونضربه في ستّة عشر وننقص المبلغ من عشرة أموال. فيبقى: عشرة أموالٍ إلّا ستّة عشر شيئًا يعدل مكعّبًا. فكعبٌ وستّة عشر شيئًا يعدل عشرة أموالٍ. فمالٌ [ب-٥١و] وستّة عشر* أحدًا يعدل عشرة أشياء، فالشيء إمّا يثنان† [ا-١٤٥ظ] أو ثمانية وهو المطلوب.

٣٦. فإن قيل مالٌ نقصته من مربّعه فيبقى ربع ما منه.

فتجعل المال شيئًا نقصته من مال، يبقى: مال إلّا شيئًا يعدل ربع كعب. فربع

---

d'un *cube* plus une chose égalent donc un *carré*. Un quart d'un *carré* plus une unité égale une chose. La chose est donc deux, c'est le demandé.

37. S'il est dit : un *bien* est donné, tu multiplies son carré par neuf et tu lui ajoutes le produit de son carré par lui-même ; alors on parvient à six fois le cube du *bien*.

Nous posons le *bien* une chose, nous multiplions un *carré* par neuf et nous lui ajoutons un *carré-carré*. Il résulte : un *carré-carré* plus neuf *carrés* égale six *cubes*. Un *carré* plus neuf unités égale donc six choses. La chose est trois, c'est le demandé.

38. S'il est dit : un *bien* est donné, tu multiplies son tiers par son quart, tu soustrais du total le *bien* et il reste donc vingt-quatre unités.

Nous posons le *bien* une chose, nous multiplions un tiers d'une chose par un quart d'une chose, nous retranchons du total une chose. Il reste : la moitié d'un sixième d'un *carré* moins une chose égale vingt-quatre unités. Le *carré* égale douze choses plus deux-cent-quatre-vingt-huit unités. Nous ajoutons le carré de la moitié du nombre de racines au nombre, nous prenons la racine du total, à savoir dix-huit, et nous lui ajoutons la moitié du nombre de racines. Il vient vingt-quatre, c'est le *bien* demandé.

39. S'il est dit : un *bien* est tel que trois de ses racines plus deux racines du reste l'égalent.

Nous savons déjà que, après avoir retranché [du *bien*] trois de ses racines, le reste est égal à deux de ses racines, donc le reste est quatre.

De la même manière on dit : un *carré* égale trois choses plus quatre unités. Après le procédé, on obtient le *carré* demandé, seize.

40. S'il est dit : un *bien* est tel que trois de ses égaux plus le double de son carré égalent son cube.

Nous posons le *bien* une chose, donc trois choses plus deux *carrés* égalent un cube. Trois unités plus deux choses égalent un *carré*. La chose demandée est trois unités.

كعب وشيء يعدل مالًا. فربع مال وواحد يعدل شيئًا. فالشيء اثنان وهو المطلوب.*

٣٧. فإن قيل مالٌ ضربت مربّعه في تسعة وزدت عليه ضرب مربّعه في نفسه فبلغ ستّة أمثال مكعّب المال.

فنجعل المال شيئًا ونضرب مالًا في تسعةٍ ونزيد عليه مال مالٍ. فحصل مال مالٍ وتسعة أموال يعدل ستّة كعاب. فمال وتسعة آحادٍ يعدل ستّة أشياء. فالشيء ثلاثة وهو المطلوب.

٣٨. فإن قيل مالٌ ضربت ثلثه في ربعه وما بلغ نقصت منه المال فيبقى أربعة وعشرون أحدًا.

فنجعل المال شيئًا ونضرب ثلث شيءٍ في رُبع شيءٍ ونسقط من المبلغ شيئًا. فيبقى: نصف سُدس مال إلّا شيئًا يعدل أربعة وعشرين أحدًا. فمال يعدل اثنى عشر شيئًا ومائتين وثمانية وثمانين أحدًا. فنزيد مربّع نصف عدد الأجذار على العدد ونأخذ جذر المبلغ، ثمانية عشر ونزيد عليه نصف عدد الأجذار. فيصير أربعة وعشرين وهو المال المطلوب.

٣٩. فإن قيل مال ثلاثة أجذاره وجذرا ما بقي يعدله.

فقد علمت أنّ الباقي بعد إسقاط ثلاثة أجذاره مثل جذريه، فالباقي يكون أربعة. فكأنّه قال مال يعدل ثلاثة أشياء وأربعة آحاد. فبعد العمل يخرج المال المسؤول عنه ستّة عشر.

٤٠. فإن قيل مال ثلاثة أمثاله وضعف مربّعه يعدل مكعّبه.

فنجعل المال شيئًا، فثلاثة أشياء ومالان يعدل مكعّبًا. فثلاثة آحادٍ وشيئان يعدل مالًا. فالشيء المسؤول عنه ثلاثة آحادٍ.

١٣ ونأخذ: وتأخذ[ا]   ١٦ أجذاره: أجذار[ب]

* فإن قيل مالٌ نقصته من مربّع فيبقى ربع ما منه...وهو المطلوب: في [ب]

41. S'il est dit : [B-51v°]

un *bien* est donné, tu soustrais dix fois son carré de dix fois son cube. Il reste vingt fois le *carré*.

Nous posons le *bien* une chose et nous soustrayons dix *carrés* de dix *cubes*. Il reste : dix *cubes* moins dix *carrés* égalent vingt choses, donc dix *cubes* égalent dix *carrés* plus vingt choses. Dix *carrés* égalent dix choses plus vingt unités et la chose demandée est deux.

42. S'il est dit : [A-146r°]

un *bien* est donné, tu soustrais le double de son cube de dix de ses égaux, il reste son carré.

Nous posons le *bien* une chose et nous soustrayons deux *cubes* de dix choses. Il reste : dix choses moins deux cubes égalent un *carré*. Un *cube* plus la moitié d'un *carré* égale cinq choses. Un *carré* plus la moitié d'une chose égale cinq unités, la chose cherchée est donc deux.

43. S'il est dit : un *bien* est donné, tu le multiplies par le double de son carré et tu ajoutes au total dix fois son carré. Il reste trois-cent fois le *bien*.

Nous posons le *bien* une chose, nous la multiplions par deux *carrés* et nous ajoutons au total dix *carrés*. On parvient à : deux *cubes* plus dix *carrés* égalent trois-cent choses. Un *cube* plus cinq *carrés* égalent cent-cinquante choses. Un *carré* plus cinq choses égale cent-cinquante unités, donc la chose demandée est dix unités.

44. S'il est dit : un *bien* est tel que trois de ses racines plus quatre racines du reste sont vingt unités.

Nous posons le *bien* un *carré*, donc trois choses plus quatre racines d'un *carré* moins trois choses égalent vingt unités. Nous retranchons trois choses des deux côtés. Il reste : vingt moins trois choses égalent quatre racines d'un *carré* moins trois choses. Nous prenons son quart, à savoir cinq moins trois quarts d'une chose, et nous le mettons au carré.

Il vient : la moitié d'un *carré* plus la moitié d'un huitième d'un *carré* plus vingt-cinq unités moins sept choses plus la moitié d'une chose égale un *carré* moins trois choses. Un *carré* plus dix choses plus deux septièmes d'une chose égale cinquante-sept unités plus un septième d'une unité. La chose résulte quatre, c'est la racine du *carré* et le *carré*

٤١. فإن قيل [ب-٥١ظ]

مالٌ نقصت عشرة أمثال مربّعه من عشرة أمثال مكعّبه فيبقى عشرون مثلًا للمال. فنجعل المال شيئًا وننقص عشرة أموال من عشرة كعابٍ. فيبقى: عشرة كعابٍ إلّا عشرة أموال يعدل عشرين شيئًا، فعشرة كعابٍ يعدل عشرة أموال وعشرين شيئًا. فعشرة أموالٍ يعدل عشرة أشياء وعشرين أحدًا فالشيء المسؤول عنه اثنان.

٤٢. فإن قيل [١-١٤٦و]

مالٌ نقصت ضعف مكعّبه من عشرة أمثاله، فيبقى مربّعه. فنجعل المال شيئًا وننقص كعبين من عشرة أشياء. يبقى: عشرة أشياء إلّا كعبين يعدل مالًا. فكعب ونصف مال يعدل خمسة أشياء. فمالٌ ونصف شيءٍ يعدل خمسة آحادٍ فالشيء المطلوب اثنان.

٤٣. فإن قيل مالٌ ضربته في ضعف مربّعه وزدت على المبلغ عشرة أمثال مربّعه. فيبقى ثلاثمائة مثل للمال. فنجعل المال شيئًا ونضربه في مالين ونزيد على المبلغ عشرة أموال. فيبلغ كعبين وعشرة أموالٍ يعدل ثلاثمائة شيءٍ. فكعبٌ وخمسة أموالٍ يعدل مائة وخمسين شيئًا. فمال وخمسة أشياء يعدل مائة وخمسين أحدًا فالشيء المطلوب عشرة آحادٍ.

٤٤. فإن قيل مال ثلاثة أجذاره وأربعة أجذار ما بقي عشرون أحدًا. فنجعل المال مالًا فثلاثة أشياء وأربعة أجذار مال إلّا ثلاثة أشياء يعدل عشرين أحدًا. فنسقط ثلاثة أشياء من الجانبين. فيبقى عشرون إلّا ثلاثة أشياء يعدل أربعة أجذار مالٍ إلّا ثلاثة أشياء. فنأخذ ربعه خمسةً إلّا ثلاثة أرباع شيءٍ ونربّعه. فيكون: نصف مالٍ ونصف ثمن مالٍ وخمسة وعشرين أحدًا إلّا سبعة أشياء ونصف شيءٍ مالًا يعدل مالًا إلّا ثلاثة أشياء. فمالٌ وعشرة أشياء وسُبعا شيءٍ يعدل سبعة وخمسين أحدًا وسُبع واحدٍ. فيخرج الشيء أربعة وهو جذر المال فالمال

<hr>

١٥-١٦ عشرة آحادٍ: في[ا]   ١٩ فيبقى عشرون: في[ا]   ٢١ أشياء: في[ا]

demandé est seize.

45. S'il est dit : un *bien* est donné, nous lui ajoutons [B-52r°] la racine de deux, nous multiplions le total par lui-même et il vient dix.

Nous posons le *bien* une chose et nous lui ajoutons la racine de deux. Il vient : une chose plus une racine de deux égale une racine de dix. La chose est une racine de dix moins une racine de deux, et elle est le demandé.

46. S'il est dit : un *bien* est donné, nous le multiplions par la racine de deux de ses égaux et il vient dix fois le *carré*.

Nous posons le *bien* une chose et nous le multiplions par la racine de deux choses. Il vient la racine [A-146v°] de deux *cubes*, et celle-ci égale dix choses. Deux *cubes* égalent donc cent *carrés* et la chose demandée est cinquante.

47. S'il est dit : un *bien* est donné, nous multiplions la racine de deux de ses égaux par la racine de trois de ses égaux, puis nous multiplions le total par deux fois le *carré*. Il vient dix unités.

Nous posons le *bien* une chose et nous multiplions la racine de deux choses par la racine de trois choses. Il vient la racine de six *carrés*, nous la multiplions par deux choses, il vient la racine de vingt-quatre *carrés-carrés* et ceci égale dix unités. Vingt-quatre *carrés-carrés* égalent donc cent unités. Un *carré-carré* égale quatre unités plus un sixième et la chose est la racine de sa racine. C'est le demandé.

48. S'il est dit : un *bien* est donné, nous le multiplions par lui-même plus une racine de cinq. Cela devient dix fois le premier *bien*.

Nous posons le *bien* une chose et nous multiplions celle-ci par elle-même plus la racine de cinq. Il vient un *carré* plus la racine de cinq *carrés* et ceci égale dix choses. Nous retranchons un *carré* des deux côtés et nous multiplions le reste des deux côtés par lui-même. Il vient : cinq *carrés* égalent un *carré-carré* plus cent *carrés* moins vingt *cubes*. Nous ajoutons aux deux côtés vingt *cubes* et nous retranchons cinq *carrés* des deux. Il reste : un *carré-carré* plus quatre-vingt-quinze *carrés* égale vingt *cubes*. Un *carré* plus quatre-vingt-quinze unités

المطلوب ستّة عشر.

٤٥. فإن قيل مالٌ زدنا [ب-٥٢و]

عليه* جذر اثنين وضربنا ما اجتمع في مثله فكان عشرة.

فنجعل المال شيئًا ونزيد عليه جذر اثنين. فيكون شيئًا وجذر اثنين يعدل جذر عشرة فالشيء جذر عشرة إلّا جذر اثنين وهو المطلوب.

٤٦. فإن قيل مال ضربناه في جذر مثليه فكان عشرة أمثال المال.

فنجعل المال شيئًا ونضربه في جذر شيئين. فيكون جذر [ا-١٤٦ظ] كعبين وذلك يعدل عشرة أشياء. فكعبان يعدلان مائة مالٍ. فالشيء المطلوب خمسون.

٤٧. فإن قيل مالٌ ضربنا جذر مثليه في جذر ثلاثة أمثاله ثمّ ضربنا ما اجتمع في مثلي المال. فكان عشرة آحادٍ.

فنجعل المال شيئًا ونضرب جذر شيئين في جذر ثلاثة أشياء. فيكون جذر† ستّة أموالٍ، نضربه في شيئين فيكون جذر أربعة وعشرين مال مالٍ وذلك يعدل عشرة آحادٍ. فأربعة وعشرون مال مالٍ يعدل مائة أحدٍ. فمال مالٍ يعدل أربعة آحادٍ وسُدسًا. فالشيء جذر جذرها وهو المطلوب.

٤٨. فإن قيل مال ضربناه في مثله وجذر خمسة فصار عشرة أمثال المال الأوّل.

فنجعل المال شيئًا ونضربه في نفسه وجذر خمسة. فيصير مالًا وجذر خمسة أموالٍ وذلك يعدل عشرة أشياء. فنسقط مالًا من الجانبين ونضرب الباقي من الجانبين في نفسه. فيصير: خمسة أموالٍ مال مالٍ ومائة مالٍ إلّا عشرين كعبًا. فنزيد على الجانبين عشرين كعبًا ونسقط خمسة أموالٍ فيهما. فيبقى: مال مالٍ وخمسة وتسعون مالًا يعدل عشرين كعبًا. فمالٌ وخمسة وتسعون أحدًا

١٢ فنجعل: فحصل [ب]

* عليه: مكررة في الهامش [ب] † جذر ثلاثة أشياء: مكررة في [ب]

égale vingt choses. Nous retranchons le nombre du carré de la moitié du nombre de choses, il reste cinq, tu prends sa racine et tu la soustrais de la moitié du nombre de choses. Il reste dix moins la racine de cinq, à savoir le *bien* [B-52v°] demandé.

Si nous le multiplions par lui-même plus une racine de cinq, on obtient cent moins dix racines de cinq et ceci est dix fois dix moins une racine de cinq.

49. S'il est dit : un *bien* est donné, nous multiplions la racine de cinq de ses égaux par la racine de trois de ses égaux plus un cinquième de lui-même, nous ajoutons au total cinq unités et cela est égal au carré du premier *bien*.

Nous posons le *bien* une chose et nous multiplions la racine de cinq choses par la racine de trois choses plus un cinquième d'une chose. Il vient la racine de seize *carrés*, c'est-à-dire quatre choses, et nous lui ajoutons cinq unités. Il vient : [A-147r°]

quatre choses plus cinq unités égalent un *carré*, donc la chose résulte cinq et elle est le demandé.

50. S'il est dit : un *bien* est donné, nous multiplions la racine de quatre de ses égaux par la racine de six de ses égaux plus un quart de lui-même et nous ajoutons au total trois fois le premier *bien* plus vingt unités. Il sera égal au carré du premier *bien*.

Nous posons le *bien* demandé une chose et nous multiplions la racine de quatre choses par la racine de six choses plus un quart d'une chose. Il vient la racine de vingt-cinq *carrés*, c'est-à-dire cinq choses. Nous lui ajoutons trois choses plus vingt unités. On obtient huit choses plus vingt unités et ceci égale un *carré*. La chose est dix, c'est le demandé.

51. S'il est dit : un *bien* est donné, nous enlevons de lui trois de ses racines, puis nous prenons quatre racines du reste et nous ajoutons une racine parmi les trois aux quatre et une racine parmi les quatre aux trois. [Les deux sommes] s'égalent[3].

---

3   Posons le *bien* x^2, l'énoncé de ce problème est formalisé de la manière suivante : $x + 4\sqrt{x^2 - 3x} = \sqrt{x^2 - 3x} + 3$. Or, dans la suite du texte al-Zanjānī ne résout pas cette équation, mais plutôt $2x + 4\sqrt{x^2 - 3x} = 2\sqrt{x^2 - 3x} + 3$. Il faut donc modifier les deux occurrences de جذرًا avec le duel جذران. De cette manière, l'énoncé correct du problème devient : « Un *bien* est donné, nous enlevons de lui trois de ses racines, puis

يعدل عشرين شيئًا. فنسقط العدد من مربّع نصف عدد الأشياء. يبقى
خمسة، تأخذ جذرها وتنقصه من نصف عدد الأشياء، يبقى عشرة إلّا جذر
خمسةٍ وهو المال [ب-٥٢ظ]
المطلوب. فإذا ضربناه في نفسه وجذر خمسة، يصير مائة إلّا عشرة أجذار خمسة
وذلك عشرة أمثال عشرة إلّا جذر خمسة.

٤٩. فإن قيل مالٌ ضربنا جذر خمسة أمثاله في جذر ثلاثة أمثاله وخمس
مثله وزدنا على المبلغ خمسة آحادٍ، فكان مثل مربّع المال الأوّل.

فنجعل المال شيئًا ونضرب جذر خمسة أشياء في جذر ثلاثة أشياء وخمس شيءٍ.
فيصير جذر ستّة عشر مالًا، أعني أربعة أشياء، ونزيد عليه خمسة آحادٍ. فيصير: [ا-
١٤٧و]

أربعة أشياء وخمسة آحاد يعدل مالًا فيخرج الشيء خمسة وهو المطلوب.

٥٠. فإن قيل مالٌ ضربنا جذر أربعة أمثاله في جذر ستّة أمثاله وربع مثله،
وزدنا على المبلغ ثلاثة أمثال المال الأوّل وعشرين أحدًا، فصار مثل مربّع المال
الأوّل.

فنجعل المال المطلوب شيئًا ونضرب جذر أربعة أشياء في جذر ستّة أشياء وربع
شيءٍ. فيكون جذر خمسة وعشرين مالًا، أعني خمسة أشياء نزيد عليه ثلاثة أشياء
وعشرين أحدًا. فيصير ثمانية أشياء وعشرين أحدًا وذلك يعدل مالًا. فالشيء عشرة
وهو المطلوب.

٥١. فإن قيل مال عزلنا منه ثلاثة أجذاره ثمّ أخذنا أربعة أجذار ما بقي، فزدنا
جذرًا من الثلاثة على الأربعة وجذرًا على الثلاثة، فاعتدلا.

Nous posons le *bien* un *carré* et nous enlevons de lui trois de ses racines, à savoir trois choses. Il reste un *carré* moins trois choses. Tu prends quatre de ses racines et chacune d'elles s'appelle un dinar. Nous ajoutons un dinar à deux choses et nous ajoutons une chose à trois dinars. Il vient : deux choses plus un dinar égalent trois dinars plus une chose. La chose égale deux dinars et le dinar est la moitié d'une chose. La racine du reste est la moitié de la racine du total. Le reste est alors un quart du total, donc, un *carré* moins trois choses égalent un quart d'un *carré*, donc la chose est quatre et le *carré* demandé est seize.

52. S'il est dit : nous ajoutons une racine [B-53r°] des trois aux quatre et une racine des quatre aux trois. Nous échangeons quatre avec trois et trois avec quatre[4].

De même, on dit : deux choses plus un dinar égalent quatre dinar, ou trois dinar plus une chose égalent trois choses. Le dinar est, donc, deux tiers d'une chose, la racine du reste est deux tiers de la racine du départ et le reste est alors quatre neuvièmes du total.

Un *carré* moins trois choses égale donc quatre neuvièmes d'un *carré*. La chose est cinq plus deux cinquièmes et le *carré* demandé vingt-neuf unités plus quatre cinquièmes d'un cinquième.

53. S'il est dit : deux *biens* sont tels qu'ils diffèrent de six unités, [A-147v°] nous multiplions le plus grand par quatre de ses égaux et nous prenons la racine du total. Il vient deux fois le carré du petit [*bien*]. Nous posons le plus grand une chose, le plus petit est donc une chose moins six unités et nous multiplions une chose par quatre choses. Il vient quatre *carrés* et il faut que la racine de ceux-ci, c'est-à-dire deux choses, soit deux fois le carré d'une chose moins six unités. Nous mettons au carré une chose moins six unités. Il vient un *carré* plus trente-six unités moins douze choses et nous le doublons. Il vient deux *carrés* plus soixante-douze unités moins vingt-quatre choses et cela égale

---

nous prenons quatre racines du reste et nous ajoutons deux racines parmi les trois aux quatre et deux racines parmi les quatre aux trois. [Les deux sommes] s'égalent ».

4   Dans ce problème aussi, il y a une confusion dans l'écriture de l'énoncé. En effet, le problème consiste à résoudre l'équation $x + 4\sqrt{x^2 - 3x} = \sqrt{x^2 - 3x} + 3$, qui correspond à l'énoncé du problème précédent.

فنجعل المال مالًا ونعزل منه ثلاثة أجذاره، وهو ثلاثة أشياء. فيبقى مالٌ إلّا ثلاثة أشياء. فتأخذ أربعة أجذاره ويسمّى كلّ جذرٍ منه دينارًا. ونزيد منه دينارًا على اثنين أشياء ونزيد منها شيئًا على ثلاثة دَنانير. فيصير شيئان ودينار يعدل ثلاثة دنانير وشيئًا. فالشيء يعدل دينارين فالدينار نصف شيءٍ. فجذر الباقي نصف جذر الكلّ فالباقي إذًا ربع الكلّ. فمال إلّا ثلاثة أشياء يعدل ربع مالٍ. فالشيء أربعة والمال المطلوب ستّة عشر.

٥٢. فإن قيل زدنا جذرًا [ب-٥٣و]
من* الثلاثة على الأربعة وجذرًا من الأربعة على الثلاثة فنحوّل الأربعة مكان الثلاثة والثلاثة مكان الأربعة.

فكأنّه قال شيئان ودينار يعدل أربعة دنانير أو ثلاثة دنانير وشيء يعدل ثلاثة أشياء. فالدينار ثلثا شيءٍ فجذر الباقي ثلثا جذر الأصل فالباقي إذن أربعة أتساع الكلّ. فمال إلّا ثلاثة أشياء يعدل أربعة أتساع مالٍ. فالشيء خمسة وخمسان فالمال المطلوب تسعة وعشرون أحدًا وأربعة أخماس خُمس.

٥٣. فإن قيل مالان بينهما ستّة آحاد† [١-١٤٧ظ]
ضربنا الكثير في أربعة أمثاله وأخذنا جذر المبلغ. فكان مثلي مربّع القليل. فنجعل الأكبر شيئًا فيكون الأصغر شيئًا إلّا ستّة آحادٍ ونضرب شيئًا في أربعة أشياء. فيكون أربعة أموال وجذر ذلك أعني شيئين يجب أن يكون مثلي مربّع شيءٍ إلّا ستّة آحادٍ. فنربّع شيئًا إلّا ستّة آحادٍ. فيكون مالًا وستّة وثلاثين أحدًا إلّا اثنى عشر شيئًا ونضعفه. فيكون مالين واثنين وسبعين أحدًا إلّا أربعة وعشرين شيئًا وذلك

---

² ونزيد: وتزيد   ³ اثنين: ثلاثة   ١٠ أو ثلاثة: ثلاثة   ١١ إذن: إذا[ب]   وثلاثة[ب]   ١٨ أحدًا: في[ب]

* من: مكررة في الهامش [ب]   † آحاد: في الهامش [ا]

deux choses. On obtient la chose, neuf unités. C'est l'un des deux *biens*, et le plus petit [*bien*] est trois unités.

54. S'il est dit : nous divisons dix en deux parties, nous multiplions l'une des deux par deux, l'autre par trois et les deux [produits] s'égalent.

Nous posons l'une des deux [parties] une chose, l'autre est donc dix moins une chose, et nous multiplions dix moins une chose par deux. On obtient vingt moins deux choses et ceci égale le produit d'une chose par trois, c'est-à-dire trois choses. La chose est quatre, c'est l'une des deux parties et l'autre est six.

55. Si on dit : nous multiplions l'une des deux [parties] par l'autre et il vient seize.

Seize égale le produit d'une chose par dix moins une chose, c'est-à-dire dix choses moins un *carré*, donc l'une des deux parties est huit et l'autre deux.

56. Si on dit : nous multiplions le carré d'une des deux [parties] par le carré de l'autre [B-53v°]

et il vient deux-cent-cinquante-six.

Tu prends la racine du total, à savoir seize, et tu la confrontes au produit d'une chose par dix moins une chose. Le résultat est égal à ce que tu as introduit.

57. Si on dit : nous multiplions le cube d'une des deux [parties] par le cube de l'autre et on parvient à quatre-mille-quatre-vingt-seize.

Nous prenons le côté du total, à savoir seize, nous le confrontons au produit d'une chose par dix moins une chose et il en résulte ce que tu as introduit.

Si le total n'a pas de côté, alors les deux parties ne sont pas rationnelles. De même si, dans le cas de figure précédent, le total n'a pas de racine.

58. S'il est dit : nous divisons l'une des deux [parties] par l'autre et il résulte un plus un demi.

Tu multiplies un plus un demi par une chose, il vient une chose plus un demi et ceci égale dix moins une chose. La chose est quatre et est l'une des deux parties.

يعدل شيئين. فيخرج الشيء تسعة آحادٍ وهو أحد المالين والأصغر ثلاثة آحادٍ.

٥٤. فإن قيل عشرة قسمناها قسمين وضربنا أحدهما في اثنين والآخر في ثلاثةٍ، فاعتدلا.

فنجعل أحدهما شيئًا فيكون الآخر عشرة إلّا شيئًا ونضرب عشرة إلّا شيئًا في اثنين. فيصير عشرين إلّا شيئين وذلك يعدل ضرب شيءٍ في ثلاثة أعني ثلاثة أشياء. فالشيء أربعة وهو أحد القسمين. فيكون الآخر ستّة.

٥٥. فإن قال ضربنا أحدهما في الآخر فكان ستّة عشر.

فستّة عشر يعدل ضرب شيءٍ في عشرة إلّا شيئًا أعني عشرة أشياء إلّا مالًا. فأحد القسمين ثمانية والآخر اثنان.

٥٦. فإن قال ضربنا مربّع أحدهما في مربّع الآخر [ب-٥٣ظ] فكان مائتين وستّة وخمسين.

فتأخذ جذر المبلغ، ستّة عشر، وتقابل به ضرب شيءٍ في عشرة إلّا شيئًا. فيخرج كما تقدّم.

٥٧. فإن قال ضربنا مكعّب أحدهما في مكعّب الآخر فبلغ أربعة آلافٍ وستّة وتسعين.

فنأخذ ضلع المبلغ، وهو ستّة عشر، ونقابل به ضرب شيءٍ في عشرة إلّا شيئًا فيخرج كما تقدّم.

فإن لم يكن للمبلغ ضلعٌ فالقسمان ليسا منطقين، وكذلك إن لم يكن للمبلغ في الصورة المتقدّمة جذر.

٥٨. فإن قال قسمنا أحدهما على الآخر فحصل واحدٌ ونصفٌ.

فتضرب واحدًا ونصفًا في شيءٍ. فيصير شيئًا ونصفًا وذلك يعدل عشرة إلّا شيئًا. فالشيء أربعة وهو أحد القسمين.

---

⁹ عشرة إلّا شيئًا أعني: في[ا]

59. S'il est dit : nous soustrayons le carré de l'une des deux [parties] du carré de l'autre, il reste soixante unités.

Nous soustrayons [A-148r°]

un *carré* de cent plus un *carré* moins vingt choses, il reste : cent moins vingt choses égalent soixante. La chose est deux et est l'une des deux parties.

60. S'il est dit : nous ôtons la différence entre les deux [parties] de la plus petite, il reste quatre unités.

Nous retranchons dix moins deux choses d'une chose et il reste : trois choses moins dix égalent quatre. La chose est quatre plus deux tiers, c'est la plus petite [partie].

61. S'il est dit : nous ôtons la plus petite [partie] de la moitié de la plus grande et il reste deux.

Nous retranchons une chose de cinq moins la moitié d'une chose et il reste : cinq moins une chose et un demi égale deux. La chose est deux et est la plus petite [partie].

62. S'il est dit : nous multiplions la différence entre les deux [parties] par la plus petite, il en résulte six fois la plus petite.

Nous multiplions dix moins deux choses par une chose. Il vient : dix choses moins deux *carrés* égalent six choses. On obtient la chose, trois, et c'est la plus petite [partie].

63. S'il est dit : nous divisons l'une des deux [parties] par leur différence, il en résulte un quart d'unité. [B-54r°]

Nous divisons une chose par dix moins deux choses, il en résulte un quart d'unité. Nous multiplions un quart d'unité par dix moins deux choses. Il vient deux plus un demi moins la moitié d'une chose et ceci égale une chose. La chose est un plus deux tiers, c'est la plus petite [partie].

64. S'il est dit : nous divisons l'une des deux [parties] par l'autre, nous ajoutons le résultat à dix et nous multiplions la somme par le diviseur. Il vient quarante-six.

٥٩. فإن قال نقصنا مربّع أحدهما من مربّع الآخر فبقي ستّون أحدًا.

فننقص [ا-١٤٨و]

مالًا من مائةٍ ومالٍ إلّا عشرين شيئًا، فيبقى: مائة إلّا عشرين شيئًا يعدل ستّين. فالشيء اثنان وهو أحد القسمين.

٦٠. فإن قال ألقينا الفضل بينهما من الأصغر فبقي أربعة آحادٍ.

فنسقط عشرة إلّا شيئين من شيءٍ فيبقى: ثلاثة أشياء إلّا عشرة يعدل أربعة. فالشيء أربعة وثلثان وهو الأصغر.

٦١. فإن قال ألقينا الأصغر من نصف الأكبر فبقي اثنان.

فنسقط شيئًا من خمسةٍ إلّا نصف شيءٍ فيبقى: خمسة إلّا شيئًا ونصفًا يعدل اثنين. فالشيء اثنان وهو الأصغر.

٦٢. فإن قيل ضربنا الفضل بينهما في الأصغر فحصل ستّة أمثال الأصغر.

فنضرب عشرة إلّا شيئين في شيءٍ. فيكون: عشرة أشياء إلّا مالين يعدل ستّة أشياء. فيخرج الشيء ثلاثة وهو الأصغر.

٦٣. فإن قال قسمنا أحدهما على فضل ما بينهما فخرج ربع واحدٍ. [ب-٥٤و]

فنقسم* شيئًا على عشرة إلّا شيئين فيخرج ربع واحدٍ. فنضرب ربع واحدٍ في عشرة إلّا شيئين. فيصير: اثنين ونصفًا إلّا نصف شيءٍ وذلك يعدل شيئًا. فالشيء واحد وثلثان وهو الأصغر.

٦٤. فإن قال قسمنا أحدهما على الآخر وزدنا الخارج على العشرة وضربنا المجتمع في المقسوم عليه فكان ستّة وأربعين.

١٦ فنقسم: فيقسم [ب]

* فيقسم: مكررة في الهامش [ب]

Nous posons le diviseur une chose. Si nous divisons dix moins une chose par une chose, si nous ajoutons le résultat à dix et si nous multiplions le total par une chose, il vient quarante-six. Le produit de dix par une chose est dix choses. Nous les retranchons de quarante-six, il reste quarante-six moins dix choses, à savoir le résultat du produit du quotient par le diviseur. Tu le confrontes à dix moins une chose. On obtient la chose, quatre, et c'est le diviseur.

65. S'il est dit : nous divisons le carré de l'une des deux parties par le carré de l'autre, il résulte seize unités.

Le résultat de la division de l'une des deux parties par l'autre est la racine de seize, à savoir quatre. Tu le multiplies par une chose. Il vient : quatre choses [A-148v°]

égalent dix moins une chose. La chose est deux, c'est le diviseur.

66. S'il est dit : si nous ajoutons chacune des deux parties à un nombre carré, alors le résultat est un carré.

Nous posons le carré un *carré*, l'une des deux parties de dix deux choses plus une unité et l'autre quatre choses plus quatre unités, afin que chacune d'elles devienne, avec le *carré*, un carré. Nous additionnons les deux parties. Il vient six choses plus cinq unités et cela égale dix. La chose est cinq sixièmes d'une unité, le *carré* est vingt-cinq parties de trente-six [B-54v°]

partie d'unité, c'est le carré demandé. L'une des deux parties de dix est deux plus deux tiers et l'autre est sept plus un tiers.

67. S'il est dit : si nous soustrayons chacune des deux [parties] d'un carré, alors le reste est un carré.

Nous posons le carré un *carré* plus quatre choses plus quatre unités, nous posons une des deux parties de dix quatre choses plus quatre unités et l'autre deux choses plus trois unités, de manière que, après les deux soustractions, le reste sera un carré,

فنجعل المقسوم عليه شيئًا. فإذا قسمنا عشرة إلّا شيئًا على شيء وزدنا الخارج على عشرة وضربنا المجتمع في شيءٍ كان ستّة وأربعين. وضرب عشرة في شيءٍ عشرة أشياء. فنسقطها من ستّةٍ وأربعين فيبقى ستّة وأربعون إلّا عشرة أشياء وهو المرتفع من ضرب الخارج في المقسوم عليه. فتقابل به عشرة إلّا شيئًا. فيخرج الشيء أربعة وهو المقسوم عليه.

٦٥. فإن قال قسمنا مربّع أحد القسمين على مربّع* الآخر فخرج ستّة عشر أحدًا.

فيكون الخارج من قسمة أحد القسمين على الآخر جذر ستّة عشر وهو أربعة. فتضربه في شيءٍ. فيكون: أربعة أشياء [١-١٤٨ظ] يعدل عشرةً إلّا شيئًا. فالشيء اثنان وهو المقسوم عليه.

٦٦. فإن قال إذا زدنا كلّ واحدٍ من القسمين على عددٍ مربّع كان المبلغ مربّعًا.

فنجعل المربّع مالًا وأحد قسمي العشرة شيئين وواحدًا والآخر أربعة أشياء وأربعة آحادٍ ليصير كلّ واحدٍ منهما مع المال مربّعًا. ونجمع القسمين. فيكون ستّة أشياء وخمسة آحادٍ وذلك يعدل عشرة. فالشيء خمسة أسداس واحدٍ. فالمال خمسة وعشرون جزئًا من ستّةٍ وثلاثين [ب-٥٤ظ] جزئًا من واحدٍ وهو المربّع المطلوب وأحد قسمي العشرة اثنان وثلثان والآخر سبعة وثلث.

٦٧. فإن قال إذا نقصنا كلّ واحدٍ منهما من مربّعٍ كان الباقي مربّعًا.

فنجعل المربّع مالًا وأربعة أشياء وأربعة آحادٍ ونجعل أحد قسمي العشرة أربعة أشياء وأربعة آحادٍ والآخر شيئين وثلاثة آحادٍ، ليكون الباقي بعد النقصانين مربّعًا

et nous les additionnons. Il vient : six choses plus sept unités égalent dix. La chose est la moitié d'une unité, l'une des deux parties de dix est six unités, l'autre quatre et le carré demandé six plus un quart. Voici les deux problèmes fluides.

68. S'il est dit : six fois et un quart de fois le carré de l'une des deux [parties] est égal au carré de dix.

Six *carrés* plus un quart d'un *carré* égalent cent. Le *carré* est seize, sa racine quatre et elle est l'une des deux parties.

Il est possible de déterminer ce problème par ce qui est connu.

69. S'il est dit : le résultat du produit d'une des deux [parties] par l'autre est six fois la plus petite.

Dix choses moins un *carré* égalent six choses. La chose est quatre, c'est la plus petite [partie].

70. Si on dit : le résultat du produit d'une des deux [parties] par l'autre est égal à deux tiers du carré de la plus grande.

Un *carré*, c'est-à-dire le carré de la plus grande, égale quinze choses moins un *carré* plus la moitié d'un *carré*. Donc, un *carré* égale six choses. La chose est six, c'est la plus grande [partie].

71. S'il est dit : nous retranchons le *carré* de la plus petite [partie] de la plus grande [partie], [A-149r°]

il reste quatre unités.

Nous retranchons un *carré*, c'est-à-dire le *carré* de la plus petite, de dix moins une chose. Il reste : dix moins un *carré* plus une chose égale quatre. La chose est deux, c'est la plus petite [partie].

72. S'il est dit : nous divisons la plus grande [partie] par la plus petite et on obtient le double de la plus petite.

Nous divisons dix moins une chose par une chose. [B-55r°]

On obtient deux choses, nous le multiplions par une chose et il vient : deux *carrés* égalent dix moins une chose. La chose est deux, c'est la plus petite [partie].

73. S'il est dit : nous divisons la plus grande [partie] par la plus petite et nous ajoutons le résultat de la division à la plus grande. Il vient douze unités.

ونجمعهما. فيكون: ستّة أشياء وسبعة آحاد يعدل عشرة. فالشيء نصف
واحدٍ فأحد قسمي العشرة ستّة آحادٍ والآخر أربعة والمربّع المطلوب ستّة وربع.
وهاتان المسألتان سيالتان.

٦٨. فإن قال مربّع أحدهما ستّة مراتٍ وربع مرّةٍ مثل مربّع العشرة.
فستّة أموالٍ وربع مال يعدل مائة. فالمال ستّة عشر وجذره أربعة وهو أحد القسمين.
ويمكن استخراج هذه المسألة بالمعلوم.

٦٩. فإن قال المرتفع من ضرب أحدهما في الآخر ستّة أمثال الأصغر.
فعشرة أشياء إلّا مالًا يعدل ستّة أشياء. فالشيء أربعة وهو الأصغر.

٧٠. فإن قال المرتفع من ضرب أحدهما في الآخر مثل ثلثي مربّع الأكبر.
فمالٌ، أعني مربّع الأكبر، يعدل خمسة عشر شيئًا إلّا مالًا ونصف مالٍ. فمال
يعدل ستّة أشياء. فالشيء ستّةٌ وهو الأكبر.

٧١. فإن قال أسقطنا مربّع الأصغر من الأكبر [١٤٩-ا و]
فيبقى أربعة آحادٍ.

فنسقط مالًا، أعني مربّع الأصغر، من عشرة إلّا شيئًا. فيبقي: عشرة إلّا مالًا وشيئًا
يعدل أربعة. فالشيء اثنان وهو الأصغر.

٧٢. فإن قال قسمنا الأكبر على الأصغر. فخرج ضعف الأصغر.
فنقسم عشرة إلّا شيئًا على شيءٍ. [٥٥-ب و]
فيخرج* شيئان، نضربهما في شيءٍ فيصير مالين يعدلان عشرة إلّا شيئًا. فالشيء
اثنان وهو الأصغر.

٧٣. فإن قال قسمنا الأكبر على الأصغر وزدنا ما خرج من القسمة على
الأكبر. فصار اثنى عشر أحدًا.

٣ سيالتان: سيالتان هي[ب]

* فيخرج: مكررة في الهامش [ب]

Nous divisons dix moins une chose par une chose et nous ajoutons au résultat dix moins une chose. Il vient dix moins une chose plus dix moins une chose divisé par une chose, et ceci égale douze unités. Nous ajoutons une chose aux deux côtés et nous retranchons dix des deux. Il reste : dix moins une chose divisé par une chose égale une chose plus deux. Nous multiplions le total par une chose. Il vient : dix moins une chose égale un carré plus deux choses. La chose est deux, c'est la plus petite [partie].

74. S'il est dit : nous soustrayons la plus petite [partie] avec son carré de la plus grande et il reste deux.

Nous retranchons un *carré* plus une chose de dix moins une chose. Il reste : dix moins un *carré* et moins deux choses égale deux. Un *carré* plus deux choses égale huit. La chose est deux, c'est la plus petite [partie].

75. S'il est dit : la somme de leurs deux carrés est cinquante-huit. Deux *carrés* plus cent moins vingt choses égalent cinquante-huit. La chose est soit trois soit sept, c'est l'une des deux parties.

76. S'il est dit : le carré d'une des deux [parties] est égal au résultat du produit de l'une par l'autre une fois et demi.

Un *carré* égale quinze choses moins un *carré* plus la moitié d'un *carré*. Donc, un *carré* égale six choses. La chose est six, c'est l'une des parties dont tu as pris le carré.

77. S'il est dit : le carré d'une des deux [parties] est neuf fois l'autre [partie].

Un *carré* égale quatre-vingt-dix moins neuf choses. La chose est six, c'est l'une des deux parties.

78. S'il est dit : nous ajoutons à la somme de leurs deux carrés le résultat du produit d'une [partie] par l'autre et on parvient à [A-149v°] soixante-seize. [B-55v°]

Nous ajoutons le résultat du produit d'une chose par dix moins une chose, à savoir dix choses moins un *carré*, à la somme des carrés des deux, à savoir deux *carrés* plus cent moins vingt choses. Il vient cent plus un *carré* moins dix choses et cela égale soixante-seize. La chose est soit quatre soit six et est l'une des deux parties.

فنقسم عشرةً إلّا شيئًا على شيءٍ ونزيد على الخارج عشرةً إلّا شيئًا. فيكون عشرة إلّا شيئًا وعشرة إلّا شيئًا مقسومة على شيءٍ وذلك يعدل اثنى عشر أحدًا. فنزيد شيئًا على الجانبين ونسقط منهما عشرة. فيبقى: عشرة إلّا شيئًا مقسومة على شيءٍ يعدل شيئًا واثنين. فنضرب الكلّ في شيءٍ. فيصير عشرة إلّا شيئًا يعدل مالًا وشيئين. فالشيء اثنان وهو الأصغر.

۷٤. فإن قال نقصنا الأصغر مع مربّعه من الأكبر فيبقى اثنان. فنسقط مالًا وشيئًا من عشرة إلّا شيئًا. فيبقى: عشرة إلّا مالًا وإلّا شيئين يعدل اثنين. فمالٌ وشيئان يعدل ثمانية. فالشيء اثنان وهو الأصغر.

۷٥. فإن قال مجموع مربّعيهما ثمانية وخمسون. فمالان ومائة إلّا عشرين شيئًا يعدل ثمانية وخمسين. فالشيء أمّا ثلاثة أو سبعة وهو أحد القسمين.

۷٦. فإن قال مربّع أحدهما مثل المرتفع من ضرب أحدهما في الآخر مرّةً ونصفًا. فمالٌ يعدل خمسة عشر شيئًا إلّا مالًا ونصف مال. فمالٌ يعدل ستّة أشياء. فالشيء ستّة وهو أحد القسمين الذي أخذت مربّعه.

۷۷. فإن قال مربّع أحدهما تسعة أمثال الآخر. فمالٌ يعدل تسعين إلّا تسعة أشياء. فالشيء ستّة وهو أحد القسمين.

۷۸. وإن قال زدنا على مجموع مربّعيهما المرتفع من ضرب أحدهما في الآخر فبلغ ستّة [۱-۱٤۹ظ] وسبعين. [ب-٥٥ظ]

فنزيد المرتفع من ضرب شيءٍ في عشرةٍ إلّا شيئًا وهو عشرة أشياء إلّا مالًا على مجموع مربّعيهما وهو مالان ومائة إلّا عشرين شيئًا. فيصير مائة ومالًا إلّا عشرة أشياء وذلك يعدل ستّة وسبعين. فالشيء أمّا أربعة أو ستّة وهو أحد القسمين.

---

۷ من عشرة: وعشرة[۱]

79. S'il est dit : nous ajoutons le résultat de la division d'une des deux [parties] par l'autre au diviseur et on parvient à six unités.
Nous divisons dix moins une chose par une chose. On obtient dix parties d'une chose moins une unité, nous les ajoutons à une chose et il vient : une chose plus dix parties d'une chose moins une unité égalent six unités. Nous ajoutons une unité aux deux côtés et nous multiplions le total par une chose. Il vient : un *carré* plus dix unités égalent sept choses. La chose est soit deux soit cinq et les deux [solutions] sont vraies en tant que diviseur.

80. S'il est dit : nous divisons le résultat du produit d'une des deux [parties] par l'autre par leur différence et on obtient douze unités.
Nous multiplions douze par la différence entre les deux parties, à savoir dix moins deux choses. Il vient cent-vingt unités moins vingt-quatre choses et ceci égale leur produit, à savoir dix choses moins un *carré*. Donc, un *carré* plus cent-vingt unités égale trente-quatre choses. En soustrayant, on obtient la chose, quatre, à savoir l'une des deux parties. En additionnant, [le problème] n'est pas possible.

81. S'il est dit : nous ajoutons la différence entre les deux [parties] à la somme de leurs carrés et il vient cinquante-quatre.
Nous ajoutons dix moins deux choses à deux *carrés* plus cent moins vingt choses. Il vient deux *carrés* plus cent dix moins vingt-deux choses et ceci égale cinquante-quatre. On obtient la chose, quatre, et c'est l'une des deux parties.

82. S'il est dit : nous divisons chacune des deux [parties] [B-56r°]
par l'autre et la somme des deux résultats est quatre plus un quart.
Nous multiplions une chose par dix moins une chose, puis ce résultat par [la somme] des résultats des deux divisions. Il vient quarante-deux choses plus la moitié d'une chose moins quatre *carrés* plus un quart d'un *carré*, et ceci égale la somme des carrés des deux nombres, [A-150r°]

٧٩. فإن قال زدنا الخارج من قسمة أحدهما على الآخر على المقسوم عليه. فبلغ ستّة آحادٍ.

فنقسم عشرةً إلّا شيئًا على شيءٍ. فيخرج عشرة أجزاء شيء إلّا واحدًا، نزيده على شيءٍ فيصير: شيئًا وعشرة أجزاء شيءٍ إلّا واحدًا يعدل ستّة آحادٍ. فنزيد على الجانبين واحدًا ونضرب الكلّ في شيءٍ. فيصير: مال وعشرة آحادٍ يعدل سبعة أشياء. فالشيء أمّا اثنان أو خمسة وكلاهما يصحّ أن يكون هو المقسوم عليه.

٨٠. فإن قال قسمنا المرتفع من ضرب أحدهما في الآخر على فضل ما بينهما فخرج اثنى عشر أحدًا.

فنضرب الاثنى عشر في فضل ما بين القسمين وهو عشرة إلّا شيئين. فيكون مائة وعشرين أحدًا إلّا أربعة وعشرين شيئًا وذلك يعدل مُسطحهما وهو عشرة أشياء إلّا مالًا. فمالٌ ومائة وعشرون أحدًا يعدل أربعة وثلاثين شيئًا. فيخرج الشيء بنقصان أربعة، إذا الزيادة غير ممكنةٍ وهو أحد القسمين.

٨١. فإن قال زدنا فضل ما بينهما على مجموع مربّعيهما فكان أربعة وخمسين.

فنزيد عشرة إلّا شيئين على مالين ومائة إلّا عشرين شيئًا. فيصير مالين ومائة وعشرة إلّا اثنين وعشرين شيئًا وذلك يعدل أربعة وخمسين. فيخرج الشيء أربعة وهو أحد القسمين.

٨٢. فإن قال قسمنا كلّ واحدٍ منهما [ب-٥٦و]

على الآخر فكان مجموع الخارجين أربعة وربعًا.

فنضرب شيئًا في عشرة إلّا شيئًا ثمّ ما بلغ فيما خرج من القسمين فيصير اثنين وأربعين شيئًا ونصف شيءٍ إلّا أربعة أموالٍ وربع مالٍ وذلك يعدل مجموع مربّعي العددين [ا-١٥٠و]

---

٢١ إلّا أربعة: وأربعة[ب]

à savoir deux *carrés* plus cent moins vingt choses. En effet, tu as introduit dans les propositions que, si on divise deux nombres quelconques l'un par l'autre, puis on multiplie le résultat des deux divisions par le produit d'un des deux nombres par l'autre, alors le total est égal à la somme des carrés des deux nombres.

Après avoir restauré et ramené, il vient : un *carré* plus seize unités égale dix choses. La chose est soit deux soit huit, à savoir l'une des deux parties.

Si nous voulons, nous posons l'une des deux parties cinq plus une chose et l'autre cinq moins une chose. Nous multiplions l'une des deux par l'autre, puis ce résultat par [la somme] des résultats des deux divisions. Il vient cent-six plus un quart moins quatre *carrés* plus un quart, et ceci égale la somme des *carrés* des deux parties, à savoir deux *carrés* plus cinquante unités. Le *carré* résulte neuf et la chose, trois ; nous ajoutons celle-ci à cinq ou bien nous la soustrayons de lui. L'une des deux parties est donc huit et l'autre deux.

Une autre méthode : nous divisons dix moins une chose par une chose, on obtient dix parties d'une chose moins une unité, et nous divisons une chose par dix moins une chose, on obtient une chose divisée par dix moins une chose. L'ensemble de cela est dix parties d'une chose moins une unité plus une chose divisé par dix moins une chose, et ceci égale quatre plus un quart. Nous multiplions l'ensemble de notre expression par une chose, puis par dix moins une chose. Ou bien, nous disons : nous multiplions l'ensemble de notre expression par le produit d'une chose par dix moins une chose, c'est-à-dire dix choses moins un *carré*. Il vient : deux *carrés* [B-56v°]

plus cent unités moins vingt choses égalent quarante-deux choses plus la moitié d'une chose moins quatre *carrés* plus un quart d'un *carré*. Donc, un *carré* plus seize égale dix choses, la chose est soit deux soit huit, à savoir l'une des deux parties.

Une autre méthode : nous posons l'un des deux résultats une chose, donc l'autre est quatre plus un quart moins une chose. Nous multiplions l'un des deux par l'autre. Il vient quatre choses plus un quart d'une chose moins un *carré* et ceci égale

وهو مالان ومائة إلّا عشرين شيئًا*. لما تقدّم في المؤامرات إن كلّ عددين قسم كلّ واحدٍ منهما على الآخر ثمّ ضرب ما خرج من القسمين في المرتفع من ضرب أحد العددين في الآخر فإنّ المبلغ يُساوي مجموع مربّعي العددين. فبعد الجبر والردّ يصير: مال وستّة عشر أحدًا يعدل عشرة أشياء. فالشيءُ أمّا اثنان أو ثمانية وهو أحد القسمين.

وإن شئنا جعلنا أحد القسمين خمسةً وشيئًا والآخر خمسة إلّا شيئًا. فنضرب أحدهما في الآخر ثمّ ما بلغ في الخارج من القسمين. فيكون مائة وستّة وربعًا إلّا أربعة أموال وربعًا، وذلك يعدل مجموع مربّعي القسمين وهو مالان وخمسون أحدًا. فيخرج المال تسعة والشيء ثلاثة، نزيدها على خمسةٍ أو نسقطها منها. فيكون أحد القسمين ثمانية والآخر اثنين.

طريقٌ آخر: نقسم عشرة إلّا شيئًا على شيءٍ فيخرج عشرة أجزاء شيءٍ إلّا واحدًا، ونقسم شيئًا على عشرة إلّا شيئًا فيخرج شيء مقسومٌ على عشرة إلّا شيئًا. فجمع ذلك عشرة أجزاء شيءٍ إلّا واحدًا وشيء مقسومٌ على عشرة إلّا شيئًا وذلك يعدل أربعة وربعًا. فنضرب جميع ما معنا في شيءٍ ثمّ في عشرة إلّا شيئًا أو نقول: نضرب جميع ما معنا من المرتفع من شيءٍ في عشرة إلّا شيئًا أعني عشرة أشياء إلّا مالًا. فيكون: مالان [ب-٥٦ظ]

ومائة أحد إلّا عشرين شيئًا يعدل اثنين وأربعين شيئًا ونصف شيءٍ إلّا أربعة أموالٍ وربع مالٍ. فمال وستّة عشر يعدل عشرة أشياء فالشيء إمّا اثنان أو ثمانية وهو أحد القسمين.

طريقٌ آخر: نجعل أحد الخارجين شيئًا فيكون الآخر أربعة وربعًا إلّا شيئًا. فنضرب أحدهما في الآخر. فيكون أربعة أشياء وربع شيء إلّا مالًا وذلك يعدل

une unité. En effet, nous avons introduit que, pour deux nombres quelconques, si nous divisons chacun des deux par l'autre et si nous multiplions entre eux les deux résultats, [A-150v°] il vient toujours une unité. Un *carré* plus une unité égale donc quatre choses plus un quart d'une chose. L'un des deux résultats est quatre et l'autre un quart.

Nous posons un quelconque de ces quotients[5] la division d'un des deux nombres par l'autre, pose donc quatre le quotient de la division de dix moins une chose par une chose. Nous le multiplions par une chose. Il vient : quatre choses égalent dix moins une chose. La chose est deux, c'est l'une des deux parties et l'autre est huit. Tu obtiens la même chose si tu fais l'inverse.

83. Si on dit : nous divisons dix par chacune des deux [parties] et la somme des deux résultats est six plus un quart.

De même on dit : nous divisons chacune des deux parties l'une par l'autre et la somme des deux résultats est quatre plus un quart, et nous l'avons déjà mentionné. Ceci parce qu'il a été introduit dans les propositions que la somme des résultats de la division d'un nombre tout entier par chacune de ses parties est deux additionné à la somme des résultats de la division de chacune des deux parties par l'autre.

84. Si on dit : nous divisons dix par chacune des deux [parties], nous multiplions un des deux quotients par l'autre et il vient six plus un quart.

Ce problème est comme le précédent. En effet, il a été introduit précédemment que, si tu divises un nombre par chacune de ses deux parties, [B-57r°] alors le produit d'un des deux quotients par l'autre est égal à leur somme.

85. Si on dit : nous divisons vingt en deux [parties quelconques], nous multiplions un des deux quotients par l'autre et il vient vingt-cinq.

---

5 Comme cela a été le cas dans les chapitres précédents, pour une meilleure compréhension du texte, nous traduisons parfois « le résultat de la division » (خارج القسمة) ou « le résultat du produit » (خارج الضرب) avec les termes « quotient » et « produit ».

واحدًا لما نقدّم أنّ كلّ عددين نقسم كلّ واحدٍ منهما على الآخر ونضرب أحد الخارجين [ا-١٥٠ظ]

في الآخر فإنّه يكون واحدًا أبدًا. فمالٌ وواحدٌ يعدل أربعة أشياء وربع شيءٍ.

٥ فيخرج أحد الخارجين أربعة والآخر ربعًا.

فنجعل أي الخارجين أردت من قسمة أي العددين أردت على الآخر فإن جعلت الأربعة من قسمة عشرة إلّا شيئًا على شيءٍ. فنضربها في شيءٍ. فيكون: أربعة أشياء يعدل عشرة إلّا شيئًا. فالشيء اثنان وهو أحد القسمين والآخر ثمانية وكذلك يخرجان لو عكست.

٨٣. فإن قال قسمنا العشرة على كلّ واحدٍ منهما. فكان مجموع الخارجين ١٠ ستّة وربعًا.

فكأنّه قال قسمنا كلّ واحدٍ من القسمين على الآخر فكان مجموع الخارجين أربعة وربعًا. وقد ذكرناها. وذلك لما تقدّم في المؤامرات أنّ مجموع الخارجين من قسمة جميع العدد على كلّ واحدٍ من قسميه مزيد على مجموع الخارجين ١٥ من قسمة كلّ واحدٍ من القسمين على الآخر باثنين.

٨٤. فإن قال قسمنا العشرة على كلّ واحدٍ منهما وضربنا أحد الخارجين في الآخر فكان ستّة وربعًا.

فهذه كالمسألة السابقة لما سبق أنّ العدد إذا قسمته على كلّ واحدٍ من قسميه [ب-٥٧و]

٢٠ فإنّ ضرب أحد الخارجين في الآخر مثل جمعهما.

٨٥. فإن قال قسمنا العشرين على كلّ واحدٍ منهما وضربنا أحد الخارجين في الآخر وكان خمسة وعشرين.

---

٥ فنجعل: فيجعل [ب]   ١٣ مزيد: نزيد [ا]   ٢٠ وضربنا: في [ا]

On prend un quart de vingt-cinq, à savoir six plus un quart, c'est le produit d'un des résultats de la division de dix par une de ses deux parties, par l'autre résultat. En effet, dix est la moitié de vingt, son produit est donc la moitié du produit de vingt. Tu sais déjà que, deux nombres quelconques sont tels que, si on les multiplie entre eux, alors le résultat est quatre fois le produit de la moitié de l'un des deux par la moitié de l'autre.

Si on dit : nous divisons trente par chacun des deux, nous prenons donc un neuvième de ceci.

Si on dit : nous divisons quarante, nous prenons donc la moitié d'un huitième de ceci.

Si on dit : nous divisons cinq, nous prenons donc quatre de ses égaux. [A-151r°]

86. Si on dit : nous divisons cinquante par l'un des deux et quarante par l'autre, puis nous multiplions un des deux quotients par l'autre, il vient cent-vingt-cinq.

Nous prenons la moitié d'un dixième de ceci, à savoir six plus un quart, c'est le produit d'un des deux quotients de la division de dix par une de ses deux parties, par l'autre quotient.

À partir de ce que nous avons mentionné il est possible de montrer que, si l'on dit : nous divisons chacune des deux parties de dix par l'autre, la somme des quotients est quatre plus un quart. Nous ajoutons à quatre plus un quart toujours deux, il vient six plus un quart. Puis, nous posons l'une des deux parties cinq plus une chose et l'autre cinq moins une chose et nous multiplions l'une des deux par l'autre. Il vient vingt-cinq moins un *carré*, nous le multiplions par six plus un quart et il vient : cent-cinquante-six [B-57v°] plus un quart moins six *carrés* plus un quart d'un *carré* égalent cent. On obtient le *carré* neuf, et la chose trois, donc l'une des deux parties est huit et l'autre deux.

87. Ainsi, si on dit : nous divisons quarante par chacune des deux parties de dix, puis nous multiplions les quotients l'un par l'autre

فتأخذ ربع الخمسة والعشرين ستّةً وربعًا وهو الذي يرتفع من ضرب أحد الخارجين من قسمة العشرة على أحد قسميها في الخارج الآخر لأنّ العشرة* نصف العشرين فيكون الخارج منه نصف الخارج من العشرين. وقد عرفت أنّ كلّ عددين ضرب أحدهما في الآخر فإنّ المرتفع يكون أربعة أمثال المرتفع من ضرب نصف أحدهما في نصف الآخر.

فإن قال قسمنا ثلاثين على كلّ واحدٍ منهما فنأخذ تسع ذلك.

فإن قال قسمنا[†] أربعين فنأخذ نصف ثمن ذلك.

فإن قال قسمنا خمسةً فنأخذ أربعة أمثاله [١٥١-ا و]

٨٦. فإن قال قسمنا خمسين على أحدهما وأربعين على الآخر ثمّ ضربنا أحد الخارجين في الآخر. فكان مائة وخمسة وعشرين. فنأخذ نصف عشر ذلك ستّة وربعًا وهو المرتفع من ضرب أحد الخارجين من قسمة العشرة على أحد قسميها في الخارج الآخر.

وقد تبيّن ممّا ذكرنا أنّه إذا قال قسمنا كلّ واحدٍ من قسمي العشرة على الآخر فكان مجموع الخارجين أربعة وربعًا. إنّا نزيد على الأربعة والربع اثنين أبدًا فيكون ستّةً وربعًا. ثمّ نجعل أحد القسمين خمسةً وشيئًا والآخر خمسة إلّا شيئًا ونضرب أحدهما في الآخر. فيكون خمسة وعشرين إلّا مالًا، نضربه في ستّةٍ وربُعٍ فيكون مائة وستّة [ب-٥٧ظ]

وخمسين وربعًا إلّا ستّة أموالٍ وربع مالٍ يعدل مائة. فيخرج المال تسعة فالشيء ثلاثة فأحد القسمين ثمانية والآخر اثنان.

٨٧. وإنّه إذا قال قسمنا أربعين على كلّ واحدٍ من قسمي العشرة ثمّ ضربنا

---

[١] فتأخذ: فيأخذ[ا]   [٧] فنأخذ: فيأخذ[ب]   [٨] فنأخذ: فيأخذ[ب]   [١٠-١١] في الآخر. فكان مائة وخمسة وعشرين. فنأخذ نصف عشر ذلك ستّة وربعًا وهو المرتفع من ضرب أحد الخارجين: في[ب]

* على أحد قسمهما في الخارج الآخر لأنّ العشرة: مكرّرة في [ب]   [†] قسمنا: في الهامش [ب]

et il vient cent.

Nous posons une des deux parties cinq plus une chose, l'autre cinq moins une chose et nous multiplions l'une des deux par l'autre. Il vient vingt-cinq moins un *carré*, nous le multiplions par cent, il vient deux-mille-cinq-cent moins cent *carrés* et ceci égale le produit de quarante par son équivalent, à savoir mille-six-cents. On obtient le *carré* neuf et la chose trois. L'une des parties est huit et l'autre deux.

Nous procédons de cette manière parce qu'il a été introduit dans les propositions que, si deux nombres sont divisés par deux autres nombres, alors le produit des deux quotients est égal au résultat du produit des deux dividendes par le produit des deux diviseurs. Les dividendes deviennent quarante et quarante et les diviseurs huit et deux.

88. Si on dit : nous divisons dix par chacune de ses deux parties, nous additionnons les résultats, nous multiplions la somme par elle-même et il vient trente-neuf plus la moitié d'un huitième.

Nous prenons sa racine, c'est six plus un quart, à savoir la somme des deux résultats.

89. Si on dit : nous divisons quarante par chacune des deux [parties], nous mettons au carré la somme [A-151v°]
des quotients et il vient six-cent-vingt-cinq.

Nous prenons la moitié d'un huitième de cela, à savoir trente-neuf plus la moitié d'un huitième. C'est le carré de la somme des résultats de la division de dix par ses deux parties. On continue toujours de cette manière.

90. Si on dit : nous divisons une des deux parties par l'autre, la différence entre les deux quotients est alors cinq sixièmes.

Nous posons le plus petit des deux quotients [B-58r°]
une chose, le plus grand est une chose plus cinq sixièmes d'une unité et nous les multiplions l'un par l'autre. Il vient : un *carré* plus cinq sixièmes d'une chose égalent une unité. La chose est deux tiers d'unité, c'est le plus petit des deux résultats et le plus grand est un plus un demi. Puis, nous posons une des deux parties de dix une chose, l'autre dix moins une chose et nous posons deux résultats quelconques de la division des deux parties quelconques l'une par l'autre. On obtient

أحد الخارجين في الآخر. فكان مائة.

إنّا نجعل أحد القسمين خمسة وشيئًا والآخر خمسة إلّا شيئًا ونضرب أحدهما في الآخر. فيكون خمسة وعشرين إلّا مالًا، نضربه في مائةٍ فيصير ألفين وخمسمائةٍ إلّا مائة مالٍ، وذلك يعدل ضرب أربعين في مثلها وهو ألفٌ وستّمائةٍ. فيخرج المال تسعة فالشيء ثلاثة فأحد القسمين ثمانية والآخر اثنان.

وإنّما عملنا ذلك لما سبق في المؤامرات إن كلّ عددين يقسمان على عددين آخرين، فمسطح الخارجين متساوٍ للخارج من مسطح المقسومين على مُسطح المقسوم عليهما. فصار المقسومان أربعين وأربعين والمقسوم عليهما ثمانية واثنان.

٨٨. فإن قال قسمنا العشرة على كلّ واحدٍ من القسمين وجمعنا الخارجين وضربناه في نفسه. فكان تسعة وثلاثين ونصف ثمنٍ.

فنأخذ جذره ستّة وربعًا وهو مجموع الخارجين.

٨٩. فإن قال قسمنا أربعين على كلّ واحدٍ منهما وربّعنا مجموع [ا-١٥١ظ] الخارجين فكان ستّمائة وخمسة وعشرين.

فنأخذ نصف ثمن ذلك وهو تسعة وثلاثون ونصف ثمنٍ وهو مربّع مجموع الخارجين من قسمة العشرة عليها وقس على هذا أبدًا.

٩٠. فإن قال قسمنا كلّ واحدٍ من القسمين على الآخر فكان الفضل بين الخارجين خمسة أسداسٍ.

فنجعل أقلّ الخارجين [ب-٥٨و]

شيئاً فيكون الأكبر شيئًا وخمسة أسداس واحدٍ فنضرب أحدهما في الآخر. فيكون: مالًا وخمسة أسداس شيءٍ يعدل واحدًا. فالشيء ثلثا واحدٍ وهو أقلّ الخارجين فيكون الأكبر واحدًا ونصفًا. ثمّ نجعل أحد قسمي العشرة شيئًا والآخر عشرة إلّا شيئًا ونجعل أي الخارجين أردنا من قسمة أيّ القسمين أردنا على الآخر. فيخرج

---

l'une des deux parties, quatre, et l'autre six.

91. Si on dit : nous multiplions une des deux parties par six et nous divisons le total par l'autre partie, puis nous prenons un tiers du résultat de la division et nous l'ajoutons au dividende. Il vient cinquante-six.

Nous multiplions une chose par six. Il vient six choses, nous divisons son tiers, à savoir deux choses, par dix moins une chose, de manière que le résultat soit égal à un tiers du résultat de la division de six choses par dix moins une chose. On obtient cinquante-six moins six choses, de manière que, si nous lui ajoutons six choses, il vient cinquante-six. Nous multiplions cinquante-six moins six choses par dix moins une chose. Cela devient six *carrés* plus cinq-cent-soixante unités moins cent-seize choses, et cela égale deux choses. On obtient la chose huit et elle est l'une des deux parties, à savoir celle que tu multiplies par six et dont tu divises le total par l'autre partie, c'est-à-dire deux.

92. Si on dit : nous ajoutons à une des deux parties deux de ses racines, nous soustrayons de l'autre deux de ses racines et [les deux résultats] sont égaux.

Nous posons l'une des deux cinq plus une chose et l'autre cinq moins une chose, nous ajoutons à cinq moins une chose deux de ses racines et nous soustrayons de cinq plus une chose deux de ses racines. Il vient : cinq moins une chose plus deux racines de cinq moins une chose égale cinq plus une chose [A-152r°] [B-58v°]

moins deux racines de cinq plus une chose. Nous ajoutons aux deux côtés une chose plus deux racines de cinq plus une chose et nous retranchons des deux cinq. Il reste : deux racines de cinq plus une chose plus deux racines de cinq moins une chose égalent deux choses. Une chose égale une racine de cinq plus une chose plus une racine de cinq moins une chose. Nous mettons au carré le total. Il vient : un *carré* égale dix unités plus la racine de cent moins quatre *carrés*. Nous soustrayons dix unités des deux côtés et nous mettons au carré le reste. Il vient : un *carré-carré* plus cent unités moins vingt *carrés* égalent cent unités moins quatre *carrés*. Un *carré-carré* égale seize *carrés*. Un *carré* égale donc seize unités. Sa racine est quatre, c'est la chose. L'une des deux parties est alors neuf et l'autre un.

أحد القسمين أربعة والآخر ستّة.

٩١. فإن قال ضربنا أحد القسمين في ستّةٍ وقسمنا المبلغ على القسم الآخر ثمّ أخذنا ثلث ما خرج من القسمة وزدناه على المقسوم. فكان ستّة وخمسين. فنضرب شيئًا في ستّة. فيكون ستّة أشياء، نقسم ثلثها وهو شيئان على عشرة إلّا شيئًا حتّى يكون الخارج مثل ثلث الخارج من قسمة ستّة أشياء على عشرةٍ إلّا شيئًا. فيخرج ستّة وخمسون إلّا ستّة أشياء حتّى إذا زدنا عليه ستّة أشياء، صار ستّة وخمسين. فنضرب ستّة وخمسين إلّا ستّة أشياء في عشرةٍ إلّا شيئًا. فيصير ستّة أموالٍ وخمسمائة وستّين أحدًا إلّا مائة وستّة عشر شيئًا وذلك يعدل شيئين. فيخرج الشيء ثمانية وهو أحد القسمين وهو الذي ضربته في ستّةٍ وقسمت المبلغ على القسم الآخر أعني اثنين.

٩٢. فإن قال زدنا على أحد القسمين جذريه ونقصنا من الآخر جذريه فاستويا.

فنجعل أحدهما خمسة وشيئًا والآخر خمسة إلّا شيئًا ونزيد على خمسةٍ إلّا شيئًا جذريه وننقص من خمسةٍ وشيءٍ جذريه. فيكون: خمسة إلّا شيئًا وجذرًا خمسة إلّا شيئًا يعدل خمسة وشيئًا [أ-١٥٢و] [ب-٥٨ظ] إلّا جذري خمسة وشيءٍ. فنزيد على الجانبين شيئًا وجذري خمسة وشيء ونسقط منهما خمسة. فيبقى: جذرا خمسةٍ وشيءٍ وجذرا خمسة إلّا شيئًا يعدل شيئين. فشيء يعدل جذر خمسة وشيءٍ وجذر خمسة إلّا شيئًا. فنربّع الكلّ. فيكون: مالٌ يعدل عشرة آحادٍ وجذر مائة إلّا أربعة أموالٍ. فنسقط عشرة آحاد من الجانبين ونربّع الباقي. فيكون: مال مالٍ ومائة أحدٍ إلّا عشرين مالًا يعدل مائة أحدٍ إلّا أربعة أموال. فمال مالٍ يعدل ستّة عشر مالًا. فمالٌ يعدل ستّة عشر أحدًا وجذره أربعة وهو الشيء. فأحد القسمين تسعة والآخر واحد.

---

١١ جذريه: جذره[أ]

Si tu veux, tu poses la racine de la plus petite partie une chose, donc la racine de l'autre est une chose plus deux. En effet, il a été introduit dans les propositions que, pour de tels carrés, la racine de l'un excède la racine de l'autre de deux unités. Puis, nous additionnons les carrés des deux. Il vient deux *carrés* plus quatre choses plus quatre unités égalent dix unités. La chose est un, c'est la racine de la plus petite partie et la racine de la plus grande est trois.

93. Si on dit : nous divisons une des deux [parties] par l'autre, nous ajoutons le résultat de la division à dix et nous multiplions le total par le dividende. Il vient cent-douze.

Nous divisons dix moins une chose par une chose, nous ajoutons le résultat à dix et nous multiplions le total par dix moins une chose. Il résulte : cent moins dix choses plus un *carré* plus cent moins vingt choses divisé par une chose égale cent-douze. Nous restaurons des deux côtés dix choses et nous supprimons d'eux cent. Il reste [B-59r°] dix choses plus le nombre douze égalent un *carré* plus cent moins vingt choses divisé par une chose. Nous multiplions le total par une chose. Il vient : dix carrés plus douze choses égalent un carré plus cent moins vingt choses. Un *carré* plus trois choses plus cinq neuvièmes d'une chose égalent donc onze unités plus un neuvième d'une unité. La chose est deux et elle est l'une des deux parties.

94. Si on dit : nous divisons une des deux [parties] par l'autre, nous ajoutons le résultat de la division au dividende et nous multiplions la somme par le diviseur. [A-152v°]

Il vient trente unités.

Nous divisons dix moins une chose par une chose et nous savons déjà que, si nous divisons dix moins une chose par une chose et si nous multiplions le résultat de la division par une chose, alors il vient dix moins une chose. Nous lui ajoutons le produit de dix moins une chose par une chose et le total est neuf choses plus dix unités moins un *carré*

وإن شئت جعلت جذر القسم الأصغر شيئًا فيكون جذر الآخر شيئًا واثنين، لما تقدّم في المؤامرات أنّ مثل هذين المربّعين نزيد جذر أحدهما على جذر الآخر باثنين. ثمّ نجمع مربّعيهما. فيكون: مالين وأربعة أشياء وأربعة آحادٍ يعدل عشرة آحادٍ. فالشيء واحدٌ وهو جذر القسم الأصغر فجذر الأكبر ثلاثة.

٩٣. فإن قال قسمنا أحدهما على الآخر وزدنا الخارج من القسمة على العشرة وضربنا المبلغ في المقسوم. فكان مائة واثني عشر.

فنقسم عشرةً إلّا شيئًا على شيءٍ ونزيد الخارج على عشرةٍ ونضرب الكلّ في عشرة إلّا شيئًا. فيخرج: مائة إلّا عشرة أشياء ومال ومائة إلّا عشرين شيئًا مقسومة على شيءٍ يعدل مائة واثني عشر. فنجبر الجانبين بعشرة أشياء ونسقط منهما مائة. فيبقى [ب-٥٩و]

عشرة* أشياء واثنا عشر عددًا يعدل مالًا ومائةً إلّا عشرين شيئًا مقسومة على شيءٍ. فنضرب الكلّ في شيءٍ. فيكون: عشرة أموالٍ واثنا عشر شيئًا يعدل مالًا ومائةً إلّا عشرين شيئًا. فمال وثلاثة أشياء وخمسة أتساع شيءٍ يعدل أحد عشر أحدًا وتسع واحدٍ. فالشيء اثنان وهو أحد القسمين.

٩٤. فإن قال قسمنا أحدهما على الآخر وزدنا الخارج من القسمة على المقسوم وضربنا ما اجتمع في القسوم عليه. [ا-١٥٢ظ] فكان ثلاثين أحدًا.

فنقسم عشرةً إلّا شيئًا على شيءٍ. وقد عملنا أنّا إذا قسمنا عشرةً إلّا شيئًا على شيءٍ وضربنا الخارج من القسمة في شيءٍ كان عشرة إلّا شيئًا. فنزيد عليه ضرب عشرة إلّا شيئًا في شيءٍ فيكون المبلغ تسعة أشياء وعشرة آحاد إلّا مالًا وذلك

---

٤ وهو جذر: وهو جذر الجذر[ب] ٧ فنقسم: فيقسم[ب] ٧ ونزيد: ويزيد[ب] ٧ ونضرب: ويضرب[ب] ١١ واثنا عشر: واثني عشر[ب] ١١ إلّا عشرين: إلّا عشر[ب] ١٨ فنقسم: فيقسم[ب] ١٩-٢٠ فنزيد عليه ضرب عشرة إلّا شيئًا: في[ا]

---

* عشرة: مكررة في الهامش [ب]

et cela égale trente. La chose est soit quatre soit cinq et elle est l'une des deux parties.

95. Si on dit : nous multiplions le résultat de la division d'une des deux [parties] par l'autre, par le dividende et il vient neuf unités. Nous posons le diviseur une chose, le dividende dix moins une chose et nous savons déjà que, si le résultat est multiplié par une chose, il vient dix moins une chose, et s'il est multiplié par dix moins une chose, il vient neuf unités. La somme des deux résultats est dix-neuf unités moins une chose, à savoir le résultat du produit du résultat par dix. Nous le divisons par dix. On obtient une unité plus neuf dixièmes d'une unité moins un dixième d'une chose, c'est le résultat de la division de dix moins une chose par une chose. Nous le multiplions par une chose. Il vient : une chose plus neuf dixièmes d'une chose moins un dixième d'un *carré* égalent dix moins une chose. La chose est quatre et est l'une des deux parties.

96. Si on dit : nous multiplions le résultat de la division d'une des deux [parties] par l'autre, par lui-même, puis par le diviseur. [B-59v°]
Il vient trente-deux.
Nous divisons dix moins une chose par une chose. Si nous multiplions le résultat par une chose, il vient dix moins une chose. Si nous multiplions dix moins une chose par le résultat, il vient trente-deux, car le produit d'un nombre quelconque par son égal, puis par un autre nombre, est égal au produit du premier nombre par l'autre, puis par le premier nombre, et ceci a été montré.

C'est comme lorsqu'on dit : nous multiplions le résultat de la division d'une des deux [parties] par l'autre, par le dividende. Il vient trente-deux. Selon ce qui a été introduit, le dividende est huit.

97. Si on dit : nous multiplions le résultat de la division d'une des deux [parties] par l'autre, par la différence entre les deux nombres et il vient vingt-quatre.

يعدل ثلاثين. فالشيء إمّا أربعة أوخمسة وهي أحد القسمين.

٩٥. فإن قيل ضربنا الخارج من قسمة أحدهما على الآخر في المقسوم. فكان تسعة آحادٍ.

فنجعل المقسوم عليه شيئًا والمقسوم عشرة إلّا شيئًا. وقد علمنا أنّ الخارج إذا ٥ ضرب في شيءٍ، كان عشرة إلّا شيئًا، وإذا ضرب في عشرة إلّا شيئًا، كان تسعة آحادٍ. فمجموع المبلغين يكون تسعة عشر أحدًا إلّا شيئًا وهو المرتفع من ضرب الخارج في عشرة. فنقسمه على عشرة. فيخرج واحدٌ وتسعة أعشار واحدٍ إلّا عشر شيءٍ وهو الخارج من قسمة عشرة إلّا شيئًا على شيءٍ. فنضربه في شيءٍ فيكون: شيئًا وتسعة أعشار شيءٍ إلّا عشر مالٍ يعدل عشرة إلّا شيئًا. فالشيء ١٠ أربعة وهو أحدّ القسمين.

٩٦. فإن قال ضربنا الخارج من قسمة أحدهما على الآخر في نفسه ثمّ في المقسوم عليه. [ب-٥٩ظ]

فكان اثنين وثلاثين.

فنقسم عشرةً إلّا شيئًا على شيء. فالخارج إذا ضربناه في شيءٍ كان عشرة إلّا ١٥ شيئًا. فإذا ضربنا عشرة إلّا شيئًا في الخارج كان اثنين وثلاثين، لأنّ كلّ عددٍ ضرب في مثله ثمّ في عددٍ آخر فإنّه مثل ضرب العدد الأوّل في الآخر ثمّ في العدد الأوّل وهذا بيّن.

فكأنّه قال ضربنا الخارج من قسمة أحدهما على الآخر في المقسوم. فكان اثنين وثلاثين. فيخرج المقسوم ثمانية على ما تقدّم. ٢٠

٩٧. فإن قال ضربنا الخارج من قسمة أحدهما على الآخر في فضل ما بين العددين فكان أربعة وعشرين.

٧ فنقسمه: فيقسمه[ب]   ١٤ على شيء: في[ا]   ٢٠ على الآخر: في[ب]

Nous divisons dix moins une chose par une chose et nous savons déjà que le produit du résultat par ce qui est entre les deux nombres, à savoir dix moins deux choses, est vingt-quatre. Nous savons aussi que le produit [A-153r°] du résultat par une chose est dix moins une chose, et par deux choses est vingt moins deux choses. Nous le joignons à vingt-quatre, il vient quarante-quatre moins deux choses, à savoir le résultat du produit du quotient par dix. Nous le divisons par dix. On obtient quatre plus deux cinquièmes moins un cinquième d'une chose, à savoir le résultat de la division de dix moins une chose par une chose. Nous le multiplions par une chose afin qu'il égale dix moins une chose. La chose est deux, c'est le diviseur.

98. Si on dit : nous multiplions la somme des résultats de la division d'une partie par l'autre par l'une des deux parties. Il vient trente-quatre.

Nous posons le multiplicateur dix moins une chose, donc le produit du résultat de la division d'une chose par dix moins une chose, par dix moins une chose, est une chose. Nous le retranchons de trente-quatre, il reste trente-quatre moins une chose, à savoir le produit du résultat de la division de dix moins [B-60r°] une chose par une chose, par dix moins une chose. Si nous multiplions ce résultat par une chose, il vient dix moins une chose. Nous [l']ajoutons à trente-quatre moins une chose, il vient quarante-quatre moins deux choses, à savoir le produit du résultat de la division de dix moins une chose par une chose, par dix. Nous le divisons par dix et on obtient quatre plus deux cinquièmes moins un cinquième d'une chose, c'est le résultat de la division de dix moins une chose par une chose. La chose est deux, c'est l'une des deux parties.

99. Si on dit : nous multiplions la différence entre les deux résultats par la plus grande des deux parties et il vient cinq.

Nous posons la plus grande [partie] une chose. Nous savons déjà que, si nous multiplions le plus petit des deux quotients, à savoir celui obtenu par la division de dix moins une chose par une chose, par une chose, il vient dix moins une chose, et que le produit de la différence

فنقسم عشرة إلّا شيئًا على شيءٍ وقد علمنا أنّ ضرب الخارج فيما بين العددين وهو عشرة إلّا شيئين يكون أربعة وعشرين. وقد علمنا أيضًا أنّ ضرب الخارج* [١٥٣-١و]

في شيء عشرة إلّا شيئًا، ففي شيئين عشرون إلّا شيئين. فنضمّها إلى الأربعة والعشرين فيكون أربعة وأربعين إلّا شيئين وهو المرتفع وهو من ضرب الخارج في العشرة. فنقسمه على العشرة. فيخرج أربعة وخمسان إلّا خُمس شيءٍ وهو الخارج من قسمة عشرة إلّا شيئًا على شيءٍ. فنضربه في شيءٍ ليعادل عشرة إلّا شيئًا. فيخرج الشيء اثنان وهو المقسوم عليه.

٩٨. فإن قال ضربنا مجموع الخارجين من قسمة كلّ واحدٍ من القسمين على الآخر في أحد القسمين. فكان أربعة وثلاثين.

فنجعل المضروب فيه عشرة إلّا شيئًا فضرب الخارج من قسمة شيءٍ على عشرةٍ إلّا شيئًا في عشرةٍ إلّا شيئًا شيء. فنسقطه من أربعة وثلاثين فيبقى أربعة وثلاثون إلّا شيئًا وهو المرتفع من ضرب الخارج من قسمة عشرة [٦٠-ب]

إلّا شيئًا على شيءٍ† في عشرةٍ إلّا شيئًا. وإذا ضربنا ذلك الخارج في شيءٍ كان عشرة إلّا شيئًا. فنزيده على أربعة وثلاثين إلّا شيئًا فيكون أربعة وأربعين إلّا شيئين وهو المرتفع من ضرب الخارج من قسمة عشرة إلّا شيئًا على شيء في عشرة. فنقسمها على عشرةٍ فيخرج أربعة وخُمسان إلّا خُمس شيءٍ وهو الخارج من قسمة عشرة إلّا شيئًا على شيءٍ. فالشيء اثنان وهو أحد القسمين.

٩٩. فإن قال ضربنا الفضل بين الخارجين في أعظم القسمين فكان خمسة. فنجعل الأعظم شيئًا. وقد علمنا أنّا إذا ضربنا أقلّ الخارجين

---

١٢ فنسقطه: فيسقطه [ب]   ١٥ فنزيده: فنزيد [١]

* الخارج: في الهامش [١]   † فنسقطه من أربعة وثلاثين... على شيءٍ: مكررة في [١]

entre les deux quotients par une chose est cinq. Donc le [complément][6] du produit de l'ensemble des deux résultats par une chose est vingt-cinq moins deux choses. [A-153v°]

C'est comme lorsqu'on dit : nous multiplions la somme des deux résultats par l'une des deux parties et il vient vingt-cinq moins deux choses. Nous procédons selon ce qui a été introduit et la chose est donc six. C'est la plus grande des deux parties.

100. Si on dit : nous ajoutons chaque quotient à son dividende et nous multiplions les deux sommes l'une par l'autre. Il vient trente-cinq.

L'une des deux sommes est une chose plus une chose divisé par dix moins une chose, l'autre est dix moins une chose plus dix moins une chose divisé par une chose. Nous les multiplions l'une par l'autre. Il vient dix choses plus onze unités moins un *carré* et ceci égale trente-cinq. La chose est six et est l'une des deux parties.

101. Si on dit : nous divisons une des deux parties par l'autre et nous multiplions le résultat de la division par lui-même, puis par le diviseur. Il vient neuf. [B-60v°]

Nous divisons dix moins une chose par une chose, nous obtenons dix moins une chose divisé par une chose et nous le multiplions par lui-même. Il vient un *carré* plus cent moins vingt choses divisé par un *carré* et nous le multiplions par une chose. Il vient un *cube* plus cent choses moins vingt *carrés* divisé par un *carré*, c'est-à-dire un *carré* plus cent unités moins vingt choses divisé par une chose, et ceci égale neuf unités. Nous multiplions le total par une chose. Il vient : un *carré* plus cent unités moins vingt choses égale neuf choses et l'une des deux parties est donc quatre.

102. Si on dit : nous ajoutons le résultat de la division d'une des deux parties par l'autre à dix et nous multiplions le total par le dividende. Il vient soixante-neuf.

---

6   Bien que le terme « complément » ne figure pas dans le texte, il est important de l'ajouter à l'énoncé. Voir à ce propos le problème 33 du *Livre d'algèbre* d'Abū Kāmil, dans Rashed (2012), p. 404-406. Le problème correspond en effet à ce problème d'al-Zanjānī, et le « complément » y est mentionné.

وهو من قسمة عشرة إلّا شيئًا على شيءٍ في شيءٍ، كان عشرةً إلّا شيئًا،
وضرب الفضل بين الخارجين في شيء خمسة. فيكون ضرب الخارجين جميعًا
في شيءٍ خمسة وعشرين إلّا شيئين [ا-١٥٣ظ]

فكأنّه قال ضربنا مجموع الخارجين في أحد القسمين فكان خمسة وعشرين
إلّا شيئين. فنعمل على ما تقدّم فيخرج الشيء ستّة وهو أعظم القسمين.

١٠٠. فإن قال زدنا كلّ خارجٍ* على المقسوم وضربنا أحد المبلغين في الآخر
فكان خمسة وثلاثين.

فأحد المبلغين شيء وشيء مقسومٌ على عشرة إلّا شيئًا، والآخر عشرة إلّا شيئًا
وعشرة إلّا شيئًا مقسومة على شيءٍ. فنضرب أحدهما في الآخر. فيكون عشرة
أشياء واحد عشر أحد إلّا مالٌ وذلك يعدل خمسة وثلاثين. فالشيء ستّة وهي
أحد القسمين.

١٠١. فإن قال قسمنا أحد القسمين على الآخر وضربنا الخارج من القسمة
في نفسه ثمّ في المقسوم عليه. فكان تسعةً. [ب-٦٠ظ]

فنقسم عشرة إلّا شيئًا على شيء فنخرج عشرة إلّا شيئًا مقسومة على شيءٍ ونضربه
في نفسه. فيكون مالًا ومائة إلّا عشرين شيئًا مقسومة على مالٍ، نضربه في شيءٍ
فيكون كعبًا ومائة شيءٍ إلّا عشرين مالًا مقسومةً على مالٍ أعني مالًا ومائة أحدٍ
إلّا عشرين شيئًا مقسومة على شيءٍ وذلك يعدل تسعة آحادٍ. فنضرب جميع ما
معنا في شيءٍ. فيكون: مال ومائة أحدٍ إلّا عشرين شيئًا يعدل تسعة أشياء فيخرج
أحد القسمين أربعة.

١٠٢. فإن قال زدنا الخارج من القسمة أحد القسمين على الآخر على عشرةٍ
وضربنا المجتمع في المقسوم. فكان تسعة وستّين.

---

* كلّ خارجٍ: في الهامش [ا]

Nous posons le diviseur une chose. Si nous ajoutons le résultat de la division de dix moins une chose par une chose à dix, puis nous multiplions le total par dix moins une chose, alors il vient soixante-neuf. Le produit de dix par dix moins une chose est cent moins une chose, nous le retranchons de soixante-neuf, il reste dix choses moins trente-et-un unités et ceci est le produit du quotient par dix moins une chose. Nous lui ajoutons le produit du quotient par une chose, à savoir dix moins une chose. Il vient neuf choses moins vingt-et-un unités, à savoir le produit {A-154r°} du quotient par dix. Nous le divisons par dix, il résulte neuf dixièmes d'une chose moins deux plus un dixième d'une unité, à savoir le résultat de la division de dix moins une chose par une chose. Nous le multiplions par une chose, il vient neuf dixièmes d'un *carré* moins deux choses plus un dixième d'une chose et ceci égale dix moins une chose. Un *carré* égale une chose {B-61r°} plus deux neuvièmes d'une chose plus onze unités plus un neuvième d'unité. Nous ajoutons le carré de la moitié du nombre de choses aux unités, nous prenons la racine du total, à savoir trois plus un tiers plus la moitié d'un neuvième, nous lui ajoutons la moitié du nombre de racines, il vient quatre, à savoir le diviseur.

103. Si on dit : nous divisons les deux [parties] l'une par l'autre, nous ajoutons la somme des deux quotients à dix et nous multiplions le total par la plus grande partie. Il vient soixante-treize.
Nous posons la plus grande [partie] une chose et la plus petite dix moins une chose. Nous savons déjà que, si nous les divisons l'une par l'autre, si nous ajoutons les deux résultats à dix et si nous multiplions le total par une chose, il vient soixante-treize. Le produit de dix par une chose est dix choses, et le produit du résultat de la division de dix moins une chose par une chose, par une chose est dix moins une chose. Nous lui ajoutons le produit du résultat de la division d'une chose par dix moins une chose, à savoir une chose. Il vient soixante-trois moins huit choses et ceci est le résultat du produit du résultat de la division d'une chose par dix moins une chose, par dix.

فنجعل المقسوم عليه شيئًا. فإذا زدنا الخارج من قسمة عشرة إلّا شيئًا على
شيءٍ على عشرة، ثمّ ضربنا المجتمع في عشرة إلّا شيئًا، كان تسعة وستّين.
ضرب عشرةٍ في عشرةٍ إلّا شيئًا مائة إلّا عشرة أشياء فنسقطها من تسعةٍ وستّين
٥ فيبقى عشرة أشياء إلّا أحدًا وثلاثين أحدًا وهذا ما ارتفع من ضرب الخارج في
عشرة إلّا شيئًا. فنزيد عليه المرتفع من ضرب الخارج في شيءٍ وهو عشرة إلّا
شيئًا. فيصير تسعة أشياء إلّا أحدًا وعشرين أحدًا وهو المرتفع [أ-١٥٤و]
من ضرب الخارج في عشرة. فنقسمه على عشرةٍ فيخرج تسعة أعشار شيءٍ إلّا
اثنين وعشر الخارج وهو الخارج من قسمة عشرة إلّا شيئًا على شيءٍ. فنضربه في
١٠ شيءٍ فيصير تسعة أعشار مالٍ إلّا شيئين وعشر شيءٍ وذلك يعدل عشرة إلّا شيئًا.
فمالٌ يعدل شيئًا [ب-٦١و]

وتسعي شيءٍ وأحد عشر أحدًا وتسع واحدٍ. فنزيد مربّع نصف عدد الأشياء
على الآحاد ونأخذ جذر المبلغ ثلاثة وثلث ونصف تسع، نزيد عليه نصف عدد
الأجذار، يصير أربعة وهو المقسوم عليه.

١٥ ١٠٣. فإن قال قسمنا كلّ واحدٍ منهما على الآخر وزدنا مجموع الخارجين
على عشرةٍ وضربنا المجتمع في القسم الأعظم فصار ثلاثة وسبعين.
فنجعل الأعظم شيئًا والأصغر عشرة إلّا شيئًا. فقد علمنا أنّا إذا قسمنا كلّ واحدٍ
منهما على الآخر وزدنا الخارجين على عشرة وضربنا المبلغ في شيءٍ، كان ثلاثة
وسبعين. يكن ضرب عشرة في شيءٍ عشرة أشياء وضرب ما يخرج من قسمة
٢٠ عشرة إلّا شيئًا على شيء في عشرة إلّا شيئًا. فيزيد عليه المرتفع من ضرب
الخارج من قسمة شيءٍ على عشرة إلّا شيئًا وهو شيء. فيكوب ثلاثة وستّين إلّا
ثمانية أشياء وذلك ما يرتفع من ضرب الخارج من قسمة شيءٍ على عشرة إلّا

١٢ ونأخذ: ويأخذ[ب]   ١٣ يصير: يغر[ب]   ١٧-١٨ كان ثلاثة وسبعين. يكن ضرب عشرة في شيءٍ:
في[أ]   ١٩ على شيءٍ في عشرة إلّا شيئًا. فيزيد: فيلقي هذين المبلغين منه ثلاثة وسبعين فيعني
ثلاثة وستّين إلّا ثمانية أشياء وذلك ما يرتفع من ضرب الخارج من قسمة شيءٍ على عشرة إلّا شيئًا في شيء.
فيزيد[ب]

Nous le divisons par dix, il résulte six unités plus trois dixièmes d'une unité moins quatre cinquièmes d'une chose, à savoir le résultat de la division d'une chose par dix moins une chose. Nous le multiplions par dix moins une chose. Il vient quatre cinquièmes d'un *carré* plus soixante-trois unités moins quatorze choses plus trois dixièmes d'une chose. Donc, un *carré* plus soixante-dix-huit unités plus trois quarts d'unité égale dix-neuf choses plus un huitième d'une chose. Nous retranchons le nombre du carré de la moitié d'un nombre [B-61v°]

moins une chose, il reste douze unités plus cent-soixante-dix-sept parties de deux-cent-cinquante-six parties d'unité. Nous retranchons sa racine, à savoir trois [A-154v°]

plus un demi plus la moitié d'un huitième de la moitié d'un nombre moins une chose, il reste six, c'est la chose et c'est la plus grande des deux parties.

104. Si on dit : nous ajoutons le résultat [de la division] des deux parties l'une par l'autre à dix et nous multiplions entre elles les deux sommes. Il vient cent-vingt-deux unités plus deux tiers d'unité.

Nous posons un des deux quotients un dinar, l'autre une portion et nous multiplions dix plus un dinar par dix plus une portion. Dix par dix est cent, et par une portion est dix portions. Un dinar par dix est dix dinar, et par une portion est un. En effet, il a été introduit que, si on divise deux nombres quelconques l'un par l'autre, alors le produit d'un des deux quotients par l'autre est une unité. Le total est donc cent-et-un plus dix dinar plus dix portions et ceci égale cent-vingt-deux unités plus deux tiers d'unité. Nous retranchons les [termes] communs et il reste : dix dinar plus dix portions égalent vingt-et-un [plus deux tiers], donc un dinar plus une portion égale deux plus un sixième d'unité.

C'est comme lorsqu'on dit : nous divisons les deux [parties] l'une par l'autre. Il résulte deux plus un sixième et nous avons déjà montré la méthode pour cela. L'une des deux parties est donc quatre et l'autre six.

شيئًا في عشرة. فنقسمه على عشرة فيخرج ستّة آحادٍ وثلاثة أعشار واحدٍ إلّا أربعة أخماس شيءٍ وهو الخارج من قسمة شيءٍ على عشرة إلّا شيئًا. فنضربه في عشرة إلّا شيئًا. فيكون أربعة أخماس مالٍ وثلاثة وستّين أحدًا إلّا أربعة عشر شيئًا وثلاثة أعشار شيءٍ. فمالٌ وثمانية وسبعون أحدًا وثلاثة أرباع واحدٍ يعدل تسعة عشر شيئًا وثمن شيءٍ. فنسقط العدد من مربّع نصف عددٍ [ب-٦١ظ] إلّا شيئًا، يبقى اثنا عشر أحدًا ومائة وسبعة وسبعون جزئًا من مائتين وستّة وخمسين جزئًا من واحدٍ. فنسقط جذرها وهو ثلاثة [١-١٥٤ظ] ونصفٌ ونصف ثمنٍ من نصف عددٍ إلّا شيئًا، يبقى ستّة وهو الشيء وهو أعظم القسمين.

١٠٤. فإن قال زدنا الخارج من كلّ واحدٍ من القسمين على الآخر على عشرة وضربنا أحد المبلغين في الآخر. فكان مائة واثنين وعشرين أحدًا وثلثي واحدٍ.

فنجعل أحد الخارجين دينارًا والآخر قسطًا ونضرب عشرة ودينارًا في عشرةٍ وقسطٍ. فعشرةٌ في عشرة مائة، وفي قسطٍ عشرة أقساطٍ. ودينار في عشرةٍ عشرة دينارين وفي قسطٍ واحدٍ. لما سبق إن كلّ عددين نقسم أحدهما على الآخر فإنّ ضرب أحد الخارجين في الآخر يكون واحدًا. فجميع ذلك مائة وواحدٌ وعشرة دنانير وعشرة أقساطٍ وذلك يعدل مائة واثنين وعشرين أحدًا وثلثي واحدٍ. فنسقط المشترك فتبقى* عشرة دنانير وعشرة أقساطٍ يعدل أحدًا وعشرين فدينارٌ وقسطٌ يعدلان اثنين وسُدس واحد.

فكأنّه قال قسمنا كلّ واحدٍ منهما على الآخر. فخرج اثنان وسُدس وقد بيّنا طريقه. فيخرج أحد القسمين أربعة والآخر ستّة.

---

105. S'il est dit : nous ajoutons le résultat de la division du grand par le petit à dix, nous soustrayons de dix le résultat de la division du petit par le grand et nous multiplions un des deux résultats par l'autre. Il vient cent-sept plus un tiers.

Nous posons le résultat de la division du grand par le petit un dinar et nous l'ajoutons à dix, [nous posons] le résultat de la division du petit par le grand une portion [B-62r°]

et nous la soustrayons de dix. Puis, nous multiplions dix plus un dinar par dix moins une partie. Il vient : quatre-vingt-dix-neuf unités plus dix dinar moins dix portions égalent cent-sept plus un tiers. Nous retranchons les [termes] communs. Il reste : dix dinar moins dix portions égalent huit unités. Donc, un dinar moins une portion égale cinq sixièmes d'unité.

C'est comme lorsqu'on dit : nous prenons la différence entre les deux résultats, il vient cinq [A-155r°]

sixièmes d'unité et nous l'avons déjà mentionné.

106. Si on dit : nous divisons les deux parties l'une par l'autre, nous ajoutons chacun des deux résultats au diviseur et nous multiplions une des deux sommes par l'autre. On obtient trente-six unités plus deux tiers d'unité.

Nous posons une des deux parties cinq plus une chose et l'autre cinq moins une chose. L'une des deux sommes est cinq plus une chose avec cinq moins une chose divisé par cinq plus une chose, l'autre est cinq moins une chose avec cinq plus une chose divisé par cinq moins une chose. Nous les multiplions l'une par l'autre, c'est ce par quoi tu multiplies cinq plus une chose par cinq moins une chose, il vient alors vingt-cinq moins un *carré*, et tu multiplies cinq plus une chose par cinq plus une chose divisé par cinq moins une chose, il vient alors un *carré* plus dix choses plus vingt-cinq unités divisés par cinq moins une chose. Tu multiplies cinq moins une chose divisé par cinq plus une chose, par cinq moins une chose, il vient alors un *carré*

١٠٥. فإن قال زدنا الخارج من قسمة الكثير على القليل على عشرةٍ، ونقصنا ما خرج من قسمة القليل على الكثير عن عشرةٍ وضربنا أحد المبلغين في الآخر. فكان مائة وسبعة وثلثًا.

فنجعل الخارج من قسمة الكثير على القليل دينارًا ونزيده على عشرة، والخارج* من قسمة القليل على الكثير قسطًا [ب-٦٢و] ونقصه من عشرةٍ. ثمّ نضرب عشرة ودينارًا في عشرة إلّا قسطًا. فيكون: تسعة وتسعين أحدًا ودنانير إلّا عشرة أقساطٍ يعدل مائة وسبعة وثلث. فنسقط المشترك. فيبقى: عشرة دنانير إلّا عشرة أقساطٍ يعدل† ثمانية آحادٍ. فدينار إلّا قسط يعدل خمسة أسداس واحدٍ.

فكأنّه قال أخذنا الفضل بين الخارجين فكان خمسة [ا-١٥٥و] أسادس واحدٍ وقد ذكرناه.

١٠٦. فإن قال قسمنا كلّ واحدٍ من القسمين على الآخر وزدنا كلّ واحدٍ من الخارجين على المقسوم عليه وضربنا أحد المبلغين في الآخر. فبلغ ستّة وثلاثين أحدًا وثلثي واحدٍ.

فنجعل أحد القسمين خمسةً وشيئًا والآخر خمسة إلّا شيئًا. فيكون أحد المبلغين خمسةً وشيئًا مع خمسةٍ إلّا شيئًا مقسومة على خمسةٍ وشيءٍ والآخر خمسة إلّا شيئًا مع خمسةٍ وشيءٍ مقسومة على خمسة إلّا شيئًا. فنضرب أحدهما في الآخر وذلك بأن تضرب خمسة وشيئًا في خمسةٍ إلّا شيئًا فيكون خمسة وعشرين إلّا مالًا.

وتضرب خمسة وشيئًا في خمسةٍ وشيءٍ مقسومة على خمسةٍ إلّا شيئًا فيكون مالًا وعشرة أشياء وخمسة أحدًا وعشرين أحدًا مقسومًا ذلك على خمسةٍ إلّا شيئًا، وتضرب خمسةً إلّا شيئًا مقسومةً على خمسةٍ وشيءٍ في خمسةٍ إلّا شيئًا فيكون مالًا

---

٤ ونزيده: ويزيده[ب]   ٢٠ وتضرب: ونضرب

* والخارج: مكررة في [ا]   † مائة وسبعة وثلث....أقساطٍ يعدل: مكررة في [ا]

plus vingt-cinq unités moins dix choses divisés par cinq plus une chose. Nous multiplions cinq moins une chose divisé par cinq plus une chose, par cinq [B-62v°]
plus une chose, divisé par cinq moins une chose, à savoir une unité. Nous additionnons l'ensemble de cela. Il vient vingt-six unités moins un *carré* avec un *carré* plus dix choses plus vingt-cinq unités divisé par cinq moins une chose et avec un *carré* plus vingt cinq unités moins dix choses divisé par cinq plus une chose, et tout ceci égale trente-six unités plus deux tiers d'unité. Nous ajoutons un *carré* aux deux côtés, nous retranchons des deux vingt-six unités et nous multiplions le reste par cinq moins une chose. Il vient : un *carré* plus dix choses plus vingt-cinq unités avec quinze *carrés* plus cent-vingt-cinq unités moins un *cube* et moins soixante-quinze choses divisé par cinq plus une chose égalent cinq *carrés* plus cinquante-trois [A-155v°]
unités plus un tiers d'unité moins un *cube* plus dix choses plus deux tiers d'une chose. Nous retranchons des deux côtés un *carré* plus vingt-cinq unités, nous leur ajoutons un cube plus dix choses plus deux tiers d'une chose et nous multiplions leur reste par cinq plus une chose. Il vient : un *carré-carré* plus quatre *cubes* plus trente-cinq *carrés* plus un tiers d'un *carré* plus vingt-huit choses plus un tiers d'une chose plus cent-vingt-cinq unités égalent quatre *cubes* plus vingt *carrés* plus vingt-huit choses plus un tiers d'une chose plus cent-quarante-et-une unités plus deux tiers d'unité. Nous retranchons des deux côtés quatre *cubes* plus vingt *carrés* plus vingt-huit choses plus un tiers d'une chose plus cent-vingt-cinq unités. Il reste : un *carré-carré* plus quinze *carrés* plus un tiers d'un *carré* égale vingt-six unités plus deux tiers d'unité. Nous mettons au carré la moitié du nombre [B-63r°]
moyen, c'est-à-dire les *carrés*, et nous l'ajoutons au nombre. Il vient soixante-dix-huit plus un quart plus un neuvième.

وخمسة وعشرين أحدًا إلّا عشرة أشياء مقسومًا ذلك كلّه على خمسةٍ وشيءٍ.
ونضرب خمسةً إلّا شيئًا مقسومة على خمسةٍ وشيءٍ في خمسةٍ [ب-٦٢ظ]
وشيءٍ مقسومة على خمسة إلّا شيئًا فيكون خمسة إلّا شيئًا واحدًا. ونجمع ذلك كلّه فيكون

ستّة وعشرين أحدًا إلّا مالًا مع مال وعشرة أشياء وخمسة وعشرين أحدًا مقسومة
على خمسةٍ وشيئًا ومع مالٍ وخمسة وعشرين أحدًا إلّا عشرة أشياء مقسومة
على خمسةٍ وشيءٍ، وذلك كلّه يعدل ستّة وثلاثين أحدًا وثلثي واحدٍ. فنزيد مالًا
على كلّي الجانبين ونسقط منهما ستّة وعشرين أحدًا ونضرب الباقي منهما في
خمسةٍ إلّا شيئًا. فيكون: مال وعشرة أشياء وخمسة وعشرين أحدًا مع خمسة

عشر مالًا ومائة وخمسة وعشرين أحدًا إلّا كعبًا وإلّا خمسة وسبعين شيئًا مقسومة
على خمسةٍ وشيءٍ يعدل خمسة أموالٍ وثلاثةٍ [ا-١٥٥ظ]

وخمسين أحدًا وثلث واحدٍ إلّا كعبًا وعشرة أشياء وثلثي شيءٍ. فنسقط من الجانبين
مالًا وخمسةً وعشرين أحدًا ونزيد عليهما كعبًا وعشرة أشياء وثلثي شيءٍ ونضرب
الباقي منهما في خمسةٍ وشيءٍ. فيكون: مال مال وأربعة كعابٍ وخمسة وثلاثون

مالًا وثلث مالٍ وثمانية وعشرون شيئًا وثلث شيءٍ ومائة وخمسة وعشرون أحدًا يعدل
أربعة كعابٍ وعشرين مالًا وثمانية وعشرين شيئًا وثلث شيءٍ ومائة وأحد وأربعين
أحدًا وثلثي واحدٍ. فنسقط من الجانبين أربعة كعابٍ وعشرين مالًا وثمانية وعشرين
شيئًا وثلث شيءٍ ومائة وخمسة وعشرين أحدًا. فيبقى: مال مالٍ وخمسة عشر
مالًا وثلثًا مالٍ يعدل ستّة عشر مالًا وثلثي واحدٍ. فنربّع نصف عدد [ب-٦٣و]
الواسطة* أعني الأموال ونزيده على العدد. فيكون ثمانية وسبعين ورُبع وتسع.

¹ وخمسة: في[ب] ³ ونجمع: ويجمع[ب] ⁵ أحدًا: في[ب] ⁸⁻⁹ وعشرين أحدًا مع خمسة
عشر: وعشرون[ا] ¹² ونزيد: ويزيد[ب] ¹⁸ مالًا وثلثًا مالٍ يعدل ستّة عشرين: في[ا]

* الواسطة: مكررة في الهامش [ب]

Nous prenons sa racine, à savoir huit plus cinq sixièmes et nous retranchons d'elle la moitié du nombre moyen. Il reste une unité, à savoir le *carré*. Nous prenons sa racine seule, à savoir la chose, donc l'une des deux parties est six et l'autre quatre.

107. S'il est dit : nous divisions cent en cinq parties à condition que chaque partie excède celle qui la précède d'une unité.

Nous posons la cinquième une chose, donc la quatrième est une chose plus un dirham, la troisième est une chose plus deux dirhams, la deuxième est une chose plus trois dirhams et la première est une chose plus quatre dirhams. Leur somme est cinq choses plus dix dirhams, et cela égale cent dirhams. La chose est dix-huit et est la cinquième, donc la quatrième est dix-neuf, la troisième est vingt, la deuxième est vingt-et-un et la première est vingt-deux.

108. S'il est dit : nous divisons cent en trois parties telles que la première plus la deuxième est trois fois la troisième, et la deuxième plus la troisième est quatre fois la première.

Nous posons la troisième une chose, donc la première plus la deuxième est trois choses. Quatre choses égalent cent et la chose, à savoir la troisième, est vingt-cinq. [A-156rº]

Puis, nous posons la première une chose, donc la deuxième plus la troisième est quatre choses. Cinq choses égalent cent et la chose, à savoir la première, est vingt. Reste la deuxième, à savoir cinquante-cinq.

109. S'il est dit : comment diviser dix en deux parties selon un certain rapport entre le moyen et les extrêmes, c'est-à-dire qu'on le divise de manière que le produit de dix par la plus petite des deux parties est égal au carré de la plus grande partie.

Nous posons la plus grande des deux parties une chose, l'autre dix moins une chose et nous multiplions dix par dix [B-63vº]

نأخذ جذره ثمانية وخمسة أسداس فنسقط منها نصف عدد الواسطة. يبقى واحدٌ وهو المال. فنأخذ جذره واحدًا وهو الشيء فأحد القسمين ستّة والآخر أربعة.

٥ ١٠٧. فإن قيل مائة قسمناها بخمسة أقسامٍ على أن يزيد كلّ قسمٍ على ما قبله بواحدٍ.

فنجعل الخامس شيئًا فالرابع شيء ودرهمٌ والثالث شيء ودرهمان والثاني شيء وثلاثة دراهم والأوّل شيء وأربعة دراهم. فمجموعها خمسة أشياء وعشرة دراهم، وذلك يعدل مائة درهمٍ. فالشيء ثمانية عشر وهو الخامسُ، فالرابع تسعة عشر ١٠ والثالث عشرون والثاني أحد وعشرون والأوّل اثنان وعشرون.

١٠٨. فإن قيل مائة قسمناها بثلاثة أقسام الأوّل والثاني ثلاثة أمثال الثالث، والثالث والثاني أربعة أمثال الأوّل. فنجعل الثالث شيئًا فيكون الأوّل والثاني ثلاثة أشياء. فأربعة أشياء يعدل مائة. فالشيء خمسة وعشرون وهو الثالث. ثمّ نجعل [١-١٥٦و]

١٥ الأوّل شيئًا فيكون الثاني والثالث أربعة أشياء. فخمسة أشياء تعدل مائة فالشيء* عشرون وهو الأوّل. فيبقى الثاني خمسة وخمسين.

١٠٩. فإن قيل كيف يقسم عشرة بقسمين على نسبة ذات وسط وطرفين، وهو أن يقسمها بحيث يكون ضرب العشرة في أقلّ القسمين مُساويًا لمربّع القسم الأعظم.

٢٠ فنجعل أعظم القسمين شيئًا والآخر عشرة إلّا شيئًا ونضرب عشرة في عشرة [ب-ظ٦٣]

---

١ نأخذ: تأخذ[١]يأخذ[ب]   ١ فنسقط: فيسقط[ب]   ٢ فنأخذ: فيأخذ[ب]   ٩ عشرون والثاني أحد وعشرون والأوّل اثنان وعشرون: في[ب]

* خمسة و: مشطوب في[١]

moins une chose. Il vient cent moins dix choses et cela égale un *carré*. Un *carré* plus dix choses égale cent. Nous ajoutons le carré de la moitié du nombre de choses au nombre, il vient cent-vingt-cinq, nous prenons sa racine et nous soustrayons d'elle la moitié du nombre de choses. Il reste la racine de cent-vingt-cinq moins cinq, c'est la plus grande partie. Nous [la] retranchons de dix, il reste quinze moins la racine de cent-vingt-cinq, c'est la plus petite.

110. S'il est dit : comment diviser vingt en quatre parties de manière que, si nous ajoutons à la première sa moitié, à la deuxième son tiers, à la troisième son quart et à la quatrième son cinquième, alors elles s'égalent.

Nous posons la première deux choses, la deuxième deux choses plus un quart [d'une chose], la troisième deux choses plus un cinquième [d'une chose] et la quatrième deux choses plus un demi [d'une chose] de manière que, si nous les ajoutons selon la question, chacune devient trois choses. Ensuite, nous additionnons l'ensemble de cela. Il vient neuf choses plus un dixième plus la moitié d'un dixième d'une chose, et cela égale vingt. La chose est deux plus cent plus deux parties de cinq-cent-quarante-neuf parties d'une unité. La première est quatre unités plus deux-cent-quatre parties de ce résultat, car elle est deux choses. La deuxième est quatre unités plus un cinquième de partie plus quatre parties de ce résultat. La troisième est cinq unités plus cent-cinq et deux tiers d'une partie de ce résultat. [A-156v°]
La quatrième est cinq unités plus deux-cent-cinquante-cinq parties de ce résultat.

111. S'il est dit : comment diviser vingt en quatre parties telles que, si nous multiplions la première par deux, la deuxième par trois, la troisième par quatre et la quatrième par cinq, alors elles s'égalent. Nous posons la première la moitié [B-64r°] d'une chose, la deuxième un tiers d'une chose, la troisième un quart d'une chose, la quatrième un cinquième d'une chose et nous les additionnons. Il vient une chose plus un cinquième plus la moitié d'un sixième d'une chose et cela égale vingt. La chose égale quinze plus quarante-cinq parties de soixante-dix-sept parties d'unité.

إلّا شيئًا. فيكون مائة إلّا عشرة أشياء وذلك يعدل مالًا. فمال وعشرة أشياء تعدل مائة. فنزيد مربّع نصف عدد الأشياء على العدد، فيصير مائة وخمسة وعشرين، نأخذ جذره وننقص منه نصف عدد الأشياء. يبقى جذر مائة وخمسة وعشرين إلّا خمسة وهو القسم الأعظم. فنسقط من عشرة. فيبقى خمسة عشر إلّا جذر مائةٍ وخمسة وعشرين وهو الأصغر.

١١٠. فإن قيل كيف يقسم عشرين بأربعةٍ أقسامٍ بحيث إذا زدنا على الأوّل نصفه وعلى الثاني ثلثه وعلى الثالث ربعه وعلى الرابع خمسه، اعتدلت. فنجعل الأوّل شيئين والثاني شيئين وربعًا والثالث شيئين وخمسًا والرابع شيئين ونصفًا حتّى إذا زدنا على كلّ واحدٍ منهما بمتقتصى السؤال، يصير كلّ واحدٍ ثلاثة أشياء. ثمّ نجمع ذلك كلّه. فيكون تسعة أشياء وعشر ونصف عشر شيء، وذلك يعدل عشرين. فالشيء اثنان ومائة وجزئان من خمسمائة وتسعة وأربعين جزئًا من واحدٍ. فيكون الأوّل أربعة آحاد ومائتين وأربعة أجزاء من ذلك المخرج لأنّه كان شيئين. ويكون الثاني أربعة آحادٍ وخمسًا جزء وأربعة أجزاء من ذلك المخرج. والثالث خمسة آحادٍ ومائة وخمسة وثلاثين جزئًا من ذلك المخرج*. [ا-١٥٦ظ] والرابع خمسة آحادٍ ومائتين وخمسة وخمسين جزئًا من ذلك المخرج.

١١١. فإن قيل كيف نقسم عشرين بأربعةٍ أقسامٍ إذا ضربنا الأوّل في اثنين والثاني في ثلاثة والثالث في أربعةٍ والرابع في خمسةٍ، فتساوي. فنجعل الأوّل نصف [ب-٦٤و] شيءٍ† والثاني ثلث شيءٍ والثالث ربع شيءٍ والرابع خمس شيءٍ ونجمعها. فيكون شيئًا وخمس ونصف سُدس شيءٍ وذلك يعدل عشرين. فالشيء يعدل خمسة عشر وخمسة وأربعين جزئًا من سبعة وسبعين جزئًا من واحدٍ.

---

٦ كيف: في[ب]   ٦ الأوّل: الأربع[ب]   ١٣ جزء: مائة جزئًا[ب]

* والثالث خمسة آحادٍ ومائة وخمسة وثلاثين جزئًا من ذلك المخرج: مكررة في [ا]   † شيء: مكررة في الهامش [ب]

La première est donc sept unités plus soixante parties, la deuxième est cinq plus quinze parties, la troisième est trois plus soixante-neuf parties et la quatrième est trois plus neuf parties de soixante-dix-sept parties d'unité.

112. S'il est dit : nous divisons dix par deux plus racine de cinq, combien est le résultat ?

Nous posons le résultat une chose et nous le multiplions par deux plus une racine de cinq. Il vient deux choses plus une racine de cinq carrés et cela égale dix. Nous retranchons deux choses des deux côtés et nous multiplions le reste des deux par lui-même. Il vient cinq carrés égalent quatre carrés plus cent unités moins quarante choses. Un carré plus quarante choses égalent cent. Nous ajoutons le carré de la moitié du nombre de choses au nombre. Il vient cinq-cent, nous soustrayons vingt de sa racine, il reste la racine de cinq-cent moins vingt, c'est le résultat de la division.

113. S'il est dit : comment diviser cent en deux parties, puis en deux autres parties, puis en deux autres parties telles que la plus grande de la première division soit trois fois la plus petite de la deuxième division, la plus grande de la deuxième division soit deux fois la plus petite de la troisième division et la plus grande de la troisième division soit quatre fois la plus petite de la première division ?

Nous posons la plus petite [partie] de la deuxième division une chose et la plus grande cent moins une chose. Donc la plus grande de la première est trois choses et la plus petite est cent moins trois choses. La plus grande [B-64v°]

de la troisième est [A-157r°]

quatre-cent moins douze choses et la plus petite douze choses moins trois-cent. Mais la plus grande de la deuxième, à savoir cent moins une chose, est égale à la plus petite de la troisième. La plus petite de la troisième est donc cinquante moins la moitié d'une chose. Cinquante moins la moitié d'une chose égale douze choses moins trois-cent unités. La chose est vingt-huit, c'est la plus petite de la deuxième et la plus grande est soixante-douze. La plus grande de la première est quatre-vingt-quatre et la plus petite seize. La plus grande de la troisième est soixante-quatre

فيكون الأوّل سبعة واحدًا وستّين جزئًا، والثاني خمسة وخمسة عشر جزئًا، والثالث ثلاثة وتسعة وستّين جزئًا، والرابع ثلاثة وتسعة أجزاء من سبعةٍ وسبعين جزئًا من واحدٍ.

١١٢. فإن قيل عشرة قسمناها على اثنين وجذر خمسة فكم الخارج؟ فنجعل الخارج شيئًا ونضربه في اثنين وجذر خمسة. فيكون شيئين وجذر خمسة أموالٍ وذلك يعدل عشرة. فنسقط شيئين من الجانبين ونضرب الباقي منهما في نفسه. فيكون: خمسة أموال تعدل أربعة أموالٍ ومائة أحدٍ إلّا أربعين شيئًا. فمال وأربعون شيئًا يعدل مائة. فنزيد مربّع نصف عدد الأشياء على العدد. فيكون خمسمائة ننقص عشرين من جذرها، يبقى جذر خمسمائةٍ إلّا عشرين وهو الخارج من القسمة.

١١٣. فإن قيل كيف يقسم مائة بقسمين ثمّ بقسمين آخرين ثمّ بقسمين آخرين الأعظم من القسمة الأولى ثلاثة أمثال الأصغرِ من القسمة الثانية، والقسم الأعظم من القسمة الثانية مثلا الأصغر من القسمة الثالثة والقسم الأعظم من القسمة الثالثة أربعة أمثال الأصغر من القسمة الأولى؟ فنجعل الأصغر من القسمة الثانية شيئًا والأعظم مائة إلّا شيئًا، فالأعظم من الأولى ثلاثة أشياء والأصغر مائة إلّا ثلاثة أشياء. ويكون الأعظم [ب-٦٤ظ] من الثالثة [١-١٥٧و] أربعمائة إلّا اثنى عشر شيئًا والأصغر اثنى عشر شيئًا إلّا ثلاثمائة. لكن الأعظم من الثانية، وهو مائة إلّا شيئًا، مثلًا الأصغر من الثالثة. فالأصغر من الثالثه خمسون إلّا نصف شيءٍ. فخمسون إلّا نصف شيء يعدل اثنى عشر شيئًا إلّا ثلاثمائة أحدٍ. فالشيء ثمانية وعشرون وهو الأصغر من الثانية، والأعظم اثنان وسبعون. والأعظم من الأولى أربعة وثمانون والأصغر ستّة عشر والأعظم من الثالثة أربعة

---

٨ فمال وأربعون شئًا: في[ب]   ٨ مربّع: في[ا]   ١٩ الأصغر من الثالثة: الثالثه من الأصغر[ب]

et la plus petite trente-six.

114. S'il est dit : du froment et de l'orge d'égale grandeur sont donnés, tu as vendu un sac de froment à trois dirhams et un sac d'orge à un tiers de dirhams. L'[ensemble] des deux prix est vingt dirhams. À combien est donc chacun d'eux ?

Nous posons le prix du froment une chose, donc le froment est un tiers d'une chose et le prix de l'orge est vingt moins une chose. L'orge est soixante moins trois choses et il égale un tiers d'une chose. La chose est dix-huit et est le prix du froment. Le prix de l'orge est deux dirhams et chacun des deux est six sacs.

115. S'il est dit : quinze grenades sont à un dirham, dix-huit œufs sont à un dirham et nous voulons acheter avec un dirham seize des deux. Combien achète-t-on de chacun des deux [articles] ?

Nous posons [la part] d'un dirham par laquelle on achète la grenade une chose, donc la part de celle-ci [sur les seize produits achetés] est quinze choses. Nous achetons à un dirham moins une chose les œufs, donc leur part [sur les seize produits achetés] est dix-huit moins dix-huit choses, et nous lui ajoutons quinze choses. Il vient : dix-huit moins trois choses égale seize. La chose est deux tiers. Nous achetons la grenade à deux tiers de dirham et les œufs à un tiers de dirham.

116. S'il est dit : douze grenades sont à un dirham, dix-huit œufs sont à un dirham [B-65r°]
et vingt-et-une noix sont à un dirham. Nous voulons en acheter pour dix-sept dirhams, combien achetons-nous de chacun ?

Nous posons ce qui est acheté en grenade du dirham[7] une chose, donc sa part[8] est douze choses. [A-157v°]

Nous posons ce qui est acheté en œufs [du dirham] une chose aussi, donc leur part est dix-huit choses. Nous achetons un dirham moins deux choses en noix, donc leur part est vingt-et-un moins quarante-deux choses. Nous lui ajoutons trente choses. Il devient vingt-et-un moins douze choses et ceci égale dix-sept, donc la chose est un tiers d'unité. Nous achetons un tiers de dirham de chacun d'eux et ainsi de même s'ils sont quatre cinquièmes ou plus.

---

7   C'est-à-dire, la part de un dirham que l'on consacre à l'achat des grenades.
8   C'est-à-dire, la part de grenade sur les 16 produits que l'on veut acheter.

وستّون والأصغر ستّة وثلاثون.

١١٤. فإن قيل قبّه فيها خنطة وشعير متساويا المقدار، فبعت الخنطة جريًا بثلاثة دراهم والشعير جريًا بثلث درهم. فكان الثمنان عشرين درهمًا فكم كلّ واحدٍ منهما؟

فنجعل ثمن الخنطة شيئًا فيكون الخنطة ثلث شيءٍ ويبقى ثمن الشعير عشرون إلّا شيئًا. فالشعير ستّون إلّا ثلاثة أشياء وذلك يعدل ثلث شيءٍ. فالشيء ثمانية عشر وهو ثمن الخنطة. فثمن الشعير درهمان وكلّ واحدٍ منهما ستّة أجربةٍ.

١١٥. فإن قيل الرمان خمسة عشر بدرهمٍ والبيض ثمانية عشر بدرهم، وأردنا أن نشترى بدرهم ستّة عشر منهما. فكم يشترى من كلّ واحدٍ منهما؟

فنجعل من الدرهم ما يشترى به الرمان شيئًا، فنصيبه خمسة عشر شيئًا ونشترى بدرهم إلّا شيئًا من البيض فنصيبه ثمانية عشر إلّا ثمانية شيئًا، ونزيد عليه خمسة عشر شيئًا. فيكون: ثمانية عشر إلّا ثلاثة أشياء يعدل ستّة عشر. فالشيء ثلثان. فنشترى الرمان بثلثي درهمٍ والبيض بثلث درهمٍ.

١١٦. فإن قيل الرمان اثنا عشر بدرهمٍ والبيض ثمانية عشر درهم [ب-٦٥و] والجوز أحد وعشرون بدرهم. نريد أن نشترى منها سبعة عشر بدرهمٍ، كم نأخذ من كلّ واحدٍ منها؟

فنجعل من الدرهم ما يشترى به الرمان شيئًا، فنصيبه اثنا عشر شيئًا. [ا-١٥٧ظ] ونجعل ما يشترى به من البيض شيئًا أيضًا، فنصيبه ثمانية عشر شيئًا. ونشترى بدرهمٍ إلّا شيئين من الجوز، فنصيبه أحدٌ وعشرون إلّا اثنين وأربعين شيئًا. فنزيد عليه ثلاثين شيئًا. فيصير أحدًا وعشرين إلّا اثني عشر شيئًا وذلك يعدل سبعة عشر*. فالشيء ثلث واحدٍ. فنشترى بثلث درهم من كلّ واحدٍ منها وكذلك إن كان أربعة أخماس أو أكثر.

١٨ ونجعل: ويجعل [ب]

* شيئًا : مشطوب في [ا]

Nous posons ce par quoi on achète chacune d'elles à l'exclusion de l'autre une chose, et ce par quoi on achète les deux autres un moins cette chose, et nous complétons l'opération selon la méthode qui suit. Si, dans l'un des achats se trouve une fraction, alors il n'y a pas de problème, sauf si le demandeur spécifie qu'il ne doit pas y avoir de fractions. Il y a alors une différence entre les prix. Nous posons l'achat de l'un de ces genres la moitié d'une chose, ou un autre cas de figure conformément à ce qui est demandé de trouver dans le problème, jusqu'à que le procédé soit vrai.

117. S'il est dit : nous voulons acheter à cent dirhams cent volatiles : des canards, des poulets et des oiseaux. Un seul canard est à trois dirhams, quatre oiseaux sont à un dirham et un poulet est à un dirham. Combien achetons-nous de chaque espèce ?

Nous posons le nombre de canards une chose, donc son prix est trois choses, le nombre d'oiseaux une portion, donc son prix est un quart d'une portion et nous retranchons ces deux prix de cent dirhams. Il reste cent moins trois choses plus un quart d'une portion et c'est le prix des poulets. Le nombre de volatiles reste [B-65v°]
cent moins une chose plus une portion, à savoir le nombre de poulets. Cent moins une chose plus une portion égale cent moins trois choses plus un quart d'une portion. Deux choses égalent trois quarts d'une portion, donc la portion est deux choses plus deux tiers d'une chose. Le nombre d'oiseaux est égal au nombre de canards et à deux de ses tiers. Nous posons le nombre de canards une grandeur quelconque telle qu'elle comprend un tiers, qu'elle soit trois, donc les oiseaux sont huit et les poulets quatre-vingt-neuf. Si nous posons les canards six, [A-158r°]
les oiseaux seront seize, les poulets soixante-dix-huit, etc. Ainsi, si nous posons les canards vingt-sept, les oiseaux seront soixante-douze et les poulets un seul.

118. S'il est dit : nous voulons acheter à cent dirhams cent volatiles : des canards, des poules, des pigeons et des oiseaux. Un seul canard est à quatre dirhams, dix oiseaux sont à un dirham, deux pigeons sont à un dirham et un poulet est à un dirham. Combien achetons-nous de chaque espèce ?

فنجعل ما يشترى به من كلّ واحدٍ منها سوى الآخر شيئًا وما يشترى به من الآخرين واحدًا إلّا تلك الأشياء ونتمّم العمل على الطريق الذي مَرَّ.

وإن وقع في بعض ما يشترى به من كسر فلا باس إلّا أن يعيّن السائل أن لا يكون فيه كسرٌ فحينئذٍ يغاير بين الأثمان. نجعل ما يشترى به من بعض تلك الأجناس من نصف شيءٍ أو شقص غير ذلك على حسب ما يقتضيه وضع المسألة إلى أن يصحّ العمل.

١١٧. فإن قيل نريد أن يشترى مائة من الطائر البطّ والدجاج والعُصافير بمائة درهم. البطّ واحد: ثلاثة دراهم، والعصافير: أربعة بدرهمٍ والدجاج: واحدٍ بدرهم. فكم يشترى من كلّ جنسٍ؟

فنجعل عدد البطّ شيئًا فيكون ثمنه ثلاثة أشياء، وعدد العصافير قسطًا فيكون ثمنه ربع قسط، ونسقط هذين الثمنين من مائة درهم. يبقى مائة إلّا ثلاثة أشياء وربع قسط وهو ثمن الدجاج. ويبقى عدد الطائر [ب-٦٥ظ] مائة إلّا شيئًا وقسطًا وهو عدد الدجاج. فمائة إلّا شيئًا وقسطًا يعدل مائة إلّا ثلاثة أشياء وربع قسطٍ. فشيئان يعدلان ثلاثة أرباع قسط فالقسط شيئان وثلثا شيءٍ. فعدد العاصفير مثلًا عدد البطّ ومثل ثلثيه. فنجعل عدد البطّ أي مقدارٍ شئنا بحيث يكون له ثلث وليكن ثلاثة. فيكون العصافير ثمانية والدجاج تسعة وثمانين. وإن جعلنا البطّ ستّة [ا-١٥٨و] كانت العصافير ستّة عشر والدجاج ثمانية وسبعين إلى غير ذلك من الأعداد. حتّى لو جعلنا البطّ سبعة وعشرين كانت العصافير اثنين وسبعين والدجاج واحدًا.

١١٨. فإن قيل نريد أن يشترى مائة من الطائر، البطّ والدجاج والحمام والعصافير بمائة درهم. البطّ واحدٌ بأربعة دراهم والعصافير عشرة بدرهمٍ، والحمام اثنان بدرهمٍ والدجاج واحدٌ بدرهمٍ. فكم يشترى من كلّ جنسٍ منها؟

١ فنجعل: فيجعل[ب]   ٢ الآخرين: الآخر[ب]   ٣ نجعل: فأن نجعل[ب]   ٤ شقص: شيئين[ب]
١٦ وليكن: وكثلثي[ب]   ٢٠ مائة: في[ا]

Nous posons le nombre de canards une chose, donc son prix est quatre choses, le nombre d'oiseaux une portion, que tu divises et [il vient] un dixième d'une portion, le nombre de pigeons une part, que tu divises et [il vient] la moitié d'une part. Nous retranchons ces trois prix de cent dirhams et le nombre [des différents volatiles] de cent en nombre. Le reste du prix, à savoir cent moins quatre choses plus un dixième d'une portion plus la moitié d'une part, à savoir le prix des poulets, égale le reste de leur nombre, à savoir cent moins une chose plus une portion plus une part, à savoir le nombre de poulets. En effet, un seul d'eux est à un dirham[9]. Après la restauration et la suppression [des termes en commun], il reste : trois choses égalent neuf dixièmes d'une portion plus la moitié d'une part, donc la chose égale trois dixièmes d'une portion plus un sixième d'une part. Nous posons le nombre d'oiseaux un nombre qui contient un dixième, qu'il soit [B-66r°]

dix, et le nombre de pigeons un nombre qui contient un sixième, soit-il six. Le nombre de canards est quatre, parce que il est trois dixièmes du nombre d'oiseaux et un sixième du nombre de pigeons. Le reste de cent est quatre-vingt, à savoir le nombre de poulets.

Plusieurs espèces de ces problèmes sont fluides.

119. S'il est dit : un poids[10] est à cinq dirhams, un poids est à sept dirhams et un poids est à neuf dirhams. Nous prenons un poids dans lequel il y a celui qui est le moins cher, celui qui est le moyen et celui qui est le plus cher, à huit dirhams. Combien y-a-t-il de chacun d'eux ?

Nous posons la quantité qui est à cinq dirhams une chose, la quantité qui est à sept dirhams une chose, ou moins, ou de quelque peu plus et nous la posons aussi une chose. [A-158v°]

De celui dont la valeur est neuf reste un poids moins deux choses, nous le multiplions par neuf et il vient neuf moins dix-huit choses. Tu lui ajoutes douze choses, à savoir le prix des deux choses précédentes.

---

9   La phrase « un seul d'eux est à un dirham » signifie « un seul poulet est à un dirham ».

10 Nous traduisons par poids le terme arabe *mithqāl*. Il s'agit d'une mesure de poids qui correspond à un dirham plus trois septièmes. Voir à ce sujet la note dans Rashed (2012), p. 696.

فنجعل عددٍ البطّ شيئًا فيكون ثمنه أربعة أشياء، وعدد العصافير قسطًا قسمتها عُشر قسطٍ وعدد الحمام نصيبًا قسمتها نصف نصيب. ونسقط هذه الأثمان الثلاثة من مائة درهمٍ وأعدادها من مائة عددٍ. فما يبقى من الثمن، وهو مائة إلّا أربعة أشياء وعشر قسطٍ ونصف نصيبٍ، وهو ثمن الدجاج، يعدل ما يبقى من عددها، وهو مائة إلّا شيئًا وقسطًا ونصيبًا، وهو عدد الدجاج لأنّ واحدًا منها بدرهمٍ. فبعد الجبر والإسقاط يبقى: ثلاثة أشياء يعدل تسعة أعشار قسط ونصف نصيبٍ، فالشيء يعدل ثلاثة أعشار قسط وسُدس نصيبٍ. فنجعل عدد العصافير عددًا له عشر وليكون [ب-٦٦و]

عشرة وعدد الحمام عددًا له سُدس وليكون ستّة. فيكون عدد البطّ أربعة لأنّه كان ثلاثة أعشار عدد العصافير وسُدس عدد الحمام. وباقي المائة وهو ثمانون عدد الدجاج.

وأكثر أنواع هذه المسائل يكون سيّالة.

١١٩. فإن قيل مثقالٌ بخمسة دراهمٍ ومثقالٌ بسبعة دراهم ومثقالٌ بتسعة دراهم. أخذنا مثقالًا فيه من الرخص والوسط والغالي بثمانية دراهم. كم فيه من كلّ واحدٍ منها؟

فنجعل ما فيه ممّا قيمته خمسة دراهم شيئًا وما فيه ممّا قيمته* سبعة دراهم شيئًا أو أقلّ منه أو أكثر بقليل فنجعله أيضًا شيئًا. فيبقى [ا-١٥٨ظ] من الذي قيمته تسعة مثقالٍ إلّا شيئين، نضربه في تسعةٍ فيكون تسعة إلّا ثمانية عشر شيئًا. تزيد عليها اثنى عشر شيئًا ثمن الشيئين السابقين.

Il vient neuf moins six choses, et cela égale huit. La chose est donc un sixième d'une unité. On achète donc un sixième d'un poids de celui qui est à cinq dirhams et également de celui qui est à sept dirhams. De celui qui est à neuf dirhams reste un dirham plus un tiers d'un poids.

120. S'il est dit : une livre est à cinq dirhams, une livre est à quatre dirhams et dix livres sont à un dirham. Nous prenons de leur somme une livre à deux dirhams. Combien y-a-t-il de chacune d'elles ?

Nous prenons de la plus chère une chose et de la moyenne une chose aussi. Il reste donc de la moins chère une livre moins deux choses. Sa quantité est un dixième de dirham moins un cinquième d'une chose, nous lui ajoutons neuf choses, c'est-à-dire les quantités de la plus chère et de la moyenne. Il vient un dixième de dirhams plus huit choses plus quatre cinquièmes d'une chose, et cela égale deux dirhams. On obtient la chose, dix-neuf parties de quatre-vingt-huit parties [B-66v°]

d'unité, et c'est la grandeur de ce qui est acheté de la plus chère et de la moyenne. Ce qui est acheté de la moins chère est vingt-cinq parties de quarante-quatre parties d'une livre.

121. S'il est dit : des qafīz[11] en quantité inconnue sont tels que leur prix est de quatre-vingt-treize dirhams et la quantité de qafīz avec le prix de ce qafīz est trente-quatre. Quel est leur nombre et comment l'établit-on ?

Nous posons le prix d'un qafīz une chose, donc la quantité de qafīz est trente-quatre moins une chose. Nous le multiplions par une chose. Il vient trente-quatre choses moins un *carré*, et ceci égale quatre-vingt-treize dirhams. Un *carré* plus quatre-vingt-treize égalent trente-quatre choses et la chose est trois. Si tu veux, tu poses le prix d'un qafīz trois plus leur nombre, et le nombre de qafīz est trente-et-un. Ou bien tu poses le nombre de qafīz trois et le prix d'un qafīz trente-et-un.

---

11   Il s'agit d'une mesure de grain. Voir à ce sujet la note dans Rashed (2012), p. 700.

فيصير تسعة إلّا ستّة أشياء وذلك يعدل ثمانية. فالشيء سُدس واحدٍ. فتشتري بسُدس مثقالٍ ممّا مثقاله بخمسة دراهم وكذلك ممّا مثقالٍ بسبعة دراهم. فيبقى من الذي مثقاله بتسعة دراهم ثلثًا مثقال.

١٢٠. فإن قيل رطلٌ بخمسة دراهم ورطلٌ بأربعة دراهم وعشرة أرطالٍ بدرهمٍ. أخذنا من جميعها رطلًا بدرهمين. فكم فيه من كلّ واحدٍ منها؟ فنأخذ من الغالي شيئًا ومن الوسط أيضًا شيئًا. فيبقى من الرخيص رطلٌ إلّا شيئين. فيكون قيمته عشر دراهم إلّا خُمس شيءٍ. ونزيد عليه تسعة أشياء أعني قيمتي الغالي والوسط. فيصير عشر دراهم وثمانية أشياء وأربعة أخماس شيءٍ وذلك يعدل درهمين. فيخرج الشيء تسعة عشر جزئًا من ثمانيةٍ وثمانين جزئًا [ب-٦٦ظ] من واحد وهو مقدار ما يشترى من كلّ واحد من الغالي والوسط. ويشتري من الرخص خمسة وعشرين جزئًا من أربعة وأربعين جزئًا* من رطلٍ.

١٢١. فإن قيل أقفزةٌ مجهوله ثمنها بثلاثة وتسعون درهما وعِدة الأقفزة مع ثمن قفيز منها أربعة وثلاثون. كم عددها وكيف سعرها؟ فنجعل ثمن القفيز شيئًا. فيبقى عِدّة الأقفزة أربعة وثلاثين إلّا شيئًا. فنضربها في شيءٍ. فيصير أربعة وثلاثين شيئًا إلّا مالًا وذلك يعدل ثلاثة وتسعين درهمًا. فمالٌ وثلاثة وتسعون يعدل أربعة وثلاثين شيئًا فالشيء ثلاثة. فإن شئت جعلت ثمن القفيز ثلاثة وعددها وعدد الأقفزة أحدًا وثلاثين. وإن شئت جعلت عدد الأقفزة ثلاثة وثمن القفز أحدًا وثلاثين.

٢ ممّا: منها[ب] ٢ بسبعة: بستّة[ا] ٦ فنأخذ: فيأخذ[ب] ٧ عشر: عشرة[ا] ٧ ونزيد: ويزيد[ب] ٨ عشر: عشرة[ا] ١١ خمسة وعشرين: خمسين ١٧ وعددها: في[ا]

* من واحد وهو ... وأربعين جزئًا: في [ب]

122. S'il est dit : un homme achète à vingt dirhams de la grenade, des pâtisseries et des citrons[12]. Chaque pâtisserie est à deux dirhams et deux citrons sont à un dirham. Puis, il vend deux pâtisseries à un dirham et chaque citron à deux dirhams, il gagne ainsi quinze dirhams. Combien achète-t-il de chacun des deux ?

Nous posons ce qui est acheté en citrons une chose, donc les citrons sont deux choses /[A-159r°]

et les pâtisseries dix moins la moitié d'une chose, car leur prix est vingt dirhams moins une chose. Les citrons sont vendus à quatre choses et les pâtisseries à cinq moins un quart d'une chose. Nous les additionnons, il vient cinq dirhams plus trois choses plus un demi plus un quart d'une chose et cela égale trente-cinq. La chose est huit dirhams, c'est ce qui est acheté en citrons et ce qui est acheté en pâtisseries est douze dirhams.

123. S'il est dit : on achète des pâtisseries pour vingt dirhams, chaque pâtisserie étant à deux dirhams, et on achète des citrons pour cinq dirhams, les citrons étant à un prix inconnu. [B-67r°]

Puis, on vend chacun des deux [produits] au prix de l'autre, on gagne donc trois dirhams plus un sixième.

Nous posons les citrons une chose et nous les multiplions par deux dirhams. Il vient deux choses, c'est le prix auquel ils sont vendus. Nous l'ôtons de vingt-huit plus un sixième, à savoir le capital plus le bénéfice. Il reste vingt-huit dirhams plus un sixième d'un dirham moins deux choses, c'est le résultat de la vente des pâtisseries au prix des citrons. Tu sais déjà que tu as acheté une chose à cinq dirhams, donc il faut vendre dix pâtisseries à ce même prix de vente, de manière que son prix parvient à vingt-huit dirhams plus un sixième moins deux choses. Le rapport de dix à vingt-huit plus un sixième moins deux choses est comme le rapport de la chose à cinq. Nous multiplions dix par cinq. Il vient cinquante et cela égale le résultat du produit de vingt-huit plus un sixième moins deux choses par une chose, à savoir vingt-huit choses plus un sixième d'une chose moins deux *carrés*. Donc, un *carré* plus vingt-cinq unités égale quatorze choses plus un

---

12 Bien que mentionnée au début du problème, la grenade ne rentre pas en jeu dans la résolution de celui-ci. Al-Zanjānī ne travaille qu'avec deux variables : les pâtisseries et les citrons.

١٢٢. فإن قيل رجلٌ اشترى بعشرين درهمًا الحلو والحامض. كلّ حلوٍ
بدرهمين وكلّ حامضين بدرهمٍ. ثمّ باع كلّ حلوين بدرهم وكلّ حامضٍ بدرهمين
فربح خمسة عشر درهمًا. فكم اشترى من كلّ واحدٍ منهما؟

فنجعل ما اشترى به من الحامض شيئًا فيكون الحامض شيئين [ا-١٥٩و]
ويكون الحلو عشرة إلّا نصف شيءٍ لأنّ ثمنه عشرون درهمًا إلّا شيئًا. فيكون قد
باع الحامض بأربعة أشياء والحلو بخمسة إلّا ربع شيءٍ. فنجمعهما فيكون خمسة
دراهم وثلاثة أشياء ونصف شيءٍ وربع شيءٍ وذلك يعدل خمسة وثلاثين. فالشيء ثمانية
دراهم وهو ما اشترى به الحامض واشترى الحلو باثني عشر درهمًا.

١٢٣. فإن قيل اشترى بعشرين درهمًا من الحلو، كلّ حلوٍ بدرهمين، واشترى
بخمسة دراهم من الحامض على سعر مجهول*. [ب-٦٧و]

ثمّ باع كلّ واحدٍ منهما بسعر الآخر فربح ثلاثة دراهم وسُدسًا.

فنجعل الحامض شيئًا ونضربه في درهمين. فيصير شيئين وهو ثمنه الذي باعه
به. نلقها من ثمانية وعشرين وسدس التي هي رأس المال مع الربح. يبقى
ثمانية وعشرون درهمًا وسُدس درهمٍ إلّا شيئين وهو ما ارتفع من الحلو المبيع بسعر
الحامضٍ. وقد† علمت أنّك اشتريت بخمسة دراهم شيئًا فيجب أن تبيع عشرةً
من الحلو بهذا المبيع حتّى يبلغ ثمنها ثمانية وعشرين درهمًا وسدسًا إلّا شيئين.
فنسبة العشرة إلى ثمانية وعشرين وسدسٍ إلّا شيئين كنسبة الشيء إلى خمسةٍ.
فنضرب عشرة في خمسةٍ. فيكون خمسين وذلك يعدل المرتفع من ضرب ثمانية
وعشرين وسدس إلّا شيئين في شيءٍ وهو ثمانية وعشرون شيئًا وسُدس شيءٍ إلّا
مالين. فمالٌ وخمسةٌ وعشرون أحدًا يعدل أربعة عشر شيئًا ونصف ونصف سُدس

¹ الحلو والحامض: الرمان الحلو والحامض   ⁵ ثمنه: معه[ب]   ⁸ درهمًا: في[ا]   ¹¹ واحدٍ: في[ا]
¹² الحامض: الخامس[ا]   ¹³ به: في[ا]   ¹⁵ شيئًا: في[ا]   ²⁰ ونصف سُدس: وسُدس[ا]

* مجهول: مكررة في الهامش [ب]   † درهمًا وسدس درهم ... وقد: مشطوب في [ب]

demi plus la moitié d'un sixième d'une chose. Si nous ôtons le nombre du carré de la moitié du nombre de racines, si nous prenons la racine du reste, à savoir quatre plus un demi plus un tiers plus un huitième d'unité, et si nous l'ajoutons à la moitié du nombre de racines, alors il vient douze. Si nous le soustrayons de lui il vient deux plus un demi plus la moitié d'un sixième. Les deux [solutions] sont vraies en tant que nombre de citrons.

124. S'il est dit : on achète des pâtisseries pour vingt dirhams, trois pâtisseries étant à un dirham, et des citrons pour dix dirhams, /[A-159v°]

ceux-ci étant à un prix inconnu. Puis, on vend l'un au prix de l'autre et on perd un dirham plus un tiers.

Nous posons la quantité de citron une chose, donc on la vend à un tiers d'une chose. Tu l'ôtes de vingt-huit dirhams plus deux tiers d'un dirham, à savoir du reste du capital après [B-67v°]

la perte. Il reste vingt-huit plus deux tiers moins un tiers d'une chose, à savoir le prix des pâtisseries vendue au prix des citrons. Tu sais déjà que tu achètes pour dix dirhams [une quantité de citrons égale à] une chose, donc il faut vendre soixante pâtisseries à ce même prix, de manière que leur prix atteint vingt-huit dirhams plus deux tiers de dirham moins un tiers d'une chose. Le rapport de soixante à vingt-huit plus deux tiers d'une chose moins un tiers d'une chose est comme le rapport de la chose à dix. Tu multiplies soixante par dix. Il vient six-cent et ceci égale le résultat du produit de vingt-huit plus deux tiers moins un tiers d'une chose par une chose, à savoir vingt-huit choses plus deux tiers d'une chose moins un tiers d'un carré. Un carré plus mille-huit-cent égale quatre-vingt-six choses. Si nous retranchons le nombre du carré de la moitié du nombre de racines, si nous prenons la racine du reste, à savoir sept, et si nous l'ajoutons à la moitié du nombre de racines, alors il vient cinquante. Si nous le soustrayons de lui, alors il vient trente-six et les deux [solutions] sont vraies en tant que nombre de pâtisseries.

125. S'il est dit : un homme a deux dirhams, il achète des pâtisseries à un dirham et des citrons à un dirham. Puis, il vend les pâtisseries au prix des citrons achetés et il vend les citrons au prix des pâtisseries achetées. Il gagne un dirham plus un tiers.

شيءٍ. فإذا أسقطنا العدد من مربّع نصف عدد الأجذار وأخذنا جذر الباقي،
وهو أربعة ونصف وثلث وثمن واحد، فإن زدناه على نصف عدد الأجذار، صار
اثنى عشر. وإن نقصناه منه كان اثنين ونصف سُدس وكلّ هما يصحّ إن يكون
عدد الحامض.

١٢٤. فإن قيل اشترى بعشرين درهمًا من الحلو: كلّ ثلاث حلواتٍ بدرهمٍ،
وبعشرة دراهم [١-١٥٩ظ]

من الحامض على سعرٍ مجهولٍ. ثمّ باع كلّ واحدٍ منهما بسعر الآخر. فخسر
درهمًا وثلثًا.

فنجعل عدد الحامض شيئًا. فيكون قد باعه بثلث شيءٍ. فتلقيه من ثمانيةٍ وعشرين
درهمًا وثلثي درهمٍ الذي هو الباقي من رأس المال بعد [ب-٦٧ظ]
الخُسران. فيبقى ثمانية وعشرون وثلثان إلّا ثلث شيءٍ وهو ثمن الحلو المباع
بسعر الحامض. وقد علمت أنّك اشتريت بعشرة دراهم شيئًا فيجب أن تبيع ستّين
من الحلو بهذا السعر حتّى يبلغ ثمنه ثمانية وعشرين درهمًا وثلثي درهمٍ إلّا ثلث
شيءٍ. فنسبة ستّين إلى ثمانية وعشرين وثلثين إلّا ثلث شيءٍ كنسبة الشيء إلى
عشرةٍ. فتضرب ستّين في عشرةٍ. فيكون ستّمائة وذلك يعدل المرتفع من ضرب
ثمانية وعشرين وثلاثين إلّا ثلث شيءٍ في شيءٍ وهو ثمانية وعشرون شيئًا وثلثا شيءٍ
إلّا ثلث مالٍ. فمال وألفٌ وثمانمائة يعدل ستّة وثمانين شيئًا. فإذا أسقطنا العدد
من مربّع نصف عدد الأجذار وأخذنا جذر الباقي وهو سبعة فإن زدناه على نصف
عدد الأجذار صار خمسين. وإن نقصناه منه كان ستّة وثلاثين وكلّهما يصحّ أن
يكون عدد الحامض.

١٢٥. فإن قيل رجلٌ معه درهمان فاشترى بدرهم الحلو وبدرهمٍ الحامض.
ثمّ باع الحلو بسعر الحامض يشرآ وباع الحامض بسعر الحلو يشرآ فربح درهمًا
وثلثًا.

٣ سُدس: شيءٍ[١]   ١٤ إلّا: إلى[١]

Nous posons ce qui est acheté en pâtisseries un nombre quelconque, posons-le un, et nous posons ce qui est acheté en citrons une
chose. Sa vente sera aussi d'une chose, car on le vend au même prix
auquel on a acheté les pâtisseries. Nous avons posé qu'une seule pâtisserie est un dirham et que l'ensemble de la vente des pâtisseries et
des citrons est trois dirhams plus un tiers de dirham. Ce qui est vendu
en pâtisseries est donc trois dirhams plus un tiers moins une chose et
nous savons déjà qu'il est vendu [B-68r°]
au prix d'achat des citrons. [A-160r°]
On a donc acheté chaque citron pour trois dirhams plus un tiers moins
une chose. Le rapport d'une chose, à savoir le nombre de citrons, à un
dirham, à savoir ce qu'on a acheté d'eux, est comme le rapport de un,
à savoir le nombre de pâtisseries, à trois plus un tiers moins une chose,
à savoir ce qu'on a vendu d'elles. Nous multiplions le nombre de citrons, à savoir une chose, par trois plus un tiers moins une chose. Il
vient trois choses plus un tiers d'une chose moins un *carré*, et cela est
ce qu'on achète en citrons, c'est-à-dire un dirham. Un *carré* plus un
dirham égale trois choses plus un tiers d'une chose. Nous retranchons
le nombre du carré de la moitié du nombre de choses, nous prenons
la racine du reste, à savoir une unité plus un tiers, nous le soustrayons
de la moitié du nombre de racines ou bien nous l'ajoutons à elle. Il
vient soit un tiers soit trois unités et les deux [solutions] sont vraies
en tant que nombre de citrons.

Une autre méthode : tu poses l'ensemble des pâtisseries et des
citrons un nombre quelconque, posons-le dix. Divise-le en deux parties telles que, si tu les divises l'une par l'autre et si tu additionnes
les quotients, la somme est le capital plus le profit, c'est-à-dire trois
plus un tiers.
L'une des deux parties résulte sept plus un demi et l'autre deux plus
un demi. On a donc acheté sept plus un demi de l'une à un dirham
et deux plus un demi de l'autre à un dirham.

On procède de la même manière si les prix des deux ne sont pas
mentionnés, mais [dans ce cas] on dit : on a acheté pour deux dirhams
des pâtisseries et des citrons. Tu poses le prix de chacun des deux un
dirham, ou bien une quantité quelconque, et tu les obtiens comme
ce que nous avons mentionné.

فنجعل ما اشترى به من الحُلو أي عددٍ شينا، ولنجعله واحدًا، ونجعل ما اشترى به من الحامض شيئًا. فيكون قد باعه أيضًا بشيءٍ لأنّه باعه بسعر ما اشترى الحلو. وقد جعلنا الحلو واحدًا بدرهمٍ وجميع ما با ع به الحلو والحامض بثلاثة دراهم وثلث درهمٍ. فيكون ما با ع به الحلو ثلاثة دراهم وثلثًا إلّا شيئًا. وقد علمنا أنّه باعه [ب-٦٨و]

بسعر ما اشترى به الحامض. فيكون [ا-١٦٠و]

قد اشترى كلّ حامضٍ بثلاثة دراهم وثلث إلّا شيئًا. فنسبة شيءٍ الذي هو عدد الحامض إلى درهم الذي هو ما اشتراه كنسبة الواحد الذي هو عدد الحلو إلى ثلاثة وثلث إلّا شيئًا الذي هو ما باعه. فنضرب عدد الحامض وهو شيء في ثلاثةٍ وثلثٍ إلّا شيئًا. فيصير ثلاثة أشياء وثلث شيءٍ إلّا مالًا وهذا ما اشترى به الحامض أعني درهمًا. فمالٌ ودرهمٌ يعدل ثلاثة أشياء وثلث شيء. فنسقط العدد من مربّع نصف عدد الأشياء ونأخذ جذر الباقي واحدًا وثلثًا، ننقصه من نصف عدد الأجذار أو نزيده عليه. فيصير أمّا ثلثًا أو ثلاثة آحادٍ وكلاهما يصحّ أن يكون عدد الحامض.

طريقٌ آخر، وهو أن تجعل مجموع الحلو والحامض أي عددٍ شئت، وليكن عشرة. واقسمها بقسمين إذا قسمت كلّ واحدٍ منهما على الآخر وجمعت الخارجين كان مجموع رأس المال والربح أعني ثلاثة وثلثًا. فيخرج أحد القسمين سبعة ونصفًا والآخر اثنين ونصفًا. فيكون قد اشترى سبعة ونصفًا من أحدهما بدرهمٍ واثنين ونصفًا من الآخر بدرهم. وكذلك إن لم يذكر ثمن كلّ واحدٍ منهما بل قال: اشترى بدرهمين حلوًا وحامضًا. فتجعل ثمن كلّ واحدٍ درهمًا أو ما شئت وتخرجه كما ذكرنا.

---

126. S'il est dit : un homme a cinq dirhams, il achète des pâtisseries pour deux dirhams et des citrons pour trois dirhams. Puis, il vend les pâtisseries au prix des citrons achetés, et il vend les citrons au prix des pâtisseries achetées. Il perd un dixième de dirham. [B-68v°] Nous posons ce qui est acheté en pâtisseries un nombre, posons-le dix. Nous posons ce qui est acheté en citrons une chose, donc on le vend pour un cinquième d'une chose, car il est vendu au prix d'achat des pâtisseries. Nous avons déjà posé cinq pâtisseries un dirham et l'ensemble de la vente des pâtisseries et des citrons quatre dirhams [A-160v°] plus neuf dixièmes d'un dirham. Dix pâtisseries sont donc vendues à quatre dirhams plus neuf dixièmes de dirham moins un cinquième d'une chose. Nous savons déjà qu'on le vend au prix de ce qui est acheté en citrons, et dix pâtisseries sont achetées à quatre dirhams plus neuf dixièmes de dirham moins un cinquième d'une chose. Le rapport d'une chose, à savoir le nombre de citrons, à trois dirhams, à savoir ce qui en est acheté, est comme le rapport de dix, à savoir le nombre de pâtisseries, à quatre dirhams plus neuf dixièmes de dirham moins un cinquième d'une chose, à savoir ce qui en est vendu. Tu multiplies le nombre de citrons, à savoir une chose, par quatre plus neuf dixièmes moins un cinquième d'une chose. Il vient quatre choses plus neuf dixièmes d'une chose moins un cinquième d'un *carré* et cela égale le résultat du produit de trois par dix, à savoir trente. Donc, un cinquième d'un *carré* plus trente égale quatre choses plus neuf dixièmes d'une chose. Un *carré* plus cent-cinquante égale vingt-quatre choses plus la moitié d'une chose. Nous retranchons le nombre du carré de la moitié du nombre de choses et il reste la moitié d'un huitième. Tu prends sa racine, à savoir un quart, tu la soustrais de la moitié du nombre de choses ou bien tu l'ajoutes à elle. Il vient soit douze soit douze plus un demi et les deux [solutions] sont vraies en tant que nombre de citrons.

Remarque : si je te donne des exemples de ces quatre problèmes, alors il faut que leurs solutions soient exprimables[13] : tu divises le capital plus le bénéfice, dans le cas de figure [B-69r°]

---

13   Nous traduisons مفتوح par « exprimable » . Voir à ce propos Crozet (2002).

١٢٦. فإن قيل رجلٌ معه خمسة دراهم اشترى بدرهمين من الحلو وبثلاثة دراهم من الحامض. ثمّ باع الحلو بسعر الحامض يشرآ. وباع الحامض بسعر الحلو يشرآ فخسر عشر درهم. [ب-٦٨ظ]

فنجعل ما اشترى به من الحلو عددًا، وليكون عشرةً. ونجعل ما اشترى به من الحامض شيئًا فيكون قد باعه بخُمس شيءٍ لأنّه قد باعه بسعر ما اشترى الحلو. وقد جعلنا كلّ خمسة من الحلو بدرهمٍ وجميع ما باع به الحلو والحامض أربعة دراهم [ا-١٦٠ظ]

وتسعة أعشار درهم. فيكون ما باع به عشرة من الحلو أربعة دراهم وتسعة أعشار درهم إلّا خمس شيءٍ. وقد علمنا أنّه باعه بسعر ما اشترى الحامض فيكون قد اشترى كلّ عشرة من الحوامض بأربعة دراهم وتسعة أعشار درهمٍ إلّا خُمس شيءٍ. فنسبة شيء، الذي هو عدد الحامض إلى ثلاثة دراهم، الذي هو ما إشتراه به، كنسبة العشرة، التي هي عدد الحلو، إلى أربعة دراهم وتسعة أعشار درهم إلّا خمس شيءٍ، الذي هو ما باعه به. فتضرب عدد الحوامض وهو شيء في أربعة وتسعة أعشار إلّا خُمس شيءٍ. فيصير أربعة أشياء وتسعة أعشار شيء إلّا خمس مالٍ وذلك يعدل المرتفع من ضرب ثلاثة في عشرة وهو ثلاثون. فخُمس مالٍ وثلاثون يعدل أربعة أشياء وتسعة أعشار شيءٍ. فمالٌ ومائة وخمسون يعدل أربعة وعشرين شيئًا ونصف شيءٍ. فنسقط العدد من مربّع نصف عدد الأشياء، يبقى نصف ثمن. تأخذ جذره ربعًا، تنقصه من نصف عدد الأشياء أو تزيده. فيصير أمّا اثنى عشر أو اثنى عشر ونصفًا وكلاهما يصحّ إن يكون عدد الحامض.

تنبّيه: إذا ألقي إليك أمثال هذه المسائل الأربع فشرط خروجها مفتوحة إن تقسم راس المال مع الربح في صورة [ب-٦٩و]

du bénéfice, ou bien le capital moins la perte, dans le cas de figure de la perte, en deux parties telles que le produit de l'une des deux par l'autre est égal au produit du prix d'un des deux genres par le prix de l'autre genre, comme dans ces quatre problèmes.

Quant au premier problème, la somme du capital et du bénéfice est vingt-huit plus un sixième, et elle est divisée en deux parties telles que le produit d'une des deux par l'autre est égal au produit de cinq par vingt. [Les parties] sont donc quatre plus un sixième et vingt-quatre.

Dans le deuxième problème le capital moins la perte est vingt-huit plus deux tiers, et il est divisé en deux parties telles que le produit de l'une par l'autre est égal au produit de dix par vingt. [A-165r°][14] Elles sont donc douze et seize plus deux tiers.

Dans le troisième problème le capital plus le bénéfice est trois plus un tiers et il est divisé en deux parties telles que le produit d'une des deux par l'autre est égal au produit de un par un. Elles sont donc un tiers et trois.

Dans le quatrième problème le capital moins la perte est quatre plus neuf dixièmes et il est divisé en deux parties telles que le produit de l'une par l'autre est égal au produit de deux par trois. Elles sont deux plus deux cinquièmes et deux plus un demi.

Si cette condition est négligée le problème est sourd.

127. S'il est dit nous achetons dix qafīz de farine et d'orge et nous les vendons l'un au prix d'achat de l'autre. Leur prix total est égal à la différence des prix unitaires plus la différence des quantités.

Nous posons la farine un nombre quelconque, qu'il soit quatre qafīz. Chaque qafīz étant une chose, l'orge est donc six qafīz. Nous posons que chaque qafīz est à un demi d'une chose mais, si tu le poses autrement, cela demeure aussi vrai. Si tu vends chacun des deux [B-69v°]

---

14 Le manuscrit [A] présente un saut dans la numérotation des folios.

الربح، أو رأس المال إلّا الخسران في صورة الخسران، بقسمين بحيث يكون ضرب أحدهما في الآخر مثل ضرب ثمن أحد الجنسين في ثمن الجنس الآخر كما في هذه المسائل الأربع.

أمّا في المسألة الأولى فمجموع رأس المال والربح ثمانية وعشرون وسُدس وهو ينقسم بقسمين ضرب أحدهما في الآخر مثل ضرب خمسة في عشرين. وهما أربعة وسُدس وأربعة وعشرون.

وفي المسألة الثانية كان مجموع رأس المال إلّا الخُسران ثمانية وعشرين وثلاثين وهو ينقسم بقسمين ضرب أحدهما في الآخر مثل ضرب عشرةٍ في عشرين. [ا-١٦٥و]

وهما اثنى عشر وستّة عشر وثلاثان.

وفي المسألة الثالثة مجموع رأس المال والربح ثلاثة وثلث هو ينقسم بقسمين ضرب أحدهما في الآخر مثل ضرب واحدٍ في واحدٍ. وهما ثلث وثلاثة.

وفي المسألة الرابعة مجموع رأس المال إلّا الخسران أربعة وتسعة أعشارٍ وهو ينقسم بقسمين ضرب أحدهما في الآخر مثل ضرب اثنين في ثلاثة. وهما اثنان وخمسان واثنان ونصف. فإن فقد هذا الشرط فالمسألة صمًّا.

١٢٧. فإن قيل اشترينا عشرة أقفزة حنطةً وشعيرًا وبعنا كلّ واحدٍ منهما بسعر ما اشترينا الآخر فبلغ ثمنها مثل ما بين السعرين وما بين الكلّين.

فنجعل الحنطة أيّ عددٍ شئنا، وليكون أربعة أقفزةٍ، كلّ قفيز بشيءٍ. فيكن الشعر ستّة أقفزة.

فنجعل كلّ قفيز بنصف شيءٍ. ولو جعلت غير ذلك صحّ أيضًا. فإذا بعت كلّ واحدٍ منهما [ب-٦٩ظ]

---

au prix de l'autre, on obtient les deux prix, huit choses, et cela mesure deux plus la moitié d'une chose. En effet, entre les deux totaux il y a deux [unités] et entre les deux prix il y a la moitié d'une chose[15]. La chose est quatre parties de quinze parties d'une unité, à savoir un cinquième plus un tiers d'un cinquième d'une unité. Leur prix total est deux plus deux tiers d'un cinquième d'une unité.

128. S'il est dit : nous vendons chacun des deux au prix d'achat de l'autre et nous gagnons deux dirhams.

Cent choses égalent six choses, à savoir le capital plus deux dirhams. La chose est donc deux dirhams.

129. S'il est dit : nous perdons deux dirhams.

Nous posons les six à six choses et les quatre à deux choses. Si tu inverses, on obtient : sept choses égalent huit choses moins deux dirhams. La chose est deux dirhams.

130. S'il est dit : quatre nombres sont tels que le premier plus le deuxième plus le troisième est cent-cinquante-trois, le deuxième plus le troisième plus le quatrième est trois-cent-cinquante, le troisième plus le quatrième plus le premier est deux-cent-quatre-vingt-trois, le quatrième plus le premier plus le deuxième est deux-cent-soixante-treize.

Nous posons l'ensemble des nombres [A-165v°]
une chose. Si le premier plus le deuxième plus le troisième est cent-cinquante-trois, alors le quatrième est une chose moins cent-cinquante-trois. Si le deuxième plus le troisième plus le quatrième est trois-cent-cinquante, alors le premier est une chose moins trois-cent-cinquante. Si le troisième plus le quatrième plus le premier est deux-cent-quatre-vingt-trois, alors le deuxième est une chose moins deux-cent-quatre-vingt-trois. Si le quatrième plus le premier plus le deuxième est deux-cent-soixante-treize, alors le troisième est une chose moins deux-cent-soixante-treize. Nous additionnons tous les nombres, il vient quatre [B-70r°]
choses moins mille-cinquante-neuf et ceci égale une chose. La chose est trois-cent-cinquante-trois, c'est la somme des nombres.

---

15 Cela signifie que les deux totaux diffèrent de deux unités, et que les deux prix diffèrent de la moitié d'une chose.

سعر الآخر، حصل أثمانهما ثمانية أشياء وذلك يعدّ اثنين ونصف شيءٍ لأنّ بين الكلّين اثنين وبين السعرين نصف شيءٍ. فالشيء أربعة أجزاءٍ من خمسة عشر جزئًا من واحدٍ وهو خمس وثلث خُمسٍ واحدٍ. فجميع ما حصل من أثمانهما

٥ اثنان وثلثا خمس واحدٍ.

١٢٨. فإن قيل بعنا كلّ واحدٍ منهما بسعر ما اشترينا الآخر فربحنا درهمين. فمائة أشياء يعدل ستّة أشياء التي هي راس المال ودرهمين. فالشيء درهمان.

١٢٩. فإن قيل خسرنا درهمين.

فنجعل الستّة بستّة أشياء والأربعة بشيئين. فإذا عكست، حصل سبعة أشياء يعدل

١٠ ثمانية أشياء إلّا درهمين. فالشيء درهمان.

١٣٠. فإن قيل أربعة أعدادٍ الأوّل والثاني والثالث مائة وثلاثة وخمسون، والثاني والثالث والرابع ثلاثمائة وخمسون، والثالث والرابع والأوّل مائتان وثلاثة ثمانون، والرابع والأوّل والثاني مائتان وثلاثة وسبعون.

فنجعل الأعداد [ا-١٦٥ظ]

١٥ كلّها شيئًا. فإذا كان الأوّل والثاني والثالث مائة وثلاثة وخمسون كان الرابع شيئًا إلّا مائة وثلاثة وخمسين. وإذا كان الثاني والثالث والرابع ثلاثمائة وخمسين، كان الأوّل شيئًا إلّا ثلاثمائة وخمسين. وإذا كان الثالث والرابع والأوّل مائتين وثلاثة وثمانين، كان الثاني شيئًا إلّا مائتين وثلاثة وثمانين. وإذا كان الرابع والأوّل والثاني مائتين وثلاثة وسبعين، كان الثالث شيئًا إلّا مائتين وثلاثة وسبعين.

٢٠ فنجمع الأعداد كلّها فتكون أربعة [ب-٧٠و] أشياء إلّا ألفًا وتسعة وخمسين وذلك يعدل شيئًا. فالشيء ثلاثمائة وثلاثة وخمسون وهي جميع الأعداد.

---

٢ وبين السعرين نصف شيءٍ: وهي السعرين نصف وشيءٍ[ا]   ٤ اثنان: في[ب]   ٦ ستّة: سبعة   ١١ ثمانون: وثلاثون   ١٥-١٦ وإذا كان الثاني والثالث والرابع ثلاثمائة وخمسين، كان الأوّل شيئًا إلّا ثلاثمائة وخمسين: في[ب]

Si le premier plus le deuxième plus le troisième est cent-cinquante-trois, alors le quatrième est deux-cent. Si le deuxième plus le troisième plus le quatrième est trois-cent-cinquante, alors le premier est trois. Si le troisième plus le quatrième plus le premier est deux-cent-quatre-vingt-trois, alors le deuxième est soixante-dix. Si le quatrième plus le premier plus le deuxième est deux-cent-soixante-treize, alors le troisième est huit. Si nous additionnons ces quatre nombres, on obtient les chiffres donnés.

Nous avons déjà mentionné ce problème dans le *Livre des principes* avec ses conditions et ses règles, nous l'avons mentionné ici afin de connaître la manière de déterminer ses exemples par l'algèbre et al-muqābala.

131. S'il est dit : trois nombres sont tels que le plus grand d'entre eux est égal au [nombre] moyen plus un tiers du plus petit, l'intermédiaire est égal au plus petit plus un tiers du plus grand et le plus petit excède un tiers de l'intermédiaire de six unités.

Nous posons le plus petit une chose plus six unités, donc l'intermédiaire est trois choses et le plus grand est trois choses plus un tiers d'une chose plus deux unités. Nous prenons son tiers et nous le joignons au plus petit. Il vient deux choses plus un neuvième d'une chose plus six unités plus deux tiers d'une unité, et ceci égale l'intermédiaire, à savoir trois choses. La chose est sept unités plus un demi. Le nombre le plus petit est treize plus un demi, l'intermédiaire est vingt-deux plus un demi et le plus grand est vingt-sept.

132. S'il est dit : nous voulons un nombre qui, avec trois et cinq, constitue trois nombres tels que, si nous multiplions [B-70v°] chacun [A-166r°]

d'eux par la somme des deux qui restent, les résultats des multiplications sont trois [autres] nombres tels que le plus grand ajouté à l'intermédiaire est comme l'intermédiaire ajouté au plus petit.

Nous posons ce nombre une chose. Les trois nombres sont alors : une chose, trois unités et cinq unités. Nous multiplions chacun d'eux par la somme des deux qui restent, on obtient trois grandeurs dont l'une est huit choses, la deuxième trois choses plus quinze unités et la troisième cinq choses plus quinze unités.

فإذا كان الأوّل والثاني والثالث مائة وثلاثة وخمسين كان الرابع مائتين. وإذا
كان الثاني والثالث والرابع ثلاثمائة وخمسين، كان الأوّل ثلاثة. وإذا كان الثالث
والرابع والأوّل مائتين وثلاثة وثمانين كان الثاني سبعين. وإذا كان الرابع والأوّل
والثاني مائتين وثلاثة وسبعين كان الثالث ثمانية. وإذا جمعنا هذه الأعداد الأربعة
كانت حروف جعفر.

وقد ذكرنا نظائر هذه المسألة في كتاب العُمدة مع شروطها وضوابطها إلّا أنّا
ذكرنا هذه المسألة هنا لتعرف كيفيّة استخراج أمثالها بالجبر والمقابلة.

١٣١. فإن قيل ثلاثة أعدادٍ الأعظم منها مثل الأوسط وثلث الأصغر والأوسط
مثل الأصغر وثلث الأعظم والأصغر يزيد على ثلث الأوسط بستّة آحادٍ.
فنجعل الأصغر شيئًا وستّة آحادٍ فيكون الأوسط ثلاثة أشياء والأعظم ثلاثة أشياء
وثلث شيءٍ واثنين من الآحاد. فنأخذ ثلثه ونضمّه إلى الأصغر. فيكون شيئين
وتسع شيءٍ وستّة آحادٍ وثلثي واحدٍ وذلك يعدل الأوسط وهو ثلاثة أشياء. فالشيء
سبعة آحادٍ ونصف. فالعدد الأصغر ثلاثة عشر ونصف والأوسط اثنان وعشرون
ونصف والأعظم سبعة وعشرون.

١٣٢. فإن قيل نريد عددًا يصير مع ثلاثةٍ وخمسةٍ ثلاثة أعدادٍ بحيث إذا
ضربنا [ب-٧٠ظ]
كلّ واحدٍ [ا-١٦٦و]
منها في مجموع الباقين يحصل من الضرب ثلاثة أعدادٍ يكون زيادة الأعظم على
الأوسط كزيادة الأوسط على الأصغر.
فنجعل ذلك العدد شيئًا. فيكون الأعداد الثلاثة: شيئًا وثلاثة آحادٍ وخمسة آحادٍ.
فنضرب كلّ واحدٍ منها في مجموع الباقين فيحصُل ثلاثة مقادير أحدها ثمانية
أشياء، والثاني ثلاثة أشياء وخمسة عشر أحدًا، والثالث خمسة أشياء وخمسة عشر
أحدًا.

---

١ فإذا: وإذا[ب]   ٩ بستّة: نسبة[ب]   ١٥ نريد: يزيد[ب]

Il est possible que huit choses soit le nombre le plus grand, l'intermédiaire, ou bien le plus petit. Il se trouve donc à la place que l'on veut.

Si nous le posons en tant que plus grand, alors nous prenons la différence entre lui-même et cinq choses plus quinze unités, à savoir trois choses moins quinze unités. Cela égale deux choses, à savoir la différence entre l'intermédiaire et le plus petit, donc la chose est quinze unités.

Si nous le posons en tant que [nombre] intermédiaire, alors nous prenons la différence entre lui-même et le plus grand, à savoir cinq choses plus quinze unités. Il vient quinze unités moins trois choses et cela égale cinq choses moins quinze unités, à savoir la différence entre l'intermédiaire et le plus petit. La chose est alors trois plus trois quarts.

Si nous le posons en tant que plus petit, alors nous prenons la différence entre lui-même et l'intermédiaire, à savoir trois choses plus quinze unités. Il vient quinze unités moins cinq choses et ceci égale deux choses, à savoir la différence entre le plus grand et l'intermédiaire. La chose est deux plus un septième.

133. S'il est dit : dix pièces de bétail sont telles que leur nourriture par mois est de quatre-cent mannā[16]. De combien est la nourriture de trois [pièces] de bétail pour sept jours ? [B-71r°]

Nous posons leur nourriture pour ces jours une chose, donc leur nourriture par mois est quatre choses plus deux septièmes d'une chose. Le rapport de dix à quatre-cent est comme le rapport de trois à quatre choses plus deux septièmes d'une chose. Nous multiplions trois par quatre-cent et nous le divisons par dix. Il résulte cent-vingt et ceci égale quatre choses plus deux septièmes d'une chose. La chose est vingt-huit, c'est la nourriture de trois [pièces] de bétail pour sept jours.

---

16 Le mannā est une unité de poids.

فثمانية أشياء يجوز أن تكون هو العدد الأعظم ويجوز أن يكون الأوسط ويجوز أن يكون الأصغر فيضعه في أيِّ موضعٍ ما شئنا.

فإن جعلناه الأعظم فنأخذ الفضل بينه وبين خمسة أشياء وخمسة عشر أحدًا، وهو ثلاثة أشياء إلّا خمسة عشر أحدًا. وذلك يعدل شيئين، الذي هو الفضل بين الأوسط والأصغر، فالشيء خمسة عشر أحدًا.

وإن جعلناه الأوسط فنأخذ الفضل بينه وبين الأعظم وهو خمسة أشياء وخمسة عشر أحدًا. فيكون خمسة عشر أحدًا إلّا ثلاثة أشياء وذلك يعدل خمسة أشياء إلّا خمسة عشر أحدًا الذي هو الفضل بين الأوسط والأصغر. فالشيء ثلاثة وثلاثة أرباع.

وإن جعلناه الأصغر فنأخذ الفضل بينه بين الأوسط وهو ثلاثة أشياء وخمسة أحدًا. فيكون خمسة عشر أحدًا إلّاخمسة أشياء وذلك يعدل شيئين الذي هو الفضل بين الأعظم والأوسط. فالشيء اثنان وسُبع.

١٣٣. فإن قيل عشرة أرؤسٍ دواب قضيمها في الشهر أربعمائة منًّا. كم قضيم ثلاث دواب في سبعة أيّامٍ؟* [ب-٧١و]

فنجعل† قضيمها في هذه الأيام شيئًا فيكون قضيمها في الشهر أربعة أشياء وسبعي شيءٍ. فنسبة العشرة إلى أربعمائةٍ كنسبة الثلاثة إلى أربعة أشياء وسبعي شيءٍ. فنضرب ثلاثة في أربعمائة ونقسمه على عشرة. فيخرج مائة وعشرون وذلك يعدل أربعة أشياء وسبعي شيءٍ. فالشيء ثمانية وعشرون وهو قضيم ثلاث دواب في سبعة أيامٍ.

---

٣ فنأخذ: فيأخذ[ب]   ٤-٣ بينه وبين خمسة أشياء وخمسة عشر أحدًا، وهو ثلاثة أشياء إلّا خمسة عشر أحدًا. وذلك يعدل شيئين، الذي هو الفضل: في[ب]   ١٠ جعلناه: جعلنا[ب]   ١٤ ثلاث: ثلث[ب]

* القضيم شعر الرابع: في هامش [ب]   † فنجعل: مكررة في الهامش [ب]

134. S'il est dit : [des têtes] de bétail sont telles que leur nourriture par mois est cinq fois [A-166v⁰]
leur nombre. Cinq [têtes] de ce bétail ont mangé, en six jours, un
quart du nombre de ce bétail.

Nous posons le nombre de ces [têtes] de bétail une chose, donc leur
nourriture par mois est cinq choses, et par un seul jour elle est un
sixième d'une chose. La nourriture de cinq [têtes] de bétail pour six
jours est un quart d'une chose, donc leur nourriture pour un seul jour
est un tiers d'un huitième d'une chose. Le rapport d'un tiers d'un
huitième d'une chose à cinq est comme le rapport d'un sixième d'une
chose au nombre de [têtes] de bétail. Nous multiplions un sixième
d'une chose par cinq, cela devient cinq sixièmes d'une chose. Nous le
divisions par un tiers d'un huitième d'une chose, il résulte vingt, à
savoir le nombre de [têtes] de bétail.

135. S'il est dit : un employé, dont le salaire mensuel est de
vingt dirhams plus une chose inconnue, travaille douze jours. Il
gagne cette chose plus la racine de son salaire. Quelle est la valeur de
la chose ?

Tu sais que douze est deux cinquièmes du mois et que ce qui lui
revient de salaire est deux de ses cinquièmes, à savoir huit dirhams
plus deux cinquièmes d'une chose. Cela égale une chose plus la racine
de vingt dirhams plus une chose. Nous retranchons une chose des
deux côtés. Il reste : huit dirhams moins trois cinquièmes d'une
chose égalent la racine de vingt dirhams plus une chose. On met au
carré les deux côtés, il vient : un cinquième plus quatre cinquièmes
d'un cinquième d'un *carré* plus soixante-quatre dirhams [B-71v⁰]
moins neuf choses plus trois cinquièmes d'une chose égalent vingt
dirhams plus une chose. Nous ajoutons trois choses plus trois cinquièmes d'une chose aux deux côtés et nous retranchons des deux
vingt dirhams. Il reste : un cinquième d'un *carré* plus quatre cinquièmes d'un cinquième d'un *carré* plus quarante-quatre dirhams
égalent dix choses plus trois cinquièmes d'une chose. Un *carré* plus
cent-vingt-deux dirhams plus un neuvième de dirham égale vingt-
neuf choses plus quatre neuvièmes d'une chose. Nous mettons au
carré la moitié du nombre de choses, il vient deux-cent-seize plus

١٣٤. فإن قيل دواب قضيمها في الشهر خمسة أمثال [١-١٦٦ظ] عددها. قضمت خَمس دواب منها في ستّة أيام ربع عدد تلك الدواب. فنجعل عدد الدواب شيئًا فيكون قضيمها في الشهر خمسة أشياء وفي يومٍ واحدٍ سُدس شيءٍ وقضيم خَمس دواب في سِتّ أيام رُبع شيءٍ. فقضيمها في يومٍ واحدٍ ثلث ثمن شيءٍ. فنسبة ثلث ثمن شيءٍ إلى خمسةٍ كنسبة سُدس شيءٍ إلى عدد الدواب. فنضرب سُدس شيءٍ في خمسة فيصير خمسة أسداس شيءٍ. نقسمها على ثلث ثمن شيءٍ فيخرج عشرون وهو عدد الدواب.

١٣٥. فإن قيل أجير أجرته في الشهر عشرون درهمًا وشيء مجهول عمل اثنى عشر يومًا. فأخذ ذلك الشيء وجذر كرائه. كم قيمة الشيء؟ فقد عملت أنّ الاثنى عشر خُمسا عشر الشهر وأنّ الذي يصيبه من كرائه خُمساه، وهو ثمانية دراهم وخُمسا شيءٍ. فهو يعدل شيئًا وجذر عشرين درهمًا وشيء. فنسقط شيئًا من الجانبين. فيبقى: ثمانية دراهم إلّا ثلاثة أخماس شيء يعدل [جذر] عشرين درهمًا وشيئًا. فيربّع الجانبين فيكون خُمس وأربعة أخماس خُمس مال وأربعة وستّين درهمًا [ب-٧١ظ] إلّا تسعة أشياء وثلاثة أخماس شيء يعدل عشرين درهمًا وشيئًا*. فنزيد ثلاثة أشياء وثلاثة أخماس شيءٍ على الجانبين ونسقط منهما عشرين درهمًا. فيبقى: خُمس مالٍ وأربعة أخماس خُمس مالٍ وأربعة وأربعين درهمًا يعدل عشرة أشياء وثلاثة أخماس شيءٍ. فمالٌ ومائة واثنان وعشرون درهمًا وتسعًا درهم يعدل تسعة وعشرين شيئًا وأربعة أتسعاع شيء. فنربّع نصف عدد الأشياء. فيكون مائتين وستّة

---

² عددها: عدد[ب]   ³ فنجعل: فيجعل[ب]

* فيربّع الجانبين...عشرين درهمًا وشيئًا: في [ب]

deux-cent parties de quarante-et-un parties de trois-cent-vingt-quatre parties d'unité. Nous retranchons d'elle le nombre, il reste quatre-vingt-quatorze unités plus cent-soixante-neuf parties de trois-cent-vingt-quatre parties d'une unité. Tu prends sa racine, à savoir neuf unités plus treize parties de dix-huit parties d'une unité. Nous le retranchons de la moitié du nombre de choses et il reste cinq, à savoir la chose.

136. S'il est dit : trois hommes font une compagnie et chacun apporte un capital initial de vingt dirhams. Ils gagnent neuf dirhams et ils le partagent en une quantité de biens. Le bien associé au deuxième avec le bénéfice acquis est dix-huit [A-167r°]
dirhams et le bien associé au troisième avec le bénéfice acquis est douze dirhams. Combien est le bien de chacun d'eux ?
Nous posons le bien associé au deuxième une chose et le bien du troisième deux tiers d'une chose, car douze est deux tiers de dix-huit. Le bénéfice du deuxième est donc dix-huit dirhams moins une chose et le bénéfice du troisième est douze dirhams moins deux tiers d'une chose. Nous additionnons les deux, il vient trente dirhams moins une chose plus deux tiers d'une chose. Nous le retranchons de l'ensemble du bénéfice, à savoir neuf dirhams. Il reste une chose plus deux tiers d'une chose moins vingt-et-un [B-72r°]
dirhams, à savoir le bénéfice du propriétaire de vingt.
Nous disons alors : le rapport d'une chose plus deux tiers d'une chose moins vingt-et-un dirhams à vingt est comme le rapport de dix-huit moins une chose à une chose. Nous multiplions une chose plus deux tiers d'une chose moins vingt-et-un par une chose. Il vient un *carré* plus deux tiers d'un *carré* moins vingt-et-un choses, et cela égale le produit de vingt par dix-huit moins une chose, c'est-à-dire trois-cent-soixante moins vingt choses.

عشر ومائتي جزء واحدًا وأربعين جزئًا من ثلاثمائة وأربعة وعشرين جزئًا من واحدٍ. نسقط منه العدد فيبقى أربعة وتسعون أحدًا ومائة وتسعة وستّون جزئًا من ثلاثمائة وأربعة وعشرين جزئًا من واحدٍ. تأخذ جذره وهو تسعة آحادٍ وثلاثة عشر

٥ جزئًا من ثمانية عشر جزئًا من واحدٍ، نسقطه من نصف عدد الأشياء، يبقى خمسة وهو الشيء.

١٣٦. فإن قيل ثلاثة رجالٍ اشتركوا ورأس مال أحدهم عشرون درهمًا. فربحوا تسعة دراهم واقتسموه على قدر الأموال فصار مال الشريك الثاني مع ما يحصيه من الربح [ا-١٦٧و]

١٠ ثمانية* عشر درهمًا ومال الشريك الثالث مع الربح اثنى عشر درهمًا. كم كان مال كلّ واحدٍ منهم؟

فنجعل مال الشريك الثاني شيئًا ومال الثالث ثلثي شيء لأنّ اثنى عشر ثلثا ثمانية عشر. فيكون ربح الثاني ثمانية عشر درهمًا إلّا شيئًا وربح الثالث اثنى عشر درهمًا إلّا ثلثي شيءٍ. فنجمعهما فيكون ثلاثين درهمًا إلّا شيئًا وثلثي شيءٍ. فنسقطه من

١٥ مجموع الربح، وهو تسعة دراهم. فيبقى شيء وثلثا شيءٍ إلّا أحدًا وعشرين [ب-٧٢و]

درهمًا وهو ربح صاحب العشرين.

فنقول: نسبة شيءٍ وثلثي شيءٍ إلّا أحدًا وعشرين درهمًا إلى عشرين كنسبة ثمانية عشر إلّا شيئًا إلى شيءٍ. فنضرب شيئًا وثلثي شيءٍ إلّا أحدًا وعشرين درهمًا في

٢٠ شيءٍ. فيصير مالًا وثلثي مالٍ إلّا أحدًا وعشرين شيئًا وذلك يعدل ضرب عشرين في ثمانية عشر إلّا شيئًا أعني ثلاثمائة وستّين إلّا عشرين شيئًا.

---

¹⁻² جزئًا من ثلاثمائة وأربعة وعشرين جزئًا من واحدٍ. نسقط منه العدد فيبقى أربعة وتسعون أحدًا ومائة وتسعة وستّون: في[ب]   ³ تأخذ: يأخذ[ب]   ¹⁰ مال: في[ا]   ¹² عشر: في[ا]   ¹² عشر: في[ب]   ¹⁹ وذلك: ولكلّ[ا]

* ثمانية: مكررة في الهامش [ا]

Un *carré* égale trois cinquièmes d'une chose plus deux-cent-seize dirhams. Nous ajoutons le carré de la moitié du nombre de choses au nombre et nous prenons sa racine, à savoir quatorze plus sept dixièmes. Nous lui ajoutons la moitié du nombre de racines, il vient quinze dirhams, à savoir la chose. C'est le capital du bien associé au deuxième et le le capital du bien associé au troisième est dix dirhams.

137. S'il est dit : soient dix hommes et un dirham, nous divisons le dirham entre les hommes et chacun de ces hommes possèdera l'égal à un neuvième du nombre des hommes.
Nous posons le nombre d'hommes une chose, donc le dirham est dix moins une chose. Nous divisons dix moins une chose par une chose, on obtient un neuvième d'une chose et nous le multiplions par une chose. Il vient : un neuvième d'un *carré* égale dix moins une chose. Un *carré* plus neuf choses égale quatre-vingt-dix dirhams. La chose est six, à savoir aussi le nombre d'hommes, et le dirham est quatre.

138. S'il est dit : cinquante dirhams sont donnés, nous les partageons entre des hommes et il en résulte une grandeur. Puis, nous en ajoutons trois et nous partageons entre ceux-ci cinquante dirhams. Il en résulte une grandeur de trois dirhams plus un demi [A-167v°] plus un quart inférieure à celle obtenue en premier.
Nous posons le nombre des premiers hommes une chose. Le nombre des derniers est alors une chose plus trois unités. Nous multiplions le nombre des premiers par la différence entre les deux résultats, à savoir trois plus un demi plus un quart. Il vient trois [B-72v°] choses plus un demi plus un quart d'une chose. Nous le divisons par la différence entre les diviseurs, à savoir trois. Il en résulte une chose plus un quart d'une chose, nous le multiplions par le nombre des derniers hommes, à savoir une chose plus trois unités, il vient un *carré* plus un quart d'un *carré* plus trois choses plus trois quarts d'une chose et cela égale cinquante. En effet, tu as introduit dans les propositions que, si tu divises un nombre quelconque par deux nombres différents, tu multiplies un des deux diviseurs par la différence entre les deux résultats, tu divises le total par la différence entre les diviseurs

فمالٌ يعدل ثلاثة أخماس شيءٍ ومائتين وستّة عشر درهمًا. فنزيد مربّع نصف عدد الأشياء على العدد ونأخذ جذره أربعة عشر وسبعة أعشارٍ. ونزيد عليه نصف عدد الأجذار، يصير خمسة عشر درهمًا وهو الشيء. وهو راس مال الشريك الثاني وراس مال الثالث عشرة دراهم.

١٣٧. فإن قيل عشرة رجالٍ ودراهم قسمنا الدراهم على الرجال فأصاب كلّ رجلٍ منهم مثل تسع عدّة الرجال.

فنجعل عدد الرجال شيئًا. فيكون الدراهم عشرة إلّا شيئًا. فنقسم عشرة إلّا شيئًا على شيءٍ. فيخرج تسع شيءٍ. نضربه في شيءٍ. فيصير تسع مال يعدل عشرة إلّا شيئًا. فمال وتسعة أشياء يعدل تسعين درهمًا. فالشيء ستّة وهو عدد الرجال أيضًا والدرهم أربعة.

١٣٨. فإن قيل خمسون درهمًا قسمناها على الرجالِ فخرج مقدارٌ. ثمّ زدنا فيهم ثلاثة وقسمنا عليهم خمسين درهمًا. فخرج مقدار أقلّ ممّا خرج أوّلًا ثلاثة دراهم ونصف [ا-١٦٧ظ] وربع.

فنجعل عدد الرجال الأوّلين شيئًا. فيكون عدد الآخرين شيئًا وثلاثة آحادٍ. فنضرب عدد الأوّلين في الفضل بين الخارجين وهو ثلاثة ونصفٌ وربعٌ. فيصير ثلاثة [ب-٧٢ظ] أشياء ونصف وربع شيءٍ. نقسمه على الفضل بين المقسوم عليهما وهو ثلاثة. فيخرج شيءٌ وربع شيءٍ، نضربه في عدد الرجال الآخرين وهو شيء وثلاثة آحادٍ، فيكون مالًا وربع مالٍ وثلاثة أشياء وثلاثة أرباع شيءٍ وذلك يعدل خمسين. لما تقدّم في المؤامرات إن كلّ عددٍ قسمته على عددين مختلفين فإنّك إذا ضربت أحد المقسوم عليهما في الفضل بين الخارجين وقسمت المبلغ على فضل ما

---

٧ فنقسم عشرة إلّا شيئًا: فنقسم الأشياء[ا]   ١٠ أيضًا: في[ب]   ١٦ وهو ثلاثة ونصفٌ: وهو ثلاثة أشياء ونصفٌ[ا]

et tu multiplies le résultat par l'autre diviseur, le total est donc égal au nombre dividende.

Donc, un *carré* plus trois choses égale quarante dirhams. La chose est cinq. C'est le nombre du premier diviseur et l'autre est huit.

139. S'il est dit : vingt dirhams sont donnés, nous les partageons entre des hommes et il en résulte une grandeur. Puis, nous ajoutons deux [autres] hommes et nous partageons entre eux soixante dirhams. Le résultat de la division est une grandeur de cinq dirhams plus grande que celle obtenue en premier.

Nous posons le nombre des premiers hommes une chose et le résultat un dinar. Si nous multiplions le dinar par une chose, il vient vingt dirhams. Le nombre des autres hommes est alors une chose plus deux. Tu divises soixante dirhams par eux, on obtient un dinar plus cinq dirhams. Si nous multiplions un dinar plus cinq dirhams par une chose plus deux, il vient trente dirhams plus cinq choses plus deux dinars et cela égale soixante dirhams. Nous ôtons trente dirhams plus cinq choses des deux côtés. Il reste : deux dinars égalent trente dirhams moins cinq choses. Le dinar égale donc quinze dirhams moins deux choses plus un demi. Puis, nous revenons au début du problème et nous disons : nous divisons vingt dirhams par une chose. On obtient quinze dirhams [B-73r°]

moins deux choses plus un demi. Nous multiplions quinze dirhams moins deux choses plus un demi par une chose. Il vient : quinze choses moins deux *carrés* plus un demi égalent vingt dirhams [A-168r°]

Un *carré* plus huit dirhams égale six choses. La chose est soit deux soit quatre et est le nombre des premiers hommes. Les derniers sont soit quatre soit six.

Cette méthode s'applique aussi aux problèmes précédents.

140. S'il est dit : dix dirhams sont donnés, nous les partageons entre des hommes et il en résulte une grandeur. Puis, nous leur ajoutons quatre [autres hommes] et nous partageons entre eux trente dirhams. Il résulte une grandeur inférieure à celle obtenue en premier de quatre dirhams.

بين المقسوم عليهما وضربت الخارج في المقسوم عليه الآخر، فإنّ المرتفع مساوٍ للعدد المقسوم. فمال وثلاثة أشياء يعدل أربعين درهمًا. فالشيء خمسة وهو عدد المقسوم عليه أوّلًا والآخر ثمانية.

١٣٩. فإن قيل عشرون درهمًا قسمناها على رجالٍ فخرج مقدارٌ. ثمّ زدنا فيهم رجلين وقسمنا عليهم ستّين درهمًا. فخرج من القسمة مقدارٌ أكثر ممّا خرج أوّلًا بخمسة دراهم.

فنجعل عدد الرجال الأوّلين شيئًا والخارج دينارًا. فإذا ضربنا الدينار في شيءٍ كان عشرين درهمًا. ويكون عدد الرجال الآخرين شيئًا واثنين. فتقسم ستّين درهمًا عليهم فخرج دينار وخمسة دراهم. فإذا ضربنا دينارًا وخمسة دراهم في شيءٍ واثنين، يكون ثلاثين درهمًا وخمسة أشياء ودينارين وذلك يعدل ستّين درهمًا. فنلقي ثلاثين درهمًا وخمسة أشياء من الجانبين. فيبقى: ديناران يعدلان ثلاثين درهمًا إلّا خمسة أشياء. فالدينار يعدل خمسة عشر درهمًا إلّا شيئين ونصفًا.

ثمّ نرجع إلى أوّل المسألة ونقول: قسمنا عشرين درهمًا على شيءٍ. فخرج خمسة [و٧٣-ب] عشر* درهمًا إلّا شيئين ونصفًا. فنضرب خمسة عشر درهمًا إلّا شيئين ونصفًا في شيءٍ. فيكون: خمسة عشر شيئًا إلّا مالين ونصفًا يعدل عشرين درهمًا [١٦٨-أ] فمالٌ وثمانية درهم يعدل ستّة أشياء. فيخرج الشيء أمّا اثنين أو أربعة وهو عدد الرجال الأوّلين. والآخرون أمّا أربعة أو ستّة.

وهذا الطريق يستمرّ في المسألة السابقة أيضًا.

١٤٠. فإن قيل عشرة دراهم قسمناها على رجالٍ فخرج مقدارٌ. ثمّ زدنا فيهم أربعة وقسمنا عليهم ثلاثين درهمًا. فخرج مقدارٌ أقلّ ممّا خرج أوّلًا بأربعة دراهم. فنجعل عدد الرجال الأوّلين شيئًا والخارج دينارًا. فإذا ضربنا الدينار في شيءٍ كان عشرة دراهم.

---

* عشر: مكررة في الهامش [ب]

Nous posons le nombre des premiers hommes une chose et le quotient un dinar. Si nous multiplions le dinar par une chose il vient dix dirhams. Le nombre des derniers [hommes] est donc une chose plus quatre unités. Si nous partageons entre eux trente dirhams, on obtient un dinar moins quatre dirhams. Si nous multiplions un dinar moins quatre dirhams par une chose plus quatre unités, il vient quatre dinars moins quatre choses plus six unités et cela égale trente dirhams. Quatre dinars égalent quatre choses plus trente-six unités, donc le dinar égale une chose plus neuf unités. Puis, nous revenons au premier problème et nous disons : nous divisons dix dirhams par une chose, il en résulte une chose plus neuf unités. Nous multiplions une chose plus neuf unités par une chose, il vient un *carré* plus neuf choses et cela égale dix dirhams. La chose est une unité, c'est le premier diviseur et l'autre diviseur est cinq hommes.

141. S'il est dit : cinquante dirhams sont donnés, nous les partageons entre trois personnes de manière que, si le premier donne au deuxième son tiers plus deux dirhams, si le deuxième donne au troisième son quart [B-73v°]
plus trois dirhams et si le troisième donne au premier son cinquième plus quatre dirhams, alors leurs biens s'égalent après avoir pris et donné.

Nous savons que, après avoir pris et donné, chacun d'eux a seize dirhams plus deux tiers.

Nous posons ce que le premier possède une chose et nous posons ce que le deuxième possède une grandeur telle que, si nous retranchons [d'elle] son quart plus trois dirhams et nous ajoutons au reste un tiers d'une chose plus deux dirham, alors [le deuxième] possède seize plus deux tiers. Nous retranchons un tiers d'une chose plus deux dirhams de seize dirhams plus deux tiers. Il reste quatorze dirhams plus deux tiers moins un tiers d'une chose, à savoir trois quarts de ce que le deuxième possède moins trois dirhams. Le deuxième possède vingt-trois dirhams plus cinq neuvièmes de dirham moins quatre neuvièmes d'une chose. Nous posons ce que le troisième possède [A-168v°]
une grandeur telle que, si nous retranchons d'elle son cinquième plus quatre dirhams et si nous ajoutons au reste un quart de ce que

ويكون عدد الآخرين شيئًا وأربعة آحادٍ. فإذا قسمنا عليهم ثلاثين درهمًا، خرج دينارًا إلّا أربعة دراهم. فإذا ضربنا دينارًا إلّا أربعة دراهم في شيءٍ وأربعة آحادٍ كان أربعة دنانير إلّا أربعة أشياء وستّة آحادٍ وذلك يعدل ثلاثين ودرهمًا. فأربعة دنانير يعدل أربعة أشاء وستّة وثلاثين أحدًا فالدينار يعدل شيئًا وتسعة أحدًا.

ثمّ نرجع إلى أوّل المسألة فنقول : قسمنا عشرة دراهم على شيءٍ فخرج شيء وتسعة آحادٍ. فنضرب شيئًا وتسعة آحادٍ في شيءٍ فيكون مالًا وتسعة أشياء وذلك يعدل عشرة دراهم. فالشيء واحدٌ وهو المقسوم عليه أوّلًا فالمقسوم عليهم آخرًا خمسة رجالٍ.

١٤١. فإن قيل خمسون درهمًا قسمناها على ثلاثة أنفسٍ بحيث إذا أعطى الأوّل الثاني ثلثه ودرهمين، وأعطى الثاني الثالث ربعه [ب-٧٣ظ] وثلاثة دراهم، وأعطى الثالث الأوّل خمسه وأربعة دراهم تستوى أموالهم بعد الأخذ والعطاء

فقد علمنا أن بعد الأخذ والعطاء يصير مع كلّ واحدٍ منهم ستّة عشر درهمًا وثلثان. فنجعل مع الأوّل شيئًا ونجعل مع الثاني مقدارًا إذا أسقطنا ربعه وثلاثة دراهم وزدنا على الباقي ثلث شيءٍ ودرهمين، يصير معه ستّة عشر وثلاثان. فنسقط ثلث شيءٍ ودرهمين من ستّة عشر درهمًا وثلاثين. فيبقى أربعة عشر درهمًا وثلثان إلّا ثلث شيءٍ، وهو ثلاثة أرباع ما مع الثاني إلّا ثلاثة دراهم.

فيكون مع الثاني ثلاثة وعشرون درهمًا وخمسة أتساع درهمٍ إلّا أربعة أتساع شيءٍ. ونجعل مع الثالث [ا-١٦٨ظ] مقدارًا إذا أسقطنا منه خُمسه وأربعة دراهم وزدنا على الباقي منه ربع ما مع الثاني

le deuxième possède plus trois dirhams, alors [le troisième] possède seize dirhams plus deux tiers de dirham. Nous retranchons de seize dirhams plus deux tiers un quart de ce que le deuxième possède plus trois dirhams. Il reste sept dirhams plus sept neuvièmes de dirham plus un neuvième d'une chose, à savoir quatre cinquièmes de ce que le troisième possède moins quatre dirhams. Le troisième possède donc quatorze dirhams plus treize parties de dix-huit parties de dirham plus un neuvième plus un quart d'un neuvième d'une chose. Nous prenons son cinquième plus quatre dirhams et nous l'ajoutons à ce que le premier possède après la soustraction de son tiers plus deux dirhams. Il vient deux tiers d'une chose plus un quart d'un neuvième d'une chose plus quatre dirhams plus dix-sept parties de dix-huit parties de dirham et cela égale seize dirhams plus deux tiers de dirham. Un tiers d'une chose plus un quart d'un neuvième d'une chose égale quatorze dirhams [B-74r°]
plus treize parties de dix-huit parties d'une unité. On multiplie le total par trente-six et on convertit le nom. La chose résulte quatre-cent-vingt-deux parties de vingt-cinq parties d'un dirham, à savoir seize dirhams, plus quatre cinquièmes de dirham plus deux cinquièmes d'un cinquième de dirham, à savoir ce que le premier possède. Le deuxième possède seize dirhams plus quatre parties de soixante-quinze parties d'un dirham, le troisième possède dix-sept dirhams plus cinq parties de soixante-quinze parties de dirham.

142. S'il est dit : soixante-douze dirhams sont divisés en parties égales entre deux hommes, ils achètent avec cela dix robes et ils les partagent. Le premier prend quelques robes d'égale valeur. Le deuxième prend le reste des robes, qui sont aussi d'égale valeur sauf que chacune des robes de ce dernier excède la valeur de chacune des robes prises par le premier de trois dirhams.
Nous posons le nombre de [robes] que le premier prend une chose, donc ce que prend le deuxième est dix moins une chose. Nous savons déjà que, si nous multiplions [A-169r°]

وثلاثة دراهم يصير معه ستّة عشر درهمًا وثلثا درهمٍ. فنسقط من ستّة عشر
درهمًا وثلاثين ربع ما مع الثاني وثلاثة دراهم. فيبقى سبعة دراهم وسبعة أتساع
درهمٍ وتسع شيءٍ، وهو أربعة أخماسِ ما مع الثالث إلّا أربعة دراهم. فيكون مع
الثالث أربعة عشر درهمًا وثلاثة عشر جزئًا من ثمانية عشر جزئًا من درهمٍ وتسع
وربع تُسع شيءٍ. فنأخذ خُمسه وأربعة دراهم ونزيده على ما مع الأوّل بعد اسقاط
ثلثه ودرهمين. فيصير ثلثي شيءٍ وربع تسع شيءٍ وأربعة دراهم وسبعة عشر جزئًا
من ثمانية عشر جزئًا من درهمٍ وذلك يعدل ستّة عشر درهمًا وثلثي درهمٍ. فثلث
شيءٍ وربع تسع شيءٍ يعدل أربعة عشر درهمًا [ب-٧٤و]

وثلاثة عشر جزئًا من ثمانية عشر أجزاء من واحدٍ. فيضرب جميع ما معنا في ستّة
وثلاثين ونعلب الإسم. فيخرج الشيء أربعمائة واثنين وعشرين جزئًا من خمسةٍ
وعشرين جزئًا من درهمٍ وهو ستّة عشر درهمًا وأربعة أخماس درهمٍ وخُمسا خمس
درهمٍ وهو ما مع الأوّل. ويكون مع الثاني ستّة عشر درهمًا وأربعة أجزاء من خمسة
وسبعين جزئًا من درهمٍ ومع الثالث سبعة عشر درهمًا وخمسة أجزاء من خمسةٍ
وسبعين جزئًا من درهمٍ.

١٤٢. فإن قيل اثنان وسبعون درهمًا بين رجلين مناصفةً اشتريا بها عشرة
أثوابٍ وأقتسموها. فأخذ الأوّل بعض الأثواب وهي متساوية القيمة وأخذ الثاني
بقيّة الأثواب وكانتْ أيضًا متساوية القيمة إلّا أنّ كلّ ثوبٍ منها يزيد على قيمة كلّ
ثوبٍ ممّا أخذ الأوّل بثلاثة دراهم.

فنجعل عدد ما أخذ الأوّل شيئًا فيكون ما أخذ الثاني عشرة إلّا شيئًا. وقد علمنا
أنّا إذا ضربنا [أ-١٦٩و]

une chose par la valeur de toute robe prise par le premier, il vient trente-six. Si nous multiplions une chose par la valeur d'une robe plus trois dirhams, c'est-à-dire par la valeur d'une robe prise par le deuxième, il vient trente-six dirhams plus trois choses. Si nous multiplions dix moins une chose par la valeur de toute robe prise par le deuxième, il vient trente-six. Si nous multiplions dix par la valeur de toute robe prise par le deuxième, il vient soixante-douze dirhams plus trois choses. Or, le produit de dix par trois est trente et le produit de dix par la valeur de toute robe prise par le premier est [B-74v°] quarante-deux dirhams plus trois choses. Nous divisons quarante-deux dirhams plus trois choses par dix. On obtient quatre dirhams plus un cinquième de dirham plus trois dixièmes d'une chose, à savoir la valeur de chacune des robes que le premier prend. Nous le multiplions par le nombre de robes, à savoir une chose, il vient trois dixièmes d'un *carré* plus quatre choses plus un cinquième d'une chose et ceci égale trente-six. Donc un *carré* plus quatorze choses égalent cent-vingt dirhams. La chose est six, c'est le nombre de robes que le premier prend et la valeur de chacune de ses robes est six dirhams. Le nombre de [robes] que le deuxième prend est quatre et la valeur de chacune de ses robes est neuf dirhams.

Ce problème est à la place du propos demandant de diviser dix en deux parties telles que, si nous multiplions l'une des deux parties par une chose, il vient trente-six, et si nous multiplions l'autre par une chose plus trois, il vient [aussi] trente-six. On l'obtient par cette méthode.

143. S'il est dit : trois employés sont considérés, le salaire de l'un est trois dirhams par mois, celui du deuxième est quatre dirhams et celui du troisième est six dirhams. Ils ont travaillé un mois à eux trois, donc le salaire du premier est plus grand que le salaire du deuxième d'un dirham, tandis que le salaire du deuxième est plus grand que le salaire du troisième d'un dirham.

Nous savons que, si le premier a travaillé une chose, le deuxième devrait travailler trois quarts d'une chose et le troisième devrait travailler la moitié d'une chose, afin qu'ils gagnent chacun autant.

شيئًا في قيمة ثوبٍ ممّا أخذ الأوّل يكون ستّة وثلاثين. فإذا ضربنا شيئًا في قيمة ثوبٍ وثلاثة دراهم أعني في قيمة ثوبٍ ممّا أخذ الثاني، يكون ستّة وثلاثين درهمًا وثلاثة أشياء. وإذا ضربنا عشرة إلّا شيئًا في قيمة ثوبٍ ممّا أخذ الثاني، يكون ستّة وثلاثين. فإذا ضرب العشرة في قيمة ثوب ممّا أخذ الثاني، يكون اثنين وسبعين درهمًا وثلاثة أشياء. لكن ضرب العشرة في ثلاثة ثلاثون فضرب العشرة في قيمة ثوبٍ ممّا أخذ الأوّل، يكون [ب-٧٤ظ]

اثنين* وأربعين درهمًا وثلاثة أشياء. فنقسم اثنين وأربعين درهمًا وثلاثة أشياءه على عشرة. فيخرج أربعة دراهم وخُمس درهمٍ وثلاثة أعشار شيئًا وذلك قيمة كلّ ثوبٍ ممّا أخذه الأوّل. فنضربه في عدد الأثواب وهو شيء فيكون ثلاثة أعشار مالٍ وأربعة أشياء وخُمس شيءٍ وذلك يعدل ستّة وثلاثين. فمالٌ وأربعة عشر شيئًا يعدل مائة وعشرين درهمًا. فالشيء ستّة وهو عدد الأثواب التي أخذها الأوّل وقيمة كلّ ثوبٍ منها ستّة دراهم. وعدد ما أخذها الثاني أربعة وقيمة كلّ ثوبٍ منها تسعة دراهم.

وهذه المسألة بمنزلة قول القائل: عشرة قسمناها بقسمين، فضربنا أحد القسمين في شيءٍ فكان ستّة وثلاثين وضربنا الآخر في شيءٍ وثلاثة فكان ستّة وثلاثين. فنخرجها بهذا الطريق.

١٤٣. فإن قيل ثلاثة أُجراء أجرة أحدهم في الشهر ثلاثة دراهم، والثاني أربعة دراهم، والثالث ستّة دراهم. عملوا الشهر بينهم فخرج أجرة الأوّل أكثر من أجرة الثاني بدرهم وأجرة الثاني أكثر من أجرة الثالث بدرهم.

فقد علمنا أن الأوّل إذا عمل شيئًا، ينبغي أن يعمل الثاني ثلاثة أرباع شيءٍ والثالث نصف شيءٍ حتّى يستوي أجرهم.

---

¹ ثوبٍ ممّا أخذ الأوّل: ممّا أخذ ثوب الأوّل[ب] ⁴ ستّة وثلاثين[ب] ⁴ فإذا ضرب العشرة في قيمة ثوب ممّا أخذ الثاني، يكون: في[ب] ⁹ فنضربه: فيضربه[ب]

* اثنين: مكررة في [ب]

Nous posons le travail du premier une chose, le travail du deuxième est donc trois quarts d'une chose moins sept et un demi, car le salaire du deuxième pour sept jours plus la moitié d'un jour est un dirham. [A-169v°]
Le travail du troisième est la moitié d'une chose moins dix car le salaire du troisième pour dix jours est deux dirhams. Nous les additionnons, il vient : deux choses plus un quart d'une chose moins dix-sept et un demi égalent trente, [B-75r°]
c'est-à-dire les jours d'un mois. Après la confrontation, on obtient la chose, vingt-et-un plus un neuvième, à savoir le nombre de jours travaillés par le premier. Le salaire de ce dernier est deux dirhams plus un neuvième. Le travail du deuxième est de huit jours plus un tiers d'un jour et son salaire est d'un dirham plus un neuvième de dirham. Le travail du troisième est de cinq neuvièmes d'un jour et son salaire est un neuvième de dirham.

144. S'il est dit : Un tas parvient à cent jarīb. Le propriétaire en a trois cinquièmes et le cultivateur en a deux cinquièmes et ils les acquièrent, puis le propriétaire rend au cultivateur un cinquième de ce qu'il a acquis et le cultivateur rend [au propriétaire] un quart de ce qu'il a acquis. Chacun des deux va donc obtenir sa part.
Nous posons ce qu'acquiert le cultivateur une chose, donc le propriétaire acquiert cent moins une chose. Puis, nous retranchons d'une chose son quart et nous ajoutons au reste un cinquième de cent moins une chose. Il vient la moitié d'une chose plus la moitié d'un dixième d'une chose plus vingt en nombre et cela égale la part du cultivateur, à savoir quarante. Onze choses égalent quatre-cent unités, donc la chose est trente-sept plus quatre parties de onze parties d'unité, à savoir ce qu'acquiert le cultivateur. Le reste est soixante-treize parties de onze parties d'unité, à savoir ce qu'acquiert le propriétaire.

145. S'il est dit : un bien est acquis par deux hommes, chacun d'eux en acquiert une moitié et chacun des deux obtiendra un bien radicande. Le premier rend au deuxième quatre racines de ce qu'il possède et le deuxième rend à celui-ci six racines de ce qu'il possède, de manière que chacun des deux aura ce qui lui est dû.

فنجعل ما عمله الأوّل شيئًا، وما عمله الثاني ثلاثة أرباع شيءٍ إلّا سبعة ونصفًا لأنّ أجرة الثاني في سبعة أيامٍ ونصف يوم درهم. [ظ١٦٩-ا]

وما عمله الثالث نصف شيءٍ إلّا عشرة لأنّ أجرة الثالث في عشرة أيامٍ درهمان.

٥ فنجمعها فيكون: شيئين وربع شيءٍ إلّا سبعة عشر ونصفًا يعدل ثلاثين [و٧٥-ب] أعني* أيام الشهر. فيخرج الشيء بعد المقابلة أحدًا وعشرين وتسعًا، وهو عدد أيام ما عمله الأوّل. وأجرته درهمان وتسع. وما عمله الثاني يكون ثمانية وثلث يومٍ وأجرته درهمٌ وتسع درهمٍ. وما عمله الثالث خمسة أتساع يومٍ وأجرته تسع درهمٍ.

١٠ ١٤٤. فإن قيل صبره بلغى مائة جريبٍ لمالك ثلاثة أخماسها وللأكّار خُمساها فانتهباها. ثمّ ردّ المالك إلى الأكّار خمس ما أتهب وردّ إليه الأكّار ربع ما انتهب. فصار مع كلّ واحدٍ منهما نصيبه.

فنجعل ما انتهبه الأكار شيئًا فيكون ما انتهبه المالك مائة إلّا شيئًا. ثمّ نسقط من شيءٍ ربعه ونزيد على الباقي خمس مائة إلّا شيئًا. فيصير نصف شيءٍ ونصف ١٥ عشر شيءٍ وعشرين عددًا وذلك يعدل نصيب الأكار وهو أربعون. وأحد عشر شيئًا يعدل أربعمائة أحدٍ فالشيء سبعة وثلاثون وأربعة أجزاء من أحد عشر جزئًا من واحدٍ وهو ما انتهبه الأكار. والباقي ثلاثة وستّون وسبعة أجزاء من أحد عشر جزئًا من واحدٍ وهو ما انتهبه المالك.

١٤٥. فإن قيل مال بين رجلين فكلّ واحدٍ منهما نصفه وانتهباها. فصار كلّ ٢٠ واحدٍ منهما مال مجذورٌ. فردّ الأوّل على الثاني أربعة أجذار ما معه وردّ الثاني عليه ستّة أجذار ما معه، فصار مع كلّ واحدٍ منهما† حقّه.

---

١٣ نصف: في[ا]   ١٩ أربعة أجذار ما معه: أربعة أحدًا وما معه[ا]

* أعني: مكررة في الهامش [ب]   † مال: مشطوب في[ا]

Nous posons ce qu'acquiert le premier un *carré* et ce qu'acquiert le deuxième quatre *carrés*. Si le premier rend au deuxième quatre racines de ce qu'il possède, à savoir quatre choses, et s'il prend six racines de ce qu'il possède, à savoir douze choses, alors il aura un *carré* [B-75v°] plus huit choses. Le deuxième aura quatre *carrés* moins huit choses, et les deux s'égalent.

Un seul *carré* égale cinq choses plus un tiers d'une chose. La chose est cinq plus un tiers et le *carré* est vingt-huit plus quatre neuvièmes. C'est ce qu'acquiert [A-170r°]

le premier, et ce qu'acquiert le deuxième est le quadruple, à savoir cent-treize plus sept neuvièmes. Sa racine est dix plus deux tiers, le bien tout entier est cent-quarante-deux plus deux neuvièmes et le problème est fluide.

146. S'il est dit : un bien est acquis par trois hommes : le premier en acquiert la moitié, le deuxième un tiers et le troisième un sixième. Ensuite, le premier rend la moitié de ce qu'il a acquis, le deuxième un tiers de ce qu'il a acquis, le troisième un sixième de ce qu'il a acquis et ils partagent entre eux ce qui est rendu en parties égales. Chacun d'eux obtient ce qui lui est dû.

Nous posons le bien six dirhams afin d'obtenir les fractions mentionnées. Nous posons ce que le premier acquiert six dirhams moins deux choses, ce que le deuxième acquiert trois dirhams moins une chose et un demi, et ce que le troisième acquiert un dirham plus un cinquième de dirham moins une chose plus un cinquième d'une chose, afin que, s'ils rendent de manière conforme à la question, à chacun reste ce qui lui est dû moins une chose. Ensuite, si nous voulons, nous additionnons l'ensemble de cela. Il vient dix dirhams plus un cinquième de dirham moins quatre choses plus un demi plus un cinquième d'une chose, et nous le confrontons à six dirhams. Si nous voulons, nous additionnons l'ensemble de ce qui est dû, il vient donc quatre dirhams plus un cinquième de dirham moins une chose plus la moitié d'un cinquième d'une chose et nous l'égalisons à trois choses.

فنجعل ما انتهبه الأوّل مالًا* وما انتهبه الثاني أربعة أموال. فإذا ردّ الأوّل على الثاني أربعة أجذار ما معه، وهو أربعة أشياء، وأخذ منه ستّة أجذار ما معه، وهو اثنا عشر شيئًا، يصير معه مالٌ [ب-٧٥ظ]

وثمانية أشياء. ومع الثاني أربعة أموالٍ إلّا ثمانية أشياء وهما متعادلان. فمال الواحد يعدل خمسة أشياء وثلث شيءٍ. فالشيء خمسةٌ وثلثٌ والمال ثمانية وعشرون وأربعة أتساع. وهو ما انتهبه [ا-١٧٠و]

الأوّل ويكون ما ينتهبه الثاني أربعة أمثال وهو مائة وثلاثة عشر وسبعة أتساع. وجذره عشرة وثلاثان وجميع المال مائةٌ واثنان وأربعون.

وتسعان والمسألة سيّالة.

١٤٦. فإن قيل مالٌ بين ثلاثة رجالٍ، للأوّل النصف والثاني الثلث والثالث السدس فانتهبوه. ثمّ ردّ الأوّل نصف ما انتهب، والثاني ثلث ما انتهب، والثالث سدس ما انتهب واقتسموا المردود بينهم بالسوية. فوصل إلى كلّ واحدٍ منهم حقّه.

فنجعل المال ستّة دراهم ليخرج منه الكسور المذكورة. ونجعل ما انتهبه الأوّل ستّة دراهم إلّا شيئين، وما انتهبه الثاني ثلاثة دراهم إلّا شيئًا ونصفًا، وما انتهبه الثالث درهمًا وخمس درهمٍ إلّا شيئًا وخمس شيءٍ حتّى إذا ردّوا على وفق السؤال يبقى مع كلّ واحدٍ منهم حقّة إلّا شيئًا. ثمّ إن شئنا جمعنا ذلك كلّه. فيكون عشرة دراهم وخمس درهم إلّا أربعة أشياء ونصف وخمس شيءٍ وقابلنا بستّة دراهم. وإن شئنا وإن جمعنا المردود فكان أربعة دراهم وخمس درهم إلّا شيئًا ونصف وخمس شيء وقابلنه بثلاثة أشياء.

---

١١ فانتهبوه: فانتهبوا[ا]   ١٦ حتّى: في[ب]   ١٨-٢٠ بستّة دراهم. وإن شئنا وإن جمعنا المردود فكان أربعة دراهم وخمس درهم إلّا شيئًا ونصف وخمس شيء وقابلنه: في[ب]

* ما انتهبه الأوّل مالًا: مكررة في [ب]

Après la simplification des dixièmes et la conversion du nom, la chose résulte quarante-deux parties de quarante-sept parties de dirham. Ce qu'acquiert le premier est quatre dirhams plus dix parties de vingt-sept parties de dirham, ce qu'acquiert [B-76r°] le deuxième est un seul dirham plus trente parties de ce résultat et ce qu'acquiert le troisième est six parties de ce résultat. Nous multiplions le total par quarante-sept, le bien tout entier est alors deux-cent-quatre-vingt-deux dirhams. Le premier acquiert cent-quatre-vingt-dix-huit dirhams, le deuxième soixante-dix-huit dirhams et le troisième six dirhams.

147. S'il est dit : un bien est acquis par quatre hommes en parties égales. Le premier rend la moitié de ce qu'il a acquis, le deuxième rend un tiers de qu'il a acquis, le troisième rend un quart de ce qu'il a acquis et le quatrième rend un cinquième de ce qu'il a acquis. Ils partagent ce qui est rendu entre eux en parties égales [A-170v°] et chacun obtient ce qui lui est dû.

Nous posons ce que le premier acquiert deux choses, ce que le deuxième acquiert trois parts, ce que le troisième acquiert quatre sahm et ce que le quatrième acquiert cinq dirhams. S'ils rendent et s'ils divisent de manière conforme à la question, le premier aura une chose plus un quart d'une part plus un quart d'un sahm plus un quart de dirham, le deuxième aura deux parts plus un quart d'une chose plus un quart d'un sahm plus un quart de dirham, le troisième aura trois sahm plus un quart d'une chose plus un quart d'une part plus un quart de dirham, le quatrième aura quatre dirhams plus un quart d'une chose plus un quart d'une part plus un quart de dirham et ces [résultats] sont tous égaux. Nous retranchons les [termes] communs, il reste une chose plus deux parts plus trois sahm plus quatre dirhams égalisés. La chose égale quatre dirhams, la part égale deux dirhams et le sahm égale un dirham plus un tiers. Ce que le premier acquiert est huit dirhams, ce que le deuxième acquiert est six dirhams, ce que le troisième acquiert est cinq dirhams plus un tiers de dirham et ce que le quatrième acquiert est cinq dirhams. [B-76v°]

فيخرج الشيء بعد البسط أعشارًا وقلب الإسم اثنين وأربعين جزئًا من سبعة وأربعين جزئًا من درهم. فيكون ما انتهبه الأوّل أربعة دراهم وعشرة أجزاء من سبعةٍ* وعشرين جزئًا من درهم، وما انتهبّه [ب-٧٦و]

الثاني† درهمًا واحدًا وثلاثين جزئًا من ذلك المخرج، وما انتهبه الثالث ستّة أجزاء من ذلك المخرج. فنضرب الكلّ في سبعةٍ وأربعين. فيكون جميع المال مائتين واثنتين وثمانين درهمًا. وما انتهبه الأوّل مائة وثمانية وتسعين درهمًا وما انتهبه الثاني ثمانية وسبعين درهمًا وما انتهبه الثالث ستّة دراهم.

١٤٧. فإن قيل مالٌ بين أربعة رجالٍ بالسويّة فتناهبوه. فردّ الأوّل نصف ما انتهبه، والثاني ثلث ما انتهبه، والثالث ربع ما انتهبه، والرابع خمس ما انتهبه. فاقتسموا المردود بينهم [ا-١٧٠ظ]

بالسويه فوصل أيضًا كلّ واحدٍ منهم إلى حقّه.

فنجعل ما انتهبه الأوّل شيئين، وما انتهبه الثاني ثلاثة إنصباء، وما انتهبه الثالث أربعة أسهمٍ، وما انتهبه الرابع خمسة دراهم. فإذا ردّوا فقسموا على وفق السؤال، يصير مع الأوّل شيء وربع نصيبٍ وربع سهم وربع درهم، ومع الثاني نصيبان وربع شيءٍ وربع سهم وربع درهم، ومع الثالث ثلاثة أسهمٍ وربع شيءٍ وربع نصيبٍ وربع درهمٍ، ومع الرابع أربعة دراهم وربع شيءٍ وربع نصيبٍ وربع درهم، وهذه كلّها متعادلة. فنسقط المشترك بينها، يبقى شيء ونصيبان وثلاثة أسهمٍ وأربعة دراهم متعادلة. فالشيء يعدل أربعة دراهم، والنصيب درهمين، والسهم درهمًا وثلثًا.

فيكون ما انتهبه الأوّل ثمانية دراهم، وما انتهبه الثاني ستّة دراهم، وما انتهبه الثالث خمسة دراهم وثلث درهمٍ، وما انتهبه الرابع خمسة دراهم. [ب-٧٦ظ]

---

١ وقلب: وقلت[ب]   ١١ أيضًا: في[ب]   ١٦ وهذه: وهذا[ب]   ١٧ بينها: بها[ب]

* الجواب أربعين: في الهامش [ب]   † الثاني: مكررة في الهامش [ب]

Le bien tout entier est vingt-quatre dirhams plus un tiers de dirham. S'ils rendent de manière conforme à la question et s'ils partagent ce qui est rendu en parties égales, chacun d'eux aura six dirhams plus la moitié d'un sixième de dirham. Si tu veux éliminer la
fraction, multiplie le total par douze.

148. S'il est dit : le problème est le même et le bien est cent dirhams.

Nous procédons comme dans le problème précédent, puis nous disons : le rapport de huit à vingt-quatre plus un tiers est comme le
rapport de ce que le premier acquiert à cent. Nous multiplions huit
par cent et nous divisons le total par vingt-quatre et un tiers. Il en
résulte ce que le premier acquiert. On procède de la même manière
pour ce qu'acquièrent les deux qui restent.

Si nous voulons, nous posons ce que le premier possède une chose,
ce que le deuxième possède trois quarts d'une chose, ce que le troisième possède deux tiers d'une chose et ce que le quatrième possède
cinq huitièmes d'une chose, de manière que, s'ils rendent conformément à la question, à chacun d'eux reste la moitié d'une chose. Nous
les additionnons. [A-171r°]

Il vient trois choses plus un tiers d'un huitième d'une chose et cela égale cent. La chose est trente-deux dirhams plus soixante-quatre
parties de soixante-treize parties de dirham et c'est ce que le premier
acquiert. Ce que le deuxième acquiert est vingt-quatre dirhams plus
quarante-huit parties de ce résultat. Ce que le troisième acquiert est
vingt-et-un dirhams plus soixante parties de ce résultat. Ce que le
quatrième acquiert est vingt dirhams plus quarante parties de ce résultat. S'ils rendent et partagent de manière conforme à la question,
chacun d'eux aura vingt-cinq dirhams.

149. S'il est dit : un bien est acquis par cinq hommes. Le premier
en possède la moitié, le deuxième un tiers, le troisième un quart, le
quatrième un cinquième et le cinquième un sixième selon le propos et
ils le donnent. Le premier rend la moitié de qu'il a acquis, le deuxième
un tiers de ce qu'il a acquis, le troisième [B-77r°]

والمال كلّه أربعة وعشرون درهمًا وثلث درهم. فإذا ردّوا على وفق السؤال وقسموا المردود بالسوية، صار مع كلّ واحدٍ منهم ستّة دراهم ونصف سُدس درهمٍ. وإن أردت إزالة الكسر فاضرب جميع ما معك في اثنى عشر.

١٤٨. فإن قيل المسألة بحالها وكان المال مائة درهمٍ. فنعمل ما عملنا في المسألة السابقة ثمّ نقول: نسبة ثمانية إلى أربعة وعشرين وثلث كنسبة ما انتهبه الأوّل إلى مائة. فنضرب ثمانية في مائةٍ ونقسم المبلغ على أربعة وعشرين وثلث. فيخرج ما انتهبه الأوّل. وكذلك يعمل بما انتهبه الباقون.

وإن شئنا جعلنا مع الأوّل شيئًا، ومع الثاني ثلاثة أرباع شيءٍ، ومع الثالث ثلثي شيءٍ، ومع الرابع خمسة أثمان شيءٍ حتّى إذا ردّوا على وفق السؤال، يبقى مع كلّ واحدٍ منهم نصف شيءٍ. ونجمعها. [أ-١٧١و]

فيكون ثلاثة أشياء وثلث ثمن شيءٍ وذلك يعدل مائة. فالشيء اثنان وثلاثون درهمًا وأربعة وستّون جزئًا من ثلاثة وسبعين جزئًا من درهم وهو ما انتهبه الأوّل. ويكون ما انتهبه الثاني أربعة وعشرين درهمًا وثمانية وأربعين جزئًا من ذلك المخرج. وما انتهبه الثالث أحدًا وعشرين درهمًا* وستّين جزئًا من ذلك المخرج. وما انتهبه الرابع عشرين درهمًا وأربعين جزئًا من ذلك المخرج. فإذا ردّوا وقسموا على وفق السؤال، يصير مع كلّ واحدٍ منهم خمسة وعشرون درهمًا.

١٤٩. فإن قيل مال بين خمسة رجالٍ للأوّل النصف، وللثاني الثلث، وللثالث الربع، وللرابع الخمس، وللخامس السدس على سبيل القول فتناهبوه. فردّ الأوّل نصف ما انتهب، والثاني ثلث ما انتهبه، والثالث [ب-٧٧و]

١ والمال كلّه: وثلث درهم وما يتهبه الرابع والمال كلّه[ب]   ١ وثلث: وثلثه[أ]   ١٢-١٣ وأربعة وستّون جزئًا من ثلاثة وسبعين جزئًا من درهم وهو ما انتهبه الأول. ويكون ما انتهبه الثاني: في[أ]   ١٩ والثالث: في[ب]

* وثمانية: مشطوب في[أ]

un quart de ce qu'il a acquis, le quatrième un cinquième et le cinquième un sixième. Ils partagent le rendu entre eux en parties égales et chacun d'eux parvient à obtenir ce qui lui est dû. Nous cherchons le dénominateur des fractions, à savoir soixante, et nous additionnons toutes les parties. Il vient quatre-vingt-sept.

Nous posons le bien tout entier quatre-vingt-sept dirhams et nous posons ce que le premier acquiert soixante dirhams moins deux choses, ce que le deuxième acquiert trente dirhams moins une chose plus la moitié d'une chose, ce que le troisième acquiert vingt dirhams moins une chose plus un tiers d'une chose, ce que le quatrième acquiert quinze dirhams moins une chose plus un quart d'une chose et ce que le cinquième acquiert douze dirhams moins une chose plus un cinquième d'une chose de manière que, s'ils rendent conformément à la question, chacun d'eux obtient ce qui lui est dû moins une chose. Nous additionnons tous les rendus. Il vient cinquante dirhams moins deux choses plus un cinquième d'une chose plus la moitié d'un sixième d'une chose et cela égale cinq choses. La chose est six dirhams plus trois-cent-soixante-dix-huit parties de quatre-cent-trente-sept parties d'un dirham. {A-171v°}

Ce que le premier acquiert est quarante-six dirhams plus cent-dix-huit parties de ce résultat. Ce que le deuxième acquiert est dix-neuf dirhams plus trois-cent-sept parties de ce résultat. Ce que le troisième acquiert est dix dirhams plus trois-cent-soixante-dix parties de ce résultat. Ce que le quatrième acquiert est six dirhams plus quatre-vingt-trois parties de ce résultat. Ce que le cinquième acquiert est trois dirhams plus trois-cent-trente-trois parties de ce résultat. S'ils rendent et partagent conformément à la question, le premier aura trente dirhams, le deuxième vingt dirhams, le troisième {B-77v°} quinze dirhams, le quatrième douze dirhams et le cinquième dix dirhams.

150. S'il est dit : le problème est le même sauf qu'ils partagent ce qui est rendu conformément à ce qui leur est dû du bien du départ.

Le premier prend la moitié de ce qui est rendu originairement, le deuxième son tiers, le troisième son quart, le quatrième son cinquième et le cinquième son sixième selon le propos. Chacun d'eux

ربع ما انتهب، والرابع خمس ما انتهب، والخامس سدس ما انتهب وأقتسموا المردود بينهم بالسوية. فرجع كلّ واحدٍ منهم إلى حقّه.

فنطلب مخرج الكسور وهو ستّون ونجمع الأجزاء كلّها. فيكون سبعة وثمانين.

فنجعل المال كلّه سبعة وثمانين درهمًا ونجعل ما انتهبه الأوّل ستّين درهمًا إلّا شيئين وما انتهبه الثاني ثلاثين درهمًا إلّا شيئًا ونصف شيءٍ، وما انتهبه الثالث عشرين درهمًا إلّا شيئًا وثلث شيءٍ، وما انتهبه الرابع خمسة عشر درهمًا إلّا شيئًا وربع شيءٍ، وما انتهبه الخامس اثنى عشر درهمًا إلّا شيئًا وخمس شيء حتّى إذا ردّوا على وفق السؤال، يصير مع كلّ واحدٍ منهم حقّه إلّا شيئًا. فنجمع المردود

١٠ كلّه. فيكون خمسين درهمًا إلّا شيئين وخمس شيءٍ ونصف سُدس شيءٍ وذلك يعدل خمسة أشياء. فالشيء ستّة دراهم وثلاثمائة وثمانية وسبعون جزئًا من أربعمائةٍ وسبعةٍ وثلاثين جزئًا من درهمٍ. فيكون [ا-١٧١ظ]

ما انهتبه الأوّل ستّة وأربعين درهمًا ومائة وثمانية عشر جزئًا من ذلك المخرج. وما انتهبه الثاني تسعة عشر درهمًا وثلاثمائةٍ وسبعة أجزاء من ذلك المخرج. وما

١٥ انتهبه الثالث عشرة دراهم وثلاثمائة وسبعون جزئًا من ذلك المخرج. وما انتهبه الرابع ستّة دراهم وثلاثة وثمانين جزئًا من ذلك المخرج. وما انتهبه الخامس ثلاثة دراهم وثلاثمائة وثلاثة وثلاثين جزئًا من ذلك المخرج. فإذا ردّوا واقتسموا على وفق السؤال، يصير مع الأوّل ثلاثون درهمًا، ومع الثاني عشرون درهمًا، ومع الثالث [ب-٧٧ظ]

٢٠ خمسة عشر درهمًا، ومع الرابع اثنا عشر درهمًا، ومع الخامس عشرة دراهم.

١٥٠. فإن قيل المسألة بحالها إلّا أنّهم أقتسموا المردود على حسب استحقاقهم أصل المال. فأخذ الأوّل نصف المردود عائلًا، والثاني ثلثه، والثالث ربعه، والرابع خُمسه، والخامس سُدسه على سبيل القول. فوصل إلى كلّ واحدٍ

---

١ ربع ما انتهب: ربع ما ينتهب[ب]   ٣ ونجمع: ويجمع[ب]   ٥ الثاني: الثالث[ب]   ٨ فنجمع: فيجعل[ب]   ١٢ ستّة[ب]   ٢٠ أقتسموا: قسموا[ب]

parvient à ce qui lui est dû.

Nous savons déjà que, si le premier prend de ce qui est rendu une grandeur, que le deuxième prend deux tiers de cette grandeur, le troisième un demi, le quatrième un cinquième et le cinquième son tiers, alors chacun d'eux aura une grandeur telle que, en rendant conformément à la question, il reste ce qui lui est dû moins une grandeur. Ce qui est pris du rendu est tel que, si on lui joint le rendu, il aura ensuite ce qui lui est dû.

Nous posons ce que le premier acquiert soixante dirhams moins deux choses, ce que le deuxième acquiert trente dirhams moins une chose, ce que le troisième acquiert vingt dirhams moins deux tiers d'une chose, ce que le quatrième acquiert quinze dirhams moins la moitié d'une chose et ce que le cinquième acquiert douze dirhams moins deux cinquièmes d'une chose de manière que, s'ils rendent conformément à la question, au premier reste ce qui lui est dû moins une chose, au deuxième ce qui lui est dû moins deux tiers d'une chose, au troisième ce qui lui est dû moins la moitié d'une chose, au quatrième ce qui lui est dû moins deux cinquièmes d'une chose {A-172r°}

et au cinquième ce qui lui est dû moins un tiers d'une chose. Soit nous additionnons toutes les [quantités] de départ, il vient : cent-vingt-sept dirhams moins quatre choses plus un demi plus un tiers d'un cinquième d'une chose, et cela égale quatre-vingt-sept dirhams. Soit nous additionnons ce qui est rendu, il vient cinquante dirhams moins une chose plus deux tiers d'une chose et cela égale soixante-neuf dixièmes d'une chose. Dans les deux calculs il vient : quatre {B-78r°}

choses plus un demi plus un tiers plus un cinquième d'une chose égalent cinquante dirhams. La chose est dix dirhams plus cent-trente parties de cent-trente-sept parties d'unité. Le premier possède trente-huit dirhams plus quatorze parties de cent-trente-sept parties d'unité,

منهم حقّه.

فقد علمنا أنّ الأوّل إذا أخذ من المردود مقدارًا فإذا الثاني يأخذ ثلثي ذلك المقدار والثالث نصف والرابع خمسًا والخامس ثلثه، فيأخذ مع كلّ واحد مقدار إذا ردّ على حسب السؤال، يبقى منه حقّه إلّا* مقدار. ما يأخذ من المردود حتّى إذا ضمّ إليه المردود، ثمّ له حقّه.

فنجعل ما انتهبه الأوّل ستّين درهمًا إلّا شيئين، وما انتهبه الثاني ثلاثين درهمًا إلّا شيئًا، وما انتهبه الثالث عشرين درهمًا إلّا ثلثي شيءٍ، وما انتهبه الرابع خمسة عشر درهمًا إلّا نصف شيءٍ، وما انتهبه الخامس اثنى عشر درهمًا إلّا خمسي شيءٍ، حتّى إذا ردّوا على وفق السؤال، يبقى مع الأوّل حقّه إلّا شيئًا، ومع الثاني حقّه إلّا ثلثي شيءٍ، ومع الثالث حقّه إلّا نصف شيءٍ، ومع الرابع حقّه إلّا خمسي شيءٍ†، [أ-١٧٢و]

ومع الخامس حقّه إلّا ثلث شيءٍ.

فإمّا أن نجمع الأوّل كلّها فيكون: مائة وسبعة وعشرين درهمًا إلّا أربعة أشياء ونصف وثلث خمس شيءٍ وذلك يعدل سبعة وثمانية درهمًا. وإمّا أن نجمع المردود فيكون خمسين درهمًا إلّا شيئًا وثلثي شيءٍ وذلك يعدل ستّين وتسعة أعشار شيءٍ.

وعلى التقديرين يكون: أربعة [ب-٧٨و] أشياء ونصف وثلث وخمس شيءٍ يعدل خمسين درهمًا. فالشيء عشرة دراهم ومائة وثلاثون جزئًا من مائة وسبعة وثلاثين جزئًا من واحدٍ. فيكون مع الأوّل ثمانية وثلاثون درهمًا وأربعة عشر جزئًا من مائة وسبعة وثلاثين جزئًا من واحدٍ ومع الثاني

٢-٣ فإذا الثاني يأخذ ثلثي ذلك المقدار والثالث نصف والرابع خمسًا والخامس ثلثه، فيأخذ مع كلّ واحد مقدار: في[ب]   ٦ ثلاثين: ثلاثين[ب]   ٩ ردّوا على وفق: ردّو وفق[ب]   ١٣ نجمع: يجمع[ب]   ١٤ وثلث خمس شيءٍ وذلك: وخلس ثلث[ب]   ١٤ نجمع: يجمع[ب]

* إلّا: مكررة في [أ]   † حتّى إذا ردّوا... خمسي شيءٍ: مكررة في [أ]

le deuxième possède dix-neuf dirhams plus sept parties, le troisième possède douze dirhams plus quatre-vingt-seize parties, le quatrième possède neuf dirhams plus soixante-douze parties et le cinquième possède sept dirhams plus quatre-vingt-cinq parties, chacune
de cent-trente-sept parties d'une unité. S'ils rendent et partagent ce
qui est rendu conformément à la question, chacun d'eux obtiendra ce
qui lui est dû comme dans le cas de figure précédent.

Si tu veux qu'il n'y ait aucune fraction dans les nombreux procédés
des exemples de ce problème, alors multiplie l'ensemble de ton expression par le dénominateur des fractions.

151. S'il est dit : le problème est le même et le bien tout entier
est cent dirhams. Nous procédons comme nous l'avons fait, puis nous
multiplions ce que chacun d'eux acquiert par cent et nous divisons le
total par quatre-vingt-sept. Le résultat est ce que [chacun] acquiert.

152. S'il est dit : un homme a un bien obtenu en vendant une
bête et un vêtement. Il dit : le prix de la bête est la moitié du bien
moins un tiers du prix du vêtement, et le prix du vêtement est un
quart du bien moins un cinquième du prix de la bête.

Nous posons son bien une chose et le prix du vêtement un nombre
qui contient un tiers, qu'il soit trois dirhams. Le prix de la bête est la
moitié d'une chose moins un dirham. Nous prenons son cinquième,
à savoir un dixième d'une chose moins un cinquième de dirham, et
nous le retranchons d'un quart de son bien, à savoir un quart d'une
chose. Il reste : un dixième plus la moitié d'un dixième d'une chose
plus un cinquième de dirham [B-78v°]
égalent [A-172v°]
trois dirhams. Après le procédé, on obtient la chose, dix-huit dirhams
plus deux tiers de dirham, et c'est son bien. Le prix de la bête est huit
dirhams plus un tiers de dirham et le prix de la robe est trois dirhams.
Nous multiplions le total par trois afin d'éliminer les fractions. Son
bien est alors cinquante-six dirhams, le prix de la bête est vingt-cinq
dirhams et le prix de la robe est neuf dirhams.

153. S'il est dit : deux hommes se rencontrent et chacun d'eux a
un bien. Le premier dit au deuxième : « Donne-moi un tiers de ce
que tu as, j'aurai vingt dirhams ».

تسعة عشر درهمًا وسبعة أجزاء ومع الثالث اثنا عشر درهمًا وستّة وتسعون جزءًا ومع الرابع تسعة دراهم واثنان وسبعون جزءًا ومع الخامس سبعة دراهم وخمسة وثمانون جزءًا، كلّ ذلك من مائة وسبعةٍ وثلاثين جزءًا من واحدٍ. فإذا ردّوا وقسموا المردود على وفق السؤال، يصير مع كلّ واحدٍ منهم حقّه كما في الصورة السابقة. فإن أردت أن لا يقع في العمل كثير في أمثال هذه المسائل فاضرب جميع ما معك في مخرج الكُسور.

١٥١. فإن قيل المسألة بحالها وكان جميع المال مائة درهمٍ.

فنعمل كما عملنا ثمّ نضرب ما انتهبه كلّ واحدٍ منهم في مائةٍ، ونقسم المبلغ على سبعة وثمانين. فما خرج فهو الذي انتهبه.

١٥٢. فإن قيل رجلٌ معه مال حصل عله يبيع دابة وثوب. فقال: ثمن الدابة نصف مالي إلّا ثلث ثمن الثوب وثمن الثوب ربع مالي إلّا خُمس ثمن الدابة.

فنجعل ماله شيئًا وثمن الثوب عددًا له ثلثٌ، وليكون ثلاثة دراهم. فيكون ثمن الدابة نصف شيءٍ إلّا درهمًا. فنأخذ خُمسه، وهو عشر شيءٍ إلّا خُمس درهمٍ، ونسقطه من ربع ماله، وهو ربع شيءٍ. فيبقى: عشر ونصف عشر شيءٍ وخمس درهم [ب-٧٨ظ]

يعدل [ا-١٧٢ظ]

ثلاثة دراهم. فبعد العمل يخرج الشيء ثمانية عشر درهمًا وثلثي درهمٍ وهو ماله. وثمن الدابة ثمانية دراهم وثلث درهمٍ وثمن الثوب ثلاثة دراهم. فنضرب الكلّ في ثلاثة ليزول الكسر. فيكون ماله ستّة وخمسين درهمًا وثمن الدابة خمسة وعشرين درهمًا وثمن الثوب تسعة دراهم.

١٥٣. فإن قيل رجلان التقيا ومع كلّ واحدٍ منهما مالٌ. فقال الأوّل للثاني: أعطيني ثلث ما معك، يكن معي عشرون درهمًا. وقال له الثاني: أعطيني ربع

---

¹ درهمًا: دينار [ب]   ⁵ في العمل كثير في أمثال: كثير في العمل كسرٌ في أمثال [ا]

Et le deuxième lui dit : « Donne-moi un quart de ce que tu as, j'aurai vingt dirhams ».
Nous posons ce que le premier possède une chose. Le deuxième aura donc vingt dirhams moins un quart d'une chose. Nous prenons un tiers de ceci et nous l'ajoutons à une chose. Il vient un demi plus un quart plus un sixième d'une chose plus six dirhams plus deux tiers de dirham, et cela égale vingt dirhams. La chose est quatorze dirhams plus six parties de onze parties de dirham, à savoir ce que le premier possède. Le deuxième possède seize dirhams plus quatre parties de onze parties de dirham.

154. S'il est dit : quatre hommes se rencontrent et chacun d'eux a un bien. Le premier dit au deuxième : « donne-moi la moitié de ton bien pour que je l'ajoute au mien. J'aurai dix dirhams ». Le deuxième demande un tiers du bien du troisième, le troisième un quart du bien du quatrième et le quatrième un cinquième du bien du premier, afin que chacun d'eux ait, après avoir pris, dix dirhams.
Nous posons le bien du premier une chose. Le bien du deuxième est alors vingt dirhams moins deux choses, le bien du troisième est six choses moins trente dirhams et le bien du quatrième est cent-soixante dirhams moins vingt-quatre choses. Nous prenons un cinquième d'une chose [B-79r°]
et nous l'ajoutons au bien du quatrième. Il vient cent-soixante dirhams moins vingt-trois choses plus trois cinquièmes d'une chose, et cela égale dix dirhams. La chose est six dirhams plus trente-six parties de cent-dix-neuf parties de dirham, c'est le bien du premier. Le bien du deuxième est sept dirhams plus quarante-sept parties, le bien du troisième [A-173r°]
est sept dirhams plus quatre-vingt-dix-sept parties et le bien du quatrième est huit dirhams plus quatre-vingt-huit parties de cent-dix-neuf parties de dirham.

155. S'il est dit : le problème est le même sauf que, après avoir pris, chacun d'eux aura le prix d'une certaine bête.

ما معك، يكن معي عشرون درهمًا.

فنجعل مع الأوّل شيئًا. فيكون مع الثاني عشرون درهمًا إلّا ربع شيءٍ. فنأخذ ثلثها ونزيده على شيءٍ. فيصير نصف وربع وسدس شيءٍ وستّة دراهم وثلثي درهمٍ وذلك يعدل عشرين درهمًا. فالشيء أربعة عشر درهمًا وستّة أجزاء من أحد عشر جزءًا من درهم وهو ما مع الأوّل. فيكون مع الثاني ستّة عشر درهمًا وأربعة أجزاء من أحد عشر جزءًا من درهمٍ.

١٥٤. فإن قيل أربعة رجالٍ التقوا ومع كلّ واحدٍ منهم مالٌ. فقال الأوّل للثاني: أعطيتني نصف مالك لأضمّه إلى مالي فيكون معي عشرة دراهم. وطلب الثاني ثلث مال الثالث، والثالث ربع مال الرابع، والرابع خُمس مال الأوّل، ليكون مع كلّ واحدٍ منهم بعد الأخذ عشرة دراهم.

فنجعل مال الأوّل شيئًا. فيكون مال الثاني عشرين درهمًا إلّا شيئين، ومال الثالث ستّة أشياء إلّا ثلاثين درهمًا، ومال الرابع مائة وستّين درهمًا إلّا أربعة وعشرين شيئًا. فنأخذ خمس شيء [ب-٧٩و] ونزيده على مال الرابع. فيصير مائة وستّين درهمًا إلّا ثلاثة وعشرين وثلاثة أخماس شيءٍ وذلك يعدل عشرة درهمًا. فالشيء ستّة دراهم وستّة وثلاثون جزءًا من مائة وتسعة عشر جزءًا من درهمٍ، وهو مال الأوّل. فمال الثاني سبعة دراهم وسبعة وأربعون جزءًا، ومال الثالث [ا-١٧٣و] سبعة دراهم وسبعة وتسعون جزءًا، ومال الرابع ثمانية دراهم وثمانية وثمانون جزءًا من مائة وتسعة عشر جزءًا من درهم.

١٥٥. فإن قيل المسألة بحالها إلّا أنّه يصير مع كلّ واحدٍ منهم بعد الأخذ ثمن دابة معينةٍ.

Soit nous posons le prix de la bête une certaine grandeur, comme par exemple dix dirhams, et nous appliquons le procédé précédent. Puis, nous exprimons le total en le multipliant par le dénominateur des fractions et en ramenant celles-ci à la grandeur concordante, si elles s'accordent toutes à une partie. Soit nous posons le bien du premier une chose et le bien du deuxième deux dirhams. Si le premier prend la moitié du bien du deuxième, alors il aura une chose plus un dirham et ceci est le prix de la bête. Nous posons ce que le troisième possède trois choses moins trois dirhams et ce que le quatrième possède seize dirhams moins huit choses, afin que chacun d'eux possède une chose plus un dirham après avoir pris ce qu'il demande. Nous ajoutons à seize dirhams moins huit choses un cinquième d'une chose. Il vient seize dirhams moins sept choses plus quatre cinquièmes d'une chose, et cela égale une chose plus un dirham. La chose est soixante-quinze parties de quarante-quatre parties de dirham, c'est le bien du premier. Le bien du deuxième est quatre-vingt-huit parties, le bien du troisième est quatre-vingt-treize parties, le bien du quatrième est cent-quatre parties et le prix [B-79vº]
de la bête est cent-dix-neuf parties, chacune de quarante-quatre parties de dirham. Nous posons un dirham à la place de chaque partie.

156. S'il est dit : cinq hommes se rencontrent. Le premier demande la moitié du bien du deuxième, afin qu'il ait le prix d'une certaine bête, le deuxième demande un tiers du bien du troisième, le troisième un quart du bien du quatrième, le quatrième un cinquième du bien du cinquième et le cinquième un sixième du bien du premier, afin qu'ils aient tous le prix d'une certaine bête.
Nous posons le bien du premier une chose et le bien du deuxième un dirham. Le prix de la bête est alors une chose plus la moitié d'un dirham. Nous posons le bien du troisième un dinar et nous ajoutons son tiers au bien du deuxième. Il vient un dirham plus un tiers d'un dinar et cela égale une chose [A-173vº]
plus la moitié d'un dirham. Le dinar égale trois choses moins un dirham plus un demi, c'est le bien du troisième.

فإمّا أن نجعل ثمن الدابة مقدارًا معيّنًا كعشرة دراهم مثلًا، ونعمل العمل السابق. ثمّ نبسط الكلّ بأن نضربها في مخرج الكسور وردّها إلى مقدار الوفق إن كانت كلّها تفق بجزء. وأمّا أن نجعل مال الأوّل شيئًا ومال الثاني درهمين. فإذا أخذ الأوّل نصف مال الثاني، صار معه شيء ودرهمٌ وذلك ثمن الدابة. ونجعل مع الثالث ثلاثة أشياء إلّا ثلاثة دراهم ومع الرابع ستّة عشر درهمًا إلّا ثمانية أشياء ليصير مع كلّ واحدٍ منهم بعد أخذ ما طلب شيء ودرهمٌ. فنزيد على ستّة عشر درهمًا إلّا ثمانية أشياء خمس شيءٍ. فيصير ستّة عشر درهمًا إلّا سبعة أشياء وأربعة أخماس شيء وذلك يعدل شيئًا ودرهمًا. فالشيء خمسة وسبعون جزئًا من أربعةٍ وأربعين جزئًا من درهم وهو مال الأوّل. فمال الثاني ثمانية وثمانون جزئًا، ومال الثالث ثلاثة وتسعون جزئًا، ومال الرابع مائة وأربعة أجزاء، وثمن [ب-٧٩ظ] الدابة مائة وتسعة عشر جزئًا كلّها من أربعة وأربعين جزئًا من درهمٍ. فنجعل بدل كلّ جزءٍ درهمًا.

١٥٦. فإن قيل خمسة رجالٍ التقوا فطلب الأوّل نصف مال الثاني ليكون معه ثمن دابةٍ معيّنةٍ، وطلب الثاني ثلث مال الثالث، والثالث ربع مال الرابع، والرابع خمس مال الخامس، والخامس سُدس مال الأوّل ليكون معهم ثمن الدابة المعيّنة.

فنجعل مال الأوّل شيئًا ومال الثاني درهمًا فيكون ثمن الدابة شيئًا ونصف درهمٍ. ونجعل مال الثالث دينارًا ونزيد ثلثه على مال الثاني. فيصير درهمًا وثلث دينار وذلك يعدل شيئًا [١-١٧٣ظ] ونصف درهمٍ. فالدينار يعدل ثلاثة أشياء إلّا درهمًا ونصفًا وذلك مال الثالث.

Puis, nous posons le bien du quatrième un dinar et nous ajoutons son quart au bien du troisième. Il vient trois choses plus un quart d'un dinar moins un dirham plus un demi, et cela égale une chose plus la moitié d'un dirham. Le dinar égale huit dirhams moins huit choses, c'est le bien du quatrième.

Puis, nous posons le bien du cinquième un dinar et nous ajoutons son cinquième au bien du quatrième. Il vient huit dirhams plus un cinquième d'un dinar moins huit choses, et cela égale une chose plus la moitié d'un dirham. Le dinar égale quarante-cinq choses moins trente-sept dirhams et un demi, c'est le bien du cinquième. Nous lui ajoutons un sixième du bien du premier, à savoir un sixième d'une chose. Il vient quarante-cinq choses plus un sixième d'une chose moins trente-sept dirhams et un demi, et cela égale une chose plus la moitié d'un dirham. Donc, quarante-quatre choses plus un sixième d'une chose égalent trente-huit dirhams. Nous exposons le total en sixièmes et nous convertissons [B-80r°]

le nom. La chose est deux cent-vingt-huit parties de deux cent-soixante-cinq parties d'un dirham, c'est le bien du premier.

Puisque nous avons des demis, nous les réduisons afin d'éviter les fractions. Ainsi le bien du premier est quatre-cent-cinquante-six parties de cinq-cent-trente parties de dirham. Le bien du deuxième est un dirham, c'est-à-dire cinq-cent-trente parties. Le bien du troisième est cinq-cent-soixante-treize parties de ce dénominateur, car il possède trois choses moins un dirham plus un demi. Le bien du quatrième est cinq-cent-quatre-vingt-douze parties de ce dénominateur. Le bien du cinquième est six-cent-quarante-cinq parties de ce dénominateur et le prix de la bête est sept-cent-vingt-et-un parties de ce dénominateur. Nous posons, à la place de chaque partie de l'ensemble de ceci, un dirham.

Une autre méthode. Nous posons le bien du premier une chose et le bien du deuxième un dirham. Le prix de la bête [A-174r°]

ثمّ نجعل مال الرابع دينارًا ونزيد ربعه على مال الثالث. فيصير ثلاثة أشياء وربع دينارٍ إلّا درهمًا ونصفًا وذلك يعدل شيئًا ونصف درهم. فالدينار يعدل ثمانية دراهم إلّا ثمانية أشياء وهو مال الرابع.

ثمّ نجعل مال الخامس دينارًا ونزيد خمسه على مال الرابع. فيصير ثمانية دراهم وخمس دينارٍ إلّا ثمانية أشياء وذلك يعدل شيئًا ونصف درهم. فالدينار يعدل خمسةً وأربعين شيئًا إلّا سبعة وثلاثين درهمًا ونصفًا وهو مال الخامس. فنزيد عليه سُدس مال الأوّل وهو سدس شيءٍ. فيصير خمسة وأربعين شيئًا وسدس شيءٍ إلّا سبعة وثلاثين درهمًا ونصفًا وذلك يعدل شيئًا ونصف درهم. فأربعة وأربعون شيئًا وسُدس شيءٍ يعدل ثمانية وثلاثين درهمًا. فنبسط الكلّ أسداسًا ونقلب [ب- ١٠ و٨٠]

الإسم. فيكون الشيء مائتي وثمانية وعشرين جزئًا من مائتين وخمسة وستّين جزئًا من درهم وهو مال الأوّل. فنبسطها أنصافًا كيلًا يقع في العمل كسرٌ لأجل الأنصاف التي معنا فيكون مال الأوّل أربعمائة وستّة وخمسين جزئًا من خمسمائة وثلاثين جزئًا من درهمٍ. ومال الثاني درهم أعني خمسمائة وثلاثون جزئًا. ومال الثالث خمسمائة وثلاثة وسبعون جزئًا من ذلك المخرج، لأنّه كان معه ثلاثة أشياء إلّا درهمًا ونصفًا. ومال الرابع خمسمائة واثنان وتسعون جزئًا من ذلك المخرج، ومال الخامس ستّمائةٍ وخمسة وأربعون جزئًا من ذلك المخرج وثمن الدابة سبعمائة وأحد وعشرون جزئًا من ذلك المخرج. فنجعل بدل كلّ جزءٍ في جميع ذلك درهمًا.

طريقٌ آخر. نجعل مال الأوّل شيئًا ومال الثاني درهمًا. فيكون ثمن الدابة [ا- و١٧٤]

---

٤ نجعل: يجعل [ب] ١١ الشيء: في [ب]

est une chose plus la moitié d'un dirham. Nous retranchons de cela le bien du deuxième, à savoir un dirham. Il reste une chose moins la moitié d'un dirham, à savoir un tiers du bien du troisième. Donc le bien du troisième est trois choses moins un dirham et un demi. Nous le retranchons du prix de la bête, il reste deux dirhams moins deux choses et ceci est un quart du bien du quatrième. Le bien du quatrième est alors huit dirhams moins huit choses. Nous le retranchons du prix de la bête. Il reste neuf choses moins sept dirhams plus un demi et cela est un cinquième du bien du cinquième. Le bien du cinquième est quarante-cinq choses moins trente-sept dirhams plus un demi. Nous lui ajoutons un sixième du bien du premier, à savoir un sixième d'une chose. Il vient quarante-cinq [B-80v°] choses plus un sixième d'une chose moins trente-sept dirhams plus la moitié d'un dirham, et ceci égale une chose plus la moitié d'un dirham. La chose est deux-cent-vingt-huit parties de deux-cent-soixante-cinq parties d'un dirham comme ce que nous avons montré précédemment. Nous posons à la place de chaque partie un dirham. Le bien du premier est quatre-cent-cinquante-six dirhams, le bien du deuxième est cinq-cent-trente dirhams, le bien du troisième est cinq-cent-soixante-treize dirhams, le bien du quatrième est cinq-cent-quatre-vingt-douze dirhams, le bien du cinquième est six-cent-quarante-cinq dirhams et le prix de la bête est sept-cent-vingt-et-un dirhams.

157. S'il est dit : trois hommes se rencontrent et chacun d'eux a un bien. Le premier demande à ses deux camarades un tiers de leurs biens, le deuxième [demande] à ses deux camarades un quart de leurs biens et le troisième [demande] à ses deux camarades un cinquième de leurs biens, afin que chacun d'eux possède, après avoir pris, vingt dirhams.

Nous posons le bien du premier une chose donc un tiers [de l'ensemble] des biens du deuxième et du troisième est vingt dirhams moins une chose. Leurs biens sont soixante dirhams moins trois choses et nous retranchons un quart d'une chose de vingt dirhams. Il reste vingt dirhams moins un quart d'une chose, ce qui est égal au bien du deuxième plus un quart du bien du troisième. Le troisième avec quatre fois le deuxième est quatre-vingt dirhams moins une chose.

شيئًا ونصف درهمٍ. نسقط منه مال الثاني وهو درهمٌ. يبقى شيء إلّا نصف

درهمٍ وهو ثلث مال الثالث. فمال الثالث ثلاثة أشياء إلّا درهمًا ونصفًا. فنسقطه

من ثمن الدابة فيبقى درهمان إلّا شيئين وذلك ربع مال الرابع. فمال الرابع ثمانية

٥ دراهم إلّا ثمانية أشياء. فنسقطه من ثمن الدابة فيبقى تسعة أشياء إلّا سبعة دراهم

ونصفًا وذلك خُمس مال الخامس. فمال الخامس خمسة وأربعون شيئًا إلّا سبعة

وثلاثين درهمًا ونصفًا. فنزيد عليه سُدس مال الأوّل وهو سدس شيءٍ. فيصير

خمسة وأربعين [ب-٨٠ظ]

شيئًا وسدس شيء إلّا سبعة وثلاثين درهمًا ونصف درهمٍ وذلك يعدل شيئًا ونصف

١٠ درهمٍ. فالشيء مائتان وثمانية وعشرون جزءًا من مائتين وخمسة وستّين جزءًا من

درهمٍ كما سبق. ونجعل بدل كلّ* جزءٍ درهمًا. فيكون مال الأوّل أربعمائةٍ وستّة

وخمسين درهمًا، ومال الثاني خمسمائةٍ وثلاثين درهمًا، ومال الثالث خمسمائة

وثلاثة وسبعين درهمًا، ومال الرابع خمسمائةٍ واثنين وتسعين درهمًا، ومال الخامس

ستّمائةٍ وخمسة وأربعين درهمًا وثمن الدابة سبعمائة واحدًا وعشرين درهمًا.

١٥ ١٥٧. فإن قيل ثلاثة رجالٍ التقوا ومع كلّ واحدٍ منهم مالٌ. فطلب الأوّل

من صاحبيه ثلث ماليهما، والثاني من صاحبيه ربع ماليهما، والثالث من صاحبيه

خُمس ماليهما ليصير مع كلّ واحدٍ منهم بعد الأخذ عشرون درهمًا.

فنجعل مال الأوّل شيئًا. فيكون ثلث مالي الثاني والثالث عشرين درهمًا إلّا شيئًا.

فمالاهما ستّون درهمًا إلّا ثلاثة أشياء. ونسقط ربع شيءٍ من عشرين درهمًا. يبقى

٢٠ عشرون درهمًا إلّا ربع شيء وهو مثل مال الثاني وربع مال الثالث. فالثالث مع

أربعة أمثال الثاني ثمانون درهمًا إلّا شيئًا.

Nous retranchons de lui le deuxième [A-174v°]
avec le troisième, à savoir soixante dirhams moins trois choses. Il
reste vingt dirhams plus deux choses, à savoir trois fois le bien du
deuxième. Le bien du deuxième est six dirhams plus deux tiers plus
deux tiers d'une chose. Le troisième est donc cinquante-quatre dirhams plus deux tiers de dirham [B-81r°]
moins trois choses plus deux tiers d'une chose. Nous retranchons un
cinquième d'une chose de vingt dirhams. Il reste vingt dirhams moins
un cinquième d'une chose, ce qui est égal au bien du troisième plus
un cinquième du bien du deuxième. Le deuxième avec cinq fois le
troisième est cent dirhams moins une chose. Nous retranchons de lui
le deuxième plus le troisième, à savoir soixante dirhams moins trois
choses. Il reste : quarante dirhams plus deux choses égalent quatre
fois le troisième. Le troisième est dix dirhams plus la moitié d'une
chose et ceci égale cinquante-quatre dirhams plus deux tiers moins
trois choses plus deux tiers d'une chose. La chose est dix dirhams plus
deux cinquièmes, c'est le bien du premier. Le bien du deuxième est
treize dirhams plus trois cinquièmes de dirham et le bien du troisième
est quinze dirhams plus un cinquième de dirham.

158. S'il est dit : le problème est le même sauf que, chacun d'eux,
après avoir pris, aura le prix d'une certaine bête.
Soit nous posons le prix de la bête une certaine grandeur, comme
par exemple vingt dirhams, et nous appliquons le procédé précédent.
Puis, nous exposons et nous ramenons, comme il a été introduit, de
manière que [l'expression] soit conforme. Soit nous posons ce que
le deuxième possède une chose et ce que le premier et le troisième
possèdent un nombre qui contient un quart, qu'il soit quatre dirhams.
Si le deuxième prend de ses deux camarades un quart de ce qu'ils ont,
alors il aura une chose plus un dirham, à savoir le prix de la bête. Il
est donc nécessaire que l'on pose ce que chacun d'eux possède, après
avoir pris ce qu'il demande, une chose plus un dirham. À partir de
cela, on peut montrer que le [bien du] troisième plus un cinquième
des biens du premier et du deuxième est une chose plus un dirham.

فنسقط منه الثاني [ا-١٧٤ظ]

مع الثالث وهو ستّون درهمًا إلّا ثلاثة أشياء. فيبقى عشرون درهمًا وشيئان وهو ثلاثة أمثال مال الثاني. فمال الثاني ستّة دراهم وثلثان وثلثا شيءٍ. فالثالث أربعة وخمسون درهمًا و ثلثي درهم [ب-٨١و]

إلّا ثلاثة أشياء وثلثي شيءٍ. ونسقط خمس شيءٍ من عشرين درهمًا. يبقى عشرون درهمًا إلّا خُمس شيء وهو مثل مال الثالث وخمس مال الثاني. فالثاني مع خمسة أمثال الثالث مائة درهمٍ إلّا شيئًا. فنسقط منها الثاني والثالث وهو ستّون درهمًا إلّا ثلاثة أشياء. فيبقى: أربعون درهمًا وشيئان يعدل أربعة أمثال الثالث. فالثالث عشرة دراهم ونصف شيءٍ وذلك يعدل أربعة وخمسين درهمًا وثلثا إلّا ثلاثة أشياء وثلثي شيءٍ. فالشيءُ عشرة دراهم وخُمسان وهو مال الأوّل. ومال الثاني ثلاثة عشر درهمًا وثلاثة أخماس درهمٍ، ومال الثالث خمسة عشر درهمًا وخُمس درهمٍ.

١٥٨. فإن قيل المسألة بحالها إلّا أنّه يصير مع كلّ واحدٍ منهم بعد الأخذ ثمن دابةٍ معيّنةٍ.

فإمّا أن نجعل ثمن الدابة مقدارًا معيّنًا، كعشرين درهمًا مثلًا ونعمل العمل السابق. ثمّ نبسط ونردّ إلى الوفق كما تقدّم. وإمّا أن نجعل مع الثاني شيئًا ومع الأوّل والثالث عددًا له ربع، وليكون أربعة دراهم. فإذا أخذ الثاني من صاحبيه ربع ما معهما يكون معه شيء ودرهمٌ، وهو ثمن الدابة. فينبغى أن نجعل مع كلّ واحدٍ منهم، بعد أخذ ما طلب، شيء ودرهم. فقد بيّن من هذا أنّ الثالث وخمس مالي الأوّل والثاني هو شيء ودرهمٌ.

Nous retranchons d'une chose plus un dirham un cinquième du bien du deuxième, à savoir un cinquième d'une chose. Il reste quatre cinquièmes d'une chose plus un dirham, ce qui est égal au troisième plus un cinquième du premier. [A-175r°]
Nous le multiplions par cinq. Il vient quatre choses plus cinq dirham, [B-81v°]
ce qui est égal au premier plus cinq fois le troisième. Nous retranchons de lui le premier plus le troisième, à savoir quatre dirhams. Il reste quatre choses plus un dirham, à savoir quatre fois le troisième. Le troisième est donc une chose plus un quart de dirham et nous le retranchons de quatre dirhams. Il reste trois dirhams plus trois quatrièmes de dirham moins une chose, à savoir le premier. Puis, nous prenons un tiers du deuxième plus un tiers du troisième, à savoir deux tiers d'une chose plus la moitié d'un sixième d'un dirham, et nous l'ajoutons au premier. Il vient trois dirhams plus cinq sixièmes de dirham moins un tiers d'une chose et cela égale une chose plus un dirham. La chose est deux dirhams plus un huitième de dirham et nous l'exposons en huitièmes. Il vient dix-sept huitièmes, c'est le bien du deuxième. Le bien du troisième est dix-neuf huitièmes, car il est une chose plus un quart de dirham. Nous l'ôtons de quatre dirhams, il reste treize huitièmes, c'est le bien du premier.
Nous posons à la place de chaque huitième un dirham, donc le bien du premier est treize dirhams, le bien du deuxième dix-sept dirhams, le bien du troisième dix-neuf dirhams et le prix de la bête est vingt-cinq dirhams.

Une autre méthode. Nous posons le bien du premier un dirham, le bien du deuxième une chose et le bien du troisième une part. Le prix de la bête est alors un dirham plus un tiers d'une chose plus un tiers d'une part. Le bien du deuxième est trois quarts de dirham plus un tiers d'une chose plus la moitié d'un sixième d'une part, de manière que, s'il prend un quart des biens du premier et du troisième, il aura le prix de la bête. Cela égale une chose, parce que nous avons posé qu'il possède une chose. Deux tiers d'une chose égalent trois quarts d'un dirham plus la moitié d'un sixième d'une part. La chose est un dirham plus un huitième de dirham plus un huitième d'une part et est le bien du deuxième. [B-82r°]

فنسقط من شيءٍ ودرهمٍ خمس مال الثاني وهو خمس شيءٍ. يبقى أربعة
أخماس شيءٍ ودرهم وهو مثل الثالث وخمس الأوّل. [ا-١٧٥و]
فنضربه في خمسةٍ. فيصير أربعة أشياء وخمسة دراهم [ب-٨١ظ]

٥ وهو مثل الأوّل وخمسة أمثال الثالث. فنسقط منه الأوّل والثالث وهو أربعة دراهم.
فيبقى أربعة أشياء ودرهم وهو أربعة أمثال الثالث. فالثالث شيء وربع درهمٍ فنسقطه
من أربعة دراهم. فيبقى ثلاثة دراهم وثلاثة أرباع درهمٍ إلّا شيئًا وهو الأوّل. ثمّ
نأخذ ثلث الثاني وثلث الثالث وهو ثلثا شيء ونصف سدس درهمٍ، ونزيده على
الأوّل. فيصير ثلاثة درهام وخمسة أسداس درهمٍ إلّا ثلث شيء وذلك يعدل شيئًا

١٠ ودرهمًا. فالشيء درهمان وثمن درهم فنبسطه أثمانًا. فيكون سبعة عشر ثمنًا وهو
مال الثاني. ويكون مال الثالث تسعة عشر ثمنًا لأنّه كان شيئًا وربع درهمٍ. فنلقيه
من أربعة دراهم، يبقى ثلاثة عشر ثمنًا وهو مال الأوّل.

فنجعل مكان كلّ ثمنٍ درهمًا فيكون مال الأوّل ثلاثة عشر درهمًا ومال الثاني سبعة
عشر درهمًا ومال الثالث تسعة عشر درهمًا وثمن الدابة خمسة وعشرون درهمًا.

١٥ طريقٌ آخر. نجعل مال الأوّل درهمًا، ومال الثاني شيئًا، ومال الثالث نصيبًا.
فيكون ثمن الدابة درهمًا وثلث شيءٍ وثلث نصيب. فيكون مال الثاني* ثلاثة أرباع
درهمٍ وثلث شيءٍ ونصف سدس نصيب حتّى إذا أخذ ربع مالي الأوّل والثالث
يكون معه ثمن الدابة. وهذا يعدل شيئًا لأنّا جعلنا معه شيئًا. فثلثا شيءٍ يعدل
ثلاثة أرباع درهم ونصف سدس نصيبٍ. فالشيء درهمٌ وثمن درهمٍ وثمن نصيبٍ
وهذا مال الثاني[†]. [ب-٨٢و]

Le prix de la bête est un dirham plus trois huitièmes de dirham plus un quart plus un huitième d'une part. Le bien du troisième est dix-neuf parties de vingt parties d'un dirham plus un quart plus un dixième d'une part de manière que, s'il prend un cinquième des biens du premier et du deuxième, il aura le prix de la bête. Cela égale [A-175v°] une part, parce que nous avons posé qu'il possède une part. Treize parties de vingt parties d'une part égalent donc dix-neuf parties de vingt parties d'un dirham. Nous multiplions le total par vingt et nous convertissons le nom. La part est dix-neuf parties de treize [parties] de dirham, c'est le bien du troisième. Le bien du deuxième est dix-sept parties de ce dénominateur, le prix de la bête est vingt-cinq parties de ce dénominateur. Nous multiplions le total par treize. Le bien du premier est treize dirhams, le bien du deuxième est dix-sept dirhams, le bien du troisième est dix-neuf dirhams et le prix de la bête est vingt-cinq dirhams.

159. S'il est dit : le problème est le même et le prix de la bête avec tous leurs biens est cinquante dirhams.

Nous appliquons le procédé précédent, puis nous additionnons tous leurs biens au prix de la bête. Il vient soixante-quatorze dirhams. Nous prenons la part du premier, à savoir treize, et nous disons : le rapport de treize à soixante-quatorze est comme le rapport du bien du premier à cinquante. Nous multiplions treize par cinquante et nous le divisons par soixante-quatorze. Il en résulte huit dirhams plus cinquante-huit parties de soixante-quatorze parties de dirham, à savoir ce que le premier possède. On obtient le bien de chacun d'eux par ce procédé.

160. S'il est dit : quatre hommes se rencontrent et chacun d'eux a un bien. Le premier dit [B-82v°]

فثمن الدابة درهمٌ وثلاثة أثمان درهم وربع وثمن نصيبٍ. فيكون مال الثالث تسعة عشر جزءًا من عشرين جزءًا من درهمٍ وربع وعشر نصيبٍ، حتّى إذا أخذ خُمس مالي الأوّل والثاني يصير معه ثمن الدابة. وهذا يعدل [١-١٧٥ظ] نصيبًا* لأنّا جعلنا معه نصيبًا. فثلاثة عشر جزءًا من عشرين جزءًا من نصيب يعدل تسعة عشر جزءًا من عشرين جزءًا من درهمٍ. فنضرب الكلّ في عشرين ونقلب الإسم. فيكون النصيب تسعة عشر جزءًا من ثلاثة عشر من درهمٍ وهو مال الثالث. فمال الثاني سبعة عشر جزءًا هن ذلك المخرج وثمن الدابة خمسة وعشرون جزءًا من ذلك المخرج. فنضرب جميع ما معنا في ثلاثة عشر. فيكون مال الأوّل ثلاثة عشر درهمًا، ومال الثاني سبعة عشر درهمًا، ومال الثالث تسعة عشر درهمًا، وثمن الدابة خمسة وعشرين درهمًا.

١٥٩. فإن قيل المسألة بحالها وكان ثمن الدابة مع أموالهم كلّها خمسين درهمًا.

فنعمل العمل السابق، ثمّ نجمع أموالهم كلّها مع ثمن الدابة. فيكون أربعة وسبعين درهمًا. ونأخذ نصيب الأوّل، وهو ثلاثة عشر ونقول: نسبة ثلاثة إلى أربعة وسبعين كنسبة مال الأوّل إلى خمسين. فنضرب ثلاثة عشر في خمسين ونقسمه على أربعة وسبعين. فيخرج ثمانية دراهم وثمانية وخمسون جزءًا من أربعة وسبعين جزءًا من درهمٍ وهو ما مع الأوّل. فيخرج مال كلّ واحدٍ منهم بهذا العمل.

١٦٠. فإن قيل أربعة رجال التقوا ومع كلّ واحدٍ منهم مال. فقال الأوّل [ب-٨٢ظ]

à ses camarades : « donnez-moi la moitié de vos biens, afin que je l'ajoute à ce que j'ai et j'aurai ainsi dix dirhams ». Le deuxième demande un tiers des biens de ses camarades, le troisième un quart des biens de ses camarades et le quatrième un cinquième des biens de ses camarades, afin que chacun d'eux ajoute ce qu'il prend à ce qu'il a, et qu'il obtienne dix dirhams.

Nous posons le bien du premier une chose, donc les biens des trois qui restent sont vingt dirhams moins deux choses.

Si le deuxième prend un tiers des deux biens, à savoir six dirhams plus deux tiers de dirham moins un tiers d'une chose, et s'il l'ajoute à deux tiers de son bien, il aura dix dirhams. Donc, deux tiers de son bien sont trois [A-176r⁰]

dirhams plus un tiers de dirham plus un tiers d'une chose. Son bien est cinq dirhams plus la moitié d'une chose.

Si le troisième prend un quart de deux biens, à savoir cinq dirhams moins un quart d'une chose, et s'il l'ajoute à trois quarts de son bien, il aura dix dirhams. Donc trois quarts de son bien sont cinq dirhams plus un quart d'une chose. Son bien est six dirhams plus un tiers de dirham plus un tiers d'une chose.

Si le quatrième prend un cinquième de deux biens, à savoir quatre dirhams moins un cinquième d'une chose, et s'il l'ajoute à quatre cinquièmes de son bien, il aura dix dirhams. Donc, quatre cinquièmes de son bien sont six dirhams plus un cinquième d'une chose. Son bien est sept dirhams plus la moitié d'un dirham plus un quart d'une chose. Nous additionnons les biens du deuxième, du troisième et du quatrième, il vient dix-neuf dirhams plus un sixième de dirham plus une chose plus la moitié d'un sixième d'une chose, et cela égale vingt dirhams moins deux choses. La chose est dix parties de trente-sept parties d'un dirham, c'est le bien du premier. Le bien du deuxième est cinq dirhams plus cinq parties, le bien du troisième est six dirhams plus vingt-huit parties et le bien du quatrième est sept dirhams plus vingt-et-un parties, chacun d'eux de trente-sept [B-83r⁰]

parties d'une unité.

لأصحابه: أعطوني نصف أموالكم لأضمّه إلى ما معي فيكون معي عشرة دراهم. وطلب الثاني ثلث أموال أصحابه والثالث ربع أموال أصحابه والرابع خمس أموال أصحابه ليضمّ كلّ واحدٍ منهم ما أخذه إلى ما معه فيكون معه عشرة دراهم.

فنجعل مال الأوّل شيئًا فيكون مال الثلاثة الباقين عشرين درهمًا إلّا شيئين. فإذا ٥ أخذ الثاني ثلث المالين، وهو ستّة دراهم وثلثا درهم إلّا ثلث شيءٍ وزاد عليه ثلثي ماله يكون معه عشرة دراهم. فثلثا ماله ثلاثة [١٧٦-١و] دراهم وثلث درهم وثلث شيءٍ. فماله خمسة دراهم ونصف شيءٍ.

وإذا أخذ الثالث ربع المالين، وهو خمسة دراهم إلّا ربع شيءٍ، وزاد عليه ثلاثة أرباع ماله يكون معه عشرة دراهم. فثلاثة أرباع ماله خمسة دراهم وربع شيءٍ. ١٠ فماله ستّة دراهم وثلثا درهم وثلث شيءٍ.

وإذا أخذ الرابع خمس المالين وهو أربعة دراهم إلّا خمس شيءٍ، وزاد عليه أربعة أخماس ماله يكون معه عشرة دراهم. فأربعة أخماس ماله ستّة دراهم وخمس شيءٍ. فماله سبعة دراهم ونصف درهم وربع شيءٍ. فنجمع أموال الثاني والثالث والرابع فيكون تسعة عشر درهمًا وسدس درهم وشيئًا ونصف سُدس شيءٍ وذلك ١٥ يعدل عشرين درهمًا إلّا شيئين. فالشيء عشرة أجزاء من سبعةٍ وثلاثين جزءًا من درهم وهو مال الأوّل. ومال الثاني خمسة دراهم وخمسة أجزاء، ومال الثالث ستّة دراهم وثمانية وعشرون جزءًا، ومال الرابع سبعة دراهم وأحد وعشرون جزءًا كلّها من سبعةٍ وثلاثين [ب-٨٣و] جزءًا* من واحدٍ.

---

٦ فثلثا: فثلثي[ب] ⁸ وإذا أخذ: وواحد[ب] ¹⁰ وثلثا درهمٍ: في[ا] ¹¹ المالين: المال[ب] ¹⁴ وسدس درهمٍ: في[ا]

* جزءًا: مكررة في الهامش [ب]

161. S'il est dit : le problème est le même sauf que, après avoir pris, chacun d'eux aura le prix d'une certaine bête.

Soit nous posons la valeur de la bête dix dirhams et nous appliquons le procédé précédent. Puis, nous exposons tout en parties de trente-sept et nous ramenons tous les nombres au dixième. Le bien du premier est alors un dirham, le bien du deuxième dix-neuf dirhams, le bien du troisième vingt-cinq dirhams, le bien du quatrième vingt-huit dirhams et le prix de la bête trente-sept dirhams.

Soit nous posons le bien du deuxième une chose et nous posons la somme des biens du premier, du troisième et du quatrième trois dirhams. Si le deuxième prend un tiers de leurs biens, il aura une chose plus un dirham, à savoir le prix de la bête.

Nous savons déjà que, si le premier prend la moitié de ce que possèdent ses camarades, il aura une chose plus un dirham. Nous retranchons [A-176v°]
la moitié d'une chose, d'une chose plus un dirham. Il reste la moitié d'une chose plus un dirham et c'est le bien du premier plus la moitié des biens du troisième et du quatrième. Nous le multiplions par deux. Il vient une chose plus deux dirhams, et cela est égal aux biens du troisième et du quatrième plus le double du bien du premier. Nous retranchons de lui trois dirhams, à savoir la somme des biens du premier, du troisième et du quatrième. Il reste une chose moins un dirham, à savoir le bien du premier. Le troisième demande à ses camarades un quart de leurs biens. Nous retranchons alors un quart d'une chose, d'une chose plus un dirham. Il reste trois quarts d'une chose plus un dirham, c'est le bien du troisième plus un quart des biens du premier et du quatrième. Nous le multiplions par quatre et tu retranches du total trois dirhams. Il reste trois choses plus un dirham, à savoir trois fois le bien du troisième, donc le bien du troisième est une chose plus un tiers de dirham. [B-83v°]

Le quatrième demande à ses camarades un cinquième de leurs biens, donc nous retranchons un cinquième d'une chose, d'une chose plus un dirham. Il reste quatre cinquièmes d'une chose plus un dirham, à savoir le bien du quatrième plus un cinquième des biens du premier et du troisième. Nous le multiplions par cinq et nous retranchons du total trois dirhams.

١٦١. فإن قيل المسألة بحالها إلّا أنّه يصير مع كلّ واحدٍ منهم بعد الأخذ ثمن دابةٍ معينةٍ.

فإمّا أن نجعل قيمة الدابة عشرة دراهم ونعمل العمل السابق. ثمّ نبسط كلّ شيءٍ بأجزاءٍ سبعةٍ وثلاثين ثمّ نردّ الأعداد كلّها إلى العشر. فيكون مال الأوّل درهمًا، ومال الثاني تسعة عشر درهمًا، ومال الثالث خمسة وعشرين درهمًا، ومال الرابع ثمانية وعشرين درهمًا، وثمن الدابة سبعة وثلاثين درهمًا.

وإمّا أن نجعل مال الثاني شيئًا ونجعل جميع أموال الأوّل والثالث والرابع ثلاثة دراهم. فإذا أخذ الثاني ثلث أموالهم يصير معه شيء ودرهمٌ وهو ثمن الدابة. وقد علمنا أنّ الأوّل إذا أخذ نصف ما مع أصحابه، يكون معه شيء ودرهمٌ. فنسقط [ا-١٧٦ظ]

نصف شيء من شيء ودرهم. فيبقى نصف شيء ودرهم وهو مال الأوّل ونصف مالي الثالث والرابع. فنضربه في اثنين. فيصير شيئًا ودرهمين وذلك مثل مالي الثالث والرابع وضعف مال الأوّل. فنسقط منه ثلاثة دراهم التي هي مجموع أموال الأوّل والثالث والرابع. يبقى شيء إلّا درهمًا وهو مال الأوّل. والثالث طلب من أصحابه ربع أموالهم. فنسقط ربع شيءٍ من شيءٍ ودرهم. يبقى ثلاثة أرباع شيءٍ ودرهمٍ وهو مال الثالث وربع مالي الأوّل والرابع. فنضربه في أربعة وتسقط من المبلغ ثلاثة دراهم. يبقى ثلاثة أشياء ودرهم وهو ثلاثة أمثال مال الثالث فمال الثالث شيء وثلث دراهمٍ. [ب-٨٣ظ]

والرابع طلب من أصحابه خُمس أموالهم فنسقط خُمس شيءٍ من شيءٍ ودرهم. يبقى أربعة أخماس شيءٍ ودرهم وهو مال الرابع وخُمس مالي الأوّل والثالث. فنضربه في خمسة ونسقط من المبلغ ثلاثة دراهم.

---

٧ نجعل: يجعل[ب]   ٧ الثاني: في[ا]   ٧ ونجعل: ويجعل[ب]   ١٦ الأوّل: الثالث   ١٨ وثلث: وثلاثة

Il reste quatre choses plus deux dirhams, à savoir quatre fois le bien du quatrième, donc le bien du quatrième est une chose plus la moitié d'un dirham. Puis, nous additionnons les biens du premier, du troisième et du quatrième. Il vient trois choses moins un sixième de dirham et cela égale trois dirhams. La chose est un dirham plus la moitié d'un neuvième de dirham, à savoir le bien du deuxième. Le bien du premier est alors la moitié d'un neuvième de dirham, le bien du troisième est un dirham plus un tiers plus la moitié d'un neuvième de dirham, le bien du quatrième est un dirham plus un demi plus la moitié d'un neuvième de dirham et le prix de la bête est deux dirhams plus la moitié d'un neuvième de dirham. Nous multiplions le total par dix-huit, afin d'enlever la fraction et nous obtenons ce qui a été introduit.

Selon une autre méthode nous posons le bien du premier un dirham, le bien du deuxième une chose, le bien du troisième une part et le bien du quatrième un sahm. Le prix de la bête est un dirham plus la moitié d'une chose plus la moitié d'une portion plus la moitié d'un sahm. Le bien du deuxième est deux tiers de dirham plus la moitié d'une chose plus un sixième d'une part plus un sixième d'un sahm, ainsi que, s'il prend un tiers des biens de ses camarades, il aura le prix de la bête, [A-177r°]
et cela égale une chose, car nous avons posé qu'il possède une chose. Nous retranchons les communs et nous doublons le reste. Il vient : une chose égale un dirham plus deux tiers plus un tiers d'une part plus un tiers d'un sahm, à savoir le bien du deuxième. Le prix de la bête est un dirham plus deux tiers de dirham plus deux tiers d'une part plus deux tiers d'un sahm. Le bien du troisième est un dirham plus la moitié d'un sixième de dirham plus un tiers plus un quart d'une part plus un tiers d'un sahm de manière que, s'il [B-84r°]
prend un quart des biens de ses camarades, il aura le prix de la bête, et celui-ci égale une part, car nous avons posé qu'il possède une part. Nous retranchons les communs et nous ajoutons au total le reste de ce qui est égal à lui et à deux de ses cinquièmes. La part est donc égale à deux dirhams plus trois cinquièmes de dirham plus quatre cinquièmes d'un sahm, à savoir le bien du troisième.

يبقى أربعة أشياء ودرهمان وهو أربعة أمثال مال الرابع فمال الرابع شيء ونصف درهمٍ. ثمّ نجمع أموال الأوّل والثالث والرابع. فيكون ثلاثة أشياء إلّا سدس درهمٍ وذلك يعدل ثلاثة دراهم. فالشيء درهم ونصف تسع درهمٍ وهو مال الثاني.

فمال الأوّل نصف تسع درهم، ومال الثالث درهم وثلث ونصف تسع درهم، ومال الرابع درهمٌ ونصفٌ ونصف تسع درهم، وثمن الدابة درهمان ونصف تسع درهم. فنضرب جميع ما معنا في ثمانية عشر ليزول الكسر فتخرج ما تقدّم.

وبالطريق الآخر نجعل مال الأوّل درهمًا، ومال الثاني شيئًا، ومال الثالث نصيبًا، ومال الرابع سهمًا. فيكون ثمن الدابة درهمًا ونصف شيءٍ ونصف نصيبٍ ونصف سهم. فيكون مال الثاني ثلثي درهم ونصف شيءٍ وسُدس نصيبٍ وسدس سهمٍ حتّى إذا أخذ ثلث أموال أصحابه، يكون معه ثمن الدابة [١٧٧-١و] وهذا* يعدل شيئًا لأنّا جعلنا معه شيئًا. فنسقط المشترك ونضعّف الباقي. فيكون: شيء يعدل درهمًا وثلثا وثلث نصيبٍ وثلث سُهمٍ وهو مال الثاني. فثمن الدابة درهم وثلثا درهم وثلثا نصيبٍ وثلثا سهمٍ. ويكون مال الثالث درهمًا ونصف سدس درهمٍ وثلث ورُبع نصيبٍ وثلث سهمٍ حتّى إذا [٨٤-بو] أخذ ربع أموال أصحابه، يكون معه ثمن الدابة وهذا يعدل نصيبًا لأنّا جعلنا معه نصيبًا. ونسقط المشترك ونزيد على جميع ما يبقى مثله ومثل خُمسيه. فيكون النصيب معادلًا لدرهمين وثلاثة أخماس درهمٍ وأربعة أخماس سهمٍ وهو مال الثالث.

---

* وهذا: مكررة في الهامش [١]

Le bien du deuxième est deux dirhams plus un cinquième de dirham plus trois cinquièmes d'un sahm et le prix de la bête est trois
dirhams plus un cinquième de dirham plus un sahm plus un cinquième d'un sahm. Le bien du quatrième est alors deux dirhams plus
un cinquième de dirham plus un cinquième d'un cinquième de dirham plus quatre cinquièmes d'un sahm plus trois cinquièmes d'un
cinquième d'un sahm ainsi que, s'il prend un cinquième des biens de
ses camarades, il aura le prix de la bête, et celui-ci égale un sahm.
En effet, nous avons posé qu'il possède un sahm. Nous retranchons
les [termes] communs des deux côtés, il reste : deux cinquièmes d'un
cinquième d'un sahm égalent deux dirhams plus un cinquième de dirham plus un cinquième d'un cinquième de dirham. Nous prenons la
moitié du nombre de dirham et nous la multiplions par vingt-cinq.
Il vient vingt-huit dirhams, à savoir le bien du quatrième. Le bien du
deuxième est dix-neuf dirhams, le bien du troisième est vingt-cinq
dirhams, le bien du premier est un dirham et le prix de la bête est
trente-sept dirhams comme il a été introduit.

162. S'il est dit : le problème est le même et le prix de la bête
avec tous leurs biens est cent dirhams.
Nous additionnons l'ensemble de leurs biens avec le prix de la bête. Il
vient cent-dix et ce qu'ils ont est une chose. Nous le multiplions par
cent, nous divisons le total par cent-dix et le résultat est son bien. Ou
bien nous retranchons du bien de chacun d'eux une partie [A-177v°]
de onze parties de ce que chacun possède et le reste est son bien. Nous
procédons de la même manière pour le prix de la bête.

163. S'il est dit : trois *carrés* sont donnés, si nous ajoutons au
premier l'égal d'un tiers de la somme du deuxième et du troisième, au
deuxième l'égal d'un quart du troisième et du premier, et au troisième
l'égal d'un cinquième du premier [B-84v°]
et du deuxième, alors ils s'égalent.
Ce problème est égal au propos précédent, à savoir : le premier de
trois hommes demande un tiers des biens de ses deux camarades, le
deuxième un quart des biens de ses deux camarades et le troisième
un cinquième des biens de ses deux camarades, afin que chacun d'eux
obtienne le prix d'une certaine bête. Le même problème a déjà été
introduit.

فيكون مال الثاني درهمين وخمس درهمٍ وثلاثة أخماس سهمٍ وثمن الدابة ثلاثة دراهم وخُمس درهمٍ وسهمًا وخمس سهمٍ. فيكون مال الرابع درهمين وخمس درهمٍ وخمس خمس درهمٍ وأربعة أخماس سهمٍ وثلاثة أخماس خمس سهمٍ، حتّى إذا أخذ خمس أموال أصحابه يكون معه ثمن الدابة وذلك يعدل سهمًا لأنّا جعلنا معه سهمًا. فنسقط المشترك من الجانبين، يبقى: خُمسا خُمس سهمٍ يعدل درهمين وخمس درهمٍ وخمس خمس درهم. فنأخذ نصف عدد الدراهم ونضربه في خمسةٍ وعشرين. فيصير ثمانية وعشرين درهمًا وهو مال الرابع. فمال الثاني تسعة عشر درهمًا، ومال ثالث خمسة وعشرون درهمًا، ومال الأوّل درهم، وثمن الدابة سبعة وثلاثون درهمًا كما تقدّم.

١٦٢. فإن قيل المسألة بحالها وكان ثمن الدابة مع أموالهم كلّها مائة درهم. فنجمع أموالهم كلّها مع ثمن الدابة فيكون مائة وعشرة فكلّ من كان له شيء. نضربه في مائةٍ ونقسم المبلغ على مائة وعشرة فما خرج فهو ماله. أو نسقط من مال كلّ واحدٍ منهم جزئًا [١-١٧٧ظ] من أحد عشر جزئًا ممّا معه فما يبقى معه فهو ماله. وكذلك نعمل ثمن الدابة.

١٦٣. فإن قيل ثلاثة أموالٍ إذا زدنا على الأوّل مثل ثلث الثاني والثالث جميعًا، وعلى الثاني مثل ربع الثالث والأوّل، وعلى الثالث مثل خُمس الأوّل [ب-٨٤ظ] والثاني فاعتدلت.

فهذه المسألة مثل قول القابل: ثلاثة رجالٍ طلب الأوّل ثلث مالي صاحبيه، والثاني ربع مالي صاحبيه، والثالث خُمس مالي صاحبيه ليصير مع كلّ واحدٍ منهم ثمن دابةٍ معينةٍ. وقد سبقت المسألة بعينها.

---

٢ وسهمًا وخمس سهمٍ: في[١]   ٣ وثلاثة أخماس خمس سهمٍ: في[١]   ١٢ نسقط: يسقط[ب]
١٧ فاعتدلت: اعتدلت

164. S'il est dit : quatre hommes sont tels que chacun d'eux a un bien. Si le premier prend du deuxième un dirham, il aura le double de ce que reste au deuxième. Si le deuxième prend du troisième deux dirhams, il aura trois fois ce que reste au troisième. Si le troisième prend du quatrième trois dirhams, il aura quatre fois ce que reste au quatrième. Si le quatrième prend du premier quatre dirhams, il aura cinq fois ce que reste au premier.

Nous posons le bien du premier une chose et le bien du deuxième une portion. Nous prenons du deuxième un dirham et nous l'ajoutons à une chose. Il vient une chose plus un dirham, et cela égale deux fois une portion moins un dirham. La portion est [la moitié] d'une chose plus un dirham plus un demi et est le bien du deuxième.

Puis, nous posons le bien du troisième une portion, nous prenons d'elle deux dirhams et nous les ajoutons au bien du deuxième. [Le troisième] aura donc la moitié d'une chose plus trois dirhams plus la moitié d'un dirham, et cela égale trois fois une portion moins deux dirhams. La portion est un sixième d'une chose plus trois dirhams plus un sixième de dirham et est le bien du troisième.

Puis, nous posons le bien du quatrième une portion, nous prenons de lui trois dirhams et nous les ajoutons au bien du troisième. Il aura un sixième d'une chose plus six dirhams plus un sixième de dirham, et cela égale quatre fois une portion moins trois dirhams. La portion est un tiers d'un huitième d'une chose plus quatre dirhams plus la moitié d'un dirham plus un tiers d'un huitième de dirham, c'est le bien du quatrième. [B-85r°]

Puis, nous prenons du bien du premier quatre dirhams et nous les ajoutons au bien du quatrième. Celui-ci aura un tiers d'un huitième d'une chose plus huit dirhams plus la moitié d'un dirham plus un tiers d'un huitième de dirham, et cela [A-178r°] égale cinq choses moins vingt dirhams. La chose est cinq dirhams plus quatre-vingt-dix parties de cent-dix-neuf parties d'un dirham et est le bien du premier. Le bien du deuxième est quatre dirhams plus quarante-cinq parties, le bien du troisième est quatre dirhams plus quinze parties et le bien du quatrième est quatre dirhams plus quatre-vingt-treize parties, chacune de cent-dix-neuf parties d'un dirham.

١٦٤. فإن قيل أربعة رجالٍ مع كلّ واحدٍ منهم مال. إن أخذ الأوّل من الثاني درهمًا كان معه ضعف الباقي مع الثاني. وإن أخذ الثاني من الثالث درهمين كان معه ثلاثة أمثال الباقي مع الثالث. وإن أخذ الثالث من الرابع ثلاثة دراهم كان معه أربعة أمثال الباقي مع الرابع. وإن أخذ الرابع من الأوّل أربعة دراهم كان معه خمسة أمثال الباقي مع الأوّل.

فنجعل مال الأوّل شيئًا ومال الثاني قسطًا. فنأخذ من الثاني درهمًا ونزيده على شيءٍ. فيصير شيئًا ودرهمًا وذلك يعدل مثلي قسط إلّا درهمًا. فالقسط [نصف] شيء ودرهمٌ ونصفٌ وهو مال الثاني.

ثمّ نجعل مال الثالث قسطًا ونأخذ منه درهمين ونزيدهما على مال الثاني. فيصير [الثالث] معه نصف شيءٍ وثلاثة دراهم ونصف درهم وذلك يعدل ثلاثة أمثال قسط إلّا درهمين. فالقسط سُدس شيءٍ وثلاثة دراهم وسُدس درهم وهو مال الثالث.

ثمّ نجعل مال الرابع قسطًا ونأخذ منه ثلاثة دراهم ونزيدها على مال الثالث. فيصير معه سُدس شيء وستّة دراهم وسُدس درهم وذلك يعدل أربعة أمثال قسط إلّا ثلاثة دراهم. فالقسط ثلث ثمن شيءٍ وأربعة دراهم ونصف درهمٍ وثلث ثمن درهمٍ وهو مال الرابع. [ب-٨٥و]

ثمّ نأخذ من مال الأوّل أربعة دراهم ونزيدها على مال الرابع فيصير معه ثلث ثمن شيءٍ وثمانية دراهم ونصف درهمٍ وثلث ثمن درهمٍ وذلك [١٧٨-ا و]

يعدل خمسة أشياء إلّا عشرين درهمًا. فالشيء خمسة دراهم وتسعون جزءًا من مائة وتسعة عشر جزءًا من درهمٍ وهو مال الأوّل. فمال الثاني أربعة دراهم وخمسة وأربعون جزءًا، ومال الثالث أربعة دراهم وخمسة عشر جزءًا، ومال الرابع أربعة دراهم وثلاثة وتسعون جزءًا كلّها من مائة وتسعة عشر جزءًا من درهمٍ.

٩ ونأخذ: ويأخذ[ب] ١٣ ونأخذ: ويأخذ[ب] ١٧ ثمّ نأخذ من مال الأوّل أربعة دراهم ونزيدها على مال الرابع: في[ب]

165. S'il est dit : cinq hommes se rencontrent et chacun d'eux a un bien. Le premier demande la moitié du bien du deuxième, le deuxième un tiers du bien du troisième, le troisième un quart du bien du quatrième, le quatrième un cinquième du bien du cinquième et le cinquième un sixième du bien du premier, de manière que, après avoir pris et donné, leurs biens s'égalent.

Nous posons le bien du premier six choses, le bien du deuxième deux portions, le bien du troisième trois parts, le bien du quatrième quatre sahm et le bien du cinquième cinq dirhams. Si le premier donne au sixième et prend du deuxième, et le deuxième prend du troisième, alors le premier aura cinq choses plus une portion. Cela égale ce que le deuxième aura, à savoir une portion plus une part. La part égale donc cinq choses et le bien du premier est une part plus un cinquième d'une part.

Si le troisième prend du quatrième et donne au deuxième, alors il aura deux parts plus un sahm et cela égale ce que le deuxième aura, à savoir une portion plus une part. La portion égale une part plus un sahm, et le bien du deuxième est alors deux parts plus deux sahm.

Si le quatrième prend du cinquième et donne au troisième, [B-85v°] il aura trois sahm plus un dirham, et cela égale ce que le troisième aura, à savoir deux parts plus un sahm. La part égale un sahm plus la moitié d'un dirham. Le bien du troisième est alors trois sahm plus un dirham plus la moitié d'un dirham. Le bien du premier est un sahm plus un cinquième d'un sahm plus trois cinquièmes de dirham, car il est une part plus un cinquième d'une part.

Le bien du deuxième est quatre sahm plus un dirham, car il est deux parts plus deux sahm, le bien du troisième est trois sahm plus un dirham, le bien du quatrième est quatre sahm et le bien du cinquième est cinq dirhams.

Si le premier donne au cinquième [A-178v°]
et prend du deuxième, et si le cinquième donne au quatrième et prend du premier, alors le premier aura trois

١٦٥. فإن قيل خمسة رجالٍ التقوا ومع كلّ واحدٍ منهم مالٌ. فطلب الأوّل نصف مال الثاني، والثاني ثلث مال* الثالث، والثالث ربع مال الرابع، والرابع خُمس مال الخامس، والخامس سدس مال الأوّل حتّى يستوى أموالهم بعد الأخذ والإعطاء.

فنجعل مال الأوّل ستّة أشياء، ومال الثاني قسطين، ومال الثالث ثلاثة أنصاب، ومال الرابع أربعة أسهمٍ، ومال الخامس خمسة دراهم. فإذا أعطى الأوّل السدس وأخذ من الثاني وأخذ الثاني من الثالث، يصير مع الأوّل خمسة أشياء وقسط. وذلك يعدل ما حصل مع الثاني وهو قسط ونصيب. فالنصيب يعدل خمسة أشياء فمال الأوّل نصيب وخمس نصيبٍ.

وإذا أخذ الثالث من الرابع وأعطى الثاني، يصير معه نصيبان وسهم وذلك يعدل ما حصل مع الثاني وهو قسط ونصيب. فالقسط يعدل نصيبًا وسهمًا فمال الثاني نصيبان وسهمان.

وإذا أخذ الرابع من الخامس وأعطى الثالث [ب-٨٥ظ] يصير معه ثلاثة أسهم ودرهم وذلك يعدل ما حصل مع الثالث وهو نصيبان وسهمٌ. فالنصيب يعدل سهمًا ونصف درهم. فمال الثالث ثلاثة أسهم ودرهم ونصف درهم. فمال الأوّل سهمٌ وخُمس سهمٍ وثلاثة أخماس درهمٍ لأنّه كان نصيبًا وخُمس نصيبٍ. فمال الثاني أربعة أسهمٍ ودرهمٍ لأنّه كان نصيبين وسهمين. ومال الثالث ثلاثة أسهمٍ ودرهم ومال الرابع أربعة أسهمٍ ومال الخامس خمسة دراهم. فإذا أعطى الأوّل الخامس [أ-١٧٨ظ]

وأخذ من الثاني وأعطى الخامس الرابع وأخذ من الأوّل، يصير مع الأوّل ثلاثة

---

sahm plus un dirham, le cinquième aura quatre dirhams plus un dixième de dirham plus un cinquième d'un sahm, et les deux [résultats] s'égalent. Le sahm est trente-et-un parties de vingt-huit parties d'un dirham. Le bien du premier est cinquante-quatre parties, le bien du deuxième est cent-cinquante-deux parties, le bien du troisième est cent-trente-cinq parties, le bien du quatrième est cent-vingt-quatre parties d'un dirham et le bien du cinquième est cent-quarante parties, chacune de vingt-huit parties d'un dirham.

Nous posons à la place de chaque partie de ce qu'ils possèdent un dirham. S'ils prennent et ils donnent conformément à la question, chacun d'eux aura, après avoir pris et donné, cent-vingt-et-un dirhams.

166. S'il est dit : trois biens sont tels que nous prenons du premier son quart et nous ajoutons le reste au deuxième et au troisième en parties égales. Puis, nous prenons du deuxième avec l'ajout son quart et nous ajoutons le reste au troisième. Puis, nous prenons du troisième avec l'ajout son quart. Les quarts pris des trois sont alors égaux à la moitié des trois biens.

Nous posons le premier une chose, [B-86r°]

le deuxième une portion et le troisième un dirham. Nous prenons du premier un quart d'une chose et nous ajoutons au reste une portion et un dirham en parties égales. Puis, nous prenons d'une portion plus un quart plus un huitième d'une chose son quart, à savoir un quart d'une portion plus la moitié d'un huitième plus un quart d'un huitième d'une chose, et nous ajoutons le reste à un dirham. Il vient un dirham plus soixante-trois parties de quatre-vingt-seize parties d'une chose plus trois quarts d'une portion.

Nous prenons son quart, à savoir un quart d'un dirham plus vingt-et-un parties de cent-vingt-huit parties d'une chose plus un huitième plus la moitié d'un huitième d'une portion. Nous additionnons l'ensemble des quarts des trois qui sont pris. Il vient la moitié d'une chose plus une partie de cent-vingt-huit parties d'une chose plus trois huitièmes plus la moitié d'un huitième d'une portion plus un quart de dirham, et cela égale la moitié d'une chose plus la moitié d'une portion plus la moitié d'un dirham. Nous ôtons les communs [A-179r°]

أسهمٍ ودرهمٍ، ومع الخامس أربعة دراهم وعشر درهم وخمس سهمٍ، وهما متعادلان. فتكون السهم أحدًا وثلاثين جزئًا من ثمانية وعشرين جزئًا من درهمٍ. فمال الأوّل أربعة وخمسون جزئًا ومال الثاني مائة واثنان وخمسون جزئًا ومال الثالث مائةٌ وخمسة وثلاثون جزئًا ومال الرابع مائة وأربعة عشر درهمًا وعشرون جزئًا ومال الخامس مائة وأربعون جزئًا كلّ ذلك من ثمانية وعشرين جزئًا من درهمٍ.

فنجعل بدل كلّ جزءٍ ممّا معهم درهمًا. فإذا أخذوا وأعطوا على مقتضٍ السؤال، يصير مع كلّ واحدٍ منهم، بعد الأخذ والإعطاء، مائة وأحد وعشرون درهمًا.

١٦٦. فإن قيل ثلاثة أموالٍ أخذنا من الأوّل ربعه وزدنا الباقي على الثاني والثالث بالسوية. ثمّ أخذنا من الثاني مع الزيادة ربعه وزدنا الباقي على الثالث ثمّ أخذنا من الثالث مع الزيادة ربعه فكانت الأرباع الثلاثة المأخودة مثل نصف الأموال الثلاثة.

فنجعل الأوّل شيئًا [ب-٨٦و]

والثاني قسطًا والثالث درهمًا. ونأخذ من الأوّل ربع شيءٍ ونزيد على الباقي قسط ودرهمٍ بالسوية. ثمّ نأخذ من قسط وربع وثمن شيءٍ ربعه، وهو ربع قسط ونصف ثمن* وربع ثمن شيءٍ، ونزيد الباقي على درهم. فيصير درهمًا وثلاثة وستّين جزئًا من ستّةٍ وتسعين جزئًا من شيءٍ وثلاثة أرباع قسط. فنأخذ ربعه وهو ربع درهمٍ وأحد وعشرون جزئًا من مائةٍ وثمانية وعشرين جزئًا من شيءٍ وثمن ونصف ثمن قسطٍ. فنجمع جميع الأرباع الثلاثة الماخودة. فيكون نصف شيءٍ وجزئًا من مائةٍ وثمانية وعشرين جزئًا من شيءٍ وثلاثة أثمان ونصف ثمن قسط وربع درهمٍ وذلك يعدل نصف شيءٍ ونصف قسطٍ ونصف درهمٍ. فنلقي المشترك [ا-١٧٩و]

---

٤ وأربعة عشرون درهمًا: وأربعة عشرون جزئًا[ا] ١٠ ربعه: في[ا] ١٣ ونأخذ: ويأخذ[ب]
١٣ على الباقي قسط: الباقي على قسط[ا] ١٤ نأخذ: يأخذ[ب] ١٥ ونزيد: ويزيد[ب] ١٦ فنأخذ: فيأخذ[ب]

* ربعه وهو ربع قسط ونصف ثمن: مكررة في [ب]

des deux côtés. Il reste : une partie de cent-vingt-huit parties d'une chose égalent la moitié d'un huitième d'une portion plus un quart de dirham. Nous multiplions le total par cent-vingt-huit. La chose est donc égale à huit portions plus trente-deux dirhams.

Nous posons la portion un nombre quelconque, qu'il soit trois : c'est le deuxième. La chose est alors cinquante-six dirhams, elle est le premier et le troisième est un dirham. Si nous prenons trois quarts du troisième avec l'ajout, à savoir soixante-trois parties de cent-vingt-huit parties d'une chose plus un demi plus la moitié d'un huitième d'une portion plus trois quarts de dirham, et si nous le confrontons à la moitié d'une chose plus la moitié d'une portion plus la moitié d'un dirham, alors on obtient également ce que nous avons mentionné.

C'est comme lorsque nous confrontons les quarts des trois qui sont pris aux trois quarts du troisième [B-86v°]
avec l'ajout, cela parce que, si les quarts des trois qui sont pris sont égaux à la moitié des trois biens, alors l'autre moitié, à savoir trois quarts du troisième avec l'ajout, le sera [aussi].

167. S'il est dit : quatre biens sont tels que nous prenons du premier son quart et nous ajoutons le reste aux trois qui restent en parties égales. Puis, nous prenons du deuxième avec l'ajout son quart et nous ajoutons le reste au troisième et au quatrième en parties égales. Puis, nous prenons du troisième avec l'ajout son quart et nous ajoutons le reste au quatrième. Puis, nous prenons du quatrième avec l'ajout son quart. Les quarts des quatre qui sont pris sont égaux à la moitié des quatre biens, ou trois quarts du quatrième avec l'ajout sont égaux à la moitié des quatre biens. Les quarts des trois qui sont pris sont alors égaux à trois quarts du quatrième avec l'ajout, on ne distingue donc pas entre les trois questions, selon ce qui a été mentionné.

Nous posons le premier une chose, le deuxième une portion, le troisième une part et le quatrième un dirham. Nous prenons du premier un quart d'une chose, du deuxième avec l'ajout une portion plus la moitié d'un huitième d'une chose, du troisième avec l'ajout

من الجانبين، يبقى جزء من مائة وثمانية وعشرين جزئًا من شيءٍ يعدل نصف*
ثمن قسط وربع درهم. فنضرب جميع ما معنا في مائة وثمانية وعشرين. فيصير
الشيء معادلًا لثمانية أقساطٍ واثنين وثلاثين درهمًا.

فنجعل القسط أيّ عددٍ شئنا، وليكن ثلاثة وهو الثاني. فيكون الشيء ستّة ٥
وخمسين درهمًا وهو الأوّل والثالث درهم. ولو أخذنا ثلاثة أرباع الثالث مع الزيادة
وهو ثلاثة وستّون جزئًا من مائة وثمانية وعشرين جزئًا من شيءٍ ونصفٍ ونصف ثمن
قسط وثلاثة أرباع درهمٍ وقابلناه بنصف شيءٍ ونصف قسط ونصف درهم، خرج
أيضًا كما ذكرنا.

وكذلك لو قابلنا الأرباع الثلاثة المأخوذة بثلاثة أرباع الثالث [ب-٨٦ظ] ١٠
مع الزيادة وذلك لأنّ الأرباع الثلاثة المأخوذة إذا كانت مثل نصف الأموال الثلاثة،
كان النصف الآخر وهو ثلاثة أرباع الثالث مع الزيادة.

١٦٧. فإن قيل أربعة أموالٍ أخذنا من الأوّل ربعه وزدنا الباقي على الثلاثة
الباقية بالسوية. ثمّ أخذنا من الثاني مع الزيادة ربعه وزدنا الباقي على الثالث والرابع
بالسوية. ثمّ أخذنا من الثالث مع الزيادة ربعه وزدنا الباقي على الرابع. ثمّ أخذنا ١٥
من الرابع مع الزيادة ربعه. فكانت الأرباع الأربعة المأخوذة مثل نصف الأموال
الأربعة فكانت ثلاثة أرباع الرابع مع الزيادة مثل نصف الأموال الأربعة، فكانت
الأرباع الثلاثة المأخوذة مثل ثلاثة أرباع الرابع مع الزيادة إذ لا فرق بين الأُسئلة
الثلاثة على ما تقدّم.

فنجعل الأوّل شيئًا والثاني قسطًا والثالث نصيبًا والرابع درهمًا. فنأخذ من الأوّل ٢٠
ربع شيءٍ، ومن الثاني مع الزيادة ربع قسط ونصف ثمن شيءٍ، ومن الثالث مع

---

٥ وهو الأوّل والثالث درهم. ولو أخذنا ثلاثة: واحد بالثلاثة[ب]   ١٣ مع: من[ب]   ١٦ فكانت: أو
فكانت   ١٦ فكانت: أو فكانت   ٢٠ ربع: في[ب]

* نصف: في الهامش [١]

une part plus onze parties de cent-vingt-huit parties d'une chose plus trois quarts [A-179v°]

d'un huitième d'une portion, et du quatrième avec l'ajout un quart de dirham plus soixante-seize parties de cinq-cent-douze parties d'une chose plus vingt-et-un parties de cent-vingt-huit parties d'une portion plus un huitième plus la moitié d'un huitième d'une part. Nous additionnons l'ensemble de cela. Il vient la moitié d'une chose plus vingt-cinq parties de cinq-cent-douze parties d'une chose plus la moitié d'une portion [B-87r°]

plus une partie de cent-vingt-huit parties d'une portion plus trois huitièmes plus la moitié d'un huitième d'une part plus un quart de dirham, et cela égale la moitié d'une chose plus la moitié d'une portion plus la moitié d'une part plus la moitié d'un dirham. On ôte les communs des deux côtés. Il reste : vingt-cinq parties de cinq-cent-douze parties d'une chose plus une partie de cent-vingt-huit parties d'une portion égalent la moitié d'un huitième d'une part plus un quart de dirham. Nous multiplions le total par cinq-cent-douze. Il vient : vingt-cinq choses plus quatre portions égalent trente-deux parts plus cent-vingt-huit dirhams.

Nous posons la part un nombre quelconque, qu'il soit trois dirhams.

Il vient : vingt-cinq choses plus quatre portions égalent deux-cent, et quatre portions égalent deux-cent-vingt-quatre dirhams.

Nous posons la portion un nombre quelconque, qu'il soit six dirhams.

Il vient : vingt-cinq choses plus vingt-quatre dirhams égalent deux-cent-vingt-quatre dirhams. La chose est huit dirhams et est le premier bien. Le deuxième est six dirhams, le troisième trois dirhams et le quatrième un dirham.

168. S'il est dit : une troupe de soldats part en expédition. Le premier d'eux gagne un dirham, le deuxième deux dirhams, le troisième trois dirhams, de manière que chacun diffère [du précédent] d'un dirham, et la somme de ce qu'ils gagnent est deux-cent-dix dirhams.

الزيادة نصيب وأحد عشر جزئًا من مائة وثمانية وعشرين جزئًا من شيءٍ وثلاثة أرباع [١-١٧٩ظ]

ثمن قسط، ومن الرابع مع الزيادة ربع درهم وسبعة وسبعين جزئًا من خمسمائةٍ واثنى عشر جزئًا من شيء واحدًا وعشرين جزئًا من مائةٍ وثمانية وعشرين جزئًا من قسطٍ وثمن ونصف ثمن نصيب. فنجمع جميع ذلك. فيكون نصف شيءٍ وخمسة وعشرين جزئًا من خمسمائةٍ واثنى عشر جزئًا من شيء ونصف قسط [ب-٨٧و] وجزئًا من مائة وثمانية وعشرين جزئًا من قسط وثلاثة وثلاثة أثمان ونصف ثمن نصيب وربع درهم ونصف نصف شيءٍ ونصف قسطٍ ونصف نصيبٍ ونصف درهم.

فيلقي المشترك من الجانبين. فيبقى خمسة وعشرون جزئًا من خمسمائة واثنى عشر جزئًا من شيء وجزء من مائة وثمانية وعشرين جزئًا من قسطٍ يعدل نصف ثمن نصيب وربع درهم. فنضرب جميع ما معنا في خمسمائة واثنى عشر. فيصير خمسة وعشرون شيئًا وأربعة أقساطٍ يعدل اثنين وثلاثين نصيبًا ومائة وثمانية وعشرين درهمًا.

فنجعل النصيب أيّ عددٍ شئنا، ولتكن ثلاثة دراهم. فيكون: خمسة وعشرون شيئًا وأربعة أقساطٍ يعدل مائتين، وأربعة أقساط يعدل مائتين وأربعة وعشرين درهمًا. فنجعل القسط أي عددٍ شئنا وليكون ستّة دراهم. فيكون: خمسة وعشرون شيئًا وأربعة عشرون درهمًا يعدل مائتين وأربعة وعشرين درهمًا. فالشيء ثمانية دراهم وهو المال الأوّل. والثاني ستّة دراهم والثالث ثلاثة دراهم والرابع درهم.

١٦٨. فإن قيل جيش غزا. فغنم أوّلهم درهمًا والثاني درهمين والثالث ثلاثة دراهم وهكذا تفاضَل درهمٌ* ومجموع ما غنموا مائتان وعشرة دراهم.

---

٤ وعشرين: وعشر[ب]   ١٥ أقساط يعدل مائتين وأربعة: في[ب]   ١٦ شئنا: في[ب]   ١٨ ستّة: ثلاثة[ب]   ١٨ والثالث ثلاثة دراهم: في[ا]

* درهمٌ: مكررة في [ب]

Nous posons le nombre de la troupe une chose et nous additionnons de un à une chose selon l'ordre naturel, c'est-à-dire par l'ajout
de un à un. Il vient la moitié d'un *carré* plus la moitié d'une chose, et
cela égale deux-cent-dix. La chose est vingt, [B-87v°]
c'est le nombre de la troupe.

169. S'il est dit : [A-180r°]
nous ajoutons la racine de ce qu'ils gagnent à leur nombre et il vient
quatorze.
Une chose plus la racine de la moitié d'un *carré* plus la moitié d'une
chose égalent quatorze unités. Nous retranchons une chose des deux
côtés. Il reste : la racine de la moitié d'un *carré* plus la moitié d'une
chose égalent quatorze unités moins une chose. Nous mettons le total
au carré, et il vient : la moitié d'un *carré* plus la moitié d'une chose
égalent un *carré* plus cent-quatre-vingt-seize unités moins vingt-huit
choses. Un *carré* plus trois-cent-quatre-vingt-douze unités égalent
cinquante-sept choses. En soustrayant, on obtient la chose, huit, et
c'est le nombre de la troupe. En effet, en ajoutant, le procédé n'est
pas vrai. Ce qu'ils gagnent est donc trente-six.

170. S'il est dit : ils partagent ce qu'ils gagnent en parties égales
et chacun d'eux acquiert dix dirhams.
Nous multiplions leur nombre, à savoir une chose, par dix. Il vient
dix choses, c'est ce qu'ils gagnent, c'est-à-dire la moitié d'un *carré*
plus la moitié d'une chose. La chose est donc dix-neuf, et elle est leur
nombre.

171. S'il est dit : chacun d'eux a acquis une partie égale à deux
tiers du nombre de la troupe.
Nous multiplions leur nombre, à savoir une chose, par deux de ses
tiers. Il vient deux tiers d'un *carré* et cela égale la moitié d'un *carré*
plus la moitié d'une chose. La chose est trois et est leur nombre.

172. S'il est dit : ils partagent ce qu'ils gagnent en deux fois leur
nombre et chacun acquiert cinq dirhams, cela est comme si on disait :
ils [le] partagent entre eux et chacun acquiert dix dirhams.

فنجعل عدد الجيش شيئًا ونجمع من الواحد إلى الشيء على النظم الطبيعي، أيّ بزيادة واحدٍ واحدٍ. فيكون نصف مالٍ ونصف شيء وذلك يعدل مائتين وعشرة. فالشيء عشرون [ب-٨٧ظ]

وهو عدد الجيش.

١٦٩. فإن قال [ا-١٨٠و]

زدنا جذر ما غنموا على عددها فكان أربعة عشر.

فشيء وجذر نصف مالٍ ونصف شيء يعدل أربعة عشر أحدًا. فنسقط شيئًا من الجانبين. فيبقى: جذر نصف مالٍ ونصف شيءٍ يعدل أربعة عشر أحدًا إلّا شيئًا. فنربّع الكلّ فيكون: نصف مالٍ ونصف شيءٍ يعدل مالًا ومائةً وستّة وتسعين أحدًا إلّا ثمانية وعشرين شيئًا. فمالٌ وثلاثمائة واثنان وتسعون أحدًا يعدل سبعة وخمسين شيئًا. فيخرج الشيء بالنقصان ثمانية وهي عدد الجيش لأنّ الزيادة لا يصحّ* العمل. وما غنموا ستّة وثلاثون.

١٧٠. فإن قال قسموا ما غنموا بينهم بالسويّة. فأصاب كلّ رجلٍ منهم عشرة دراهم.

فنضرب عددهم وهو شيء في عشرة. فيصير عشرة أشياء وهو ما غنموا أعني نصف مالٍ ونصف شيءٍ. فالشيء تسعة عشر وهو عددهم.

١٧١. فإن قال أصاب كلّ رجلٍ منهم مثل ثلثي عدّه الجيش.

فنضرب عددهم وهو شيء في ثلثيه. فيكون ثلثي مالٍ وذلك يعدل نصف مالٍ ونصف شيءٍ. فالشيءُ ثلاثة وهو عددهم.

١٧٢. فإن قيل قسموا ما عنموا بين مثليهم. فأصاب كلّ واحدٍ خمسة دراهم، فكأنّه قال أقتسموا بينهم فأصاب كلّ واحدٍ عشرة دراهم.

173. Si on dit : ils partagent [le butin] en la moitié de leur [nombre] et chacun d'eux acquiert vingt dirhams, cela est comme si on disait : ils [le] partagent entre eux et chacun acquiert dix dirhams.

174. S'il est dit : l'un d'eux gagne trois dirhams, chacun diffère du précédent de deux dirhams et la somme de ce qu'ils gagnent est deux-cent-cinquante-cinq. [B-88r°]
Nous posons leur nombre une chose, Puis, en partant de trois unités, on additionne en ajoutant deux à deux. Il vient un *carré* plus deux choses et ceci égale deux-cent-cinquante-cinq. La chose est quinze. C'est leur nombre. [A-180v°]

175. S'il est dit : le premier d'entre eux gagne dix dirhams, chacun diffère du précédent de cinq et la somme de ce qu'ils gagnent est trois-cent-vingt-cinq.
Nous posons leur nombre une chose et nous savons déjà que, si le premier gagne dix dirhams, alors le dernier gagne cinq choses plus cinq dirhams.
Nous additionnons de cinq unités à cinq choses plus cinq unités en ajoutant cinq à cinq. C'est ce par quoi on additionne les extrêmes et nous les multiplions par la moitié du nombre de fois, à savoir la moitié d'une chose. Il vient deux *carrés* plus la moitié d'un *carré* plus sept choses plus la moitié d'une chose, et cela égale trois-cent-vingt-cinq. Un *carré* plus trois choses égale cent-trente. La chose est dix, c'est leur nombre.

176. S'il est dit : le premier d'entre eux gagne un dirham et chacun diffère du précédent d'un dirham jusqu'à la moitié de leur nombre. Puis, le premier de la deuxième moitié gagne deux dirhams et chacun diffère du précédent de deux dirhams. Le total de ce qu'ils gagnent est cent-soixante-cinq dirhams.

١٧٣. فإن قال قسموا بين نصفهم فأصاب كلّ رجلٍ عشرين درهمًا، فكأنّه قال قسموا بينهم فأصاب كلّ رجلٍ عشرة دراهم.

١٧٤. فإن قال غنم أوّلهم ثلاثة دراهم وتفاضلوا بدرهمين درهمين ومجموع ما غنموا مائتان وخمسة [ب-٨٨و] وخمسون.

فنجعل عددهم شيئًا ثمّ نجمع من ثلاثة آحادٍ بزيادة اثنين اثنين. بعد مرات الشيء، فيكون مالًا وشيئين وذلك يعدل مائتين وخمسة وخمسين، فالشيء خمسة عشر وهو عددهم. [ا-١٨٠ظ]

١٧٥. فإن قال غنم أوّلهم عشرة دراهم وتفاضلوا بخمسة خمسة، ومجموع ما غنموا ثلاثمائة وخمسة وعشرون.

فنجعل عددهم شيئًا وقد علمنا أن الأوّل غنم عشرة دراهم فيكون الآخِر قد غنم خمسة أشاء وخمسة دراهم*.

فنجمع من عشرة آحاد إلى خمسة أشياء وخمسة آحادٍ بزيادة خمسةٍ خمسةٍ. [وذلك] بأن يجمع بين الطرفين ونضربها في نصف عدد المرات وهو نصف شيءٍ. فيصير مالين ونصف مالٍ وسبعة أشياء ونصف شيءٍ وذلك يعدل ثلاثمائة وخمسة وعشرين. فمال وثلاثة أشياء يعدل مائة وثلاثين. فالشيء عشرة وهي عددهم.

١٧٦. فإن قال غنم أوّلهم درهمًا وتفاضلوا بدرهم درهمٍ إلى نصف عددهم. ثمّ غنم أوّل النصف الثاني درهمين وتفاضلوا بدرهمين درهمين، وجميع ما غنموا مائة وخمسة وستّون درهمًا.

---

¹ رجلٍ: أحد[ب]   ⁸ خمسة عشر: خمسة وعشرون   ¹² الآخِير: الآخر[ا]

* فنجعل عددهم شيئًا وقد علمنا أنّ الأوّل غنم عشرة دراهم فيكون الآخِر قد غنم: مشطوب في [ا]

Nous posons le nombre de la troupe deux choses et nous additionnons de un à une chose par l'ajout de un à un. Il vient la moitié d'un *carré* plus la moitié d'une chose. Puis, à partir de deux, nous additionnons en faisant différer de deux à deux le nombre de fois de la chose. Il vient un *carré* plus une chose, et nous additionnons [les deux résultats]. Il vient un *carré* plus la moitié d'un *carré* plus une chose plus la moitié d'une chose, et cela égale cent-soixante-cinq unités. La chose est dix, c'est leur nombre.

177. S'il est dit : [B-88v°]
les deux tiers d'entre eux partent en expédition, le premier gagne un dirham et chacun d'eux diffère du précédent de deux dirhams. Puis, ils partagent ce qu'ils ont gagné avec toute la troupe en parties égales. Chacun acquiert quatre dirhams.

C'est comme lorsqu'on dit : chacun acquiert de l'expédition six dirhams. Nous prenons le nombre de la troupe toute entière une chose et nous la multiplions par quatre dirhams. Il vient quatre choses, à savoir le nombre de dirham qu'ils gagnent. Puis, nous additionnons de un à deux tiers d'une chose en ajoutant deux à deux. C'est ce par quoi tu multiplies la grandeur de la différence, à savoir [A-181r°] deux, par le plus petit de leur nombre de un, je veux dire deux tiers d'une chose moins un. Il vient une chose plus un tiers d'une chose moins deux, à savoir la grandeur de l'ajout du dernier au premier. Nous lui ajoutons le nombre du premier, à savoir une unité. Il vient une chose plus un tiers d'une chose moins un, à savoir le nombre du dernier.
Nous additionnons de un à une chose plus un tiers d'une chose moins une unité en ajoutant deux à deux. C'est ce par quoi nous additionnons entre eux les extrêmes et nous les multiplions par la moitié des fois, à savoir un tiers d'une chose. Il vient quatre neuvièmes d'un *carré* et cela est l'ensemble de ce qu'ils ont gagné, c'est-à-dire quatre choses. La chose est neuf et est le nombre de la troupe toute entière.

178. S'il est dit : trois quarts d'entre eux partent en expédition, le premier gagne un dirham et chacun d'eux diffère du précédent de trois. Puis, ils partagent ce qu'ils ont gagné avec l'ensemble de la troupe, et chacun acquiert vingt-quatre dirhams.

فنجعل عدد الجيشين شيئين ونجمع من واحدٍ إلى شيءٍ بزيادة واحدٍ واحدٍ. فيكون نصف مالٍ ونصف شيءٍ. ثمّ نجمع من اثنين بتفاضل اثنين اثنين بعدد مرات الشيء. فيكون مالًا وشيئًا ونجمعهما. فيكون مالًا ونصف مالٍ وشيئًا ونصف شيءٍ وذلك يعدل مائة وخمسة وستّين أحدًا. فالشيء عشرة وهي عددهم.

١٧٧. فإن قال [ب٨٨-ظ]

غزا ثلاثاهم فغنم أوّلهم درهمًا وتفاضلوا بدرهمين درهمين. ثمّ قسموا ما غنموا بين جميع الجيش بالسوّية. فأصاب كلّ رجلٍ أربعة دراهم.

فكأنّه قال أصاب كلّ واحدٍ ممّن غزا ستّة دراهمًا. ونأخذ عدد الجيش كلّهم شيئًا ونضربه في أربعة دراهم. فيكون أربعة أشياء وهي عدد الدراهم التي غنموا لها. ثمّ نجمع من واحدٍ إلى ثلثي شيءٍ بزيادة اثنين اثنين. وذلك بأن تضرب مقدار التفاضل، وهو [ا-١٨١و]

اثنان، في أقلّ من عددهم بواحدٍ، أعني ثلثي شيءٍ إلّا واحدًا. فيكون شيئًا وثلث شيءٍ إلّا اثنين وهو مقدار زيادة الآخر على الأوّل. فنزيد عليه العدد الأوّل وهو واحدٌ. فيصير شيئًا وثلث شيءٍ إلّا واحدًا وهو العدد الأخير.

فنجمع من واحد إلى شيءٍ وثلث شيءٍ إلّا واحدًا بزيادة اثنين اثنين. [وذلك] بأن نجمع بين الطريفين ونضربه في نصف المرات وهو ثلث شيءٍ. فيصير أربعة أتساع مالٍ وذلك جميع ما غنموا، أعني أربعة أشياء. فالشيء تسعةٌ وهو عدد جميع الجيش.

١٧٨. فإن قال غزا ثلاثة أرباعهم فغنم أوّلهم درهمًا وتفاضلوا ثلاثة ثلاثة. ثمّ قسموا ما غنموا بين جميع الجيش فأصاب كلّ رجلٍ منهم أربعة وعشرون درهمًا.

١ ونجمع: ويجمع[ب] ٢ نجمع: يجمع[ب] ١٠ نجمع: يجمع[ب] ١٠ تضرب: يضرب[ب]
١٥ من واحد إلى شيء: في[ا] ١٦ نجمع: يجمع[ب]

C'est comme lorsqu'on dit : on partage les deux gains, et chacun d'eux acquiert trente-deux dirhams. Ou bien nous posons le nombre de la troupe une chose, ce qu'ils ont gagné est donc vingt-quatre choses au total et ceux qui partent en expédition sont trois quarts d'une chose. L'ensemble du gain est trois quarts d'un *carré* plus trois quarts d'un huitième d'un *carré* plus trois huitièmes d'une chose et cela égale vingt-quatre choses. La chose est donc vingt-huit, [B-89r°] à savoir le nombre de la troupe.

179. Si on dit : deux tiers d'entre eux partent en expédition, le premier gagne un dirham et chacun d'eux diffère du précédent de deux dirhams. Le tiers restant part en expédition, le premier gagne deux dirhams et chacun d'entre eux diffère du précédent de quatre dirhams. Puis, ils partagent l'ensemble de ce qu'ils ont gagné en parties égales et chacun d'eux acquiert vingt dirhams.

Nous posons le nombre de la troupe une chose, donc l'ensemble de ce qu'ils gagnent est vingt choses. Deux tiers d'une chose partent en expédition, le premier d'entre eux gagne un dirham et chacun d'entre eux diffère du précédent de deux dirhams. Le gain total est donc quatre neuvièmes d'un *carré*.

Puis, un tiers d'une chose part en expédition, le premier d'eux gagne deux dirhams et chacun d'eux diffère du précédent de quatre. Le gain total est donc deux neuvièmes d'un *carré*. La troupe toute entière gagne un tiers d'un *carré*, et cela égale vingt choses. La chose est trente, c'est le nombre de la troupe.

180. Si on dit : quatre de leurs racines plus la moitié de leur racine partent en expédition, le premier d'entre eux gagne un dirham et chacun d'eux diffère du précédent d'un dirham. [A-181v°]
Ils partagent le gain avec l'ensemble de la troupe en parties égales, et chacun d'eux acquiert dix dirhams plus la moitié d'un dirham.
Nous posons le nombre de la troupe un *carré*, donc le gain total est dix *carrés* plus la moitié d'un *carré*. Quatre choses plus la moitié d'une chose sont partis en expédition. Le premier d'entre eux gagne un dirham et chacun diffère du précédent d'un dirham. Le gain total est donc dix *carrés* plus un huitième d'un *carré* plus deux choses plus un quart d'une chose, et cela égale dix *carrés* plus la moitié d'un *carré*.

فكأنّه قال قسم بين الغانمين فأصاب كلّ رجلٍ منهم اثنان وثلاثون درهمًا.

أو نجعل عدد الجيش شيئًا. فجميع ما غنموا أربعة وعشرون شيئًا، وقد غزا ثلاثة أرباع شيء. فجميع ما غنموه ثلاثة أرباع مالٍ وثلاثة أرباع ثمن مال وثلاثة أثمان

٥ شي وذلك يعدل أربعة وعشرين شيئًا. فالشيء [ب-٨٩و]

ثمانية* وعشرون وهو عدد الجيش.

١٧٩. فإن قال غزا ثلثاهم فغنم أوّلهم درهمًا وتفاضلوا بدرهمين درهمين. وغزا الثالث الباقي فغنم أوّلهم درهمين وتفاضلوا بأربعةٍ. ثمّ قسموا جميع ما غنموا بينهم بالسوية فأصاب كلّ رجلٍ عشرين درهمًا.

١٠ فنجعل عدد الجيش شيئًا. فجميع ما غنموا عشرون شيئًا. وقد غزا ثلثا شيءٍ وغنم أوّلهم درهمًا وتفاضلوا بدرهمين درهمين. فيكون جميع ما غنموه أربعة أتساع مالٍ.

ثمّ غزا ثلث شيءٍ وغنم أوّلهم درهمين وتفاضلوا بأربعةٍ. فجميع ما غنموه تُسعا مال. فجميع ما غنم الجيش كلّه ثلثا مالٍ وذلك يعدل عشرين شيئًا. فالشيء

١٥ ثلاثون وهو عدد الجيش.

١٨٠. فإن قال غزا أربعة أجذارهم ونصف جذرهم فغنم أوّلهم درهمًا وتفاضلوا بدرهمٍ درهمٍ. [ا-١٨١ظ]

فقسموا ما غنموا بين جميع الجيش بالسوية. فأصاب كلّ رجلٍ منهم عشرة دراهم ونصف درهم.

٢٠ فنجعل عدد الجيش مالًا فجميع ما غنموه عشرة أموالٍ ونصف مالٍ وقد غزا أربعة أشياء ونصف شيءٍ. فغنم أوّلهم درهمًا وتفاضلوا بدرهمٍ درهمٍ. فيكون جميع ما غنموه عشرة أموال وثُمن مالٍ وشيئين وربع شيءٍ وذلك يعدل عشرة أموالٍ ونصف

---

٢ نجعل: يجعل[ب]   ٨ عشرين: عشرون[ب]   ٢١ وشيئين: وستّين[ا]

* ثمانية: مكررة في الهامش [ب]

La chose est six et le *carré* trente-six. C'est le nombre de la troupe toute entière.

181. Si on dit : trente hommes partent en expédition, le premier gagne un dirham et chacun diffère du précédent d'une chose. L'ensemble du gain est mille-trois-cent [B-89v°] trente-cinq dirhams. De combien est la grandeur qui diffère ?

Tu le détermines par le procédé qui a été montré, à savoir : tu multiplies la différence, à savoir une chose, par le plus petit nombre du groupe diminué toujours de un. Il devient vingt-neuf choses, à savoir l'ajout du dernier au premier. Nous lui ajoutons le gain du premier, à savoir un. Il vient vingt-neuf choses plus un, à savoir ce que le dernier d'eux a gagné. Nous additionnons les deux extrêmes, à savoir vingt-neuf choses [plus un et un], et tu le multiplies par la moitié de leur nombre, à savoir quinze. Il vient quatre cent-trente-cinq choses plus trente dirhams, c'est l'ensemble du gain, c'est-à-dire mille dirhams et trois-cent-trente-cinq dirhams. La chose résulte trois dirhams, et elle est la grandeur qui diffère entre eux.

182. S'il est dit : tu as envoyé deux postiers le même jour à condition que l'un des deux parcoure chaque jour dix farsakhs et que l'autre parcoure le premier jour un farsakh, le deuxième deux farsakhs, le troisième trois farsakhs et qu'il ajoute ainsi un farsakh à un farsakh. Dans combien de jours se rejoignent-ils ?

Nous posons le nombre de jours dans lesquels ils se rejoignent une chose et nous le multiplions par dix. Il vient dix choses, c'est la grandeur que le premier parcourt. Puis, nous additionnons de un à une chose par l'ajout de un à un. Il vient : la moitié d'un *carré* plus la moitié d'une chose égalent dix choses. Un *carré* égale donc [A-182r°] dix-neuf choses. La chose est dix-neuf, à savoir le nombre de jours dans lesquels ils se rejoignent.

183. S'il est dit : tu as envoyé un postier à condition qu'il parcoure le premier jour un farsakh, le deuxième deux farsakhs, et ainsi qu'il augmente d'un farsakh en un farsakh et qu'il marche quatre-vingt-quatre jours. Puis, tu as envoyé un autre postier à condition qu'il parcoure le premier jour un farsakh, le deuxième trois farsakhs et [B-90r°]

مالٍ. فالشيء ستّة والمال ستّة وثلاثون وهو عدد الجيش كلّه.

١٨١. فإن قال ثلاثون رجلًا غزوا فغنم أوّلهم درهمًا وتفاضلوا بشيءٍ شيءٍ. فكان جميع ما غنموه ألف درهمٍ وثلاثمائة وخمس [ب-٨٩ظ] وثلاثين درهمًا. فكم مقدار التفاضل؟

فتستخرج بما تقدّم من العمل وهو أن تضرب التفاضل وهو شيء في أقلّ عدد القوم بواحدٍ أبدًا. فيصير تسعة وعشرين شيئًا وهو زيادة الأخير على الأوّل. فتزيد عليه ما غنم الأوّل وهو واحدٌ. فيصير تسعة وعشرين شيئًا وواحدًا وهو ما غنم آخرهم. فنجمع بين الطرفين وهو تسعة وعشرون شيئًا وتضربه في نصف عددهم وهو خمسة عشر. فيكون أربعمائة وخمسة وثلاثين شيئًا وثلاثين درهمًا وهو جميع ما غنموه أعني ألف درهمٍ وثلاثمائةٍ وخمسة وثلاثين درهمًا. فيخرج الشيء ثلاثة دراهم وهو مقدار التفاضل بينهم.

١٨٢. فإن قيل بريدان أرسلتهما في يومٍ واحدٍ على أن يسير أحدهما كلّ يومٍ عشرة فراسخ، ويسير الآخر في اليوم الأوّل فرسخًا، وفي الثاني فَرسخين وفي الثالث ثلاثة فراسخ وهكذا يتزايد فرسخ فرسخ. ففي كم يومٍ يلتقيان؟

فنجعل عدد الأيّام التي يلتقيان فيها شيئًا ونضربه في عشرة. فيصير عشرة أشياء وهو مقدار ما سار الأوّل. ثمّ نجمع من واحدٍ إلى شيء بزيادة واحدٍ واحدٍ. فيكون نصف مالٍ ونصف شيءٍ يعدل عشرة أشياء. فالمال يعدل [ا-١٨٢و] تسعة عشر شيئًا. فالشيء تسعة عشر وهو عدد الأيّام التي فيها يلتقيان.

١٨٣. فإن قيل بريدٌ أرسلته على أن يسير في اليوم الأوّل فرسخًا، وفي الثاني فرسخين وهكذا يتزايد فرسخ فرسخ. فصار أربعة وثمانين يومًا. ثمّ أرسلت بريدًا آخرًا على أن يسير في اليوم الأوّل فرسخًا، وفي الثاني ثلاثة فراسخ، وهكذا [ب-٩٠و]

qu'il augmente ainsi de deux farsakhs en deux farsakhs. Dans combien de jours le rejoint-il ?

Nous posons les jours dans lesquels le premier postier parcourt jusqu'à rejoindre le deuxième une chose. Le nombre de farsakhs que le premier parcourt est alors la moitié d'un *carré* plus la moitié d'une chose et le nombre de jours que le deuxième parcourt est une chose moins quatre-vingt-quatre. Il est donc nécessaire, d'après ce qui a été montré pour la troupe, que le nombre de farsakhs soit un *carré* plus sept-mille-cinquante-six moins cent-soixante-huit choses, et cela égale la moitié d'un *carré* plus la moitié d'une chose. Donc un *carré* plus quatorze-mille-cent-douze égale trois-cent-trente-sept choses. Nous retranchons le nombre du carré de la moitié du nombre de racines. Il reste : quatorze-mille-cent-douze égale trois-cent-trente-sept choses. Nous retranchons le nombre du carré de la moitié [du nombre] de racines. Il reste quatorze-mille-deux-cent-quatre-vingt plus un quart. Tu prends sa racine, à savoir cent-dix-neuf plus un demi, et nous l'ajoutons à la moitié du nombre de racines. En effet, si nous la soustrayons, le reste est plus petit que quatre-vingt-quatre. Il vient deux-cent-quatre-vingt-huit, c'est le nombre de jours de marche du premier postier. Le deuxième marche deux-cent-quatre jours.

184. S'il est dit : tu as envoyé un postier à condition qu'il parcoure, chaque jour, dix farsakhs et qu'il marche six jours. Puis, le septième jour, tu as envoyé un autre postier à condition qu'il parcoure le premier jour un farsakh, le deuxième deux farsakhs et ainsi qu'il augmente d'un farsakh en un farsakh. Dans combien de jours le rejoint-il ?

Nous posons le nombre de jours dans lesquels il le rejoint une chose. Nous additionnons d'une unité à une chose selon l'ordre naturel. Il vient la moitié d'un *carré* plus la moitié d'une chose et ceci est ce que le deuxième parcourt. Puis, nous multiplions la chose par dix [A-182v°]

et nous lui ajoutons le chemin de six jours, à savoir soixante.

Il vient dix choses plus soixante unités et cela [B-90v°]

يتزايد فرسخين فرسخين. ففي كم يومًا يلحقه؟

فنجعل الأيّام التي يسير فيها البريد الأوّل إلى أن يلحقه الثاني شيئًا. فيكون عدد
الفراسخ التي قدرها الأوّل نصف مالٍ ونصف شيءٍ ويكون عدد الأيّام التي سار
فيها الثاني شيئًا إلّا أربعة وثمانين. فيجب أن يكون عدد فراسخه على ما بيناه في
الجيش مالًا وسبعة ألافٍ وستّة وخمسين إلّا مائة وثمانية وستّين شيئًا وذلك يعدل
نصف مالٍ ونصف شيءٍ*. فمالٌ وأربعة عشر ألفا ومائة واثنا عشر يعدل ثلاثمائة
وسبعة وثلاثين شيئًا. فنسقط العدد من مربّع نصف عدد الأجذار. فيبقى أربعة
عشر ألفًا ومائة واثنا عشر يعدل ثلاثمائةٍ وسبعة وثلاثين شيئًا. فنسقط العدد من
مربّع نصف عدد الأجذار. فيبقى أربعة عشر ألفًا ومائتان وثمانون وربع. تأخذ
جذره مائة وتسعة عشر ونصفًا، نزيده على نصف عدد الأجذار لأنّا لو نقصناه
لبقي أقلّ من أربعةٍ وثمانين. فيصير مائتين وثمانية وثمانين وهي عدد أيّام ما سار
فيها البريد الأوّل. ويكون الثاني قد سار مائتي يومٍ وأربعة أيّامٍ.

١٨٤. فإن قيل بريدٌ أرسلته على أن يسير كلّ يومٍ عشرة فراسخ فسار ستّة
أيّامٍ. ثمّ أرسلت في اليوم السابع بريد آخر على أن يسير في اليوم الأوّل فرسخًا،
وفي الثاني فرسخين وهكذا يتزايد فرسُخ فرسخ. ففي كم يومًا يلحقه؟

فنجعل عدد الأيّام التي يلحقه فيها شيئًا. ونجمع من واحدٍ إلى شيءٍ على النظم
الطبيعين. فيكون نصف مالٍ ونصف شيءٍ فهذا هو ما سار الثاني. ثمّ نضرب
الشيء في عشرةٍ [ا-١٨٢ظ]

ونزيد عليه سيره ستّة أيّامٍ وهو ستّون. فيصير عشرة أشياء أحدًا وستّين وذلك [ب-
٩٠ظ]

égale la moitié d'un *carré* plus la moitié d'une chose. Donc un *carré* égale dix-neuf choses plus cent-vingt unités. La chose est vingt-quatre, à savoir le nombre de jours dans lesquels il le rejoint.

185. S'il est dit : tu as envoyé un postier à condition qu'il parcoure chaque jour cinq farsakhs et qu'il marche neuf jour. Puis, [le dixième jour], tu as envoyé un autre postier à condition qu'il parcoure le premier jour deux farsakhs, le deuxième quatre farsakhs et qu'il augmente ainsi de deux farsakhs en deux farsakhs. Dans combien de jours le rejoint-il ?

Nous posons le nombre de jours dans lesquels il le rejoint une chose. Nous additionnons de deux [à une chose] en ajoutant deux à deux selon le nombre de fois de la chose. Il vient un *carré* plus un chose et ceci est l'ensemble de ce que le deuxième parcourt. Puis, nous multiplions la chose par cinq, à savoir par le chemin journalier du premier, et nous lui ajoutons le chemin de neuf jours, à savoir quarante-cinq farsakhs. Il devient cinq choses plus quarante-cinq, et ceci égale un *carré* plus une chose. La chose est neuf et est le nombre de jours que le deuxième parcourt pour rejoindre le premier.

186. S'il est dit : deux postiers sont tels que, l'un d'eux parcourt deux farsakhs le premier jour, quatre le deuxième et il augmente ainsi de deux farsakhs en deux farsakhs. Le deuxième parcourt chaque jour dix farsakhs. Dans combien de jours se rejoignent-ils ?

Nous posons le nombre de jours au bout desquels ils se rejoignent une chose et nous additionnons de deux [à une chose] en ajoutant deux à deux selon le nombre de fois de la chose. Il vient un *carré* plus une chose et c'est ce que le premier parcourt. Puis, nous multiplions la chose par dix, il vient dix choses, à savoir ce que le deuxième parcourt. Un *carré* plus une chose égale dix choses. La chose est neuf et est le nombre de jours dans lesquels ils se rejoignent.

187. S'il est dit : tu as envoyé un postier à condition qu'il parcoure le premier jour un farsakh, puis qu'il ajoute chaque jour un farsakh [B-91r°]

يعدل نصف مالٍ ونصف شيءٍ. فمالٌ يعدل تسعة عشر شيئًا ومائة وعشرين أحدًا. فالشيء أربعة وعشرون وهي عدد الأيّام التي يلحقه فيها.

١٨٥. فإن قيل بريدٌ أرسلته على أن يسير كلَّ يوم خمسة فراسخ فسار تسعة أيّامٍ. ثمّ أرسلت بريدًا آخر على أن يسير في اليوم الأوّل فرسخين وفي الثاني أربعة فراسخ وهكذا تفاضل فرسخين فرسخين. ففي كم يومًا يلحقه؟

فنجعل عدد الأيّام التي يلحقه فيها شيئًا ونجمع من اثنين بزيادة اثنين اثنين بعدد مرات الشيء. فيكون مالًا وشيئًا فهذا جميع ما سار الثاني. ثمّ نضرب الشيء في خمسة التي هي سير الأوّل كلَّ يوم، ونزيد عليه سير تسعة أيّامٍ، وهو خمسة وأربعون فرسخًا. فيصير خمسة أشياء وخمسة وأربعين وذلك يعدل* مالًا وشيئًا. فالشيء تسعة وهي عدد الأيّام التي يسيرها الثاني حتّى يلحق الأوّل.

١٨٦. فإن قيل بريدان سار أحدهما في اليوم الأوّل فرسخين وفي الثاني أربعة وهكذا تزائد فرسخين فرسخين. وسار الثاني كلَّ يومٍ عشرة فراسخ. ففي كم يومًا يلتقيان؟

فنجعل عدد الأيّام التي يلتقيان فيها شيئًا ونجمع من اثنين بزيادة اثنين اثنين بعدد مرات الشيء. فيكون مالًا وشيئًا فهذا† ما سار الأوّل. ثمّ نضرب الشيء في عشرة فيكون عشرة أشياء وهي سير الثاني. فمالٌ وشيءٍ يعدل عشرة أشياء. فالشيء تسعة وهي عدد الأيام التي يلتقيان فيها.

١٨٧. فإن قيل بريدٌ أرسلته على أن يسير في اليوم الأوّل فرسخًا. ثمّ يزيد كلّ يومٍ فرسخًا [ب-٩١و]

---

٢ فالشيء أربعة وعشرون: فالشيء أحدًا فالشيء أربعة و عشرون[ب] ٦ ونجمع: ويجمع[ب] ٨ وهو: وبين[ب]

---

* وذلك يعدل: في الهامش [١] † جمع ما سار الثاني ثمّ نضرب الشيء في خمسةٍ التي هي يسير قسط الأوّل كلّ يوم ونزيد عليه سَيس تسعة أيّام وهو خمسة وأربعون فرسخًا فيصير خمسة أشياء وخمسة وأربعين وذلك يعدل مالًا وشيئًا فالشيء تسعة وهي عدد الأيّام التي يسيرها الثاني : مشطوب في [١]

et qu'il marche huit jours. [A-183r⁰]

Puis, [le neuvième jour,] tu as envoyé un autre postier et tu lui as ordonné de parcourir le premier jour un farsakh, puis d'augmenter chaque jour de trois farsakhs. Dans combien de jours le rejoint-il ? Nous posons le nombre de jours que le premier parcourt jusqu'à rejoindre le deuxième une chose. Donc le nombre de farsakhs est la moitié d'un *carré* plus la moitié d'une chose et le nombre de jours de marche du deuxième est une chose moins huit. Le nombre de ses farsakhs est un *carré* plus la moitié d'un *carré* plus cent unités moins vingt-quatre choses plus la moitié d'une chose, et cela égale la moitié d'un *carré* plus la moitié d'une chose. Un *carré* plus trois unités égale donc vingt-cinq choses. En ajoutant, la chose sera vingt, si on soustrait le résultat n'est pas vrai. C'est le nombre de jours de marche du premier postier.

188. S'il est dit : tu as envoyé un postier à condition qu'il parcoure chaque jour vingt farsakhs et qu'il marche quinze jours. Puis, [le seizième jour], tu as envoyé un autre postier à condition qu'il parcoure chaque jour la racine du nombre de farsakhs au bout desquels il le rejoint.

Nous posons le nombre de farsakhs que le premier parcourt un *carré*. Donc le nombre de jours dans lesquels il marche est la moitié d'un dixième d'un *carré*. Le deuxième postier marche quinze jours de moins et le nombre de ses jours [de marche] est alors la moitié d'un dixième d'un *carré* moins quinze jours. Nous le multiplions par ce qu'il parcourt par jour, à savoir une chose, car il parcourt la racine de farsakhs du premier, que nous avons posée un *carré*. Il vient la moitié d'un dixième d'un *cube* moins quinze choses et cela égale un *carré*. Après avoir restauré et divisé tous les termes par une chose on obtient : un *carré* égale vingt choses plus trois-cent unités. La chose est trente, à savoir la racine du nombre de farsakhs que le premier postier parcourt. Si elle est neuf-cent farsakhs, alors tu la divises par le chemin de chaque jour, à savoir vingt. On obtient quarante-cinq, à savoir le nombre de jours de son chemin. Nous retranchons de ceci quinze, il reste trente et ce sont les jours de marche dans lesquels le deuxième postier rejoint le premier. [B-91v⁰]

فسار ثمانية أيام. [١-١٨٣و]

ثمّ أرسلت بريدًا آخر وأمرتُه أن تسير في اليوم الأوّل فرسخًا. ثمّ يزيد في كلّ يومٍ ثلاثة فراسخ. ففي كم يومًا يلحقه؟

فنجعل عدد الأيّام التي يسير فيها الأوّل إلى أن يلحقه الثاني شيئًا. فيكون عدد فراسخه نصف مالٍ ونصف شيءٍ ويكون عدد أيّام ما سار الثاني شيئًا إلّا ثمانية. فيكون عدد فراسخه مالًا ونصف مالٍ ومائة أحدٍ إلّا أربعة وعشرين شيئًا ونصف شيءٍ وذلك يعدل نصف مالٍ ونصف شيءٍ. فمال وثلاثة آحاد يعدل خمسة وعشرين شيئًا. فالشيء عشرون بالزيادة، إذ النقصان لا يصحّ وهو عدد الأيّام التي سارها البريد الأوّل.

١٨٨. فإن قيل بريدٌ أرسلته على أن يسير في كلّ يومٍ عشرين فرسخًا فسار خمسة عشر يومًا. ثمّ أرسلت بريدًا آخر على أن يسير كلّ يومٍ جذر عدد الفراسخ التي يلحقه فيها.

فنجعل عدد الفراسخ التي سار فيها الأوّل مالًا. فيكون عدد الأيّام التي سار فيها نصف عشر مالٍ. والبريد الثاني يسير* أقلّ منه بخمسة عشر يومًا. فيكون عدد أيّامه نصف مالٍ إلّا خمسة عشر يومًا. فنضربه في سيره كلّ يومٍ وهو شيءٍ، لأنّه يسير جذر فراسخ الأوّل التي جعلناها مالًا. فيكون نصف عشر كعبٍ إلّا خمسة عشر شيئًا وذلك يعدل مالًا. فبعد الجبر وقسمة الكلّ على شيءٍ يخرج: مالٌ يعدل عشرين شيئًا وثلاثمائة أحدٍ. فالشيء ثلاثون وهو جذر عدد الفراسخ التي سارها البريد الأوّل. فهي إذن تسعمائة فرسخ فقسمها على سير كلّ يومٍ وهو عشرون. فيخرج خمسة وأربعون وهي عدد أيام سيره، فنسقط منها خمسة عشر، يبقى ثلاثون وهي أيام سير البريد الثاني حتّى يلحق الأوّل. [ب-٩١ظ]

١٣ مالًا. فيكون عدد الأيّام التي سار فيها: في[١]

* يسير: في الهامش [١]

189. Tu as envoyé un postier à condition qu'il parcoure chaque jour vingt farsakhs et qu'il marche quarante-quatre jours. Puis, [le quarante-cinquième jour], tu as envoyé un autre postier à condition qu'il parcoure chaque jour la racine des jours pendant lesquels le premier postier a marché pour le rejoindre. Quel est le nombre de ces jours ? [A-183v°]

Nous posons les jours de marche parcourus par le premier postier un *carré*. Donc le nombre de farsakhs qu'il parcourt est vingt *carrés* et le nombre de jours du deuxième postier est un *carré* moins quarante-quatre jours. Nous le multiplions par ce qu'il parcourt chaque jour, à savoir une chose. Il vient un *cube* moins quarante-quatre choses et ceci égale vingt *carrés*. On obtient la chose, vingt-deux, et c'est la racine des jours pendant lesquels le premier a marché. Le premier marche pendant quatre-cent-quatre-vingt-quatre jours. Nous le multiplions par vingt. C'est neuf-mille-six-cent-quatre-vingt et c'est le nombre de farsakhs parcourus par le premier postier. Le nombre de jours du deuxième postier est quatre-cent-quarante. Nous le multiplions par ce qu'il parcourt chaque jour, à savoir vingt-deux, et il devient neuf-mille-six-cent-quatre-vingt farsakhs.

١٨٩. فإن قيل بريد أرسلته على أن يسير كلّ يومٍ عشرين فرسخًا فسار أربع وأربعين يومًا. ثمّ أرسلته بعده بريدًا آخرًا على أن يسير كلّ يومٍ جذر ما سار البريد الأوّل من الأيام التي يلحقه فيها. فكم عدد تلك الأيام؟ [١٨٣-١ظ]

فنجعل ما سار البريد الأوّل من الأيام مالًا، فيكون عدد الفراسخ التي سارها عشرين مالًا، ويكون عدد أيام البريد الثاني مالًا إلّا أربعة وأربعين يومًا. فنضربه في ما سار كلّ يومٍ وهو شيء. فيصير كعبًا إلّا أربعة وأربعين شيئًا وذلك يعدل عشرين مالًا. فيخرج الشيء اثنين وعشرين وهي جذر الأيام التي سارها الأوّل فيكون ما سار الأوّل أربعمائةٍ وأربعة وثمانين يومًا فنضربها في عشرين. فيكون تسعة ألفٍ وثمانية وستّين وهي عدد فراسخ البريد الأوّل وعدد أيّام البريد الثاني أربعمائة وأربعون. فنضربها في سير كلّ يومٍ وهو اثنان وعشرون. فيصير تسعة ألفٍ وثمانية وستّين فرسخًا.

DIXIÈME CHAPITRE
SUR L'ANALYSE INDÉTERMINÉE

Sache que les grandeurs carrées inconnues sont de deux espèces. L'une des deux correspond à un carré et, selon [cette espèce], on indique son terme de manière que, si tu poses à la place de la racine une grandeur quelconque et si tu poses le carré mentionné de manière que cette racine soit une connue, alors cela est un carré. Comme un *carré* plus deux racines plus une unité : sa racine est une chose plus une unité. Si tu poses la racine un nombre quelconque, si tu lui ajoutes une unité et si tu mets au carré le total, alors ce carré égale le carré de la racine plus deux racines plus une unité.

La deuxième [espèce] correspond à un carré en vertu de la question, mais on ne prononce pas son terme par le fait qu'il [B-92r°] est un carré. Cette partie est celle dont tu veux montrer la manière de chercher sa racine et c'est ce que l'on cherche au moyen de l'analyse indéterminée.

Sache que des *carrés* sont tels que, si tu les égalises[1] à un certain nombre de choses ou bien de cubes, cela mène absolument au connu. C'est comme lorsque tu égalises toute grandeur simple à une grandeur simple qui soit l'un de ses deux extrêmes qui l'encadrent[2].

En revanche, si tu égalises une grandeur d'un certain rang à une grandeur telle qu'il y a, entre les deux, un rang vacant, cela ne mène pas à une connue sauf si les deux nombres des grandeurs sont deux nombres [A-184r°]

---

1 Dans le contexte spécifique de l'analyse indéterminée, nous traduisons le terme قابل par le mot : « égaliser ». Il s'agit de rendre déterminée une équation indéterminée, en choisissant un carré parfait qui remplace le carré de la deuxième inconnue de manière à obtenir par la suite des solutions rationnelles et positives.

2 Littéralement : « qui la suivent ».

الباب العاشر
في الاستقراء

اعلم أنّ المقادير المربّعة المجهولة على نوعين:

٥ أحدهما ما يكون مربّعًا ويدلّ على ذلك لفظه بحيث إذا وضعت مكان الجذر أي مقدارٍ كان وجعلت المربّع المذكور بحسب ذلك الجذر معلومًا كان ذلك مربّعًا. مثل مالٍ وجذرين وواحدٍ الذي: جذره شيء وواحدٌ. فإذا جعلت الجذر أي عددٍ كان وزدت عليه واحدًا وربّعت المبلغ فإنّ ذلك المربّع يعدل مربّع الجذر وجذرين وواحدًا.

١٠ والثاني ما يكون مربّعًا بحكم السؤال ولكن لا ينطق لفظه بأنّه [ب-٩٢و] مربّع. وهذا القسم هو الذي تريد أن تبيّن كيفية طلب جذره وهو المراد بالاستقراء.

واعلم أنّ الأموال إذا قابلتها بعدة من الأشياء أو المكعّبات أدى ذلك إلى المعلوم بالإطلاق. وكذلك كلّ مقدارٍ مفردٍ إذا قابلته بمقدارٍ مفردٍ من أحد طرفيه الذين يليانه.

١٥ فإن قابلت مقدارًا من مرتبة بمقدارٍ يكون بينهما مرتبة خالية لم يؤدّ إلى معلومٍ إلّا بعد أن يكون عددا المقدارين عددين [ا-١٨٤و]

---

٤ لفظه: لفظ[ب]   ٧ الجذر: الجذور[ب]

carrés ou bien deux nombres proportionnels. Comme cinq *carrés* égalent quarante-cinq unités ou quatre-vingt *carrés-carrés*. De cela on mène [l'expression] à une connue, afin que les deux grandeurs se ressemblent.

S'il n'en est pas ainsi, il n'en résulte absolument pas la racine d'une connue. Comme six *carrés* égalent trente unités plus soixante *carrés-carrés*.

Si l'une des deux grandeurs que tu veux égaliser est quatrième de l'autre, alors l'égalisation ne mène absolument pas à une racine connue, sauf si elles sont deux cubes ou bien deux solides proportionnels, et on continue ainsi de suite jusqu'à l'infini.

La règle pour cela est claire et plusieurs de ces problèmes fluides possèdent une pluralité de réponses. Mentionnons les objectifs de ce chapitre en deux sections.

PREMIÈRE SECTION : SUR LES PRINCIPES À LA BASE DE L'ANALYSE INDÉTERMINÉE

Sache que les espèces d'équations quadratiques sont illimitées. Cependant, nous mentionnons, parmi celles-ci, cinq espèces et nous examinons leur exactitude afin d'inférer par cela ce qui n'est pas mentionné.

PREMIÈRE ESPÈCE

La grandeur est d'un seul rang et il s'agit du rang du radicande. Tu l'égalises donc à une grandeur carrée de troisième rang soit en avant soit en arrière par rapport au rang du carré. [B-92v°]

Comme deux *carrés* plus un quart d'un *carré* égalent un carré. Tu égalises ceci à neuf unités, afin que le *carré* soit quatre unités, ou bien à neuf *carrés-carré* afin que le *carré* soit un quart d'unité. Dans cette partie, il faut que son nombre soit un carré, afin que la racine soit une connue.

مربّعين أو عددين متشابهين. مثل خمسة أموالٍ يعدل خمسة وأربعين أحدًا
أو ثمانين مال مالٍ. فهذا ممّا يؤدّي إلى معلومٍ لتشابه المقادير.

وإن لم يكن كذلك لم يخرج الجذر معلومًا بالإطلاق. مثل ستّة أموالٍ يعدل
ثلاثين أحدًا أو ستّين مال مالٍ.

وإذا كان أحد المقدارين اللذين تريد مقابلة أحدهما بالآخر رابعًا من صاحبه
فإنّ قابلته لا يؤدّي إلى جذر معلومٍ بالإطلاق إلّا بعد* أن يكونا مكعّبين أو مجسمين
متشابهين وعلى هذا تمرّ إلى ما لا نهاية له على هذا القياس.

والأمر فيه ظاهرٌ وأكثر هذه المسائل يكون سيّالة ذات أجوبةٍ كثيرةٍ.
ولنذكر مقاصد هذا الباب في فصلين.

الفصل الأوّل: في أصول قواعد الاستقراء

اعلم أنّ أنواع معادلات† المربّعات غير منحصرةٍ إلّا أنّا نذكر منها خمسة أنواعٍ
ونستقصي إحكامها لنستدل بها على ما لم يذكره.

النوع الأوّل

إن يكون من مرتبةٍ واحدةٍ فإن كان من مرتبة المجذور. فتقابله بمقدار مربّع من
مرتبة ثالثة من مرتبة المربّع أمّا قبله [ب-٩٢ظ]
أو بعده.

مثل مالين وربّع مالٍ يعدل مربّعًا. فتقابل ذلك بتسعة آحادٍ حتّى يكون المال
أربعة آحادٍ أو بتسعة أموال مالٍ ليخرج المال ربع واحدٍ. ويجب في هذا القسم
أن يكون عددها مربّعًا حتّى يخرج الجذر معلومًا.

---

٦ فإنّ قابلته: فأنّ يلته[I]   ٦ مجسمين: مخسمين[I]   ٨ يكون: في[I]

* بعد:في الهامش [I]   † المتوادلًا: مشطوب في [ب]

Si on dit : cinq *carrés* égalent un carré, ou bien un *carré-carré* égale un carré, cela est impossible, car si on multiplie le carré par une grandeur qui n'est pas un carré, le total n'est absolument pas un carré.

Cette partie n'a pas beaucoup d'utilité car, si son nombre est un carré, c'est-à-dire s'il est du rang du radicande, alors tu poses une grandeur connue quelconque une racine, tu poses le carré de manière que cette racine soit connue et qu'elle mène à ce qui est demandé.

S'il ne s'agit pas du rang du radicande, alors tu égalises son résultat à une grandeur carrée de rang consécutif, soit en avant [A-184v°] soit en arrière, à son rang[3].

Un exemple : trois choses égalent un carré. Tu les égalises soit à quatre unités, soit à quatre *carrés*, soit à d'autres carrés dont le rang est celui du nombre ou bien celui des *carrés*.

C'est comme lorsqu'on dit : cinq cubes égalent un carré. Tu les égalises à neuf *carrés* ou à neuf *carrés-carrés*.

S'il est dit : cinq choses égalent un cube, tu les égalises à un nombre cube. S'il s'agit de cinq *carrés*, alors tu les égalises à un nombre cube qui soit proportionnel à leur nombre. Tu les égalises [notamment] à cent-vingt-cinq, afin que le *carré* soit vingt-cinq.

Si leur nombre est un carré, tu l'égalises à un nombre carré-cube et cela en mettant au carré un cube, ou bien en mettant au cube un carré. Comme s'il est dit : quatre *carrés* égalent un cube. Tu l'égalises à soixante-quatre.

Si les *cubes* égalent un cube, alors il faut que [B-93r°] leur nombre soit un cube, de manière que la racine soit une connue. En effet, si le cube est le multiple d'un nombre qui n'est pas un cube, alors, de manière similaire à ce que nous avons expliqué pour le carré, le total n'est pas un cube. Ceci ne fait pas partie de la condition du chapitre parce que nous parlons d'autres types de carrés.

---

3   C'est-à-dire, au rang de ce résultat.

فلو قال خمسة أموال يعدل مربّعًا أو مال مال يعدل مربّعًا، كان محالًا لأنّ المربّع إذا ضرب في مقدارٍ غير مربّعٍ لم يكن المبلغ مربّعًا البتّه.

فإذن ليس في هذا القسم كثير فائدةٍ لأنّه إذا كان عدده مربّعًا وهو من مرتبة المجذور، فأي مقدارٍ من المعلومات جعلته جذرًا وجعلت المربّع بحسب ذلك الجذر معلومًا فإنّه يؤدّي إلى المطلوب.

وإن كان من مرتبة غير المجذور فإنّ إخراجه أن تقابله بمقدار مربّع من مرتبة تلي مرتبته إمّا قبلها [ا-١٨٤ظ] أو بعدها.

مثاله: ثلاثة أشياء يعدل مربّعًا. فتقابلها أمّا بأربعة آحادٍ أو بأربعة أموالٍ أو بغير ذلك من المربّعات من مرتبتي العدد أو الأموال.

وكما لو قال خمسة مكعّباتٍ يعدل مربّعًا فتقابلها بتسعةٍ أموال أو بتسعة أموال مالٍ.

فإن قيل خمسة أشياء يعدل مكعّبًا. فتقابلها بعدد مكعّب. فإن كانت الخمسة أموالًا، قابلتها بعدد مكعّب مشابهٍ بعددها، فتقابلها بمائة وخمسة عشرين ليخرج المال خمسة وعشرين.

فإن كان عددها مربّعًا قابلتها بعددٍ مربّع مكعّبٍ وذلك بأن يربّع مكعّبًا أو يكعّب مربّعًا. كما إذا قيل أربعة أموال يعدل مكعّبًا فتقابلها بأربعة وستّين.

فإن كانت كعوب يعدل مكعّبًا فيجب أن يكون [ب-٩٣و] عددها* مكعّبًا حتّى يخرج الجذر معلومًا لأنّ المكعّب إذا ضوعف بعدد غير مكعّبٍ لم يكن المبلغ مكعّبًا على نهج ما ذكرنا في المربّع. وهذا ليس من شرط الباب لأنّ كلامنا على المربّعات دون غيرها.

---

١ مال مال: مالا مال[ب]   ٣ فإذن: فإذا[ب]   ١١ خمسة: خمس   ١٣ فتقابلها: فقبلتها[ب]
١٤ بعددها: لعددها[ا]   ١٦ قابلتها: قابلها[ب]

* عددها: مكررة في الهامش [ب]

DEUXIÈME ESPÈCE

La grandeur est de deux rangs consécutifs, dont l'un est toujours du rang du radicande : c'est selon deux parties.

La première [partie]: s'ils sont deux ajouts, alors tu les égalises à un carré du genre de ce qui, dans le genre du radicande, est un ajout. Comme s'il est dit : deux *carrés* plus cinq choses égalent un carré. Tu les égalises à une grandeur carrée quelconque qui soit du rang des *carrés* de manière que le résultat soit plus grand que deux *carrés*. Comme deux *carrés* plus un quart [d'un *carré*], ou comme quatre *carrés* ou comme neuf *carrés*.

Comme s'il est dit : un *carré* plus quatre *cubes* égalent un carré. Tu l'égalises à un nombre radicande quelconque parmi les *carrés*, et le résultat est plus grand qu'un seul *carré*.

Comme s'il est dit : cinq choses plus dix unités égalent un carré. Tu l'égalises à un rang carré quelconque à partir du nombre et le résultat est plus grand que dix.

Comme s'il est dit : cinq *carrés-carrés* plus six *carrés-cubes* égalent un carré. Tu l'égalises à un carré quelconque à partir du rang des *carrés-carrés* et le résultat est plus grand que cinq *carrés-carrés*. Cela vaut aussi lorsque des *cubes* sont avec des *carré-carrés*, et la raison pour laquelle il faut mener [A-185r°]
cela à ce qui est exprimable est évidente d'après ce que nous avons introduit.

La seconde [partie]: si l'un des deux est retranché de l'autre, c'est aussi selon deux parties. La première : si ce qui est du rang du radicande est retranché de l'autre, il faut l'égaliser à un carré du genre du retranché en quantité quelconque.

Comme dix choses moins cinq unités égalent un carré, [B-93v°] tu les égalises à un carré quelconque du nombre.

النوع الثاني

إن يكون من مرتبتين متواليتين فلا بدّ من أن يكون أحدهما من مرتبة المجذور، وهو على قسمين.

الأوّل: إن يكونا زائدين فتقابله بمربّع من جنس ما يكون من جنس المجذور زائدًا عليه.

كما إذا قيل مالان وخمسة أشياء يعدل مربّعًا. فتقابلها بأي مقدار مربّع شئت من مرتبة الأموال فما يكون أعظم من مالين. كمالين وربع وكأربعة أموالٍ وكتسعة أموالٍ.

وكما إذا قيل مال وأربعة كعوبٍ يعدل مربّعًا. فتقابله بأي عددٍ مجذورٍ شئت من الأموال فما يكون أكثر من مالٍ واحدٍ.

وكما إذا قيل خمسة أشياء وعشرة آحادٍ يعدل مربّعًا. فتقابله بأي مرتبة مربّع* شئت من العدد فما يكون أكثر من العشرة.

وكما إذا قيل خمسة أموال مالٍ وستّة أموال كعبٍ يعدل مربّعًا. فتقابله بأي مربّع شئت من مرتبة أموال الأموال ممّا يكون أعظم من خمسة أموال مالٍ. وكذا لو كان مع أموال الأموال كعوب والعلّة في أداء [ا-١٨٥و] ذلك إلى المنطق ظاهرةٌ ممّا تقدّم.

الثاني: إن يكون أحدهما مستثنىً من الآخر وهو أيضًا على قسمين.

أحدهما: إن يكون الذي من مرتبة المجذور مستثنىً من الآخر فيجب أن يقابله بمربّع من جنس المستثنى كيف ما كان.

مثل عشرة أشياء إلّا خمسة آحاد يعدل [ب-٩٣ظ] مربّعًا قابلتها بأي مربّع شئت من العدد.

---

١١ فتقابله: فاقابله[ب]   ١١ مرتبة: في[ا]

* مربّع: في الهامش [ا]

De la même façon, si le retranché est cinq *carrés*, tu l'égalises à un carré quelconque parmi les *carrés*. Comme s'il est dix cubes moins trois *carrés* ou moins cinq *carrés-carrés* : tu égalises chacun des deux à un carré du genre du retranché en quantité quelconque.

La seconde : si la grandeur qui est du rang du radicande est un ajout et l'autre un retranché d'elle, alors tu l'égalises à un carré quelconque parmi ceux qui sont du rang de la partie en ajout et tel qu'il soit plus petit que celle-ci.

Comme cinq *carrés* moins deux cubes égalent un carré. On l'égalise à un carré parmi les *carrés* plus petits que cinq *carrés*. De même si le retranché est cinq choses, et s'il est trois *carré-carrés* moins deux *cubes* ou moins deux *carré-cube*. Tu l'égalises à un carré parmi les *carré-carrés* plus petits que trois *carré-carrés* et la raison de cela est évidente.

TROISIÈME ESPÈCE

Elle est de deux rangs entre lesquels il y a un rang vacant, les deux rangs sont du rang du radicande et l'un des deux ou bien les deux sont une grandeur radicande. C'est aussi selon deux parties.

La première [partie]: s'ils sont deux ajouts et si le plus grand est un radicande, tu l'égalises à un carré dans lequel il y a l'égal de cette grandeur radicande et qui mène à une confrontation correcte.

Comme quatre *carrés* plus dix unités égalent un carré. Tu l'égalises à quatre *carrés* plus quatre choses plus une unité et à quatre *carrés* plus huit choses plus quatre unités. Si on soustrait le nombre égalisé du nombre qui est avec quatre [B-94r°] *carrés* plus dix unités, alors il faut que les choses soient un ajout, comme nous l'avons mentionné dans les deux exemples. Et si on ajoute le nombre égalisé au nombre qui est avec quatre *carrés* plus dix unités, alors il faut que les choses soient des retranchées de lui et de l'ajout du nombre.

وكذا لو كان المستثنى خمسة أموال لقابلته بأي مربّع شئت من الأموال. وكذا لو كان عشرة مكعّباتٍ إلّا ثلاثة أموالٍ أو إلّا خمسة أموالٍ مالٍ، فإنّك تقابل كلَّ واحدٍ منهما بمربّع من جنس المستثنى كيف ما كان.

وثانيهما: إن يكون المقدار الذي من مرتبة المجذور زائدًا والآخر مستثنىً منه فتقابله بأي مربّع شئت ممّا يكون من مرتبة القسم الزائد ويكون بأقلّ منه.

مثل خمسة أموالٍ إلّا مكعّبين يعدل مربّعًا. فيقابله بمربّع من الأموال أقلّ من خمسة أموالٍ. وكذا إذا كان المستثنى خمسة أشياء وكذا إذا كان ثلاثة أموال مالٍ إلّا كعبين أو إلّا مالي كعبٍ. فتقابله بمربّع من أموال الأموال أقلّ من ثلاثة أموال مالٍ والعلة* فيه ظاهرة.

النوع الثالث

إن يكون من مرتبتين بينهما مرتبةٌ خالية ويكونان من مرتبتي المجذور ويكون أحدهما أو كلاهما مقدارًا مجذورًا وهو أيضًا على قسمين.

الأوّل: إن يكونا زائدين فإن كان الأعلى مجذورًا فتقابله بمربّع يكون فيه مثل ذلك المقدار المجذور ويؤدّي إلى مقابلة صحيحةٍ.

مثل أربعة أموالٍ وعشرة آحادٍ يعدل مربّعًا. فتقابله بأربعة أموالٍ وأربعة أشياء وواحدًا وبأربعة أموالٍ وثمانية أشياء وأربعة آحاد. هذا إذا نقص العدد في المقابل به عن العدد مع أربعة أموال وعشرة آحادٍ فيجب أن تكون الأشياء زائدةً كما ذكرنا في المثالين. فإن زاد العدد في المقابل به على العدد الذي مع أربعة [ب-٩٤و] أموالٍ† وعشرة آحادٍ فإنّه يجب أن يكون الأشياء مستثناة منه مع زيادة العدد.

---

¹ لقابلته: لقابلت   ² عشرة: عشر   ² فإنّك: قابل[ا]   ¹⁵ فتقابله: فيقابله[ب]   ¹⁷ أموال: في[ب]   ¹⁸ في: من[ب]   ¹⁹ فإنّه: فلا[ا]

* والعلة: مكررة في [ب]   † أموالٍ: مكررة في الهامش [ب]

C'est comme lorsque tu l'égalises à quatre *carrés* [A-185v°] plus vingt-cinq unités moins vingt choses.

Si le plus petit est un radicande, alors il faut que l'égal à ce radicande figure dans ce à quoi tu le confrontes.

Comme deux *carrés* plus neuf unités égalent un carré. Tu l'égalises à un *carré* plus six choses plus neuf unités, ou à quatre *carrés* plus neuf unités moins douze choses. Nous vérifions également ce que tu as introduit, à savoir que, si le *carré* égalisé est plus petit que celui qui se trouve dans deux *carrés* plus neuf unités, alors il faut que les choses soient un ajout. Et s'il est plus grand, il faut qu'elles soient un retranché comme nous avons mentionné dans les deux exemples.

Si chacun des deux est un radicande, il faut avoir dans l'égalisation l'un de ces deux carrés.

Comme s'il est dit : quatre *carrés* plus neuf unités égalent un carré. Tu l'égalises à quatre *carrés* plus quatre choses plus une unité, ou bien à un *carré* plus six choses plus neuf unités, ou encore à neuf *carrés* plus neuf unités moins dix-huit choses.

Si les deux grandeurs sont de rang radicande plus grand que les rangs du *carré* et du nombre, comme quatre *carré-carrés* plus cinq *carrés*, alors si tu veux, tu divises le total par le plus petit rang, puis le procédé est comme nous l'avons mentionné. Si tu veux, tu poses dans le carré que tu égalises quatre *carrés-carrés*. Comme quatre *carrés-carrés* plus seize *carrés* moins seize *cubes*, et ainsi de suite jusqu'à l'infini.

La seconde [partie]: si l'une des deux grandeurs est retranchée de l'autre et l'ajout est un carré, [B-94v°] alors tu poses dans ce qui est égalisé l'égal au carré, de manière qu'il soit retranché des deux côtés et que l'égalisation mène à ce qui est absolument exprimable.

كما إذا قابلته بأربعة أموالٍ [١٨٥-ظ]

وخمسة وعشرين أحدًا إلّا عشرين شيئًا.

وإن كان الأدنى مجذورًا فيجب أن يكون فيما تقابله به مثل ذلك المجذور.

مثل مالين وتسعة آحادٍ يعدل مربّعًا. فتقابله بمال وستّة أشياء* وتسعة آحادٍ أو
بأربعة أموالٍ وتسعة آحادٍ إلّا اثنى عشر شيئًا. ونزاعي هنا أيضًا ما تقدّم أنّ المال
في المقابل به إن كان أقلّ ممّا في مالين وتسعة آحادٍ، فيجب أن تكون الأشياء
زائدةً، وأن كان أكثر فيجب أن تكون مستثناةً كما ذكرنا في المثالين.

وإن كان كلّ واحدٍ منهما مجذورًا فيجب أن يكون في المقابل به أحد ذينك
المربّعين.

كما إذا قيل أربعة أموالٍ وتسعة آحادٍ يعدل مربّعًا. فتقابله أمّا بأربعة أموالٍ
وأربعة أشياء وواحدٍ، وأمّا بمال وستّة أشياء وتسعة آحادٍ، وأمّا بتسعة أموالٍ وتسعة
آحادٍ إلّا ثمانية عشر شيئًا.

وإن كان المقداران من مرتبتين مجذورتين أعلى من مرتبتي المال والعدد،
مثل أربعة أموال مالٍ وخمسة أموال، فإن شئت قسمت الجميع على الواحد من
أقعد المراتب ثمّ يكون العمل كما ذكرناه. وإن شئت جعلت في المربّع الذي
تقابله به أربعة أموال مالٍ. مثل أربعة أموال مالٍ وستّة عشر مالًا إلّا ستّة عشر كعبًا
وعلى ذلك إلى ما لا نهاية له.

الثاني: إن يكون أحد المقدارين مستثنىً من الآخر وكان الزائد مربّعًا، [ب-
٩٤ظ]

جعلت في الذي تقابل به مثل ذلك المربّع حتّى يسقط من الجهتين فتؤدي
المقابلة إلى منطقٍ بالإطلاق.

---

٥ ونزاعي هنا: ونزاعي ههنا[ا]ويراعى هاهنا[ب]   ٧ في: من[ب]   ٨ المقابل به: المقابل[ب]

* وستّة أشياء: مكررة في [ا]

Comme s'il est dit : un *carré* moins dix unités égale un carré. Tu l'égalises à un *carré* plus quatre unités moins quatre choses. Et comme s'il est dit : un *carré* moins neuf unités égale un carré. Tu l'égalises à un *carré* plus une unité moins deux choses.

Si les deux grandeurs sont de deux rangs radicandes plus grands que les rangs du *carré* et du nombre, alors le raisonnement est ce que tu as introduit : tu divises l'ensemble des deux par une grandeur carrée de plus petit rang qui s'y trouve, de manière qu'ils reviennent aux *carrés* et au nombre, puis tu procèdes comme nous avons mentionné. Si tu trouves la chose, tu cherches à partir d'elle la grandeur [A-186r°] qui égale le carré.

Comme s'il est dit : un *carré-carré* moins huit *carrés* égale un carré. On divise l'ensemble des deux [termes] par un *carré* et on obtient un *carré* moins huit unités. Tu l'égalises à un *carré* plus une unité moins deux choses, ou à un *carré* plus quatre unités moins quatre choses. Si on obtient la chose, on la met au carré et on met au carré son carré de manière qu'elle devient un *carré-carré*. Puis, tu soustrais de cela huit fois le carré et le reste est un carré.

QUATRIÈME ESPÈCE

Elle est de trois rangs consécutifs et elle composée d'un, ou de deux genres radicandes. Tu l'égalises à un carré dans lequel il y a l'égal à la grandeur radicande, à condition que l'égalisation soit valide.

Comme s'il est dit : un *carré* plus cinq choses plus dix unités égalent un carré. Tu égalises cela à un *carré* plus vingt-cinq unités moins dix choses.

Comme s'il est dit : deux *carrés* plus dix choses plus quatre unités égalent un carré. Tu l'égalises à quatre *carrés* plus quatre unités moins huit choses. On peut égaliser [B-95r°] chacun des deux [exemples] à la quantité de carrés pour laquelle l'égalisation est valide et mène au connu.

كما إذا قيل مالٌ إلّا عشرة آحادٍ يعدل مربّعًا. فتقابله بمال وأربعة آحادٍ إلّا أربعة أشياء. وكما إذا قيل مالٌ إلّا تسعة آحادٍ يعدل مربّعًا. فتقابله بمالٍ وواحدٍ إلّا شيئين.

وإن كان المقداران من مرتبتين مجذورتين أعلى من مرتبتين المال والعدد فقياسه ما تقدّم وهو أنّك تقسم مجموعهما على مقدار مربّع من أقعد المراتب التي فيها، حتّى يرجعا إلى الأموال والعدد فتعمل فيه ما ذكرنا. فإذا وجدت الشيء طلبت منه المقادير [١-١٨٦و] التي عادلت المربّع.

كما إذا قيل مال مالٍ إلّا ثمانية أموالٍ يعدل مربّعًا. فيقسم مجموعهما على مالٍ فيخرج مال إلّا ثمانية آحاد. فتقابله بمالٍ وواحدٍ إلّا شيئين أو بمالٍ وأربعة آحادٍ إلّا أربعة أشياء. فإذا خرج الشيء فربّعه وربّع مربّعه حتّى يصير مال مالٍ. ثمّ تنقص منه ثمانية أمثال المربّع فإنّ الباقي يكون مربّعًا.

النوع الرابع

إن يكون من ثلاث مراتب متوالية ويكون فيه جنسٌ أو جنسين مجذورًا فتقابله بمربّع يكون فيه مثل المقدار المجذور على أن يصحّ المقابلة به.

كما إذا قيل مال وخمسة أشياء وعشرة آحادٍ يعدل مربّعًا. فتقابل ذلك بمالٍ وخمسة وعشرين أحدًا إلّا عشرة أشياء.

وكما إذا قيل مالان وعشرة أشياء وأربعة آحادٍ يعدل مربّعًا. فتقابله بأربعة أموالٍ وأربعة آحادٍ إلّا ثمانية أشياء. ويجوز أن يقابل [ب-٩٥و] كلّ* واحدٍ منهما بعدة مربّعات يصحّ المقابلة بها فيؤدّي إلى المعلوم.

---

١٠ فتقابله: فيقابله[ب]   ١٤ جنسٌ أو جنسين مجذورًا فتقابله: جنسٌ مجذورٌ فتقابله[ا]   ١٥ يكون فيه مثل: يكون مثل[ب]   ١٦ فتقابل: فقابل[ا] فيقابل[ب]

* كلّ: مكررة في الهامش [ب]

Peut-être tu veux que la racine qui résulte soit une connue, ou bien que le carré qui résulte soit une [quantité] connue plus grande, ou plus petite, qu'un certain nombre. Tu l'ajoutes alors au carré, ou bien tu [la] soustrais de lui conformément à ce que tu veux.

Comme s'il est dit : quatre *carrés* plus seize choses plus neuf unités égalent un carré. Tu l'égalises à quatre *carrés* plus vingt-cinq unités moins vingt choses, la chose résulte donc quatre neuvièmes d'une unité. On l'égalise à neuf *carrés* plus neuf unités moins dix-huit choses, on obtient la chose, six unités plus quatre cinquièmes d'une unité.

Si l'un des genres est retranché des deux qui restent, alors l'un des deux genres ajoutés est un carré. Nous posons dans le carré que nous lui confrontons l'égal à ce genre carré, afin de retrancher, lors de l'égalisation, ce qu'on lui soustrait. Ainsi, l'égalisation est menée à deux genres consécutifs dont l'un égale l'autre, et la racine résulte donc connue.

Comme s'il est dit : quatre *carrés* [A-186v°]
plus dix unités moins dix choses égalent un carré. Tu l'égalises à quatre *carrés* plus quatre unités moins huit choses, ou à un carré autre que celui-ci pour lequel l'égalisation est menée à ce qui est absolument prononçable. Le procédé est le même si le nombre est un retranché.

Comme s'il est dit : un *carré* plus cinq choses moins deux en unités égalent un carré. Tu l'égalises à un *carré* plus quatre unités moins quatre choses, ou à un carré autre que celui-ci, et le procédé est le même si le nombre et les choses sont des retranchés.

Comme s'il est dit : un *carré* moins six choses et moins cinq unités [B-95v°]
égalent un carré. Tu l'égalises à un *carré* plus vingt-cinq unités moins dix choses, ou à un [carré] autre que celui-ci pour lequel l'égalisation est valide et mène absolument au connu.

وربّما أردت أن يكون الجذر الذي يخرج معلومًا أو المربّع الذي يخرج معلومًا أكثر من عددٍ أو أقلّ منه. فزدت في المربّع المقابل به أو نقصت منه على حسب ما تريد.

كما إذا قيل أربعة أموالٍ وستّة عشر شيئًا وتسعة آحادٍ يعدل مربّعًا. فتقابله بأربعة أموالٍ وخمسة عشرين أحدًا إلّا عشرين شيئًا فيخرج الشيء أربعة أتساع واحدًا. ويقابله بتسعة أموال وتسعة آحادٍ إلّا ثمانية عشر شيئًا فيخرج الشيء ستّة آحادٍ وأربعة أخماس واحدٍ.

وإن كان أحد الأجناس مستثنىً من الباقين فكان أحد الجنسين الزائدين مربّعًا. فنجعل في المربّع الذي نقابل به مثل ذلك الجنس المربّع حتّى نسقط عند المقابلة، بسقوطه. فيؤدّي المقابلة إلى جنسين متواليين يعدل أحدهما الآخر فيخرج الجذر معلومًا.

كما إذا قيل أربعة أموالٍ [١-١٨٦ظ] وعشرة آحادٍ إلّا عشرة أشياء يعدل مربّعًا. فتقابلة بأربعة أموالٍ وأربعة آحادٍ إلّا ثمانية أشياء أو بغير ذلك من المربّعات التي يؤدّي المقابلة بها إلى منطق بالإطلاق، وكذلك العمل إذا كان العدد مستثنى.

كما إذا قيل مالٌ وخمسة أشياء إلّا اثنين من الآحاد يعدل مربّعًا. فتقابله بمالٍ وأربعة آحادٍ إلّا أربعة أشياء أو بغير ذلك من المربّعات وكذلك العمل إن كان العدد والأشياء مستثناةً.

كما إذا قيل مالٌ إلّا ستّة أشياء وإلّا خمسة آحادٍ [ب-٩٥ظ] يعدل مربّعًا. فتقابله بمالٍ وخمسة عشرين أحدًا إلّا عشرة أشياء أو بغير ذلك فيما يصحّ المقابلة ويؤدّي إلى المعلوم بالإطلاق.

---

⁹ فنجعل: فيجعل[ب]   ⁹ نقابل: قابلت[ب]   ⁹ حتّى نسقط: يسقط[ب]   ¹⁰ يعدل: يعدّ[ا]
¹⁹ مالٌ: في[ا]   ²⁰ فتقابله: فيقابله[ب]

Si le carré ajouté est un nombre et si l'un des deux qui restent, ou bien les deux sont retranchés de lui, alors on pose dans le carré qui est égalisé l'égal à ce nombre.

Comme s'il est dit : dix *carrés* plus neuf unités moins dix choses égalent un carré. On l'égalise à un *carré* plus neuf unités moins six choses, ou à un autre parmi les carrés pour lesquels l'égalisation est menée absolument au connu.

Comme s'il est dit : cent unités moins cinq *carrés* plus une chose égalent un carré. Tu l'égalises à deux *carrés* plus un quart d'un *carré* plus cent unités moins trente choses, ou à un autre parmi les carrés de manière à parvenir au connu.

Si ces genres mentionnés sont de rang différent et si les extrêmes sont du rang du radicande, alors la méthode la plus courte est que l'on divise le total par une grandeur carrée de manière que l'ensemble de l'expression devienne des *carrés* plus des choses plus un nombre.

Comme s'il est dit : quatre *carré-carrés* plus cinq *carré-cubes* plus six *cube-cubes* égalent un carré. On divise l'ensemble de cette expression par un *carré-carré* et on obtient quatre unités plus cinq choses plus six *carrés*. Tu procèdes selon le procédé mentionné en l'égalisant à quatre unités plus neuf *carrés* moins douze choses. Si tu obtiens la chose, tu la poses un *carré-carré*, tu la prends quatre fois, tu lui ajoutes cinq fois un *carré-cube* et six fois un *cube-cube* [A-187r°] et cela est un carré.

On continue de cette manière si un des genres est retranché, ou si deux des genres sont retranchés. Il faut [B-96r°] que, parmi toutes ces grandeurs, un seul genre soit un carré du rang du radicande afin que l'égalisation au carré soit menée absolument au connu.

وإن كان المربّع الزائد فيه عددًا وكان أحد الباقيين أو كلاهما مستثنيً منه فيجعل في المربّع الذي يقابله به مثل ذلك العدد.

كما إذا قيل عشرة أموالٍ وتسعة آحاد إلّا عشرة أشياء يعدل مربّعًا. فيقابله بمال وتسعة آحادٍ إلّا ستّة أشياء أو بغيره من المربّعات التي يقضي المقابلة بها إلى معلومٍ بالإطلاق.

وكما إذا قيل مائة أحدٍ إلّا خمسة أموالٍ وشيئًا يعدل مربّعًا. فتقابله بمالين وربع مالٍ ومائة آحادًا إلّا ثلاثين شيئًا أو بغير ذلك من المربّعات بحيث يقضي إلى المعلوم.

وإذا كانت هذه الأجناس المذكورة من غير هذه المراتب ويكون الطرفان من مرتبة المجذور، فأقرب الطريق في ذلك أن يقسم الجميع على مقدار مربّع حتّى يصير الجميع إلى الأموال والأشياء والعدد.

كما إذا قيل أربعة أموال مالٍ وخمسة أموال كعبٍ وستّة كعوب كعبٍ يعدل مربّعًا. فيقسم جميع ذلك على مال مالٍ فيخرج أربعة آحادٍ وخمسة أشياء وستّة أموالٍ. فتعمل فيه العمل المتقدّم بأن تقابله بأربعة آحادٍ وتسعة أموالٍ إلّا اثنى عشر شيئًا. فإذا خرج لك الشيء جعلته مال مالٍ وأخذته أربع مراتٍ وزدت عليه مال كعبٍ خمس مراتٍ وكعب كعبٍ ستّة مراتٍ [١-١٨٧و] فإنّه يكون مربّعًا.

وقس على هذا إذا كان جنس منها مستثنى أو جنسان مستثنيان. ويجب [ب-٩٦و]

أن يكون في جميع هذه المقادير جنسٌ واحدٌ مربّعٌ من مرتبة المجذور ليمكن مقابلة بمربّعٍ يؤدّي إلى معلومٍ بالإطلاق.

---

² فيجعل: فنجعل[١]   ³ آحاد: في[١]   ⁷ ومائة آحادًا: في[ب]   ¹² كعبٍ: في[١]   ¹⁴ تقابله: يقابله[ب]   ¹⁵ فإذا: وإذا[١]

Ces quatre espèces sont celles qui mènent toujours au connu, à savoir ce qui est utile dans l'art du calcul. Nous expliquons ce qui vient après cela avec peu d'intérêt.

CINQUIÈME ESPÈCE

Ce qui égale le carré est de deux genres ou de trois genres, mais aucun d'eux n'est un carré. Dans cette espèce, il y a ce qui est possible et ce qui est à refuser, c'est-à-dire ce qui ne mène absolument pas au connu. Nous mentionnons les possibles, nous procédons du plus simple au plus simple et nous l'ordonnons en trois parties.

La première [partie] : [la grandeur] est de deux genres et l'un des deux est retranché de l'autre.

Comme s'il est dit : deux *carrés* moins deux égalent un carré. Un *carré* moins une unité égale un demi carré : Un *carré* égale donc une unité plus la moitié d'un carré. Si tu égalises une unité plus la moitié d'un carré à un *carré* plus une unité moins deux choses, tu obtiens la chose, quatre unités. Tu as déjà égalisé une unité plus la moitié d'un carré à un carré, sa racine est une chose moins un, sa racine est donc trois unités, à savoir la racine du *carré* tel que, si tu le doubles et si tu soustrais de lui deux, le reste est un carré. On procède de la même manière pour tous les *carrés* dont on retranche un nombre et qui sont proportionnels à ce nombre de manière que, en divisant le retranché par le nombre de *carrés*, il vienne un carré.

Comme s'il est dit : trois *carrés* moins douze unités égalent un carré. Après la restauration, un *carré* égale un tiers d'un carré plus quatre unités. Si tu l'égalises à un *carré* plus quatre unités moins quatre choses, la chose seule [B-96v°]
est six. En effet, nous confrontons un tiers du carré plus quatre unités au carré, à savoir une chose moins deux. La racine [de cette confrontation] est quatre unités et le *carré* demandé est seize. Si tu le prends trois fois et si tu soustrais de lui douze, le reste est un carré. [A-187v°]

Comme s'il est dit : douze unités moins trois *carrés* égalent un carré, donc douze unités égalent trois *carrés* plus un carré. Si tu ôtes le carré des deux côtés, il reste : douze unités moins un carré égalent

فهذه الأنواع الأربعة هي التي تؤدّي أبدًا إلى معلومٍ وهو المفيد في صناعة الحساب. ونحن نذكر ما يتبع ذلك على قلّة ما فيها من الفائدة.

النوع الخامس

ما يكون من جنسين أو ثلاثة ممّا يعادل مربّعًا ولا يكون في شيء منه جنس من مرتبة المجذور مربّعًا. ثمّ منه ما هو ممكنٌ ومنه ما هو ممتنعٌ أي لا يؤدّي إلى المعلوم بالإطلاق. فنذكر ما هو الممكن ونقدّم الأسهل فالأسهل ونرتبه على ثلاثة أقسامٍ.

الأوّل: إن يكون من جنسين وأحدهما مستثنىً من الآخر.

كما إذا قيل مالان الّا اثنين يعدل مربّعًا. فمالٌ إلّا واحدًا يعدل نصف مربّع. فمال يعدل واحدًا ونصف مربّع. فإذا قابلت واحدًا ونصف مربّع بمالٍ وواحدٍ إلّا شيئين، خرج الشيء أربعة آحادٍ. وقد قابلت واحدًا ونصف مربّع بمربّع، جذره شيء إلّا واحدًا فيكون جذره ثلاثة آحادٍ، وهي جذر المال الذي إذا ضعفته ونقصت منه اثنين كان الباقي مربّعًا. وكذلك كلّ أموال قد استثنى منها عدد يكون مشابهًا لعددها، حتّى إذا قسم المستثنى على عدد أموال يكون مربّعًا.

كما إذا قيل ثلاثة أموال إلّا اثنى عشر أحدًا يعدل مربّعًا. فبعد الجبر مالٌ يعدل ثلث مربّع وأربعة آحادٍ. فإذا قابلته بمالٍ وأربعة آحاد إلّا أربعة أشياء خرج الشيء الواحد [ب-٩٦ظ]

ستّة. ولأجل أنّا قابلنا ثلث مربّع وأربعة آحادٍ بمربّع جذره شيء إلّا اثنين يكون جذره أربعة آحادٍ والمال المطلوب ستّة عشر. فإذا أخذته ثُلث مراتٍ ونقصت منه اثنى عشر كان الباقي مربّعًا. [١-١٨٧ظ]

فكما إذا قيل اثنا عشر أحدًا إلّا ثلاثة أموالٍ يعدل مربّعًا. فاثنا عشر أحدًا يعدل ثلاثة أموالٍ ومربّعًا. فإذا ألقيت المربّع من جهتين، يبقى: اثنا عشر أحدًا

trois *carrés*. Le *carré* égale quatre unités moins un tiers d'un carré. Si tu l'égalises à un *carré* plus quatre unités moins quatre choses, on obtient la chose, trois. En effet, nous avons posé sa racine une chose moins deux, il vient un et le *carré* est son égal plus douze unités moins trois *carrés*. Il vient neuf unités, à savoir le carré. C'est de même pour tout nombre dont on retranche des *carrés* en une quantité qui lui est proportionnelle.

Si ce que tu veux égaliser au carré est [composé] de rangs différents par rapport à ce terme, alors tu divises le total par la grandeur carrée de plus petit rang qui figure [dans ce que tu veux égaliser], afin que le total revienne aux *carrés* plus le nombre, puis nous procédons comme nous avons expliqué.

Comme s'il est dit : cinq *cube-cubes* moins vingt *carré-carrés* égalent un carré. Tu divises ceci par un *carré-carré*, on obtient : cinq *carrés* moins vingt unités égalent un carré. Un *carré* égale un cinquième d'un carré plus quatre unités. Si tu l'égalises à un *carré* plus quatre unités moins quatre choses, on obtient la chose, cinq unités. En effet, nous avons posé sa racine une chose moins deux unités, il vient trois, donc cinq *carrés* moins vingt unités sont vingt-cinq unités. Si cela est vrai dans cette [B-97r°]

situation alors ce sera vrai aussi pour cinq *cube-cubes* moins vingt *carré-carrés*, car on a introduit que un carré quelconque est tel que, si on le multiplie par un carré, ou bien si on le divise par un carré, il sera [encore] un carré après le produit et la division.

S'il est dit : trois *cubes* moins trois racines plus un tiers d'une racine égalent un carré. Tu les égalises à des *carrés* tels que, si tu mets au carré la moitié de leur nombre et si tu ajoutes au total le produit du nombre de *cubes* par le nombre de racines, alors le total est un carré. Tu l'égalises à neuf *carrés*, on obtient la racine, trois unités plus un tiers d'unité.

Le raisonnement est le même si les cubes sont retranchés des choses, comme trois choses plus un tiers d'une chose moins trois cubes. Tu les égalises à neuf *carrés* et il vient : [A-188r°]

إلّا مربّعًا يعدل ثلاثة أموالٍ. فالمال يعدل أربعة آحادٍ إلّا ثلث مربّع. فإذا قابلته بمال وأربعة آحاد إلّا أربعة أشياء خرج الشيء ثلاثة. ولأجل أنّا جعلنا جذره شيئًا إلّا اثنين، يكون واحدًا والمال مثله واثنى عشر أحدًا إلّا ثلاثة أموالٍ. يكون تسعة آحادٍ وهي مربّع. وكذلك كلّ عددٍ استثنى منه أموال عدّتها متشابهة له.

وإذا كان ما تريد مقابلة بالمربّع من مراتب أُخرى على غير ذلك الحدّ، قسمت الجميع على مقدار مربّع من أدنى المراتب التي فيها ليعود الجميع إلى الأموال والعدد. فنعمل فيه ما ذكرنا.

كما إذا قيل خمسة كعوب كعبٍ إلّا عشرين مال مالٍ يعدل مربّعًا. فتقسم ذلك على مال مالٍ فيخرج: خمسة أموالٍ إلّا عشرين أحدًا يعدل مربّعًا. فمالٌ يعدل خمس مربّع وأربعة آحادٍ. فإذا قابلته بمالٍ وأربعة آحادٍ إلّا أربعة أشياء، خرج الشيء خمسة آحادٍ. ولأجل أنّا جعلنا جذره شيئًا إلّا أحدين، يكون ثلاثة، فخمسة أموالٍ إلّا عشرين أحدًا يكون خمسة وعشرين أحدًا. وإذا صحّ ذلك [ب- ٩٧و]

في هذا الموضع فإنّه يصحّ في خمسة كعوب كعبٍ إلّا عشرين مال مالٍ لما تقدّم إذ كلّ مربّع ضرب في مربّع أو قسم على مربّع فإنّه يكون بعد الضرب والقسمة مربّعًا.

فإن قيل ثلاثة كعوبٍ إلّا ثلاثة أجذار وثلث جذرٍ يعدل مربّعًا. فتقابلها بأموال إذا ربّعت نصف عددها وزدّت على المبلغ ما يكون من ضرب عدد الكعوب في عدد الأجذار كان المبلغ مربّعًا. فتقابلها بتسعة أموالٍ، فيخرج الجذر ثلاثة أحدًا وثلث واحد.

وعلى هذا القياس إذا كانت المكعّبات مستثناةً من الأشياء، مثل ثلاثة أشياء وثلث شيءٍ إلّا ثلاثة مكعّباتٍ. فتقابلها بتسعة أموالٍ فيصير: [ا-١٨٨و]

---

٢ جعلنا: في[ا]   ١٩ فتقابلها: فيقابلها[ب]   ٢٢ وثلث شيءٍ: في[ا]   ٢٢ إلّا ثلاثة مكعّباتٍ: إلّا ثلاث مكعّباتٍ

trois choses plus un tiers d'une chose égalent trois cubes plus neuf *carrés*. Nous mettons au carré la moitié du nombre de *carrés* et nous lui ajoutons le produit du nombre de cubes par le nombre de choses, c'est-à-dire dix. Il vient trente unités plus un quart d'une unité. Nous prenons sa racine, nous soustrayons de celle-ci la moitié du nombre de [ces] racines et il reste un. Nous le divisons par le nombre de cubes, la racine résulte donc un tiers d'une unité, et c'est la réponse.

La deuxième partie : [la grandeur] est de deux genres en ajout.

C'est comme s'il est dit : trois *carrés* plus treize unités égalent un carré. Nous cherchons par l'analyse indéterminée un nombre carré tel que, si tu ôtes de lui treize unités, le reste est proportionnel à trois *carrés*, et cela est vingt-cinq. Si tu l'égalises à trois *carrés* plus treize unités, on obtient le *carré*, quatre unités.

Si tu veux, tu égalises aux *carrés* le carré de la quantité telle que, si tu ôtes d'elle trois unités, [B-97v°]
le reste est proportionnel à treize unités. Par l'analyse indéterminée, tu trouves seize *carrés*. Si tu les égalises à trois *carrés* plus treize unités, le *carré* du reste résulte une unité. Lorsque le nombre de *carrés* plus les unités est égal au carré, le *carré* sera un.

Une autre méthode : tu cherches ce qui sera un carré, lorsque tu l'ajoutes aux trois *carrés*. Tu trouves un *carré*, ou six *carrés*, ou d'autres *carrés* tels que, si tu les ajoutes à trois *carrés*, ils seront un carré. Puis, tu prends la racine du total, qui résulte de la somme des trois *carrés* plus ce que tu leur ajoutes afin de parvenir à un carré. Tu la prends deux fois plus une unité, ou quatre fois plus quatre unités, ou six fois plus neuf unités, ou un autre nombre de fois plus le carré de la moitié du nombre de fois. On ajoute ceci aux *carrés* en ajout. Tu égalises le total au nombre, et tu l'égalises de manière que le procédé soit vrai. Sinon tu poses les choses dans l'[expression] égalisée des retranchés de manière que, dans l'égalisation, tu transformes l'[expression] égalisée en un nombre, puis tu l'égalises.

Un exemple de cela est dans ce problème : [A-188v°]

ثلاثة أشياء وثُلث شيء يعدل ثلاثة مكعّبات وتسعة أموالٍ. فنربّع نصف عدد الأموال ونزيد عليه ضرب عدد المكعّبات في عدد الأشياء أعني العشرة. يكون ثلاثين أحدًا وربع واحدٍ. نأخذ جذره وننقص منه نصف عدد الأجذار، يبقى واحدٌ، نقسمه على عدد المكعّبات، خرج الجذر ثلث واحد وهو الجواب.

القسم الثاني: إن يكون من جنسين زائدين.

كما إذا قيل ثلاثة أموالٍ وثلاثة عشر أحدًا يعدل مربّعًا. فنطلب بالاستقراء عددًا مربّعًا إذا أُلقيت منه ثلاثة عشر أحدًا يكون الباقي مشابهًا لثلاثة أموالٍ، وذلك هو خمسة وعشرون. فإذا قابلتها بثلاثة أموالٍ وثلاثة عشر أحدًا خرج المال أربعة آحادٍ.

وإن شئت قابلته بأموال مربّعه العدّة إذا أُلقيت منها ثلاثة آحادٍ يكون [ب-٩٧ظ] الباقي متشابهًا لثلاثة عشر أحدًا. فنجده بالاستقراء ستّة عشر مالًا. فإذا قابلتها بثلاثة أموالٍ وثلاثة عشر أحدًا يخرج المال الباقي واحدًا. ومتى كان عدد الأموال مع الآحاد متساويًا لمربّع فإنّ المال يكون أحدًا.

طريقٌ آخر، وهو أن تنظر ما الذي إذا زدته على الأموال الثلاثة صار مربّعًا. فتجده مالًا أو ستّة أموالٍ أو غير ذلك من الأموال التي إذا زدتها على ثلاثة أموالٍ يصير مربّعًا. ثمّ تأخذ جذر المبلغ الذي يجتمع من الأموال الثلاثة مع ما تزيد عليها حتّى يصير مربّعًا. وتأخذه مرّتين مع واحدٍ أو أربع مراتٍ مع أربعة آحادٍ، أو ستّ مراتٍ مع تسعة آحادٍ أو مرات غيرها مع مربّع نصف عدد المرات. ويزيد ذلك على الأموال المزيدة. فما كان منه تقابله بالعدد فأن تقابل به بحيث يصحّ العمل. وإلّا جعلت الأشياء في المقابل به مستثناه حتّى تحوّل عند المقابلة إلى العدد المقابل ثمّ تقابله.

مثال ذلك في هذه المسألة: [١-١٨٨ظ]

١ ثلاثة مكعّبات: ثُلث مكعّبات[ب]   ١ فنربّع: فربّع[ب]   ٢ ونزيد: ويزيد[ب]   ٣ وننقص: وينقص[ب]
١٢ الباقي: في[ب]   ١٦ تأخذ: يأخذ[ب]   ٢١ تقابله: يقابل[ب]

nous demandons ce qui, si nous l'ajoutons à trois *carrés*, mène à un carré. Nous trouvons un *carré*, nous l'ajoutons à trois *carrés*, nous prenons deux racines du total et nous les ajoutons au *carré* plus un. Il vient : un *carré* plus quatre choses plus une unité égale treize unités, donc un *carré* plus quatre choses égale douze unités. Si tu ajoutes le carré de la moitié du nombre de racines au nombre, si tu prends sa racine, à savoir quatre, et si tu soustrais d'elle la moitié du nombre de racines, alors il reste deux. C'est la racine du *carré* et le *carré* est quatre. Si tu veux, tu soustrais quatre choses [B-98r°] du *carré* et de l'unité, et tu l'égalises à treize unités. Un *carré* égale quatre choses plus douze unités. La chose résulte six, c'est la racine du *carré* et le *carré* est trente-six.

On calcule de la même manière si ce qui égale un carré est du rang du radicande au-dessus de ces deux rangs.

Comme s'il est dit : deux *carré-carrés* plus deux *carrés* égalent un carré. Tu divises ceci par un *carré* afin d'obtenir deux *carrés* plus deux unités. Tu l'égalises à quatre unités et tu obtiens le *carré*, un.

S'il est dit : un *carré-carré* plus vingt unités égalent un carré. Tu passes en revue les grandeurs afin de trouver un nombre carré tel que, si tu soustrais de lui vingt unités, le reste est un *carré-carré*, comme trente-six. Ou bien tu l'égalises à un *carré-carré* radicande tel que, si tu ôtes de lui le *carré-carré* qui est avec le nombre, le nombre qui reste de ceux-ci sera proportionnel au nombre. La similarité est que le rapport de l'un des deux nombres à l'autre est comme le rapport d'un *carré-carré* rationnel à un *carré-carré* rationnel, j'entends par rationnel ce qui a comme racine une racine rationnelle. Tu l'égalises alors à un *carré-carré* plus un quart d'un *carré-carré* et tu obtiens : un *carré-carré* est égal à seize unités.

S'il est dit : trois *cubes* plus cinq choses égalent un carré. Tu l'égalises à des *carrés* tels que, si tu ôtes le carré de la moitié de leur nombre du résultat du produit du nombre de *cubes* par le nombre de *carrés*, le reste est un carré. Tu l'égalises donc à seize *carrés* [tu divises les deux termes de l'équation par une racine] et tu retranches du carré de la moitié du nombre [de racines] quinze, ce dernier provenant du

طلبنا ما إذا زدنا على ثلاثة أموالٍ أدّى إلى مربّعٍ. فوجدنا مالًا، زدناه على ثلاثة أموالٍ وأخذنا جذري المبلغ، وزدناه على المال مع واحدٍ. فيصير: مالًا وأربعة أشياء وواحدًا يعدل ثلاثة عشر أحدًا فمالٌ وأربعة أشياء يعدل اثنا عشر أحدًا.

٥ فإذا زدت مربّع نصف عدد الأجذار على العدد وأخذت جذره أربعة ونقصت منه نصف عدد الأجذار، يبقى اثنان. وذلك جذر المال والمال أربعة. وإن شئت، نقصت الأربعة الأشياء [ب-٩٨و]

من* المال والواحد وقابلتها بثلاثة عشر أحدًا. فمالٌ يعدل أربعة أشياء واثنا عشر أحدًا. فيخرج الشيء ستّة وهي جذر المال والمال ستّة والثلاثون.

١٠ وكذلك يحسب إذا كان الذي يعدل مربّعًا من مرتبة المجذور فوق تينك المرتبتين.

كما إذا قيل مالا مالٍ ومالان يعدل مربّعًا. فتقسم ذلك على مالٍ حتّى يصير مالين وواحدين. فتقابله مثلًا بأربعة آحادٍ فيخرج المال واحدًا.

فإن قيل مال مالٍ وعشرون آحادًا يعدل مربّعًا. فإنّك تستقرئ المقادير حتّى تجد عددًا مربّعًا إذا نقصت منه عشرين أحدًا كان الباقي مال مالٍ، كستّة وثلاثين.

١٥ أو تقابله بأموال أموالٍ مجذورةٍ إذا ألقيت منها أموال الأموال التي مع العدد كان عدد الباقي منها متشابهًا للعدد. والمتشابهة هي أن يكون نِسبة أحد العددين إلى الآخر كنسبة مال مالٍ منطقٍ إلى مال مالٍ منطقٍ وأعني بالمنطق الذي له جذر منطقٍ. فتقابله بمالي مالٍ وربع مال مالٍ فيخرج مال المال معادلًا لستّة عشر أحدًا.

٢٠ فإن قيل ثلاثة كعوبٍ وخمسة أشياء يعدل مربّعًا. فتقابلها بأموالٍ إذا ألقيت منها من مربّع نصف عددها ما يكون من ضرب عدد الكعوب في عدد الأموال، يكون الباقي مربّعًا. فتقابلها بستّة عشر مالًا. فتسقط من مربّع نصف عددها

---

¹ أدّى: في[ا]   ¹ فوجدنا: فأجدنا[ب]   ³ اثنا عشر: اثنى عشر[ب]   ⁷ واثنا عشر: واثنى عشر[ب]
¹⁵ نِسبة: نِسب[ا]   ¹⁷ بمالي: بمال[ا]   ¹⁷ معادلًا: في[ب]

* من: مكررة في الهامش [ب]

produit de trois par cinq[4]. Il reste quarante-neuf. Tu prends sa racine, à savoir sept, [A-189r°] et tu lui ajoutes la moitié du nombre de racines. Il vient quinze. Tu le divises par le nombre de *cubes* [B-98v°] et tu obtiens cinq, à savoir le côté du cube. Si tu veux procéder avec deux défauts, tu obtiens la racine du *carré*, un tiers d'une unité.

La troisième partie : [la grandeur] est de trois genres en ajout, ou bien deux ajouts et un défaut, ou encore un ajout et deux défauts.

Comme s'il est dit : trois *carrés* plus trois choses plus dix unités égalent un carré. Tu l'égalises à des *carrés* [en nombre] carré ou bien à un nombre carré à condition que l'égalisation soit valide selon l'analyse indéterminée. Si tu l'égalises à quatre *carrés* il vient : un seul *carré* égale trois choses plus dix unités. Si tu ajoutes le carré de la moitié du nombre de choses à dix, ce qui vient du produit de un, à savoir ton nombre de *carrés*, par dix, à savoir le nombre, et tu prends sa racine, et tu lui ajoutes la moitié du nombre de racines, alors la racine est cinq. Si tu l'égalises à cent en nombre, il vient : un *carré* plus une chose égale trente unités. Si tu ajoutes le carré de la moitié du nombre de choses au nombre, si tu prends la racine du total et si tu retranches d'elle la moitié du nombre de choses, alors la racine est aussi cinq et le *carré* vingt-cinq.

S'il est dit : trois *carrés* plus dix unités moins trois choses égalent un carré. Si tu l'égalises à quatre *carrés* ou à seize unités, on obtient la chose, deux.

S'il est dit : dix unités plus trois choses moins trois *carrés* égalent un carré.

Si tu l'égalises à quatre *carrés* et à quatre unités, on obtient la chose, deux, et le *carré*, quatre.

S'il est dit : dix unités moins trois *carrés* plus trois choses égalent un carré. Si tu l'égalises à un *carré*, on obtient la chose, un plus un quart, et le *carré*, un plus un demi plus la moitié d'un huitième.

---

4   Le texte du problème est incomplet et l'auteur oublie le passage qui consiste à diviser l'équation par une racine.

خمسة عشر التي هي من ضرب ثلاثة في خمسة. يبقى تسعة وأربعون. تأخذ جذرها سبعة، [ا-١٨٩و]

تزيد عليها نصف عدد الأجذار، يصير خمسة عشر تقسمها على عدد الكعوب [ب-٩٨ظ]

يخرج خمسة، وهي ضلع المكعّب. وإن شئت عملتها بالنقصان فيخرج جذر المال ثلث واحد.

القسم الثالث: إن يكون من ثلاثة أجناس زائدة أو زائدين ومستثنىً أو زائد ومستثنيّن.

كما إذا قيل ثلاثة أموالٍ وثلاثة أشياء وعشرة آحادٍ يعدل مربّعًا. فتقابله بأموال مربّعه أو بعدد مربّع على أن تصحّ المقابلة بعد الاستقراء. فإن قابلتها بأربعة أموالٍ صار: مالٌ واحدٌ يعدل ثلاثة أشياء وعشرة آحاد. فإذا زدت مربّع نصف عدد الأشياء على العشرة، التي هي من ضرب واحدٍ، الذي هو عدد المال الذي معك، في عشرة، التي هي العدد، وأخذت جذره وزدت عليه نصف عدد الأجذار، كان الجذر خمسة. وإن قابلته بمائة عددٍ صار: مال وشيء يعدل ثلاثين أحدًا. فإذا زدت مربّع نصف عدد الأشياء على العدد وأخذت جذر المبلغ وأسقطت منه نصف عدد الأشياء كان الجذر أيضًا خمسة والمال خمسة وعشرين.

فإن قيل ثلاثة أموالٍ وعشرة آحادٍ إلّا ثلاثة أشياء يعدل مربّعًا. فإذا قابلته بأربعة أموال أو بستّة عشر أحدًا، خرج الشيء اثنين.

فإن قيل عشرة آحادٍ وثلاثة أشياء إلّا ثلاثة أموالٍ يعدل مربّعًا. فإن قابلته بأربعة أموالٍ وبأربعة آحادٍ، خرج الشيء اثنين والمال أربعة.

فإن قيل عشرة آحادٍ إلّا ثلاثة أموالٍ وثلاثة أشياء يعدل مربّعًا فإذا قابلته بمالٍ خرج الشيء واحدًا وربعًا والمال واحدًا ونصفًا ونصف ثمنٍ.

Et si tu l'égalises à quatre unités, on obtient la chose, un, et le *carré* est son égal.

S'il est dit : trois *carrés* plus trois choses moins onze [B-99r°] unités égalent un carré. Si tu l'égalises à quatre *carrés*, ou plus [que cela], [A-189v°] l'ajout du nombre au carré de la moitié du nombre de racines n'est pas valide. Si tu l'égalises à trois *carrés* plus la moitié d'un huitième d'un *carré*, donc aux deux défauts, on obtient la chose, quatre, et le *carré*, seize. Et [si tu l'égalises] aux deux ajouts, la chose résulte quarante-quatre et le *carré* mille-neuf-cent-trente-six. Si tu égalises à vingt-cinq unités, on obtient la chose, trois, et le *carré*, neuf.

S'il est dit : trois *carrés* moins trois choses et moins onze unités égalent un carré. Tu l'égalises à vingt-cinq unités, tu obtiens la chose, quatre, et le *carré*, seize.

Sache que, dans ce chapitre, afin de saisir le cherché qui n'est pas dans les questions du demandeur, on ne parvient au cherché que [par] l'analyse indéterminée des grandeurs. Ce qui indique le cherché n'a rien qui lui soit attaché puisqu'il est illimité et non borné, sauf que le possible s'approche de ce qui est nécessaire et ne lui est pas interdit.

Et concluons cette section par un problème, dans lequel le nombre est un soustrait et les *carrés* un ajout en proportion avec le nombre, et par une remarque sur l'un des procédés qui se trouve dans ce chapitre selon lequel le problème est faux, afin qu'il soit pris comme exemple pour ce qui lui est égal.

S'il est dit : deux *carrés* plus trois choses moins huit unités égalent un carré. Si tu égalises ceci à un carré, si tu ajoutes aux deux côtés huit unités, et si tu ôtes des deux les choses, il reste : deux *carrés* égalent un carré plus huit unités moins trois choses. Un *carré* égale donc la moitié d'un carré plus quatre unités moins une chose plus la moitié d'une chose. Si tu égalises ceci à un *carré* plus quatre unités moins

وإن قابلته بأربعة آحادٍ، خرج الشيء واحدًا والمال مثله.

فإن قيل ثلاثة أموالٍ وثلاثة أشياء إلّا أحد عشر* [ب-٩٩و]

أحدًا يعدل مربّعًا. فإن قابلته بأربعة أموالٍ أو بأكثر [١-١٨٩ظ]

لم يصحّ لزيادة العدد على مربّع نصف عدد الأجذار. فإن قابلته بثلاثة أموالٍ

ونصف ثمن مالٍ فبالنقصان يخرج الشيء أربعة والمال ستّة عشر. وبالزيادة يخرج

الشيء أربعة وأربعين والمال ألفًا وتسعمائة وستّة وثلاثين. وإن قابلته بخمسة

وعشرين أحدًا يخرج الشيء ثلاثة والمال تسعة.

فإن قيل ثلاثة أموالٍ إلّا ثلاثة أشياء وإلّا أحد عشر أحدًا يعدل مربّعًا. فتقابله

بخمسة وعشرين أحدًا فيخرج الشيء أربعة والمال ستّة عشر.

واعلم أنّه لا وُصلة إلى المطلوب في هذا الباب إلّا استقراء المقادير حتّى

تظفر بمرادك إنّه ليس في سؤال السائل. ما يدلّ على المطلوب، ولا له تعلّقٌ به

إذ هو مطلقٌ غير مقيّد بشيءٍ إلّا أنّ الممكن منه يقرب منه وجوبه ولا يمتنع.

ولنختم هذا الفصل بمسألةٍ يكون فيها العدد ناقصًا والأموال زائدة مشابهة

للعدد، وتنبّه على بعض ما يقع في هذا الباب من العمل الذي يفسد به المسألة

ليعتبر به ما سواها.

إذا قيل مالان وثلاثة أشياء إلّا ثمانية آحادٍ يعدل مربّعًا. فإذا قابلت ذلك بمربّع

وزدت على الجانبين ثمانية آحادٍ وألقيت منهما الأشياء يبقى: مالان يعدلان مربّعًا

وثمانية آحاد إلّا ثلاثة أشياء. فمالٌ يعدل نصف مربّع وأربعة آحاد إلّا شيئًا ونصف

شيءٍ. فإذا قابلت هذه بمالٍ وأربعة آحادٍ إلّا أربعة أشياء †

quatre choses, il vient : un demi *carré* égale deux choses plus un demi [d'une chose]. [B-99v°]
La chose est cinq. Puisque nous avons posé la racine une chose moins deux, il vient trois. Cependant, si nous mettons au carré trois, si nous doublons son carré, si nous ajoutons au total trois fois trois et si nous soustrayons du total huit unités, alors il reste dix-neuf, qui n'est pas un radicande. Ainsi, la résolution est refusée parce que, lorsque tu égalises la première expression à un carré, tu ne la poses pas associée à un seul carré parmi eux, et il vient : la moitié de ce carré inconnu plus quatre unités moins une chose plus la moitié d'une chose [A-190r°] est égal au *carré* de l'expression égale au carré. Puis, tu remplaces ce *carré-carré* avec un autre carré plus quatre unités moins quatre racines et tu les égalises. Mais l'égalisation n'est pas valide parce que trois carrés différents se trouvent dans ce problème et cela n'appartient pas aux conditions de l'algèbre et d'al-muqābala. Au contraire, le nécessaire dans cet art est que les *carrés* combinés dans un même problème soient égaux, et de même les choses, les cubes, les *carrés-carré*, et ainsi de suite.

Si tu égalises deux *carrés* plus trois choses moins huit unités à quatre *carrés*, si tu restaures, si tu ôtes les choses des deux côtés et si tu rapportes les deux côtés, alors un seul *carré* sera égal à deux *carrés* plus quatre unités moins une chose plus la moitié d'une chose. Si tu remplaces le *carré* avec quatre *carrés* plus quatre unités moins huit choses, si tu l'égalises à deux *carrés* plus quatre unités moins une chose plus la moitié d'une chose, on obtient la chose, trois unités plus un quart d'unité. En effet, nous avons posé le côté du carré égalisé deux choses moins deux. Il vient quatre plus un demi et le *carré* vingt plus un quart. Si tu le prends deux fois, si tu lui ajoutes trois de ses racines et si tu soustrais du total [B-100r°]
huit, il vient quarante-six et celui-ci n'est pas un radicande. Cela mène donc à ce qui n'est pas correct. La cause de cela est que tu égalises deux *carrés* plus trois choses moins huit unités à quatre *carrés*

تصير: نصف مال يعدل شيئين ونصفًا. [ب-٩٩ظ]

فيكون الشيء خمسة. ولأجل أنّا جعلنا الجذر شيئًا إلّا اثنين، يكون ثلاثة، ولكنّا إذا ربّعنا الثلاثة وضعّفنا مربّعهما وزدنا على المبلغ الثلاثة ثلاث مراتٍ ونقصنا من المبلغ ثمانية آحادٍ يبقى تسعة عشر وليس بمجذورٍ. وإنّما أمتنع خروج ذلك لأنّك لما قابلت الجملة الأولى بمربّعٍ، لم تجعله مشاركًا لمال واحدٍ منها، وصار نصف ذلك المربّع المجهول وأربعة آحادٍ إلّا شيئًا ونصف شيء [ا-١٩٠و] معادلًا لمال واحدٍ من الجملة المعادلة للمربّع. ثمّ أقمت مقام هذا المال مالًا آخر مع أربعة آحادٍ إلّا أربعة أجذارٍ، وقابلته به. فلم تصحّ المقابلة لأنّه وقع في هذه المسألة ثلاث مربّعاتٍ مختلفات وليس هذا من شرط الجبر والمقابلة. بل الواجب في هذه الصناعة أن تكون الأموال المجتمعة في مسألةٍ واحدةٍ متساوية وكذا الأشياء وكذا المكعّبات وأموال الأموال وغيرها.

وإن قابلت مالين وثلاثة أشياء إلّا ثمانية آحادٍ بأربعة أموال، فإذا جبرت وألقيت الأشياء من الجانبين ونصفت الجانبين، صار مال واحدٌ معادلًا لمالين وأربعة آحادٍ إلّا شيئًا ونصف شيء. فإذا وضعت مكان المال أربعة أموال وأربعة آحاد إلّا ثمانية أشياء وقابلته بمالين وأربعة آحاد إلّا شيئًا ونصف شيء خرج الشيء ثلاثة آحادٍ وربع واحدٍ. ولأجل أنّا جعلنا ضلع المربّع المقابل به شيئين إلّا اثنين. يكون أربعة ونصفًا والمال عشرين وربعًا. فإذا أخذته مرّتين وزدت عليه ثلاثة أجذاره ونقصت من المبلغ [ب-١٠٠و]

ثمانية* كان ستّة وأربعين وهي غير مجذورةٍ. فقد أدّى إلى غير الصّواب. والعلة فيه إنّك قابلت مالين وثلاثة أشياء إلّا ثمانية آحاد بأربعة أموال وذلك غير صحيح

---

١ تصير: نصف [ا]   يصير [ا]   ٧ للمربّع: في [ا]   ١١ وكذا: وكذلك [ب]   ١١ وكذا: وكذلك [ب]
١٤-١٥ فإذا وضعت مكان المال أربعة أموال وأربعة آحاد إلّا ثمانية أشياء وقابلته بمالين وأربعة آحاد إلّا شيئًا ونصف شيء: في [ب]   ١٦ إلّا اثنين: بالاثنين [ب]

* ثمانية: مكررة في الهامش [ب]

et cela n'est pas valide car, si tu ôtes les [termes] communs des deux, il reste : deux *carrés* égalent trois choses moins huit unités, et ceci est faux. Il est donc nécessaire que tu égalises cela à deux *carrés* plus un quart de manière qu'il reste un quart d'un *carré* dans l'égalisation de trois choses moins huit unités. L'égalisation est ainsi valide et on obtient la chose, quarante-huit.

Si tu veux, tu cherches ce qui égale un seul *carré*, et tu le trouves égal à un *carré* plus un huitième d'un *carré* plus quatre unités moins une chose plus la moitié d'une chose. Si tu égalises cela à deux *carrés* plus un quart d'un *carré* plus quatre unités moins six choses. On obtient la chose, quatre et ceci est vrai ici conformément à l'analyse indéterminée. En effet, c'est vrai dans tous les cas, bien que, en confrontant un *carré* plus un huitième d'un *carré* plus quatre unités moins une chose plus la moitié d'une chose à un *carré* plus quatre choses plus quatre unités, on obtient [A-190v°]
une seule chose, quarante-quatre unités, et cela n'est pas vrai. Arrêtons-nous à ce propos et disons que, si les grandeurs sont de rangs différents par rapport à ceux des *carrés*, des racines et du nombre, et si tu veux les égaliser à un carré, alors tu divises le total par le plus grand carré par lequel la division est possible et le reste du procédé est selon ce que nous avons expliqué. Si cela n'est pas possible, tu l'égalises à un carré du genre du moyen de manière qu'il soit confronté à lui. Expliquons après cela les problèmes algébriques, que Dieu nous bénisse.

لأنّك إذا ألقيت المشترك منهما يبقى: مالان يعدلان ثلاثة أشياء إلّا ثمانية آحادٍ، وهذا فاسدٌ. فقد وجب أن تقابل ذلك بمالين وربع مال حتّى يبقى ربع مالٍ في مقابلة ثلاثة أشياء إلّا ثمانية آحادٍ. فيصحّ مقابلته ويخرج الشيء ثمانية وأربعة.

وإن شئت نظرت إلى ما يعادل المال الواحد فتجده معادلًا لمالٍ وثمن مالٍ وأربعة آحادٍ إلّا شيئًا ونصف شيءٍ. فإذا قابلت ذلك بمالين وربع مالٍ وأربعة آحادٍ إلّا ستّة أشياء خرج الشيء أربعة وهذا إنّما صحّ هنا على سبيل الاستقراء لأنّه يصحّ في كلّ موضع حتّى إنّك لو قابلت مالًا وثمن مالٍ وأربعة آحادٍ إلّا شيئًا ونصف شيء بمالٍ وأربعة أشياء وأربعة آحادٍ خرج [ا-١٩٠ظ] الشيء الواحد أربعة وأربعين أحدًا وذلك غير صحيح ولنقف عنده هذه الغاية ونقول إنّ المقادير إذا كانت من غير هذه المراتب التي هي الأموال والجذور والعدد وأردت بمقابلتها بمربّع قسمت الجميع على أعظم مربّع* يمكن القسمة عليه ويكون باقي العمل على ما ذكرناه. وإن لم يمكن ذلك قابلته بمربّع من جنس الواسطة بحيث يتقابل به ولنذكر بعد هذا المسائل الجبرية بتوفيق اللّه تعالى.

---

٢ مال: في[ب]   ٥ إلى: في[ب]   ٧ لأنّه: إلّا أنّه[ب]   ٩ بمالٍ: في[ا]   ١٢ بمقابلتها: بمقابلها[ب]

* يكون: مشطوب في[ا]

DEUXIÈME SECTION : SUR LES PROBLÈMES PARTICULIERS QUI
APPARTIENNENT À L'ANALYSE INDÉTERMINÉE

1. S'il est dit : nous voulons diviser [B-100v°]
neuf en deux parties radicandes. Nous posons l'une des deux un *carré*,
donc l'autre est neuf moins un *carré*. Nous le confrontons à quatre
carrés plus neuf unités moins douze choses. La chose est deux plus
deux cinquièmes et le *carré* est cinq unités plus trois cinquièmes plus
quatre cinquièmes d'un cinquième d'unité. C'est l'une des deux parties et l'autre est trois unités plus un cinquième plus un cinquième
d'un cinquième d'unité.

2. Sache que, pour tout nombre divisible en deux parties radicandes, il t'est possible de le diviser en deux autres parties radicandes,
et en deux autres parties radicandes, et ainsi jusqu'à l'infini.

C'est comme lorsque tu veux diviser dix en deux parties radicandes différentes de un et de neuf. Tu poses l'une des parties un
carré plus deux choses plus une unité, l'autre reste neuf unités moins
un *carré* plus deux choses. Tu l'égalises à neuf *carrés* plus neuf unités
moins dix-huit choses. On obtient la chose, une unité plus trois cinquièmes d'unité. Puisque nous avons posé l'une des deux parties un
carré plus deux choses plus une unité, il vient six unités plus trois cinquièmes plus quatre cinquièmes d'un cinquième d'une unité. L'autre
partie est trois unités plus un cinquième d'unité plus un cinquième
d'un cinquième d'unité.

Si tu veux le diviser en deux autres parties, tu égalises la deuxième
partie, à savoir neuf unités moins un *carré* plus deux choses, à un
autre carré différent de celui que nous avons égalisé précédemment.
Tu l'égalises à seize *carrés* plus neuf unités moins vingt-quatre choses.
On obtient [A-191r°]
la chose, vingt-deux parties de dix-sept parties d'unité. L'une des deux
parties est mille-cinq-cent-vingt-et-un parties de deux-cent-quatre-
vingt-neuf parties d'unité, parce que nous l'avons posée un *carré* plus
deux choses plus une unité, et sa racine est trente-neuf parties de dix-
sept [B-101r°]
parties d'unité. La deuxième partie est mille-trois-cent-soixante-neuf

الفصل الثاني: في المسائل الجزئية العائدة إلى الاستقراء

١. فإن قيل نريد أن نقسم [ب-١٠٠ظ]
تسعة بقسمين مجذورين. فنجعل أحدهما مالًا فيكون الآخر تسعة إلّا مالًا.
فنقابله بأربعة أموالٍ وتسعة أحدٍ إلّا اثنى عشر شيئًا. فالشيء اثنان وخمسان والمال
خمسة آحاد وثلاثة أخماس وأربعة أخماس خمس واحدٍ. وهو أحد القسمين
والآخر ثلاثة آحادٍ وخمس وخمس خمس واحدٍ.

٢. واعلم أنّ كلّ عددٍ يقسم بقسمين مجذورين فإنّه يمكنك أن تقسمه
بقسمين آخرين مجذورين وبقسمين آخرين مجذورين إلى غير النهاية.

كما إذا أردت أن تقسم عشرة بقسمين مجذورين غير الواحد والتسعة. فتجعل
أحد القسمين مالًا وشيئين وواحدًا، فيبقى الآخر تسعة آحادٍ إلّا مالًا وشيئين.
فتقابله بتسعة أموالٍ وتسعة آحادٍ إلّا ثمانية عشر شيئًا. فيخرج الشيء واحدًا وثلاثة
أخماس واحدٍ. ولأجل أنّا جعلنا أحد القسمين مالًا وشيئين وواحدًا، فيكون ستّة
آحادٍ وثلاثة أخماسٍ وأربعة أخماس خمس واحدٍ. فيكون القسم الآخر ثلاثة آحادٍ
وخمس واحدٍ وخمس خُمس واحدٍ.

فإن أردت أن تقسمها بقسمين آخرين، فتقابل القسم الثاني، وهو تسعة آحادٍ
إلّا مالًا وشيئين، بمربّعٍ آخر غير ما قابلناه به أوّلًا. فتقابله ستّة عشر مالًا وتسعة
آحادٍ إلّا أربعة وعشرين شيئًا. فيخرج [ا-١٩١و]
الشيء اثنين وعشرين جزئًا من سبعة عشر جزئًا من واحدٍ. فأحد القسمين يكون
ألفًا وخمسمائة واحدًا وعشرين جزئًا من مائتين وتسعة وثمانين جزئًا من واحدٍ، لأنّا
جعلناه مالًا وشيئين وواحدًا، وجذره تسعة وثلاثون جزئًا من سبعة [ب-١٠١و]
وعشر* جزئًا من واحدٍ. والقسم الثاني يكون ألفًا وثلاثمائة وتسعةٍ وستّين جزئًا من

٧ يمكنك: يكنك[ب]   ٩ فتجعل: فيجعل[ب]   ٢١ وعشر: وعشرين

* وعشرين: مكررة في الهامش [ب]

parties de ce résultat et sa racine est trente-sept parties de dix-sept parties d'unité. Et de même si tu veux diviser en deux autres parties différentes de celles que nous avons mentionnées.

3. S'il est dit : nous voulons un nombre tel que, si nous l'ajoutons à quatre et à cinq, après chacun des deux ajouts il vient un carré. Nous posons ce nombre un *carré* moins quatre unités et nous l'ajoutons à cinq. Il devient un *carré* plus une unité et tu l'égalises à un carré afin que la chose soit plus grande que deux, afin qu'il soit possible de retrancher quatre de son carré. Nous l'égalisons à un *carré* plus vingt-cinq unités moins dix choses. On obtient la chose, deux plus deux cinquièmes. Nous retranchons quatre de son carré, il reste quarante-quatre parties de vingt-cinq parties d'unité, et c'est le demandé.

Si nous voulons, nous posons le demandé une chose et nous l'ajoutons à quatre, il vient quatre plus une chose, et à cinq, il vient cinq plus une chose, et chacun des deux [ajouts] est un carré en vertu de la question. On le découvre à travers l'égalité double. C'est ce par quoi tu prends la différence entre les deux carrés, à savoir une unité, et tu la divises par une grandeur telle que, si nous l'ajoutons au résultat de la division, l'égalisation du carré de la moitié de leur somme à cinq plus une chose est vraie. Tu le divises, donc, par cinq unités et il en résulte un cinquième d'unité. Soit on l'ajoute à cinq, on met au carré la moitié du total et on lui égalise la plus grande des deux grandeurs, à savoir cinq plus une chose. Soit on la soustrait de cinq, on met au carré la moitié du reste et on lui égalise la plus petite des deux grandeurs, à savoir quatre plus une chose. Selon les deux calculs on obtient la chose, quarante-quatre parties de [B-101v°] vingt-cinq parties d'unité, c'est le demandé.

ذلك المخرج وجذره سبعة وثلاثون جزئًا من سبعة وعشر جزئًا من واحدٍ.
وهكذا إن أردت أن يقسمه بقسمين آخرين غير ما ذكرنا.

٣. فإن قيل نريد عددًا إذا زدناه على كلّ واحدٍ من الأربعة والخمسة، كان

بعد كلّ واحدٍ من الزيادتين مربّعًا.

فنجعل ذلك العدد مالًا إلّا أربعة آحادٍ ونزيده على خمسة. فيصير مالًا وواحدًا
فتقابله بمربّع بحيث يخرج الشيء أكثر من اثنين حتّى يمكن اسقاط الأربعة
من مربّعه. فنقابله بمالٍ وخمسة عشرين أحدًا إلّا عشرة أشياء. فيخرج الشيء
اثنين وخمسين. فنسقط الأربعة من مربّعه، فيبقى أربعة وأربعوب جزئًا من خمسة
وعشرين جزئًا من واحدٍ وهو المطلوب.

وإن شئنا جعلنا المطلوب شيئًا ونزيده على الأربعة، فيكون أربعة وشيئًا، وعلى
الخمسة، فيكون خمسة وشيئًا، وكلّهما مربّع بحكم السؤال. فيخرجه بالمساواة
المثناة. وذلك بأن تأخذ الفضل بين المربّعين، وهو واحدٌ، وتقسمه على مقدار
إذا أصفناه إلى الخارج من القسمة، كان مربّع نصف الجملة ممّا يصحّ بقابلته
بالخمسة والشيء. فتقسمه على خمسة آحادٍ. فيخرج خمس واحد. فإمّا
أن يزيده على الخمسة ويربّع نصف المبلغ ويقابل به أعظم المقدارين، وهو
خمسة وشيء. وإمّا أن ينقصه من الخمسة ويربّع نصف الباقي ويقابل به أصغر
المقدارين، وهو* أربعة وشيء. وعلى التقديرين يخرج الشيء أربعة وأربعين جزئًا
من خمسة [ب-١٠١ظ]
وعشرين جزئًا من واحدٍ وهو المطلوب.

---

١ وعشر: وعشرين[١]   ٢ يقسمه: تقسمه[١]   ٦ فتقابله: فيقابله[ب]   ٨-٧ فيخرج الشيء اثنين
وخمسين: في[١]   ٨ فنسقط: فيسقط[ب]   ١٤-١٢ على مقدار إذا أصفناه إلى الخارج من القسمة،
كان مربّع نصف الجملة ممّا يصحّ بقابلته بالخمسة والشيء. فتقسمه: في[ب]   ١٤ فإمّا: وإمّا[ب]
١٦ ويربّع: وتربّع

* وهو: مكررة في [ب]

Ici le procédé est vrai bien que la différence entre les racines des deux carrés ne soit pas connue, toutefois nous lui attribuons une [certaine] grandeur.

De la même manière, nous voulons deux distances [A-191v°] menant à la vérité de l'égalisation. En effet, si l'opération est dans le terme de l'inconnue, alors l'ensemble des choses et des valeurs que l'on attribue dans ce cas sont ensemble avec elle si elles deviennent connues. Ne vois-tu que, en attribuant à la différence entre les racines des deux [carrés] cinq, en divisant la différence entre les deux [carrés] par cinq et en additionnant le quotient et le diviseur, il vient cinq plus un cinquième ? Quand on parvient au membre du connu, cela est donc tel que, si nous divisons la différence entre les deux, à savoir une unité, par la différence entre leurs racines, à savoir un cinquième d'unité, et si nous additionnons le quotient et le diviseur, alors cela est aussi cinq plus un cinquième.

4. S'il est dit nous voulons un nombre tel que, si nous le soustrayons de quatre et de cinq, le reste de chacun des deux est un carré. Nous posons ce nombre quatre moins un *carré* de manière que, si nous le retranchons de quatre, il reste un *carré*, et si nous le retranchons de cinq, il reste un *carré* plus une unité. Nous l'égalisons à un carré à condition d'obtenir la chose plus petite que deux, afin qu'il soit possible de soustraire son carré de quatre. On l'égalise à un *carré* plus quatre unités moins quatre choses. On obtient la chose, trois quarts d'une unité, donc le *carré* est un demi plus la moitié d'un huitième d'unité. Nous le retranchons de quatre unités, il reste trois unités plus un quart plus un huitième plus la moitié d'un huitième d'unité, et c'est le nombre demandé.

Par l'égalité double nous posons le demandé une chose et nous la soustrayons de quatre, il reste quatre unités moins une chose, et de cinq, il reste cinq unités moins [B-102r°] une chose, et chacun des deux [restes] est un carré en vertu de la question.

وإنّما صحّ العمل ههنا مع أن الفضل بين جذري المربّعين غير معلومٍ بل فرضناه مقدارًا.

كما أردنا بعدان [ا-١٩١ظ]

أدى إلى صحّة المقابلة لأنّ العمل إذا كان في حدّ المجهول فجميع الأشياء والأحكام التي يفرضها فيه في هذه الحالة يكون موجودة معه، إذا صار معلومًا. ألا ترى أنّا فرضنا الفضل بين جذريهما خمسة، وقسمنا الفضل بينهما على الخمسة* وجمعنا بين الخارج من القسمة والمقسوم عليه، كان خمسة وخمسًا؟ فلمّا خرجا إلى حَدّ المعلوم كانا بحيث إذا قسمنا الفضل بينهما، وهو واحدٌ، على فضل ما بين جذريهما، وهو خُمس واحدٍ، وجمعنا بين الخارج من القسمة والمقسوم عليه، كان أيضًا خمسة وخُمسًا.

٤. فإن قيل نريد عددًا، إذا نقصناه من كلّ واحدٍ من الأربعة والخمسة، كان الباقي من كلّ واحدٍ منهما مربّعًا.

فنجعل ذلك العدد أربعة مالًا إلّا مالًا حتّى أذا أسقطنا من أربعةٍ، يبقى مالٌ، فنسقطه من خمسةٍ، يبقى مال وواحدٌ. فنقابله بمربّعٍ على أن يخرج الشيء أقلُّ من اثنين، ليمكن اسقاط مربّعه من الأربعة. فيقابله بمالٍ وأربعة آحادٍ إلّا أربعة أشياء. فيخرج الشيء ثلاثة أرباع واحدٍ، فالمال نصف ونصف ثمن واحدٍ. فنسقطه من أربعة آحادٍ، يبقى ثلاثة آحاد وربع وثمن ونصف ثمن واحدٍ، وهو العدد المطلوب.

وبالمساواة المثناة نجعل المطلوب شيئًا وننقصه من الأربعة فيبقى أربعة آحاد إلّا شيئًا†، ومن الخمسة فيبقى خمسة آحادٍ إلّا [ب-١٠٢و] شيئًا† وكلاهما مربّع بحكم السؤال.

---

٤ أدى إلى: أدى[ب]   ١٥ ليمكن: ليكن[ب]   ١٦ فالمال: فالمالان[ا]   ١٦ فنسقطه: نسقطه[ا]
١٨ أربعة: في[ب]

* وقسمنا: مشطوب في [ا]   † شيئًا: مكررة في الهامش [ب]

Nous prenons la différence entre les deux, à savoir une unité, et nous la divisons par une grandeur telle que, si nous supprimons d'elle le quotient, l'égalisation du carré de la moitié du reste à quatre unités moins une chose est vraie. On le divise par trois unités et il en résulte un tiers d'unité. Soit on l'ajoute à trois, on met au carré la moitié du total et on lui égalise cinq unités moins une chose. Soit on le soustrait de trois, on met au carré la moitié du reste et on lui égalise quatre unités moins une chose. On obtient la chose, deux plus deux neuvièmes d'unité, et c'est le demandé.

Remarque : nous avons dit que [A-192r°] nous divisons la différence entre les deux carrés, à savoir une unité, par une grandeur telle que, si nous retranchons d'elle le résultat de la division, alors l'égalisation du carré de la moitié du reste à quatre unités moins une chose est vraie. Nous ne disons pas : divise-le par une grandeur telle que, si nous la supprimons du résultat de la division, c'est ceci, malgré le fait que le principe de l'égalité double [veut que] nous retranchions le diviseur du quotient afin que la moitié du reste soit la plus petite des racines des deux carrés, selon ce qui a été introduit à son propos, cela parce que, si les deux carrés sont dans le membre de l'inconnue, alors nous pouvons inverser leur ordre dans l'égalité double et on parvient à l'inverse de ce qui serait obtenu au membre des connues. Ne vois-tu pas que, dans le problème précédent, le diviseur est cinq unités et le quotient est un cinquième d'unité ? Lorsque les deux carrés deviennent connus, le diviseur, c'est-à-dire la différence entre les racines des deux, est donc un cinquième d'une unité et le quotient est cinq unités. Dans ce problème le diviseur est trois unités et le quotient un tiers d'unité. Lorsque les deux carrés deviennent connus, [B-102v°] le diviseur, c'est-à-dire la différence entre les deux racines, est un tiers d'unité et le quotient est trois unités.

Quant à l'ajout, la valeur n'est pas modifiée si on ne distingue pas entre le fait de demander le diviseur [divisé] par le quotient, et le fait de demander le quotient [divisé] par le diviseur.

فنأخذ الفضل بينهما، وهو واحدٌ، ونقسمه على مقدارٍ، إذا أسقطنا منه الخارج من القسمة، كان مربَّع نصف الباقي ممّا يصحّ مقابلته بأربعة آحادٍ إلّا شيئًا. فيقسمه على ثلاثة آحادٍ فيخرج ثلث واحدٍ. فإمّا أن يزيده على الثلاثة ويربّع نصف المبلغ ويقابل به خمسة آحادٍ إلّا شيئًا. وإمّا أن ينقصه من الثلاثة ويربّع نصف الباقي ويقابل به أربعة آحادٍ إلّا شيئًا. فيخرج الشيء اثنين وتسعي واحدٍ وهو المطلوب.

تنبيه: إنّما قلنا [١-١٩٢و]

نقسم الفضل بين المربّعين، وهو واحدٌ، على مقدارٍ، إذا أسقطنا منه الخارج من القسمة، كان مربَّع نصف الباقي ممّا يصحّ مقابلة بأربعة آحادٍ إلّا شيئًا. ولم نقل: اقسمه على مقدارٍ، إذا أسقطناه من الخارج من القسمة، كان كذا مع أن قاعدة المساواة المثناة أن نسقط المقسوم عليه من الخارج من القسمة ليكون نصف الباقي جذرًا أصغر المربّعين على ما تقدّم في موضعه. وذلك لأنّ المربّعين، إذا كانا في حدّ المجهول، فقد يعكس أمرهما في المساواة المثناة فيجي على عكس ما يكون إذا خرجا إلى حدّ المعلوم. ألا ترى في المسألة السابقة كان المقسوم عليه خمسة آحادٍ والخارج من القسمة خمس واحد؟ فلمّا صار المربّعان معلومين كان المقسوم عليه، أعني الفضل بين الجذرهما خمس واحدٍ، والخارج من القسمة خمسة آحادٍ. وفي هذا المسألة كان المقسوم عليه ثلاثة آحادٍ والخارج من القسمة ثلث واحدٍ. فلمّا صار المربّعان معلومين كان [ب-١٠٢ظ] المقسوم عليه، أعني الفضل بين الجذرين، ثلث واحدٍ والخارج من القسمة ثلاثة آحادٍ.

وأمّا بالزيادة فلا يتغيّر الحكم إذ لا فرق بين أن يزيد المقسوم عليه على الخارج من القسمة وبين أن يزيد الخارج من القسمة على المقسوم عليه.

---

١ ونقسمه: ويقسمه [ا] ٣ يزيده: نزيده [ا] ٣ ويربّع: ونربّه [ا] ٤ ينقصه: ننقصه [ا] ٤ ويربّع: ونربّه [ا]
٥ وتسعي: تسع [ب] ٢١ الخارج: في [ا]

Pour cette raison tu indiques les minutes de manière à ne pas faire de fautes.

5. S'il est dit : nous voulons un nombre tel que, si nous soustrayons de lui quatre ou cinq, le reste est un carré.

Nous posons le demandé un *carré* plus quatre unités et nous soustrayons de lui cinq unités. Il reste un *carré* moins une unité. Tu l'égalises à un *carré* plus neuf unités moins six choses. Six choses égalent donc dix unités. La chose est un plus deux tiers et le *carré* est deux plus sept neuvièmes. Tu lui ajoutes quatre unités, il devient six unités plus sept neuvièmes d'une unité, et c'est le demandé.

Par égalité double [A-192v°]

nous posons le demandé une chose, nous soustrayons d'elle quatre et cinq et nous divisons leur différence, à savoir un, par une grandeur quelconque telle que, si nous ajoutons au quotient un plus un demi et si nous mettons au carré la moitié de la somme, alors son égalisation à la plus grande des deux grandeurs, à savoir une chose moins quatre unités, est vraie. Nous le divisons par la moitié d'une unité. On obtient deux, nous lui ajoutons le demi et nous mettons au carré la moitié du total. Il vient un plus un demi plus la moitié d'un huitième. Nous l'égalisons à une chose moins quatre unités, on obtient la chose, cinq unités plus un demi plus la moitié d'un huitième, c'est le demandé.

6. S'il est dit : nous voulons un nombre tel que, si nous l'ajoutons à quatre, il vient un carré et, si nous soustrayons de cinq, le reste est un carré.

Nous posons le demandé un *carré* moins quatre unités de manière que, si nous l'ajoutons à quatre, il vient un carré. Nous le soustrayons de cinq, [B-103r°]

il reste neuf unités moins un *carré* et cela égale un carré. Nous l'égalisons à un carré de manière que la chose résulte plus grande que deux, afin de pouvoir retrancher quatre de son carré, et plus petite que trois, afin de pouvoir retrancher ce qui reste après la soustraction de quatre, de cinq. Nous l'égalisons à quatre *carrés* plus neuf unités moins douze choses. Cinq *carrés* égalent douze choses. La chose est deux plus deux

فتنبّه لهذه الدقيقة حتّى لا تغلط ولا تغلّط.

٥. فإن قيل نريد عددًا إن نقصنا منه أربعة أو خمسة، كان الباقي منه مربّعًا. فنجعل المطلوب مالًا وأربعة آحادٍ وننقص منه خمسة آحادٍ. فيبقى مالٌ إلّا واحدًا. فتقابله بمالٍ وتسعة آحادٍ إلّا ستّة أشياء. فستّة أشياء يعدل عشرة آحادٍ. فالشيء واحدٌ وثلاثان والمال اثنان وسبعة أتساع. تزيد عليه أربعة آحادٍ فيصير ستّة آحادٍ وسبعة أتساع واحدٍ وهو المطلوب.

وبالمساواة المثناة [ا-١٩٢ظ]

نجعل المطلوب شيئًا وننقص منه كلّ واحدٍ من الأربعة والخمسة ونقسم الفضل بينهما، وهو واحد، على أيّ مقدارٍ شئنا بحيث إذا أصفنا إلى الخارج من القسمة واحدًا ونصفًا وربّعنا نصف المجتمع يصحّ مقابلته بأعظم المقدارين، وهو شيء إلّا أربعة آحادٍ. فنقسمه على نصف واحدٍ. فيخرج اثنان نزيد عليه النصف وربّع نصف المبلغ. فيكون واحدًا ونصفًا ونصف ثمن. نقابل به شيئًا إلّا أربعة آحادٍ فيخرج الشيء خمسة آحادٍ ونصفًا ونصف ثمن وهو المطلوب.

٦. فإن قيل نريد عددًا إن زدناه على أربعة كان مربّعًا، وإن نقصناه من خمسة كان الباقي مربّعًا.

فنجعل المطلوب مالًا إلّا أربعة آحادٍ حتّى إذا زدناه على أربعة كان مربّعًا. فننقصه من خمسة، [ب-١٠٣و]

يبقى تسعة آحادٍ إلّا مالًا وذلك يعدل مربّعًا. فنقابله بمربّع بحيث يخرج الشيء أكثر من اثنين، ليمكن اسقاط الأربعة من مربّعه، وأقلّ من ثلاثةٍ، ليمكن اسقاط ما يبقى منه بعد اسقاط الأربعة من خمسة. فنقابله بأربعة أموالٍ وتسعة آحادٍ إلّا اثنى عشر شيئًا. فخمسة أموالٍ يعدل اثنى عشر شيئًا. فالشيء اثنان وخمسان

---

cinquièmes et le *carré* est cinq unités plus trois cinquièmes plus quatre cinquièmes d'un cinquième. Nous retranchons d'elle quatre unités. Il reste un plus trois cinquièmes plus quatre cinquièmes d'un cinquième, à savoir le nombre demandé.

Une autre méthode : nous l'expliquons en deux parties par un autre exemple.

7. S'il est dit : nous voulons un nombre tel que, si nous l'ajoutons à deux, le total est un carré, et si nous le soustrayons de trois, le reste est un carré.

Nous additionnons deux et trois, il vient cinq et nous le partageons en deux parties radicandes de manière que l'une des deux parties soit plus grande que deux et [l'autre] plus petite que trois. C'est ce par quoi on pose l'une des deux parties un *carré* plus deux choses plus une unité. L'autre reste quatre unités moins un *carré* plus deux choses. On l'égalise à soixante-quatre *carrés* plus quatre unités moins trente-deux choses. Soixante-cinq *carrés* égalent donc trente choses. La chose est six parties [A-193r°]

de treize parties d'unité. Puisque nous avons posé le premier carré un *carré* plus deux choses plus une unité, sa racine est une chose plus une unité, je veux dire dix-neuf parties de treize parties d'unité. Nous le mettons au carré, il vient trois-cent-soixante-et-une parties de cent-soixante-neuf parties d'unité, à savoir le premier carré. Le deuxième est quatre-cent-quatre-vingt-quatre [B-103v°]

parties de cent-soixante-neuf parties d'unité et sa racine est vingt-deux parties de treize parties d'unité. Nous retranchons deux du premier carré. Il reste vingt-trois parties de cent-soixante-neuf parties d'unité, c'est le nombre demandé. Si nous l'ajoutons à deux on parvient au premier carré. Si nous le soustrayons de trois il reste le deuxième carré.

8. Si on inverse et on dit : nous voulons un nombre tel que, si nous le soustrayons de deux, le reste est un carré, et si nous l'ajoutons à trois, le total est un carré.

Nous partageons cinq en deux parties radicandes, l'une plus petite que deux et l'autre plus grande que trois, soient-elles un et quatre.

والمال خمسة آحادٍ وثلاثة أخماس وأربعة أخماس خمس. فنسقط منه الأربعة
آحاد. فيبقى واحد وثلاثة أخماس وأربعة أخماس خمس وهو العدد المطلوب.
طريق آخر ونذكر في قسمي مثال آخر.

٧. فإن قيل نريد عددًا إن زدناه على اثنين كان المبلغ مربّعًا، وإن نقصناه
من ثلاثة كان الباقي مربّعًا.

فنجمع الاثنين والثلاثة، فيكون خمسة، ونقسمها بقسمين مجذورين بحيث يكون
كلّ واحدٍ من القسمين أكثر من اثنين وأقلّ من ثلاثة. وذلك بأن يجعل أحد
القسمتين مالًا وشيئين وواحدًا. فيبقى الآخر أربعة آحادٍ إلّا مالًا وشيئين. فيقابله
بأربعة وستّين مالًا وأربعة آحادٍ إلّا اثنين وثلاثين شيئًا. فخمسة وستّون مالًا يعدل
ثلاثين شيئًا. فالشيء ستّة أجزاء [ا-١٩٣و]

من ثلاثة عشر جزئًا من واحدٍ. فلأجل أنّا جعلنا المربّع الأوّل مالًا وشيئين وواحدًا
فيكون جذره شيئًا وواحدًا، أعني تسعة عشر جزئًا من ثلاثة عشر جزئًا من واحدٍ.
فنربّعه فيكون ثلاثمائة واحدًا وستّين جزئًا من مائة وتسعة وستّين جزئًا من واحدٍ
وهو المربّع الأوّل. فيكون الثاني أربعمائة وأربعة وثمانين [ب-١٠٣ظ]

جزئًا من مائة وتسعةٍ وستّين جزء من واحدٍ وجذره اثنان وعشرون جزئًا من ثلاثة
عشر جزئًا من واحدٍ. فنسقط اثنين من المربّع الأوّل. فيبقى ثلاثة وعشرون جزئًا
من مائةٍ وتسعةٍ وستّين جزئًا من واحدٍ، وهو العدد المطلوب. فإن زدناه على اثنين،
بلغ المربّع الأوّل. وإن نقصناه من ثلاثة، بقي المربّع الثاني.

٨. فإن عكس وقال نريد عددًا إن نقصناه من اثنين كان الباقي مربّعًا، وإن
زدناه على ثلاثة كان المبلغ مربّعًا.

فنقسم الخمسة بقسمين مجذورين أحدهما أقلّ من اثنين والآخر أكثر من ثلاثةٍ

Nous prenons la différence entre deux et un ou bien entre trois et quatre, à savoir une unité. C'est le demandé.

9. Si les deux nombres sont égaux, c'est comme s'il est dit : nous voulons un nombre tel que, si nous l'ajoutons à dix, ou bien si nous le soustrayons de dix, alors le total ou le reste est un carré. On partage dix en deux parties radicandes, soient-elles un et neuf, et nous multiplions la racine de l'une des deux par la racine de l'autre deux fois. Il vient six, c'est le demandé parce qu'il [correspond à] la somme des deux complémentaires.

10. S'il est dit : nous supprimons d'un carré sa racine, nous ajoutons à sa racine la racine de ce qui reste et il vient deux. Une chose plus la racine d'un *carré* moins une chose égale donc deux.
Nous retranchons une chose des deux côtés et nous mettons au carré le reste. Il vient : un *carré* plus quatre unités moins quatre choses égalent un *carré* moins une chose. La chose est une unité plus un tiers, à savoir la racine du carré demandé.

11. S'il est dit : un carré est tel que, si nous lui ajoutons cinq unités, il vient un carré, et si nous soustrayons de lui cinq unités, il vient un carré.
Nous posons le carré un *carré* et nous prenons la différence entre un *carré* [B-104rº]
plus cinq unités et un *carré* moins cinq unités, à savoir dix unités. Nous la divisons [A-193vº]
par une grandeur telle que, si nous l'ajoutons au résultat de la division, si nous mettons au carré la moitié du total et si nous ôtons d'elle cinq unités, alors le reste est un carré. Par l'analyse indéterminée nous trouvons que cela est un plus un demi. Nous divisons dix par lui et il en résulte six plus deux tiers. Nous lui ajoutons le diviseur et nous mettons au carré la moitié du total. Il vient seize unités plus un demi plus un neuvième plus la moitié d'un huitième et ceci égale un *carré* plus cinq unités. Le *carré* égale onze unités plus un demi plus un neuvième plus la moitié d'un huitième, à savoir le carré demandé.

وليكن أحدهما واحدًا والآخر أربعة. ونأخذ الفضل بين اثنين وواحد أو بين ثلاثة وأربعة واحدًا وهو المطلوب.

٩. فإن أستوى العددان، كما إذا قال نريد عددًا إن زدناه على عشرةٍ أو نقصناه من عشرة كان ما بلغ أو بقي مربّعًا.

فيقسم عشرة بقسمين مجذورين، وليكونا واحدًا وتسعةً ونضرب جذر أحدهما في جذر الآخر مرّتين. فيكون ستّة وهو المطلوب لأنّه مجموع المتمّمين.

١٠. فإن قيل مربّع أسقطنا منه جذره وزدنا على جذره جذر ما بقي فكان اثنين، فشيء وجذر مالٍ إلّا شيئًا يعدل اثنين.

فنسقط شيئًا من الجانبين ونربّع الباقي منهما. فيكون: مالٌ وأربعة آحادٍ إلّا أربعة أشياء يعدل مالًا إلّا شيئًا. فالشيء واحدٌ وثلثٌ وهو جذر المربّع المطلوب.

١١. فإن قيل مربّع إن زدنا عليه خمسة آحادٍ كان مربّعًا، وإن نقصنا منه خمسة آحادٍ كان مربّعًا.

فنجعل المربّع مالًا ونأخذ الفضل بين مالٍ [ب-١٠٤و] وخمسة* آحاد ومال إلّا خمسة آحادٍ†، وهو عشرة آحادٍ. نقسمها [ا-١٩٣ظ] على مقدارٍ إذا أصفناه إلى الخارج من القسمة نصف المبلغ وألقينا منه خمسة آحادٍ، كان الباقي مربّعًا. فننجذ ذلك بالاستقراء واحدًا ونصفًا. فنقسم عليه العشرة فيخرج ستّة وثلاثان. نزيد عليها المقسوم عليه ونربّع نصف المبلغ. فيكون ستّة عشر أحدًا ونصفًا وتسعًا ونصف ثمنٍ وذلك يعدل مالًا وخمسة آحادٍ. فالمال يعدل أحد عشر أحدًا ونصفًا وتسعًا ونصف ثمنٍ، وهو المربّع المطلوب.

٢-١ الفضل بين اثنين وواحد أو بين ثلاثة وأربعة: نصف الفضل بينهما[ا]   ٧ منه: في[ا]   ٨ اثنين: شيئين[ا]   ١٥ على: إلى[ب]   ١٧ المقسوم عليه: المقسوم[ا]

* وخمسة: مكررة في [ب]   † كان الباقي مربّعًا فجذر ذلك بالاستقراء: مشطوب في [ب]

12. Nous procédons de la même manière si les deux nombres sont différents. Comme s'il est dit : un carré est tel que, si nous lui ajoutons dix unités, c'est un radicande et, si nous retranchons de lui huit unités, c'est [encore] un radicande.

Nous additionnons les deux nombres et nous divisons leur somme par une grandeur telle que, si nous lui ajoutons le quotient, si nous mettons au carré la moitié du total et si nous soustrayons d'elle dix unités, alors le reste est un carré. Cela est donc deux, nous divisons par lui dix-huit, nous l'ajoutons au résultat et nous mettons au carré la moitié du total. Il vient trente plus un quart et cela égale un *carré* plus dix unités. Le *carré* est vingt plus un quart, c'est le carré demandé.

13. S'il est dit : un cube est tel que, si nous lui ajoutons six *carrés*, il vient un carré et, si nous soustrayons de lui trois *carrés*, il vient un carré.

Tu divises le total par un *carré*, donc le cube devient une chose, les *carrés* ajoutés six unités et les retranchés trois unités. Puis, nous continuons selon le procédé mentionné afin de trouver la chose. Nous la mettons au *cube*, c'est le *cube* demandé, et nous la mettons au carré, [B-104r°]

c'est l'un des *carrés*.

C'est comme lorsqu'on dit : tu soustrais le cube de chacun des deux, et si on dit : tu soustrais la somme des deux de lui. Et de même le calcul de deux grandeurs consécutives dont le résultat est un rang parmi les rangs autres que le radicande. Comme un *carré-cube* : si on lui ajoute deux *carrés-carré* c'est un radicande, et si on soustrait de lui quatre *carrés-carré* c'est [encore] un radicande.

S'il se trouve un rang différent entre les deux, et si les deux sont du rang du radicande, alors nous les divisons par le plus grand carré par lequel ils sont divisibles afin que le procédé revienne au *carré* et au nombre ajouté et retranché. Tu suis ce que nous avons expliqué et la règle, [A-194r°]

dans ces exemples, est claire.

14. S'il est dit : un carré est tel que, si tu lui ajoutes sa racine, il vient un radicande et, si tu soustrais de lui sa racine, il vient un radicande.

١٢. وهكذا نعمل إن أختلف العددان. كما إذا قيل مربّعٌ إن زدنا عليه عشرة آحادٍ كان مجذورًا وإن نقصنا منه ثمانية آحادٍ كان مجذورًا.

فنجمع العددين ونقسم مجموعهما على مقدارٍ إذا زدنا عليه الخارج من القسمة وربّعنا نصف المبلغ ونقصنا منه عشرة آحادٍ، كان الباقي مربّعًا. فهذه اثنين فنقسم عليها ثمانية عشر ونزيدها على الخارج ونربّع نصف المبلغ. فيكون ثلاثين وربعًا وذلك يعدل مالًا وعشرة آحادٍ. فالمال عشرون وربع وهو المربّع المطلوب.

١٣. فإن قيل مكعّبٌ إن زدنا عليه ستّة أموالٍ كان مربّعًا، وإن نقصنا منه ثلاثة أموالٍ كان مربّعًا.

فتقسم جميع ما معك على مالٍ فيصير المكعّب شيئًا والأموال المزيدة ستّة آحادٍ والمنقوصة ثلاثة آحادٍ. ثمّ نستمرّ فيه على العمل المذكور لنجد الشيء. فكعّبه وهو الكعب المطلوب، ونربّعه [ب-١٠٤ظ] وهو واحدٌ من الأموال.

وكذى إذا قال نقصت المكعّب من كلّ واحد منهما وكذا إذا قال نقصتهما جميعًا منه. وكذى حساب كلّ مقدارين متواليتين يكون أرفعهما رتبةً من مرتبة غير المجذور. مثل مال كعبٍ إن زيد عليه مالي مالٍ يكون مجذورًا، وإن نقصت منه أربعة أموال مالٍ يكون مجذورًا. فأمّا إذا كان بينهما مرتبة خالية وكانا من مرتبتي المجذور، فنقسمهما على أعظم مربّع ينقسمان عليه ليعود العمل إلى المال والعدد المزيد والمنقوص. فتسلك فيه ما ذكرناه. والأمر [ا-١٩٤و] في أمثال ذلك ظاهرٌ.

١٤. فإن قيل مربّعٌ إذا زدت عليه جذره كان مجذورًا وإن نقصت منه جذره كان مجذورًا.

---

٢ كان: وكان[ب]   ٥ ونزيدها: ونجيدها[ا]ويزيد[ب]   ١٣ وكذى إذا قال نقصت المكعّب من كلّ واحد منهما: في[ب]   ١٥ مالي مالٍ: مال مالٍ   ١٦ من: في[ب]

(a) Sache que tu n'obtiens pas ceci par la méthode de l'égalité double. En effet, si nous ajoutons au *carré* sa racine et si nous soustrayons de lui sa racine, le résultat de cela est un *carré* plus une racine ou bien un *carré* moins une racine, chacun des deux [résultats] est un radicande et la différence entre les deux racines n'est pas connue. Il est donc nécessaire que tu assignes une valeur à cette dernière. Assigne-lui deux choses de manière que, si tu divises par elle les deux racines, à savoir la différence entre les deux carrés, le résultat est un, et si tu l'ajoutes à deux choses, que tu prends sa moitié et que tu la mets au carré, alors [après ces calculs] le total est un *carré* plus une chose plus un quart d'unité. Or, tu ne peux pas égaliser [ce total] à un *carré* plus une chose, parce qu'il est plus grand que lui. Si tu poses alors la différence entre les deux racines une unité, cela devient égal à ceci. Si tu poses une valeur différente des deux, le problème devient de trois genres dont le plus petit mène au connu. Il faut donc que cette notion d'égalisation suive cette méthode.

(b) La méthode [B-105r°]

est que tu demandes d'abord une grandeur telle que, si tu l'ajoutes au carré ou bien si tu la soustrais de lui, après avoir ajouté et soustrait, il vient un carré. D'abord, tu demandes deux carrés dont la somme est un carré. C'est ce par quoi tu prends un carré quelconque et tu le gardes. Puis, tu ôtes de lui un carré quelconque qui soit plus petit que lui et tu divises le reste par la somme de deux racines ôtées. Tu mets au carré le résultat, et cela est un carré tel que, si tu l'ajoutes au carré gardé, le total est un carré. Si tu trouves ces deux carrés, tu multiplies la racine de l'un des deux par la racine de l'autre deux fois. Le total est une grandeur telle que, si tu l'ajoutes à la somme des deux carrés, le total est un carré et, si tu la soustrais de lui, le total est [aussi] un carré.

Exemple de cela : tu prends seize *carrés* et tu les gardes. Puis, tu ôtes d'eux quatre *carrés* et tu divises le reste, à savoir douze *carrés*, par deux racines [de] quatre *carrés*, c'est-à-dire quatre choses. On obtient trois choses. Tu le mets au carré, il vient neuf *carrés*.

(أ) اعلم أن هذا لا يخرج بطريق المساواة المثناة لأنّا إذا زدنا على المال جذره ونقصنا منه جذره يكون الخارج من ذلك* مالًا وجذرًا ومالًا إلّا جذرًا وكلاهما مجذور والفضل بين الجذرين غير معلومٍ. فيحتاج أن يفرضه أنت. فإن فرضته شيئين حتّى إذا قسمت عليه الجذرين اللذين هما الفضل بين المربّعين، خرج واحدٌ. وإذا زدته على الشيئين وأخذت نصفه وربّعته، كان المبلغ مالًا وشيئًا وربع واحدٍ. وهذا لا يمكن أن تقابل بمالٍ وشيءٍ لأنّه أكثر منه. وإن جعلت الفضل بين الجذرين واحدًا أدّى إلى مثل ذلك. وإن جعلته شيئًا غيرهما، أدّت المسألة إلى ثلاثة أجناسٍ وقلّما يؤدّي ذلك إلى المعلوم. فاوجب هذا المعنى المعدول عن هذه الطريقة.

(ب) فالطريق [ب-١٠٥و]

في ذلك أن تطلب أوّلًا مقدارًا إذا زدته على مربّعٍ أو نقصته منه كان بعد الزيادة والنقصان مربّعًا. فتطلب أوّلًا مربّعين مجموعهما مربّع. وذلك بأن تأخذ أيّ مربّعٍ شئت وتحفظه. ثمّ تلقى منه أي مربّعٍ شئت ممّا يكون أقلّ منه وتقسم الباقي على مجموع جذري الملقي. فما خرج تربّعه، وهو مربّع إذا زدته على المربّع المحفوظ، كان المبلغ مربّعًا. فإذا وجدت هذين المربّعين فتضرب جذر أحدهما في جذر الآخر مرّتين. فيكون المبلغ مقدارًا إذا زدته على مجموع المربّعين كان المبلغ مربّعًا وإن نقصته منه كان المبلغ مربّعًا.

مثال ذلك: تأخذ ستّة عشر مالًا وتحفظه ثمّ تلقى منه أربعة أموال وتقسم الباقي، وهو اثنى عشر مالًا، على جذري [من] أربعة أموال، أعني أربعة أشياء. فيخرج ثلاثة أشياء. فتربّعه فيكون تسعة أموالٍ.

Si tu l'ajoutes à seize *carrés*, la somme devient un carré, parce que c'est la somme des carrés des deux parties, à savoir cinq choses, avec les deux complémentaires, c'est-à-dire [A-194v°] le carré de trois choses plus le carré de deux choses plus le produit de trois choses par deux choses deux fois. Si tu multiplies ces deux carrés, alors multiplie la racine de l'un des deux par la racine de l'autre deux fois. Il vient vingt-quatre *carrés*, c'est la somme des deux complémentaires. Si tu l'ajoutes à vingt-cinq *carrés* il vient un carré et si tu la soustrais de lui il vient un carré.

(c) Une autre méthode : pose le carré demandé un *carré*. Ce que tu lui ajoutes afin d'obtenir un [autre] carré, est deux choses plus une unité, ou bien quatre choses plus quatre unités, ou encore des choses en quantité quelconque plus un nombre égal au carré de la moitié de leur nombre. [B-105v°]

Si tu veux, tu lui ajoutes un carré quelconque moins des choses dont le nombre est égal à deux racines de ce carré. Puis, soustrais du *carré* ces deux ajouts que tu as mentionné et égalise le deuxième au carré. Il est égalisé selon la méthode de l'analyse indéterminée et ce qui égale une seule chose, c'est la racine du carré.

Exemple : pose le carré demandé un *carré*. Tu sais déjà que, si tu lui ajoutes deux de ses racines plus une unité, c'est un carré. Soustrais de lui les deux racines plus l'unité. Il reste un *carré* moins deux choses et moins une unité. Tu l'égalises à un *carré* plus quatre unités moins quatre choses. Cette chose résulte deux plus un demi, le *carré* six plus un quart et le nombre ajouté ou soustrait de lui six.

Si nous voulons nous les laissons tels quels, ou bien nous multiplions les deux par un carré et les fractions sont transformées en entiers. Multiplions-les par quatre : le *carré* devient vingt-cinq et le nombre ajouté ou soustrait vingt-quatre. Si tu obtiens cette grandeur, alors le carré et le nombre demandé sont tous transformés en *carrés*. Puis une seule racine du carré avec

فهذا إذا زدتها على ستّة عشر مالًا كان المجموع مربّعًا لأنّه يكون مجموع
مربّعي قسمي خمسة أشياء مع المتمّمين، أعني [١-١٩٤ظ]
مربّع ثلاثة أشياء ومربّع شيئين وضرب ثلاثة أشياء في شيئين مرّتين. فإذا
ضربت هذين المربّعين فاضرب جذر أحدهما في جذر الآخر مرّتين. فيكون
أربعة وعشرين مالًا فهذا مجموع المتمّمين. إن زدته على خمسةٍ وعشرين
مالًا كان مربّعًا وإن نقصته منه كان مربّعًا.

(ت) طريق آخر: اجعل المربّع المطلوب مالًا. فالذي إذا زدته عليه حتّى يكون
مربّعًا شيئين وواحدًا أو أربعة أشياء وأربعة آحاد أو أي أشياء شئت ومثل مربّع
نصف عددها [ب-١٠٥ظ]
عددًا.

وإن شئت زدت عليه أي مربّع شئت إلّا أشياء عددها مثل جذري ذلك
المربّع. ثمّ انقص من المال هذا المزئدين الذين ذكرته وقابل الثاني بمربّع.
يتقابل به على طريق الاستقراء. فما عادل الشيء الواحدِ كان جذر المربّع.
مثاله: اجعل المربّع المطلوب مالًا وقد علمت أنّك إذا زدت عليه جذريه
وواحدًا كان مربّعًا. فانقص منه الجذرين والواحد. يبقى مالٌ إلّا شيئين
وإلّا واحدًا. قابلته بمالٍ وأربعةِ آحادٍ إلّا أربعة أشياء، فيخرج ذلك الشيء
اثنين ونصفًا والمال ستّة وربعًا والعدد المزيد والمنقوص منه ستّة.

فإن شئنا أبقيناهما بحالهما، وإن شئنا ضربناهما في مربّع، يتحوّل الكسور
إلى الصحّاح. ولنضربهما في* أربعة فيصير المال خمسة وعشرين والعدد
المزيد والمنقوص أربعة وعشرين. فإذا أخرجت هذا المقدار فحوّل المربّع
والعدد المطلوب كلّها أموالًا. ثمّ قابل الجذر الواحد للأموال المربّعة،

١ فهذا إذا زدتها: فهذه إذا زدنا[١]   ٧ فالذي: والذي[١]   ١١ إلّا أشياء: إلّا شيئًا[ب]   ١٣ جذر:
في[١]   ١٦ ذلك: في[ب]   ١٧ والمنقوص منه: والمنقوص[١]

* في: مكررة في [ب]

les *carrés*, c'est-à-dire cinq choses, est égalisée aux *carrés* dont le nombre est le nombre ajouté ou soustrait, c'est-à-dire vingt-quatre *carrés*. On obtient la chose, un huitième plus la moitié d'un sixième. En effet, la racine du *carré* est cinq choses, donc sa racine est un plus un tiers d'un huitième d'unité. Cela est vrai en raison de l'égalisation des *carrés* ajoutés ou soustraits [A-195r°] La racine du carré mène donc à ce qui est égal au radicande. Et si tu ajoutes ces *carrés* au carré ou bien si tu les soustrais de lui, après avoir ajouté et soustrait, ils sont un carré, donc la racine leur est égale aussi. Si tu l'ajoutes au carré ou bien si tu la soustrais de lui, après avoir ajouté et soustrait, il vient un carré.

(d) Et il y a ici [B-106r°]

un autre raisonnement : tu sais que vingt-quatre est la grandeur telle que, si tu l'ajoutes à vingt-cinq ou bien si tu la soustrais de lui, après avoir ajouté et soustrait, il vient un carré. C'est ce par quoi tu as que, un nombre carré quelconque étant donné, si tu lui ajoutes quatre de ses cinquièmes plus quatre cinquièmes de son cinquième, ou bien si tu soustrais de lui quatre de ses cinquièmes plus quatre cinquièmes de son cinquième, alors, après avoir ajouté et soustrait, il vient un carré. Nous demandons un carré tel que sa racine est quatre de ses cinquièmes plus quatre cinquièmes de son cinquième, c'est ce par quoi on demande une grandeur telle que l'unité est quatre de ses cinquièmes plus quatre cinquièmes de son cinquième. Tu ajoutes à une unité un tiers de son huitième. Il vient une unité plus un tiers d'un huitième, c'est la racine du carré demandé. Si tu veux que le *carré* soit sans cette racine, alors tu demandes un autre carré tel que, si un autre nombre lui est ajouté et si [ce nombre] est soustrait de lui, alors, après avoir ajouté et soustrait, il vient un carré.

Tu trouves cent-soixante-neuf et cent-vingt. Demande alors un carré tel que le rapport de sa racine à lui soit comme le rapport de cent-vingt à cent-soixante-neuf. C'est ce par quoi tu divises cent-vingt à la place de un et cent-soixante-neuf à la place de la racine, de manière que

أعني خمسة أشياء، بالأموال التي يكون عددها العدد المزيد والمنقوص، أعني أربعة وعشرين مالًا. فيخرج الشيء ثمنًا ونصف سُدسٍ. ولأجل أنّ جذر المال خمسة أشياء فيكون جذره واحدًا وثلث ثمن واحدٍ. وإنّما صحّ هذا لأنّ مقابلة الأموال المزيدة والمنقوصة. [١٩٥و-١]

فجذر المربّع يؤدّي إلى أن يكون مساوية للمجذور. وتلك الأموال إذا زدتها على المربّع أو نقصتها منه كان بعد الزيادة والنقصان مربّعًا فالجذر المساوي لها أيضًا. إذا زدته على المربّع أو نقصته منه كان بعد الزيادة والنقصان أيضًا مربّعًا.

(ث) وههنا [١٠٦و-ب]

قياسٌ* آخر، وهو أن يعلم أنّ أربعة عشرين هي المقدار الذي إذا زدته على خمسةٍ وعشرين أو نقصته منه كان بعد الزيادة والنقصان مربّعًا. فقد بأن لك أنّ كلّ عددٍ مربّع إذا زدته عليه أربعة أخماسه وأربعة أخماس خمسه أو نقصت منه أربعة أخماسه وأربعة أخماس خمسه كان بعد الزيادة والناقصان مربّعًا. فنطلب مربّعًا يكون جذره أربعة أخماسه وأربعة أخماس خمسه، وذلك بأن يطلب مقدارًا يكون الواحد أربعة أخماسه وأربعة أخماس خمسه. فتزيد على الواحد ثلث ثمنه. فيصير واحدًا وثلث ثمنٍ، وهو جذر المربّع المطلوب. وإن أردت أن يكون المال من غير ذلك الجذر طلبت مربّعًا آخر إذا زيد عليه عددًا آخر ونقص منه يكون بعد الزيادة والنقصان مربّعًا. فتجده مائة وتسعة وستّين ومائة وعشرين. فاطلب مربّعًا يكون نسبة جذره إليه كنسبة المائة والعشرين إلى مائة وتسعة وستّين وذلك بأن تقسم المائة والعشرين مقام الواحد والمائة والتسعة وستّين مقام الجذر حتّى يكون

---

٥ للمجذور: في[ا]   ١٠ يعلم: تعلم[ا]   ١٢ مربّع: في[ا]   ١٥ بأن: في[ب]   ٢٠ وتسعة وستّين:
وتسعين   ٢١ مقام: مقامة[ب]   ٢١ والمائة والتسعة وستّين: والمائة والستّة   ٢١ الجذر: الجذ[ب]

* قياس: مكررة في الهامش [ب]

le *carré* soit le résultat du produit de cent-soixante-neuf parties de cent-vingt parties d'unité par son égal.

(e) Une autre méthode pour la résolution de ce problème : on pose le carré demandé un *carré* ou des *carrés* carrés quelconques, qu'ils soient quatre *carrés*. Tu sais déjà que, après avoir ajouté sa racine, il faut que cela soit un carré, et également après avoir soustrait sa racine. Demande alors une grandeur telle que, si tu l'ajoutes au nombre de *carrés* que tu as pris, c'est-à-dire à quatre unités, ou bien si tu la soustrais de lui, après avoir ajouté et soustrait [B-106v°]

il vient un carré.

Pose [A-195v°]

l'ajout un *carré* plus quatre choses et soustrais-le de quatre unités. Il reste quatre unités moins un *carré* plus quatre choses. Cherche sa racine par l'analyse indéterminée, c'est ce par quoi on l'égalise à quatre *carrés* plus quatre choses moins huit choses. On obtient la chose, quatre cinquièmes. Un *carré* plus quatre choses est trois unités plus quatre cinquièmes plus un cinquième d'un cinquième, c'est la grandeur telle que, si tu l'ajoutes à quatre unités ou bien si tu la soustrais, après avoir ajouté et soustrait il vient un carré. Puis, recommence et pose le *carré* quatre *carrés* et la racine à ajouter ou à soustraire de manière que, après avoir ajouté et soustrait, elle soit un carré, à savoir trois *carrés* plus quatre cinquièmes d'un *carré* plus deux cinquièmes d'un cinquième d'un *carré* et cela égale deux choses, qui sont la racine du *carré*. Le *carré* seul égale donc la moitié d'une chose plus un sixième d'un huitième d'une chose et la chose est la moitié d'une unité plus un sixième d'un huitième d'unité. En effet, nous avons posé le *carré* quatre *carrés* et sa racine deux choses, donc sa racine est un plus un tiers d'un huitième d'unité, et ainsi de suite.

المال ما يرتفع من ضرب مائةٍ وتسعةٍ وستّين جزءًا من مائةٍ وعشرين جزءًا من واحدٍ في مثلها.

(ج) طريقٌ آخر في آخراج هذه* المسألة وهو أن يجعل المربّع المطلوب مالًا أو أموالًا مربّعةً كيف كانت، وليكن أربعة أموالٍ. وقد علمت أنّه ينبغى أن يكون بعد زيادة جذره عليه مربّعًا وكذلك بعد نقصان جذره منه. فاطلب مقدارًا إذا زدته على عدد الأموال التي أخذته، أعني أربعة آحادٍ، أو نقصته منه كان بعد الزيادة والنقصان [ب-١٠٦ظ] مربّعًا. فاجعل [ا-١٩٥ظ]

المزيد مالًا وأربعة أشياء وانقصها من أربعة آحادٍ. يبقى أربعة آحادٍ يبقى أربعة ألّا مالًا وأربعة أشياء. فاطلب جذره بالاستقراء، وهو أن يقابله بأربعة أموال وأربعة آحادٍ إلّا ثمانية أشياء. فيخرج الشيء أربعة أخماس. فمالٌ وأربعة أشياء يكون ثلاثة آحادٍ وأربعة أخماسٍ وخمس خمس، فهذا هو المقدار الذي إذا زدته على أربعة آحادٍ أو نقصته كان بعد الزيادة والنقصان مربّعًا.

ثمّ ارجع واجعل المال أربعة أموالٍ والجذر الذي إذا زدته عليه أو نقصته منه حتّى يكون بعد الزيادة والنقصان مربّعًا، ثلاثة أموالٍ وأربعة أخماس مالٍ وخمسي خمسٍ مال وذلك يعدل شيئين الذي هو جذر المال. فالمال الواحد يعدل نصف شيءٍ وسدس ثمن شيءٍ والشيء نصف واحدٍ وسُدس ثمن واحدٍ. ولأجل أنّا جعلنا المال أربعة أموالٍ وجذرها شيئان فيكون جذرها واحدًا وثلث ثمن واحدٍ وقس على هذا.

---

٣ يجعل: تجعل[ا] ٩-١١ يبقى أربعة آحادٍ يبقى أربعة ألّا مالًا وأربعة أشياء. فاطلب جذره بالاستقراء، وهو أن يقابله بأربعة أموال وأربعة آحاد: في[ب] ١٣ أو نقصته: ونقصته[ا] ١٦ مال: في[ب] ١٦ يعدل: يعدّ[ب]

* هذه: مكررة في [ا]

15. Si on dit : nous voulons un carré tel que, si nous lui ajoutons deux de ses racines ou bien si nous soustrayons de lui deux de ses racines, après avoir ajouté et soustrait, il vient un carré. C'est ce par quoi nous demandons un carré dont la racine est quatre de ses cinquièmes plus quatre cinquièmes de son cinquième. C'est ce par quoi nous demandons un nombre tel que deux soit quatre de ses cinquièmes plus quatre cinquièmes de son cinquième. Nous ajoutons à deux un tiers de son huitième, il devient deux plus la moitié d'un sixième, et c'est la racine du carré demandé. Tu calcules ainsi les racines de l'ajouté et du soustrait à condition qu'ils soient égaux aux cas de l'ajout et du défaut.

16. Par cette méthode on peut établir une multitude [B-107r°] de problèmes. Si on dit : on demande deux carrés dont la somme est un carré et tels que, si tu ajoutes à leur somme les racines des deux carrés ou bien si tu les soustrais d'elle, alors, après avoir ajouté et soustrait, il vient un carré.

Tu demandes deux carrés dont la somme est un carré, que l'un des deux soit neuf *carrés*, l'autre seize *carrés* et [la somme de] leurs racines sept choses. Si tu l'égalises à vingt-quatre *carrés*, ce qui est la somme des deux complémentaires, la chose résulte trois fois sa racine [A-196r°]

de manière qu'elle soit la racine de l'un des deux carrés, et quatre fois sa racine, de manière qu'elle soit la racine de l'autre carré. La racine de l'un des deux *carrés* est donc sept huitièmes d'unité et la racine de l'autre est un plus un sixième.

17. C'est comme lorsqu'on dit : trois carrés sont tels que leur somme est un carré et si tu ajoutes leurs racines à leur somme ou bien si tu les soustrais d'elle, après avoir ajouté et soustrait, il vient un carré.

C'est ce par quoi on demande trois carrés dont la somme est un carré. Que le premier soit neuf *carrés*, le deuxième quatre *carrés*, le troisième cent-quarante-quatre *carrés* et leur racines dix-neuf choses. Si tu l'éga- lises à cent-vingt *carrés*, ce qui est la somme des complémentaires des deux carrés de cinq choses et de douze choses, la chose résulte donc trois fois sa racine, de manière qu'elle soit la racine d'un des carrés,

١٥. إذا قال نريد مربّعًا إن زدنا عليه جذريه أو نقصنا منه جذريه كان بعد الزيادة والنقصان مربّعًا.

وذلك بأن نطلب مربّعًا يكون جذره أربعة أخماسه وأربعة أخماس خمسه. وذلك بأن نطلب عددًا يكون الاثنان أربعة أخماسه وأربعة أخماس خُمسه. فنزيد على الاثنين ثلث ثمنه فيصير اثنين ونصف سُدس، وهو جذر المربّع المطلوب. وهكذا أن تعدّدت الجذور المزيدة والمنقوصة بشرط تساويها حالتي الزيادة والنقصان.

١٦. ويمكن أن يستخرج هذا الطريق عدة* [ب-١٠٧و] مسائل منها. إن يقال: اطلب مربّعين مجموعهما مربّع وإذا زدت على مجموعهما جذري المربّعين أو نقصتهما منه كان بعد الزيادة والنقصان مربّعًا.

فتطلب مربّعين مجموعهما مربّع، وليكن أحدهما تسعة أموالٍ والآخر ستّة عشر مالًا وجذرهما سبعة أشياء. فإذا قابلتها بأربعةٍ وعشرين مالًا التي هي مجموع المتمّمين، خرج لك الشيء. فجذره ثلاث مراتٍ [١٩٦-١و] حتّى يكون جذر أحد المربّعين وجذره أربع مراتٍ حتّى يكون جذر المربّع الآخر. فيكون [جذر] أحد المالين سبعة أثمان وجذر واحدٍ وجذر الآخر واحدًا وسُدسًا.

١٧. وكذا إن قال ثلاث مربّعات مجموعها مربّع، إذا زدت جذورها على مجموعها أو نقصتها منه كان بعد الزيادة والنقصان مربّعًا.

وذلك بأن يطلب ثلاث مربّعات مجموعها مربّع. وليكن أحدها تسعة أموالٍ والثاني أربعة أموال والثالث مائة وأربعة وأربعين مالًا وجذورها تسعة عشر شيئًا. فإذا قابلتها بمائة وعشرين مالًا، التي هي مجموع المتمّمين المربّعي خمسة أشياء واثنى عشر شيئًا، خرج لك الشيء فجذره ثلاث مراتٍ حتّى يكون جذر أحد المربّعات،

---

١ مربّعًا: مربّعان[ا] ٤ عددًا: عدد[ب] ٤ وأربعة: راحما[ب] ١٤ حتّى: في[ا] ١٧ نقصتها: نقصها[ب] ١٩ أربعة أموال: ستّة عشر مالًا ١٩ مائة وأربعة وأربعين: مائة وأربعين[ا]

* عدة: في الهامش [ب]

et quatre fois sa racine de manière qu'elle soit la racine du deuxième carré, et douze fois sa racine de manière qu'elle soit la racine du troisième carré, et on continue de manière similaire.

18. S'il est dit : un carré est tel que, si nous lui ajoutons sa racine, il vient un radicande, et si nous soustrayons de lui sa racine, le reste est un radicande.

Nous demandons un carré et un nombre tels que, si tu ajoutes ce-dernier au carré une seule fois, la racine de ce qui est ajouté est une unité et le total est un radicande, et si tu le soustrais du [B-107v°] carré deux fois, car ce dont il est soustrait est deux racines, le reste est un carré.

La méthode pour cela est que tu poses le carré une unité et la grandeur ajoutée un *carré* plus deux choses, puis on la soustrait de lui deux fois. Il reste une unité moins deux *carrés* et moins quatre choses. Tu l'égalises à un carré égalisé. Si tu l'égalises à seize *carré* plus une unité moins huit choses, on obtient la chose, deux neuvièmes d'unité. Le *carré* avec les deux choses est quarante parties de quatre-vingt-une parties d'unité et celle-ci est la grandeur telle que, si tu l'ajoutes à un, le total est un radicande, et si tu la soustrais de un deux fois, le reste est un radicande.

Ensuite, si tu veux tu poses le carré demandé un *carré* et ce qui est ajouté une fois ou bien soustrait deux fois, quarante parties de quatre-vingt-une [A-196v°]

parties d'un *carré*. Puis, tu égalises ces parties à une seule chose. La racine demandée est donc deux plus un quart d'un dixième d'unité.

Si tu veux, tu demandes un carré tel que le rapport de sa racine à lui est comme le rapport de quarante à quatre-vingt-un. Pose, donc, quatre-vingt-un une racine et quarante une unité, car le rapport de l'unité à la racine est comme le rapport de la racine au *carré*. De cette manière, la racine demandée est deux plus un quart d'un dixième. Tu fais ceci parce que, si tu ajoutes à un carré quarante

وجذره أربع مرّاتٍ، حتّى يكون جذر المربّع الثاني وجذره اثنى عشر مرّةً حتّى يكون جذر المربّع الثالث وقس على هذا نظائرها.

١٨. فإن قيل: مربّعٌ إن زدنا عليه جذره كان مجذورًا وإن نقصنا منه جذره كان الباقي مجذورًا.

فنطلب مربّعًا وعددًا إذا زدته على المربّع مرّةً واحدةً كان الجذر المزيد واحدٌ وكان المبلغ مجذورًا وإذا نقصته من [ب-١٠٧ظ] المربّع مرّتين، كان المنقوص جذران، كان الباقي مربّعًا.

وطريق ذلك أن تجعل المربّع واحدًا والمقدار المزيد مالًا وشيئين، ثمّ ينقصه منه مرّتين. يبقى واحدٌ إلّا مالين وإلّا أربعة أشياء. فتقابله بمربّع يتقابل به. فإذا قابلته بستّة عشر مالًا وواحدًا إلّا ثمانية أشياء، خرج الشيء تسعي واحدٍ. فالمال مع الشيئين أربعون جزءًا من أحدٍ وثمانين جزءًا من واحدٍ، وهذا هو المقدار الذي إذا زدته على الواحد يكون المبلغ مجذورًا وإن نقصته من الواحد مرّتين يكون الباقي مجذورًا.

وبعد ذلك، إن شئت، جعلت المربّع المطلوب مالًا والذي إن زدته عليه مرّةً أو نقصته منه مرّتين يكون بعد الزيادة والنقسان أربعين جزءًا من أحدٍ وثمانين [ا-١٩٦ظ] جزءًا من مالٍ. ثمّ قابلت هذه الأجزاء شيءٍ واحدٍ. فيكون الجذر المطلوب اثنين وربع عشر واحدٍ.

وإن شئت، طلبت مربّعًا يكون نسبة جذره إليه كنسبة الأربعين إلى أحدٍ وثمانين. واجعل الآحد والثمانين جذرًا والأربعين واحدًا لأنّ نسبة الواحد إلى الجذر كنسبة الجذر إلى المال. فعلى ذلك يكون الجذر المطلوب اثنين وربع عشر. وإنّما فعلت ذلك لأنّ كلّ مربّع، إذا زدت عليه أربعين جزءًا من أحدٍ

---

٣ منه جذره: منه كان المبلغ مجذورًا جذريه[ب]   ٥ كان: لأنّ   ٥-٦ وكان المبلغ مجذورًا: في[ا]
٧ كان: لأنّ[ب]   ١٧ قابلت: قلب[ب]

parties de quatre-vingt-une parties de la somme, le total est un carré, et si tu soustrais de lui ce qui est ajouté deux fois, le reste est un carré.

Tu calcules de cette même manière si tu changes les grandeurs des racines ajoutées ou soustraites en un nombre soit plus petit soit plus grand.

19. C'est comme s'il est dit : un carré est tel que, si tu lui ajoutes deux de ses racines il vient un radicande, [B-108r°] et si tu soustrais de lui trois de ses racines il vient un radicande.

On demande un carré et un nombre tels que, si tu ajoutes ce-dernier au carré deux fois, le résultat est un radicande, et si tu le soustrais de lui trois fois il vient un radicande. Sa méthode est que l'on pose le carré un *carré* et la grandeur ajoutée ou soustraite une chose plus la moitié d'une unité de manière que, si nous l'ajoutons deux fois, il vient deux choses plus une unité. Tu soustrais du *carré* trois de ses égaux, il reste un *carré* moins trois choses moins un plus un demi. Tu l'égalises à un *carré* plus quatre unités moins quatre choses. On obtient la chose, cinq plus un demi, et le *carré*, trente plus un quart. Une chose plus la moitié d'une unité est six, à savoir le nombre tel que, si tu l'ajoutes au carré deux fois, c'est un radicande, et si tu le soustrais de lui trois fois c'est un radicande. Si nous voulons, nous les laissons tels quels ou bien nous les multiplions par le plus petit carré par lequel la fraction de ce qui a été trouvé est vraie, à savoir quatre. Le carré devient, donc, cent-vingt-et-un et le nombre ajouté ou soustrait vingt-quatre. Tu divises le carré par le nombre mentionné, on obtient cinq plus un tiers d'un huitièmes, c'est la racine [A-197r°] du carré demandé. Le reste des calculs est évident d'après ce que nous avons introduit, donc le discours ne sera pas prolongé en reprenant cela.

20. S'il est dit : un carré est tel que, si tu lui ajoutes sa racine, il vient un radicande et, si tu lui ajoutes deux deux de ses racines, il vient un radicande.

(a) Nous posons le carré demandé un *carré* et la grandeur ajoutée une fois deux choses plus une unité. Nous l'ajoutons [au *carré*] deux fois et cela devient un *carré* plus quatre choses plus deux unités. Tu l'égalises à un *carré* plus trois choses

وثمانين جزئًا من جملة، كان المبلغ مربّعًا، وإن نقصت منه المزيد مرّتين كان الباقي مربّعًا.

وعلى ذلك تحسب إن تغيّر مقادير الجذور المزيدة والمنقوصة قلّ عددها أو كثر.

١٩. كما إذا قيل: مربّع إن زدت عليه جذريه كان مجذورًا [ب-١٠٨و] وإن* نقصت منه ثلاثة أجذاره كان مجذورًا.

فطلب مربّعًا وعددًا إذا زدته على المربّع مرّتين كان المبلغ مجذورًا وإذا نقصت منه ثلاث مراتٍ كان مجذورًا. وطريقه أن يجعل المربّع مالًا والمقدار المزيد والمنقوص شيئًا ونصف واحدٍ حتّى إذا زدناه مرّتين كان شيئين وواحدًا. فتنقص من المال ثلاثة أمثاله، فيبقى مالٌ إلّا ثلاثة أشياء وإلّا واحدًا ونصفًا. فتقابله بمالٍ وأربعة آحادٍ إلّا أربعة أشياء. فيخرج الشيء خمسة ونصفًا فالمال ثلاثون وربع. فشيء ونصف واحدٍ ستّة، وهو العدد الذي إذا زدته عليه مرّتين كان مجذورًا وإن نقصته منه ثلاث مراتٍ كان مجذورًا. وإن شئنا تركناهما بحالهما، وإن شئنا ضربناهما في أقلّ مربّع يصحّ منه الكسر الموجود، وهو أربعة. فيصير المربّع مائة واحدًا وعشرين والعدد المزيد والمنقوص أربعة وعشرين. فتقسم المربّع على العدد المذكور فيخرج خمسة وثلث ثمنٍ، وهو جذر [ا-١٩٧و] المربّع† المطلوب. وبقية القياسات طاهرة ممّا تقدّم، فلا يطول الكلام بأعادتها.

٢٠. فإن قيل: مربّع إن زدت عليه جذره كان مجذورًا وإن زدت عليه جذريه كان مجذورًا.

(ا) فنجعل المربّع المطلوب مالًا والمقدار المزيد مرّة شيئين وواحدًا فزيده [على المال] مرّتين فيصير مالًا وأربعة أشياء وأحدين. فتقابله بمالٍ وثلاثة أشياء

---

٣ أو كثر: أم كثر[ا] ٦ المربّع مرّتين: المربّع كان مرّتين[ا] ٧ يجعل: تجعل[ا] ١١ فشيء: وشيء[ب] ١٣ الكسر: كسر[ب]

* وإن: مكررة في الهامش [ب] † المربّع: مكررة في الهامش [ا]

plus deux unités plus un quart. On obtient la chose, un quart
d'unité, et le carré demandé, la moitié d'un huitième d'unité,
c'est-à-dire une partie de seize [parties] d'unité. Deux choses
plus un sont vingt-quatre [B-108v°]
parties de lui, à savoir vingt-quatre égaux du *carré*. On revient
ainsi au raisonnement qui a été introduit.

(b) Si tu égalises un *carré* plus quatre choses plus quatre unités à
un *carré* plus trois choses plus un tiers d'une chose plus deux
unités plus sept neuvièmes d'unité, on obtient la chose, un plus
un tiers plus un sixième. Le *carré* est quarante-neuf parties de
trente-six parties d'unité. Deux choses plus un sont cent-vingt
parties de trente-six parties d'unité. Donc, cent-vingt est le
nombre tel que, si tu l'ajoutes à quarante-neuf une fois ou deux
fois, est un radicande.

Tu transformes l'ensemble de ces *carrés*, puis tu égalises une
seule racine du carré, c'est-à-dire sept choses, aux *carrés* dont
le nombre est le nombre ajouté ou soustrait, c'est-à-dire cent-
vingt *carrés*. La chose résulte sept parties de cent-vingt parties
d'unité. Nous avons déjà posé la racine du carré sept choses,
donc il vient quarante-neuf parties de cent-vingt parties d'unité.

(c) Si nous voulons, nous posons le carré une unité et la grandeur
ajoutée une fois un *carré* plus deux choses. Nous l'ajoutons deux
fois, elle devient deux *carrés* plus quatre choses plus un. Nous
la confrontons à deux *carrés* plus un quart d'un *carré* plus trois
choses plus un, donc un quart d'un *carré* égale donc une chose.
La chose est quatre et le *carré* plus deux choses est vingt-quatre.
Si tu ajoutes ceci à une unité une fois, il vient un radicande et,
si tu l'ajoutes deux fois, il vient un radicande.

Nous savons alors que, si on ajoute à un carré vingt-quatre [A-
197v°]
de ses égaux une fois ou deux fois, après les deux ajouts, il vient
un radicande. Nous posons le carré un *carré*, la grandeur ajoutée
une fois ou deux fois vingt-quatre *carrés* et nous les égalisons à
une chose.

وأحدين وربع. فيخرج الشيء ربع واحدٍ والمربّع المطلوب نصف ثمن واحدٍ، أعني جزئًا من ستّة عشر جزئًا من واحدٍ. فشيئان وواحد هو أربعة [ب-١٠٨ظ]

وعشرون جزئًا منه وهو أربعة وعشرون مثلًا للمال. فعاد إلى قياس ما تقدّم.

(ب) وإن قابلت مالًا وأربعة أشياء وأربعة آحادٍ بمالٍ وثلاثة أشياء وثلث شيء وأحدين وسبعة أتساع واحدٍ، يخرج الشيء واحدًا وسدسًا. فالمال تسعة وأربعون جزئًا من ستّةٍ وثلاثين جزئًا من واحدٍ. فشيئان وواحد مائة وعشرون جزئًا من ستّة وثلاثين جزئًا من واحدٍ. فمائة وعشرون هو العدد الذي إذا زدته على تسعة وأربعين مرّةً أو مرّتين، كان مجذورًا.

فتحوّل جميع ذلك أموالًا، ثمّ قابل الجذر الواحد من المربّع، أعني سبعة أشياء، بالأموال التي يكون عددها عدد المزيد والمنقوص، أعني مائة وعشرين مالًا. فيخرج الشيء سبعة أجزاء من مائة وعشرين جزئًا من واحدٍ. وقد جعلنا جذر المربّع سبعة أشياء فيكون تسعة وأربعين جزئًا من مائةٍ وعشرين جزئًا من واحدٍ.

(ت) وإن شئنا، جعلنا المربّع واحدًا والمقدار المزيد مرّةً مالًا وشيئين. فنزيده مرّتين، فتصير مالين وأربعة أشياء وواحدًا. فنقابله بمالين وربع مالٍ وثلاثة أشياء وواحد، فربّع مال يعدل شيئًا. فالشيء أربعة فمال وشيئان أربعة وعشرون. فهذا إن زدناه على واحدٍ مرّةً كان مجذورًا، وإن زدناه مرّتين كان مجذورًا.

فقد علمنا أن كلّ مربّع، زيد عليه أربعة وعشرون [ا-١٩٧ظ] مثلًا له مرّةً أو مرّتين، كان بعد الزيادتين مجذورًا. فنجعل المربّع مالًا والمقدار المزيد مرّةً أو مرّتين أربعة وعشرين مالًا، ونقابلها بشيءٍ.

---

٦ واحدًا وسدسًا: واحدًا وثلثًا وسدسًا[ا] ١٢ أجزاء: جزئًا[ب] ١٤ جزئًا من: في[ا] ١٦ فنقابله: فيقابله[ب] ٢٢ بشيءٍ: الشيءٍ[ب]

La chose est donc un tiers d'un huitième d'une unité, [B-109r°] et c'est la racine du carré demandé.

21. S'il est dit : un carré est tel que, si nous soustrayons de lui deux de ses racines, le reste est un radicande, et si nous soustrayons de lui trois de ses racines, le reste est un radicande.

Nous demandons un carré et un nombre tels que, si tu soustrais ce dernier de deux fois le carré le reste est un radicande, et si tu le soustrais de lui trois fois, le reste est aussi un radicande.

Nous posons le carré demandé un *carré* et le nombre une chose moins la moitié d'un dirham de manière que, si nous le soustrayons de lui deux fois, il reste un *carré* plus une unité moins deux choses, à savoir un carré, et si tu le soustrais de lui trois fois, il reste un *carré* plus une unité plus la moitié d'une unité moins trois choses. Nous l'égalisons à un *carré* plus neuf unités moins six choses. On obtient la chose, deux unités plus un demi, donc le *carré* est six unités plus un quart et le nombre demandé deux unités, car c'est une chose moins la moitié d'une unité. Nous multiplions le total par le carré à partir duquel on obtient les fractions, à savoir quatre, donc le carré demandé est vingt-cinq et le nombre soustrait deux fois ou trois fois huit. Nous divisons vingt-cinq par huit, on obtient trois plus un huitième et c'est la racine du carré demandé.

22. S'il est dit : un carré est tel que, si tu l'ajoutes à sa racine ou si tu le soustrais de sa racine, alors, après avoir ajouté et soustrait, il vient un radicande.

Nous demandons un nombre tel que, si nous lui ajoutons une grandeur radicande ou bien si nous la soustrayons de lui, après avoir ajouté et soustrait il vient un radicande.

Nous posons le carré un *carré* et ce nombre deux choses plus une unité. Si tu lui ajoutes un *carré*, il vient un radicande, et si nous soustrayons de lui un *carré*, il reste deux choses plus une unité moins un *carré*. Nous l'égalisons à un *carré* plus une unité moins deux choses. [B-109v°]

فيكون الشيء ثلث ثمن واحدٍ [ب-١٠٩و] —

وهو* جذر المربّع المطلوب.

٢١. فإن قيل: مربّعٌ إن نقصت منه جذريه كان الباقي مجذورًا وإن نقصت
منه ثلاثة أجذاره كان الباقي مجذورًا.

فنطلب مربّعًا وعددًا إذا نقصته من ذلك المربّع مرّتين كان الباقي مجذورًا وإن
نقصته منه ثلاث مراتٍ كان الباقي أيضًا مجذورًا.

فنجعل المربّع المطلوب مالًا والعدد شيئًا إلّا نصف درهمٍ حتّى إذا نقصناه منه
مرّتين يبقى مالٌ وواحدٌ إلّا شيئين، وهو مربّع، فننقصه منه ثلاث مراتٍ، فيبقى مال
وواحدٌ ونصف واحدٍ إلّا ثلاثة أشياء. فنقابله بمالٍ وتسعة آحادٍ إلّا ستّة أشياء.

فيخرج الشيء أحدين ونصفًا فالمال ستّة آحادٍ وربع والعدد المطلوب أحدان لأنّه
كان شيئًا إلّا نصف واحدٍ. فنضرب الكلّ في مربّعٍ يخرج منه الكسور، وهو أربعة،
فيكون المربّع المطلوب خمسة وعشرين والعدد المنقوص مرّتين أو ثلاث مراتٍ
ثمانية. فنقسم خمسة وعشرين على ثمانية فيخرج ثلاثة وثمن وهو جذر المربّع
المطلوب.

٢٢. فإن قيل: مربّعٌ إذا زدته على جذره أو نقصته من جذره كان بعد الزيادة
والنقصان مجذورًا.

فنطلب عددًا إن زدنا عليه مقدارًا مجذورًا أو نقصنا منه، كان بعد الزيادة والنقصان
مجذورًا.

فنجعل المربّع مالًا وذلك العدد شيئين وواحدًا. فهذا إذا زدت عليه مالًا كان
مجذورًا، فننقص منه مالًا فيبقى شيئان وواحدٌ إلّا مالًا. فنقابله بمالٍ وواحدٍ إلّا
شيئين. [ب-١٠٩ظ]

La chose est deux, le *carré* est quatre et deux choses plus une unité sont cinq. Si tu ajoutes à ce dernier nombre [A-198r°] quatre, il vient un radicande, et si tu soustrais de lui quatre, il vient un radicande.

Nous savons déjà que, si nous ajoutons un carré quelconque à son égal et à l'égal de son quart, il vient un carré, et si nous le soustrayons de son égal et de l'égal de son quart, il vient un carré. On égalise alors un *carré* plus un quart à la racine d'un *carré*, c'est-à-dire à une chose, on obtient la chose, quatre cinquièmes d'une unité, à savoir la racine du carré demandé. Si tu égalises deux choses plus une unité moins un *carré* à un quart d'un *carré* plus une chose plus une unité, on obtient le carré, seize et le nombre vingt-cinq. La racine du carré demandé est donc seize parties de vingt-cinq parties d'une unité.

23. S'il est dit : un carré est tel que, si tu soustrais trois de ses égaux de quatre de ses racines, il vient un radicande et, si tu ajoutes à celles-ci cinq de ses égaux, il vient un radicande.

Tu demandes un carré et un nombre tels que, si tu soustrais de ce nombre trois fois le carré, le reste est un radicande, et si tu ajoutes [au nombre] cinq fois ce carré, il vient un radicande.

On pose le carré un *carré*, ce nombre quatre carrés et on leur ajoute cinq *carrés*. Il vient neuf *carrés*, à savoir un carré. Tu égalises quatre *carrés* à quatre racines d'un *carré*, c'est-à-dire à quatre choses. Tu obtiens la chose, une unité, et c'est la racine du carré demandé.

24. S'il est dit : un carré est tel que, si tu ajoutes deux de ses égaux à sa racine, il vient un radicande, et si tu soustrais trois de ses égaux de sa racine, il vient un radicande.

Tu demandes un carré et un nombre tels que, si tu ajoutes [au nombre] ce carré deux fois, le total est un radicande, et si tu le soustrais de lui trois fois, le total est [aussi] [B-110r°] un radicande.

Tu poses le carré un *carré* et ce nombre deux *carrés* plus quatre choses plus une unité. Si nous ajoutons à cela deux *carrés* il vient un

فالشيء اثنان والمال أربعة شيئان وواحد خمسة. فهذا عدد إن زدت عليه [١-
١٩٨و]

أربعة كان مجذورًا، وإن نقصت منه أربعة كان مجذورًا.

٥ فقد علمنا أن كلّ مربّع زدته على مثله ومثل رُبعه كان مربّعًا، وإن نقصته من مثله
ومثل رُبعه كان مربّعًا. فيقابل مالًا وربعًا بجذر مال، أعني شيئًا، فيخرج الشيء
أربعة أخماس واحدٍ، وهو جذر المربّع المطلوب. ولو قابلت شيئين وواحدًا إلّا مالًا
رُبع مالٍ وشيءٍ وواحدٍ، خرج المربّع ستّة عشر والعدد خمسة وعشرين. فيكون
جذر المربّع المطلوب ستّة عشر جزءًا من خمسة وعشرين جزءًا من واحدٍ.

١٠ ٢٣. فإن قيل: مربّعٌ إن نقصت ثلاثة أمثاله من أربعة أجذاره كان مجذورًا،
وإن زدت خمسة أمثاله عليها كان مجذورًا.

فتطلب مربّعًا وعددًا، إذا نقصت ثلاثة أمثال المربّع من ذلك العدد كان الباقي
مجذورًا، وإن زدت عليه خمسة أمثال ذلك المربّع كان مجذورًا.

فيجعل المربّع مالًا وذلك العدد أربعة أموال ويزيد عليها خمسة أموالٍ. فيصير تسعة
١٥ أموال وهو مربّع. فتقابل أربعة أموال بأربعة أجذار مالٍ، أعني أربعة أشياء. فيخرج
الشيء واحدًا، وهو جذر المربّع المطلوب.

٢٤. فإن قيل: مربّعٌ إن زدت مثليه على جذره يكون مجذورًا وإن نقصت
ثلاثة أمثاله من جذره يكون مجذورًا.

فتطلب مربّعًا وعددًا إذا زدت عليه ذلك المربّع مرّتين كان المبلغ مجذورًا، وإن
٢٠ نقصته منه ثلاث مراتٍ كان المبلغ [ب-١١٠و]

مجذورًا*.

فتجعل المربّع مالًا وذلك العدد مالين وأربعة أشياء وواحدًا. وهذا إذا زدت عليه

---

٧ خمسة وعشرين: خمسة وستّين ٨ خمسة وعشرين: خمسة وستّين ١١ نقصت: نقصته[ا] ١٦ وإن:
فإن[ب] ٢١ عليه: ثلاثة[ب]

* مجذورًا: مكررة في الهامش [ب]

radicande. Soustrais donc de lui trois *carrés*, il reste quatre choses plus une unité moins un *carré*. Tu l'égalises à quatre *carrés* plus une unité moins quatre choses. On obtient la chose, huit cinquièmes, le *carré*, soixante-quatre cinquièmes d'un cinquième et ce nombre, trois-cent-treize cinquièmes d'un cinquième. En effet, nous l'avons posé deux *carrés* [A-198v°]

plus quatre choses plus une unité. Si nous ajoutons soixante-quatre à trois-cent-treize deux fois ou bien si nous le soustrayons de lui trois fois, après avoir ajouté et soustrait, il vient un radicande.

Nous savons déjà que, si tu ajoutes deux fois un carré à quatre de ses égaux plus sept de ses huitièmes plus un huitième de son huitième, à savoir le double de soixante-quatre qui est [additionné à] trois-cent-treize, il vient un radicande. Et si tu soustrais trois de ses égaux de quatre de ses égaux plus sept de ses huitièmes plus un huitième de son huitième, le reste est un radicande. Demande alors un carré dont la racine est quatre de ses égaux plus sept de ses huitièmes plus un huitième de son huitième, il vient le carré demandé. C'est ce par quoi tu demandes un carré tel que le rapport de sa racine à lui est comme le rapport de trois-cent-treize à soixante-quatre. Tu poses trois-cent-treize une unité et soixante-quatre la racine du *carré*. Si tu veux, tu égalises trois-cent-treize *carrés* à huit choses, qui sont la racine de soixante-quatre *carrés*. La chose est huit parties de trois-cent-treize parties d'une unité. Puisque nous avons posé la racine du carré [B-110v°]

huit choses, il vient soixante-quatre parties de trois-cent-treize parties d'une unité, à savoir la racine du carré demandé.

25. S'il est dit : un carré est tel que, si tu ajoutes trois de ses égaux à sa racine, il vient un radicande et, si tu lui ajoutes cinq de ses égaux, il vient un radicande.

Tu demandes un carré et un nombre tels que, si tu ajoutes à ce dernier trois fois ce carré, le total est un radicande et si tu l'ajoutes cinq fois, il vient un radicande.

بمالين يكون مجذورًا. فأنقص منه ثلاثة أموالٍ فيبقى أربعة أشياء وواحدٌ إلّا مالًا. فتقابله بأربعة أموالٍ وواحدٍ إلّا أربعة أشياء. فيخرج الشيء ثمانية أخماس والمال أربعة وستّين خمس خمس وذلك العدد ثلاثمائة وثلاثة عشر خمس خمسٍ لأجل أنّا جعلناه مالين [١ا-١٩٨ظ]

وأربعة أشياء وواحدًا. فصارت الأربعة والستّون. إذا زدتها على ثلاثمائةٍ وثلاثة عشر مرّتين أو نقصتهما منه ثلاث مراتٍ، كان بعد الزيادة والنقصان مجذورًا.

فقد علمنا أن كلّ مربّع إذا زدته مرّتين على أربعة أمثاله وسبعة أثمانه وثمن ثمنه، التي هي إضعاف ما في ثلاثمائة وثلاثة عشر من أمثال الأربعة والستّين، كان مجذورًا. وإن نقصت ثلاثة أمثاله من أربعة أمثاله وسبعة أثمانه وثمن ثمنه كان الباقي مجذورًا.

فاطلب مربّعًا يكون جذره أربعة أمثاله وسبعة أثمانه وثمن ثمنه. فيكون هو المربّع المطلوب. وذلك بأن تطلب مربّعًا يكون نسبة جذره إليه كنسبة ثلاثمائة وثلاثة عشر إلى أربعةٍ وستّين.

فتجعل الثلاثمائة والثلاثة عشر واحدًا والأربعة والستّين جذر المال. وإن شئت قابلت ثلاثمائة وثلاثة عشر مالًا بثمانية أشياء، التي هي جذر أربعةٍ وستّين مالًا. فيكون الشيء ثمانية أجزاء من ثلاثمائة وثلاثة عشر جزءًا من واحدٍ. ولأجل أنّا جعلنا جذر المربّع [ب-١١٠ظ]

ثمانية أشياء، يكون أربعة وستّين جزءًا من ثلاثمائة وثلاثة عشر جزءًا من واحدٍ، وهو جذر المربّع المطلوب.

٢٥. فإن قيل مربّعٌ إن زدت ثلاثة أمثاله على جذره كان مجذورًا، وإن زدت عليه خمسة أمثاله كان مجذورًا.

فتطلب مربّعًا وعددًا إذا زدت عليه ذلك المربّع ثلاث مراتٍ كان المبلغ مجذورًا، وإن زدته عليه خمس مراتٍ كان مجذورًا.

---

٧ على: كان[ب]   ٨ من أمثال: من مرّة أمثال[ا]

Nous posons le carré un *carré* et ce nombre un *carré* plus quatre choses plus une unité. Si tu ajoutes à ce dernier trois *carrés*, il vient un radicande. Nous lui ajoutons cinq *carrés*, il devient six *carrés* plus quatre choses plus une unité et tu l'égalises à neuf *carrés* plus une unité moins six choses. La chose est trois plus un tiers, le *carré* cent neuvièmes et l'autre nombre est deux-cent-vingt-neuf neuvièmes, parce que nous l'avons posé un *carré* plus quatre choses plus une unité. Deux-cent-vingt-neuf est alors un nombre tel que, si tu l'ajoutes à trois fois cent, il vient un radicande [A-199r°]

et, si tu lui ajoutes cinq fois cent, il vient un radicande. Tu demandes un carré dont le rapport de sa racine à lui est comme le rapport de deux-cent-vingt-sept à cent. C'est ce par quoi tu poses deux-cent-vingt-sept une unité et cent la racine du *carré*. La racine du carré demandé est cent parties de deux-cent-vingt-sept parties d'unité. On procède de la même manière pour les deux défauts.

Remarque : si la question est posée pour des rangs au-dessus de ces rangs, comme s'il est dit : un *carré-carré* est tel que, si tu lui ajoutes le *cube* obtenu de son côté une fois, ou deux, ou plusieurs fois, [B-111r°] ou bien si tu soustrais celui-ci de lui une fois, ou deux, ou plusieurs fois, alors l'ajout et le défaut sont des radicandes.

Ou s'il est dit : un *cube-cube* est tel que, si tu lui ajoutes un *carré-cube* une fois, ou deux, ou plusieurs fois, ou bien si tu soustrais celui-ci de lui une fois, ou deux, ou plusieurs fois, alors, après avoir ajouté et soustrait, c'est un carré. Étant donné le calcul de l'ensemble de cela, si tu divises les grandeurs que tu as mentionnées par le plus grand carré par lesquels elles sont divisibles, alors, après la division, cela mène à ce que tu as introduit. S'il mène à ceci, alors tu le calcules comme tu l'as mentionné. Le résultat est la grandeur de la chose par laquelle on met au cube le rang divisé par le carré, et tu obtiens donc la réponse.

C'est comme lorsqu'on dit : si tu soustrais un *carré-carré* du cube obtenu de son côté une fois, ou deux, ou plusieurs fois, ou bien si tu l'ajoutes une fois, ou deux, ou plusieurs fois, alors, après avoir soustrait et ajouté, il vient un carré.

فنجعل المربّع مالًا وذلك العدد مالًا وأربعة أشياء وواحدًا. فهذا إذا زدت عليه
ثلاثة أموالٍ كان مجذورًا. فنزيد عليه خمسة أموال فيصير ستّة أموالٍ وأربعة أشاء
وواحدًا فتقابله بتسعة أموالٍ وواحد إلّا ستّة أشياء. فالشيء ثلاثة وثلث والمال
٥ مائة أتساع والعدد الآخر مائتان وتسعة وعشرون تسعًا لأنّا جعلناه مالًا وأربعة أشياء
وواحدًا. فالمائتان والسبعة والعشرون عدد، إذا زدت عليه المائة ثلاث مرات،
كان مجذورًا [١-١٩٩و]

وإن زدت عليه المائة خمس مراتٍ، كان مجذورًا. فتطلب مربّعًا يكون نسبة جذره
إليه كنسبة مائتين وسبعة وعشرين إلى مائةٍ. وذلك بأن تجعل المائتين والاثنين
والعشرين واحدًا والمائة جذر المال. فجذر المريّع المطلوب مائة جزءٍ من مائتين
١٠ واثنين وعشرين جزئًا من واحدٍ. وقس على هذا العمل في النقصانين.

تنبّيه: إذا وقع السؤال عن مراتب فوق هذا المراتب، كما إذا قيل: مال مالٍ
إذا زدت عليه الكعب الكائن من ضلعه مرّةً، أو مرّتين، أو مرات، [ب-١١١و]
أو* نقصته منه مرّة أو مرّتين أو مرات، كان الزيادة والنقصان مجذورًا.

١٥ أو قيل: كعب كعبٍ إذا زدت عليه مال كعبه مرّةً، أو مرّتين، أو مرات، أو نقصته
منه مرّةً، أو مرّتين، أو مرات، كان بعد الزيادة والنقصان مربّعًا.

فإنّ حسّابٌ جميع ذلك إن تقسم المقادير، التي تذكّر لك على أعظم مربّع
ينقسم عليه، فإنّه بعد القسمة يؤدّي إلى ما تقدّم ذكره. فإذا أدّى إلى ذلك حسبته
كما ذكرت. فما كان مقدار الشيء يكعّب به المرتبة المقسومة على المربّع فإنّه
٢٠ يخرج لك الجواب.

وكذلك لو قال مال مالٍ نقصته من المكعّب الكائن من ضلعه مرّة، أو مرّتين،
أو مراتٍ، أو زدته عليه مرّة، أو مرّتين، أو مراتٍ، فكان بعد النقصان والزيادة مربّعًا.

٤ أتساع: وتسع[١]تسع[ب] ١٠ النقصانين: القسطاس[ب] ١٤ أو قيل: وقيل[١] ١٥ كان بعد:
يعد بعد[١] ١٨ يكعّب: يكون[١]

* أو: مكررة في الهامش [ب]

Le procédé pour cela et pour ses analogues est donc le même.

26. S'il est dit : un carré est tel que, si tu lui ajoutes une unité, il vient un radicande, et si tu lui ajoutes sa racine, il vient un radicande. Nous posons le carré un *carré* et nous lui ajoutons une fois une unité et une autre une chose. Ils deviennent un *carré* plus une unité et [un carré] plus une chose, et les deux [résultats] sont un carré. Nous posons la racine d'un *carré* plus une chose une racine d'un *carré* plus une unité, dont on soustrait un nombre. Nous les posons, donc, une racine d'un *carré* plus une unité moins un demi, à condition que le demi soit un retranché de la racine, afin qu'il reste, auprès de l'égalisation : des choses égalent une unité, et nous le mettons au carré. Il vient un *carré* plus une unité plus un quart moins la racine d'un *carré* [A-199vº]

plus une unité, et ceci égale un *carré* plus une chose. Donc une unité plus un quart égalent une chose plus la racine d'un *carré* plus une unité. Nous retranchons une chose des deux côtés et nous mettons au carré le reste. Il devient : un *carré* plus une unité plus [un demi plus] la moitié d'un huitième d'unité moins deux choses et demies égalent un *carré* plus une unité. On obtient la chose, neuf parties de quarante parties d'unité, à savoir la racine du carré demandé.

27. S'il est dit : un carré est tel que, si nous lui ajoutons trois de ses racines plus une unité, [B-111vº]

ou bien si nous soustrayons de lui trois de ses racines moins deux unités, alors, après avoir ajouté et soustrait, il vient un radicande.

Nous posons le carré un *carré*. Après l'ajout, il devient un *carré* plus trois choses plus une unité, après avoir soustrait, [il devient] un *carré* plus deux unités moins trois choses et chacun des deux [résultats] est un radicande.

Nous posons la racine d'un *carré* plus deux unités moins trois choses une racine d'un *carré* plus trois choses plus une unité, dont on soustrait un nombre. [Posons] le soustrait trois unités et mettons [l'expression] au carré. Il vient un carré plus trois choses plus dix unités moins la racine de trente-six *carrés* plus trente-six unités plus cent choses plus huit choses, et ceci égale un *carré* plus deux unités moins trois choses. Nous restaurons, nous retranchons les communs et nous mettons au carré le reste. Il vient : trente-six *carrés* plus

فالعمل في جميع ذلك وفما سواه واحد.

٢٦. فإن قيل مربّعٌ إن زدت عليه واحدًا كان مجذورًا، وإن زدت عليه جذره كان مجذورًا.

فنجعل المربّع مالًا ونزيد عليه واحدًا مرّةً وشيئًا أُخرى. فيصير مالًا وأحدًا ومالًا وشيئًا وكلاهما مربّع.

فنجعل جذر مالٍ وشيءٍ جذر مالٍ وواحدًا ينقصان عددٍ. فنجعله جذر مالٍ وواحد إلّا نصف واحدٍ، على أن يكون النصف مستثنئً من الجذر ليبقى عند المقابلة: أشياء يعدل آحادًا، ونربّعه. فيكون مالًا وواحدًا وربّعًا إلّا جذر مالٍ [ا-١٩٩ظ] وواحدٍ وذلك يعدل مالًا وشيئًا. فواحد وربُع يعدل شيئًا وجذر مالٍ وواحد. فنسقط شيئًا من الجانبين ونربّع الباقي. فيصير مال وواحد [ونصف] ونصف ثمن واحدٍ إلّا شيئين ونصفًا يعدل مالًا وواحدًا. فيخرج الشيء، تسعة أجزاء من أربعين جزأً واحدٍ، وهو جذر المربّع المطلوب.

٢٧. فإن قيل مربّع إن زدنا عليه ثلاثة أجذاره وواحدًا [ب-١١١ظ] أو نقصنا منه ثلاثة أجذاره إلّا أحدين كان بعد الزيادة والنقصان مجذورًا.

فنجعل المربّع مالًا. فبعد الزيادة يصير مالًا وثلاثة أشياء وواحدًا وبعد النقصان مالًا وأحدين إلّا ثلاثة أشياء، وكلاهما مجذورٌ.

فنجعل جذر مالٍ وأحدين إلّا ثلاثة أشياء جذر مالٍ وثلاثة أشياء وواحد بنقصان عددٍ. وليكن بنقصان ثلاثة آحادٍ ونربّعه. فيصير مال وثلاثة أشياء وعشرة آحادٍ إلّا جذر ستّة وثلاثين مالًا وستّة وثلاثين أحدًا ومائة شيء وثمانية أشياء وذلك يعدل مالًا وأحدين إلّا ثلاثة أشياء. فنجبر ونسقط المشترك ونربّع ما يبقى. فيصير ستّة وثلاثون مالًا وستّة وتسعون شيئًا وأربعة وستّون أحدًا يعدل ستّة وثلاثين مالًا ومائة

٦ وواحدًا: في [ب]   ٦ فنجعله: فلنجعله[ا]   ٩-١١ وواحد.   فنسقط شيئًا من الجانبين ونربّع الباقي. فيصير مال وواحد [ونصف] ونصف ثمن واحدٍ إلّا شيئين ونصفًا في[ا]   ١١-١٢ تسعة أجزاء من أربعين جزأً واحدٍ: ثمن وعشر واحدٍ   ١٩ يعدل: في[ا]

quatre-vingt-seize choses plus soixante-quatre unités égalent trente-six *carrés* plus cent choses plus huit choses [plus trente-six unités]. La chose est deux plus un tiers, c'est la racine du carré demandé.

28. S'il est dit : un carré est tel que, si nous lui ajoutons une unité moins sa racine, ou bien si nous soustrayons de lui une unité moins sa racine, alors, après avoir ajouté et soustrait, il vient un radicande.

Nous posons le carré un *carré*, nous lui ajoutons une unité moins une chose et nous soustrayons de lui une unité moins une chose. On obtient un *carré* plus une unité moins une chose et un *carré* plus une chose moins une unité et chacun des deux [résultats] est un radicande.

Nous posons la racine d'un *carré* plus une unité moins une chose une unité moins la racine d'un *carré* plus une chose moins une unité et nous le mettons au carré. Il devient un *carré* plus une chose moins la racine de quatre *carrés* plus quatre choses moins quatre unités et ceci égale un *carré* plus une unité moins une chose. Donc, la racine de quatre *carrés* plus quatre choses moins quatre unités égale deux choses moins une unité. Nous mettons le total au carré [A-200rº] et il vient : quatre *carrés* plus quatre choses moins quatre unités égalent quatre *carrés* plus une unité moins quatre choses. La chose est cinq huitièmes d'unité, à savoir la racine du carré demandé.

29. S'il est dit : [B-112rº]

un carré est tel que, si nous lui ajoutons deux unités moins sa racine ou bien si nous soustrayons de lui trois unités moins sa racine, alors, après avoir ajouté et soustrait, il vient un radicande.

Nous posons le carré un *carré*. Après avoir ajouté et soustrait il devient un *carré* plus deux unités moins une chose et un *carré* plus une chose moins trois unités, et chacun des deux [résultats] est un carré.

Nous posons la racine d'un *carré* plus deux unités moins une chose une unité plus la racine d'un *carré* plus une chose moins trois unités, et nous la mettons au carré. Il vient un *carré* plus une chose moins deux unités plus la racine de quatre *carrés* plus quatre choses moins douze unités, et cela égale un *carré* plus deux unités moins une chose. Quatre unités moins deux choses égalent donc la racine de quatre

شيءٍ وثمانية أشياء [وستّة وثلاثين أحدًا]. فالشيء اثنان وثلث* وهو جذر المربّع المطلوب.

٢٨. فإن قيل مربّع إن زدنا عليه وحدًا إلّا جذره أو نقصنا منه واحدًا إلّا جذره، كان بعد الزيادة والنقصان مجذورًا.

فنجعل المربّع مالًا ونزيد عليه واحدًا إلّا شيئًا وننقص منه واحدًا إلّا شيئًا. فيصير مالًا وواحدًا إلّا شيئًا ومالًا وشيئًا إلّا واحدًا، وكلاهما مجذورٌ.

فنجعل جذره مال وواحدًا إلّا شيئًا واحدًا إلّا جذر مال وشيءٍ إلّا واحدًا ونربّعه. فيصير مالًا وشيئًا إلّا جذر أربعة أموالٍ وأربعة أشياء إلّا أربعة آحادٍ، وذلك يعدل مالًا وواحدًا إلّا شيئًا. فجذر أربعة أموالٍ وأربعة أشياء إلّا أربعة آحادٍ يعدل شيئين إلّا واحدًا. فنربّع [ا-٢٠٠و]

الكلّ فيصير: أربعة أموالٍ وأربعة أشياء إلّا أربعة آحادٍ يعدل[†] أربعة أموال وواحد إلّا أربعة أشياء. فالشيء خمسة اثمان واحدٍ وهو جذر المربّع المطلوب.

٢٩. فإن قيل [ب-١١٢و]

مربّع[‡] إن زدنا عليه أحدين إلّا جذره أو نقصنا منه ثلاثة آحاد إلّا جذره كان بعد الزيادة والنقصان مجذورًا.

فنجعل المربّع مالًا فبعد الزيادة والنقصان يصير مالًا وأحدين إلّا شيئًا ومالًا وشيئًا إلّا ثلاثة آحادٍ، وكلاهما مربّعٌ.

فنجعل جذر مالٍ وأحدين إلّا شيئًا واحدًا وجذر مالٍ وشيء إلّا ثلاثة آحادٍ ونربّعه. فيصير: مالًا وشيئًا إلّا أحدين وجذر أربعة أموالٍ وأربعة أشياء إلّا اثنى عشر أحدًا وذلك يعدل مالًا وأحدين إلّا شيئًا. فأربعة آحادٍ إلّا شيئين يعدل جذر أربعة أموالٍ

[٥-٦] فيصير مالًا وواحدًا إلّا شيئًا: في[ا]   [٧] فنجعل جذره مال: فنجعل مال[ا]   [٧] ونربّعه: وربّعه[ب]   [٨] جذر أربعة: جذر مال أربعة[ب]   [١١] وواحد: وواحدة[ا]   [٢٠] شيئًا: أشياء[ا]

* وثلث: مكررة في [ب]   [†] شيئين إلّا واحدًا. فنربّع ... يعدل: مكررة في [ا]   [‡] مربّع: مكررة في الهامش [ب]

carrés plus quatre choses moins douze unités. Nous mettons le total au carré. Il vient : quatre *carrés* plus seize unités moins seize choses égalent quatre *carrés* plus quatre choses moins douze unités. La chose est une unité plus deux cinquièmes et c'est la racine du carré demandé.

30. S'il est dit : un carré est tel que, si nous lui ajoutons sa racine plus une unité ou bien deux de ses racines plus deux unités, il vient un radicande.

Nous posons le carré un *carré*. Après les deux ajouts, il vient un *carré* plus une chose plus une unité et un *carré* plus deux choses plus deux unités et chacun des deux [résultats] est un carré.

Nous posons la racine d'un *carré* plus deux choses plus deux unité un demi plus la racine d'un *carré* plus une chose plus une unité, et nous le mettons au carré. Il vient un *carré* plus une chose plus une unité plus un quart plus la racine d'un *carré* plus une chose plus une unité, et cela égale un *carré* plus deux choses plus deux unités. Après avoir retranché les communs et avoir mis au carré le total, il vient : un *carré* plus une chose plus une unité égalent un *carré* plus une chose plus la moitié d'une chose plus un demi plus la moitié d'un huitième d'une unité. La chose est donc sept huitièmes d'unité, c'est la racine du carré demandé.

31. S'il est dit : un carré est tel que, si tu lui ajoutes quatre de ses racines, il vient un radicande, et, si tu soustrais de lui deux de ses racines [B-112v°]

plus une unité, il vient un radicande.

Nous posons le carré un *carré* et nous lui ajoutons quatre de ses racines. Il vient un *carré* plus quatre choses. Puis, nous soustrayons du *carré* deux de ses racines plus un, il reste un *carré* moins deux choses plus un et chacun des deux [résultats] est un carré. [A-200v°]

Nous prenons la racine d'un *carré* moins deux choses plus une unité et la racine d'un *carré* plus quatre choses moins trois unités, à condition que les unités soient retranchées de la racine, et nous multiplions [les deux racines] par elles-même. Il vient un *carré* plus quatre choses plus neuf unités moins six racines d'un *carré* plus quatre choses, et ceci égale un *carré* moins deux choses plus une unité. Six choses plus dix unités égalent donc six racines d'un *carré* plus quatre choses.

وأربعة أشياء إلّا اثنى عشر واحدًا. فنربّع الكلّ. فيصير: أربعة أموالٍ وستّة
عشر أحدًا إلّا ستّة عشر شيئًا يعدل أربعة أموالٍ وأربعة أشياء إلّا اثنى عشر أحدًا.
فالشيء واحدٌ وخمسان، وهو جذر المربّع المطلوب.

٣٠. فإن قيل مربّع إن زدنا عليه جذره وواحدًا أو جذريه وأحدين كان مجذورًا.
فنجعل المربّع مالًا. فيصير بعد الزيادتين مالًا وشيئًا وواحدًا، ومالًا وشيئين وأحدين،
وكلاهما مربّع. فنجعل. جذر مالٍ وشيئين وأحدين نصف واحدٍ وجذر مال وشيءٍ
واحدٍ ونربّعه. فيكون مالًا وشيئًا وواحدًا وربعًا وجذر مالٍ وشيء وواحدٍ، وذلك
يعدل مالًا وشيئين وأحدين. فبعد اسقاط المشترك وتربيع ما معنا، يصير: مالٌ
وشيء وواحدٌ يعدل مالًا وشيئًا ونصف شيءٍ [ونصف] ونصف ثمن واحدٍ. فالشيء
سبعة اثمان واحد وهو جذر المربّع المطلوب.

٣١. فإن قيل مربّع إن زدت عليه أربعة أجذاره كان مجذورًا وإن نقصت منه
جذريه [ب-١١٢ظ]

وواحدًا كان مجذورًا.

فنجعل المربّع مالًا ونزيد عليه أربعة أجذاره. فيكون مالًا وأربعة أشياء. ثمّ ننقص
من المال جذريه وواحد فيبقى مال إلّا شيئين وواحدًا وكلاهما مربّع [ا-٢٠٠ظ]
فنأخذ جذر مالٍ إلّا شيئين وواحدًا جذر مالٍ وأربعة أشياء إلّا ثلاثة آحادٍ، على
أن يكون الآحاد مستثناةً من الجذر، ونضربه في نفسه. فيكون مالًا وأربعة أشياء
وتسعة آحادٍ إلّا ستّة أجذار مالٍ وأربعة أشياء، وذلك يعدل مالًا إلّا شيئين وواحدًا.
فستّة أشياء وعشرة آحادٍ يعدل ستّة أجذار مالٍ وأربعة أشياء*.

---

¹ واحدًا: أحدًا[ا]   ⁵⁻⁶ المربّع مالًا. فيصير بعد الزيادتين مالًا وشيئًا وواحدًا، ومالًا وشيئين وأحدين،
وكلاهما مربّع. فنجعل: في[ب]   ⁷ وواحدًا: وأحدًا[ا]   ¹⁴ مالًا: في[ا]   ¹⁶ إلّا: وإلّا[ا]

* وتسعة آحادٍ إلّا ستّة أجذار...وأربعة أشياء: مكررة في [ا]

La racine seule est une chose plus une unité plus deux tiers et nous la mettons au carré. Il vient un *carré* plus trois choses plus un tiers d'une chose plus deux unités plus six neuvièmes d'unité, et ceci égale un *carré* plus quatre choses. La chose est quatre unités plus un sixième d'unité et est la racine du carré demandé.

32. S'il est dit : un carré est tel que, si tu soustrais de lui cinq unités, il vient un radicande et, si tu ajoutes au reste sa racine, il vient un radicande.

Nous posons le carré un *carré* et nous soustrayons de lui cinq unités. Il reste un *carré* moins cinq unités et nous lui ajoutons sa racine. Il vient : un *carré* moins cinq unités plus la racine d'un *carré* moins cinq unités et ceci égale un carré.

Par l'analyse indéterminée, nous posons sa racine une chose moins la moitié d'une unité et nous le mettons au carré. Il vient : un *carré* plus un quart d'unité moins une chose égalent un *carré* moins cinq unités plus la racine d'un *carré* moins cinq unités. Nous ajoutons à chacun des deux côtés une chose plus cinq unités et nous retranchons des deux un *carré* plus une chose. Il reste : cinq unités plus un quart d'unité moins une chose égalent la racine d'un *carré* moins cinq unités. Nous mettons au carré le total, il vient : un *carré* plus vingt-sept unités plus un demi plus la moitié d'un huitième d'une unité moins dix choses [B-113r°]

plus un demi égalent un *carré* moins cinq unités. La chose est trois unités plus dix-sept parties de cent [A-201r°]

soixante-huit parties d'une unité, c'est la racine du carré demandé.

33. S'il est dit : un carré est tel que, si nous soustrayons de lui deux de ses racines, il vient un radicande, et si nous ajoutons au reste la racine de cela, il vient un radicande.

Nous posons le carré un *carré* et on retranche de lui deux de ses racines. Il reste un *carré* moins deux choses, nous lui ajoutons sa racine et il vient : un *carré* moins deux choses plus la racine d'un *carré* moins deux choses égalent un carré. Nous l'égalisons à un *carré* plus deux unités plus un quart moins trois choses. Nous ajoutons trois choses aux deux côtés et nous retranchons des deux un *carré* plus une chose.

فالجذر الواحد شيء وواحدٌ وثلاثان فنربّعه. فيكون مالًا وثلاثة أشياء وثلث شيءٍ وأحدين وستّة اتساع واحدٍ وذلك يعدل مالًا وأربعة أشياء. فالشيء أربعة آحادٍ وسُدس واحدٍ وهو جذر المربّع المطلوب.

٣٢. فإن قيل مربّع إن نقصت منه خمسة آحادٍ كان مجذورًا، وإن زدت على الباقي منه جذره كان مجذورًا.

فنجعل المربّع مالًا وننقص منه خمسة آحادٍ. فيبقى مال إلّا خمسة آحادٍ ونزيد عليه جذره. فيصير مالًا إلّا خمسة آحادٍ وجذر مالٍ إلّا خمسة آحادٍ وذلك يعدل مربّعًا.

فنجعل جذره بالاستقراء* شيئًا إلّا نصف واحدٍ ونربّعه. فيكون: مالًا وربع واحدٍ إلّا شيئًا يعدل مالًا إلّا خمسة آحادٍ وجذر مالٍ إلّا خمسة آحادٍ†. فنزيد على كلّي الجانبين شيئًا وخمسة آحادٍ ونسقط منهما مالًا وشيئًا. فيبقى: خمسة آحادٍ وربع واحدٍ إلّا شيئًا يعدل جذر مالٍ إلّا خمسة آحادٍ. فنربّع الكلّ فيصير: مالٌ وسبعة وعشرون أحدًا ونصف ونصف ثمن واحدٍ إلّا عشرة أشياء [ب-١١٣و]

ونصفًا‡ يعدل مالًا إلّا خمسة آحادٍ. فالشيء ثلاثة آحادٍ وسبعة عشر جزئًا من مائةٍ [٢٠١-ا و]

وثمانية وستّين جزئًا من واحدٍ وهو جذر المربّع المطلوب.

٣٣. فإن قيل مربّع إن نقصنا منه جذريه كان مجذورًا وإن زدنا على ما بقي جذره كان مجذورًا.

فنجعل المربّع مالًا ويسقط منه جذريه. فيبقى مالٌ إلّا شيئين، فنزيد عليه جذره فيكون: مالًا إلّا شيئين وجذر مالٍ إلّا شيئين يعدل مربّعًا. فنقابله بمالٍ وأحدين وربع إلّا ثلاثة أشياء. فنزيد ثلاثة أشياء على الجانبين ونسقط منهما مالًا وشيئًا.

١٩ جذريه: جذره[ا]

* واحدًا: مشطوب في [ا]   † وذلك يعدل مربّعًا ... إلّا خمسة آحادٍ: مكررة في [ا]   ‡ ونصفًا: مكررة في الهامش [ب]

Il reste : la racine d'un *carré* moins deux choses égale deux unités plus un quart moins une chose. Nous mettons le total au carré, il vient : un *carré* moins deux choses égale un *carré* plus cinq unités plus la moitié d'un huitième moins quatre choses plus la moitié d'une chose. La chose est deux plus un quart d'un dixième d'une unité, c'est la racine du carré demandé.

34. S'il est dit : un carré est tel que, si nous le soustrayons de huit de ses racines plus cent-neuf unités, le reste est un radicande.
La condition de validité de ce problème est que, si tu ajoutes le carré de la moitié du nombre de racines au nombre, tu peux diviser [le résultat] en deux parties radicandes.
Nous ajoutons le carré de la moitié du nombre de racines au nombre, et cela devient cent-vingt-cinq. Tu le divises en deux parties radicandes, que l'une des deux soit vingt-cinq et l'autre cent. Puis, tu prends deux parties quelconques, qu'elles soient cinq et vingt, tu leur ajoutes un *carré* et tu dis : un *carré* plus vingt-cinq unités égalent huit choses plus cent-neuf unités. Tu retranches les communs, il reste : un *carré* égale huit choses plus quatre-vingt-quatre unités. Nous ajoutons le carré de la moitié du nombre de choses au nombre et cela devient cent unités. Nous prenons sa racine, à savoir dix, [B-113v°] et nous lui ajoutons la moitié du nombre de racines. Il vient quatorze, à savoir la racine du *carré*. Le *carré* demandé est cent-quatre-vingt-seize et nous le divisons en deux parties radicandes. En effet, si nous ajoutons l'une des deux parties au *carré*, si nous lui confrontons les choses plus le nombre mentionné et si nous ajoutons le carré de la moitié du nombre de choses au nombre ou bien nous soustrayons le nombre de lui, alors la somme ou le reste est l'autre partie. Qu'il soit possible de prendre sa racine, le problème est alors exprimable [A-201v°]
et ce qui reste après avoir retranché le *carré* des racines et du nombre est la partie ajoutée au *carré*. Si nous prenons l'autre partie, à savoir cent unités, si nous l'ajoutons au *carré* et si nous la confrontons à huit choses plus cent-neuf unités, alors on obtient le *carré*, quatre-vingt-un.

فيبقى: جذر مالٍ إلّا شيئين يعدل أحدين وربعًا إلّا شيئًا. فنربّع الكلّ فيكون:
مال إلّا شيئين يعدل مالًا وخمسة آحادٍ ونصف ثمن إلّا أربعة أشياء ونصف شيءٍ.
فالشيء اثنان وربع عشر واحد وهو جذر المربّع المطلوب.

٣٤. فإن قيل مربّع إن نقصناه من ثمانية أجذاره ومائة وتسعة آحادٍ كان الباقي
مجذورًا.

فشرط صحّة هذه المسألة إنّك إذا زدت مربّع نصف عدد الأجذار على العدد،
أمكن أن يقسم بقسمين مجذورين.

فنزيد مربّع نصف عدد الأجذار على العدد فيصير مائة وخمسة عشرين. فتقسم
بقسمين مجذورين وليكن أحدهما خمسة وعشرين والآخر مائة. ثمّ تخذ أي
القسمين شئنا، وليكن خمسة وعشرين، وتزيد مالًا عليه وتقول: مال وخمسة
وعشرون أحدًا يعدل ثمانية أشياء ومائة وتسعة آحادٍ. فتسقط المشترك، يبقى:
مال يعدل ثمانية أشياء وأربعة وثمانين أحدًا. فنزيد مربّع نصف عدد الأشياء على
العدد فيصير مائة أحدٍ. فنأخذ جذره عشرة [ب-١١٣ظ]
ونزيد عليه نصف عدد الأجذار. فيصير أربعة عشر، وهو جذر المال. فالمال
المطلوب مائة وستّة تسعون وإنّما قسمناه بقسمين مجذورين لأجل أنّا إذا زدنا
أحد القسمين على المال، وقابلنا به الأشياء والعدد الذي ذكر، وزدنا مربّع نصف
عدد الأشياء على العدد أو نقصنا العدد منه، كان ما يجتمع من ذلك أو ما يبقى
هو القسم الآخر. ليمكن أخذ جذره فيخرج المسألة مفتوحةً [ا-٢٠١ظ]
ويكون ما يبقى من الأجذار والعدد بعد اسقاط المال منهما، هو القسم المزيد
على المال. وإن أخذنا القسم الآخر، وهو مائة أحدٍ، وزدناه* على المال وقابلناه
ثمانية أشياء ومائة وتسعة آحادٍ، خرج المال أحدًا وثمانين.

Si nous divisons cent-vingt-cinq en deux autres radicandes, à savoir quatre et cent-vingt-et-un, si nous ajoutons quatre au *carré* et si nous le confrontons à huit racines plus cent-neuf unités, on obtient le *carré*, deux-cent-vingt-cinq unités. Si nous ajoutons le *carré* à cent-vingt-et-un et nous lui égalisons huit choses plus cent-neuf unités, le *carré* sera soit trente-six soit quatre.

Cela [vaut] si le nombre mentionné n'est pas un radicande. S'il est un radicande, comme lorsqu'il est dit : un carré est tel que, si tu le soustrais de deux de ses racines plus quarante-neuf unités, le reste est un radicande, tu procèdes comme nous l'avons montré et tu poses le carré du nombre de racines le carré demandé.

35. S'il est dit : un carré est tel que, si nous l'ajoutons à huit de ses racines, le total est un radicande et si nous le soustrayons de deux de ses racines le reste est un radicande.

Nous posons les huit racines une grandeur telle que, si nous lui ajoutons le *carré*, [B-114r°]

le total est un radicande. Posons-les seize choses plus soixante-quatre unités de manière que, si nous leur ajoutons le *carré*, il vient un radicande. Chaque racine est deux choses plus huit unités, donc deux racines sont quatre choses plus seize unités.

Ainsi on dit : un *carré* est tel que, si nous le soustrayons de quatre choses plus seize unités, le reste est un radicande. Nous procédons comme nous avons expliqué et on obtient le *carré*, trente-six, et la chose, six. Mais nous avions déjà posé la racine du *carré* deux choses plus huit unités, donc il vient vingt unités. Tu divises trente-six par vingt, on obtient un plus quatre cinquièmes d'une unité, à savoir la racine du carré. Le carré demandé est trois unités plus un cinquième plus un cinquième d'un cinquième. Si nous travaillons d'une autre manière nous obtenons le carré demandé égal à une unité.

وأن قسمنا المائة والخمسة والعشرين مجذورين آخرين، أربعة ومائة واحدًا
وعشرين، فإن زدنا أربعة على المال وقابلنا به ثمانية أجذارٍ ومائة وتسعة آحادٍ،
خرج المال مائتين وخمسة وعشرين أحدًا. وإن زدنا المال على مائةٍ واحدٍ وعشرين
وقابلنا به ثمانية أشياء ومائة وتسعة آحادٍ، خرج المال إن شئت ستّة وثلاثين، وإن
شئت أربعة.

هذا إذا لم يكن العدد المذكور مجذورًا. فإن كان مجذورًا، كما إذا قيل:
مربّع إن نقصناه من جذريه وتسعة وأربعين أحدًا كان الباقي مجذورًا. فإن شئت
عملت كما بيّناه، وإن شئت جعلت مربّع عدد الأجذار هو المربّع المطلوب.

٣٥. فإن قيل مربّعٌ إن زدناه على ثمانية أجذاره كان المبلغ مجذورًا.
وإن نقصناه من جذريه كان الباقي مجذورًا.

فنجعل الأجذار الثمانية مقدارًا إذا زدنا عليه المال [ب-١١٤و]
كان المبلغ مجذورًا. فلنجعلها ستّة عشر شيئًا وأربعة وستّين أحدًا حتّى إذا زدنا
عليها المال كان مجذورًا. فيكون كلّ جذرٍ شيئين وثمانية آحادٍ فجذران أربعة
أشياء وستّة عشر أحدًا.

فكأنّه قال إن نقصناه من أربعة أشياء وستّة عشر أحدًا فكان الباقي
مجذورًا. فنعمل كما ذكرنا فيخرج المال ستّة وثلاثين والشيءُ ستّة. وكنّا قد
جعلنا جذر المال شيئين وثمانية آحادٍ فيكون عشرين أحدًا. فتقسم ستّة وثلاثين
علَى عشرين فيخرج واحدٌ وأربعة أخماس واحدٍ، وهو جذر المربّع. فالمربّع
المطلوب ثلاثة آحادٍ وخُمس وخُمس خُمسٍ.

وإن عملناه من الناحية الأُخرى خرج المربّع المطلوب واحدًا.

36. S'il est dit : un carré est tel que, si nous le soustrayons de dix de ses racines moins huit unités, le reste est un radicande.
Sache que, [A-202r°]
parmi les exemples de ces problèmes, si le carré de la moitié du nombre de racines est égal au nombre mentionné, ou s'il est plus petit que celui-ci, alors le problème est impossible. S'il est plus grand, tu ôtes le nombre du carré de la moitié du nombre de racines. Si le reste n'est pas divisible en deux parties radicandes, alors on n'obtient pas le problème. Si nous divisons selon ce cas de figure, il reste dix-sept. Tu le divises en deux parties radicandes, à savoir un et seize, et tu ajoutes le *carré* à une partie quelconque. Si tu veux, tu dis : un *carré* plus seize unités égale dix choses moins huit unités. Le *carré* résulte soit trente-six, soit seize.
Si tu veux, tu dis : un *carré* plus une unité égale dix choses moins huit unités. Le *carré* résulte soit quatre-vingt-un, soit une unité.

37. S'il est dit : un carré est tel que, si nous le soustrayons de deux-cent-soixante unités moins six [B-114v°]
de ses racines, alors le reste est un radicande.
Tu ajoutes le carré de la moitié du nombre de racines au nombre, il vient deux-cent-soixante-neuf unités. Tu le divises en deux parties radicandes, et s'il n'est pas divisible le problème n'a pas de résultat. Les deux [parties] sont ici cent et cent-soixante-neuf.
Si tu veux, tu dis : un *carré* plus cent unités égalent deux-cent-soixante unités moins six choses, le *carré* résulte donc cent unités.
Si tu veux, tu dis : un *carré* plus cent-soixante-neuf unités égalent deux-cent-soixante unités moins six choses, le *carré* résulte donc quarante-neuf.

38. S'il est dit : un carré est tel que, si tu lui ajoutes deux de ses racines, il vient un radicande, et si tu ajoutes à cette somme trois racines [de celle-ci], le total est un radicande.
Tu poses le carré un *carré* et tu lui ajoutes deux de ses racines. Il vient un *carré* plus deux choses et c'est un radicande. Tu rapportes

٣٦. فإن قيل مربّع إن نقصناه من عشرة أجذاره إلّا ثمانية آحادٍ كان الباقي مجذورًا.

اعلم [ا-٢٠٢و]

أنّ في أمثال هذه المسائل إن كان مربّع نصف عدد الأجذار مثل العدد المذكور أو أقلّ فالمسألة مستحيلة. وإن كان أكثر فتلقى العدد من مربّع نصف عدد الأجذار. فإن لم ينقسم الباقي بقسمين مجذورين، لم يخرج المسألة. وإن نقسم كما في هذه الصورة فإنّه يبقى سبعة عشر. فتقسمه بقسمين مجذورين، واحد وستّة عشر، فتزيد المال على أي القسم شئت. فإن شئت قلت: مالٌ وستّة عشر أحدًا يعدل عشرة أشياء إلّا ثمانية آحادٍ. فيخرج المال أمّ ستّة وثلاثين وإمّا ستّة عشر. وإن شئت قلتَ: مال وواحدٌ يعدل عشرة أشياء إلّا ثمانية آحادٍ. فيخرج المال أمّ أحدًا وثمانين وأمّ واحدًا.

٣٧. فإن قيل مربّع إن نقصناه من مائتين ستّين أحدًا إلّا ستّة [ب-١١٤ظ] أجذاره كان الباقي مجذورًا.

فتزيد مربّع نصف عدد الأجذار على العدد فيصير مائتين وتسعة وستّين أحدًا. فتقسمه بقسمين مجذورين فإن لم ينقسم لا يخرج المسألة. وهما هيناه مائة ومائة وتسعة وستّون.

فإن شئت قلت مال ومائة أحدٍ يعدل مائتين وستّين أحدًا إلّا ستّة أشياء فيخرج المال مائة أحدٍ.

وإن شئت قلت مال ومائة وتسعة وستّون أحدًا يعدل مائتين وستّين أحدًا إلّا ستّة أشياء. فيخرج المال تسعة وأربعين.

٣٨. فإن قيل مربّعٌ إن زدت عليه جذريه كان مجذورًا وإن زدت على ما اجتمع ثلاثة أجذار والمبلغ كان مجذورًا.

فتجعل المربّع مالًا وتزيد عليه جذريه. فيكون مالًا وشيئين، وهو مجذورٌ. فتنسب

le nombre de racines ajoutées en deuxième au nombre de racines ajoutées en premier, à condition que le nombre mentionné deuxièmement soit plus grand que le nombre mentionné premièrement comme dans ce cas de figure. Il est donc égal à lui-même plus sa moitié. Tu prends la racine de ce *carré* égale à la racine du premier carré plus sa moitié. Il vient une chose plus la moitié d'une chose, nous la mettons au carré, et il vient deux *carrés* plus un quart d'un *carré*. Tu l'égalises à un *carré* plus deux choses. On obtient la chose, un plus trois cinquièmes, et le *carré*, deux plus deux cinquièmes plus quatre cinquièmes d'un cinquième, à savoir le carré [A-202v°] demandé.

Si tu ajoutes à celui-ci sa racine, il vient un radicande. Si tu ajoutes au total trois de ses racines, le total est un radicande. Si tu ajoutes à ce dernier quatre de ses racines plus la moitié de sa racine, le total est un radicande. Si tu ajoutes à ce dernier six de ses racines plus trois quarts de sa racine, le total est un radicande. Si tu ajoutes à ce-dernier dix de ses racines plus un huitième de sa racine, le total est un radicande, et ainsi [B-115r°]

de suite. Ce que tu ajoutes à ce rapport, c'est-à-dire le rapport du nombre de racines ajoutées au total au nombre de racines ajoutées au total qui le précède, est égal au rapport de la racine du deuxième carré au premier carré.

La conclusion de ces cas de figure : le nombre de racines ajoutées à un total quelconque est égal au nombre de racines ajoutées au total qui le précède plus sa moitié. En effet, nous avons posé que la racine du premier carré est une chose, la racine du deuxième carré est une chose plus la moitié d'une chose et tu continues selon ce rapport avec les racines aussi, c'est-à-dire le rapport de la racine d'un total quelconque à la racine du total qui le précède est comme le rapport de la racine du deuxième carré à la racine du premier carré.

عدد الأجذار المزيد ثانيًا إلى عدد الأجذار المزيد أوّلًا، شرط أن يكون عدد المزيد ثانيًا أكثر من عدد المزيد أوّلًا، كما في هذه الصورة. فيكون مثله ومثل نصفه. فتأخذ جذر هذا المال مثل جذر المربّع الأوّل ومثل نصفه. فيكون شيئًا ونصف شيءٍ ونربّه فيكون مالين وربع مالٍ. فتقابله بمالٍ وشيئين. فيخرج الشيء واحدًا وثلاثة أخماسٍ فالمال اثنان وخُمسان وأربعة أخماس خُمسٍ وهو المربّع [ا- ٢٠٢ظ] المطلوب.

فهذا إن زدت عليه جذريه كان مجذورًا. وإن زدت على المبلغ ثلاثة أجذاره كان المبلغ مجذورًا. وإن زدت على هذا المبلغ أربعة أجذاره ونصف جذره كان المبلغ مجذورًا. وإن زدت على هذا المبلغ ستّة أجذاره وثلاثة أرباع جذره كان المبلغ مجذورًا. وإن زدت على هذا المبلغ عشرة أجذاره وثمن جذره كان المبلغ مجذورًا، وعلى هذا [ب-١١٥و] القياس.*

كما زدت على هذا النسبة أعني يكون نسبة عدد الجذور المزيدة على كلّ مبلغ إلى عدد الجذور المزيدة على المبلغ، الذي قبله مثل نسبة جذر المربّع الثاني إلى المربّع الأوّل.

ففي هذه الصور عدد الجذور المزيدة على كلّ مبلغ مثل عدد الجذور المزيدة على المبلغ الذي قبله ومثل نصفه. لأنّا جعلنا جذر المربّع الأوّل شيئًا وجذر المربّع الثاني شيئًا ونصف شيءٍ الجذور أيضًا تمرّ على هذه النسبة، أعني نسبة جذر كلّ مبلغ إلى جذر المبلغ الذي قبله كنسبة جذر المربّع الثاني إلى جذر المربّع الأوّل.

١ المزيد: المزيدة[ا] ١ المزيد: المزيدة[ا] ٢ المزيد: المزيدة[ا] ٢ المزيد: المزيدة[ا] ٣ المال مثل جذر: في[ا] ٥ وخُمسان: في[ا] ١٤ كما: كلّها[ا] ١٤ المزيدة: في[ا]

* القياس: مكررة في الهامش [ب]

39. Procède de cette manière s'il est dit : un carré est tel que, si tu lui ajoutes trois de ses racines, il vient un radicande, et si tu ajoutes au total six racines, le total est un radicande.

Nous posons le carré un *carré* et nous lui ajoutons trois de ses racines. Il vient un *carré* plus trois choses égalent un carré. Nous posons la racine de ce dernier deux fois la racine du premier, parce que les racines ajoutées en deuxième sont égales à celles ajoutées en premier, donc elles sont deux choses. Nous les mettons au carré, il vient : quatre *carrés* égalent un *carré* plus trois choses. On obtient la chose, une unité, c'est la racine du carré et le carré demandé est une unité.

Si tu lui ajoutes trois de ses racines il vient un radicande, si tu ajoutes à cette somme six de ses racines il vient un radicande, si tu ajoutes à cette somme douze de ses racines il vient un radicande, si tu ajoutes à cette somme vingt-quatre de ses racines il vient un radicande et ainsi de suite jusqu'à l'infini.

Et la racine d'un carré est le double de la racine de la somme qui la précède lorsque le nombre de racines ajoutées en deuxième est plus grand que le nombre de racines ajoutées en premier.

40. S'il n'est pas ainsi, c'est comme lorsqu'on dit : un carré est tel que, [A-203r°] si tu lui ajoutes deux de ses racines, il vient [B-115v°] un radicande, et si tu ajoutes au total sa racine, il vient un radicande.

Nous posons le carré un *carré* et nous lui ajoutons deux de ses racines. Il vient un *carré* plus deux choses. Nous ajoutons à cela sa racine, il vient un *carré* plus deux choses plus la racine d'un *carré* plus deux choses, et cela égale un carré. Nous posons la racine [de ce carré] une chose plus un demi afin de parvenir aux *carrés* et qu'il reste : des choses égalent un nombre. Nous le mettons au carré. Il vient un *carré* plus une chose plus un quart d'une unité et cela égale un *carré* plus deux choses plus la racine d'un *carré* plus deux choses. Nous retranchons un *carré* plus deux choses des deux côtés. Il reste : un quart d'unité moins une chose égale la racine d'un *carré* plus deux choses. Nous mettons le total au carré. Il vient : un *carré* plus la moitié d'un huitième d'unité moins la moitié d'une chose égale un *carré* plus deux choses. On obtient la chose, un quart d'un dixième d'une unité et elle est la racine du carré demandé.

٣٩. واعمل على هذا النّمط فيها إذا قيل مربّع إن زدت عليه ثلاثة أجذاره كان مجذورًا، وإن زدت على المبلغ ستّة أجذار المبلغ كان مجذورًا.

فنجعل المربّع مالًا ونزيد عليه ثلاثة أجذاره. فيكون: مالًا وثلاثة أشياء يعدل مربّعًا. فنجعل جذره مثلي جذر الأوّل لأنّ الأجذار المزيدة ثانيًا مثلًا المزيدة أوّلًا فيكون شيئين. فنربّعه فيكون: أربعة أموالٍ يعدل مالًا وثلاثة أشياء. فيخرج الشيء واحدًا، وهو جذر المربّع فالمربّع المطلوب واحدٌ. فإذا زدت عليه ثلاثة أجذاره كان مجذورًا، وإذا زدت على المبلغ ستّة أجذاره كان مجذورًا، وإن زدت على هذا المبلغ اثنى عشر جذرًا له كان مجذورًا، وإن زدت على هذا المبلغ أربعة وعشرين جذرًا له كان مجذورًا، وعلى هذا إلى ما لا نهاية له. وجذر كلّ مربّع ضعف جذر المبلغ الذي قيله هذا كلّه إذا كان عدد الجذور المزيدة ثانيًا أكثر من عدد الجذور المزيدة أوّلًا.

٤٠. فإن لم يكن، كذلك كما إذا قيل مربّع إن [ا-٢٠٣و] زدت عليه جذريه كان [ب-١١٥ظ] مجذورًا وإن زدت على المبلغ جذره كان مجذورًا.

فنجعل المربّع مالًا ونزيد عليه جذريه. فيكون مالًا* وشيئين. فنزيد على هذا جذره، فيكون مالًا وشيئين وجذر مالٍ وشيئين وذلك يعدل مربّعًا. فنجعل جذره شيئًا ونصف واحدٍ، ليذهب [إلى] الأموال، ويبقى أشياء يعدل عددًا ونربّعه. فيكون مالًا وشيئًا وربع واحدٍ وذلك يعدل مالًا وشيئين وجذر مالٍ وشيئين. فنسقط مالًا وشيئين من الجانبين. فيبقى: ربع واحدٌ إلّا شيئًا يعدل جذر مالٍ وشيئين. فنربّع الكلّ. فيكون: مالًا ونصف ثمن واحدٍ إلّا نصف شيءٍ يعدل مالًا وشيئين. فيخرج الشيء ربع عشر واحدٍ، وهو جذر المربّع المطلوب.

---

٨ اثنى عشر جذرًا له كان مجذورًا، وإن زدت على هذا المبلغ: في[ب]   ٩ مربّع: مربّع[ب]   ٩ مربّع: مبلغ[ب]   ١٩ ربع: في[ب]

* مالًا: مكررة في [ب]

41. C'est comme s'il est dit : un carré est tel que, si nous lui ajoutons quatre de ses racines, il vient un radicande, et si nous ajoutons à
cette somme deux de ses racines, il vient un radicande.
Nous posons le carré un *carré* et nous lui ajoutons quatre de ses racines. Il vient un *carré* plus quatre choses. Puis, nous lui ajoutons deux
de ses racines. Il vient un *carré* plus quatre choses plus deux racines
d'un *carré* plus quatre choses et ceci égale un carré. Nous l'égalisons
à un *carré* plus deux choses plus une unité et nous retranchons un *carré* plus quatre choses des deux côtés. Il reste : une unité moins deux
choses égale deux racines d'un carré plus quatre choses, c'est-à-dire
la racine de quatre *carrés* plus seize choses. Nous mettons le total au
carré et nous égalisons. On obtient la chose, un demi d'un dixième
d'unité, à savoir la racine du carré demandé.

42. S'il est dit : un carré est tel que, si nous soustrayons de lui
quatre de ses racines, il vient un radicande, et si nous soustrayons de
ce reste deux de ses racines, il reste un radicande.
Le procédé est selon ce que nous avons mentionné pour l'ajout : tu
prends la racine du deuxième carré {B-116r°}
de manière que son rapport à la racine du premier carré soit comme
le rapport du nombre de racines soustraites en deuxième au nombre
de racines soustraites en premier, cela à condition que le nombre de
racines soustraites en premier soit plus grand que le nombre de racines
soustraites en deuxième, contrairement à ce que nous avions expliqué.
Puis, nous posons le carré demandé un *carré* et nous retranchons de lui
quatre de ses racines. Il reste : un *carré* moins quatre choses égale un
carré. On pose la racine de ce dernier la moitié d'une chose, parce que
le nombre de racines ajoutées en deuxième est la moitié du nombre de
racines ajoutées en premier, et nous les mettons au carré. Il vient : {A-
203v°}
un quart d'un *carré* égale un *carré* moins quatre choses. On obtient la
chose, cinq unités plus un tiers d'unité. Le *carré* est vingt-huit unités
plus quatre neuvièmes d'unité, à savoir le carré demandé.

٤١. وكذلك إذا قيل إن زدنا عليه مربّعٍ أربعة أجذاره كان مجذورًا وإن زدنا على ما اجتمع جذريه كان مجذورًا.

فنجعل المربّع مالًا ونزيد عليه أربعة أجذاره. فيكون مالًا وأربعة أشياء. ثمّ نزيد عليه جذريه. فيكون مالًا وأربعة أشياء وجذري مالٍ وأربعة أشياء وذلك يعدل مربّعًا. فنقابله بمال وشيئين وواحد فنسقط مالًا وأربعة أشياء من الجانبين. فيبقى واحد إلّا شيئين يعدل* جذري مالٍ وأربعة أسياء، أعني جذر أربعة أموالٍ وستّة عشر شيئًا. فنربّع الكلّ وتقابل. فيخرج الشيء نصف عشر واحدٍ، وهو جذر المربّع المطلوب.

٤٢. فإن قيل: مربّعٍ إن نقصنا منه أربعة أجذاره كان مجذورًا وإن نقصنا ممّا يبقى جذريه كان الباقي مجذورًا.

فالعمل فيه على قياس ما ذكرنا في الزيادة، وذلك بأن تأخذ جذر المربّع [ب١١٦-و] الثاني بحيث يكون نسبته إلى جذر المربّع الأوّل كنسبة عدد الجذور المنقوصة ثانيًا إلى عدد الجذور المنقوصة أوّلًا بشرط أن يكون عدد الجذور المنقوصة أوّلًا أكثر من عدد الجذور المنقوصة ثانيًا على عكس ما ذكرنا. ثمّ نجعل المربّع المطلوب مالًا ونسقط منه أربعة أجذاره. فيبقى: مالًا إلّا أربعة أشياء يعدل مربّعًا. فيجعل جذره نصف شيءٍ لأنّ عدد الجذور المزيدة ثانيًا نصف عدد الجذور المزيدة أوّلًا ونربّعه. فيكون: [ا-٢٠٣ظ]

ربّع مالٍ يعدل مالًا إلّا أربعة أشياء. فيخرج الشيء خمسة آحادٍ وثلث واحدٍ. فالمال ثمانية وعشرون أحدًا وأربعة أتساع واحدٍ، وهو المربّع المطلوب.

---

١٥ ثمّ نجعل: في[ب]   ١٦ إلّا: في[ا]   ١٩ إلّا: في[ا]

* مربّعًا فنقابله... يعدل: في [ب]

Si tu soustrais de lui quatre de ses racines, le reste est un radi-cande, et si tu soustrais de ce dernier deux de ses racines, il vient un radicande. Si tu soustrais du reste la moitié de sa racine, le reste est un radicande et également si tu soustrais du reste un quart de sa racine, ou de ce reste un huitième de la moitié de sa racine, et de ce reste la moitié d'un huitième de sa racine. C'est toujours ainsi : la racine d'un reste quelconque est la moité de la racine du reste qui le précède.

43. S'il est dit : un carré est donné, nous le divisons en trois par-ties et nous ajoutons la somme de chacune de ses deux parties à la troisième au moyen d'un nombre carré.
Nous posons le carré demandé un *carré* plus deux choses plus une uni-té et nous le divisons en trois parties. Nous posons l'ajout du premier et du deuxième au troisième une unité. En vertu de ceci, le premier et le deuxième sont la moitié d'un *carré* plus une chose plus une unité, ou bien le troisième est la moitié d'un *carré* plus une chose, de ma-nière que la différence soit une unité.
Puis, nous posons l'ajout du deuxième et du troisième au [B-116v°] premier un *carré*. Le deuxième et le troisième sont un *carré* plus une chose plus un demi et le premier est deux choses plus un demi. Puis, nous additionnons le premier et le troisième, il vient la moitié d'un *carré* plus deux choses plus un demi. Le deuxième est la moitié d'un *carré* plus un demi, la différence entre les deux est deux choses et elle égale un carré. Nous l'égalisons à un carré quelconque, qu'il soit seize. La chose est huit, le premier est huit plus un demi, le deuxième trente-deux plus un demi, le troisième est quarante et la somme des trois est quatre-vingt-un.

Une autre méthode est qu'on demande trois nombres tels que leur somme soit un carré, et il y en a plusieurs. Que le premier soit trente-six, le deuxième neuf, le troisième quatre et leur somme quarante-neuf.
Ainsi on dit : nous voulons trois nombres tels que le premier plus le deuxième soit égal au troisième plus trente-six unités, le deuxième

فإن نقصت منه أربعة أجذاره كان الباقي مجذورًا، وإن نقصت من الباقي جذريه كان مجذورًا *، فإن نقصت منه جذره كان الباقي مجذورًا *، فإن نقصت ممّا بقي نصف جذره كان الباقي مجذورًا وهكذا من الباقي ربّع جذره، ومن الباقي ثمن نصف جذره، ومن الباقي نصف ثمن جذره، وهكذا أبدًا وجذر كلّ بقيّة نصفٍ جذر البقيّة التي قبله.

٤٣. فإن قيل: مربّع قسمناه بثلاثة أقسامٍ، نزيد مجموع كلّ قسمين منه على الثالث بعدد مربّع.

فنجعل المربّع المطلوب مالًا وشيئين وواحدًا ونقسمه بثلاثة أقسامٍ. فنجعل زيادة الأوّل والثاني على الثالث واحدًا. فيكون بموجب ذلك الأوّل والثاني نصف مالٍ وشيئًا وواحدًا والثالث نصف مالٍ وشيئًا، حتّى يكون التفاضل واحدًا. ثمّ نجعل زيادة الثاني والثالث على [ب-١١٦ظ] الأوّل مالًا. فيكون الثاني والثالث مالًا وشيئًا ونصف واحدٍ والأوّل شيئا ونصف واحدٍ. ثمّ نجمع الأوّل والثالث فيكون نصف مالٍ وشيئين ونصف واحدٍ. فيكون الثاني نصف مالٍ ونصف واحدٍ والفضل بينهما شيئان، وهو يعدل مربّعًا. فنقابل به أي مربّع شئنا، وليكن ستّة عشر. فالشيء ثمانية، فالأوّل ثمانية ونصف، والثاني اثنان وثلاثون ونصفٌ، والثالث أربعون، ومجموع الثلاثة أحدٌ وثمانون.

طريقٌ آخر وهو إن يطلب ثلاثة أعدادٍ مربّعةٍ يكون مجموعها مربّعًا وهذا كثير. وليكن الأوّل ستّة وثلاثين والثاني تسعة والثالث أربعة ومجموعها تسعة وأربعون. فكأنّه قال نريد ثلاثة أعدادٍ الأوّل والثاني مثل الثالث وستّة وثلاثون أحدًا، والثاني

١-٢ وإن نقصت من الباقي جذريه كان مجذورًا. فإن نقصت منه جذره كان الباقي مجذورًا: في [ب] ٣-٢ فإن نقصت ممّا بقي نصف جذره كان الباقي مجذورًا: في [ب] ٤ نصف: في [ب] ٦ قسمناه: قسمناه [ب] ٨ وواحدًا: واحدًا [ب] ٩ فيكون: في [ب] ١٢ شيئا: شيئين [ا] ١٣ نجمع: يجمع [ب] ١٤ نصف مالٍ: نصفًا [ا] ١٥ وليكن: ولكن [ب] ١٧ يطلب: تطلب [ا] ١٨ والثاني: والباقي [ب]

* مجذورًا: مكررة في [ب]

plus le troisième soit égal au premier plus neuf unités et le premier plus le troisième soit égal au deuxième plus quatre unités.

On pose l'ensemble des nombres une chose, le premier plus le
deuxième moins trente-six est égal au troisième. Le premier plus
le deuxième plus le troisième moins trente-six est le double du
troisième. Mais le premier plus le deuxième plus le troisième est une
chose, donc une chose moins trente-six est le double du troisième
et le troisième est la moitié d'une chose moins dix-huit. Ainsi, tu
montres que le premier est la moitié d'une chose [A-204r°]
moins quatre et un demi, et que le deuxième est la moitié d'une
chose moins deux. Nous additionnons le total. Il vient une chose
plus la moitié d'une chose moins vingt-quatre et un demi, et ceci
égale une chose. La chose est quarante-neuf, à savoir la somme des
nombres. Le premier est la moitié d'une chose moins quatre et un
demi, à savoir vingt, le deuxième est vingt-deux [B-117r°]
plus un demi, et le troisième est six plus un demi. Leur somme
devient donc quarante-neuf, cela parce que, de trois nombres quelconques, si tu connais l'excédent de deux d'eux au troisième et si tu
additionnes les excédents, alors il vient toujours la somme des trois.
Nous avons déjà complété le discours sur ceci dans le livre *L'appui*
{des arithméticiens}.

44. S'il est dit : un carré est tel que, si nous le multiplions par
deux autres nombres, son produit par l'un des deux est un nombre
carré et son produit par l'autre est la racine de ce carré.

Nous posons le carré un *carré* et nous posons un des deux autres
nombres de manière que, si nous divisons un de ces deux par le carré de l'autre, le résultat est un radicande, cela afin que le problème
soit exprimable. Nous posons, donc, un des deux [nombres] soixante-
quatre et l'autre deux, nous multiplions le *carré* par chacun des deux.
Il vient soixante-quatre *carrés* et deux *carrés*. Deux *carrés* sont la racine de soixante-quatre *carrés*, c'est-à-dire huit choses. Un *carré* égale
quatre choses. La chose est quatre et le *carré* seize. C'est le carré demandé, l'un des deux nombres est soixante-quatre et l'autre deux.

والثالث مثل الأوّل وتسعة آحادٍ، والأوّل والثالث مثل الثاني وأربعة آحادٍ. فيجعل الأعداد كلّها شيئًا والأوّل والثاني إلّا ستّة وثلاثين مثل الثالث. فالأوّل والثاني والثالث إلّا ستّة وثلاثين، ضعف الثالث. لكن الأوّل والثاني والثالث، شيء. فشيء إلّا ستّة وثلاثين ضعف الثالث، فالثالث نصف شيءٍ إلّا ثمانية عشر. وهكذا تبيّن أن الأوّل نصف شيءٍ [١-٢٠٤و] إلّا أربعة ونصفًا وأنّ الثاني نصف شيءٍ إلّا اثنين. فنجمع الكلّ. فيكون شيئًا ونصف شيءٍ إلّا أربعة وعشرين ونصفًا وذلك يعدل شيئًا. فالشيء تسعة وأربعون، وهي مجموع الأعداد. والأوّل نصف شيءٍ إلّا أربعة ونصفًا فهو عشرون والثاني اثنان وعشرون [ب-١١٧و] ونصف والثالث ستّة ونصفٌ. وإنّما صار مجموعها تسعة وأربعين لأنّ كلّ ثلاثة أعدادٍ، إذا عرفت زيادة كلّ اثنين منها على الثالث وجمعت الزيادات، كانتْ مجموع الثلاثة أبدًا. وقد ليستوفينا الكلام في هذا في كتاب العمدة.

٤٤. فإن قيل: مربّعٌ ضربناه في عددين آخرين فكان ضربه في أحدهما عدد مربّع ومن ضربه في الآخر جذر ذلك المربّع.

فنجعل المربّع مالًا ونجعل أحد العددين الآخرين بحيث إذا قسمنا أحدهما على مربّع* الآخر كان الخارج مجذورًا، ليخرج المسألة مفتوحةً. فنجعل أحدهما أربعة وستّين والآخر اثنين، ونضرب المال في كلّ واحدٍ منهما. فيكون أربعة وستّين مالًا ومالين. فمالان جذر أربعةٍ وستّين مالًا، أعني ثمانية أشياء. فمالٌ يعدل أربعة أشياء. فالشيء أربعة والمال ستّة عشر. وهو المربّع المطلوب واحد العددين أربعة وستّون والآخر اثنان.

---

45. S'il est dit : nous voulons un nombre tel que, si nous le multiplions par vingt, il en résulte un cube et, si nous le multiplions par cinq, il en résulte le côté de ce cube.

Nous posons le nombre demandé une chose et nous la multiplions par vingt et par cinq. Ils deviennent vingt choses et cinq choses, donc cinq choses est le côté de vingt choses. Si nous divisons le cube par son côté, il en résulte le carré obtenu de son côté. Tu divises donc vingt choses par cinq choses, on obtient quatre unités, donc la racine de quatre unités, c'est-à-dire deux unités, doit être égale à cinq choses. La chose est deux cinquièmes d'unité et est le nombre demandé.

Dans ce problème il faut que les nombres soient connus et compris dans un carré, c'est-à-dire que le produit d'un des deux par [B-117v°]

l'autre doit être un carré [A-204v°]

de manière que, par cette méthode, tu obtiens le problème.

46. S'il est dit : nous voulons un nombre tel que, si nous le multiplions par cinq, il vient un carré et, si nous le multiplions par dix, il vient un cube.

Nous demandons deux nombres, un carré et un cube, tels que, si nous divisons le carré par cinq et le cube par dix, les résultats des deux divisions sont égaux. Puisque cinq est la moitié de dix, il faut de même que le cube soit le double du carré. Nous disons : un cube égale deux *carrés*, la chose est deux, le *carré* quatre et le cube huit. Si nous divisons huit par dix et quatre par cinq, on obtient de chacune des deux divisions quatre cinquièmes, à savoir le nombre demandé.

Si nous voulons que le carré soit différent du carré obtenu du côté du cube, alors nous posons le carré du cube deux choses, donc il vient quatre *carrés*. Nous disons : un cube égale huit

٤٥. فإن قيل: نريد عددًا إذا ضربناه في عشرين بلغ مكعّبًا وإذا ضربناه في خمسةٍ بلغ ضلع ذلك المكعّب.

فنجعل العدد المطلوب شيئًا ونضربه في عشرين وفي خمسةٍ. فيصير عشرين شيئًا وخمسة أشياء فخمسة أشياء هي ضلع عشرين شيئًا. والمكعّب، إذا قسمته على ضلعه، خرج المربّع الكائن على ضلعه. فتقسم عشرين شيئًا على خمسة أشياء، فيخرج أربعة آحادٍ، فجذر أربعة آحادٍ، أعني أحدين، ينبغى أن يكون معادلًا بخمسة أشياء. فالشيء خمسًا واحدًا وهو العدد المطلوب.

وينبغى في هذا المسألة* أن يكون العددان المعلومان محيطين بمربّع، أعني يكون ضرب أحدهما في [ب-١١٧ظ] الآخر مربّعًا [ا-٢٠٤ظ] حتّى يخرج المسألة بهذا الطريق.

٤٦. فإن قيل نريد عددًا إذا ضربناه في خمسةٍ كان مربّعًا وإن ضربناه في عشرة كان مكعّبًا.

فنطلب عددين مربّعًا ومكعّبًا إذا قسمنا المربّع على خمسة والمكعّب على عشرة يكون الخارجان من القسمين متساوين. فلأجل أن الخمسة هي نصف العشرة كذلك ينبغى أن يكون المكعّب ضعف المربّع. فنقول مكعّبٌ يعدل مالين، فالشيء اثنان والمال أربعة، والمكعّب ثمانية. فإذا قسمنا الثمانية على العشرة والأربعة على الخمسة، خرج من كلّ واحدٍ من القسمين أربعة أخماسٍ، وهو العدد المطلوب.

وإن أردنا أن يكون المربّع غير المربّع الكائن من ضلع المكعّب، فنجعل المربّع من ضلع شيئين فيكون أربعة أموالٍ. فنقول: مكعّب يعدل ثمانية

---

⁴ فخمسة أشاء: في[ا]   ⁵ شيئًا: في[ا]   ⁷ واحدًا: واحد   ¹³ عشرة: عشرين[ا]

* في هذا المسألة: في الهامش [ا]

carrés, donc le *carré* est donc soixante-quatre, le cube est cinq-cent-douze et le carré obtenu est deux-cent-cinquante-six. En effet, nous l'avons posé quatre *carrés*. Si nous divisons le cube par dix ou le carré par cinq, on obtient cinquante-et-une unités plus un cinquième d'unité, à savoir le nombre cherché.

S'il est dit : il faut que son produit par dix soit un carré et que son produit par cinq soit un cube. Tu sais déjà que, dans ce cas, il faut que le carré soit le double du cube. Nous posons le carré un carré quelconque, qu'il soit quatre *carrés*. Nous disons alors : quatre *carrés* égalent deux cubes. On obtient la chose, deux, le cube, huit et le carré demandé, seize. Nous divisons le cube par cinq ou le carré par dix, il en résulte un plus trois cinquièmes, c'est le nombre demandé.

47. S'il est dit : un cube est tel que, si nous le multiplions [B-118r°]

par deux nombres connus, de son produit par l'un des deux vient un carré et, de son produit par l'autre, la racine de ce carré.

Nous posons le cube demandé un cube et nous demandons deux nombres tels que le carré de l'un des deux mesure l'autre au moyen d'un nombre cube. Ils sont alors tels que, si on divise l'un des deux par le carré de l'autre, alors le résultat est un cube. Nous posons l'un des deux trente-deux, [A-205r°]

l'autre deux et nous multiplions le cube par chacun des deux. On obtient trente-deux cubes et deux *cubes*. Deux *cubes* égalent la racine de trente-deux *cubes* et tout carré que l'on divise par sa racine est égal à sa racine. Nous divisons trente-deux *cubes* par deux *cubes*, on obtient seize unités et celles-ci égalent deux *cubes*. Un seul cube est huit et est le cube demandé.

أموالٍ، فالمال أربعة وستّون، والمكعّب خمسمائة واثنا عشر، والمربّع الكائن يكون مائتين وستّة وخمسين لأجل أنّا جعلناه أربعة أموالٍ. فإذا قسمنا المكعّب على عشرةٍ أو المربّع على خمسةٍ يخرج أحد وخمسون أحدًا وخمس واحدٍ، وهو العدد المطلوب.

فإن قيل يجب أن يكون ضربه في العشرة مربّعًا وضربه في الخمسة مكعّبًا. فقد علمت في هذا الموضع أنّ المربّع ينبغي أن يكون ضعف المكعّب. فنجعل المربّع أي مربّع شئنا، وليكن أربعة أموالٍ. فنقول: أربعة أموالٍ يعدل مكعّبين. فيخرج الشيء اثنين فالمكعّب ثمانية والمربّع المطلوب ستّة عشر. فنقسم المكعّب على خمسةٍ أو المربّع على عشرة. فيخرج واحدٌ وثلاثة أخماسٍ، وهو العدد المطلوب.

٤٧. فإن قيل: مكعّبًا إذا ضربناه [ب-١١٨و] في عددين* معلومين جاء من ضرب في أحدهما مربّع ومن ضرب في الآخر جذر ذلك المربّع.

فنجعل المكعّب المطلوب مكعّبًا ونطلب عددين مربّع أحدهما يعدّ الآخر بعدد مكعّب، وهو أن يكونا بحيث إذا قسم أحدهما على مربّع الآخر كان الخارج مكعّبًا. فنجعل أحدهما اثنين وثلاثين [ا-٢٠٥و] والآخر اثنين ونضرب المكعّب في كلّ واحدٍ منهما. فيخرج اثنان وثلاثون مكعّبًا وكعبان. فكعبان يعدلان جذر اثنين وثلاثين كعبًا وكلّ مربّع قسم على جذره فإنّه يخرج جذره. فنقسم اثنين وثلاثين كعبًا على كعبين، فيخرج ستّة عشر أحدًا وذلك يعدل كعبين. فالكعب الواحد ثمانية، وهو المكعّب المطلوب.

---

٢ جعلناه: جعلنا[ب]   ١٤ مكعّبًا ونطلب: ويطلب[ب]   ٢٠ وذلك: وكذلك[ا]

* في عددين: مكررة في الهامش [ب]

48. S'il est dit : un cube est tel que, si nous le multiplions par deux nombres connus, de son produit par l'un des deux vient un cube et de son produit par l'autre, la racine de ce cube.

Nous posons le cube demandé un cube et nous demandons deux nombres de manière que l'un des deux soit un cube tel que, si on le divise par le cube de l'autre, on obtient un nombre cube. Nous posons l'un des deux cinq-cent-douze, l'autre huit et nous multiplions le cube par chacun des deux. Il vient cinq-cent-douze *cubes* et huit *cubes*. Huit *cubes* est donc la racine de cinq-cent-douze *cubes*. Tu divises cinq-cent-douze *cubes* par huit *cubes*, on obtient soixante-quatre unités et ceci égale huit *cubes*. Un seul cube est huit unités, c'est le cube demandé.

49. S'il est dit : un cube est tel que, si nous le multiplions par deux nombres connus, de son produit par l'un des deux vient un cube, et de son produit par l'autre vient le côté de ce cube.

Nous posons le cube demandé un cube [B-118v°]
et nous posons les deux nombres de manière que, si on divise le plus grand d'eux par le carré du plus petit, on obtient de la division un nombre radicande dont la racine est un nombre cube. Nous posons le plus grand soixante-quatre et l'autre une unité. Puis, nous multiplions le *cube* par chacun des deux, ils deviennent soixante-quatre *cubes* et un seul cube. Un cube égale donc le côté de soixante-quatre cubes. Si tu divises un cube par son côté, il résulte le carré de son côté. Nous divisons soixante-quatre *cubes* par un seul cube, on obtient soixante-quatre unités et ceci est le carré d'un nombre cube. Le cube est huit, c'est [A-205v°]
le cube demandé.

50. S'il est dit : un cube est tel que, si nous lui ajoutons un nombre carré ou bien si nous soustrayons de lui ce nombre, le total ou le reste est un carré.

Nous posons le cube un cube et le carré quatre *carrés*. Nous ajoutons ces-derniers au cube, et nous les soustrayons de lui.

٤٨. فإن قيل مكعّبٌ إذا ضربناه في عددين معلومين جاء من ضربه في أحدهما مكعّبٌ ومن ضربه في الآخر جذر ذلك المكعّب.

فنجعل المكعّب المطلوب مكعّبًا ونطلب عددين بحيث يكون أحدهما مكعّبًا، إذا قسمه على مكعّب الآخر، خرج منه عدد مكعّبٌ. فنجعل أحدهما خمسمائة واثنى عشر والآخر ثمانية، ونضرب المكعّب في كلّ واحدٍ منهما. فيكون خمسمائة كعبٍ واثنى عشر كعبًا وثمانية كعابٍ. فثمانية كعاب جذر خمسمائة واثنى عشر كعبًا*. فتقسم خمسمائة كعبٍ واثنى عشر كعبًا على ثمانية كعابٍ فيخرج أربعة وستّون أحدًا وذلك يعدل ثمانية كعابٍ. فالكعب الواحد ثمانية آحادٍ وهو المكعّب المطلوب.

٤٩. فإن قيل: مكعّبٌ إذا ضربناه في عددين معلومين جاء من ضربه في أحدهما مكعّبٌ ومن ضربه في آخر ضلع ذلك المكعّب.

فنجعل المكعّب المطلوب مكعّبًا [ب-١١٨ظ]

ونجعل العددين بحيث إذا قسم الأعظم منهما على مربّع الأصغر، خرج من القسمة عددٌ مجذورٌ يكون جذره عددًا مكعّبًا. فنجعل الأعظم أربعة وستّين والآخر واحدًا. ثمّ نضرب الكعب في كلّ واحدٍ منهما فيصير أربعة وستّين كعبًا ومكعّبًا واحدًا. فمكعّبٌ يعدل ضلع أربعة وستّين كعبًا. والمكعّب إذا قسمته على ضلعه خرج مربّع ضلعه. فنقسم أربعة وستّين كعبًا على مكعّبٍ فيخرج أربعة وستّون أحدًا، وذلك مربّع عدد المكعّب. فالمكعّب إذًا ثمانية وهو [ا-٢٠٥ظ] المكعّب المطلوب.

٥٠. فإن قيل مكعّبٌ إذا زدت عليه عددًا مربّعًا أو نقص منه ذلك العدد فكان ما بلغ أو بقي مربّعًا.

فنجعل المكعّب مكعّبًا والمربّع أربعة أموالٍ. فنزيدها على المكعّب، وننقصها

---

٤ قسمه: قسم ٦ فثمانية كعاب: في[ا]

* واثنى عشر كعبًا...جذر خمسمائة و اثنى عشر كعبًا: مكررة في [ا]

Selon la méthode de l'égalité double, nous divisons la différence entre les deux résultats, à savoir huit *carrés*, par deux choses. On obtient quatre choses. Soit nous leur ajoutons deux choses et nous mettons au carré la moitié du total. Il vient neuf *carrés* et nous les égalisons à un cube plus quatre *carrés*. Soit nous retranchons les deux de lui et nous mettons au carré la moitié du reste. Il vient un *carré* et nous l'égalisons à un cube moins quatre *carrés*. On obtient la chose, cinq unités, le carré, cent, et le cube, cent-vingt-cinq.

51. S'il est dit : un cube est tel que, si tu lui ajoutes quatre fois le carré obtenu de son côté, alors le reste est un carré, et si tu soustrais de lui cinq fois le carré obtenu de son côté, le reste est un carré.
Nous posons le cube un *cube*, nous lui ajoutons quatre *carrés*, nous soustrayons de lui cinq *carrés* et nous prenons la différence entre les deux résultats, à savoir neuf *carrés*,[que l'on divise] [B-119r°] par une chose. On obtient neuf choses. Soit nous leur ajoutons la chose et nous mettons au carré la moitié du total. Il vient vingt-cinq *carrés*, et nous leur égalisons un *cube* plus quatre *carrés*. Soit nous soustrayons d'eux la chose et nous mettons au carré la moitié du reste. Il vient seize *carrés*, et nous leur égalisons un cube moins cinq *carrés*. On obtient la chose, vingt-et-un en nombre.
Si tu veux, tu demandes deux carrés tels que leur différence est neuf. Nous trouvons vingt-cinq et seize. Nous égalisons soit vingt-cinq *carrés* à un *cube* plus quatre *carrés*, soit seize *carrés* à un *cube* moins cinq *carrés*. On obtient la chose vingt-et-un. Le *carré* est quatre-cent-quarante-et-un, le cube neuf-mille-deux-cent-soixante-et-un.

52. S'il est dit : un cube est tel que, si tu lui ajoutes cinq fois le carré provenant de son côté, il vient un carré, et si tu l'ajoutes dix fois, il vient [A-206r°] un carré.

منه. ونقسم الفضل بين المبلغين، وهو ثمانية أموالٍ، على شيئين بطريق
المساواة المثناة. فخرج أربعة أشياء. فإمّا أن نزيد عليهما الشيئين ونربّع نصف
المبلغ. فيكون تسعة أموالٍ ونقابل به مكعّبًا وأربعة أموالٍ. وإمّا أن نسقطهما منها
ونربّع نصف الباقي. فيكون مالًا ونقابل به مكعّبًا إلّا أربعة أموالٍ. فيخرج الشيء
خمسة آحادٍ فالمربّع مائة والمكعّب مائة وخمسة وعشرون.

٥١. فإن قيل مكعّب إذا زدت عليه أربعة أمثال المربّع الذي هو من ضلعه،
كان الباقي مربّعًا وإذا نقصت منه خمسة أمثال المربّع الذي هو من ضلعه كان
الباقي مربّعًا.

فنجعل المكعّب كعبًا، ونزيد عليه أربعة أموالٍ، وننقص منه خمسة أموالٍ، ونأخذ
الفضل بين المبلغين، وهو تسعة [ب-١١٩و]
أموالٍ، على شيءٍ. فيخرج تسعة أشياء.

فإمّا أن نزيد عليها الشيء ونربّع نصف المبلغ. فيكون خمسة وعشرين مالًا، نقابل
بها كعبًا وأربعة أموالٍ. وإمّا أن ننقص منها الشيء ونربّع نصف الباقي. فيكون
ستّة عشر مالًا، نقابل بها مكعّبًا إلّا خمسة أموالٍ. فيخرج الشيء أحدًا وعشرين
عددًا.

وإن شئت، طلبت مربّعين يكون الفضل بينهما تسعة. فنجدهما خمسة وعشرين
وستّة عشر. فنقابل إمّا خمسة وعشرين مالًا بكعبٍ وأربعة أموالٍ، وإمّا ستّة عشر
مالًا بكعبٍ إلّا خمسة أموالٍ. فيخرج الشيء أحدًا وعشرين. فالمال أربعمائةٍ
وأحد وأربعون والمكعّب تسعة الأفٍ ومائتان واحدٌ وستّون.

٥٢. فإن قيل مكعّبٌ إذا زدت عليه خمسة أمثال المربّع، الذي هو من
ضلعه، كان مربّعًا وإذا زدت عليه عشرة أمثاله أيضًا [أ-٢٠٦و]
كان مربّعًا.

١ شيئين: ستّين[أ]   ٢٢ مربّعًا: في[أ]

Nous posons le cube un cube et nous lui ajoutons le *carré* cinq fois
et dix fois. Il vient un cube plus cinq *carrés* et un cube plus dix *carrés*
et chacun des deux est un carré. On divise leur différence, à savoir
cinq *carrés*, par la moitié d'une chose et on obtient dix choses.
Soit nous leur ajoutons la moitié d'une chose et nous mettons au carré
la moitié du total. Il vient vingt-sept *carrés* plus la moitié [d'un *carré*]
plus la moitié d'un huitième d'un *carré* et on l'égalise à un *cube* plus
dix *carrés*.
Soit nous soustrayons d'eux la moitié d'une chose et nous mettons au
carré la moitié du reste. Il vient vingt-deux *carrés* plus la moitié d'un
carré plus la moitié d'un huitième d'un *carré* et tu les égalises à un
cube plus cinq *carrés*. Selon les deux calculs on obtient : un *cube* égale
dix sept *carrés* plus la moitié d'un *carré* plus la moitié [B-119v°]
d'un huitième d'un *carré*. La chose est dix-sept unités plus un demi
plus la moitié d'un huitième d'une unité. Nous la mettons au carré
afin qu'elle devienne un *carré* et nous la mettons au cube afin qu'elle
devienne le cube demandé.

Une autre méthode : tu sais déjà que, si tu égalises un *cube* plus
cinq *carrés* à des *carrés*, leur quantité est un radicande plus grand que
cinq. Ou bien, si tu égalises un *cube* plus dix *carrés* à des *carrés*, leur
quantité est un radicande plus grand que dix. Il reste : des *carrés*
égalent un *cube* et leur nombre est la chose demandée. Il faut que leur
quantité soit alors égale dans les deux égalisations. Par conséquent,
tu as besoin de demander deux carrés tels que, en soustrayant cinq de
l'un des deux et dix de l'autre, leurs restes soient égaux. Demande
deux nombres carrés qui diffèrent de cinq unités et tels que le plus
petit soit plus grand que cinq. Soit l'un des deux vingt-deux plus un
demi plus la moitié d'un huitième et l'autre vingt-sept plus un demi
plus la moitié d'un huitième.
Si tu veux, tu égalises un *cube* plus cinq *carrés* à vingt-deux *carrés* plus
la moitié d'un *carré* plus la moitié d'un huitième d'un *carré*. Ou bien,
tu égalises un *cube* plus dix *carrés* à vingt-sept *carrés* plus la moitié d'un
carré plus la moitié d'un huitième d'un *carré*. Selon les deux calculs,
on obtient : un *cube* égale dix-sept *carrés* plus la moitié d'un *carré*

فنجعل المكعّب[١] مكعّبًا ونزيد عليه المال خُمس مراتٍ وعشر مراتٍ. فيكون مكعّبًا وخمسة أموالٍ ومكعّبًا وعشرة أموال وكلاهما مربّع. فيقسم الفضل بينهما، وهو خمسة أموالٍ، على نصف شيءٍ فيخرج عشرة أشياء. فإمّا أن تزيد عليها نصف الشيء ونرُبّع نصف المبلغ. فيكون سبعة وعشرين مالًا ونصف [مالٍ] ونصف ثمن مالٍ ويقابل بها كعبًا وعشرة أموالٍ.

وإمّا أن ينقص منها نصف الشيء ونرُبّع نصف الباقي. فيكون اثنين وعشرين مالًا ونصف مالٍ ونصف ثمن مالٍ، وتقابل بها كعبًا وخمسة أموالٍ. وعلى التقديرين يخرج: كعبٌ يعدل سبعة عشر مالًا ونصف مالٍ ونصف ثمن مالٍ. فالشيء سبعة عشر أحدًا ونصف ونصف [ب-١١٩ظ] ثمن واحدٍ. فنرُبّعه ليكون المال ونكعّبه ليكون المكعّب المطلوب.

طريقٌ آخر وهو إنّك قد علمت أنّك[١١] إذا قابلت كعبًا وخمسة أموالٍ بأموالٍ، عدّتها مجذورة أكثر من خمسة، أو [إذا] قابلت كعبًا وعشرة أموالٍ بأموالٍ عدّتها مجذورة أكثر من عشرةٍ. فإنّه يبقى: أموال يعدل كعبًا، ويكون عددها الشيء المطلوب. فينبغى أن يكون عدّتها في المقابلتين متساوية. فقد احتجت أن تطلب مربّعين، تنقص من أحدهما خمسة ومن الآخر عشرة، يكون الباقيات منهما متساوين. فاطلب عددين مربّعين بينهما خمسة آحادٍ، ويكون الأصغر أعظم من الخمسة. وليكن أحدهما اثنين وعشرين ونصفًا ونصف ثمنٍ. والآخر سبعة وعشرين ونصفًا ونصف ثمنٍ.

فإن شئت، قابلت كعبًا وخمسة أموالٍ باثنين وعشرين مالًا ونصف مالٍ ونصف ثمن مالٍ. وإن شئت، قابلت كعبًا وعشرة أموالٍ بسبعةٍ وعشرين مالًا ونصف مالٍ ونصف ثمن مالٍ. على التقديرين يخرج: كعب يعدل سبعة عشر مالًا ونصف

---

١ مكعّبًا: في[ا]   ٨ سبعة عشر مالًا ونصف مالٍ ونصف ثمن مالٍ: عشر مالًا ونصف مال ثمن[ب]
١١ أنّك: في[ا]   ١٢ وعشرة أموالٍ بأموالٍ عدّتها: وعشرة أموال عددتها[ب]   ١٧-١٨ والآخر سبعة وعشرين ونصفًا ونصف ثمن: في[ب]

plus la moitié d'un huitième d'un *carré*, comme il a été introduit.

53. S'il est dit : un cube est tel que, si nous soustrayons de lui cinq fois le *carré* qui vient de son côté, le reste est un carré, [A-206v°] et si nous le soustrayons dix fois, il vient aussi un carré.

Nous posons le cube un cube et on soustrait de lui une fois cinq *carrés* et une autre dix *carrés*. Il reste un cube moins cinq *carrés* et un cube moins dix *carré*. Nous divisons leur différence, à savoir cinq *carrés*, par une chose et on obtient cinq [B-120r°] choses.

Soit nous leur ajoutons la chose, nous mettons au carré la moitié du total et nous l'égalisons à un cube moins cinq *carrés*. Soit nous soustrayons de lui la chose, nous mettons au carré la moitié du reste et nous l'égalisons à un cube moins dix *carrés*.

Soit encore tu dis : tu sais déjà que, si tu égalises chacun des deux par des *carrés* dont la quantité est un radicande, alors il faut que les *carrés* qui égalent un cube soient égaux dans les deux égalisations.

Nous demandons alors deux carrés, entre lesquels il y a cinq. Nous trouvons neuf et quatre. Nous confrontons soit un cube moins cinq *carrés* à neuf *carrés*, soit un cube moins dix *carrés* à quatre *carrés*. On obtient le cube égal à quatorze *carrés*, donc la chose est quatorze unités. Nous la mettons au carré afin d'obtenir le *carré* et nous la mettons au cube afin d'obtenir le cube demandé.

54. S'il est dit : un cube est tel que, si nous le soustrayons de trois fois le carré obtenu à partir de son côté ou de sept fois, alors le reste des deux est un carré.

Tu dis : trois *carrés* moins un *cube* et sept *carrés* moins un *cube*, et les deux sont un carré. Tu divises leur différence, à savoir quatre *carrés*, par une chose et il en résulte quatre choses.

مالٍ ونصف ثمن مالٍ كما تقدّم.

٥٣. فإن قيل: مكعّبٌ إذا نقصنا منه خمسة أمثال المال الذي من ضلعه كان الباقي مربّعًا [١-٦ ٢٠٦ظ]

وإذا نقصنا منه عشرة أمثاله أيضًا كان مربّعًا.

فنجعل المكعّب مكعّبًا وينقص منه خمسة أموال مرّةً وعشرة أموال أُخرى. فيبقى مكعّبٌ إلّا خمسة أموالٍ، ومكعّب إلّا عشرة أموالٍ. فنقسم الفضل بينهما، وهو خمسة أموالٍ، على شيءٍ. فيخرج خمسة [ب-١٢٠و] أشياء*.

فإمّا أن نزيد عليها الشيء ونربّع نصف المبلغ ونقابل به مكعّبًا إلّا خمسة أموالٍ. وإمّا أن ننقص منها الشيء ونربّع نصف الباقي ونقابل به مكعّبًا إلّا عشرة أموالٍ. وإمّا أن تقول: قد علمت أنّك إذا قابلت كلَّ واحدٍ منهما بأموالٍ عدّتها مجذورة، ينبغى أن يكون أموال التي يعادل مكعّبًا في كلّي المقابلتين متساوية. فنطلب مربّعين بينهما خمسة. فنجدهما تسعة وأربعة. فنقابل أمّا مكعّبًا إلّا خمسة أموالٍ بتسعة أموالٍ وأمّا مكعّبًا إلّا عشرة أموالٍ بأربعة أموالٍ. فيخرج المكعّب معادلًا الأربعة عشر مالًا فالشيء أربعة عشر أحدًا. فنربّعه ليكون المال وكعّبه ليكون المكعّب المطلوب.

٥٤. فإن قيل: مكعّبٌ إذا نقصناه من ثلاثة أمثال المربّع الكائن من ضلعه أو من سبعة أمثاله كان الباقي منهما مربّعًا.

فتقول: ثلاثة أموالٍ إلّا كعبًا وسبعة أموالٍ إلّا كعبًا وكلاهما مربّع. فتقسم الفضل بينهما، وهو أربعة أموالٍ على شيءٍ فيخرج أربعة أشياء.

---

[9] ونقابل: ويقابل [ب] [10] ونقابل: ويقابل [ب] [14] مكعّبًا: كعبًا [ب] [15] مالًا فالشيء أربعة عشر: في [١]

* أشياء: مكررة في الهامش [ب]

Soit nous leur ajoutons la chose, nous mettons au carré la moitié du total et tu lui égalises sept *carrés* moins un *cube*. Soit nous soustrayons d'eux la chose, nous mettons au carré la moitié du reste et tu lui égalises trois *carrés* moins un cube. Soit nous disons : tu sais déjà que, si tu égalises trois *carrés* moins un *cube* à des *carrés*, leur quantité est un radicande à condition qu'il soit plus petit que de trois ; ou bien que, si tu égalises sept *carrés* moins un *cube* à des *carrés*, leur quantité est un radicande à condition qu'il soit plus petit que sept. Il faut donc que ce qui égale le cube soit la même grandeur dans les deux démarches. Demande alors deux carrés qui diffèrent de quatre unités et dont le plus petit est inférieur à trois. Que l'un des deux soit deux plus un quart et l'autre, six plus un quart. [B-120v°]
Tu égalises soit trois *carrés* moins un *cube* à deux *carrés* plus un quart d'un *carré*, soit sept *carrés* moins un *cube* à six *carrés* plus un quart d'un *carré*. On obtient la chose, trois quatrièmes d'une unité, son carré est le *carré* et son cube est le cube demandé. [A-207r°]
Pour déterminer les exemples de ces problèmes, d'autres méthodes sont connues à partir de ce qui précède ce chapitre.

55. S'il est dit : deux carrés sont tels que leur somme est un carré. Nous posons l'un des deux un *carré*, l'autre un *carré* plus deux choses plus une unité et nous les additionnons. Il vient deux *carrés* plus deux choses plus une unité. Nous l'égalisons à quatre *carrés* plus une unité moins quatre choses. On obtient la chose, trois unités et le *carré*, neuf unités. C'est l'un des deux *carrés* et l'autre est seize, parce que nous l'avons posé un *carré* plus deux choses plus une unité.

56. S'il est dit : deux carrés sont tels que chacun des deux, avec la racine de l'autre, est un radicande.
Nous supposons que chacun des deux est un *carré* quelconque. Nous posons l'un des deux quatre *carrés*, l'autre neuf *carrés* et nous ajoutons la racine de l'un à celle de l'autre. L'un des deux devient quatre *carrés* plus trois choses et l'autre neuf *carrés* plus deux choses. Nous divisons la différence entre les deux, à savoir cinq *carrés* moins une chose, par la différence entre leurs racines, à savoir une chose. On obtient de la

فإمّا أن نزيد عليهما الشيء ونربّع نصف المبلغ وتقابل به سبعة أموالٍ إلّا كعبًا.

وإمّا أن ننقص منها الشيء ونربّع نصف الباقي وتقابل به ثلاثة أموالٍ إلّا كعبًا.

أو نقول: قد علمته أنّك إذا قابلت ثلاثة أموالٍ إلّا كعبًا بأموالٍ عدّتها مجذورة بشرط أن ينقص عن ثلاثةٍ، أو قابلت سبعة أموالٍ إلّا كعبًا بأموالٍ، عدّتها مجذورة بشرط أن ينقص عن سبعة. فيبغي أن يكون المعادل للكعب في الجهتين مقدارًا واحدًا. فاطلب مربّعين بينهما أربعة آحادٍ وأصغرهما دون الثلاثة. وليكن أحدهما اثنين وربعًا والآخر ستّة وربعًا. [ب-١٢٠ظ]

فتقابل إمّا ثلاثة أموالٍ إلّا كعبًا بمالين وربع مالٍ، وإمّا سبعة أموالٍ إلّا كعبًا بستّة أموالٍ وربع مالٍ. فيخرج الشيء ثلاثة أرباع واحدٍ فمربّعه المال* ومكعّبه المكعّب المطلوب. [١-٢٠٧و]

ولاستخراج أمثال هذه المسائل طرقٌ آخر يعرف ممّا سلف من هذا الباب.

٥٥. فإن قيل: مربّعان مجموعهما مربّع.

فنجعل أحدهما مالًا والآخر مالًا وشيئين وواحدًا ونجمعهما. فيكون مالين وشيئين وواحدٌ. فنقابلهما بأربعة أموالٍ وواحدٍ إلّا أربعة أشياء. فيخرج الشيء ثلاثة آحادٍ والمال تسعة آحادٍ، وهو أحد المالين، والآخر ستّة عشر لأنّا جعلناه مالًا وشيئين وواحدًا.

٥٦. فإن قيل: مربّعان، كلّ واحدٍ مع جذر الآخر، مجذور.

فنفرض كلّ واحدٍ منهما ما شئت من الأموال. فنجعل أحدهما أربعة أموالٍ والآخر تسعة أموالٍ، ونزيد جذر كلّ واحدٍ منهما على الآخر. فيصير أحدهما أربعة أموال وثلاثة أشياء والآخر تسعة أموال وشيئين. فنقسم الفضل بينهما وهو خمسة أموالٍ إلّا شيئًا على الفضل بين جذريهما وهو شيء. فيخرج من القسمة خمسة أشياء

---

٥ فيبغي: ينبغى   ١٣ والآخر مالًا: في [ب]   ١٣ وواحدًا: في [ب]   ١٣ وشيئين: وثلاثين [١] وستّين [ب]

* المال: في الهامش [١]

division cinq choses moins une unité. Nous leur ajoutons une chose et il vient six choses moins une unité. Si tu mets au carré sa moitié il vient neuf *carrés* plus un quart d'unité moins trois choses et ceci égale neuf *carrés* plus deux choses. On obtient la chose, la moitié d'un dixième d'unité, la racine du premier *carré* est un dixième d'unité, parce que nous l'avons posée deux choses, et la racine du deuxième *carré* est un dixième plus la moitié d'un dixième d'unité, parce que nous l'avons posée trois choses.

Tu as obtenu de ce procédé que, lorsque tu as posé chacun des deux nombres demandés un carré composé de *carrés*, que tu as additionné leurs racines, [B-121r°] que tu as multiplié le nombre de leur somme par quatre et que tu as rapporté au total chacun des nombres des deux racines, tu parviens aux deux racines. En effet, après la restauration, la comparaison et la suppression des communs, ce qui reste dans ces problèmes est toujours : un quart d'une unité égale la somme des deux racines égales. Dans un cas, les deux carrés sont des entiers, dans l'autre des fractions, et cela parce que, si tu ajoutes la racine de chacun des deux à l'autre, puis tu ôtes le petit du grand, il reste la différence entre les deux *carrés* moins la différence entre les deux racines. Si tu divises ceci par la différence entre les deux racines, on obtient de la division des choses moins une unité. Si tu lui ajoutes [A-207v°] la différence entre les deux racines, et tu prends sa moitié, il vient des choses moins la moitié d'une unité. Si tu le mets au carré, on obtient le carré du plus grand plus un quart d'une unité moins le nombre de ses racines. Si tu l'égalises au carré du plus grand plus l'ajout des racines du carré plus petit, si tu restaures, et si tu supprimes les communs, il reste : un quart d'une unité égale l'ensemble des racines des deux carrés. Donc une unité égale quatre multiples de la somme des deux racines et la chose est une partie de ce nombre.

Dans ce problème, si tu veux poser quatre *carrés* plus trois choses comme étant plus grand que neuf *carrés* plus deux choses, alors tu ôtes neuf *carrés* plus deux choses de quatre *carrés* plus trois choses. Il reste une chose moins cinq *carrés*. Tu divises ceci par une chose et on obtient une unité moins cinq choses.

إلّا واحدًا. فنزيد عليه شيئًا فيصير ستّة أشياء إلّا واحدًا. فإذا ربّعت نصفه فيكون تسعة أموالٍ وربع واحدٍ إلّا ثلاثة أشياء وذلك يعدل تسعة أموالٍ وشيئين. فيخرج الشيء نصف عشر واحد، وجذر المال الأوّل عشر واحدٍ، لأنّا جعلناه شيئين، وجذر المال الثاني عشر ونصف عشر واحد، لأنّا جعلناه ثلاثة أشياء.

فقد بأن لك من هذا العمل إنّك، متى جعلت كلّ واحدٍ من العددين المطلوبين مربّعًا مركبًا من الأموال، وجمعت جذريهما [ب-١٢١و] وضربت* عدد مجموعهما في أربعة، ونسبت إلى المبلغ كلّ واحدٍ من عدد الجذرين، خرج لك الجذران. لأجل أنّ الذي يبقى في هذه المسائل بعد الجبر والمقابلة وإلقاء المقادير المشتركة، يكون ربع واحدٍ أبدًا يعدل مجموع الجذرين سوآء كان المربّعان صحيحين أو ذوى كسورٍ وذلك لأنّك إذا زدت جذر كلّ واحدٍ منهما على الآخر، ثمّ ألقيت القليل من الكثير، يبقى الفضل بين المالين إلّا الفضل بين الجذرين. فإذا قسمت ذلك على الفضل بين الجذرين، خرج من القسمة أشياء إلّا واحدًا. فإذا زدت عليه [ا-٢٠٧ظ] الفضل بين الجذرين وأخذت نصفه، كان أشياء إلّا نصف واحدٍ. فإذا ربّعته، يخرج المربّع الأكبر وربع واحدٍ إلّا عدد أجذاره. فإذا قابلته بالمربّع الأكبر وزيادة أجذار المربّع الأصغر، وجبرت وأسقطت المشترك، يبقى: ربع واحدٍ يعدل مجموع جذر المربّعين. فالواحد يعدل أربعة إضعاف مجموع الجذرين فالشيء يكون جزًّا من ذلك العدد.

فإن أردت في هذه المسألة أن تجعل أربعة أموالٍ وثلاثة أشياء أكثر من تسعة أموالٍ وشيئين، ألقيت تسعة أموالٍ وشيئين من أربعة أموالٍ وثلاثة أشياء. يبقى شيء إلّا خمسة أموالٍ.

---

٦ مركبًا: في[ب]   ١٣ واحدًا: واحد[ب]   ١٧ أربعة: في[ب]   ١٩ تجعل: في[ب]   ٢٠ تجعل: يجعل[ب]   ٢٠ أشياء: في[ا]

* وضربت: مكررة في الهامش [ب]

On leur ajoute la chose, il vient un moins quatre choses et nous mettons au carré sa moitié. Il vient quatre *carrés* plus un quart d'une unité moins deux choses et ceci égale quatre *carrés* plus trois choses. Un quart d'une unité égale donc cinq choses et la chose est la moitié d'un dixième d'une unité. La racine de l'un des deux *carrés* est un dixième d'unité et la racine de l'autre est un dixième plus la moitié d'un dixième d'une unité. Et ceci [B-121v°] correspond au raisonnement que nous avons introduit.

57. S'il est dit : deux carrés sont tels que leur somme est un carré et chacun des deux avec la racine de l'autre est un carré.
Nous demandons deux radicandes parmi les *carrés* tels que leur somme soit un carré et que chacun des deux avec la racine de l'autre soit un carré. Que l'un des deux soit neuf *carrés* et l'autre seize *carrés*. On prend le nombre de la somme des racines des deux, à savoir sept, nous le multiplions par quatre, selon ce que nous avons expliqué, et nous rapportons la racine de chacun des deux à [ce produit]. La racine d'un des deux *carrés* est trois parties de vingt-huit parties d'une unité et l'autre est quatre parties d'elle. L'une des deux racines est la moitié d'un septième plus un quart d'un septième, l'autre est un septième d'unité et l'ensemble de cela est équivalent à ce raisonnement.

58. S'il est dit : deux carrés sont tels que, si nous multiplions l'un des deux par l'autre et si nous ajoutons cela à chacun des deux, alors le total est un carré.
Nous posons l'un des deux un *carré* et l'autre un nombre [carré] quelconque, qu'il soit un. Nous multiplions le *carré* par un et nous lui ajoutons un. Il vient un *carré* plus un. [A-208r°]
Tu l'égalises à un *carré* plus quatre unités moins quatre choses. On obtient la chose, trois quarts d'unité et le *carré* un demi plus la moitié d'un huitième Si nous le multiplions par un et si nous lui ajoutons un, il vient un plus un demi plus la moitié d'un huitième. C'est un radicande et sa racine est un plus un quart. Mais il faut que, si nous ajoutons au résultat du produit de un par un demi plus la moitié d'un huitième un demi plus la moitié d'un huitième, [cette somme] soit un carré, et il n'en est pas ainsi.

تقسم ذلك على شيء فخرج واحدٌ إلّا خمسة أشياء. يزيد عليهما الشيء
فيكون واحدًا إلّا أربعة أشياء ونربّع نصفه. فيكون أربعة أموالٍ وربع واحدٍ إلّا شيئين
وذلك يعدل أربعة أموال وثلاثة أشياء. فربع واحدٍ يعدل خمسة أشياء فالشيء
نصف عشر واحدٍ. فجذر أحد المالين عشر واحدٍ وجذر الآخر عشر ونصف عشر ٥
واحدٍ وهذا [ب-١٢١ظ]
أيضًا مطّرد على قياس ما ذكرناه.

٥٧. فإن قيل مربّعان مجموعهما مربّع وكلّ واحدٍ منهما مع جذر الآخر مربّع.
فنطلب مجذورين من الأموال يكون مجموعهما مربّعًا وكلّ واحد منهما مع جذر
الآخر مربّع. وليكن أحدهما تسعة أموال والآخر ستّة عشر مالًا. ويأخذ عدد ١٠
مجموع جذريهما، وهو سبعة، نضربها في أربعة على ما ذكرنا وننسب جذر كلّ
واحدٍ منهما إليه. فيكون جذر أحد المالين ثلاثة أجزاء من ثمانية وعشرين جزئًا
من واحدٍ والآخر أربعة إجزاء منها. فأحد الجذرين نصف سُبع وربع سُبع والآخر
سُبع واحدٍ وجميع ذلك مطّرد على هذا القياس.

٥٨. فإن قيل مربّعان إذا ضربنا أحدهما في الآخر وزدنا عليه كلّ واحدٍ منهما ١٥
كان المبلغ مربّعًا.

فنجعل أحدهما مالًا والأُخرى أي عددٍ شئنا، وليكن واحدًا. فنضرب المال في
الواحد ونزيد عليه الواحد. [ا-٢٠٨و] فيكون مالًا وواحدًا
فتقابله بمالٍ وأربعة آحادٍ إلّا أربعة أشياء. فيخرج الشيء ثلاثة أرباع واحدٍ والمال
نصف وثمن. فإذا ضربناه في الواحد وزدنا عليه واحدًا كان واحدًا ونصفًا ٢٠
ونصف ثمنٍ، وهو مجذور، جذره واحد ربعًا. ولكنه ينبغى أن لو زدنا على المرتفع
من ضرب واحدٍ في نصفٍ وثمنٍ ونصف ثمنٍ نصفًا ونصف ثمن كان مربّعًا وليس
كذلك.

١ تقسم: يقسم[ب]   ١ يزيد عليهما الشيء: في[ب]   ٩–٨ وكلّ واحد منهما مع جذر الآخر مربّع:
في[ب]   ٩ وليكن: ولكن[ب]   ٢٠ ربعًا: ٢٠ وخُمس   ٢١ ثمن: خُمس[ا]

Nous recommençons alors le problème, nous posons l'un des deux nombres un *carré* et l'autre la moitié d'une unité plus la moitié d'un huitième et nous multiplions l'un des deux par l'autre. Il vient la moitié d'un *carré* plus la moitié d'un huitième d'un *carré*. Nous lui ajoutons la moitié d'une unité plus la moitié d'un huitième d'une unité. Il vient la moitié d'un *carré* plus la moitié d'un huitième [B-122r°]

d'un *carré* plus la moitié d'une unité plus la moitié d'un huitième d'unité. Nous le multiplions par seize, parce que le carré par le carré est un carré, il devient neuf *carrés* plus neuf unités. Tu l'égalises à neuf *carrés* plus seize unités moins vingt-quatre choses et on obtient la chose, un sixième plus un huitième d'une unité. Le *carré* est quarante-neuf parties de cinq-cent-soixante-seize parties d'une unité, c'est l'un des deux nombres. L'autre est la moitié d'une unité plus la moitié d'un huitième d'unité, à savoir trois-cent-vingt-et-un parties de cinq-cent-soixante-seize parties d'une unité.

59. S'il est dit : deux carrés sont tels que, si nous multiplions l'un des deux par l'autre et si nous soustrayons du total chacun des deux séparément, alors le total est un carré.

Nous posons un des deux nombres un *carré*, l'autre une unité, nous multiplions l'un des deux par l'autre et nous soustrayons de cela une unité. Il reste un *carré* moins une unité. Nous l'égalisons à un *carré* plus quatre unités moins quatre choses. La chose est un plus un quart et le *carré* est un plus un demi plus la moitié d'un huitième. Une fois que nous l'avons multiplié par un et que nous avons soustrait de lui un, il reste un demi plus la moitié d'un huitième, à savoir un radicande. Mais il faut que, si nous soustrayons de lui un plus un demi plus la moitié d'un huitième, le reste soit un nombre radicande et il n'en est pas ainsi. Nous recommençons alors le problème et nous posons l'un des deux nombres un *carré*, l'autre un [A-208v°]

plus un demi plus la moitié d'un huitième et nous multiplions l'un par l'autre. Il vient un *carré* plus la moitié d'un *carré* plus la moitié d'un huitième d'un *carré*. On retranche de cela un plus un demi plus la moitié d'un huitième. Il reste un *carré* plus un demi plus la moitié d'un huitième d'un *carré* et moins une unité plus un demi plus la moitié d'un huitième. On divise l'ensemble de cela par le carré, que

فنستأنف المسألة، ونجعل أحد العددين مالًا، والآخر نصف واحدٍ ونصف ثمن، ونضرب أحدهما في الآخر. فيصير نصف مالٍ ونصف ثمن مالٍ. فنزيد عليه نصف واحدٍ ونصف ثمن واحدٍ. فيصير نصف مالٍ ونصف ثمن [ب-١٢٢و]

مالٍ* ونصف واحدٍ ونصف ثمن واحدٍ. فنضربه في ستّة عشر، لأنّ المربّع في المربّع مربّع، فيصير تسعة أموال وتسعة آحادٍ. فتقابله بتسعة أموالٍ وستّة عشر أحدًا إلّا أربعة عشرين شيئًا فيخرج الشيء سُدس وثمن واحدٍ. فالمال تسعة وأربعون جزئًا من خمسمائة وستّة وسبعين جزئًا من واحدٍ، وهو أحد العددين. والآخر نصف واحدٍ ونصف ثمن واحدٍ، وهو ثلاثمائة واحد وعشرون جزئًا من خمسمائةٍ وستّة وسبعين جزئًا من واحدٍ.

٥٩. فإن قيل مربّعان إذا ضربنا أحدهما في الآخر ونقصنا من المبلغ كلّ واحدٍ منهما مفردًا كان المبلغ مربّعًا.

فنجعل أحد العددين مالًا والآخر واحدًا، ونضرب أحدهما في الآخر، ونقص منه واحدًا. فيبقى مالٌ إلّا واحدًا. فنقابله بمالٍ وأربعة آحادٍ إلّا أربعة أشياء. فالشيء واحدٌ وربع والمال واحدٌ ونصفٌ ونصف ثمنٍ. فمتى ضربناه في واحدٍ ونقصنا منه واحدًا، يبقى نصف ونصف ثمنٍ، وهو مجذورٌ. لكن ينبغى أنّه إذا نقصنا منه واحدًا ونصفًا ونصف ثمنٍ، يبقى عدد مجذور وليس كذلك. فنستأنف المسألة ونجعل أحد العددين مالًا والآخر واحدًا [أ-٢٠٨ظ]

ونصفًا ونصف ثمنٍ ونضرب أحدهما في الآخر. فيصير مالًا ونصف مال ونصف ثمن مال. فينقص منه واحدًا ونصفًا ونصف ثمن. فيبقى مالٌ ونصف ونصف ثمن مالٍ وإلّا واحدًا ونصفًا ونصف ثمنٍ. فيقسم جميع ذلك على المربّع

---

١٣ إلّا أربعة أشياء: في[أ]   ١٨-١٩ ونضرب أحدهما في الآخر. فيصير مالًا ونصف مال ونصف ثمن مال. فينقص منه واحدًا ونصفًا ونصف ثمن: في[ب]

* مالٍ: مكررة في الهامش [ب]

celui-ci soit une unité plus un demi plus la moitié d'un huitième, et il en résulte un *carré* moins une unité. Nous l'égalisons à un *carré* plus seize unités moins huit choses, on obtient la chose deux plus un huitième. Nous avons posé le premier carré [B-122v°] un *carré*, il vient alors quatre unités plus un demi plus un huitième d'un huitième et l'autre nombre est un plus un demi plus la moitié d'un huitième.

60. S'il est dit : deux carrés sont tels que chacun des deux avec un troisième nombre est un carré.

Nous posons un des deux carrés un *carré* et l'autre un *carré* plus deux choses plus une unité. Nous posons ce troisième nombre deux choses plus une unité et nous [l']ajoutons à un *carré* plus deux choses plus une unité. Il vient un *carré* plus quatre choses plus deux unités. Nous l'égalisons à un *carré* plus quatre unités moins quatre choses. On obtient la chose, un quart d'unité, et le *carré*, la moitié d'un huitième d'une unité, c'est l'un des deux carrés. L'autre est un plus un demi plus la moitié d'un huitième et le troisième nombre est un plus un demi, parce qu'il est deux choses plus une unité.

61. S'il est dit : deux carrés sont tels que leur somme est un cube. Nous posons l'un des deux un *carré* et l'autre quatre *carrés*. Cinq *carrés* égalent donc un cube. La chose est cinq unités, donc l'un des deux *carrés* est vingt-cinq et l'autre cent.

62. S'il est dit : deux carrés sont tels que leur différence est un cube.

Nous posons l'un des deux un *carré*, l'autre quatre *carrés*, donc leur différence est de trois *carrés* et cela égale un cube. La chose est trois, l'un des deux *carrés* est neuf et l'autre trente-six.

63. S'il est dit : deux carrés sont compris dans un cube, c'est-à-dire que le produit de l'un des deux par l'autre est un cube.

Nous posons l'un des deux un *carré*, l'autre quatre *carrés* et nous multiplions l'un des deux par l'autre. Il vient : quatre *carrés-carrés* égalent un cube. La chose est un quart d'unité, l'un des deux *carrés* est donc la moitié d'un huitième d'unité et l'autre un quart d'unité.

وليكن هو واحدًا ونصفًا ونصف ثمن، فيخرج مالٌ إلّا واحدًا. فنقابله بمالٍ وستّة عشر أحدًا إلّا ثمانية أشياء فيخرج الشيء اثنين وثمنًا. وقد جعلنا المربّع [ب-١٢٢ظ]

الأوّل مالًا فيكون أربعة آحادٍ ونصفًا وثمن ثمنٍ والعدد الآخر واحد ونصف ونصف ثمنٍ.

٦٠. فإن قيل مربّعان كلّ واحدٍ منهما مع عددٍ ثالث مربّع.

فنجعل أحد المربّعين مالًا والآخر مالًا وشيئين وواحدًا. ونجعل ذلك العدد الثالث شيئين وواحدًا، ونزيد على مالٍ وشيئين وواحدٍ. فيصير مالًا وأربعة أشياء وأحدين. فنقابله بمالٍ وأربعة آحادٍ إلّا أربعة أشياء. فيخرج الشيء ربع واحدٍ والمال نصف ثمن واحدٍ، وهو أحد المربّعين. فيكون الآخر واحدًا ونصفًا ونصف ثمنٍ والعدد الثالث يكون واحدًا ونصفًا، لأنّه كان شيئين وواحدًا.

٦١. فإن قيل مربّعان مجموعهما مكعّبٌ.

فنجعل أحدهما مالًا والآخر أربعة أموالٍ. فخمسة أموالٍ يعدل مكعّبًا. فالشيء خمسة آحادٍ فأحد المالين خمسة وعشرون والآخر مائة.

٦٢. فإن قيل مربّعان يفاضلان بمكعّب.

فنجعل أحدهما مالًا والآخر أربعة أموالٍ والتفاضل بينهما بثلاثة أموالٍ وذلك يعدل مكعّبًا. فالشيء ثلاثة فأحد المالين تسعة والآخر ستّة وثلاثون.

٦٣. فإن قيل مربّعان يحيطان بمكعّبٍ، أي يكون ضرب أحدهما في الآخر مكعّبًا.

فنجعل أحدهما مالًا والآخر أربعة أموالٍ ونضرب أحدهما في الآخر. فيكون: أربعة أموال مالٍ يعدل مكعّبًا. فالشيءُ ربع واحدٍ فأحد المالين نصف ثمن واحدٍ والآخر ربع واحدٍ.

---

١٦ أحدهما: في [ب]   ٢٢ واحدٍ: في [ا]

64. S'il est dit : deux carrés sont tels que la racine de l'un des deux est un neuvième de la racine de l'autre et que, si tu les multiplies par quatre, de l'un des deux vient un cube et de l'autre son côté.

Dans ce problème, il faut que le produit d'une partie du rapport, c'est-à-dire neuf, [A-209r°]

par le nombre par lequel nous multiplions les deux nombres, c'est-à-dire quatre, soit un carré. Sinon le problème ne sera pas ouvert. Nous posons l'un des deux un *carré*, l'autre quatre-vingt-un *carrés* et nous les multiplions par quatre. Il vient quatre *carrés* et trois-cent-vingt-quatre *carrés*, donc quatre *carrés* est le côté de trois-cent-vingt-quatre *carrés*. Nous mettons au cube quatre *carrés*. Il vient soixante-quatre *cubes-cubes* et ceci égale trois-cent-vingt-quatre *carrés*. Un *carré-carré* égale cinq unités plus la moitié d'un huitième d'unité. La racine de sa racine, à savoir un plus un demi, est la chose, l'un des deux carrés est deux plus un quart et l'autre est cent-quatre-vingt-deux unités plus un quart d'unité.

65. S'il est dit : deux carrés sont tels que la somme de leurs carrés est un cube.

Nous posons l'un des deux un *carré*, l'autre quatre *carrés* et nous additionnons la somme de leurs carrés. Il vient : dix-sept *carrés-carrés* égalent un cube. Nous l'égalisons à vingt-sept *cubes*. On obtient la chose, vingt-sept parties de dix-sept parties d'une unité. C'est la racine de l'un des deux carrés, et la racine de l'autre est cinquante-quatre parties de ce résultat.

66. S'il est dit : deux carrés sont tels que la différence entre leurs carrés est un *cube*.

Nous posons l'un des deux un *carré* et l'autre quatre *carrés*, on prend la différence entre leurs carrés, à savoir quinze *carrés-carrés*, et cela égale un cube. Nous posons le côté de celui-ci trois choses. Si on divise le cube par son côté, on obtient le carré de son côté. On divise alors quinze *carrés-carrés* par trois choses, on obtient cinq *cubes* et ceci égale le carré de trois choses, c'est-à-dire neuf *carrés*.

٦٤. فإن قيل مربّعان جذر أحدهما تسع جذر الآخر وإذا ضربتهما في أربعةٍ
جاء من أحدهما مكعّبٌ ومن الآخر ضلعه. فينبغي [أ-٢٠٩و]
في هذه المسألة أن يكون مخرج جزئًا جزئًا النسبة، أعني تسعة، إذا ضرب في العدد
الذي نضرب فيه العددان، أعني أربعةٍ، يكون مربّعًا [ب-١٢٣و]
وإلّا* فلا يخرج المسألة مفتوحة.

فنجعل أحدهما مالًا والآخر أحدًا وثمانين مالًا ونضرب كلّ واحدٍ منهما في
الأربعة. فيكون أربعة أموالٍ وثلاثمائةٍ وأربعة وعشرين مالًا، فيكون أربعة أموال ضلع
ثلاثمائة وأربعة عشرين مالًا. فنكعّب أربعة أموالٍ. فيكون أربعة وستّين كعب
كعبٍ وذلك يعدل ثلاثمائة وأربعة عشرين مالًا. فمال مالٍ يعدل خمسة آحادٍ
ونصف ثمن واحدٍ. فجذر جذره، وهو واحدٌ ونصفٌ هو الشيء فأحد المربّعين
اثنان وربع والآخر مائة واثنان وثمانون أحدًا وربع واحدٍ.

٦٥. فإن قيل مربّعان مجموع مربّعهما مكعّب.

فنجعل أحدهما مالًا والآخر أربعة أموالٍ، نجمع مربّعيهما. فيكون: سبعة عشر
مال مالٍ يعدل مكعّبًا. فنقابله بسبعة وعشرين كعبًا. فيخرج الشيء سبعة وعشرين
جزئًا من سبعة عشر جزئًا من واحدٍ. فهذا جذر أحد المربّعين وجذر الآخر أربعة
وخمسون جزئًا من ذلك المخرج.

٦٦. فإن قيل مربّعان الفضل بين مربّعيهما مكعّبٌ.

فنجعل أحدهما مالًا والآخر أربعة أموالٍ ويأخذ الفضل بين مربّعيهما، وهو خمسة
عشر مال مالٍ، وذلك يعدل مكعّبًا. فنجعل ضلعه ثلاثة أشياء والمكعّب إذا قسم
على ضلعه، يخرج مربّع ضلعه. فيقسم خمسة عشر مال مالٍ على ثلاثة أشياء
فيخرج خمسة كعوبٍ وذلك يعدل مربّع ثلاثة أشياء، أعني تسعة أموالٍ.

La chose est un plus quatre cinquièmes d'unité, c'est la racine de l'un des deux carrés et la racine de l'autre est trois plus trois cinquièmes d'unité.

67. S'il est dit : deux cubes sont tels que leur somme est un carré.

Nous posons l'un des deux un *cube* et l'autre huit *cubes*, donc neuf *cubes* égalent un carré. Nous l'égalisons à neuf [B-123v°] *carrés* et on obtient la chose, un. Le premier *cube* est un et l'autre huit. [A-209v°]

68. S'il est dit : deux cubes sont tels qu'ils diffèrent d'un carré.

Nous posons l'un des deux un *cube*, l'autre huit *cubes* et nous égalisons leur différence, à savoir sept *cubes*, à un carré, tel que quarante-neuf *carrés*. On obtient la chose, sept unités. L'un des deux cubes est trois-cent-quarante-trois, l'autre est deux-mille-sept-cent-quarante-quatre, et leur différence est deux-mille-quatre-cent-un.

69. S'il est dit : deux cubes sont tels que leur produit est un carré.

Nous posons l'un des deux un cube et l'autre huit cubes et nous multiplions l'un des deux par l'autre. Il vient huit *cubes-cubes* et ceux-ci égalent un carré. Mais cela n'est vrai que si nous posons ce carré le produit du nombre carré par le nombre cube, les deux étant compris dans un nombre carré. On trouve que l'un des deux est quatre, l'autre soixante-quatre, et que le produit de ces deux nombres est deux-cent-cinquante-six unités.

Nous recommençons le problème et nous posons le premier *cube* un cube de côté une chose et le deuxième soixante-quatre *cubes* de côté quatre choses. Leur produit est soixante-quatre *cubes-cubes*, et il égale un carré. Nous posons son côté seize *carrés* et nous le mettons au carré. Il vient deux-cent-cinquante-six *carrés-carrés* et cela égale soixante-quatre *cubes-cubes*. On obtient la chose, deux.

فالشيء واحدٌ وأربعة أخماس واحدٍ، وهو جذر أحد المربّعين وجذر الآخر ثلاثة وثلاثة أخماسٍ.

٦٧. فإن قيل مكعّبان مجموعهما مربّع.

فنجعل أحدهما كعبًا والآخر ثمانية كعابٍ، فتسعة كعابٍ يعدل مربّعًا. فنقابلها بتسعة [ب-١٢٣ظ]

أموالٍ فيخرج الشيء واحدًا. فالكعب الأوّل أحدٌ والآخر ثمانية [ا-٢٠٩ظ]

٦٨. فإن قيل مكعّبان يتفاضلان بمربّع.

فنجعل أحدهما كعبًا والآخر ثمانية كعابٍ ونقابل تفاضلهما، وهو سبعة كعابٍ، بمربّعٍ وليكن تسعة وأربعين مالًا. فيخرج الشيء سبعة آحادٍ. فأحد المكعّبين ثلاثمائةٍ وثلاثة وأربعون والآخر ألفان وسبعمائةٍ وأربعة وأربعون والفضل بينهما ألفان وأربعمائة وواحد.

٦٩. فإن قيل مكعّبان يحيطان بمربّعٍ.

فنجعل أحدهما مكعّبًا والآخر ثمانية مكعّباتٍ ونضرب أحدهما في الآخر. فيكون ثمانية كعاب كعبٍ وذلك يعدل مربّعًا. فلا يصحّ أن يجعل ذلك المربّع إلّا من ضرب عدد مربّعٍ في عدد مكعّبٍ، يُحيطان بعدد مربّعٍ. فيجد أحدهما أربعة، والآخر أربعة وستّين، والذي يحيط به هذان العددان، وهو مائتان وستّة وخمسون أحدًا.

فنستأنف المسألة ونجعل الكعب الأوّل مكعّبًا من ضلع شيءٍ والثاني أربعة وستّين كعبًا من ضلع أربعة أشياء. فالذي يحيطان به يكون أربعة وستّين كعب كعبٍ وذلك يعدل مربّعًا. فنجعل ضلعه ستّة عشر مالًا ونربّعه. فيكون مائتين وستّة وخمسين مال مالٍ وذلك يعدل أربعة وستّين كعب كعبٍ. فيخرج الشيء اثنين.

Le premier cube est donc huit, le deuxième est cinq-cent-douze, le carré qui les inclut est quatre-mille-quatre-vingt-seize unités, et sa racine est soixante-quatre.

70. S'il est dit : deux cubes sont tels que le côté de l'un des deux est trois fois le côté de l'autre, et si tu multiplies chacun des deux par huit, on obtient, de l'un des deux, un carré et, de l'autre, la racine de ce carré.
Dans ce problème il faut que le nombre multiplicateur soit un cube, afin que [B-124rº]
le problème soit exprimable.
Nous posons l'un des deux cubes un *cube* et l'autre vingt-sept *cubes*. Si nous multiplions chacun des deux par huit tu parviens à huit *cubes* et à deux-cent-seize *cubes*, donc huit *cubes* est la racine de deux-cent-seize *cubes*. Nous mettons au carré huit *cubes*. Il vient soixante-quatre [A-210rº]
cubes-cubes et ceci égale deux-cent-seize *cubes*. On obtient : un seul cube égale trois plus trois huitièmes. La chose est donc un plus un demi, un des deux cubes est trois plus trois huitièmes et l'autre quatre-vingt-onze unités plus un huitième d'unité.

71. S'il est dit : trois carrés sont tels que l'excédent du plus grand d'eux au moyen est le double de l'excédent du moyen au plus petit.
Nous posons le plus petit un *carré* et le moyen un *carré* plus deux choses plus une unité. Le plus grand est un *carré* plus six choses plus trois unités. Nous l'égalisons à un *carré* plus quatre choses plus quatre unités. On obtient la chose un demi, le plus petit carré un quart d'unité, le moyen deux plus un quart et le plus grand six unités plus un quart.

72. S'il est dit : un carré et un cube sont tels que leur produit est un carré.
Nous posons l'un des deux un *carré*, l'autre huit *cubes* et nous les multiplions l'un par l'autre. Il vient huit *carrés-cubes*, et ceux-ci égalent un carré. Afin que l'égalisation soit possible, nous posons [ce-dernier] le carré de la racine de quatre *carrés*. Son carré est donc seize *carrés-carrés* et cela égale huit *carrés-cubes*. La chose est deux, le carré quatre et le cube soixante-quatre.

فالمكعّب الأوّل ثمانية والثاني خمسمائةٍ واثنى عشر والمربّع الذي يحيطان به أربعة ألافٍ وستّة وتسعون أحدًا وجذره أربعة وستّون.

٧٠. فإن قيل مكعّبان ضلع أحدهما ثلاثة أمثال ضلع الآخر وإذا ضربت كلّ واحدٍ منهما في ثمانية بلغ من أحدهما مربّعٌ ومن الآخر جذر ذلك المربّع.

وينبغي في هذه المسألة أن يكون العدد المضروب فيه مكعّبًا ليخرج [ب-١٢٤و] المسألة* مفتوحةً.

فنجعل أحد المكعّبين كعبًا والآخر سبعة وعشرين كعبًا. فإذا ضربنا كلّ واحدٍ منهما في ثمانية بلغت ثمانية كعاب ومائتين وستّة عشر كعبًا فثمانية كعاب جذر مائتين وستّة عشر كعبًا. فنربّع ثمانية كعاب. فيكون أربعة [ا-٢١٠و] وستّين كعب كعبٍ وذلك يعدل مائة وستّة عشر كعبًا. فيخرج: المكعّب الواحد يعدل ثلاثة وثلاثة أثمان. فيكون الشيء واحدًا ونصفًا فأحد المكعّبين ثلاثة وثلاثة أثمان والآخر أحد وتسعون أحدًا وثمن واحدٍ.

٧١. فإن قيل ثلث مربّعاتٍ زيادة الأعظم منها على الأوسط ضعف زيادة الأوسط على الأصغر.

فنجعل الأصغر مالًا والأوسط مالًا وشيئين وواحدًا. فيكون الأعظم مالًا وستّة أشياء وثلاثة آحادٍ. فنقابله بمالٍ وأربعة أشياء وأربعة آحادٍ. فيخرج الشيء نصف واحدٍ فالمربّع الأصغر ربع واحدٍ والأوسط اثنان وربع والأعظم ستّة آحادٍ وربع.

٧٢. فإن قيل مربّع ومكعّب يحيطان بمربّع.

فنجعل أحدهما مالًا والآخر ثمانية كعابٍ ونضرب أحدهما في الآخر. فيكون ثمانية أموال كعبٍ وذلك يعدل مربّعًا. فنجعل المربّع من جذر أربعة أموالٍ حتّى يمكن المعادلة. فيكون مربّعها ستّة عشر مال مالٍ وذلك يعدل ثمانية أموال كعبٍ. فالشيء اثنان والمربّع أربعة والمكعّب أربعة وستّون.

---

¹ واثى: واثنا[ا]   ²⁰ وذلك: فكعب[ب]

---

* المسألة: مكررة في الهامش [ب]

73. S'il est dit : un carré et un cube sont tels que leur produit est un cube.

Nous posons un des deux un *carré*, l'autre un *cube* et nous les multiplions l'un par l'autre. Il vient : un *carré-cube* égale un cube. Nous posons son côté un *carré*, donc le cube est un *cube-cube* et il égale un *carré-cube*. On obtient [B-124v°]

la chose, le *carré*, le *cube* et le *cube-cube*, chacun une unité.

74. S'il est dit : un carré et un cube sont tels que leur somme est un carré.

Nous posons le carré un *carré*, le cube un *cube* et nous égalisons un *carré* et un *cube* à quatre *carrés*. On obtient la chose, trois, c'est la racine du *carré*, donc le *carré* est neuf et le cube vingt-sept.

75. S'il est dit : un carré et un cube sont tels qu'ils diffèrent d'un carré.

Si tu poses le cube plus grand que le *carré*, alors un *cube* moins un *carré* égale un carré. Nous l'égalisons à quatre *carrés*. On obtient la chose, cinq, le *carré*, vingt-cinq [A-210v°]

et le cube, cent-vingt-cinq. Si tu poses le carré plus grand que le cube, alors un *carré* moins un *cube* égale un carré. Afin que l'égalisation soit vraie, nous l'égalisons à un carré plus petit qu'un *carré*, donc nous l'égalisons à un quart d'un *carré*. On obtient la chose, trois quarts d'unité, son carré est le *carré* et son cube est le *cube*.

76. S'il est dit : un carré et un cube sont tels qu'ils diffèrent d'un cube.

Nous posons le cube un *cube* et le carré quatre *carrés*, donc un cube moins quatre *carrés* égale un cube. Nous l'égalisons à un huitième d'un *cube*, on obtient la chose, quatre unités plus quatre septièmes d'unité, à savoir le côté du cube, et la racine du carré est le double de ceci.

Si tu poses le carré plus grand que le cube, alors nous égalisons quatre *carrés* moins un *cube* à huit *cubes*. Neuf *cubes* égalent donc quatre *carrés*, la chose est quatre neuvièmes d'unité, c'est le côté du cube et la racine du carré est le double de ceci.

٧٣. فإن قيل مربّع ومكعّب يحيطان بمكعّب.

فنجعل أحدهما مالًا والآخر كعبًا ونضرب أحدهما في الآخر. فيكون: مال كعبٍ يعدل مكعّبًا. فنجعل ضلعه مالًا فيكون المكعّب كعب كعبٍ وذلك كعب يعدل مال كعبٍ. فيخرج كلٌّ [ب-١٢٤ظ]

واحدٍ من الشيء والمال والكعب وكعب الكعب واحدًا.

٧٤. فإن قيل مربّع ومكعّبٌ مجموعهما مربّع.

فنجعل المربّع مالًا والمكعّب كعبًا ونقابل مالًا وكعبًا بأربعة أموال. فيخرج الشيء ثلاثة، وهو جذر المال فالمال تسعة والمكعّب سبعة وعشرون.

٧٥. فإن قيل مربّع ومكعّبٌ يتفاضلان بمربّع.

فإن جعلت المكعّب أكثر من المال فمكعّبٍ إلّا مالًا يعدل مربّعًا. فنقابله بأربعة أموالٍ. فيخرج الشيء خمسة فالمال خمسة وعشرون [ا-٢١٠ظ] والمكعّب مائة وخمسة وعشرون. وإن جعلت المربّع أكثر من المكعّب فمال إلّا كعبًا يعدل مربّعًا. فنقابله بمربّع أقلّ من مالٍ ليصحّ المقابلة فنقابله بربع مال. فيخرج الشيء ثلاثة أرباع واحدٍ ومربّعه المال ومكعّبه الكعب.

٧٦. فإن قيل مربّعٌ ومكعّبٌ يتفاضلان بمكعّب.

فنجعل المكعّب مكعّبًا والمربّع أربعة أموالٍ فمكعّب إلّا أربعة أموالٍ يعدل مكعّبًا. فنقابله ثمن كعبٍ فيخرج الشيء أربعة آحادٍ وأربعة أسباع واحدٍ، وهو ضلع المكعّب، وجذر المربّع ضعف ذلك.

فإن جعلت المربّع أكثر من المكعّب فنقابل أربعة أموالٍ إلّا كعبًا بثمانية كعابٍ. فتسعة كعابٍ يعدل أربعة أموالٍ، فالشيء أربعة أتساع واحدٍ، وهو ضلع المكعّب، وجذر المربّع ضعف ذلك.

---

١٨ وجذر: فيصير[ب] ١٩ أربعة: في[ب]

77. S'il est dit : un carré et un cube sont tels que leur somme est un cube.

Nous égalisons un *cube* plus quatre *carrés* à cent *cubes*. On obtient la chose, quatre septièmes d'unité. C'est le côté du *cube*, et la racine du *carré* est le double de ceci.

78. S'il est dit : un carré et un cube sont tels que le carré est un tiers du cube obtenu de son côté.

Nous posons le carré un *carré* et le cube un *cube*, donc un *carré* égale un tiers d'un cube. La chose est trois, le *carré* est neuf et le cube vingt-sept. [B-125r°]

S'il est dit : le cube est un tiers du carré. On obtient la chose, un tiers d'unité, le *carré*, un neuvième d'unité et le cube un tiers d'un neuvième d'unité.

Si tu demandes le carré de côté différent par rapport au cube du premier cas de figure, alors pose le carré quatre *carrés* et le cube un *cube*. Quatre *carrés* égalent un tiers d'un *cube*. La chose est donc douze, c'est le côté du cube et son double est la racine du carré.

S'il est dit : le cube est un tiers du carré, alors un carré égale un tiers de quatre *carrés*, c'est-à-dire un *carré* plus un tiers d'un *carré*. La chose est une unité plus un tiers. C'est le côté du cube et son double est la racine du carré.

79. S'il est dit : un carré et un cube sont tels que, si nous ajoutons au carré du cube cinq fois le carré, alors le total est un carré.

Nous posons le cube un cube et la racine du carré des *carrés* quelconques, nous la posons deux *carrés*. Le carré est quatre *carrés-carrés*, on l'ajoute cinq fois au carré du cube, le total devient un *cube-cube* plus vingt *carrés-carrés* et ceci égale un carré. Nous posons sa racine

٧٧. فإن قيل مربّع ومكعّب مجموعهما مكعّب.

فنقابل كعبًا وأربعة أموال بمائة كعاب. فيخرج الشيء أربعة أتساع واحد، وهو ضلع الكعب وجذر المربّع ضعف ذلك.

٧٨. فإن قيل مربّع ومكعّبٌ والمربّع ثلث المكعّب كائنا من ضلعه.

فنجعل المربّع مالًا والمكعّب كعبًا فمالٌ يعدل ثلث مكعّبٍ. فالشيء ثلاثة والمال تسعة والمكعّب سبعة [ب-١٢٥و] وعشرون*.

فإن قيل المكعّب ثلث المربّع. فيخرج الشيء ثلث واحدٍ والمال تُسع واحدٍ والكعب ثلث تُسع واحدٍ.

وإن طلبت المربّع من غير ضلع المكعّب في الصورة الأولى، فاجعل المربّع أربعة أموالٍ والمكعّب كعبًا. فأربعة أموالٍ يعدل ثلث كعبٍ. فالشيء اثنى عشر وهو ضلع المكعّب وضعفه جذر المربّع.

فإن قال المكعّب ثلث المربّع. فمكعّبٌ يعدل ثلث أربعة أموالٍ، أعني مالًا وثلث مالٍ. فالشيء واحدٌ وثلث وهو ضلع المكعّب وضعفه جذر المربّع.

٧٩. فإن قيل مربّع ومكعّبٌ زدنا على مربّع المكعّب خمسة أمثال المربّع فكان المجتمع من ذلك مربّعًا.

فنجعل المكعّب مكعّبًا وجذر المربّع ما شئنا من الأموال فنجعله مالين. فيكون المربّع أربعة أموال مالٍ، يزيده خُمس مراتٍ على مربّع المكعّب، فيصير الجميع كعبٍ كعبٍ وعشرين مال مالٍ وذلك يعدل مربّعًا. فنجعل جذره أموالًا، إذا

---

١ فإن قيل مربّع ومكعّب مجموعهما مكعّب: في[ب]   ٢-٣ فنقابل كعبًا وأربعة أموال بمائة كعاب. فيخرج الشيء أربعة أتساع واحد، وهو ضلع الكعب وجذر المربّع ضعف ذلك: في[ب]   ٩ والكعب: والمكعّب[ب]   ١١ اثنى: اثنا[ا]

* وعشرون: مكررة في الهامش [ب]

des *carrés* tels que, si nous les multiplions [A-211r°]
par eux-mêmes et si nous soustrayons du total vingt *carrés-carrés*, le
reste est un carré, afin que l'égalisation soit possible. C'est ce par quoi
on demande un nombre carré tel que, si nous l'ajoutons à vingt, le
total est un carré, et cela est seize. On pose la racine de ceci six *carrés*,
donc le carré est trente-six *carrés-carrés* et ceux-ci égalent un *cube-cube*
plus vingt *carrés-carrés*.

Un *cube-cube* égale seize *carrés-carrés*. Nous divisons les deux expressions par le plus petit des deux rangs, à savoir un *carré-carré*. Il vient :
un *carré* égale seize unités. La chose est quatre et le carré demandé est
mille-vingt-quatre, parce que nous avons posé sa racine deux *carrés*.
Le cube est soixante-quatre et son carré quatre-mille [B-125v°]
quatre-vingt-seize. Si nous lui ajoutons le carré cinq fois, il devient
neuf-mille-deux-cent-seize, c'est un radicande et sa racine est quatre-
vingt-seize.

80. S'il est dit : un carré et un cube sont tels que le carré du carré
avec dix fois le cube est un carré.

Nous posons le carré quatre *carrés* et le cube un *cube*. Le carré du carré
avec dix fois le cube est donc seize *carrés-carrés* plus dix *cubes* et cela
égale un carré. Nous posons sa racine six *carrés*. Il vient trente-six
carrés-carrés et cela égale dix *cubes* plus seize *carrés-carrés*. Un *carré-carré*
égale donc la moitié d'un cube. La chose est la moitié d'une unité, le
carré est une unité, parce que sa racine est deux choses, et le cube est
un huitième d'unité.

81. S'il est dit : un carré et un cube sont tels que le carré du carré
avec le cube du cube est un nombre carré.

Nous posons le cube un *cube*, donc son cube est un *cube-cube-cube*, et
nous posons le carré quatre *carrés-carrés*, donc son carré est seize

العربية

ضربناها [١-٢١١و]

في نفسها ونقصنا من المبلغ عشرين مال مالٍ، كان الباقي مربّعًا حتّى يمكن المقابلة. وذلك بأن يطلب عددًا مربّعًا إذا زدناه على عشرين يكون معه مربّعًا، وذلك هو ستّة عشر. فيجعل جذر ذلك ستّة أموال فيكون المربّع ستّة وثلاثين مال مال وذلك يعدل كعب كعب وعشرين مال مالٍ. فكعب كعبٍ يعدل ستّة عشر مال مال. فنقسم الجملتين على الواحد من أقعد المرتبتين وهو مال مال. فيصير: مال يعدل ستّة عشر أحدًا. فالشيء أربعة والمربّع المطلوب يكون ألفًا وأربعةٌ وعشرين، لأجل أنّا جعلنا جذره مالين. ويكون المكعّب أربعة وستّين ومربّعه أربعة ألافٍ [ب-١٢٥ظ]

وستّة وتسعون. فإذا زدنا عليه المربّع خُمس مراتٍ يصير تسعة ألافٍ ومائتين وستّة عشر، وهو مجذور جذره ستّة وتسعون.

٨٠. فإن قيل: مربّع ومكعّبٌ ومربّع المربّع مع عشرة أمثال المكعّب [هو] مربّع.

فنجعل المربّع أربعة أموالٍ والمكعّب كعبًا. فيكون مربّع المربّع مع عشرة أمثال المكعّب ستّة عشر مال مالٍ وعشرة كعابٍ وذلك يعدل مربّعًا. فنجعل جذره ستّة أموالٍ. فيكون ستّة وثلاثين مال مالٍ وذلك يعدل عشرة كعابٍ وستّة عشر مال مالٍ. فمال مالٍ يعدل نصف مكعّبٍ. فالشيء نصف واحدٍ فيكون المربّع واحدًا لأنّ جذره شيئان والمكعّب ثمن واحدٍ.

٨١. فإن قيل: مربّع ومكعّبٌ ومربّع المربّع مع مكعّب المكعّب عددٌ مربّعٌ. فنجعل المكعّب كعبًا، فمكعّبه كعب كعب كعب، ونجعل المربّع أربعة أموال مال، فمربّعه ستّة عشر مال كعب كعب. فكعب كعبٍ وستّة عشر مال

carrés-cube-cube. Un *cube-cube-cube* plus seize *carrés-cube-cube* égale un carré. Nous l'égalisons à trente-six *carré-cube-cube* dont la racine est six *carrés-carrés*. On obtient la chose, vingt, le cube, huit-mille et le carré, six-cent-quarante-mille.

82. S'il est dit : un carré et un cube sont tels que l'excédent d'un cube du cube à un carré du carré est un nombre carré.

Nous posons le cube un *cube*, donc son cube est un *cube-cube-cube*, et nous posons le carré quatre *carrés-carrés*, donc son carré est seize *carrés-cube-cube*. [A-211v°]

Nous ôtons ceci d'un *cube-cube-cube*, il reste un *cube-cube-cube* moins seize *carrés-cube-cube* et ceci égale un carré. Nous l'égalisons à quatre *carrés-cube-cube*, dont la racine est un *carré* du *carré*. On obtient la chose, vingt unités. L'un des deux nombres est huit-mille et le carré est six-cent-quarante-mille, parce que nous avons posé sa racine deux *carrés*.

83. S'il est dit : un carré et un cube [B-126r°] sont tels que l'excédent d'un carré du carré à un cube du cube est un nombre carré.

Nous posons le cube un *cube* et le carré quatre *carrés*. Seize *carrés-cube-cube* moins un *cube-cube-cube* égalent donc un carré. Nous posons sa racine deux *carrés-carré* et si tu divises le carré par sa racine, on obtient sa racine. Nous divisons donc cela par deux *carrés-carrés*. On obtient huit *carrés-carrés* moins la moitié d'un *carré-cube*, et cela égale deux *carrés-carré*. On obtient la chose douze unités, c'est le côté du cube et, l'égal à son carré est la racine du carré, parce que nous avons posé sa racine deux *carrés*.

84. S'il est dit : un carré et un cube sont tels que le cube du cube avec cinq fois le produit du cube par le carré est un nombre carré.

كعبِ كعبٍ يعدل مربّعًا. فنقابلها بستّة وثلاثين مال كعب كعب وجذره ستّة
أموال مالٍ. فيخرج الشيء عشرين فالمكعّب ثمانية آلافٍ والمربّع ستّمائة ألفٍ
وأربعون ألفًا.

٨٢. فإن قيل مربّع ومكعّب وزيادة مكعّب المكعّب على مربّع المربّع عدد
مربّع.

فنجعل المكعّب كعبًا، فمكعّبه كعب كعب كعبٍ، ونجعل المربّع أربعة أموال
مالٍ، فمربّعه ستّة عشر مال كعب كعبٍ. [ا-٢١١ظ]
فنلقي ذلك من كعب كعب كعبٍ فيبقى كعب كعب كعبٍ إلّا ستّة عشر مال
كعب كعبٍ وذلك يعدل مربّعًا. فنقابله بأربعة أموال كعب كعبٍ وجذره مالًا
مالٍ. فيخرج الشيء عشرين أحدًا فأحد العددين ثمانية آلافٍ والمربّع ستّمائةٍ
وأربعون ألفًا لأنّا جعلنا جذره مالين.

٨٣. فإن قيل: مربّع ومكعّبٌ [ب-١٢٦و]
وزيادة* مربّع المربّع على مكعّب المكعّب عدد مربّع.

فنجعل المكعّب كعبًا والمربّع أربعة أموالٍ. فستّة عشر مال كعب كعبٍ إلّا كعب
كعب كعبٍ يعدل مربّعًا. فنجعل جذره مالي مالٍ والمربّع إذا قسمته على جذره،
خرج جذره. فنقسم ذلك على مالي مالٍ. فيخرج ثمانية أموال أموال مالٍ إلّا نصف
مال كعبٍ وذلك يعدل مالي مالٍ. فيخرج الشيء اثنى عشر أحدًا وهو ضلع
المكعّب ومثلًا مربّعه جذر المربّع لأنّا جعلنا جذره مالين.

٨٤. فإن قيل مربّع ومكعّب ومكعّب المكعّب مع خمسة أمثال ضرب
المكعّب في المربّع عدد مربّع.

Nous posons le cube un *cube*, donc son cube est un *cube-cube-cube* ; nous posons le carré quatre *cubes-cubes*, et sa racine est deux *cubes*. Nous multiplions le carré par cinq *cubes*, il vient vingt *cubes-cube-cube*, et nous lui ajoutons un *cube-cube-cube*. Il vient vingt-et-un *cubes-cube* et cela égale un carré. Nous l'égalisons à quarante-neuf *carrés-cube-cube*, dont la racine est sept *carrés* d'un carré. On obtient la chose, deux plus un tiers, c'est le côté du cube et le double du cube est la racine du carré.

85. S'il est dit : un carré et un cube sont tels que le cube excède trois fois le produit du carré par le cube d'un nombre carré.
Nous posons le cube un *cube*, donc son cube est un *cube-cube-cube*, le carré un quart d'un *cube-cube* et sa racine la moitié d'un *cube*. Nous multiplions ce carré par le cube, puis par trois et nous ôtons le total d'un *cube-cube-cube*. Il reste : un quart d'un *cube-cube-cube* égale un carré. Nous l'égalisons à un *carré-cube-cube* et sa racine est un *carré-carré*. On obtient la chose, quatre [et le cube est soixante-quatre] unités. Nous le mettons au cube, afin qu'il soit l'un des deux nombres, et nous prenons la moitié du *cube*, [A-212r°]
afin qu'elle soit la racine du carré {B-126v°}
demandé.

86. S'il est dit : un carré et un cube sont tels que leur somme est un carré, et si nous soustrayons le cube du carré, le reste est un carré.
Nous posons le cube un *cube* et le carré quatre *carrés*. Leur somme est un *cube* plus quatre *carrés* et, si nous soustrayons le cube du carré, le reste est quatre *carrés* moins un *cube*. Les deux démarches sont un carré.

فنجعل المكعّب كعبًا، فيكون مكعّبه كعب كعب كعبٍ، ونجعل المربّع أربعة
كعاب كعبٍ وجذره كعبان. فنضرب المربّع في خمسة كعابٍ، يكون عشرين
كعب كعبٍ، ونزيد عليه كعب كعب كعبٍ. فيكون أحدًا وعشرين كعب
كعبٍ وذلك يعدل مربّعًا. فنقابله بتسعةٍ وأربعين مال كعب كعبٍ وجذره سبعة
أموال مالٍ. فيخرج الشيء اثنين وثلثًا وهو ضلع المكعّب وضعف المكعّب هو
جذر المربّع.

٨٥. فإن قيل مربّع ومكعّب، الكعب زايد على ثلاثة أمثال ضرب المربّع في
المكعّب بعددٍ مربّعٍ.

فنجعل المكعّب كعبًا، فيكون مكعّبه كعب كعب كعبٍ، والمربّع ربع كعب
كعبٍ، وجذره نصف كعبٍ. ونضرب هذا المربّع في المكعّب ثمّ في ثلاثة
ونلقى المبلغ من كعب كعب كعبٍ. فيبقى: ربّع كعب كعب كعبٍ يعدل
مربّعًا. فنقابله بمال كعب كعبٍ وجذره مال مالٍ. فيخرج الشيء أربعة [أحدًا
والمكعّب هو أربعة] وستّين أحدًا. فنكعّبه ليكون أحد العددين ونأخذ نصف
المكعّب [١-٢١٢و]

ليكون جذر المربّع [ب-١٢٦ظ]

المطلوب.

٨٦. فإن قيل مربّع ومكعّب مجموعهما مربّع وإذا نقصنا المكعّب من المربّع
كان الباقي مربّعًا.

فنجعل المكعّب كعبًا والمربّع أربعة أموالٍ. فمجموعهما كعبٌ وأربعة أموالٍ وإذا
نقصنا المكعّب من المربّع كان الباقي أربعة أموال إلّا كعبًا. وكلّتا الجهاتين مربّع.

٣ أحدًا: إحدى[ب] ٤-٥ وذلك يعدل مربّعًا. فنقابله بتسعةٍ وأربعين مال كعب كعبٍ وجذره سبعة أموال
مالٍ: في[ا] ٧ ومكعّب، الكعب: ومكعّب ومكعب الكعب[ب] ١١ كعب كعب كعبٍ: كعب
كعبٍ[ب] ١٧ المكعّب: الكعب[ب]

Tu égalises chacune des deux démarches à des *carrés* dont le nombre est un radicande de manière que l'égalisation soit vraie et que l'on obtienne le problème. Il faut que le nombre de *carrés* qui reste de ce qui est égalé au cube dans les deux équations soit égal. La méthode pour cela est que, dans la première équation, on veut soustraire quatre du nombre carré afin que le reste soit équivalent au cube et, dans l'équation qui reste, [on veut] ajouter quatre au nombre carré, afin que le total soit égal au cube. Si donc un carré moins quatre unités égale quatre unités moins un carré, alors deux carrés différents égalent huit unités. Nous divisons huit unités en deux parties carrées différentes. Soit l'une des deux quatre cinquièmes d'un cinquième et l'autre sept plus quatre cinquièmes plus un cinquième d'un cinquième. Nous posons maintenant la racine de quatre *carrés* moins un *cube* deux cinquièmes d'une chose, nous le mettons au carré et nous l'égalisons à quatre *carrés* moins un *cube*. On obtient la chose, trois unités plus quatre cinquièmes plus un cinquième d'un cinquième. Ou bien, nous posons la racine de quatre *carrés* plus un *cube* quatorze cinquièmes d'une chose. On obtient également la chose trois unités plus quatre cinquièmes plus un cinquième d'un cinquième, c'est le côté du cube et son double est la racine du carré demandé.

87. S'il est dit : un carré et un cube sont tels que, si nous ajoutons le cube au carré du carré, ou si nous le soustrayons de lui, l'ajout et le défaut sont un carré.
Nous posons le carré quatre *carrés* et le cube [B-127r°] de côté quatre choses, à savoir soixante-quatre *cubes*. Après avoir ajouté et soustrait, il vient seize *carrés-carrés* plus soixante-quatre *cubes* et seize *carrés-carrés* moins soixante quatre *cubes*, et chacun des deux est un carré. Nous égalisons seize *carrés-carrés* plus soixante quatre *cubes* à un *carré-carré* dont la quantité est un radicande à condition que celui-ci soit plus grand que seize. Ou bien nous égalisons seize *carrés-carrés* moins soixante-quatre *cubes* à un *carré-carré* dont la quantité est un radicande, à condition que ce dernier soit plus petit [A-212v°] que seize. Le procédé se termine avec l'égalisation des *carrés-carrés* à

وأنت إذا قابلت كلّ واحدةٍ من الجهاتين بأموالٍ، عدّتها مجذورة بحيث يصحّ
المقابلة يخرج المسألة. وينبغي أن يكون عدد الأموال الباقية المعادلة للمكعّب
في كلتا المعادلتين متساوية. وطريق ذلك إنّك يحتاج في المعادلة الأولى إلى

٥ نقصان الأربعة من عددٍ مربّع ليكون الباقي معادلًا للمكعّب، وفي المعادلة الباقية
إلى زيادة الأربعة على عدد مربّع ليكون المبلغ معادلًا للمكعّب. فإذًا مربّع إلّا أربعة
آحادٍ يعدل أربعة آحادٍ إلّا مربّعًا فمربّعان مختلفان يعدلان ثمانية آحادٍ. فنقسم
ثمانية آحادٍ بقسمين مختلفين مربّعين. فليكن أحدهما أربعة أخماس خُمس
والآخر سبعة وأربعة أخماس وخُمس خُمس. فنجعل الآن جذر أربعة أموالٍ إلّا

١٠ كعبًا خُمسي شيءٍ ونربّعه ونقابل به أربعة أموالٍ إلّا كعبًا. فيخرج الشيء ثلاثة
آحادٍ وأربعة أخماسٍ وخمس خمسٍ. أو نجعل جذر أربعة أموالٍ وكعب أربعة عشر
خمس شيءٍ. فيخرج الشيء أيضًا ثلاثة آحادٍ وأربعة أخماس وخُمس خمسٍ، وهو
ضلع المكعّب وضعفه جذر المربّع المطلوب.

٨٧. فإن قيل مربّع ومكعّب إذا زدنا المكعّب على مربّع المربّع أو نقصناه منه
١٥ كان الزيادة والنقصان مربّعًا.
فنجعل المربّع أربعة أموالٍ والمكعّب [ب-١٢٧و]
من* ضلع أربعة أشياء فيكون أربعة وستّين كعبًا. فيكون بعد الزيادة والنقصان
ستّة عشر مال مالٍ وأربعة وستّين كعبًا وستّة عشر مال مال إلّا أربعة وستّين كعبًا،
وكلاهما مربّع. فنقابل ستّة عشر مال مالٍ وأربعة وستّين كعبًا بأموال أموالٍ عدّتها
مجذورة بشرط أن يكون أكثر من ستّة عشر. أو نقابل ستّة عشر مال مالٍ إلّا أربعة

٢٠ وستّين كعبًا بأموال أموالٍ. عدّتها مجذورة بشرط أن يكون أقلّ [ا-٢١٢ظ]
من ستّة عشر. فيفضى الأمر إلى مقابلة أموال الأربعة وستّين كعبًا، وينبغى

٢-١ بحيث يصحّ المقابلة: بحيث المقابلة[ا]   ٥-٤ وفي المعادلة الباقية إلى زيادة الأربعة على عدد مربّع
ليكون المبلغ معادلًا للمكعّب: في[ا]   ١٧ وأربعة وستّين كعبًا وستّة عشر مال مال: في[ب]

* من: مكررة في الهامش [ب]

soixante-quatre *cube* et il faut que ces *carrés-carrés* soient égaux dans les deux égalisations comme ce que tu as déjà appris ailleurs. Puis, tu divises soixante-quatre par la quantité de ces *carrés-carrés* et on obtient la chose. Nous voulons alors demander deux carrés, l'un petit et l'autre grand, tels que, si nous ôtons du grand seize, le reste est égal au petit lorsque celui-ci est ôté de seize. Seize moins le petit carré est donc égal au grand carré moins seize. Il vient : trente-deux est égal au petit carré plus le grand carré, et nous le divisons en deux parties carrées différentes. L'une des deux est seize parties de vingt-cinq parties d'une unité et l'autre est trente-et-une unités plus neuf parties de vingt-cinq parties d'une unité. Nous égalisons soit seize *carrés-carrés* plus soixante-quatre cubes à trente-et-un *carrés-carré* plus neuf parties de vingt-cinq parties d'un *carré-carré*, soit seize *carrés-carrés* moins soixante-quatre *cubes* à seize parties de vingt-cinq parties d'un *carré*. Selon les deux mesures, on obtient la chose, [B-127v°] quatre unités plus un sixième, donc la racine du carré demandé est huit plus un tiers, parce que nous l'avons posée deux choses, et le côté du cube est seize plus deux tiers, parce que nous l'avons posé quatre choses.

88. S'il est dit : un carré et un cube sont tels que , si nous ajoutons un carré du carré au cube, ou si nous le soustrayons de lui, après avoir ajouté et soustrait il vient un carré.
Selon le raisonnement du problème précédent, il vient soixante-quatre *cubes* plus seize *carré-carré* et soixante-quatre *cubes* moins seize *carrés-carrés*, et les deux sont un carré. Nous demandons alors deux carrés dont la différence est trente-deux, parce que la différence dans les deux démarches est de trente-deux *carrés-carrés*. On trouve quatre et trente-six. Nous confrontons soit soixante-quatre *cubes* plus seize *carrés-carrés* à trente-six *carrés-carrés*, soit soixante-quatre *cubes* moins seize *carrés-carrés*, à quatre *carrés-carrés*.

أن يكون تلك أموال الأموال في كلّتا المقابلتين متساوية كما قد عرفت غير مرّةٍ. ثمّ تقسم أربعة وستّين على عدّة تلك أموالٍ الأموال فيخرج الشيء. فنحتاج أن نطلب مربّعين، صغيرًا وكثيرًا، إذا ألقينا من الكثير ستّة عشر، يكون الباقي منه مثل الصغير إذا ألقيناه من ستّة عشر. فيكون ستّة عشر إلّا مربّعًا صغيرًا مثل مربّعًا كبيرًا إلّا ستّة عشر. فيصير: اثنين وثلاثين مثل مربّع صغير ومربّع كبير. فنقسمها بقسمين مربّعين مختلفين. فيكون أحدهما ستّة عشر جزئًا من خمسةٍ وعشرين جزئًا من واحدٍ والآخر وثلاثين أحدًا وتسعة أجزاء من خمسةٍ وعشرين جزئًا من واحدٍ. فنقابل أمّا ستّة عشر مال مالٍ وأربعة وستّين كعبًا بأحد وثلاثين مال مالٍ وتسعة أجزاء من خمسة وعشرين جزئًا من مال مالٍ وإمّا ستّة عشر مال مالٍ إلّا أربعة وستّين كعبًا بستّة عشر جزئًا من خمسةٍ جزئًا من مال. فيخرج الشيء [ب-١٢٧ظ]

على* التقديرين أربعة آحادٍ وسُدسًا فجذر المربّع المطلوب ثمانية وثلث، لأنّا جعلناه شيئين، وضلع المكعّب ستّة عشر وثلاثان، لأنّا جعلناه أربعة أشياء.

٨٨. فإن قيل مربّعٌ ومكعّبٌ إذا زدنا مربّع المربّع على المكعّب أو نقصناه منه كان بعد الزيادة والناقصان مربّعًا.

فعلى قياس المسألة المتقدّمة يكون أربعة وستّين كعبًا وستّة عشر مال مالٍ وأربعة وستّين كعبًا إلّا ستّة عشر مال مالٍ وكلاهما مربّع. فنطلب مربّعين يكون الفضل بينهما اثنين وثلاثين لأنّ الفضل بين الجهتين اثنان وثلاثون مال مالٍ. فيجدها أربعة وستّة وثلاثين. فنقابل إمّا أربعة وستّين كعبًا وستّة عشر مال مالٍ بستّة وثلاثين مال مالٍ وإمّا أربعة وستّين كعبًا إلّا ستّة عشر مال مالٍ بأربعة أموال مالٍ.

---

١ أموال: الأموال[ا] ⁶ مربّعين: في[ا] ⁸ وأربعة وستّين: وأربعين وستّين[ب] ⁹ مال مالٍ: مالًا[ا]
١٠ من خمسةٍ: من خمسة وعشرين[ب] ١٣ أربعة أشياء: في[ا] ١٤ على المكعّب: على المربّع[ا]
١٨ مالٍ: في[ا] ١٩ بستّة وثلاثين: بسبعة وثلاثين[ا]

* على: مكررة في [ب]

On obtient la chose, trois plus un cinquième. La racine du carré demandé [A-213r°]
est six plus deux cinquièmes et le côté du cube est douze plus quatre cinquièmes.

89. S'il est dit : nous voulons diviser dix en deux parties de manière que, si nous ajoutons l'une des deux parties à vingt, le total est un radicande, et si nous soustrayons l'autre de cinquante, le reste est un radicande.

Nous posons l'une des deux grandeurs un *carré* moins vingt de manière que, si nous l'ajoutons à vingt, il vient un carré. L'autre partie est donc trente moins un *carré*, nous la retranchons de cinquante et il reste vingt plus un *carré*. Nous l'égalisons à un carré de manière à obtenir le *carré* supérieur à vingt et inférieur à trente, de manière que l'on puisse soustraire vingt de lui et que le reste soit plus petit que dix. Il faut alors obtenir la chose au-dessous de cinq [B-128r°]
plus un demi et au-dessus de quatre plus un demi. Nous l'égalisons à un *carré* plus cent-quarante unités moins vingt-quatre choses. On obtient la chose, cinq plus un sixième et le *carré*, vingt-six unités plus un tiers plus un quart plus un neuvième d'unité. Nous retranchons de ce dernier vingt, il reste six unités plus un tiers plus un quart plus un neuvième d'unité, à savoir l'une des deux parties de dix telle que, si nous l'ajoutons à vingt, il vient un carré. L'autre partie est trois unités plus un quart plus la moitié d'un neuvième d'unité. Si nous l'ôtons de cinquante, il reste le carré de six unités plus cinq sixièmes d'unité.

90. S'il est dit : nous voulons diviser dix en deux parties de manière que, si nous ajoutons l'une des deux à quarante, le total est un radicande et si nous ajoutons l'autre à cinquante, le total est [encore] un radicande.

Nous posons l'une des deux parties un *carré* moins quarante, donc l'autre est cinquante moins un *carré*. Nous l'ajoutons à cinquante, il vient cent moins un *carré*. Nous l'égalisons à un carré de manière que le *carré* résulte plus grand que quarante et plus petit que cinquante. Nous l'égalisons alors à quatre cinquièmes d'un cinquième d'un *carré* plus cent unités moins huit choses. On obtient la chose, six unités plus vingt-six parties de vingt-neuf parties d'une unité et le *carré*

فيخرج الشيء ثلاثةً وخمسًا. فجذر المربّع المطلوب [ا-٢١٣و]
ستّة وخمسان وضلع المكعّب اثنا عشر وأربعة أخماس.

٨٩. فإن قيل نريد أن نقسم عشرة بقسمين بحيث إذا زدنا أحد القسمين على
عشرين كان المبلغ مجذورًا وإن نقسنا الآخر من خمسين كان الباقي مجذورًا.
فنجعل أحد المقدارين مالًا إلّا عشرين، حتّى إذا زدناه على عشرين كان مربّعًا.
فيكون القسم الآخر ثلاثين إلّا مالًا فنسقطه من خمسين فيبقى عشرون ومال.
فنقابله بمربّع بحيث يخرج المال فوق العشرين ودون الثلاثين، حتّى يمكن
اسقاط العشرين منه ويكون الباقي أقلّ من العشرة. فيجب أن يخرج الشيء
دون خمسةٍ [ب-١٢٨و]

ونصفٍ* وفوق أربعةٍ ونصفٍ. فنقابله بمالٍ وأربعين ومائة أحدًا إلّا أربعة وعشرين
شيئًا. فيخرج الشيء خمسة وسُدسًا فالمال ستّة وعشرون أحدًا وثلث وربع وتسع
واحدٍ. فنسقط منه عشرين فيبقى ستّة آحادٍ وثلث وربع وتسع واحدٍ، وهو أحد
قسمي العشرة الذي زدناه على العشرين كان مربّعًا. فيكون القسم الآخر ثلاثة
آحادٍ وربع ونصف تسع واحدٍ. فإذا أسقطناه من خمسين يبقى مربّع ستّة آحادٍ
وخمسة أسداس واحدٍ.

٩٠. فإن قيل نريد أن نقسم عشرة بقسمين بحيث إذا زدنا أحدهما على
أربعين كان المبلغ مجذورًا وإن زدنا القسم الآخر على خمسين كان المبلغ
مجذورًا.

فنجعل أحد القمسين مالًا إلّا أربعين فيكون الآخر خمسين إلّا مالًا. فنزيده على
خمسين فيصير مائة إلّا مالًا. فنقابله بمربّع بحيث يخرج المال أكثر من أربعين
وأقلّ من خمسين. فنقابله بأربعة أخماس خُمس مالٍ ومائة أحدٍ إلّا ثمانية أشياء.
فيخرج الشيء ستّة آحادٍ [وستّة] وعشرين جزئًا من تسعةٍ وعشرين جزئًا من واحدٍ

est quarante-sept unités plus quatre-cent-soixante-treize parties
de huit-cent-quarante-et-une [A-213v°]
parties d'unité. Si nous l'ajoutons à cinquante, il vient le carré de sept
unités plus sept parties de vingt-neuf parties d'unité.

Sache que le problème que tu as ainsi obtenu est exprimable parce
qu'il est possible de diviser cent en deux parties radicandes. En revanche, si [B-128v°]
le nombre retranché de lui n'est pas le *carré* de ce que l'on peut diviser
en deux parties radicandes, alors le problème n'est pas exprimable.

91. S'il est dit : nous voulons diviser dix en deux parties de manière que, si nous soustrayons l'une des deux de vingt, le reste est un
carré, et si nous soustrayons l'autre de quatre-vingt-dix, le reste est
[aussi] un carré.

Nous posons une des deux parties vingt moins un *carré*, donc l'autre
est un *carré* moins dix. Nous la soustrayons de quatre-vingt-dix, il
reste cent moins un *carré*. Nous l'égalisons à un carré de manière
à obtenir le *carré* plus petit que vingt et plus grand que dix. Nous
l'égalisons donc à un cinquième d'un cinquième d'un *carré* plus cent
unités moins quatre choses. On obtient la chose trois unités plus onze
parties de treize parties d'unité. Le *carré* est quatorze unités plus cent-
trente-quatre parties de cent-soixante-neuf parties d'unité. Nous le
retranchons de vingt. Il reste cinq unités plus trente-cinq parties de
cent-soixante-neuf parties d'unité, c'est l'une des deux parties de dix
et l'autre partie est quatre unités plus trente-quatre parties de cent-
soixante-neuf parties d'unité. Si nous le soustrayons de quatre-vingt-
dix, il reste le carré de neuf unités plus trois parties de treize parties
d'unité.

فالمال سبعة وأربعون أحدًا وأربعمائة وثلاثة وسبعون جزئًا من ثمانمائةٍ وأحد وأربعين [ا-٢١٣ظ]

جزئًا من واحدٍ. فإذا زدناه على الخمسين* يصير مربّع سبعة آحادٍ وسبعة أجزاءٍ من تسعةٍ وعشرين جزئًا من واحدٍ.

واعلم أنّ المسألة إنّما خرجت مفتوحةً لأنّ المائة يمكن أن يقسم بقسمين مجذورين. فإن لم [ب-١٢٨ظ]

يكن العدد المستثنى منه المال ممّا يمكن أن يقسم بقسمين مجذورين فلا يخرج المسألة مفتوحةً.

٩١. فإن قيل نريد أن يقسم عشرة بقسمين بحيث إذا نقصنا أحدهما من عشرين كان الباقي مربّعًا وإن نقصنا الآخر من تسعين كان الباقي مربّعًا.

فنجعل أحد القسمين عشرين إلّا مالًا فيكون الآخر مالًا إلّا عشرة. فننقصه من تسعين فيبقى مائة إلّا مالًا. فنقابله بمربّع بحيث يخرج المال أقلّ من عشرين وأكثر من عشرة. فنقابله بخمس خمس مالٍ ومائة أحدٍ إلّا أربعة أشياء. فيخرج الشيء ثلاثة آحادٍ وأحد عشر جزئًا من ثلاثة عشر جزئًا من واحدٍ. فالمال أربعة عشر أحدًا ومائة وأربعة وثلاثين جزئًا من مائةٍ وتسعةٍ وستّين جزئًا من واحدٍ. فنسقطه من عشرين. فيبقى خمسة آحادٍ وخمسة وثلاثون جزئًا من مائة وتسعةٍ وستّين جزئًا من واحدٍ، وهو أحد قسمي العشرة والقسم الآخر أربعة آحادٍ وأربعة وثلاثون جزئًا من مائةٍ وتسعةٍ وستّين جزئًا من واحدٍ. وهو إذا نقصناه من تسعين يبقى مربّع تسعة آحادٍ وثلاثة أجزاء من ثلاثة عشر جزئًا من واحدٍ.

---

[1] فالمال سبعة وأربعون أحدًا وأربعمائة وثلاثة وسبعون جزئًا من ثمانمائةٍ: فيسقط منه أربعين فالباقي هو أحد قسمي العشرة والقسم الآخر المراد على الخمسين يكون أحدين وثلاثمائة وثمانية وستّين جزئًا من واحد ثاني مائة[ب] ⁹ يقسم: نقسم[ا] ¹¹ فنجعل: فيجعل[ب] ¹¹ عشرين إلّا مالًا: عشرين إلّا مالًا مالًا[ب] ¹² واكثر: أو أكثر[ب] ¹⁵ وأربعة: وأربعين[ب] ¹⁷ والقسم: فالقسم[ا]

* يكون أحدين وثلاثمائةٍ وثمانية وستّين جزئًا: مشطوب في [ا]

92. S'il est dit : nous voulons diviser vingt en deux parties de manière que, si nous ajoutons chacune des deux à un carré, le total est un carré.
Nous posons l'une des deux quatre choses plus quatre unités, l'autre six choses plus neuf unités et le carré ajouté un *carré*. Nous additionnons les deux parties. Il vient : dix choses plus treize unités égalent vingt unités. La chose est sept dixièmes d'unité, l'une des deux parties est six unités plus quatre cinquièmes d'unité, l'autre est treize unités plus un cinquième d'unité {A-214rº}
et le carré ajouté quarante-neuf {B-129rº}
parties de cent parties d'unité.

93. S'il est dit : nous voulons diviser vingt en deux parties de manière que, si nous soustrayons chaque partie d'un nombre carré, le reste est un carré.
Nous posons le carré demandé un *carré* plus quatre choses plus quatre unités. Nous posons l'une des deux parties de vingt quatre choses plus quatre unités et l'autre deux choses plus trois unités. Leur somme, à savoir six choses plus sept unités, égale vingt unités. La chose est deux plus un sixième, l'une des deux parties est douze unités plus deux tiers, l'autre sept unités plus un tiers et le carré demandé est dix-sept unités plus un quart plus un neuvième d'unité.

94. S'il est dit : deux nombres sont tels que l'un des deux est trois fois l'autre et si nous ajoutons chacun des deux à neuf unités, le total est un carré.
Nous posons un des deux nombres un *carré* plus six choses, parce que, avec neuf, il est un radicande. L'autre est donc trois *carrés* plus dix-huit choses. Nous l'ajoutons à neuf unités et nous égalisons le total à neuf *carrés* plus neuf unités moins dix-huit choses. On obtient la chose, six unités, et le *carré*, trente-six. Un des deux nombres est soixante-douze unités et l'autre est deux-cent-seize.

٩٢. فإن قيل نريد أن نقسم عشرين بقسمين بحيث إذا زدنا كلّ واحدٍ منهما على مربّع كان المبلغ مربّعًا.

فنجعل أحدهما أربعة أشياء وأربعة آحادٍ، والآخر ستّة أشياء وتسعة آحادٍ، والمربّع المزيد عليه مالًا، ونجمع القسمين. فيكون: عشرة أشياء وثلاثة عشر أحدًا يعدل عشرين أحدًا. فالشيء سبعة أعشار واحدٍ فأحد القسمين ستّة آحادٍ وأربعة أخماس واحدٍ والآخر ثلاثة عشر أحدًا وخمس واحدٍ [١-٢١٤و] والمربّع المزيد عليه تسعة وأربعون [ب-١٢٩و] جزئًا* من مائة جزءٍ من واحدٍ.

٩٣. فإن قيل نريد أن نقسم عشرين بقسمين بحيث إذا نقصنا كلّ قسم من عددٍ مربّع كان الباقي مربّعًا.

فنجعل المربّع المطلوب مالًا وأربعة أشياء وأربعة آحادٍ. ونجعل أحد قسمي العشرين أربعة أشياء وأربعة آحادٍ والآخر شيئين وثلاثة آحادٍ. فمجموعهما ستّة أشياء وسبعة آحادٍ يعدل عشرين أحدًا. فالشيء اثنان وسُدس. فأحد القسمين اثنا عشر أحدًا وثلاثان والآخر سبعة وثلث والمربّع المطلوب سبعة عشر أحدًا وربع وتسع واحدٍ.

٩٤. فإن قيل عددان أحدهما ثلاثة أمثال الآخر وإذا زدنا كلّ واحدٍ منهما على تسعة آحادٍ كان المبلغ مربّعًا.

فنجعل أحد العددين مالًا وستّة أشياء، لأنّه مع التسعة مجذورٌ. فيكون الآخر ثلاثة أموالٍ وثمانية عشر شيئًا. فنزيده على تسعة آحاد ونقابل المبلغ بتسعة أموال وتسعة آحاد إلّا ثمانية عشر شيئًا. فيخرج الشيء ستّة آحادٍ والمال ستّة وثلاثون. فأحد العددين اثنان وسبعون أحدًا والآخر مائتان وستّة عشر.

٦-٥ فالشيء سبعة أعشار واحدٍ فأحد القسمين ستّة آحادٍ وأربعة أخماس واحدٍ والآخر ثلاثة عشر أحدًا: في[١] ١٥ وإذا: وإذ[١] ١٨-١٩ فنزيده على تسعة آحاد ونقابل المبلغ بتسعة أموال وتسعة آحاد إلّا ثمانية عشر شيئًا: في[ب]

* جزئًا: مكرّرة في الهامش [ب]

95. S'il est dit : deux nombres sont tels que, si nous ajoutons leur somme au carré de chacun des deux, le total est un carré.

Nous posons un des deux nombres une chose et l'autre une chose plus une unité. Si nous ajoutons leur somme au carré de la chose, il vient un carré. Nous ajoutons leur somme au carré d'une chose plus une unité, il vient un *carré* plus quatre choses plus deux unités. Nous l'égalisons à un *carré* plus quatre unités moins quatre choses. On obtient la chose, un quart d'unité, c'est l'un des deux nombres et l'autre [B-129v°] est un plus un quart.

96. S'il est dit : deux nombres sont tels que, si nous soustrayons leur somme du carré de chacun des deux, le reste est un carré.

Nous posons l'un des deux une chose et l'autre une chose moins une unité. Si nous soustrayons leur somme du carré de la chose, le reste est un carré, et [si] nous la soustrayons du carré d'une chose moins une unité, il reste un *carré* plus deux unités moins quatre choses. Nous l'égalisons à un *carré* plus neuf unités moins six choses. On obtient la chose, trois plus un demi, c'est l'un des deux nombres et l'autre est deux plus un demi, parce que nous l'avons posé une chose moins une unité. [A-214v°]

97. S'il est dit : deux nombres sont tels que, si nous ajoutons chacun des deux au carré de l'autre, il vient un carré.

Nous posons un des deux une chose et l'autre deux choses plus une unité. Si nous ajoutons deux choses plus une unité au carré de la chose, il vient un carré. Nous ajoutons une chose au carré de deux choses plus une unité, cela devient quatre *carrés* plus cinq choses plus une unité. Nous l'égalisons à quatre *carrés* plus quatre unités moins huit choses. On obtient la chose, trois parties de treize parties d'unité, c'est l'un des deux nombres et l'autre est un plus six parties de treize partie d'une unité.

٩٥. فإن قيل عددان إذا زدنا مجموعهما على مربّع كلّ واحدٍ منهما كان المبلغ مربّعًا.

فنجعل أحد العددين شيئًا والآخر شيئًا وواحدًا. فمجموعهما إذا زدناه على مربّع الشيء كان مربّعًا. فنزيد مجموعهما على مربّع شيءٍ وواحدٍ فيكون مالًا وأربعة أشياء وأحدين. فنقابله بمالٍ وأربعة آحادٍ إلّا أربعة أشياء فيخرج الشيء ربع واحدٍ، وهو أحد العددين والآخر [ب-١٢٩ظ] واحد وربع.

٩٦. فإن قيل عددان إذا نقصنا مجموعهما من مربّع كلّ واحدٍ منهما كان الباقي مربّعًا.

فنجعل أحدهما شيئًا والآخر شيئًا إلّا واحدًا. فمجموعهما إذا نقصناه من مربّع الشيء، كان الباقي مربّعًا فننقصه من مربّع شيء إلّا واحدًا فيبقى مال وأحدان إلّا أربعة أشياء. فنقابله بمالٍ وتسعة آحادٍ إلّا ستّة أشياء. فيخرج الشيء ثلاثة ونصفًا، وهو أحد العددين، والآخر اثنان ونصف لأنّا جعلناه شيئًا إلّا واحدًا [ا-٢١٤ظ]

٩٧. فإن قيل عددان إذا زدنا كلّ واحدٍ منهما على مربّع الآخر كان مربّعًا. فنجعل أحدهما شيئًا والآخر شيئين وواحدًا. فإذا زدنا شيئين وواحدًا على مربّع الشيء كان مربّعًا. فنزيد شيئًا على مربّع شيئين وواحدٍ، فيصير أربعة أموال وخمسة أشياء وواحدًا. فنقابله بأربعة أموالٍ وأربعة آحادٍ إلّا ثمانية أشياء. فيخرج الشيء ثلاثة أجزاء من ثلاثة عشر جزئًا من واحدٍ، وهو أحد العددين والآخر واحدٌ وستّة أجزاء من ثلاثة عشر جزئًا من واحدٍ.

98. S'il est dit : deux nombres sont tels que, si nous soustrayons chacun des deux du carré de l'autre, le reste est un radicande. Nous posons l'un des deux une chose plus une unité et l'autre deux choses plus une unité. Si nous soustrayons le deuxième du carré du premier, le reste est un carré. Nous soustrayons le premier du carré du deuxième, il reste quatre *carrés* plus trois choses. Nous l'égalisons à neuf *carrés* et on obtient la chose, trois cinquièmes d'unité. L'un des deux nombres est un plus trois cinquièmes et l'autre est deux plus un cinquième.

99. S'il est dit : deux nombres sont tels que, si nous ajoutons chacun des deux au résultat de leur produit, le total est un carré et la somme des racines de ces deux carrés est six unités.
Nous posons un [B-130r°]
des deux nombres une chose et l'autre une grandeur telle que, si nous la multiplions par une chose et nous lui ajoutons la chose, le total est un carré. Nous le posons quatre choses moins une unité, nous le multiplions par la chose et nous lui ajoutons la chose. Il vient quatre *carrés*, nous prenons sa racine, à savoir deux choses, et nous la soustrayons de six unités. Il reste six unités moins deux choses, à savoir la racine de l'autre carré. Nous multiplions la chose par quatre choses moins une unité [et nous lui ajoutons quatre choses moins une unité]. Il vient quatre *carrés* plus trois choses moins un et ceci égale le carré de six moins deux choses, à savoir quatre *carrés* plus trente-six unités moins vingt-quatre choses. La chose est un plus un tiers plus un tiers d'un neuvième d'unité, c'est l'un des deux nombres et l'autre nombre est quatre choses moins une unité. Il vient quatre unités plus un tiers plus un neuvième d'unité.

100. S'il est dit : deux nombres sont tels que, si nous soustrayons chacun des deux du résultat [A-215r°]
de leur produit, le reste est un carré et la somme des racines de ces deux carrés est cinq unités.
Nous posons un des deux nombres une chose et l'autre quatre choses plus une unité de manière que, si nous le multiplions par la chose

٩٨. فإن قيل عددان إذا نقصنا كلّ واحدٍ منهما من مربّع الآخر كان الباقي مجذورًا.

فنجعل أحدهما شيئًا وواحدًا والآخر شيئين وواحدًا. فإذا نقصنا الثاني من مربّع الأوّل كان الباقي مربّعًا. فننقص الأوّل من مربّع الثاني فيبقى أربعة أموالٍ وثلاثة أشياء. فنقابله بتسعة أموالٍ فيخرج الشيء ثلاثة أخماس واحدٍ. فأحد العددين واحد وثلاثة أخماسٍ والآخر اثنان وخُمس.

٩٩. فإن قيل عددان إذا زدنا كلّ واحدٍ منهما على المرتفع من ضرب أحدهما في الآخر كان المبلغ مربّعًا ويكون مجموع جذري هذين المربّعين ستّة آحادٍ.

فنجعل أحد [ب-١٣٠و]

العددين* شيئًا والآخر مقدارًا، إذا ضربناه في شيءٍ وزدنا الشيء عليه، كان المبلغ مربّعًا. فنجعله أربعة أشياء إلّا واحدًا، ونضربه في الشيء، ونزيد عليه الشيء. فيصير أربعة أموالٍ. نأخذ جذره شيئين ونسقطهما من ستّة آحادٍ. يبقى ستّة آحادٍ إلّا شيئين، وهو جذر المربّع الآخر. فنضرب الشيء في أربعة أشياء إلّا واحدًا.

[ونزيده أربعة أشياء إلّا أحدًا.] فيصير أربعة أموالٍ وثلاثة أشياء إلّا واحدًا، وذلك يعدل مربّع ستّة إلّا شيئين، وهو أربعة أموالٍ وستّة وثلاثون أحدًا إلّا أربعة وعشرين شيئًا. فالشيء واحد وثلثٌ وثلثُ تُسع واحدٍ وهو أحد العددين والعدد الآخر كان أربعة أشياء إلّا واحدًا. فيكون أربعة آحادٍ وثلث وتُسع واحدٍ.

١٠٠. فإن قيل عددان إذا نقصنا كلّ واحدٍ منهما من المرتفع [ا-٢١٥و]

من ضرب أحدهما في الآخر كان الباقي مربّعًا، ويكون مجموع جذري هذين المربّعين خمسة آحادٍ.

فنجعل أحد العددين شيئًا والآخر أربعة أشياء وواحدًا حتّى إذا ضربناه في الشيء

---

٨ مربّعًا: في[ا] ٩ فنجعل: فيجعل[ب] ١٢ يبقى ستّة آحادٍ: في[ا] ١٦ الآخر: والآخر[ب]
١٧ وثلث وتُسع: وثلث وتسع وثلث تسع[ب]

* العددين: مكررة في الهامش [ب]

et si nous soustrayons du total une chose, il reste quatre *carrés*. Nous prenons sa racine, à savoir deux choses, et nous l'ôtons de cinq unités. Il reste cinq unités moins deux choses, à savoir la racine de l'autre carré. On multiplie une chose par quatre choses plus une unité et on soustrait de lui quatre choses plus une unité. Il reste quatre *carrés* moins trois choses plus une unité et ceci égale le carré de cinq unités moins deux choses, c'est-à-dire quatre *carrés* plus vingt cinq unités moins vingt choses. On obtient la chose, un plus neuf parties de dix-sept parties d'une unité, à savoir l'un des deux nombres. [B-130v°] L'autre est sept unités plus deux parties de dix-sept parties d'unité, parce qu'il est quatre choses plus une unité.

101. S'il est dit : deux nombres sont tels que, si nous ajoutons au produit de l'un des deux par l'autre leur somme, ou si nous la sous-trayons de lui, le total ou le reste est un carré.

Nous demandons un nombre tel que, si nous lui ajoutons un autre nombre, le total est un carré, et si nous le soustrayons de lui le reste est un carré. Il y en a plusieurs et nous avons déjà introduit plusieurs fois que, si nous ajoutons à la somme de deux carrés quelconques les complémentaires, le total est un carré, et si nous soustrayons d'elle les complémentaires, le reste est un carré.

Nous posons, donc, un des deux nombres treize, à savoir la somme du résultat des carrés de deux et de trois, et l'autre douze, afin qu'il soit les complémentaires.

Puis, nous recommençons le procédé et nous posons le résultat du produit de l'un des deux nombres par l'autre [treize *carrés*, à condi-tion que l'un des deux] soit une chose et l'autre treize choses. Nous posons la somme des deux nombres douze *carrés* parce que, si nous les ajoutons à treize *carrés*, ou si nous les soustrayons d'elle, le total ou le reste est un carré.

Puis, nous égalisons la somme des deux nombres, à savoir quatorze choses, à douze *carrés*. On obtient la chose un plus un sixième, c'est l'un des deux nombres et l'autre est quinze unités plus un sixième, parce que nous [l'] avons posé treize choses.

ونقصنا من المبلغ شيئًا، يبقى أربعة أموالٍ. فنأخذ جذره شيئين ونلقيها من خمسة آحادٍ. فيبقى خمسة آحادٍ إلّا شيئين، وهو جذر المربّع الآخر. فيضرب شيئًا في أربعة أشياء وواحد وينقص منه أربعة أشياء وواحدًا. فيبقى أربعة أموالٍ إلّا ثلاثة أشياء وواحدًا وذلك يعدل مربّع خمسة آحادٍ إلّا شيئين، أعني أربعة أموالٍ وخمسة وعشرين أحدًا إلّا عشرين شيئًا. فيخرج الشيء واحدًا وتسعة أجزاء من سبعة عشر جزئًا من واحدٍ، وهو أحد العددين. [ب-١٣٠ظ]

فيكون الآخر سبعة آحادٍ وجزئين من سبعة عشر جزئًا من واحدٍ، لأنّه كان أربعة أشياء وواحدًا.

١٠١. فإن قيل عددان إن زدنا على المرتفع من ضرب أحدهما في الآخر مجموعهما أو نقصناه منه، كان ما بلغ أو بقي مربّعًا.

فنطلب عددًا إذا زدنا عليه عددًا آخر كان المبلغ مربّعًا وإن نقصناه منه كان الباقي مربّعًا. وهذا كثير وقد تقدّم مرارًا أنّ مجموع كلّ مربّعين، إذا زدنا عليه* المتمّمين، كان المبلغ مربّعًا وإن نقصنا منه المتمّمين، كان الباقي مربّعًا.

فنجعل أحد العددين ثلاثة عشر، وهو مجموع المرتفع مربّعي اثنين وثلاثة، والآخر اثنى عشر ليكون المتمّمين. ثمّ نستأنف العمل فنجعل المرتفع من ضرب أحد العددين في الآخر [ثلاثة عشر مالًا على أن يكون أحدهما] شيئًا والآخر ثلاثة عشر شيئًا. ونجعل مجموع العددين اثنى عشر مالًا لأنّها إذا زدت على ثلاثة عشر مالًا أو نقصت منها كان ما بلغ أو بقي مربّعًا. ثمّ نقابل مجموع العددين، وهو أربعة عشر شيئًا، باثنى عشر مالًا. فيخرج الشيء واحدًا وسُدسًا وهو أحد العددين فيكون الآخر خمسة عشر أحدًا وسُدسًا لأنّا جعلنا ثلاثة عشر شيئًا.

٦ عشر: في[ا] ٧ جزئًا: في[ا] ١٢ وهذا: وهكذا[ب] ١٤ المرتفع: في[ب] ١٤ وثلاثة: في ثلاثة[ا] ١٦-١٥ المرتفع من ضرب أحد العددين في الآخر: في[ا] ١٧-١٦ شيئًا والآخر ثلاثة عشر شيئًا. ونجعل مجموع العددين اثنى عشر مالًا لأنّها إذا زدت على: في[ب]

* عليه: مكررة في [ب]

102. Si on dit : avec cela, la somme des deux nombres est aussi un carré.

Nous demandons un nombre tel que, si nous lui ajoutons un autre nombre [A-215v°]

le total est un carré, et si nous soustrayons de lui ce carré le reste est un carré.

Il faut prendre deux nombres tels que le produit de l'un des deux par l'autre pris deux fois soit un nombre carré. Ceux-ci sont tous les nombres avec leur double parce que, si on multiplie un nombre par son double deux fois, le total est le carré de son double et la raison de cela [B-131r°]

est évidente.

Tu prends, donc, deux et quatre et tu additionnes leurs carrés. Il vient vingt. Si nous ajoutons à ceci le produit de deux par quatre deux fois, c'est-à-dire seize, le total est un carré, et si nous le soustrayons de lui, le reste est deux carrés, parce que seize est la somme des complémentaires. Nous posons le résultat du produit d'un nombre par l'autre vingt *carrés*, provenant du produit de deux choses par dix choses, et leur somme est seize *carrés*. Puis, nous égalisons seize *carrés* par douze choses. Le *carré* est trois quarts d'une chose et la chose est trois quarts d'unité. Un des deux nombres est un plus un demi, parce que nous l'avons posé deux choses, et l'autre est sept plus un demi, parce que nous l'avons posé dix choses.

103. S'il est dit : deux nombres sont tels que, si tu ajoutes le résultat de leur produit à chacun des deux, le total est un carré et, si tu l'ajoutes à la somme des deux nombres, le total est aussi un carré. Nous posons le premier une chose et le deuxième quatre choses moins une unité de manière que, si nous ajoutons le résultat de leur produit à la chose, le total est un carré. Puis, nous ajoutons le résultat de leur produit à quatre choses moins une unité. Il vient quatre *carrés* plus

١٠٢. فإن قال ومع ذلك كان مجموع العددين أيضًا مربّعًا.

فنطلب عددًا إذا زدنا عليه عددًا آخر [ا-٢١٥ظ]

كان المبلغ مربّعًا، وإن نقصنا منه هذا المربّع يكون الباقي مربّعًا.

فيجب أن يأخذ عددين، يكون ضرب أحدهما في الآخر مرّتين عددًا مربّعًا. وذلك هو كلّ عددٍ مع ضعفه لأنّ كلّ عدد ضرب في ضعفه مرّتين كان المبلغ مربّع ضعفه وعلته [ب-١٣١و]

ظاهرة.* فتأخذ اثنين وأربعة وتجمع مربّعيهما. فيكون عشرين. فهذا إن زدنا عليه ضرب الاثنين في الأربعة مرّتين، أعني ستّة عشر، كان المبلغ مربّعًا، وإن نقصناه منه كان الباقي مربّعين لأنّ ستّة عشر مجموع المتمّمين. فنجعل المرتفع من ضرب أحد العددين في الآخر عشرين مالًا، وهي من ضرب شيئين في عشرة أشياء، ومجموعهما ستّة عشر مالًا. ثمّ نقابل ستّة عشر مالًا باثني عشر شيئًا. فيكون المال ثلاثة أرباع شيءٍ فالشيء ثلاثة أرباع واحدٍ. فأحد العددين واحدٌ ونصفٌ لأنّ جعلناه شيئين، والآخر سبعة ونصف لأنّ جعلناه عشرة أشياء.

١٠٣. فإن قيل عددان إن زدت المرتفع من ضرب أحدهما في الآخر على كلّ واحدٍ من العددين كان المبلغ مربّعًا، وإن زدته على مجموع العددين كان المبلغ أيضًا مربّعًا.

فنجعل الأوّل شيئًا والثاني أربعة أشياء إلّا واحدًا حتّى إذا زدنا المرتفع من ضرب أحدهما في الآخر على الشيء، كان المبلغ مربّعًا. ثمّ نزيد المرتفع من ضرب أحدهما في الآخر على أربعة أشياء إلّا واحدًا. فيصير أربعة أموالٍ وثلاثة أشياء إلّا

---

٥ لأنّ كلّ عدد ضرب في ضعفه: في[ب]   ٧ فتأخذ: فيأخذ[ب]   ٧ وتجمع: ويجمع[ب]   ٧ زدنا: في[ا]   ١٢ ثلاثة أرباع شيءٍ فالشيء: في[ا]   ١٨ نزيد: يزيد[ب]

* ظاهرة: مكررة في الهامش [ب]

trois choses moins une unité, et ceci égale un carré. Puis, nous lui ajoutons la chose, il vient quatre *carrés* plus quatre choses moins une unité et ceci aussi égale un carré. Nous prenons la différence entre les deux, à savoir une chose, et nous demandons deux grandeurs telles que, si nous multiplions l'une des deux par l'autre, le résultat soit une chose. [Posons] l'une des deux quatre choses et l'autre un quart d'unité. Puis, nous prenons la moitié de la somme de ces deux grandeurs, il vient deux choses plus un huitième d'unité, [B-131v°] et nous la multiplions par elle-même. Il vient quatre *carrés* plus la moitié d'une chose plus un huitième d'un huitième d'unité [A-216r°] et cela égale quatre *carrés* plus quatre choses moins une unité. On obtient la chose, soixante-cinq parties de deux-cent-vingt-quatre parties d'unité, c'est le premier nombre et le deuxième est trente-six parties de ce résultat, parce que nous l'avons posé quatre choses moins une unité.

104. S'il est dit : deux nombres sont tels que, si on soustrait chacun des deux de leur produit, le reste est un carré, et si nous soustrayons les deux ensemble de [ce produit], le reste est aussi un carré. Nous posons le premier une chose plus une unité et le deuxième quatre choses de manière que, si nous multiplions l'un des deux par l'autre et si nous soustrayons de [ce produit] le deuxième [nombre], le reste est un carré. Puis, nous multiplions l'un des deux par l'autre et nous soustrayons de cela le premier –il reste quatre *carrés* plus trois choses moins une unité– et le deuxième –il reste quatre *carrés* moins une chose plus une unité. Nous prenons la différence entre les deux, à savoir quatre choses, et nous demandons deux nombres tels que, si nous multiplions l'un des deux par l'autre, il vienne quatre choses. [Posons] l'un des deux quatre choses et l'autre une unité. Nous les additionnons, nous prenons la moitié du total et nous la mettons au carré. Il vient quatre *carrés* plus deux choses plus un quart d'unité et cela égale quatre *carrés* plus trois choses moins une unité. On obtient la chose, un plus un quart, donc le premier nombre est deux plus un quart et le deuxième est cinq unités.

واحدًا وذلك يعدل مربّعًا. ثمّ نزيد عليه الشيء. فيصير أربعة أموالٍ وأربعة
أشياء إلّا واحدًا وذلك أيضًا يعدل مربّعًا. فنأخذ الفضل بينهما وهو شيء، ونطلب
مقدارين إذا ضربنا أحدهما في الآخر، كان المرتفع شيئًا. فليكن أحدهما أربعة
أشياء والآخر ربع واحدٍ. ثمّ نأخذ نصف مجموع هذين المقدارين فيكون شيئين
وثمن واحدٍ [ب-١٣١ظ]

ونضربه في نفسه. فيكون أربعة أموالٍ ونصف شيء وثمن وثمن واحدٍ [ا-٢١٦و]
وذلك يعدل أربعة أموالٍ وأربعة أشياء إلّا واحدًا. فيخرج الشيء خمسة وستّين
جزءًا من مائتين وأربعة وعشرين جزءًا من واحدٍ وهو العدد الأوّل، ويكون الثاني ستّة
وثلاثين جزءًا من ذلك المخرج لإنّا جعلناه أربعة أشياء إلّا واحدًا.

١٠٤. فإن قيل عددان مضروبٌ أحدهما في الآخر إذا نقص منه كلّ واحدٍ
كان الباقي مربّعًا وإن نقصنا كلاهما منه كان الباقي مربّعًا.

فنجعل الأوّل شيئًا وواحدًا والثاني أربعة أشياء حتّى إذا ضربنا أحدهما في الآخر
ونقصنا منه الثاني، كان الباقي مربّعًا. ثمّ نضرب أحدهما في الآخر ونقص منه
الأوّل يبقى أربعة أموال وثلاثة أشياء إلّا واحدًا، وننقص منه الأوّل* والثاني، يبقى
أربعة أمولٍ إلّا شيئًا وواحدًا. فنأخذ الفضل بينهما، فيكون أربعة أشياء، ونطلب
عددين إذا ضربنا أحدهما في الآخر كان أربعة أشياء. فليكن أحدهما أربعة أشياء
والآخر واحدًا. فنجمعهما ونأخذ نصف المبلغ ونربّعه. فيكون أربعة أموالٍ وشيئين
وربع واحدٍ وذلك يعدل أربعة أموالٍ وثلاثة أشياء إلّا واحدًا. فيخرج الشيء واحدًا
وربعًا فيكون العدد الأوّل اثنين وربعًا والثاني خمسة آحادٍ.

---

١ فيصير: فنضرب[ب]   ٢ واحدًا: واحد[ب]   ٢ فنأخذ: فيأخذ[ب]   ٤ نأخذ: يأخذ[ب]
٤ شيئين: شيء[ا]   ٩ لإنّا: لأجل[ب]   ١١ وإن نقصنا كلاهما منه كان الباقي مربّعًا: في[ب]
١٣ ونقصنا: أو نقصنا[ا]

* يبقى أربعة أموالٍ: مشطوب في [ا]

105. S'il est dit : deux nombres carrés sont tels que, si on ajoute à leur somme chacun des deux, il vient un carré.

Nous posons le carré de leur somme un *carré*, nous posons l'un des deux nombres trois *carrés* et l'autre huit *carrés*. Leur somme est donc onze *carrés*, [B-132r°]

et cela égale la racine d'un *carré*, à savoir une chose. La chose est une partie de onze parties d'unité. L'un des deux nombres est trois parties de cent-vingt-et-une parties d'unité, parce que nous l'avons posé trois *carrés*, et l'autre est huit parties de ce résultat.

106. S'il est dit : deux nombres sont tels que, si on soustrait du carré de leur somme chacun des deux, le reste est un carré.

Nous posons le carré de leur somme neuf *carrés*, un des deux nombres cinq *carrés*, l'autre huit *carrés* et nous les additionnons. Il vient treize *carrés* et cela égale la racine de neuf *carrés*, à savoir trois choses. [A-216v°]

La chose est trois parties de treize parties d'une unité et le *carré* est neuf parties de cent-soixante-neuf parties d'une unité. L'un des deux nombres est soixante-douze parties de ce résultat, parce que nous l'avons posé huit *carrés*, l'autre nombre est quarante-cinq parties, parce qu'il est cinq *carrés*, et le carré de leur somme est quatre-vingt-une parties de ce résultat.

107. S'il est dit : deux nombres sont tels que, si tu multiplies chacun des deux par dix, de l'un des deux [produits] résulte un cube et de l'autre son côté.

Nous posons l'un des deux une chose et l'autre ce que nous voulons parmi les *carrés*. Posons-le deux-cent *carrés*, et nous multiplions chacun des deux par dix. De l'un des deux on obtient dix choses et de l'autre deux-mille *carrés*.

١٠٥. فإن قيل عددان مربّعان مجموعهما إذا زيد عليه كلّ واحدٍ منهما يكون
مربّعًا.

فنجعل مربّع مجموعهما مالًا ونجعل أحد العددين ثلاثة أموالٍ والآخر ثمانية أموالٍ.
فمجموعهما يكون أحد عشر مالًا [ب-١٣٢و]

وذلك يعدل جذر مالٍ، وهو شيء. فالشيء جزء من أحد عشر جزئًا من واحدٍ.
فأحد العددين ثلاثة أجزاء من مائةٍ واحدٍ وعشرين جزئًا من واحدٍ، لأنّا جعلناه ثلاثة
أموالٍ، والآخر ثمانية أجزاء من ذلك المخرج*.

١٠٦. فإن قيل عددان مربّع مجموعهما إذا نقص منه كلّ واحد منهما كان
الباقي مربّعًا.

فنجعل مربّع مجموعهما تسعة أموالٍ، وأحد العددين خمسة أموالٍ والآخر ثمانية
أموال ونجمعهما. فيكون ثلاثة عشر مالًا وذلك يعدل جذر تسعة أموالٍ، وهو
ثلاثة أشياء. [ا-٢١٦ظ]

فالشيء ثلاثة أجزاء من ثلاثة عشر جزئًا من واحدٍ، والمال تسعة أجزاء من مائةٍ
وتسعةٍ وستّين† من واحدٍ. فأحد العددين اثنان وسبعون جزئًا من ذلك
المخرج، لأنّا جعلناه ثمانية أموال، والعدد الآخر خمسة وأربعون جزئًا منه، لأنّه
كان خمسة أموالٍ، ومربّع مجموعهما يكون أحدًا وثمانين جزئًا من ذلك المخرج.

١٠٧. فإن قيل عددان إذا ضربت كلّ واحدٍ منهما في عشرة بلغ من أحدهما
مكعّبٌ ومن الآخر ضلعه.

فنجعل أحدهما شيئًا والآخر ما شئنا من الأموال ولنجعله مائتي مالٍ وتضرب كلّ
واحدٍ منهما في عشرة. فبلغ من أحدهما عشرة أشياء ومن الآخر ألفي مالٍ.

---

¹ مربّعان: مربّع[ب]   ³ ونجعل: ويجعل[ب]   ⁶ جعلناه: جعلناه[ب]   ⁸⁻⁹ إذا نقص منه كلّ واحد
منهما كان الباقي مربّعًا: في[ب]   ¹⁰ فنجعل مربّع مجموعهما مربّعًا: في[ب]   ¹³ فالشيء ثلاثة أجزاء:
في[ا]   ²⁰ ومن الآخر: والآخر[ا]

---

* لأنّا جعلنا.... من ذلك المخرج: مكررة في [ب]   † جزئًا: مكررة في [ب]

Dix choses est donc le côté de deux-mille *carrés*, si tu le mets au cube il vient mille *cubes* et cela égale deux-mille *carrés*. La chose est deux unités, elle est l'un des deux nombres et l'autre est huit-cent, parce que nous l'avons posé deux-cent *carrés*.

Si tu veux, [B-132v°]

tu prends un cube quelconque et tu le divises par dix. C'est l'un des deux nombres, nous divisons par dix aussi son côté et il vient l'autre nombre.

108. S'il est dit : trois nombres différents sont tels que, si nous multiplions le premier par le deuxième, puis le total par le troisième, et si nous retranchons le total de la somme des trois, le reste est un carré.

Nous posons le premier et le deuxième des nombres quelconques, que le premier soit un, le deuxième deux unités et le troisième une chose, nous multiplions le premier par le deuxième, puis le total par le troisième. Il vient deux choses, nous les retranchons de la somme des trois nombres, à savoir trois unités plus une chose. Il reste trois unités moins une chose et cela égale un carré. Nous l'égalons à un radicande quelconque à condition qu'il soit plus petit que trois unités. Nous l'égalisons donc à deux unités plus un quart, on obtient la chose, trois quarts d'unité, et c'est le troisième.

109. S'il est dit : trois nombres sont tels que le carré de chacun d'eux avec le nombre qui le suit est un carré.

Nous posons le premier une chose, nous la mettons au carré et il vient un *carré*. Nous posons le deuxième une grandeur telle que, si nous l'ajoutons au *carré*, elle devient avec lui un carré. Nous la posons deux choses plus une unité et nous les mettons au carré. Il vient quatre *carrés* plus quatre choses plus une unité. Nous posons le troisième une grandeur telle que, si nous l'ajoutons au carré du deuxième, [A-217r°]

il vient un carré. Nous le posons quatre choses plus trois unités et nous le mettons au carré. Il vient seize *carrés* plus vingt-quatre choses plus neuf unités et nous lui ajoutons le premier, à savoir une chose. Il vient seize *carrés* plus vingt-cinq choses plus neuf unités. Nous l'égalisons à seize *carrés* plus seize unités moins trente-deux choses. On obtient la chose, [B-133r°]

فعشرة أشياء هي ضلع ألفي مالٍ وإذا كعّبتها كانت ألف كعبٍ وذلك يعدل
ألفي مالٍ. فالشيء أحدان وهو أحد العددين والآخر ثمانمائةٍ لأنّ جعلناه مائتي
مالٍ.

وإن شئت [ب-١٣٢ظ]

أخذت أي مكعّبٍ شئت وقسمته على عشرةٍ. فيكون أحد العددين ونقسم ضلعه
أيضًا على عشرة. فيكون العدد الآخر.

١٠٨. فإن قيل ثلاثة أعدادٍ مختلفةٍ إذا ضربنا الأوّل في الثاني ثمّ المبلغ في
الثالث واسقطنا المبلغ من مجموع الثلاثة كان الباقي مربّعًا.

فنجعل الأوّل والثاني أعدادًا كم كانت، وليكن الأوّل واحدًا والثاني أحدين والثالث
شيئًا، ونضرب الأوّل في الثاني ثمّ المبلغ في الثالث. فيصير شيئين فنسقطهما
من مجموع الأعداد الثلاثة وهو ثلاثة آحادٍ وشيء. فيبقى ثلاثة آحادٍ إلّا شيئًا
وذلك يعدل مربّعًا. فنقابله بأي مجذورٍ أردنا بشرط أن يكون أقلّ من ثلاثة آحادٍ.
فنقابله بأحدين وربع فيخرج الشيء ثلاثة أرباع واحدٍ، وهو الثالث.

١٠٩. فإن قيل ثلاثة أعدادٍ مربّع كلّ واحدٍ منها مع العدد الذي يليه يكون
مربّعًا.

فنجعل الأوّل شيئًا ونربّعه فيكون مالًا ونجعل الثاني مقدارًا إذا زدناه على مالٍ يكون
معه مربّعًا. فنجعله شيئين وواحدًا ونربّعه. فيكون أربعة أموال وأربعة أشياء وواحدًا.
ونجعل الثالث مقدارًا إذا زدناه على مربّع [١-٢١٧و]
الثاني* يكون مربّعًا. فنجعله أربعة أشياء وثلاثة آحادٍ ونربّعه. فيكون ستّة عشر مالًا
وأربعة وعشرين شيئًا وتسعة آحادٍ ونزيد عليه الأوّل، وهو شيء. فيصير ستّة عشر
مالًا وخمسة وعشرين شيئًا وتسعة آحادٍ. فنقابله بستّة عشر مالًا وستّة عشر أحدًا
إلّا اثنين وثلاثين شيئًا. فيخرج الشيء [ب-١٣٣و]

sept parties de cinquante-sept parties d'unité, c'est le premier. Le deuxième est un plus quatorze parties de cinquante-sept parties d'unité, parce que nous l'avons posé deux choses plus une unité. Le troisième est trois unités plus vingt-huit parties de cinquante-sept parties d'unité, parce que nous l'avons posé quatre choses plus trois unités.

110. S'il est dit : trois nombres sont tels que, si nous soustrayons du carré de chacun d'eux le nombre qui le suit, le reste est un carré. Nous posons le premier nombre une chose plus une unité, donc son carré est un *carré* plus deux choses plus une unité. Nous posons le deuxième [une grandeur] telle que, si nous la soustrayons de ce-dernier, le reste est un carré. Nous le posons alors deux choses plus une unité et nous le mettons au carré. Il vient quatre *carrés* plus quatre choses plus une unité. Nous posons le troisième [une grandeur] telle que, si nous la soustrayons de ce-dernier, il reste son carré. Nous le posons alors quatre choses plus une unité, nous le mettons au carré et nous soustrayons de lui le premier, à savoir une chose plus une unité. Il reste seize *carrés* plus sept choses. Nous l'égalisons à vingt-cinq *carrés* et on obtient la chose, sept neuvièmes d'unité. Le premier nombre est un plus sept neuvièmes, le deuxième est deux unités plus cinq neuvièmes, parce qu'il est deux choses plus une unité, et le troisième est quatre unités plus un neuvième, parce qu'il est quatre choses plus une unité.

111. S'il est dit : trois nombres sont tels que, si tu ajoutes le carré de chacun d'eux à leur somme, il vient un carré.
Nous demandons d'abord un nombre tel que, si nous lui ajoutons le carré de chacun des trois autres nombres, le total est un carré. La méthode est que nous prenons un nombre que trois nombres mesurent au moyen de trois autres nombres différents. On trouve douze, parce que nous avons introduit [B-133v°]
dans les propositions que, pour tout nombre que un nombre mesure au moyen d'un autre nombre, si nous mettons au carré la moitié de la différence entre les deux nombres [A-217v°]
qui mesurent et si nous l'ajoutons au nombre [mesuré], [le résultat] est un carré.

سبعة أجزاءٍ من سبعة وخمسين جزئًا من واحدٍ وهو الأوّل. ويكون الثاني واحدًا

وأربعة عشر جزئًا من سبعة وخمسين جزئًا من واحدٍ لأنّا جعلناه شيئين وواحدًا

ويكون الثالث ثلاثة آحادٍ وثمانية وعشرين جزئًا من سبعةٍ وخمسين جزئًا من واحدٍ،

٥ لأنّا جعلناه أربعة أشياء وثلاثة آحادٍ.

١١٠. فإن قيل ثلاثة أعدادٍ مربّع كلّ واحدٍ منها إذا نقصنا منه العدد الذي

يليه يكون الباقي مربّعًا.

فنجعل العدد الأوّل شيئًا وواحدًا فيكون مربّعه مالًا وشيئين وواحدًا. ونجعل الثاني

ما إذا نقصناه منه كان الباقي مربّعًا. فنجعله شيئين وواحدًا ونربّعه. فيكون أربعة

١٠ أموالٍ وأربعة أشياء وواحدًا. ونجعل الثالث ما إذا نقصناه منه بقي مربّعًا. فنجعله

أربعة أشياء وواحدًا ونربّعه ونقص منه الأوّل وهو شيء وواحدٌ. فيبقى ستّة عشر

مالًا وسبعة أشياء. فنقابله بخمسةٍ وعشرين مالًا فيخرج الشيء سبعة أتساع واحد.

فالعدد الأوّل واحدٌ وسبعة أتساع، والثاني أحدان وخمسة أتساع لأنّه كان شيئين

وواحدًا، والثالث أربعة آحادٍ وتسع، لأنّه كان أربعة أشياء وواحدًا.

١٥ ١١١. فإن قيل ثلاثة أعداد إذا زدت مربّع كلّ واحدٍ منهما على مجموعهما

كان مربّعًا.

فنطلب أوّلًا عددًا إذا زدنا عليه مربّع كلّ واحدٍ من ثلاثة أعداد آخر يكون المبلغ

مربّعًا. وطريقه أنّ نأخذ عددًا يعدّه ثلاثة أعدادٍ بثلاثة أعدادٍ آخر مختلفةٍ. فيجده

اثنى عشر لأنّه قد تقدّم [ب-١٣٣ظ]

٢٠ في المؤامرات إنّ كلّ عددٍ يعدّه عددٌ آخر فإن نصف الفضل بين العددين [ا-

٢١٧ظ]

العادّين إذا ربّعناه وزدناه على العدد، فإنّه يكون مربّعًا.

Ainsi, trois mesure douze au moyen de quatre, deux au moyen de six, et un au moyen de douze. Nous prenons les trois nombres des choses au moyen d'une grandeur est la moitié de la différence des grandeurs. Nous posons le premier la moitié d'une chose, le deuxième deux choses, le troisième cinq choses plus la moitié d'une chose et nous posons la somme des trois douze *carrés* de manière que, si nous ajoutons le carré de chacun des trois à douze *carrés*, cela est un carré. Puis, nous additionnons les trois nombres. Il vient huit choses et cela égale douze *carrés*. On obtient la chose, deux tiers d'unité, donc le premier est un tiers d'unité, le deuxième est un plus un tiers et le troisième est trois unités plus deux tiers.

112. S'il est dit : trois nombres sont tels que, si nous soustrayons leur somme du carré de chacun d'eux, le reste est un radicande.

Nous demandons aussi un nombre que trois nombres mesurent au moyen de trois nombres différents. En effet, nous avons introduit dans les propositions que, pour tout nombre que un nombre mesure au moyen d'un autre nombre, si nous additionnons les deux nombres mesurants, si nous mettons au carré la moitié de leur somme et si nous soustrayons d'elle le nombre mesuré, alors le reste est un carré. Trois mesure douze au moyen de quatre, deux au moyen de six et un au moyen de douze. Nous posons chacun des nombres la moitié de la somme des deux mesurants. Nous posons, donc, le premier trois choses et une demie, le deuxième quatre choses et le troisième six choses et une demie. Si nous soustrayons chacun des trois du carré de douze *carrés*, le reste est un carré. Nous posons la somme des trois douze *carrés*, donc douze [B-134r°]

carrés égalent quatorze choses et la chose est un plus un sixième. Le premier nombre est quatre unités plus la moitié d'un sixième, le deuxième quatre unités plus deux tiers et le troisième sept unités plus un tiers plus un quart d'unité.

فاثنا عشر يعدّه ثلاثة بأربعة، واثنان بستّةٍ، وواحد باثنى عشر. فنأخذ الأعداد الثلاثة أشياء بمقدار نصف الفضل بين المقادير. فنجعل الأوّل نصف شيءٍ، والثاني شيئين، والثالث خمسة أشياء ونصف شيءٍ ونجعل مجموع الثلاثة اثنى عشر مالًا حتّى إذا زدنا مربّع كلّ واحدٍ من الثلاثة على اثنى عشر مالًا يكون مربّعًا. ثمّ نجمع الأعداد الثلاثة. فيكون ثمانية أشياء وذلك يعدل اثنى عشر مالًا. فيخرج الشيء ثلثي واحدٍ فالأوّل ثلث واحدٍ والثاني واحد وثلث والثالث ثلاثة آحادٍ وثلاثان.

١١٢. فإن قيل ثلاثة أعدادٍ إذا نقصنا مجموعها من مربّع كلّ واحدٍ منها كان الباقي مجذورًا.

فنطلب أيضًا عددًا يعدّه ثلاثة أعدادٍ بثلاثة أعدادٍ مختلفةٍ. لما نقدّم في المؤامرات أنّ كلّ عددٍ يعدّه عدد بعددٍ آخر، فإنّا إذا جمعنا العددين العادّين وربّعنا نصف مجموعهما ونقصنا منه العدد المعدود، كان الباقي مربّعًا. واثنا عشر يعدّه ثلاثة بأربعةٍ واثنان بستّةٍ وواحدٍ باثنى عشر. فنجعل كلّ عددٍ من الأعداد نصف مجموع كلّ عادّين. فنجعل الأوّل ثلاثة أشياء ونصفًا والثاني أربعة أشياء والثالث ستّة أشياء ونصفًا. وكلّ واحدٍ إذا نقصنا من مربّع اثنى عشر مالًا كان الباقي مربّعًا. فنجعل مجموع الثلاثة اثنى [عشر] مالًا فاثنا عشر [ب-١٣٤و]

مالًا* يعدل أربعة عشر شيئًا فالشيء واحدٌ وسُدسٌ. فالعدد الأوّل أربعة آحادٍ ونصف سُدسٍ والثاني أربعة آحادٍ وثلثان والثالث سبعة آحادٍ وثلث وربع واحدٍ.

٤‒٦ حتّى إذا زدنا مربّع كلّ واحدٍ من الثلاثة على اثنى عشر مالًا يكون مربّعًا. ثمّ نجمع الأعداد الثلاثة. فيكون ثمانية أشياء وذلك يعدل اثنى عشر مالًا: في[ب]   ٦ والثاني واحد: في[ب]   ١١ نصف: في[ب]   ١٥ إذا نقصنا: أو نقصنا[ب]

* مالًا: مكررة في الهامش [ب]

113. S'il est dit : trois nombres sont tels que, si nous soustrayons le carré de chacun d'eux de leur somme, le reste est un carré.
Nous posons un des nombres une chose, l'autre deux choses et la somme des trois cinq *carrés* de manière que, si nous soustrayons d'elle le carré du premier ou le carré du deuxième, le reste est un carré. Puis, on partage cinq en deux parties radicandes autres que un et quatre, selon ce qui a été introduit. Une des deux parties est quatre cinquièmes d'un cinquième et l'autre quatre cinquièmes plus un cinquième d'un cinquième. Nous posons le troisième nombre la racine d'une de ces deux parties, posons-le une racine de quatre cinquièmes d'un cinquième, à savoir deux cinquièmes, et nous le posons en choses. Il vient deux cinquièmes d'une chose et nous additionnons les trois nombres. Il vient trois choses plus deux cinquièmes d'une chose [A-218r°]
et cela égale cinq *carrés*. La chose est trois cinquièmes d'unité plus deux cinquièmes d'un cinquième d'unité, c'est le premier nombre. Le deuxième est un plus un cinquième plus quatre cinquièmes d'un cinquième. Le troisième est un cinquième d'unité plus un cinquième d'un cinquième d'unité plus quatre cinquièmes de deux cinquièmes d'unité. La somme des trois est deux plus deux cinquièmes plus deux cinquièmes d'un cinquième plus quatre cinquièmes d'un cinquième.

114. S'il est dit : trois nombres sont tels que, si nous ajoutons chacun d'eux au carré de leur somme, le total est un carré.
Nous posons le carré des trois un *carré*, le premier nombre trois *carrés*, le deuxième huit *carrés* et le troisième quinze *carrés*. Le *carré* avec chacun d'eux est donc un carré. Nous additionnons les trois, il vient vingt-six *carrés* et ceux-ci égalent la racine du *carré*, à savoir la chose. La chose est une partie de vingt-six parties [B-134v°]
d'unité et le *carré* est une partie de six-cent-soixante-seize parties d'unité, à savoir le carré des trois nombres. Le premier nombre est

١١٣. فإن قيل ثلاثة أعداد إذا نقصنا مربّع كلّ واحدٍ من مجموعها كان الباقي مربّعًا.

فنجعل أحد الأعداد شيئًا والآخر شيئين ومجموع الثلاثة خمسة أموال حتّى إذا نقصنا منه مربّع الأوّل أو مربّع الثاني كان الباقي مربّعًا. ثمّ يقسم الخمسة بقسمين مجذورين غير الواحد والأربعة على ما تقدّم ذكره. فيخرج أحد القسمين أربعة أخماس خُمسٍ والآخر أربعة أخماسٍ وخُمس خُمسٍ.

فنجعل العدد الثالث جذر أي هذين القسمين شئنا، فنجعله جذر أربعة أخماس خمسٍ، وهو خمسان، ونجعله من الأشياء. فيكون خمسي شيءٍ ونجمع الأعداد الثلاثة. فيكون ثلاثة أشياء وخُمسي شيءٍ [ا-٢١٨و] وذلك يعدل خمسة أموالٍ. فالشيء ثلاثة أخماس واحدٍ وخُمسا خمس واحدٍ، وهو العدد الأوّل. والثاني واحد وخمس وأربعة أخماس خمسٍ، والثالث خمس واحدٍ وخمس خمس واحدٍ وأربعة أخماس خمسي* واحدٍ ومجموع الثلاثة اثنان وخمسان وخُمسا خمسٍ وأربعة أخماس خمس خمسٍ.

١١٤. فإن قيل ثلاثة أعدادٍ إذا زدنا كلّ واحدٍ منها على مربّع مجموعها كان الباقي مربّعًا.

فنجعل مربّع الثلاثة مالًا، والعدد الأوّل ثلاثة أموالٍ، والثاني ثمانية أموالٍ، والثالث خمسة عشر مالًا. فيكون المال مع كلّ واحدٍ منها مربّعًا. فنجمع الثلاثة، فيكون ستّة وعشرين مالًا وذلك يعدل جذر المال، وهو الشيء. فيكون الشيء جزءًا من ستّةٍ وعشرين [ب-١٣٤ظ] جزءًا من واحدٍ، والمال جزءًا من ستّمائةٍ وستّةٍ وسبعين جزءًا من واحدٍ، هذا هو مربّع الأعداد الثلاثة. والعدد الأوّل يكون ثلاثة أحزاء من ذلك المخرج، والعدد

٦ والآخر أربعة: والآخر أربعة وأربعة[ا]والأربعة أربعة وأربعة[ب]   ١٤ كلّ: على كلّ[ب]   ١٨ ستّة: خمسة   ٢١ يكون: في[ا]

* خمسي: مكررة في [ب]

trois parties de ce résultat, le deuxième nombre est huit parties de ce résultat et le troisième quinze parties de ce résultat.

115. S'il est dit : trois nombres sont tels que, si nous soustrayons chacun d'eux du carré de leur somme, le reste est un carré.

Nous posons les trois nombres quatre choses et leur carré seize *carrés*. Nous posons le premier nombre douze *carrés*, le deuxième sept *carrés* et le troisième quinze *carrés*, de manière que, si nous soustrayons chacun d'eux de seize *carrés*, le reste est un carré. Nous additionnons les trois nombres, il vient trente-quatre *carrés* et ceux-ci égalent quatre choses. La chose est deux parties de dix-sept parties d'unité et le *carré* est quatre parties de deux-cent-quatre-vingt-neuf parties d'unité. Le carré obtenu par la somme des trois nombres est soixante-quatre parties de deux-cent-quatre-vingt-neuf parties d'unité. Le premier nombre est quarante-huit parties de ce résultat, parce qu'il est douze *carrés*, le deuxième nombre en est vingt-huit parties, parce qu'il est sept *carrés*, [A-218v°]
le troisième nombre en est soixante parties, parce qu'il est quinze *carrés*, la somme des trois nombres en est cent-trente-six parties, qui est à la place de huit parties de dix-sept parties d'une unité.

116. S'il est dit : trois nombres sont tels que l'excédent du premier au deuxième est égal à l'excédent du deuxième au troisième et chacune des sommes de deux d'entre eux est un carré.

Nous demandons [B-135r°]
trois carrés égaux à la différence et dont chacune des sommes de deux d'entre eux est plus grande que le troisième.

Nous posons le premier un *carré*, le deuxième un *carré* plus deux choses plus une unité, et le troisième un *carré* plus quatre choses plus deux unités.

الثاني ثمانية أجزاء من ذلك المخرج، والثالث خمسة عشر جزءًا من ذلك المخرج.

١١٥. فإن قيل ثلاثة أعدادٍ إذا نقصنا كلّ واحدٍ منها من مربّع مجموعها كان الباقي مربّعًا.

فنجعل الأعداد الثلاثة أربعة أشياء ومربّعها ستّة عشر مالًا. ونجعل العدد الأوّل اثنى عشر مالًا والثاني سبعة أموالٍ والثالث خمسة عشر مالًا حتّى إذا نقصنا كلّ واحدٍ منها من ستّة عشر مالًا كان الباقي مربّعًا. فنجمع الأعداد الثلاثة فيكون أربعة وثلاثين مالًا، وذلك يعدل أربعة أشياء. فالشيء جزئان من سبعة عشر جزئًا من واحدٍ والمال يكون أربعة أجزاء من مائتين وتسعة وثمانين جزئًا من واحدٍ. فيكون المربّع الكائن من مجموع الأعداد الثلاثة أربعة وستّين جزئًا من مائتين وتسعة وثمانين جزئًا من واحدٍ. والعدد الأوّل يكون ثمانية وأربعين جزئًا من ذلك المخرج لأنّه كان اثنى عشر مالًا، والعدد الثاني يكون ثمانية وعشرين جزئًا منه، لأنّه كان سبعة أموالٍ، [٢١٨ظ-١]

والعدد الثالث يكون ستّين جزئًا منه، لأنّه كان خمسة عشر مالًا*. ومجموع الأعداد الثلاثة هو مائة وستّة وثلاثون جزئًا منه، وهو بمنزلة ثمانية أجزاء من سبعة عشر جزئًا من واحدٍ.

١١٦. فإن قيل ثلاثة أعدادٍ زيادة الأوّل على الثاني مثل زيادة الثاني على الثالث وكلّ اثنين مجموعين هو مربّع.

فنطلب [١٣٥و-ب]

ثلث مربّعاتٍ متساوياتِ التفاضل ويكون مجموع كلّ اثنين أعظم من الثالث. فنجعل الأوّل مالًا والثاني مالًا وشيئين وواحدًا والثالث مالًا وأربعة أشياء وأحدين.

٦-٥ اثنى عشر: اثنى[ب] ٨ من سبعة عشر جزئًا من: من سبعة عشرين[ب] ٩ وتسعة: وتسعين[ا] ١٥ ثمانية: في[ا]

* والعدد الثاني يكون ثمانية: مشطوب في[ا]

Nous les égalisons à un carré de manière que le *carré* plus grand que deux de ses racines plus une unité soit tel que la somme du *carré* plus deux choses plus une unité, c'est-à-dire la somme du premier et du deuxième, soit plus grande qu'un *carré* plus quatre choses plus deux unités, je veux dire le troisième. Nous l'égalisons à un *carré* plus soixante-quatre unités moins seize choses. On obtient la chose, trente-et-une parties de dix parties d'unité et le *carré* neuf-cent-soixante-et-une parties de cent parties d'unité : c'est le premier nombre. Le deuxième est mille parties de six-cent-quatre-vingt-une parties de cent parties d'unité, parce qu'il est un *carré* plus deux choses plus une unité. Le troisième nombre est deux-mille-quatre-cent et une parties d'unité de cent parties d'unité, parce qu'il est un *carré* plus quatre choses plus deux unités.

Nous posons maintenant l'ensemble des nombres demandés une seule chose et nous posons le premier et le deuxième neuf-cent-soixante-et-une unités. Le troisième reste une chose moins neuf-cent-soixante-et-une unités. Nous posons le deuxième et le troisième deux-mille-six-cent-quatre-vingt-une unités. Le premier reste une chose moins mille-six-cent-quatre-vingt-une unités. Nous posons le premier et le troisième deux-mille-quatre-cent-et-une unité. Le deuxième reste une chose moins deux-mille-quatre-cent-et-une unités. Nous additionnons les trois, Il vient trois choses moins cinq-mille unités plus quarante-trois unités et cela [B-135v°]
égale une chose. Après la restauration, la réduction et la suppression des communs, il reste une seule chose qui égale deux-mille-cinq-cent-vingt-et-un unités plus un demi. Nous ôtons d'elle [A-219r°]
le premier et le deuxième, à savoir neuf-cent-soixante-et-un, le troisième reste mille-cinq-cent-soixante plus un demi, puis nous ôtons de lui le deuxième et le troisième, à savoir mille-six-cent-quatre-vingt-un.

فنقابله بمربّع بحيث يكون المال الذي يخرج أعظم من جذريه وواحدٍ حتّى يكون مجموع المال والشيئين والواحد، أعني مجموع الأوّل والثاني، أعظم من مال وأربعة أشياء وأحدين، أعني الثالث. فنقابله بمالٍ وأربعة وستّين احدًا إلّا ستّة عشر شيئًا. فيخرج الشيء أحدًا وثلاثين جزءًا من عشرة أجزاء من واحدٍ والمال تسعمائة واحدًا وستّين جزئًا من مائة جزءٍ من واحدٍ وهو العدد الأوّل. والعدد الثاني يكون ألف جزءٍ وستّمائةٍ واحدًا وثمانين جزئًا من مائة جزء من واحدٍ، لأنّه كان مالًا وشيئين وواحدًا. والعدد الثالث يكون ألفي جزءٍ وأربعمائة جزءٍ وجزئًا واحدًا من مائة جزءٍ من واحدٍ، لأنّه كان مالًا وأربعة أشياء وأحدين.

فنجعل الآن الأعداد المطلوبة كلّها شيئًا واحدًا ونجعل الأوّل والثاني واحدًا تسعمائة واحدًا وستّين أحدًا. يبقى الثالث شيئًا إلّا تسعمائة واحدًا وستّين أحدًا. ونجعل الثاني والثالث ألفا وستّمائة واحدًا وثمانين أحدًا. يبقى الأوّل شيئًا إلّا ألفا وستّمائة واحدًا وثمانين أحدًا. ونجعل الأوّل والثالث ألفين وأربعمائة واحدًا. يبقى الثاني شيئًا إلّا ألفين وأربعمائة واحدًا.

فنجمع الثلاثة فيكون ثلاثة أشياء إلّا خمسة الأف أحدٍ وثلاثة وأربعين أحدًا وذلك [ب-١٣٥ظ]

يعدل شيئًا. فبعد الجبر والمقابلة واسقاط المشترك يبقى الشيء الواحد معادلًا لألفين وخمسمائة واحد وعشرين أحدًا ونصف واحدٍ. فنلقي [ا-٢١٩و] منه* الأوّل والثاني، وهو تسعمائة واحد وستّون. يبقى الثالث ألفا وخمسمائة وستّين ونصفًا ثمّ نلقي منه الثاني والثالث، وهو ألفٌ وستّمائة واحد وثمانون.

٥ تسعمائة: تسع مائة[ب]   ٥ والعدد: في[ا]   ٦ من مائة جزء: في[ب]   ٧ وأربعمائة: وأربع مائة[ب]
٨ جزءٍ: جزئًا[ب]   ١٠ تسعمائة: تسع مائة[ب]   ١٢-١٣ ألفين وأربعمائة واحدًا. يبقى الثاني شيئًا إلّا
ألفين وأربعمائة واحدًا: في[ب]   ١٧ وخمسمائة: وخمس مائة[ب]   ١٨-١٩ ألفًا وخمسمائة وستّين:
ألفًا وخمسين وستّين[ب]

* منه: مكررة في [ا]

Le premier reste huit-cent-quarante-et-un plus un demi. Puis, nous ôtons de lui le premier et le troisième, à savoir deux-mille-quatre-cent-et-un, le deuxième reste cent-vingt plus un demi. Nous posons que celui-ci est le premier, nous posons le deuxième huit-cent-quarante plus un demi et le troisième mille-cinq-cent-soixante plus un demi, afin que leurs carrés soient égaux et que la question que nous avons expliquée soit vraie.

117. S'il est dit : trois nombres sont tels que, si trois unités sont ajoutées à la somme de deux d'entre eux ou bien à la somme des trois, le total est un carré.

Nous posons la somme du premier et du deuxième un *carré* plus quatre choses plus une unité, la somme du deuxième et du troisième un *carré* plus six choses plus sept unités et la somme des trois un *carré* plus huit [choses] plus treize unités de manière que, si nous ajoutons trois unités à chaque somme de ces expressions, le résultat est un carré. Si, de la somme des trois, nous ôtons la somme du premier et du deuxième, il reste quatre choses plus douze unités, à savoir le troisième. Si, de la somme des trois, nous ôtons la somme du deuxième et du troisième, il reste deux choses plus sept unités, à savoir le premier. Si nous ôtons celle-ci de la somme du premier et du deuxième il reste un *carré* plus deux choses moins six unités, a savoir le deuxième. Puis, nous additionnons le premier et le troisième et nous ajoutons à leur somme trois unités. Il vient six choses plus vingt-deux unités, et ceci égale [B-136r°]

un carré. On l'égalise à un carré d'un nombre, qu'il soit quarante-neuf unités. On obtient la chose, quatre plus un demi, le premier nombre est deux choses plus sept unités, donc seize unités, le deuxième est un *carré* plus deux choses moins sept unités, donc vingt-trois unités plus un quart et le troisième est quatre choses plus douze unités, donc trente unités.

118. S'il est dit : trois nombres sont tels que, si l'on soustrait trois unités de deux d'entre eux ou de la somme des trois, le reste est un carré.

Nous posons [A-219v°]

يبقى الأوّل ثمانمائةٍ وأربعين ونصفًا. ثمّ نلقي منه الأوّل والثالث وهو ألفان وأربعمائة وواحد، يبقى الثاني مائة وعشرين ونصفًا. فنجعل هذا هو الأوّل ونجعل الثاني ثمانمائة وأربعين ونصفًا والثالث هو ألفٌ وخمسمائةٍ وستّون ونصف ليستوى ترتيبها، فيصحّ فيها ما ذكره السائل.

١١٧. فإن قيل ثلاثة أعدادٍ إذا زيد ثلاثة آحادٍ على مجموع كلّ اثنين منها أو على مجموع الثلاثة كان المبلغ مربّعًا.

فنجعل مجموع الأوّل والثاني مالًا وأربعة أشياء وواحدًا، ومجموع الثاني والثالث مالًا وستّة أشياء وسبعة آحادٍ، ومجموع الثلاثة مالًا وثمانية [أشياء] وثلاثة عشر أحدًا حتّى إذا زدنا ثلاثة آحادٍ على كلّ جملةٍ من هذه الجُمل، كان مربّعًا. فإذا ألقينا من مجموع الثلاثة مجموع الأوّل والثاني، يبقى أربعة أشياء واثنا عشر أحدًا، وهو الثالث. وإذا ألقينا من مجموع الثلاثة مجموع الثاني والثالث يبقى شيئان وسبعة آحادٍ، وهو الأوّل. فإذا ألقيناه من مجموع الأوّل والثاني يبقى مالٌ وشيئان إلّا ستّة آحادٍ، وهو الثاني. ثمّ نجمع الأوّل والثالث ونزيد على مجموعهما ثلاثة آحادٍ. فيصير ستّة أشياء واثنين وعشرين أحدًا وذلك يعدل [ب-١٣٦و] مربّعًا. فيقابل به مربّعًا من العدد وليكن تسعة وأربعين أحدًا. فيخرج الشيء أربعة ونصفًا. والعدد الأوّل كان شيئين وسبعة آحادٍ، فيكون ستّة عشر أحدًا، والثاني كان مالًا وشيئين إلّا ستّة آحادٍ، فيكون ثلاثة وعشرين أحدًا وربعًا، والثالث كان أربعة أشياء واثنى عشر أحدًا، فيكون ثلاثين أحدًا.

١١٨. فإن قيل ثلاثة أعدادٍ إذا نقص ثلاثة آحادٍ من كلّ اثنين منها أو من مجموعها كان الباقي مربّعًا.

فنجعل [ا-٢١٩ظ]

---

٧ مالًا: في[ا] ٨ وسبعة: وستّة[ا] ١١ شيئان: شيئا[ب] ١٥ مربّعًا: في[ب]

le premier plus le deuxième un *carré* [B-136v°]
plus trois unités, la somme du deuxième et du troisième un *carré* plus
deux choses plus quatre unités, la somme des trois un *carré* plus quatre
choses plus sept unités de manière que, si nous ôtons de chacune de
ces expressions trois unités, le reste est un carré. Puis, nous ôtons la
somme du premier et du deuxième de la somme des trois, le troisième reste quatre choses plus quatre unités, nous ôtons la somme
du deuxième et du troisième de la somme des trois, le premier reste
deux choses [plus trois unités]. Nous additionnons le premier et le
troisième, il vient six choses plus sept unités, et nous soustrayons de
lui trois unités. Il reste six choses plus quatre unités et cela égale un
carré. Nous lui égalisons un carré, qu'il soit vingt-cinq unités. On
obtient la chose trois unités plus un demi, le premier est deux choses
plus trois unités, c'est donc dix unités, le deuxième est un *carré* moins
deux choses, c'est donc cinq unités plus un quart, et le troisième est
quatre choses plus quatre unités, c'est donc dix-huit unités.

119. S'il est dit : trois nombres sont tels que, si nous ajoutons à
chaque produit de l'un d'eux par l'autre douze unités, le total est un
carré.
Nous demandons d'abord deux nombres carrés tels que, si nous ajoutons à chacun des deux douze unités, le total soit un carré. Nous trouvons que l'un des deux est un quart d'unité et l'autre quatre unités.
Nous posons le premier nombre quatre choses et le deuxième une
partie d'une chose, de manière que son produit par le premier soit
quatre unités. Nous posons le troisième un quart d'une chose, de manière que, en le multipliant par une partie d'une chose, on parvient à
un quart d'unité. Puis, nous multiplions le premier par le troisième,
il vient un *carré*, nous lui ajoutons douze unités et nous égalisons le
total à un carré. Égalisons-le à un *carré* plus six choses plus neuf unités. On obtient la chose, un demi. On a posé le premier quatre choses,
il est alors deux unités, le deuxième une partie d'une chose, il est également deux unités, et le troisième un quart d'une chose, il est donc
un huitième d'unité.

الأوّل والثاني مالًا [ب-١٣٦او]

وثلاثة آحادٍ، ومجموع الثاني والثالث مالًا وشيئين وأربعة آحادٍ، ومجموع الثلاثة مالًا وأربعة أشياء وسبعة آحادٍ حتّى إذا ألقينا من كلّ جملةٍ من هذه الجُمل ثلاثة آحادٍ كان الباقي مربّعًا. ثمّ نلقي مجموع الأوّل والثاني من مجموع الثلاثة، يبقى الثالث أربعة أشياء وأربعة آحادٍ، ونلقي مجموع الثاني والثالث من مجموع الثلاثة، يبقى الأوّل شيئين [وثلاثة أحدًا]. فنجمع الأوّل والثالث، فيكون ستّة أشياء وسبعة آحادٍ وننقص منه ثلاثة آحادٍ. يبقى ستّة أشياء وأربعة آحادٍ وذلك يعدل مربّعًا. فنقابل به مربّعًا وليكن خمسة وعشرين أحدًا. فيخرج الشيء ثلاثة آحادٍ ونصفًا والأوّل كان شيئين وثلاثة آحادٍ، فيكون عشرة آحادٍ، والثاني كان مالًا إلّا شيئين، فيكون خمسة آحادٍ وربعًا، والثالث كان أربعة أشياء وأربعة آحادٍ فيكون ثمانية عشر أحدًا.

١١٩. فإن قيل ثلاثة أعدادٍ مضروب كلّ اثنين منها أحدهما في الآخر، إذا زدنا عليه اثنى عشر أحدًا كان المبلغ مربّعًا.

فنطلب أوّلًا عددين مربّعين كلّ واحدٍ منهما إذا زدنا عليه اثنى عشر أحدًا كان المبلغ مربّعًا. فنجد أحدهما ربع واحدٍ والآخر أربعة آحادٍ. فنجعل العدد الأوّل أربعة أشياء والثاني جزء شيءٍ حتّى يكون ضربه في الأوّل أربعة آحادٍ. ونجعل الثالث ربع شيء حتّى ضربناه في جزء شيءٍ بلغ رُبع واحدٍ. ثمّ نضرب الأوّل في الثالث، فيكون مالًا، نزيد عليه اثنى عشر أحدًا ونقابل المبلغ بمربّع. فلنقابله بمالٍ وستّة أشياء وتسعة آحادٍ. فيخرج الشيء نصف واحدٍ. وقد جعل الأوّل أربعة أشياء، فيكون أحدين والثاني جزء شيءٍ، فيكون أحدين أيضًا والثالث ربع شيءٍ، فيكون ثمن واحدٍ.

120. S'il est dit : trois nombres sont tels que, si deux d'eux sont multipliés l'un par l'autre et si nous soustrayons de ce produit dix unités, le reste est un carré. Nous demandons deux carrés tels que, si on soustrait de chacun des deux [A-220rº] dix unités, le reste soit un carré. [Posons] l'un des deux trente unités plus un quart, et l'autre douze unités plus un quart.

Nous posons le premier trente choses plus un quart d'une chose et le deuxième une partie d'une chose, de manière que son produit par le premier soit trente unités plus un quart. Nous posons le troisième douze choses plus un quart, de manière que son produit par le deuxième soit douze unités plus un quart. Puis, nous multiplions le premier par le troisième, il vient trois-cent-soixante-dix *carrés* plus un demi plus la moitié d'un huitième d'un *carré*. Nous soustrayons de cela dix unités, il reste trois-cent-soixante-dix *carrés* plus un demi plus la moitié d'un huitième d'un *carré* moins dix unités, et cela égale un carré. Nous le multiplions par seize, parce que le carré par le carré est un carré. Il vient cinq-mille-neuf-cent-vingt-neuf *carrés* moins cent-soixante unités. Nous l'égalisons à cinq-mille-neuf-cent-vingt-neuf *carrés* plus quatre unités moins trois-cent-huit choses, dont la racine est soixante dix-sept choses moins deux unités. Nous obtenons la chose cent-soixante-quatre parties de trois-cent-huit parties d'une unité. Nous avons posé le premier trente choses plus un quart d'une chose, c'est donc seize unités plus trente-trois parties de trois-cent-huit parties d'une unité. Nous avons posé le deuxième une partie d'une chose, c'est donc trois-cent-huit parties de cent-soixante-quatre parties d'une unité. Nous avons posé le troisième douze choses plus un quart d'une chose, c'est donc six unités plus cent-soixante-et-un parties de trois-cent-huit parties d'une unité.

121. S'il est dit : trois nombres sont tels que si deux d'entre eux sont multipliés l'un par l'autre et si nous ajoutons à ce produit le troisième, il vient un radicande.

Nous posons le premier une chose, le deuxième une chose plus six unités et le troisième neuf unités de manière que, si nous multiplions le premier par le deuxième et si nous lui ajoutons le troisième, il vient un *carré* plus six choses plus neuf unités et cela est un radicande.

١٢٠. فإن قيل ثلاثة أعداد، مضروب كلّ اثنين منهما أحدهما في الآخر، إذا نقصنا منه عشرة آحادٍ كان الباقي مربّعًا.

فنطلب مربّعين إذا نقص من كلّ واحدٍ منهما [١-٢٢٠و] عشرة آحادٍ كان الباقي مربّعًا. وليكن أحدهما ثلاثين أحدًا وربعًا والآخر اثنى عشر أحدًا وربعًا.

فنجعل الأوّل ثلاثين شيئًا وربع شيءٍ والثاني جزء شيءٍ، حتّى يكون ضربه في الأوّل ثلاثين أحدًا وربعًا. ونجعل الثالث اثنى عشر شيئًا وربعًا حتّى يكون ضربه في الثاني اثنى عشر أحدًا وربعًا. ثمّ نضرب الأوّل في الثالث فيكون ثلاثمائة وسبعين مالًا ونصف ونصف ثمن مالٍ. فننقص منه عشرة آحادٍ، يبقى ثلاثمائةٍ وسبعون مالًا ونصف ونصف ثمن مالٍ إلّا عشرة آحادٍ وذلك يعدل مربّعًا. فنضربه في ستّة عشر لأنّ المربّع في المربّع مربّع." فيكون خمسة ألافٍ وتسعمائة وتسعةٍ وعشرين مالًا إلّا مائة وستّين أحدًا. فنقابله بخمسة آلاف وتسعمائة وتسعة وعشرين مالًا وأربعة آحادٍ إلّا ثلاثمائة وثمانية أشياء الذي جذره سبعة وسبعون شيئًا إلّا أحدين. فنخرج الشيء مائة وأربعة وستّين جزئًا من ثلاثمائةٍ وثمانية أجزاء من واحدٍ. وقد جعلنا الأوّل ثلاثين شيئًا وربع شيءٍ، فيكون ستّة عشر أحدًا وثلاثة وثلاثين جزئًا من ثلاثمائةٍ وثمانية أجزاء من واحدٍ. وقد جعلنا الثاني جزء شيءٍ فيكون ثلاثمائة وثمانية أجزاء من مائة وأربعة وستّين جزئًا من واحدٍ. وقد جعلنا الثالث، اثني عشر شيئًا وربع شيءٍ فيكون ستّة آحادٍ ومائة واحدًا وستّين جزئًا من ثلاثمائةٍ وثمانية أجزاء من واحدٍ.

١٢١. فإن قيل ثلاثة أعدادٍ مضروب كلّ اثنين منهما أحدهما في الآخر إذا زدنا عليه الثالث يكون مجذورًا.

فنجعل الأوّل والثاني شيئًا وستّة آحادٍ والثالث تسعة آحادٍ حتّى إذا ضربنا الأوّل في الثاني وزدنا عليه الثالث يكون مالًا وستّة أشياء وتسعة آحادٍ وهو مجذورٌ.

Nous multiplions le premier par le troisième et nous ajoutons au total le deuxième, c'est dix choses plus six unités. Nous multiplions le deuxième par le troisième et nous lui ajoutons le premier, c'est dix choses [A-220v°] plus cinquante quatre unités et les deux égalent deux carrés. Nous prenons la différence entre les deux, à savoir quarante-huit unités, et nous demandons deux carrés tels que la différence entre les deux soit quarante-huit. Que l'un des deux soit seize et l'autre soixante-quatre. Nous égalisons le plus grand au plus grand et le plus petit au plus petit. Nous obtenons la chose, une unité, c'est le premier [nombre], le deuxième est sept unités et le troisième neuf unités.

122.   S'il est dit : trois nombres sont tels que, si deux d'entre eux sont multipliés l'un par l'autre et si nous ajoutons ce produit au carré du troisième, il vient un carré.

Nous posons le premier une chose, le deuxième quatre choses [plus quatre unités] et le troisième une unité, de manière que, si nous multiplions le premier par le deuxième et si nous lui ajoutons le carré du troisième, il vient quatre *carrés* plus quatre choses plus une unité, à savoir un carré. Et si nous multiplions le deuxième par le troisième et si nous lui ajoutons le carré du premier, il vient un *carré* plus quatre choses plus quatre unités, et c'est également un carré. Nous multiplions le premier par le troisième, nous lui ajoutons le carré du deuxième, il vient seize *carrés* plus seize unités plus trente-trois choses, ce qui égale un carré. Nous l'égalisons à seize *carrés* plus vingt cinq unités moins quarante choses. On obtient la chose, neuf parties de soixante-treize parties d'unité, et elle est le premier nombre. Le deuxième est quatre unités plus trente-six parties de soixante-treize parties d'unité, et le troisième est une unité.

123.   S'il est dit : trois nombres sont tels que si deux d'entre eux sont multipliés l'un par l'autre et si nous soustrayons de ce produit le troisième, le reste est un carré.

Nous posons le premier une chose, le deuxième une chose plus quatre unités et le troisième quatre choses, de manière que, si nous multiplions le premier par le deuxième et si nous soustrayons du résultat le troisième, le reste est un carré.

ونضرب الأوّل في الثالث ونزيد على المبلغ الثاني فيصير عشرة أشياء وستّة آحادٍ. ونضرب الثاني في الثالث ونزيد عليه الأوّل فيصير عشرة أشياء [١-٢٢٠ظ] وأربعة وخمسين أحدًا وهما يعدلان مربّعين. فنأخذ الفضل بينهما، وهو ثمانية وأربعون أحدًا، فنطلب مربّعين يكون الفضل بينهما ثمانية وأربعين وليكن أحدهما ستّة عشر والآخر أربعة وستّين. فنقابل الأعظم بالأعظم والأصغر بالأصغر. فنخرج الشيء واحدًا وهو الأوّل والثاني سبعة آحادٍ والثالث تسعة آحادٍ.

١٢٢. فإن قيل ثلاثة أعدادٍ مضروب كلّ اثنين منها أحدهما في الآخر إذا زدنا عليه مربّع الثالث كان مربّعًا.

فنجعل الأوّل شيئًا والثاني أربعة أشياء [وأربعة أحادًا] والثالث واحدًا حتّى إذا ضربنا الأوّل في الثاني وزدنا عليه مربّع الثالث كان أربعة أموالٍ وأربعة أشياء وواحدًا وهو مربّع. وإذا ضربنا الثاني في الثالث وزدنا عليه مربّع الأوّل كان مالًا وأربعة أشياء وأربعة آحادٍ، وهو أيضًا مربّع. فنضرب الأوّل في الثالث ونزيد عليه مربّع الثاني فيصير ستّة عشر مالًا وستّة عشر أحدًا وثلاثة وثلاثين شيئًا وهو يعدل مربّعًا. فنقابله بستّة عشر مال وخمسة وعشرين أحدًا إلّا أربعين شيئًا فيخرج الشيء تسعة أجزاء من ثلاثةٍ وسبعين جزئًا من واحدٍ، وهو العدد الأوّل. فالثاني أربعة آحادٍ وستّة وثلاثون جزئًا من ثلاثة وسبعين جزئًا من واحدٍ والثالث واحدٌ.

١٢٣. فإن قيل ثلاثة أعداد مضروب كلّ اثنين منها أحدهما في الآخر إذا نقص منه الثالث كان الباقي مربّعًا.

فنجعل الأوّل شيئًا والثاني شيئًا وأربعة آحادٍ والثالث أربعة أشياء حتّى إذا ضربنا الأوّل في الثاني ونقصنا منه الثالث كان الباقي مربّعًا.

Nous multiplions le premier par le troisième et nous soustrayons de lui le deuxième. Il reste quatre *carrés* moins une chose plus quatre unités. Nous multiplions le deuxième par le troisième et nous soustrayons de lui le premier, il reste quatre *carrés* plus quinze choses et les deux [résultats] égalent un carré. Nous prenons leur différence, à savoir seize choses plus quatre unités, et nous demandons deux nombres dont le produit de l'un par l'autre est seize choses plus quatre unités. Nous posons [A-221r°] l'un des deux quatre unités et l'autre quatre choses plus une unité. Si nous voulons, nous les additionnons, nous prenons la moitié de la somme, à savoir deux choses plus deux plus un demi, et nous la mettons au carré. Il vient quatre *carrés* plus dix choses plus six unités plus un quart et nous lui égalisons le plus grand des deux carrés, à savoir quatre *carrés* plus quinze choses. Si nous voulons, nous prenons la moitié de la différence entre les deux, à savoir deux choses moins un plus un demi, et nous la mettons au carré. Il vient quatre *carrés* plus deux unités plus un quart moins six choses et nous lui égalisons le plus petit des deux carrés, à savoir quatre *carrés* moins une chose moins quatre unités. Selon les deux mesures on obtient la chose, un plus un quart, c'est le premier nombre, le deuxième est cinq unités plus un quart et le troisième cinq unités.

124.   S'il est dit : trois nombres sont tels que, si deux d'entre eux sont multipliés l'un par l'autre et si cela est ajouté à la somme des deux nombres multiplicandes, le total est un carré.
Nous posons le premier nombre quatre unités et le deuxième neuf unités, parce que deux carrés sont égaux si nous multiplions l'un des deux par l'autre, et nous posons le troisième une chose. Nous savons déjà que, [le produit] du premier par le deuxième est tel que, si nous lui ajoutons la somme des deux, il vient un carré. Nous multiplions le premier par le troisième et nous lui ajoutons le premier plus le troisième, il vient cinq choses plus quatre unités. Nous multiplions le deuxième par le troisième et nous lui ajoutons le deuxième plus le troisième. Il vient dix choses plus neuf unités et les deux démarches égalent un carré. Nous prenons leur différence, à savoir cinq choses plus cinq unités, et nous demandons deux nombres dont le produit d'un des deux par l'autre soit cinq choses plus cinq unités.

فنضرب الأوّل في الثالث وننقص منه الثاني يبقى أربعة أموالٍ إلّا شيئًا وأربعة
آحادٍ. ونضرب الثاني في الثالث وننقص منه الأوّل، يبقى أربعة أموالٍ وخمسة
عشر شيئًا وكلاهما يعدل مربّعًا. فنأخذ الفضل بينهما، وهو ستّة عشر شيئًا وأربعة
آحادٍ فنطلب عددين يكون ضرب أحدهما في الآخر ستّة عشر شيئًا وأربعة آحادٍ.
فنجعل [ا-٢٢١و]

أحدهما أربعة آحادٍ والآخر أربعة أشياء وواحدًا. فإن شئنا نجمع بينهما ونأخذ
نصف المجتمع وهو شيئان واثنان ونصف ونربّعه. فيكون أربعة أموال وعشرة أشياء
وستّة آحادٍ وربعًا ونقابل به أعظم المربّعين، وهو أربعة أموال وخمسة عشر شيئًا.
وإن شئنا نأخذ نصف الفضل بينهما، وهو شيئان إلّا واحدًا ونصفًا، ونربّعه. فيكون
أربعة أموالٍ وأحدين وربعًا إلّا ستّة أشياء ونقابل به أصغر المربّعين، وهو أربعة أموالٍ
إلّا شيئًا وإلّا أربعة آحادٍ. وعلى التقديرين يخرج الشيء واحدًا وربعًا وهو العدد
الأوّل فالثاني خمسة آحادٍ وربع [و]الثالث خمسة آحادٍ.

١٢٤. فإن قيل ثلاثة أعدادٍ إذا ضرب كلّ اثنين منها أحدهما في الآخر وزيد
عليه مجموع العددين المضروبين كان المبلغ مربّعًا.

فنجعل العدد الأوّل أربعة آحادٍ والثاني تسعة آحادٍ، لأنّ كلّ مربّعين متواليتين إذا
ضرب أحدهما في الآخر ونجعل الثالث شيئًا. وقد علمنا أنّ الأوّل في الثاني،
إذا زدنا عليه مجموعهما، يكون مربّعًا. فنضرب الأوّل في الثالث ونزيد عليه
الأوّل والثالث، فيكون خمسة أشياء وأربعة آحادٍ. ونضرب الثاني في الثالث ونزيد
عليه الثاني والثالث، فيكون عشرة أشياء وتسعة آحادٍ وكلّتا الجهاتين يعدل مربّعًا.
فنأخذ الفضل بينهما فيكون خمسة أشياء وخمسة آحادٍ فنطلب عددين يكون
ضرب أحدهما في الآخر خمسة أشياء وخمسة آحادٍ. فأحدهما شيءٌ وواحدٌ
والآخر خمسة آحادٍ.

L'un des deux est une chose plus une unité et l'autre est cinq unités. Soit nous additionnons les deux, nous prenons la moitié de la somme, à savoir la moitié d'une chose plus trois unités, et nous la mettons au carré. Il vient un quart d'un *carré* plus trois choses plus neuf unités et nous lui égalisons dix choses plus neuf unités. Soit nous prenons la différence entre les deux, à savoir la moitié d'une chose moins deux unités, et nous la mettons au carré. Il vient un quart d'un *carré* plus quatre unités moins deux choses et nous lui égalisons cinq choses plus quatre unités. Dans les deux mesures [A-221v°] la chose résulte vingt-huit unités et est le troisième nombre.

125. S'il est dit : trois nombres sont tels que, si deux d'eux sont multipliés l'un par l'autre et si de cela on soustrait la somme des deux facteurs, alors le reste est un carré.

Nous demandons d'abord deux nombres tels que, si on soustrait de leur produit les deux nombres à la fois, alors le reste est un carré.

Il faut que, si tu multiplies le plus petit des deux nombres par seize et si tu soustrais du total seize, cela soit égal au plus grand, lorsque tu multiplies ce dernier par quatre et que tu soustrais du total quatre. Si, au lieu de quatre et de seize, tu utilises deux nombres carrés autres que ceux-ci, cela est possible et nous expliquerons la finalité de cette condition.

Nous posons l'un des deux nombres une chose plus une unité et l'autre quatre choses plus une unité et nous multiplions l'un des deux par l'autre. C'est quatre *carrés* plus cinq choses plus une unité. Nous soustrayons de cela les deux nombres multiplicandes, il reste quatre *carrés* moins une unité et ceci égale un carré. Nous le confrontons à quatre *carrés* plus quatre unités plus huit choses et nous obtenons la chose cinq huitièmes d'une unité. Le premier nombre est treize huitièmes, parce que nous l'avons posé une chose plus une unité, et le deuxième est vingt-huit huitièmes, parce que nous l'avons posé quatre choses plus une unité. Puis, nous posons le troisième une chose, nous multiplions le premier par le troisième et nous soustrayons de lui le premier et le troisième. Il reste cinq huitièmes d'une chose moins treize huitièmes, et ceci égale un carré, soit-il équivalent à seize. Nous le multiplions par lui-même, et c'est dix choses moins vingt-six unités.

فإمّا أن نجمعهما ونأخذ نصف المجتمع، [و]هو نصف شيءٍ وثلاثة آحادٍ، ونربّعه. فيكون ربع مالٍ وثلاثة أشياء وتسعة آحادٍ ونقابل به عشرة أشياء وتسعة آحادٍ. وأمّا أن نأخذ الفضل بينهما، وهو نصف شيءٍ إلّا أحدين، ونربّعه. فيكون
ربع مالٍ وأربعة آحادٍ إلّا شيئين ونقابل به خمسة أشياء وأربعة آحادٍ. فيخرج الشيء [ا-٢٢١ظ]
على التقديرين ثمانية وعشرين أحدًا وهو العدد الثالث.

١٢٥. فإن قيل ثلاثة أعدادٍ إذا ضرب كلّ اثنين منها أحدهما في الآخر ونقص منه مجموع العددين المضروبين كان الباقي مربّعًا.

فنطلب أوّلًا عددين يكون ضرب أحدهما في الآخر إذا نقص منه العددان جميعًا، كان الباقي مربّعًا. ويجب أيضًا أن يكون أصغر العددين إذا ضربته في ستّة عشر ونقصت من المبلغ ستّة عشر يكون مثل الأكبر إذا ضربته في أربعة ونقصت من المبلغ أربعة. وإن استعملت مكان الأربعة والستّة عشر عددين مربّعين غيرهما جاز [ذلك] وكان مؤدّيًا إلى الصواب وسنبين وجه الحاجة إلى هذا الشرط.

فنجعل أحد العددين شيئًا وواحدًا والآخر أربعة أشياء وواحدًا ونضرب أحدهما في الآخر. فيكون أربعة أموالٍ وخمسة أشياء وواحدًا. ننقص منه العددين المضروبين يبقى أربعة أموالٍ إلّا واحدًا وذلك يعدل مربّعًا. فنقابله بأربعة أموالٍ وأربعة آحادٍ إلّا ثمانية أشياء فيخرج الشيء خمسة أثمان واحدٍ. فالعدد الأوّل ثلاثة عشر ثمنًا لأنّا جعلناه شيئًا وواحدًا والثاني ثمانية وعشرون ثمنًا لأنّا جعلناه أربعة أشياء وواحدًا. ثمّ نجعل الثالث شيئًا ونضرب الأوّل في الثالث وننقص منه الأوّل والثالث. يبقى خمسة أثمان شيءٍ إلّا ثلاثة عشر ثمنًا وذلك يعدل مربّعًا فليكن معادلًا لستّة عشر. ونضربها فيه فيكون عشرة أشياء إلّا ستّة وعشرين أحدًا.

٦ أحدًا: شيئًا

Puis, nous multiplions le deuxième par le troisième et nous soustrayons du total le deuxième et le troisième. Il reste vingt huitièmes d'une chose moins vingt-huit huitièmes d'une unité et ceci égale un carré, soit-il équivalent à quatre. Nous le multiplions par lui-même, c'est dix choses moins quatorze unités. Mais nous avons demandé que le plus petit des nombres demandés au début du problème soit tel que, si on le multiplie par seize et si on soustrait du total seize, [le reste] soit égal au plus grand lorsque celui-ci est multiplié par quatre et qu'on soustrait du total quatre. En effet si tu multiplies treize huitièmes par la chose, si tu soustrais du total la chose, et si tu multiplies le reste par seize, ceci est égal à vingt-huit huitièmes. [A-222r°] lorsque tu multiplies ces derniers par la chose, tu soustrais du total la chose et tu multiplies le reste par quatre. Ne vois-tu que, dans toute somme de deux autres sommes, viennent dix choses ? Et s'il n'est pas ainsi c'est parce que tu peux l'obtenir par l'égalité double.

Ensuite, nous revenons en arrière et nous disons : dix choses moins vingt-six unités égalent un carré et, de la même manière, dix choses moins quatorze unités égalent un carré. Nous prenons leur différence, à savoir douze unités, et nous demandons deux nombres tels que le produit d'un des deux par l'autre soit douze unités. Ils sont deux et six. Soit nous les additionnons, nous mettons au carré leur moitié, à savoir seize, et nous leur confrontons dix choses moins quatorze unités. Soit nous prenons la différence entre les deux et nous la mettons au carré. C'est quatre unités et nous lui confrontons dix choses moins vingt-six unités. Nous obtenons la chose trois unités et c'est le troisième nombre, le premier est sept huitièmes d'une unité et le troisième est trois unités plus un demi.

126. S'il est dit : quatre nombres sont tels que, si tu ajoutes chacun d'eux au carré de leur somme, le total est un carré, et si tu le soustrais du [carré de leur somme], le reste est un carré.

ثمّ نضرب الثاني في الثالث وننقص من المبلغ الثاني والثالث. فيبقى عشرون ثمن شيءٍ إلّا ثمانية وعشرين ثمن واحدٍ وذلك يعدل مربّعًا فليكن معادلًا لأربعةٍ. ونضربه فيه فيكون عشرة أشياء إلّا أربعة عشر أحدًا. وإنّما طلبنا أن يكون أصغر العددين المطلوبين في أوّل المسألة إذا ضربه في ستّة عشر ونقص من المبلغ ستّة عشر يكون مثل الأعظم إذا ضربه في أربعة ونقص منه أربعة لأنّ ثلاثة عشر ثمنًا إذا ضربتها في الشيء ونقصت من المبلغ الشيء وضربت الباقي في ستّة عشر يكون مثل ثمانيةٍ وعشرين ثمنًا [١-٢٢٢و]

إذا ضربتها في الشيء ونقصت من المبلغ الشيء وضربت الباقي في أربعة. ألا ترى أنّه جاء من كلّ جُملةٍ من الجملتين الآخرين عشرة أشياء؟ فلو لم يكن كذلك لما أمكن أن نخرج بالمساواة المثناة.

ثمّ نعود فنقول: عشرة أشياء إلّا ستّة وعشرين أحدًا يعدل مربّعًا. وكذلك عشرة أشياء إلّا أربعة عشر أحدًا يعدل مربّعًا. فنأخذ الفضل بينهما وهو اثنا عشر أحدًا ونطلب عددين يكون ضرب أحدهما في الآخر اثنى عشر أحدًا. فيكون اثنين وستّة.

فإمّا أن نجمعهما ونربّع نصفهما. فيكون ستّة عشر نقابل به عشرة أشياء إلّا أربعة عشر أحدًا.

وإمّا أن نأخذ الفضل بينهما ونربّعه فيكون أربعة آحادٍ ونقابل به عشرة أشياء إلّا ستّة وعشرين أحدًا. فيخرج الشيء ثلاثة آحادٍ وهو العدد الثالث والأوّل سبعة اثمان واحدٍ، والثالث ثلاثة آحادٍ ونصف.

١٢٦. فإن قيل أربعة أعدادٍ إذا زدت كلّ واحدٍ منها على مربّع مجموعها كان المبلغ مربّعًا، وإن نقصته منه كان الباقي مربّعًا.

Tu sais déjà que, si un nombre est tel que son carré est divisible en deux carrés, alors le produit de la racine de l'un des deux carrés par la racine de l'autre deux fois est un nombre tel que, si tu l'ajoutes au carré du premier nombre, c'est-à-dire au carré qui est divisé en deux carrés, le total est un carré, et si tu le soustrais de lui le reste est [aussi] un carré. Nous demandons alors un nombre dont le carré est divisible en deux parties [carrées] différentes quatre fois. Nous prenons d'abord cinq, dont le carré est divisible par les deux carrés de trois et de quatre. Puis, nous prenons treize, dont le carré est divisible par les deux carrés de cinq et de douze. Tu sais déjà que, étant donnés trois nombres de ce [genre], c'est-à-dire le nombre le plus grand, dont le carré est divisible par les carrés de deux autres nombres, et ces deux nombres, comme cinq, trois et quatre, si tu les multiplies tous par un nombre quelconque, alors la même propriété reste dans les résultats du produit. Nous multiplions les trois nombres que nous avons mentionnés par le nombre le plus grand parmi les trois autres, afin que le nombre [A-222vº]
le plus grand, [multiplié] par les résultats du produit dans les deux côtés, soit un seul nombre. Nous multiplions, donc, les trois premiers nombres, c'est-à-dire trois, quatre et cinq, par treize. Ils deviennent trente-neuf, cinquante-deux et soixante-cinq. Nous multiplions les trois autres nombres, c'est-à-dire cinq, douze et treize, par cinq. Il vient : vingt-cinq, soixante et soixante-cinq. Le plus grand nombre parmi les résultats du produit dans les deux côtés est soixante-cinq.

Puis, nous demandons trois nombres et trois autres nombres pour lesquels nous retrouvons la même propriété. On divise quatre-mille-deux-cent-vingt-cinq, qui est le carré du plus grand nombre parmi les résultats du produit dans les deux côtés, c'est-à-dire deux fois soixante-cinq, en deux parties carrés autres que les carrés des nombres qui résultent du produit, et il est divisible par elles, car soixante-cinq est divisible par deux fois deux carrés, et soixante-quatre, seize et quarante-neuf.

فقد علمت أنّ كلّ عددٍ يقسم مربّعه إلى مربّعين فإنّ مضروب أحد جذري
المربّعين في جذر الآخر مرّتين عدد إذا زدته على مربّع العدد الأوّل، أعني المربّع
الذي انقسم إلى مربّعين، كان المبلغ مربّعًا، وإن نقصته منه كان الباقي مربّعًا.

فنطلب عددًا ينقسم مربّعه بقسمين مختلفين أربع مراتٍ. فنأخذ أوّلًا خمسة الذي
ينقسم مربّعه إلى مربّعي ثلاثة وأربعة. ثمّ نأخذ ثلاثة عشر الذي ينقسم مربّعه إلى
مربّعي خمسة واثني عشر.

وقد علمت أنّ كلّ ثلاثة أعدادٍ من هذه، أعني العدد الأكبر الذي انقسم مربّعه
إلى مربّعي عددين آخرين مع ذينك العددين، بخمسةٍ وثلاثة وأربعة، فإنّك إذا
ضربتها كلّها في أيّ عددٍ شئت فأن تلك الخاصية يبقى في الأعداد المرتفعة من
الضرب.

فنضرب كلّ ثلاثة أعدادٍ ممّا ذكرنا في العدد الأعظم من الثلاثة الأخرى ليكون
العدد [٢٢٢-١ظ]
الأعظم في الأعداد المرتفعة من الضرب في كلّي الجانبين عددًا وواحدًا.

فنضرب الأعداد الثلاثة الأوّل، أعني ثلاثة وأربعة وخمسة في ثلاثة عشر. فيكون
تسعة وثلاثين واثنين وخمسين وخمسة وستّين ونضرب الأعداد الثلاثة الآخر،
أعني خمسة واثني عشر وثلاثة عشر، في خمسةٍ. فيكون خمسة وعشرين وستّين
وخمسة وستّين. فأعظم الأعداد المرتفعة من الضرب في كلّي الجانبين خمسة
وستّون.

ثمّ نطلب ثلاثة أعدادٍ وثلاثة أعدادٍ آخر يوجد هذه الخاصية فيها.
فيقسم أربعة آلافٍ ومائتين وخمسة وعشرين التي هي مربّع أعظم الأعداد المرتفعة
من الضرب في كلّي الجانبين، أعني خمسة وستّين مرّتين، بقسمين مربّعين غير
مربّعات الأعداد المرتفعة من الضرب، وهو ينقسم إليهما لأنّ خمسة وستّين ينقسم
إلى مربّعين مرّتين وأربعة وستّون وستّة عشر وستّون وتسعة وأربعون.

De la même manière son carré est divisible en deux parties carrées telles que la racine de l'une des deux soit trente-trois et la racine de l'autre cinquante-six, et il est aussi divisible en deux autres parties telles que la racine de l'une des deux soit seize et la racine de l'autre soixante-trois. Nous avons déjà trouvé un nombre, à savoir soixante-cinq, dont le carré est divisible en deux parties carrées différentes quatre fois. L'une d'elles est le carré de seize et le carré de trente-six, la deuxième est le carré de trente-trois et le carré de cinquante-six, la troisième est le carré de vingt-cinq et le carré de soixante, et la quatrième est le carré de trente-neuf et le carré de cinquante-deux.

Nous revenons à ce que nous avons demandé, nous posons le nombre composé de quatre nombres soixante-cinq choses. Nous posons chacun d'eux[5] des *carrés* de grandeur le nombre qui résulte du produit d'un des deux nombres tels que, si nous additionnons leurs carrés, vient de cette somme l'égal au carré de soixante-cinq par l'autre deux fois, de manière que, si nous ajoutons chacun d'eux au carré de soixante-cinq choses, ou bien si nous le soustrayons de ce dernier, après avoir ajouté et soustrait, il vient un carré. Nous posons le premier nombre deux-mille [A-223r°]
seize *carrés*, ce qui est égal au produit de seize par deux de ses associés, à savoir trente-trois deux fois. Nous posons le deuxième trois-mille *carrés* six-cent-quatre-vingt-seize *carrés*, ce qui est égal au résultat du produit de trente-trois par deux de ses associés, à savoir cinquante-six deux fois. Nous posons le troisième trois-mille *carrés*, ce qui est égal au résultat du produit de vingt-cinq par deux de ses associés, à savoir soixante deux fois. Nous posons le quatrième quatre-mille-cinquante-six *carrés*, ce qui est égal au résultat du produit de trente-neuf par deux de ses associés, à savoir cinquante-deux deux fois.

Ensuite, nous additionnons l'ensemble de ces nombres. Il vient douze-mille *carrés* et sept-cent-soixante-huit *carrés*, et cela égale soixante-cinq choses. Une seule chose est alors soixante-cinq parties de douze-mille-sept-cent-soixante-huit parties d'unité. Le *carré* est quatre-mille-deux-cent-vingt-cinq parties de cent-soixante-trois-millions-vingt-et-un-mille-huit-cent-vingt-quatre parties d'unité.

---

5   C'est-à-dire, chacun des quatre nombres.

فكذلك ينقسم مربّعه بقسمين مربّعين جذر أحدهما ثلاثة وثلاثون وجذر الآخر ستّة وخمسون، وينقسم بقسمين آخرين جذر أحدهما ستّة عشر وجذر الآخر ثلاثة وستّون. فقد وجدنا عددًا، وهو خمسة وستّون، قد انقسم مربّعه بقسمين مربّعين مختلفين أربع مرّاتٍ. أحدها مربّع ستّة عشر ومربّع ستّة وثلاثين، والثاني مربّع ثلاثة وثلاثين ومربّع ستّة وخمسين، والثالث مربّع خمسة وعشرين ومربّع ستّين، والرابع مربّع تسعة وثلاثين ومربّع اثنين وخمسين.

فنعود إلى مطلوبنا ونجعل العدد المركّب من الأعداد الأربعة خمسة وستّين شيئًا. ونجعل كلّ واحدٍ منها أموالًا بمقدار العدد الذي يرتفع من ضرب أحد العددين، الذين إذا نجمع مربّعًا ممّا كان مثل مربّع خمسة وستّين في الآخر مرّتين، حتّى إذا يزيد كلّ واحدٍ منها على مربّع خمسة وستّين شيئًا، أو ننقصه منه، كان بعد الزيادة والنقصان مربّعًا.

فنجعل العدد الأوّل ألفين [١-٢٢٣و] وستّة عشر مالًا، وهو مثل المرتفع من ضرب ستّة عشر في قرينيه، وهو ثلاثة وثلاثون مرّتين. ونجعل الثاني ثلاثة آلافٍ مالٍ وستّمائةٍ وستّة وتسعين مالًا، وهو مثل المرتفع من ضرب ثلاثة وثلاثين في قرينيه، وهو ستّة وخمسون مرّتين. ونجعل الثالث ثلاثة آلافٍ مالٍ، وهو مثل المرتفع من ضرب خمسةٍ وعشرين في قرينيه، وهو ستّون مرّتين. فنجعل الرابع أربعة آلافٍ وستّة وخمسين مالًا، وهو مثل المرتفع من ضرب تسعةٍ وثلاثين في قرينيه، وهو اثنان وخمسون مرّتين.

ثمّ نجمع جميع هذه الأعداد. فيكون اثنى عشر ألف مالٍ وسبع مائةٍ وثمانية وستّين مالًا، وذلك يعدل خمسة وستّين شيئًا. فالشيء الواحد يكون خمسة وستّين جزئًا من اثنى عشر ألفًا وسبعمائةٍ وثمانية وستّين جزئًا من واحدٍ. فيكون المال أربعة آلافٍ ومائتين وخمسة وعشرين جزئًا من مائة وثلاثة وستّين ألف ألفٍ وأحد وعشرين ألفًا وثمانمائة وأربعة وعشرين جزئًا من واحدٍ.

Puisque nous avons posé le premier nombre deux-mille-seize *carrés*, il vient huit-millions-cinq-cent-dix-sept-mille-six-cent parties de ce résultat.

Puisque nous avons posé le deuxième nombre trois-mille-six-cent-soixante-quinze *carrés*, il vient quinze-millions-six-cent-quinze-mille-six-cent parties de ce résultat.

Puisque nous avons posé le troisième nombre trois-mille *carrés*, il vient douze-millions-six-cent-soixante-quinze-mille [parties] de ce résultat.

Puisque nous avons posé le quatrième nombre quatre-mille-cinquante-six *carrés*, il vient dix-sept-millions-cent-trente-six-mille-six-cent parties de ce résultat, c'est-à-dire de cent-soixante-trois-millions-vingt-et-un-mille-huit-cent-vingt-quatre parties d'unité, et Dieu sait ce qui est correct.

ولأجل أن جعلنا العدد الأوّل ألفين وستّة عشر مالًا، يكون ثمانية آلاف ألفٍ
وخمسمائة وسبعة عشر ألفًا وستّمائة جزءٍ من ذلك المخرج.

ولأجل أنّا جعلنا العدد الثاني ثلاثة آلافٍ وستّمائةٍ وخمسة وسبعين مالًا فيكون
خمسة وعشر ألف ألفٍ وستّمائةٍ وخمسة عشر ألفًا وستّمائة جزء من ذلك المخرج.

ولأجل أنّا جعلنا العدد الثالث ثلاثة آلاف مالٍ يكون اثنى عشر ألف ألفٍ
وستّمائة وخمسة وسبعين ألفًا [جزء] من ذلك المخرج.

ولأجل أن جعلنا العدد الرابع أربعة آلافٍ وستّة وخمسين مالًا يكون سبعة
عشر ألف ألفٍ ومائة وستّة وثلاثون ألفًا وستّمائة جزء من ذلك المخرج، أعني من
مائة وثلاثة وستّين ألف ألفٍ واحدٍ وعشرين ألفًا وثمانمائة وأربعة وعشرين جزءًا من
واحدٍ والله اعلم بالصوّاب.

ANNEXES

COMMENTAIRE MATHÉMATIQUE

CHAPITRE I

Al-Zanjānī consacre le premier chapitre de son traité aux définitions et méthodes de construction des éléments de base du calcul des inconnues. Une fois énoncées les définitions euclidiennes d'unité et de nombre, il énonce la succession des noms qui désignent les puissances algébriques. Celle-ci peut être formalisée à l'aide du tableau suivant :

a	جذر	racine	2
$a^2 = a \cdot a$	مال / مربّع / مجذور	carré / carré / radicande	4
$a^3 = a \cdot a^2$	كعب	cube	8
$a^4 = a \cdot a^3$	مال مال	carré-carré	16
$a^5 = a \cdot a^4$	مال كعب	carré-cube	32
$a^6 = a \cdot a^5$	كعب كعب	cube-cube	61
$a^7 = a \cdot a^6$	مال مال كعب	carré-carré-cube	128

Une telle définition des puissances algébriques figurait aussi bien chez al-Karajī que chez al-Samaw'al, qui l'introduisent au début respectivement d'*al-Fakhrī* et d'*al-Bāhir*. Différentes manières de désigner la chose, le carré et le cube algébrique sont proposées, selon la nature de l'objet en question (une grandeur géométrique, une quantité numérique, un radicande). Chaque auteur a recours à plusieurs termes, que nous avons regroupés dans le tableau suivant :

	al-Karajī *al-Fakhrī*	al-Samaw'al *al-Bāhir*	al-Zanjānī *Balance de l'équation*
x	جذر، شيء، ضلع ḍil', shay', jidhr	جذر، ضلع ḍil', jidhr	شيء، جذر، ضلع ḍil', jidhr, shay'
x^2	مال، بسيط basīṭ, māl	مال، مربّع، مجذور majdhūr, murabba', māl	مال، مربّع، مجذور majdhūr, murabba', māl
x^3	كعب، جسم jism, ka'b	كعب، مكعّب muka"ab, ka'b	كعب، مكعّب muka"ab, ka'b

En imitant al-Karajī, al-Zanjānī utilise le terme *murabba'* pour désigner aussi bien un carré géométrique qu'un carré numérique. Le verbe *rabba'a* désigne ici l'opération arithmétique de mise au carré. Nous écrivons *carré* en italique afin de traduire *māl*[1]. Dans leurs textes d'algèbre, al-Samaw'al et al-Zanjānī n'ont plus recours aux termes *basīṭ* (plan) et *jism* (surface), mais introduisent les termes *majdhūr* et *muka"ab*. *Majdhūr*, participe passif de *jadhara*, signifie « ce dont on extrait la racine carrée », et nous avons choisi de le traduire par « radicande ». Ce terme est utilisé par al-Zanjānī principalement afin de désigner un carré parfait, dont on peut toujours trouver la racine[2]. Enfin, *muka"ab* est le correspondant de *murabba'* pour le cube arithmétique.

L'exemple numérique qui accompagne la définition sert à montrer que les progressions des puissances algébriques et arithmétiques sont identiques. Ainsi, la définition de puissance algébrique permet d'établir un lien entre le domaine des nombres et celui des inconnues.

Ensuite al-Zanjānī introduit les rangs (*martaba*) des puissances algébriques. Puisque les rangs sont comptés à partir des unités, ils ne correspondent pas exactement à la définition de degré[3]. En remarquant la correspondance des rangs des unités, racines, carrés, cube,

---

1 Le terme *māl* désignait un certain bien, ou fortune. C'est avec ce sens originaire que nous le retrouvons – et le traduisons – dans les énoncés des problèmes arithmétiques emportés en algèbre. Depuis les premiers traités d'algèbre, il va également désigner le carré algébrique x^2. Voir à ce propos Rashed (2017), p. 765-767.

2 Le terme « radicande » figure également dans le cadre des problèmes, afin d'identifier un deuxième carré arithmétique, autre que le *murabba'*.

3 Au sujet de la définition de rang, voir Rashed (2017), p. 283-286.

etc. aux unités, dizaines, centaines, milliers, etc., al-Zanjānī établi immédiatement un lien entre le calcul algébrique et le calcul aérien, dans lequel la définition de rang joue un rôle également crucial[4]. S'il est facile d'identifier les origines diophantiennes de la définition de puissance algébrique, il faut aussi noter qu'une définition similaire figurait aussi chez Abū Kāmil. Le premier définit les puissances jusqu'au neuvième degré, le deuxième s'arrête aux sixième degré[5]. Les deux excluent le septième degré, qui est au contraire mentionné par les arithméticiens-algébristes et utilisé dans le cadre de la définition des puissances suivantes. Enfin, remarquons que, comme ses prédécesseurs, al-Zanjānī construit les puissances de manière additive. Par exemple, la puissance algébrique *cube-cube*, que nous écrivons x^6, est identifiée par x^{5+1} mais aussi par x^{4+2}, ou par x^{3+3}.

Règle pour déterminer la distance (buʿd) d'un rang donné La notion de distance est une notion liée au comptage qui rappelle, dans ce contexte, l'idée néo-pythagoricienne d'écart entre les nombres. Deux règles de comptage sont présentées. La première s'applique lorsque la distance d'un rang à partir de l'unité est connue, et que l'on veut la nommer.

Exemples de cette règle :

- On veut nommer le rang 13. On calcule : $13 - 1 = 12$; $12 :$
  $3 = 4$. Le rang 13 est donc composé de quatre cubes, à savoir
  en symboles $x^3 \cdot x^3 \cdot x^3 \cdot x^3$. On le nomme donc un *cube-cube-cube-cube*.
- On veut nommer le rang 12. On calcule : $12 - 1 = 11$;

---

4 À ce propos, la définition de rang arithmétique qui figure dans *L'appui des arithméticiens* est : « Le nombre avec l'unité est selon trois rangs d'origine. Chaque rang est neuf nombres : les unités, à savoir de un à neuf ; les dizaines, à savoir de dix à quatre-vingt-dix, en ajoutant dix à dix ; les centaines, à savoir de cent à neuf cent, en ajoutant cent à cent. Quant aux milliers, ils ne sont pas un rang indépendant selon les capacités du calcul, mais ils sont des représentants des unités » (Ms. [A] f° 36v°). Cette définition correspond justement à celle formulée par al-Karajī dans *al-Kāfī*. Voir Chalhoub (1986), p. 36-37.

5 La définition des puissances algébriques d'Abū Kāmil est la suivante : « Sache que le *carré* est le produit de la chose par elle-même, que le cube est le produit de la chose par le *carré*, que le *carré-carré* est le produit du *carré* par le *carré* et que le cubo-cube est le produit du cube par le cube » (Rashed (2012), p. 444).

11 : 3 = 3 et il reste 2. Le rang 12 est donc composé de deux types de puissances simples, à savoir le *carré* et le *cube*. Plus précisément, on aura un *carré* et trois *cubes*. On fait précéder la plus petite puissance à la plus grande, à savoir $x^2 \cdot x^3 \cdot x^3 \cdot x^3$, et la dénomination du rang 12 sera donc un *carré-cube-cube-cube*.

La seconde règle prévoit que le nom du rang soit connu, et que l'on veut déterminer sa distance à partir de l'unité.

Exemple de cette règle :

- On veut connaître la distance à partir de l'unité d'un *carré-carré-cube-cube-cube*. Elle sera $2 \cdot 2 + 3 \cdot 3 + 1 = 14$.

Introduction de la partie (juz')   Al-Zanjānī définit la « partie d'une chose », à savoir l'inverse de la puissance algébrique, en la qualifiant de quatre manières que nous pouvons retranscrire ainsi :

1. $\frac{1}{x}$ est ce qui, multiplié par x, donne 1 ;
2. $\frac{1}{x}$ est le rapport de 1 à x ;
3. si $x < 1$ alors $\frac{1}{x} > 1$ et inversement ;
4. x est la partie de sa partie, à savoir de $\frac{1}{x}$.

Il précise également que, lorsque les choses, les *carrés* et les autres rangs sont à une extrémité de l'unité, leurs parties seront à l'autre extrémité. Ainsi, les inverses des puissances sont définies selon une idée de comptage en avant et en arrière. Cette idée est à la base de la méthode de construction du tableau pour la règle de multiplication et division des puissances algébriques qui figurait dans *al-Bāhir* :

> Si les deux puissances sont de part et d'autre de l'unité, à partir de l'une d'elles nous comptons en direction de l'unité le nombre des éléments du tableau qui séparent l'autre puissance de l'unité, et le nombre est du coté de l'unité. Si les deux puissances sont du même côté de l'unité, nous comptons en direction opposée à l'unité (Rashed (2021), p. 9).

En élaborant cette règle et le tableau qui l'accompagne, al-Samaw'al parvient aussi à identifier la puissance nulle $x^0 = 1$, indiquée dans le tableau par le signe • associé au nombre 1. Le tableau d'al-Samaw'al pour la multiplication et division des puissances algébriques, ainsi que la définition de puissance nulle sont absents des écrits conservés d'al-Karajī. Ils ne figurent pas non plus dans

Balance de l'équation, bien que l'idée du comptage en avant et en arrière soit à la base des règles suivantes :

$$\frac{1}{x} : \frac{1}{x^2} = \frac{1}{x^2} : \frac{1}{x^3} = \frac{1}{x^3} : \frac{1}{x^4} = \ldots = \frac{1}{x^n} : \frac{1}{x^{n+1}}$$

et

$$\frac{1}{x} : \frac{1}{x^2} = \frac{x^2}{x} = \ldots = \frac{1}{x^{n-1}} : \frac{1}{x^n} = \frac{x^n}{x^{n-1}}.$$

que al-Zanjānī mentionne également en conclusion de ce premier chapitre.

CHAPITRE II

Al-Zanjānī ouvre le chapitre avec une définition générale de l'opération de multiplication. Celle-ci est fondée sur la définition euclidienne d'égalité de rapports et identique à la définition de multiplication qui figure dans *L'appui des arithméticiens*. Nous pouvons la retranscrire de cette manière :

$$a \cdot b = c \text{ si et seulement si } \frac{a}{c} = \frac{1}{b}.$$

Les règles pour la multiplication sont conçues d'abord pour les expressions algébriques simples, puis pour les composées. Les exemples qui suivent la formulation de la règle sont pour la plupart empruntés à al-Karajī. Trois règles préliminaires sont formulées avant d'énoncer la règle générale pour la multiplication de deux expressions algébriques simples.

1. Règle pour la multiplication d'un nombre par un rang quelconque

$$n \cdot ax^m = nax^m.$$

Exemples :
1. $5 \cdot 5x = 25x$;
   $5 \cdot 7x^2 = 35x^2$;

$$5 \cdot 8x^3 = 40x^3 \; ;$$
$$5 \cdot 10\frac{1}{x} = 50\frac{1}{x} \; ;$$
$$5 \cdot 12\frac{1}{x^3} = 60\frac{1}{x^3}.$$

2. Règle pour la multiplication d'une racine par un rang quelconque

$$ax \cdot bx^m = abx^{m+1} \text{ avec } m \geq 1.$$

Exemples :
2. $x \cdot x = x^2$;
   $x \cdot x^2 = x^3$;
   $x \cdot x^3 = x^4$.

3. Règle pour la multiplication d'un rang quelconque par un rang quelconque

$$x^n \cdot x^m = x^{n+m} \text{ avec } n < m.$$

Il précise que le résultat de cette multiplication est une expression « issue de l'application du multiplicande au multiplicateur » et entend cette application comme une juxtaposition de termes, qui deviennent donc concaténés l'un à l'autre.
Exemples :
3. $x^2 \cdot x^2 = x^4$;
   $x^2 \cdot x^3 = x^5$;
   $x^2 \cdot x^4 = x^6$;
   $x^2 \cdot x^5 = x^7$.

Al-Zanjānī rappelle que, dans la dénomination du rang, le nom du rang plus bas suit le nom du rang plus élevé. Ainsi, $x^{10} \cdot x^7 = x^{17}$ est un *carré-cube-cube-cube-cube-cube*.

Règle générale pour la multiplication d'expressions algébriques simples

$$ax^n \cdot bx^m = (a \cdot b)x^{n+m} \text{ avec } n < m.$$

Il faut combiner la règle pour la multiplication arithmétique avec l'une des trois règles préliminaires qui viennent d'être mentionnées.
Exemples :

4. $5x^2 \cdot 6x^3 = 30x^{2+3} = 30x^5$;

5. $\frac{1}{2}x \cdot \frac{1}{2}x = \frac{1}{4}x^2$;

6. $\frac{1}{2}x^2 \cdot \frac{1}{2}x^3 = \frac{1}{4}x^5$;

7. $\frac{1}{3}x^3 \cdot \frac{1}{4}x^5 = \frac{1}{2}\frac{1}{6}x^8$ et ainsi de suite.

Règle pour la multiplication des parties

$$\frac{1}{x^m} \cdot \frac{1}{x^n} = \frac{1}{x^{m+n}}$$

et

$$\frac{1}{x^m} \cdot x^n = x^n : x^m.$$

Al-Zanjānī remarque que ces règles seront plus claires lorsqu'il aura introduit la division.

Règles pour la multiplication des racines carrées et cubiques

$$\sqrt{a} \cdot \sqrt{b} = \sqrt{ab}.$$

Si les facteurs sont rationnels (« exprimables ») ou rationnels en puissance (« semblables »), le produit sera rationnel. Si les facteurs sont irrationnels (« sourds »), le produit sera irrationnel.

Exemples :

8. $\sqrt{4} \cdot \sqrt{9} = \sqrt{36} = 6$;

9. $\sqrt{5} \cdot \sqrt{10} = \sqrt{100} = 10$;

10. $\sqrt{10} \cdot \sqrt{20} = \sqrt{200}.$

$$\sqrt{a} \cdot b = \sqrt{a \cdot b^2}.$$

Exemple :

11. $\sqrt{4} \cdot 6$. Il faut calculer $6^2 \cdot 4 = 144$ et $\sqrt{144} = 12$.

$$\sqrt[3]{a} \cdot \sqrt[3]{b} = \sqrt[3]{a \cdot b} \text{ et } \sqrt[3]{a} \cdot b = \sqrt[3]{a \cdot b^3}.$$

Exemples :

12. $\sqrt[3]{8} \cdot \sqrt[3]{27} = \sqrt[3]{216} = 6$;
    $\sqrt[3]{2} \cdot \sqrt[3]{32} = \sqrt[3]{64} = 4$;
    $\sqrt[3]{5} \cdot \sqrt[3]{10} = \sqrt[3]{50}$;

13. $\sqrt[3]{8} \cdot 3 = \sqrt[3]{8 \cdot 3^3} = \sqrt[3]{216} = 6$;

14. $2\sqrt{4} \cdot 3\sqrt{9} = \sqrt{(2^2 \cdot 4) \cdot (3^2 \cdot 9)} = \sqrt{1296} = 36$.

15. $\frac{1}{4}\sqrt{4} \cdot \frac{1}{5}\sqrt{9}$. Il faut calculer $(\frac{1}{4})^2 \cdot 4 = \frac{1}{4}$; $(\frac{1}{5})^2 \cdot 9 = \frac{1}{5} + \frac{4}{5}\frac{1}{5}$

    donc $\sqrt{\frac{1}{4} \cdot (\frac{1}{5} + \frac{4}{5}\frac{1}{5})} = \sqrt{\frac{9}{100}} = \frac{3}{10}$.

16. $\sqrt{9} \cdot \sqrt[3]{8}$. Il faut calculer $9^3 = 729$; $8^2 = 64$; $\sqrt{729 \cdot 64} = 216$
    donc $\sqrt[3]{216} = 6$.

Bien que faisant partie de l'exposé sur la multiplication algébri-que, tous les exemples formulés pour la multiplication des racines portent sur le calcul des connues. Cela est probablement dû au fait qu'al-Zanjānī les avait lus dans le chapitre d'*al-Fakhrī Sur l'explica-tion des arguments et des propositions dont on a besoin pour le calcul d'algèbre et al-muqābala*[6]. Nous pouvons également remarquer que ces exemples avec des radicaux complètent l'exposé de la multiplication des racines développé dans *L'appui des arithméticiens*.

Règle pour la multiplication de deux expressions composées   Afin de multi-plier « deux espèces ou plus par deux espèces ou plus », il faut multi-plier tous les rangs du multiplicande par tous les rangs du multipli-cateur et additionner le résultat. La règle des signes pour la multipli-cation est également formulée. Elle s'applique lorsque les expressions algébriques contiennent des termes retranchés.

Al-Zanjānī développe les exemples suivants :

17. $(10 - x) \cdot (10x - x^2)$;

18. $(x + \sqrt{10}) \cdot (x + \sqrt{10})$;

19. $(\sqrt{10} - x) \cdot (\sqrt{10} - x)$;

20. $(x - \sqrt{4}) \cdot (x - \sqrt[3]{8})$;

21. $(5x^3 + 3x^2 + 4x) \cdot (5x^2 + 3x + 4)$.

---

6   Voir Saʿīdān (1986), p. 121-131.

CHAPITRE III

Comme pour la multiplication, la définition de l'opération de division algébrique se fonde sur l'égalité de rapports, à savoir

$$a : b = c \text{ si et seulement si } a : c = 1 : b.$$

Deux règles préliminaires à la règle générale pour la division de deux expressions algébriques simples sont formulées. La première est la règle pour la division de deux expressions simples de même rang, à savoir

$$ax^n : bx^n = a : b.$$

Exemple :
1. $10x : 5x = 20x^2 : 10x^2 = 30x^3 : 15x^3 = 2x^4 : x^4 = 2.$

La deuxième est la règle pour la division de deux expressions simples de rang différent

$$x^m : x^n = x^{m-n} \text{ où } m > n.$$

Exemple :
2. Dans le cas de $x^6 : x^2$, la distance entre les rangs du dividende et du diviseur étant 5, le résultat est x^4. La règle se base donc sur un comptage à partir du rang de l'unité.

Règle générale pour la division de deux expressions simples   En s'appuyant sur l'explication de la division élaborée dans *L'appui des arithméticiens*, al-Zanjānī parvient à formuler la règle suivante :

$$ax^m : bx^n = (a : b)x^{m-n}$$
$$\text{si } m < n \text{ alors } ax^m : bx^n = (a : b)\frac{1}{x^{n-m}}$$

Règles pour la division des parties

$$\frac{1}{x^m} : \frac{1}{x^n} = \frac{1}{x^{m-n}}.$$

Exemples :

3. $\frac{1}{x^2} : \frac{1}{x^3} = x$, à savoir $x^3 : x^2$;

$\frac{1}{x^2} : \frac{1}{x^2} = 1$, à savoir $x^2 : x^2$;

$\frac{1}{x^2} : \frac{1}{x} = \frac{1}{x}$, à savoir $x : x^2$.

$$\frac{1}{x^m} : x^n = \frac{1}{x^m \cdot x^n} \text{ et } x^m : \frac{1}{x^n} = x^m \cdot x^n.$$

Exemples :

4. $\frac{1}{x^2} : x = \frac{1}{x^3}$;

$\frac{1}{x^2} : x^2 = \frac{1}{x^4}$;

$\frac{1}{x^2} : x^3 = \frac{1}{x^5}$.

$$x^m : \frac{1}{x^m} = (x^m)^2.$$

Exemples :

5. $x : \frac{1}{x} = x^2$;

$x^2 : \frac{1}{x^2} = x^4$;

$x^3 : \frac{1}{x^3} = x^6$.

Règle pour la division de racines carrées et cubiques

$$\sqrt{a} : \sqrt{b} = \sqrt{a : b} \text{ et } \sqrt[3]{a} : \sqrt[3]{b} = \sqrt[3]{a : b}$$

où a et b sont deux nombres donnés.

Exemples :

6. $\sqrt{9} : \sqrt{4} = \sqrt{9 : 4} = \sqrt{2 + \frac{1}{4}} = 1 + \frac{1}{2}$;

7. $\sqrt[3]{27} : \sqrt[3]{8} = \sqrt[3]{27 : 8} = \sqrt[3]{3 + \frac{3}{8}} = 1 + \frac{1}{2}$.

Al-Zanjānī formule également les règles suivantes[7] :

$$a : \sqrt{b} = \sqrt{a^2 : b} ;$$
$$\sqrt{a} : b = \sqrt{a : b^2} ;$$
$$\sqrt[3]{a} : \sqrt{b} = \sqrt[3]{\sqrt{a^2 : b^3}}.$$

---

7   Il précise que les deux premières règles sont valables, *mutata mutandis*, pour la racine cubique.

Exemple :

8. $\sqrt[3]{27} : \sqrt{4}$. On divise $27^2 : 4^3 = 11 + \frac{25}{64}$ donc $\sqrt{11 + \frac{25}{64}} = 3 + \frac{3}{8}$ donc $\sqrt[3]{3 + \frac{3}{8}} = \frac{1}{2}$.

Remarque : comme dans le cas de la multiplication, les exemples choisis sont les mêmes de la section correspondante d'*al-Fakhrī* et ils concernent uniquement la division arithmétique des racines carrés et cubiques.

Règle pour la division d'une expression composée par une expression simple Il faut diviser chaque « espèce » du dividende par le diviseur et additionner les résultats. Al-Zanjānī entend par espèce les différents termes simples (c'est-à-dire la puissance algébrique accompagnée de son adjectif numéral) d'une expression.

Exemples :

9. $(x^4 + 2x^3 + 4x^2) : 2x = \frac{1}{2}x^3 + x^2 + 2x$;

10. $(10x - 10) : 10x = 1 - \frac{1}{x}$;

11. $(10x^2 + \sqrt{10x}) : 10x = 1 + \frac{1}{\sqrt{10x}}$;

12. $(10x^3 + \sqrt[3]{10x^2}) : 5x = 2x^2 + \sqrt[3]{10x^2 : 5^3x^3} = 2x^2 + \sqrt[3]{\frac{2}{5}\frac{1}{5}\frac{1}{x}}$;

13. $(10x^2 + \sqrt[3]{10x}) : \sqrt{10} = \sqrt{10x^4} + \sqrt[3]{\sqrt{\frac{1}{10}x^2}}$.

Al-Zanjānī remarque que des divisions telles que

$$10x : (x^2 + 1)$$

ou

$$(10x^2 + 10x) : (x^2 + 2)$$

ne peuvent pas être calculées et ne donnent lieu à aucune expression algébrique. Concernant la première division, il précise : « on ne peut pas la désigner autrement que par : ceci est divisé par cela ». La deuxième division est également impossible parce que : « Tu ne trouves aucune grandeur exprimable [par cette division] ni parmi les connues ni parmi les inconnues ».

Règle pour la division de deux expressions composées   al-Zanjānī analyse uniquement le cas d'une division dans laquelle les termes du
dividende sont de même rang que les termes du diviseur et dont
les coefficients sont en proportion : il faudra diviser chaque espèce
du dividende par l'espèce correspondante dans le diviseur, puis
additionner les résultats.

    Exemples :
    14. $(10x^2 + 10x) : (2x^2 + 2x) = 5$;
    15. $(10x^2 + 20x + 30) : (2x^2 + 4x + 6) = 5$;
    16. $(10x^3 + 20x^2 + 30x) : (2x^3 + 4x^2 + 6x) = 5$.

    Dans les textes d'al-Karajī qui nous sont parvenus, la division
de deux expressions algébriques composées n'est pas abordée. En
revanche, elle figure chez al-Samaw'al, qui parvient à résoudre une
telle opération en utilisant les tableaux. L'opération de division
était conçue en transposant en algèbre l'antyphérèse, c'est-à-dire en
appliquant aux inconnues l'algorithme d'Euclide. Dans le cadre des
grandeurs composées, l'opération devient toutefois très difficile à
gérer : non seulement il faut rendre compte des restes mais il faut
aussi prendre soin de placer d'abord les termes additifs et ensuite les
soustractifs. La complexité technique de l'opération est probablement la raison qui avait retenu al-Karajī à développer des divisions
d'expressions algébriques composées et à utiliser la méthode des tableaux dans *al-Fakhrī*. Nous voyons qu'al-Zanjānī aussi ne considère
qu'un cas très simple de division de deux expressions algébriques
composées.

Règle pour la division de divisions   Pour cette opération, deux méthodes
de résolution sont proposées.
    Exemples :
    17. $100x : (20x^2 : x^3)$.
        Soit on calcule $100x : 20\frac{1}{x} = 5x^2$.
        Soit on calcule $100x \cdot x^3 = 100x^4 \rightarrow 100x^4 : 20x^2 = 5x^2$.
    18. $100x^2 : (50x^3 : (20x^2 : 5x))$.
        Soit on calcule $100x^2 \cdot 20x^2 = 2000x^4$ et $50x^3 \cdot 5x = 250x^4 \rightarrow 2000x^4 : 250x^4 = 8$.

Soit on calcule $20x^2 : 5x = 4x \rightarrow 50x^3 : 4x = (12+\frac{1}{2})x^2 \rightarrow$
$100x^2 : (12 + \frac{1}{2})x^2 = 8$.

19. $100x^2 : (50x^3 : (20x : (10x^4 : 5x^5)))$.
$100x^2 \cdot 20x = 2000x^3 \rightarrow 5x^5 \cdot 2000x^3 = 10000x^8$ et
$50x^3 \cdot 10x^4 = 500x^7 \rightarrow 10000x^8 : 500x^7 = 20x$.

20. $100x^2 : (20x : (50x^4 : 10x^3))$.
$10x^2 : 20x = 5x$ et $50x^4 : 10x^2 = 5x \rightarrow 5x : 5x = 1$.

21. $(100x^4 : (10x^3 : (2x^2 : 2x))) : (50x^5 : (5x^2 : 10))$.
$100x^4 \cdot 2x^2 = 200x^6$ et $10x^3 \cdot 2x = 20x^4 \rightarrow 200x^6 : 20x^4 =$
$10x^2$ et $50x^5 \cdot 10 = 500x^5 \rightarrow 500x^5 : 5x^2 = 100x^3$
$10x^2 : 100x^3 = \frac{1}{10x}$.

Définition de rapport algébrique (nisba)

$$a : b = \tfrac{a}{b} \text{ si } a < b$$

Exemples :

22. $\frac{x^2+x}{4x} = \frac{1}{4}x + \frac{1}{4}$;

23. $\frac{4x}{2x^2+5x} = \frac{4x}{2x^2+5x}$. En réduisant par x, le résultat est $\frac{4}{2x+5}$;

24. $\frac{x^3+2x^2+3x+4}{5x^3+10x^2+15x+20} = \frac{1}{5}$;

25. $\frac{4+2x+5x^2}{20x^2+10x^3+25x^4} = \frac{4+2x+5x^2}{5x^2(4+2x+5x^2)} = \frac{1}{5x^2}$.

Considéré par les prédécesseurs comme un chapitre à part, le rapport est ici intégré à l'exposé sur la division. Al-Zanjānī rappelle la distinction entre deux définitions de rapport expliquée dans son arithmétique. Selon la première définition, le rapport est une mesure. C'est comme lorsqu'on dit que cinq choses sont la moitié de dix choses. Selon la deuxième définition, le rapport correspond à une opération et, plus précisément, il est « de l'espèce de la division ». Dans ce sens, le rapport est une portion de l'unité telle que son produit par le deuxième terme du rapport est égal au premier terme. Il est donc soumis à la même règle que la division : ce à quoi on rapporte ne peut pas avoir plus d'espèces que ce qui est rapporté et, s'il en a autant, les rangs des deux doivent être correspondants et leurs adjectifs numéraux proportionnels. Ainsi, comme dans le cas de la division, al-

Zanjānī précise qu'un rapport tel que $\frac{x}{x^2+1}$ ne produit aucune grandeur exprimable et correspond à une opérations qui ne possède aucun résultat. Rappelons que, dans *al-Badī'*, al-Karajī s'était penché sur ce type de problème est avait précisé que :

> Les inconnues sont selon deux sortes : l'inconnue qui dépend d'elle-même, et l'inconnue qui dépend d'autre chose [qu'elle-même]. Celle qui dépend d'elle-même est comme la chose, que les algébristes utilisent dans le calcul. Celle qui dépend d'autre chose est comme dix divisé par une chose plus la racine de trois choses, car elle ne devient connue qu'après avoir connu la chose[8].

SECTION SUR LA DIVISION DE PRODUITS ET LE PRODUIT DE DIVISIONS

Cette section est destinée à présenter des règles de calcul qui impliquent l'utilisation simultanée de la multiplication et de la division.

1. $(10 : x^2) \cdot x = \frac{10}{x}$ ce résultat est obtenu en calculant soit $(10 \cdot x) : x^2$; soit $10 : (x^2 : x)$; soit $(10 : x^2) \cdot x$; soit $(x : x^2) \cdot 10$.

2. $[10x : (x^2 + 1)] \cdot 3x = (10x \cdot 3x) : (x^2 + 1) = 30x^2 : (x^2 + 1)$ qui n'a pas de résultat exprimable.

3. $(10 : x^3)(x^2 + x) = \frac{10}{x^2} + \frac{10}{x}$ ce résultat est obtenu en calculant soit $[10 \cdot (x^2 + x)] : x^3$; soit $10 : (x^3 : x^2) : (x^3 : x)$; soit $(10 : x^3) \cdot (x^2 + x)$; soit $((x^2 + x) : x^3) \cdot 10$.

4. $[50 : (5x + 5)] \cdot 5$
$(5x + 5) : 5 = (x + 1)$ et $50 : (x + 1)$ qui n'a pas de résultat exprimable.

Six autres exemples sont développés selon le procédé que nous venons de détailler.

---

8   Traduit à partir de Anbouba (1964), p. 46. Voir aussi la traduction de ce passage faite dans Hebeisen (2009), vol. I, p. 121-122.

CHAPITRE IV

SECTION SUR L'ADDITION

Règle pour l'addition algébrique

$$ax^n + bx^n = (a + b)x^n.$$

Exemples :
1. $(5x + 4x^2) + (3x + 10) = 8x + 4x^2 + 10$;
2. $(5x - 3) + (5 - 3x) = 5x + 5 - 3 - 3x = 2x + 2$;
3. $(20 + \sqrt{10}) + (10 - \sqrt{40}) = 30 + \sqrt{10} - \sqrt{40} = 30 - \sqrt{10}$

en effet, pour toute grandeur a, $\sqrt{a} = 2\sqrt{\frac{1}{4}a}$;

4. $(10 + \sqrt[3]{10}) + (10 + \sqrt[3]{80}) = 20 + 3\sqrt[3]{10} = \sqrt[3]{270}$

en effet, pour toute grandeur a, $\sqrt[3]{a} = \frac{1}{2}\sqrt[3]{8a}$;

5. $(20 - \sqrt{40}) + (40 - \sqrt{20}) = 60 - \sqrt{20} - \sqrt{40}$.

Deux grandeurs homogènes, c'est-à-dire deux grandeurs du même genre, divisées par une même grandeur peuvent être additionnées. Deux grandeurs non homogènes, ou bien deux grandeurs homogènes qui sont toutefois divisées par deux grandeurs différentes, ne peuvent pas être additionnées.

Exemples :
6. $10 : (x + 1) + 5 : (x + 1) = 15 : (x + 1)$;
7. $5 : (x + 3) + 10 : (x + 1) = 5 : (x + 3) + 10 : (x + 1)$.

Règles pour l'addition de racines carrées et cubiques

$$\sqrt{a} + \sqrt{b} = \sqrt{2\sqrt{ab} + a + b}$$

et

$$\sqrt[3]{a} + \sqrt[3]{b} = \sqrt[3]{3\sqrt[3]{a^2b} + 3\sqrt[3]{ab^2} + a + b}.$$

Exemples :
8. $\sqrt{4} + \sqrt{9} \rightarrow 2\sqrt{4 \cdot 9} + 4 + 9 = 25$ et $\sqrt{25} = 5$

9. $\sqrt{5} + \sqrt{10}$. Puisque le produit de 5 par 10 n'est pas un carré, le résultat de l'addition de ces deux racines n'est pas exprimable et ne peut donc être désigné que par $\sqrt{5} + \sqrt{10}$.

10. $\sqrt[3]{8} + \sqrt[3]{27} \rightarrow 8^2 \cdot 27 = 1728$ donc $3\sqrt[3]{1728} = 36$. Puis $27^2 \cdot 8 = 5832$ donc $3\sqrt[3]{5832} = 54$. Ainsi, $36 + 54 = 90$ donc $90 + 8 + 27 = 125$ et $\sqrt[3]{125} = 5$.

11. $\sqrt[3]{10} + \sqrt[3]{5}$.

Comme dans le cas précédent, le résultat de cette addition ne peut être désigné que par $\sqrt[3]{10} + \sqrt[3]{5}$.

SECTION SUR LA SOUSTRACTION

$$ax^n + bx^m - cx^n = (a - c)x^n + bx^m \text{ avec } n \neq m.$$

Exemple :

1. $(10x + 10) - (3x + 4x^2) = 7x + 10 - 4x^2$.

Contrairement à la règle pour opérer avec les ajouts et les défauts dans le cadre de la multiplication, la règle pour la soustraction d'un terme retranché, à savoir $a - (-b) = a + b$, ne figure pas dans les premiers traités d'algèbre. Aussi bien al-Khwārizmī qu'Abū Kāmil avaient eu recours à des astuces afin de ne pas être confrontés à un tel type de soustraction[9]. Au contraire, dans *al-Fakhrī*, al-Karajī formule la règle telle que nous la connaissons. Il interprète la soustraction comme une restauration, en ajoutant le retranché des deux côtés du terme « moins » (*illā*), puis en simplifiant les termes du même rang[10].

---

9   Voir à ce propos Bellosta (2004), p. 73-77.

10   Al-Karajī écrit : « Si tu dis : ôte dix choses plus quatre unités moins un *carré* de huit choses plus vingt dirhams plus deux *carrés*. La règle consiste à restaurer le retranché de ce qui est retranché en lui, à ajouter son égal à ce dont on retranche et, après cela, à retrancher chaque genre de son genre. Si dans le retranché la mesure est d'un genre plus grand que la grandeur dont les genres appartiennent à ce dont on retranche, alors tu ôtes le petit du grand et l'excédent est un retranché du reste du nombre de ce dont on retranche. Dans cet exemple il faut restaurer le retranché du *carré*, et l'ajouter à ce dont on retranche. Puis tu retranches quatre dirhams de vingt dirham, il reste seize dirham, et tu retranches dix choses de huit choses plus seize dirham plus trois *carrés*, il reste seize dirhams plus trois *carrés* moins deux choses parce que tu ôtes huit choses par son égal de dix choses. De ce dont on retranche il reste deux choses » (traduit à partir de Sa'īdān (1986), p. 120).

Quant à al-Zanjānī, notre auteur formule la règle comme son prédécesseur et l'accompagne de l'exemple qui correspond à :

2. $(20x^2 - 10) - (20x - 20) = [(20x^2 - 10) + 20] - [(20x - 20) + 20] = 20x^2 + 10 - 20x$.

Comme dans le cas de la multiplication, la règle s'applique uniquement au sein d'une expression algébrique composée et les termes retranchés sont rangés à la fin de l'expression.

Exemples :

3. $(20 + \sqrt{200}) - (20 - \sqrt{200}) = 20 + 2\sqrt{200} - 20 = 2\sqrt{200} = \sqrt{800}$;

4. $(20x : (x + 1)) - (10x : (x + 1)) = 10x : (x + 1)$;

5. $(20x : (x + 2)) - (10x : (x + 1)) = (20x : (x + 2)) - (10x : (x + 1))$. Puisque les dividendes ne sont pas homogènes, cette soustraction ne peut pas être résolue ;

6. $(100 : x) - (10 : x^2) = \frac{100}{x} - \frac{10}{x^2}$;

7. $\sqrt{18} - \sqrt{8}$ al-Zanjānī calcule d'abord $2\sqrt{8 \cdot 18} = 24$ donc $\sqrt{8 + 18 - 24} = \sqrt{2}$;

8. $\sqrt[3]{54} - \sqrt[3]{2}$ il faut calculer $2^2 \cdot 54 = 216$ donc $3\sqrt[3]{216} = 18$ et $18 + 54 = 72$. Ainsi, $54^2 \cdot 2 = 5832$ donc $3\sqrt[3]{5832} = 54$ et $54 + 2 = 56$. Le résultat est $\sqrt[3]{72 - 56} = \sqrt[3]{16}$.

SECTION SUR TOUTES LES INCONNUES D'ÉGALE DIFFÉRENCE

Dans cette section al-Zanjānī propose des exemples qui sont fondés sur un groupe de règles sur les suites arithmétiques déjà introduites dans *L'appui des arithméticiens*. Il transpose ces règles à l'arithmétique des inconnues. Il développe les séries que nous pouvons réécrire de la manière suivante :

1. $\sum_{n=1}^{x}(n + 1) = (1 + x) \cdot \frac{1}{2}x = \frac{1}{2}x^2 + \frac{1}{2}x$;

2. $\sum_{n=1}^{x^2}(n + 1) = (x^2 + 1) \cdot \frac{1}{2}x^2 = \frac{1}{2}x^4 + \frac{1}{2}x^2$.

Il examine également :

3. $\sum_{n=\frac{1}{2}}^{x}(n + \frac{1}{2})$;

4. $\sum_{n=2}^{x}(n + 2)$;

5. $\sum_{n=x}^{x^2}(n + 1)$;

6. $\sum_{n=x}^{x^6} n + x$;

7. $\sum_{n=x^2}^{x^6} 2n + 2x$.

CHAPITRE V

Après avoir formulé les règles pour les opérations algébriques élémentaires, al-Zanjānī consacre un chapitre de son traité à la théorie des nombres en proportion. Il énonce, sans les identifier explicitement et surtout sans les démontrer, la plupart des propositions des Livres VII, VIII et IX des *Éléments* d'Euclide. Nous avons déjà indiqué en note de notre traduction la proposition correspondante du texte euclidien[11].

CHAPITRE VI

Al-Zanjānī ouvre le chapitre en précisant que les rangs radicandes[12] sont ceux qui peuvent être factorisés en deux parties semblables. Ainsi, nous parvenons à connaître la racine d'un rang.

Exemples :

1. $\sqrt{x^2} = x$; $\sqrt{x^4} = x^2$; $\sqrt{x^6} = x^3$; $\sqrt{x^{10}} = x^5$; $\sqrt{x^8} = x^4$ et ainsi de suite.
2. $\sqrt[3]{x^3} = x$; $\sqrt[3]{x^9} = x^3$; $\sqrt[3]{x^6} = x^2$ et ainsi de suite.
3. $\sqrt{x^6} = x^3$ et $\sqrt[3]{x^6} = x^2$;
4. $\sqrt{x^{12}} = x^6$ et $\sqrt[3]{x^{12}} = x^4$;
5. $\sqrt{x^{18}} = x^9$ et $\sqrt[3]{x^{18}} = x^6$.

Règle pour extraire la racine des parties

$$\sqrt{\frac{1}{x^n}} = \frac{1}{\sqrt{x^n}}$$

---

11 Afin d'établir cette correspondance, nous avons pris comme référence Euclide (1994).

12 Nous rappelons à nouveau que le mot radicande est la traduction que nous avons choisi de donner au terme *majdhūr*, à savoir « ce dont on extrait la racine carrée ». Cela signifie que x^n doit être un carré parfait.

Exemples :

6. $\sqrt{\frac{1}{x^2}} = \frac{1}{x}$ et $\sqrt{\frac{1}{x^4}} = \frac{1}{x^2}$;

7. $\sqrt[3]{\frac{1}{x^3}} = \frac{1}{x}$ et $\sqrt[3]{\frac{1}{x^9}} = \frac{1}{x^3}$;

8. $\sqrt{\frac{1}{x^6}} = \frac{1}{x^3}$ et $\sqrt[3]{\frac{1}{x^6}} = \frac{1}{x^2}$.

Règle pour extraire la racine d'une expression composée d'un entier et d'une fraction

$$\sqrt{ax^n + \frac{p}{q}x^n} = \sqrt{\frac{aq+p}{q}x^n} = \frac{\sqrt{aq+p}}{\sqrt{q}}\sqrt{x^n}$$

Exemple :

9. $\sqrt{x^2 + \frac{7}{9}x^2}$.

Il faut calculer $\frac{9+7}{9} = \frac{16}{9}$. Or, $\sqrt{16} = 4$ et $\sqrt{9} = 3$. Le résultat sera $\frac{4}{3}x$, c'est-à-dire $1 + \frac{1}{3}x$.

Al-Zanjānī remarque qu'il n'est pas possible d'extraire la racine de grandeurs telles que $3x^2$; $5x^4$ ou $6x^6$, dans lesquelles l'adjectif numéral ou bien le rang n'est pas un radicande.

Avant d'introduire l'extraction de racine des grandeurs composées de plusieurs termes, il rappelle la règle pour l'élévation au carré d'une grandeur composée de deux termes additionnés ou soustraits que nous pouvons réécrire ainsi :

$$(a + b)^2 = a^2 + b^2 + 2ab \text{ et } (a - b)^2 = a^2 + b^2 - 2ab.$$

Règle pour extraire la racine d'une grandeur composée de trois termes   Il faut extraire la racine des deux extrêmes et vérifier si le terme moyen est additionné ou bien retranché.

Exemples :

10. $\sqrt{x^2 + 4x + 4}$

Les racines des deux extrêmes sont x et 2 , le terme moyen est additionné, donc la racine est $x + 2$.

11. $\sqrt{x^2 + 4 - 4x}$

Le terme moyen est retranché, donc la racine est soit $x - 2$ soit $2 - x$.

Méthode générale pour extraire la racine carrée d'une expression composée
Cette méthode est évoquée une première fois dans *al-Fakhrī*, puis examinée de manière plus détaillée dans *al-Badīʿ* à l'aide de plusieurs exemples. Elle est reprise par al-Zanjānī, en s'appuyant sur des exemples qu'il avait pu lire dans *al-Badīʿ*.

Exemple :

12. On veut extraire la racine de l'expression composée de cinq termes additionnés

$$x^4 + 4x^3 + 8x^2 + 8x + 4.$$

La méthode consiste à prendre les racines des deux extrêmes, à savoir $\sqrt{x^4} = x^2$ et $\sqrt{4} = 2$. Ensuite, on divise le terme de rang le plus proche à l'un des deux extrêmes par la racine de cet extrême, à savoir $4x^3 : x^2 = 4x$, ou bien $8x : 2 = 4x$. On divise ce résultat par 2, à savoir $\frac{4x}{2} = 2x$ et on additionne $x^2 + 2x + 2$.

Une variante de cette méthode prévoit de soustraire du terme médian deux fois le produit des racines des extrêmes, à savoir $8x^2 - 2(2x^2) = 4x^2$. Puis $\sqrt{4x^2} = 2x$ est le terme médian du résultat. Ce dernier est donc toujours $x^2 + 2x + 2$.

Enfin, al-Zanjānī introduit une troisième alternative. Il calcule $1 + 4 + 8 + 8 + 4 = 25$ $\sqrt{25} = 5$, donc $5 - (1 + 2) = 2$ est « le nombre de racines » du terme médian du résultat, à savoir $x^2 + 2x + 2$.

Remarquons que cet exemple, avec les trois variantes du procédé, figurait déjà dans *al-Badīʿ*.

13. On veut extraire la racine de l'expression composée de six termes additionnés

$$x^6 + 4x^5 + 4x^4 + 6x^3 + 12x^2 + 9.$$

On prend les racines des deux extrêmes $\sqrt{x^6} = x^3$ et $\sqrt{9} = 3$. Soit $4x^5 : x^3 = 4x^2$; soit $12x^2 : 3 = 4x^2$.
Ainsi, $\frac{4x^2}{2} + x^3 + 3 = x^3 + 2x^2 + 3$.
Al-Zanjānī remarque que la méthode alternative n'est pas applicable à cet exemple, car dans ce dernier il n'y a pas de terme médian. Cet exemple aussi figurait déjà dans *al-Badīʿ*.

Al-Zanjānī conclut cette partie en précisant que, afin que le résultat soit un radicande, les deux extrêmes doivent être des radicandes.

14. On veut extraire la racine de l'expression composée

$$4x^4 + 25x^2 + 16 - 12x^3 - 24x.$$

On prend la racine des extrêmes, à savoir $\sqrt{4x^4} = 2x^2$ et $\sqrt{16} = 4$. On calcule soit $12x^3 : 2x^2 = 6x$, soit $24x : 4 = 6x$. Ensuite, $\frac{6x}{2} = 3x$ et la racine est $2x^2 + 3x + 4$.

Afin de connaître lequel parmi les trois termes est le soustrait, il faut calculer $\frac{24x}{4} : 2 = 3x$ donc $3x$ est le terme soustrait et la racine sera donc $2x^2 + 4 - 3x$ ou $3x - 2x^2 - 4$.

Cet exemple figurait déjà dans *al-Badīʿ* et fut successivement repris par al-Samaw'al dans *al-Bāhir*. Les deux prédécesseurs d'al-Zanjānī font toutefois une faute de calcul[13]. En effet, ils avaient considéré l'expression $4x^4 + 12x^3 + 16 - (7x^2 + 24)$, dont la racine devrait être $2x^2 + 3x - 4$. Al-Zanjānī, qui suit l'exposé d'*al-Badīʿ*, semble s'apercevoir de l'erreur. Il garde donc le même procédé et le même résultat final, mais corrige l'expression de départ dont on veut extraire la racine.

15. On veut extraire la racine de

$$4x^6 + 41x^4 + 46x^2 + 9 - 20x^5 - 52x^3 - 24x^2.$$

On calcule $\sqrt{4x^6} = 2x^3$, donc $20x^5 : 2x^3 = 10x^2$ et $\frac{10x^2}{2} = 5x^2$. Ensuite, $\sqrt{9} = 3$ donc $24x : 3 = 8x$ et $\frac{8x}{2} = 4x$.

Les termes de la racine sont donc $2x^3 ; 5x^2 ; 4x$ et 3. La racine sera alors soit $5x^2 + 3 - 2x^3 - 4x$ soit $2x^3 + 4x - 5x^2 - 3$.

16. On veut extraire la racine de

$$4x^6 + 4x^5 + 12x + 9 - 7x^4 - 16x^3 - 2x^2.$$

On calcule $\sqrt{4x^6} = 2x^3$ et $\sqrt{9} = 3$. Puis $\frac{4x^5}{2x^3} : 2 = x^2$ et $\frac{12x}{3} : 2 = 2x$.

---

13 L'erreur est signalée dans Hebeisen (2009), vol. I p. 132 et vol. II, p. 153.

Le résultat est alors $2x^3 + x^2 - 2x - 3$ ou bien $2x + 3 - 2x^3 - x^2$.

Règle pour l'extraction de racine d'une division

$$\sqrt{a : b} = \sqrt{a} : \sqrt{b}$$

Exemple :
17. On veut extraire la racine de $(9x^2 + 60x + 100) : x^2$.
Or, $\sqrt{9x^2} = 3x$; $\sqrt{100} = 10$ et $\sqrt{x^2} = x$.
On peut donc extraire la racine seulement si $((3x + 10) : x)^2$
est égal à l'expression de départ.

La formule du binôme

$$(a + b)^3 = a^3 + b^3 + 3a^2b + 3ab^2$$
$$(a + b)^4 = a^4 + b^4 + 4a^3b + 4ab^3 + 6a^2b^2$$
$$(a + b)^5 = a^5 + b^5 + 5a^4b + 5ab^4 + 10a^3b^2 + 10a^2b^3$$
$$(a + b)^6 = a^6 + b^6 + 6a^5b + 6ab^5 + 15a^4b^2 + 15a^2b^4 + 20a^3b^3$$
$$(a + b)^7 = a^7 + b^7 + 7a^6b + 7ab^6 + 21a^2b^5 + 21a^5b^2 + 35a^3b^4 + 35a^4b^3$$

Nous rappelons que, dans *al-Bāhir*, al-Samaw'al expose cette règle de composition de la puissance *n*-ème à travers un tableau triangulaire[14]. Il l'attribue à al-Karajī, qui l'aurait donc formulée dans un texte aujourd'hui perdu. La mention de la règle faite ici par al-Zanjānī constitue donc un deuxième témoignage de ce texte perdu d'al-Karajī. Notre auteur termine ce chapitre en signalant qu'une expression composée de trois, quatre, ou plusieurs termes suit la même règle de composition.

CHAPITRE VII

Le chapitre se compose d'une liste de propositions arithmético-algébriques qui seront utilisées lors de la résolution des problèmes.

---

14 Voir à ce propos Rashed (2021), p. 101-102.

Les propositions ne sont pas numérotées, mais elles se distinguent facilement à partir de leur incipit. On y reconnaît :
- l'égalité double diophantienne ;
- un groupe de propositions qui proviennent du Livre II des *Éléments* d'Euclide ;
- un groupe d'identités remarquables qui, comme l'égalité double et les propositions euclidiennes du Livre II, figuraient déjà dans *al-Fakhrī* et *al-Badī'* ;
- des propositions utiles pour le groupe de problèmes de division de 10 en deux parties ;
- d'autres identités remarquables, dont nous ne sommes pas parvenus à établir l'origine.

Dans ce chapitre, la démarche d'al-Zanjānī consiste à proposer une lecture arithmétique des propositions, lecture qui figurait déjà dans *al-Fakhrī*. Ainsi, chaque énoncé a pour object des nombres et la justification de la proposition passe toujours par un exemple numérique. Dans la plupart des cas, ce dernier consiste à partager 10 en 7 et 3 et à vérifier la proposition pour ces deux parties. Les propositions du chapitre sont ici transcrites en langage symbolique moderne, selon lequel a, b, c, etc. représentent toujours des quantités numériques.

1. Soient a et b deux nombres tels que $a > b$,
$[\frac{(a^2-b^2)}{(a-b)} + (a - b)] : 2 = a$ et $[\frac{(a^2-b^2)}{(a-b)} - (a - b)] : 2 = b$.
Exemple :
$5 > 3$ donc $\frac{25-9}{5-3} = 8$ donc $[8+(5-3)] : 2 = 5$ et $[8-(5-3)] : 2 = 3$.
Il s'agit de l'égalité double de Diophante. Al-Karajī l'avait énoncée dans *al-Fakhrī*[15] et justifiée dans *al-Badī'*[16]. Al-Zanjānī ne mentionne pas la justification algébrique de son maître et se limite à ajouter à l'énoncé un exemple numérique.

2. $(a + b)b + (\frac{a}{2})^2 = (\frac{a}{2} + b)^2$.
Exemple : $(10 + 3)3 + (\frac{10}{2})^2 = (5 + 3)^2 = 8^2$.
Cette égalité correspond à *Éléments* II, 6 et figure aussi dans

---

15   Sa'īdān (1986), p. 141.
16   Anbouba (1964), p. 20, f° 26r°.

al-Fakhrī[17] et *al-Badī*[18]. Al-Zanjānī se réfère à cette proposition lors de la démonstration de l'algorithme de résolution pour la première et la troisième forme d'équation quadratique composée.

3. Si $a = b + c$ alors $4(ac) + b^2 = (a + c)^2$.

Exemple : $10 = 7 + 3$ donc $4(10 \cdot 3) + 7^2 = 13^2$.

Cette égalité correspond à *Éléments* II, 8 et figure aussi dans *al-Badī*[19].

4. $(a + b)^2 + b^2 = 2[(\frac{a}{2})^2 + (\frac{a}{2} + b)^2]$.

Exemple : $(10 + 3)^2 + 3^2 = 2(5^2 + 8^2)$.

Cette égalité correspond à *Éléments* II, 10 et figure aussi dans *al-Badī*[20].

5. Si $a = b + c$ et $b \neq c$ alors $b^2 + c^2 = 2[(\frac{a}{2})^2 + (\frac{b-c}{2})^2]$.

Exemple : $10 = 7 + 3$ et $7^2 + 3^2 = 58 = 2[(\frac{10}{2})^2 + (\frac{7-3}{2})^2]$.

Cette égalité correspond à *Éléments* II, 9 et figure aussi dans *al-Badī*[21].

6. Si $a = b + c$ alors $bc + (\frac{b-c}{2})^2 = (\frac{a}{2})^2$.

Exemple : $7 \cdot 3 + 2^2 = (\frac{10}{2})^2 = 5^2$.

Corollaire :

si $a = bc$, alors $(\frac{b-c}{2})^2 + a = (\frac{b+c}{2})^2$ et $(\frac{b+c}{2})^2 - a = (\frac{b-c}{2})^2$.

Exemples :

- $12 = 4 \cdot 3$ donc $(\frac{4-3}{2})^2 = \frac{1}{4}$; $\frac{1}{4} + 12 = (\frac{3+4}{2})^2$ et $(\frac{3+4}{2})^2 - 12 = (\frac{4-3}{2})^2$.

- $12 = 6 \cdot 2$ donc $(\frac{6-2}{2})^2 = 4$; $4 + 12 = (\frac{8}{2})^2$ et $(\frac{8}{2})^2 - 12 = (\frac{6-2}{2})^2$.

- la proposition vaut aussi pour $12 = 12 \cdot 1$, pour $12 = 8(1 + \frac{1}{2})$, pour $12 = 9(1 + \frac{1}{3})$ et pour $12 = 10(1 + \frac{1}{5})$.

Cette égalité correspond à *Éléments* II, 5 et figure aussi bien dans *al-Fakhrī*[22], que dans *al-Badī*[23]. Al-Zanjānī se réfère à cette

17 Saʿīdān (1986), cinquième théorème, p. 143.
18 Anbouba (1964), p. 18, f° 23v°.
19 Anbouba (1964), p. 19, f°24v°.
20 Anbouba (1964), p. 19 f° 25v°.
21 Anbouba (1964), p. 19, f°25r°.
22 Saʿīdān (1986), quatrième théorème, p. 142.

proposition lors de la démonstration de l'algorithme de résolution pour la deuxième forme d'équation quadratique composée. Il utilise le corollaire à la proposition lors de la justification du procédé de résolution des problèmes X, 111 et X, 112.

7. Si $a = b + c$ alors $(b + c)^2 = b^2 + c^2 + 2bc$ et, si $b \neq c$, on constate également que $(b^2 + c^2) - 2bc = (b - c)^2$.
   Exemple : $10 = 7 + 3$, donc
   $7^2 + 3^2 + 42 = 10^2$ et $7^2 + 3^2 - 42 = 16 = 4^2 = (7 - 3)^2$.
   Cette égalité correspond à *Éléments* II, 4 et elle figure aussi dans *al-Fakhrī*. Al-Karajī signale que la validité de la proposition est montrée « dans le Livre II d'Euclide »[24].

8. Si $b = \frac{a+b}{2}$ alors $a(b + bc) + 2b^2 = (2b)^2 = a^2 + c^2 + 2ac$.

9. Si $a^2 - b^2 = (a + b)(a - b)$ et si $a^2 + b^2 = c^2$ alors $2ab = d$ et d est tel que $c^2 + d = e^2$ et $c^2 - d = f^2$.

10. Soit a^2 un carré parfait et n un nombre quelconque. La proposition affirme que :
    $a^2 + na + (\frac{n}{2})^2 = (a + \frac{n}{2})^2$ et $a^2 - na + (\frac{n}{2})^2 = (a - \frac{n}{2})^2$.
    Exemples :
    - $x^2 + 2x + 1 = (x + 1)^2$; $x^2 + 4x + 4 = (x + 2)^2$ et $x^2 + 6x + 9 = (x + 3)^2$.
    - $x^2 - (2x - 1) = (x - 1)^2$ et $x^2 - (4x - 4) = (x - 2)^2$ et $x^2 - (6x - 9) = (x - 3)^2$.
    De la même manière, nous pouvons montrer que :
    - $196 + 10 \cdot \sqrt{196} + (\frac{10}{2})^2 = 361$
      donc $\sqrt{361} = \sqrt{196} + 5 = 19$;
    - $196 - (10 \cdot \sqrt{196} - (\frac{10}{2})^2) = 81$ donc $\sqrt{81} = 14 - 5$.

Corollaire

Soient a, b, c trois nombres successifs, on aura $(\frac{b}{2})^2 + c = x^2$ et $(\frac{b}{2})^2 - a = x^2$.
Cette proposition est un cas particulier de la proposition 7, qui à son tour correspondait à *Éléments* II, 4. La proposition figure aussi dans *al-Fakhrī* accompagnée des mêmes exemples[25].

23 Anbouba (1964), p. 18, f°23v^o.
24 Sa'īdān (1986), p. 143.

11. si $b = a + n$, alors $a^2 + na = b^2 - nb$.

Exemples :
- 9 et 16 sont tels que $\sqrt{16} = \sqrt{9}+1$ et $9+\sqrt{9} = 16-\sqrt{16}$;
- 9 et 25 sont tels que $\sqrt{25} = \sqrt{9} + 2$;
- 9 et 36 sont tels que $\sqrt{36} = \sqrt{9} + 3$.

Cette proposition est utilisée afin de justifier le procédé de résolution du problème IX, 92. Voir aussi le problème 67 du *Livre d'algèbre* d'Abū Kāmil.

12. Si $a = \frac{3}{4}b$ et $a^2 + b^2 = c^2$ alors $c = b + \frac{1}{4}b$.

Exemple :
3 et 4 sont tels que $3 = \frac{3}{4}4$; $3^2 + 4^2 = 5^2$ et $5 = 4 + \frac{1}{4}4$.

13. Si $b - a = 4$ alors $ab + 4 = c^2$ et $c = a + \sqrt{4}$.

Exemple : $a = 2$ et $b = 6$.

14. Si $b = a + 1$ alors $ab + b = b^2$; $ab - a = a^2$; $ab + 1 + a = b^2$ et aussi $ab + 1 - b = a^2$.

Exemple : $a = 5$ et $b = 6$.

15. Si $a = b + c$ alors $(b : c + c : b)bc = b^2 + c^2$.

Exemple :
$10 = 7 + 3$ donc $(\frac{7}{3} + \frac{3}{7})(7 \cdot 3) = \frac{58}{21} \cdot 21 = 58 = 7^2 + 3^2$.

Cette proposition correspond à la première partie du deuxième théorème d'*al-Fakhrī*, mais al-Zanjānī choisit un exemple différent[26]. Elle sera utilisée afin de justifier le procédé de résolution du problème IX, 82. Voir aussi le problème 8 du *Livre d'algèbre* d'Abū Kāmil[27].

16. $(b : c)(c : b) = 1$.

Exemple :
$(7 : 3) \cdot (3 : 7) = 1$.

Cette proposition sera utilisée pour justifier le procédé de résolution du problème IX, 104. Voir aussi le lemme 3 du *Livre d'algèbre* d'Abū Kāmil et le problème 35 du même écrit[28].

---

25 Saʿīdān (1986), septième théorème, p. 144.
26 Saʿīdān (1986), p. 142.
27 Rashed (2012), p. 336.
28 Rashed (2012), p. 344 et 410.

17. $(b : c - c : b)bc = b^2 - c^2$.

Exemple :

Soit $10 = 7 + 3$ alors $(2 + \frac{1}{3}) - \frac{3}{7} = \frac{40}{21}$ et $\frac{40}{21} \cdot 21 = 40 = 7^2 - 3^2$.

Cette proposition correspond à la deuxième partie du deuxième théorème d'*al-Fakhrī*[29]. Al-Zanjānī constate également que $b : c + c : b = (b^2 + c^2) : bc$.

Exemple :

$\frac{7}{3} + \frac{3}{7} = \frac{58}{21} = (7^2 + 3^2) : 21$.

18. Si $a = b + c$ alors $ab = bc + b^2$ et $ac = cb + c^2$.

Exemple :

$10 \cdot 7 = 7 \cdot 3 + 7^2$ et $10 \cdot 3 = 3 \cdot 7 + 3^2$.

Cette proposition correspond à *Éléments* II, 3.

19. Si $a = b + c$ alors $2ab + c^2 = a^2 + b^2$.

Exemple :

$10 \cdot 7 \cdot 2 + 3^2 = 10^2 + 7^2$ et $10 \cdot 3 \cdot 2 + 7^2 = 10^2 + 3^2$.

Cette proposition correspond à *Éléments* II, 7 et figure aussi dans *al-Badī*[30].

20. Si $a = b + c$ alors $b : c = b^2 : (bc)$ et $c : b = c^2 : (bc)$.

Exemple : si $10 = +3$, on aura $7 : 3 = 7^2 : (7 \cdot 3)$.

21. Posons $(\frac{(a-b):c+c}{2})^2 = e$ et $(\frac{(a-b):c-c}{2})^2 = f$. Si $e > f$ alors $a + f = b + e$, ou $a - e = b - f$, ou $a = e$ et $b = f$.

Exemples :

- Soient $a = 30$; $b = 10$ et $c = 2$.
  On aura $(\frac{(30-10):2+2}{2})^2 = 36$ et $(\frac{(30-10):2-2}{2})^2 = 16$. Ainsi, $36 > 16$ et $10 + 36 = 30 + 16$.

- Soient $a = 30$; $b = 10$ et $c = 5$.
  On aura $(\frac{(30-10):5+5}{2})^2 = 20 + \frac{1}{4}$ et $(\frac{(30-10):5-5}{2})^2 = \frac{1}{4}$ donc $30 - (20 - \frac{1}{4}) = 10 - \frac{1}{4}$.

- Soient $a = 36$; $b = 16$ et $c = 10$.
  On aura $(\frac{(36-16):10+10}{2})^2 = 36$ et $(\frac{(36-16):10-10}{2})^2 = 16$ donc $36 = 36$ et $16 = 16$.

22. Si $a = a_1 + a_2$ alors $a_1 b + a_2 b = ab$ et cela correspond à

---

29   Saʿīdān (1986), p. 142.

30   Anbouba (1964), p. 19, fº24rº.

$a_1 b + a_2 b = b(a_1 + a_2)$.

Corollaire :

Soit a un nombre et n le nombre de parties a_1 qui le composent, si $a = n a_1$ alors $a \cdot a = a \cdot n a_1$.

Il s'agit ici de la propriété de distributivité de la multiplication par rapport à l'addition. Cette proposition correspond donc à *Éléments* II, 1 et figure aussi dans *al-Fakhrī*[31].

23. Si $a \cdot c$ et $b \cdot c$, ou bien si $a : c$ et $b : c$ ou encore si $\frac{a}{c}$ et $\frac{b}{c}$, alors $a : b = (a \cdot c) : (b \cdot c) = (a : c) : (b : c) = \frac{a}{c} : \frac{b}{c}$.

24. $\frac{b \cdot (\frac{a}{b} - \frac{a}{c})}{c - b} c = a$.

Exemple :

si $a = 20$, $b = 10$ et $c = 15$, on aura $\frac{20}{10} = 2$ et $\frac{20}{15} = 1 + \frac{1}{3}$

donc $[10 \cdot (2 - (1 + \frac{1}{3}))] : (15 - 10) = [10 \cdot (1 - \frac{1}{3})] : 5 = \frac{20}{3} : 5$.

Ainsi, $\frac{4}{3} \cdot 15 = 20 = a$.

Inversement, $[c(\frac{a}{b} - \frac{a}{c})] : (c - b)b = a$.

Exemple :

$[15 \cdot (2 - (1 + \frac{1}{3}))] : (15 - 10) \cdot 10 = 20$.

Cette proposition est utilisée pour la justification du procédé de résolution du problème IX, 138. Ce dernier correspond au problème 10 du *Livre d'algèbre* d'Abū Kāmil[32].

25. Si $a : b = c$ et $b : a = d$, alors $((c + d)b)a = a^2 + b^2$.

Exemple :

$20 : 15 = \frac{4}{3}$ et $15 : 20 = \frac{3}{4}$. Ainsi, $(\frac{4}{3} + \frac{3}{4}) = 2 + (\frac{1}{6} : 2)$ et

$[2 + (\frac{1}{6} : 2) \cdot 15] \cdot 20 = 625 = 20^2 + 15^2$.

26. $a : b = a^2 : (ab)$.

Exemple :

$20 : 15 = 20^2 : (20 \cdot 15) = 400 : (20 \cdot 15)$.

Corollaire :

$(a : b) + (b : a) = [a^2 : (ab)] + [b^2 : (ba)]$.

27. $(a : b) \cdot a = (a : b)^2 \cdot b$.

Exemple :

---

31 Saʿīdān (1986), troisième théorème, p. 142.
32 Rashed (2012), p. 352.

$20 : 15 = 1 + \frac{1}{3}; (1 + \frac{1}{3}) \cdot 20 = (1 + \frac{1}{3})^2 \cdot 15.$

De la même façon, $(a : b) \cdot a \cdot b = a^2$ ou $(a : b) \cdot b \cdot a = a^2$ ou $a \cdot b \cdot (a : b) = a^2$.

Cette égalité constitue un cas particulier de la propriété commutative de la multiplication. Al-Zanjānī s'appuie sur cette proposition afin de justifier le procédé de résolution du problème IX, 96, qui correspond au problème 27 du *Livre d'algèbre* d'Abū Kāmil[33].

28. $(ab) : c = (a : c)b.$

   Exemple :

   $20 : 15 = \frac{4}{3}$ donc $(20 \cdot 5) : 15 = (20 : 15) \cdot 5.$

29. $(a : c)(b : d) = (ab) : (cd).$

   Exemple :

   $10 : 5 = 2$ et $6 : 4 = \frac{3}{2}$ donc $2 \cdot \frac{3}{2} = 3 = (10 \cdot 6) : (5 \cdot 4) = 60 : 20.$

   Cette proposition est utilisée pour justifier le procédé de résolution du problème IX, 87, qui correspond au cinquième sousproblème du problème 68 du *Livre d'algèbre* d'Abū Kāmil[34].

30. Si $a = b + c$ alors $\frac{a}{b}\frac{a}{c} = \frac{a}{b} + \frac{a}{c}.$

   Exemple :

   $10 = 7 + 3$ donc $10 : 7 = 1 + \frac{3}{7}$ et $10 : 3 = 3 + \frac{1}{3}$. Ainsi, $(1 + \frac{3}{7}) \cdot (3 + \frac{1}{3}) = 3 + \frac{1}{3} + \frac{9}{7} + \frac{1}{7} = 4 + \frac{3}{7} + \frac{1}{3} = (1 + \frac{3}{7}) + (3 + \frac{1}{3}).$

   Cette proposition est utilisée afin de justifier le procédé de résolution du problème IX, 84 qui correspond au deuxième sousproblème du problème 68 du *Livre d'algèbre* d'Abū Kāmil[35].

31. Si $a = b + c$ alors $\frac{b}{c} = \frac{a}{c} - 1$ sauf si $a = b$ ou $b = c$.

   Exemple :

   $7 : 3 = 10 : 3 - 1.$

   Corollaire :

   $\frac{a}{b} + \frac{a}{c} = \frac{b}{c} + \frac{c}{b} + 2.$

   Cette proposition est utilisée pour justifier le procédé de résolution du problème IX, 83 qui correspond au premier sous-

---

33 Rashed (2012), p. 390.
34 Rashed (2012), p. 512.
35 Rashed (2012), p. 502.

problème du problème 68, du *Livre d'algèbre* d'Abū Kāmil[36].

32. Si $a = b + c$ alors $(b : c)a = (a : c)b$.

Exemple :

$$(7 : 3) \cdot 10 = 23 + \frac{1}{3} = (10 : 3) \cdot 7.$$

33. Si $a = b + c$ alors $[(b : (b - c)) + (c : (b - c))](b - c) = a$.

Exemple :

$$(7 : 4 + 3 : 4) \cdot 4 = 10.$$

CHAPITRE VIII

PREMIER PROBLÈME ALGÉBRIQUE

$$bx = c.$$

Le procédé de résolution est

$$x = c : b \text{ si } c > b \text{ ou bien } x = \frac{c}{b} \text{ si } c < b.$$

Exemples :

• $10x = 20$ donc $x = 2$;
• $20x = 10$ donc $x = \frac{1}{2}$;
• $\frac{1}{5}x = 3$ donc $x = 15$;
• $3x = \frac{1}{2}$ donc $x = \frac{1}{6}$.

DEUXIÈME PROBLÈME ALGÉBRIQUE

$$ax^2 = c.$$

Le procédé de résolution est

$$x^2 = c : a \text{ si } c > a \text{ ou bien } x = \frac{c}{a} \text{ si } c < a.$$

Exemples :

• $5x^2 = 45$ donc $x^2 = 9$;
• $\frac{1}{4}x^2 = 4$ donc $x^2 = 16$;
• $4x^2 = 1$ donc $x^2 = \frac{1}{4}$.

---

36 Rashed (2012), p. 506.

TROISIÈME PROBLÈME ALGÉBRIQUE

$$ax^2 = bx.$$

Le procédé de résolution est

$$x = b : a \text{ si } b > a \text{ ou bien } x = \frac{b}{a} \text{ si } b < a.$$

Exemples :
- $5x^2 = 15x$ donc $x^2 = 3x$ et $x = 3$;
- $\frac{1}{2}x^2 = 5x$ donc $x^2 = 10x$ et $x = 10$;
- $2x^2 = x$ donc $x^2 = \frac{1}{2}x$ et $x = \frac{1}{2}$.

QUATRIÈME PROBLÈME ALGÉBRIQUE

$$ax^2 + bx = c.$$

Al-Zanjānī considère d'abord le cas $a = 1$. Le procédé de résolution est donc

$$\sqrt{(\tfrac{b}{2})^2 + c} - \frac{b}{2} = x.$$

Exemple :
- $x^2 + 10x = 39$.
  On calcule $\frac{10}{2} = 5 \ \to \ 5 \cdot 5 + 39 = 64 \ \to \ \sqrt{64} = 8$ donc $8 - 5 = 3 = x$ et $x^2 = 9$.

Al-Zanjānī développe le procédé de résolution pour la première forme d'équation quadratique en suivant l'enseignement de ses prédécesseurs. Le procédé se présente sous une forme que nous qualifierions aujourd'hui d'algorithmique. Dans l'exposé de notre auteur, la justification de l'algorithme, à savoir la « cause » (*'illa*) s'appuie sur :
- la proposition 2 du chapitre VII (correspondant à *Éléments* II, 6), que nous pouvons réécrire ainsi : m et n sont deux nombres tels que

$$(m + n)n + (\tfrac{m}{2})^2 = (\tfrac{m}{2} + n)^2 \ ;$$

- la règle de multiplication d'une expression composée de deux termes simples par une expression simple :

$$(m + n)n = mn + n^2.$$

Dans l'exemple en question, $(10 + x)x = x^2 + 10x = 39$ donc $(x^2 + 10x) + (\frac{10}{2})^2 = (\frac{10}{2} + x)^2$. Or, $\sqrt{64} = \sqrt{(\frac{10}{2} + x)^2}$ donc $8 = \frac{10}{2} + x$ et $3 = x$.

Si $a \neq 1$, on réduit ou on complète afin de parvenir à une équation avec $a = 1$. Al-Zanjānī rappelle que l'on peut aussi modifier l'algorithme de résolution et calculer directement :

$$[\sqrt{(\frac{b}{2})^2 + ca} - \frac{b}{2}] : a.$$

Exemples :
- $3x^2 + 10x = 32$.
  Soit on prend $\frac{1}{3} \cdot (3x^2 + 10x) = x^2 + (3 + \frac{1}{3})x$ et $\frac{1}{3} \cdot 32 = 10 + \frac{2}{3}$ donc $x^2 + (3 + \frac{1}{3})x = 10 + \frac{2}{3}$.
  Soit on calcule $(\frac{10}{2})^2 = 25$; $25 + 32 \cdot 3 = 121$; $\sqrt{121} = 11$; $11 - 5 = 6$ donc $6 : 3 = 2 = x$.

- $(\frac{1}{3} + \frac{1}{4})x^2 + 2x = 33$.
  Soit on multiplie $(1 + \frac{5}{7})[(\frac{1}{3} + \frac{1}{4})x^2 + 2x] = x^2 + 3x + \frac{3}{7}x$ et $33(1 + \frac{5}{7}) = 56 + \frac{4}{7}$, donc $x^2 + 3x + \frac{3}{7}x = 56 + \frac{4}{7}$.

  Soit on calcule $1 + (\frac{1}{3} + \frac{1}{4}) \cdot 33 = 20 + \frac{1}{4}$; $\sqrt{20 + \frac{1}{4}} = 4 + \frac{1}{2}$; $4 + \frac{1}{2} - 1 = 3 + \frac{1}{2}$ donc $(3 + \frac{1}{2}) : (\frac{1}{3} + \frac{1}{4}) = 6 = x$.

Afin de trouver la valeur de x^2 sans passer par la racine, l'algorithme devient :

$$c \pm \frac{b^2}{2} - \sqrt{cb^2 + (\frac{b^2}{2})^2}.$$

Exemple :
- $x^2 + 5x = 24$
  $24 \cdot 5^2 = 600 \rightarrow 600 + (\frac{5^2}{2})^2 = 600 + (12 + \frac{1}{2})^2 = 744 + \frac{1}{4}$
  et $\sqrt{744 + \frac{1}{4}} = 27 + \frac{1}{2}$. Remarquons que ce résultat est une

approximation de la racine de $744 + \frac{1}{4}$.

La valeur de l'inconnue est ensuite trouvée en calculant

- soit $24 + (12 + \frac{1}{2}) = 36 + \frac{1}{2}$ donc $36 + \frac{1}{2} - 27 - \frac{1}{2} = 9 = x^2$ et $x = 3$;
- soit $27 + \frac{1}{2} - (12 + \frac{1}{2}) = 15$ et $24 - 15 = 9 = x^2$, donc également $x = 3$. On remarque que, afin d'éviter la solution négative et pouvoir effectuer la dernière soustraction, les termes de l'opération sont ici inversés.

Méthode des arithméticiens, ou « voie de Diophante » En imitant la démarche d'al-Karajī, al-Zanjānī introduit aussi une deuxième méthode pour la résolution de l'équation quadratique. Étant donnée l'équation

$$x^2 + 5x = 24,$$

il faut chercher un nombre y^2 tel que $x^2 + 5x + y^2$ soit un carré, que nous appelons z^2.

On pose $y = 2 + \frac{1}{2}$, donc $z^2 = x^2 + 6 + \frac{1}{4} + 5x = (x + 2 + \frac{1}{2})^2$ et $z = x + 2 + \frac{1}{2}$.

Or, on sait que $x^2 + 5x = 24$, donc $24 + 6 + \frac{1}{4} = z^2$. Cela veut dire que $30 + \frac{1}{4} = z^2$ et $z = 5 + \frac{1}{2}$. Ainsi, $5 + \frac{1}{2} = x + 2 + \frac{1}{2}$ donc $x = 3$.

CINQUIÈME PROBLÈME ALGÉBRIQUE

$$ax^2 + c = bx.$$

En considérant toujours $a = 1$, il faut distinguer trois cas :

1. Si $c < (\frac{b}{2})^2$ alors $\sqrt{(\frac{b}{2})^2 - c} \pm \frac{b}{2} = x$.
   Exemple :
   - $x^2 + 21 = 10x$
     $(\frac{10}{2})^2 = 25 \rightarrow 25 - 21 = 4 \rightarrow \sqrt{4} = 2 \rightarrow 2 + \frac{10}{2} = 7$, donc $x = 7$ et $49 = x^2$. Ou bien $\frac{10}{2} - 2 = 3$, donc $x = 3$ et $9 = x^2$.

La justification d'al-Zanjānī s'appuie sur la proposition 6 du chapitre VII (correspondant à *Éléments* II, 5), que nous pouvons réécrire de la manière suivante : soient p, m et n trois nombres,

$$\text{si } p = m + n \text{ alors } m \cdot n + \left(\tfrac{m-n}{2}\right)^2 = \left(\tfrac{m+n}{2}\right)^2.$$

Dans l'exemple en question $10 > x$ car, si $10x = x^2 + 21$, alors 10 est la somme de x et d'un nombre e tel que

$$(x + e)x = x^2 + xe = x^2 + 21,$$

donc $ex = 21$. Mais $x \neq e$, car $xe \neq \left(\tfrac{10}{2}\right)^2$. On aura alors

$$ex + \left(\tfrac{e-x}{2}\right)^2 = \left(\tfrac{e+x}{2}\right)^2 = \left(\tfrac{10}{2}\right)^2.$$

Ainsi, $\left(\tfrac{10}{2}\right)^2 - 21 = \left(\tfrac{e-x}{2}\right)^2 = 4$, on calcule $\tfrac{10}{2} + \sqrt{4} = 7$ et $\tfrac{10}{2} - \sqrt{4} = 3$.

2. Si $c = \left(\tfrac{b}{2}\right)^2$ alors $\sqrt{c} = x$.
   Exemple :
   • $x^2 + 25 = 10x$ donc $x = 5$.

3. Si $c > \left(\tfrac{b}{2}\right)^2$ alors le problème est impossible.
   Exemple :
   • $x^2 + 30 = 10x$. Or, $30 \cdot 10 > \left(\tfrac{10}{2}\right)^2$, donc le problème est impossible.

Si $a \neq 1$, soit on réduit/complète l'équation afin de parvenir à une équation ayant $a = 1$, soit on modifie l'algorithme de résolution de cette manière :

$$\left[\sqrt{\left(\tfrac{b}{2}\right)^2 - ac} \pm \tfrac{b}{2}\right] : a.$$

Exemples :
• $2x^2 + 20 = 14x$.
  Soit on calcule $\tfrac{1}{2}(2x^2 + 20) = \tfrac{1}{2}(14x)$ donc $x^2 + 10 = 7x$.

  Soit on applique l'algorithme $\sqrt{\left(\tfrac{14}{2}\right)^2 - (2 \cdot 20)} = 3$ donc $7 - 3 = 4$ ou bien $7 + 3 = 10$. Ainsi, $4 : 2 = 2 = x$ ou bien $10 : 2 = 5 = x$.

- $\frac{1}{3}x^2 + 12 = 5x.$

Soit on calcule $3(\frac{1}{3}x^2 + 12) = 3(5x).$

Soit on applique l'algorithme et on obtient $x = 3$ ou $x = 12.$

Afin de trouver la valeur de x^2 sans passer par la racine, on applique le même procédé du problème précédent, à savoir

$$\sqrt{(\tfrac{b^2}{2})^2 - cb^2} \pm \tfrac{b^2}{2} - c.$$

Exemple :
- $x^2 + 21 = 10x.$

$(\frac{100}{2})^2 - 21 \cdot 10^2 = 400 \rightarrow \sqrt{400} = 20.$

Ainsi, $20 + \frac{100}{2} - 21 = 49 = x^2$ ou bien $\frac{100}{2} - 20 - 21 = 9 = x^2.$

Si $(\frac{b^2}{2})^2 < bc$ le problème est également impossible.

Exemple :
- $x^2 + 100 = 15x.$

Enfin, si $(\frac{b^2}{2})^2 = bc$ alors $x^2 = c.$

Exemple
- $x^2 + 100 = 20x.$

Méthode des arithméticiens, ou « voie de Diophante »   Comme dans le problème précédent, la méthode passe par un raisonnement arithmétique : afin de résoudre l'équation

$$x^2 + 21 = 10x,$$

il faut chercher un y^2 tel que $y^2 - 10x$ soit un carré, que l'on appelle $z^2.$

On pose $z = x - 5$ ou $z = 5 - x.$ Dans les deux cas, $z^2 = x^2 + 25 - 10x$, donc $y^2 - 10x = x^2 + 25 - 10x$ et $y^2 = x^2 + 25.$ Or, on sait que $10x = x^2 + 21$, donc $x^2 + 25 - (x^2 + 21) = z^2.$ Ainsi, $4 = z^2$ et $z = 2.$ On obtient $2 = 5 - x$ ou bien $2 = x - 5$ donc $x = 3$ ou bien $x = 7.$

SIXIÈME PROBLÈME ALGÉBRIQUE

$$x^2 = bx + c.$$

Le procédé de résolution est

$$\sqrt{(\tfrac{b}{2})^2 + c} + \tfrac{b}{2}.$$

Exemples :
- $x^2 = 3x + 18$

$(\tfrac{3}{2})^2 = 2 + \tfrac{1}{4} \rightarrow 2 + \tfrac{1}{4} + 18 = 20 + \tfrac{1}{4} \rightarrow \sqrt{20 + \tfrac{1}{4}} =$
$4 + \tfrac{1}{2} \rightarrow 4 + \tfrac{1}{2} + \tfrac{3}{2} = 6 = x$ et $x^2 = 36$.

La justification du procédé s'appuie sur les deux propriétés suivantes. Soient m et n deux nombres, on peut montrer que

$$(m + n)^2 = (m + n)m + (m + n)n \, ;$$

et

$$\text{si } (mn)m > (mn)n, \text{ alors } m > n.$$

Al-Zanjānī explique que, dans l'exemple en question, $x \cdot x = x^2$ et $x \cdot 3 = 3x$, donc si $x^2 > 3x$ alors $x > 3$. Par conséquent $x = 3 + n$ et $x^2 = 3x + nx$. Mais $x^2 = 3x + 18$ donc $nx = 18$. Selon la proposition 2 du chapitre VII (correspondant à *Éléments* II, 6), on sait que

$$(3 + n)n + (\tfrac{3}{2})^2 = (\tfrac{3}{2} + n)^2,$$

donc

$$18 + 2 + \tfrac{1}{4} = (\tfrac{3}{2} + n)^2.$$

Ainsi, $\sqrt{20 + \tfrac{1}{4}} = \tfrac{3}{2} + n$ et $n = 3$.

Al-Zanjānī remarque qu'il est possible de ramener ce type de problème à la quatrième forme d'équation composée en posant

$$x^2 + 3x = 18.$$

En effet, le procédé de résolution donnera également $x = 3$.

Si $a \neq 1$, il faut simplifier (en réduisant ou en complétant) afin de parvenir à une équation dont $a = 1$. Al-Zanjānī rappelle que l'on peut aussi modifier l'algorithme de résolution comme dans les problèmes précédents et calculer :

$$[\sqrt{(\tfrac{b}{2})^2 + c} + \tfrac{b}{2}] : a.$$

Exemples :
- $2x^2 = 4x + 6$.
  Soit on ramène $\tfrac{1}{2} 2x^2 = \tfrac{1}{2}(4x + 6)$ donc $x^2 = 2x + 3$.
  Soit on applique l'algorithme de résolution de l'équation :
  $(\tfrac{4}{2})^2 = 4 \rightarrow \sqrt{4 + 2 \cdot 6} = 4 \rightarrow (4 + \tfrac{4}{2}) : 2 = 3 = x$ et $x^2 = 9$.
- $\tfrac{1}{4} x^2 = 2x + 5$.
  Soit on complète $4\tfrac{1}{4} x^2 = 4(2x + 5)$.
  Soit on applique l'algorithme de résolution de l'équation et le résultat sera $x = 10$ donc $x^2 = 100$.

Si l'on veut trouver la valeur de x^2 sans passer par la racine, l'algorithme devient

$$c + \frac{b^2}{2} + \sqrt{cb^2 + (\tfrac{b^2}{2})^2}.$$

Exemple :
- $x^2 = 3x + 4$.
  On calcule $3^2 \cdot 4 = 36 \rightarrow 36 + (\tfrac{3^2}{2})^2 = 36 + 20 + \tfrac{1}{4} = 56 + \tfrac{1}{4} \rightarrow \sqrt{56 + \tfrac{1}{4}} = 7 + \tfrac{1}{2}$. Ainsi, $4 + \tfrac{3^2}{2} + 7 + \tfrac{1}{2} = 16 = x^2$.

PREMIÈRE SECTION

Dans cette première section qui accompagne l'exposé des six formes d'équations quadratiques, al-Zanjānī examine certaines équations dont le degré est supérieur à 2.

1. Si $m > 2$ et l'équation est de la forme $ax^m = c$, alors $x^m = \tfrac{c}{a}$.
   Exemples :

- $2x^3 = 16$ donc $x^3 = 8$.
- $\frac{1}{4}x^5 = 8$ donc $x^5 = 32$.

2. Si $m > n \geq 2$ et l'équation est de la forme $ax^m = bx^n$, alors on divise $ax^m : x^n$ et $bx^n : x^n$, donc $ax^{m-n} = b$.

Exemples :
  - $3x^4 = 15x^3$.
    On divise $3x^4 : x^3$ et $15x^3 : x^3$, donc $3x = 15$ et $x = 5$.
  - $x^4 = 100x^2$.
    On divise $x^4 : x^2$ et $100x^2 : x^2$, donc $x^2 = 100$.

3. Lorsque l'équation est composée de trois genres, plusieurs cas sont possibles :

   (a) Si deux genres égalent le troisième et leurs rangs ne sont pas proportionnels, comme $x^3 + bx = c$; $x^5 + c = bx^2$ ou comme $x^4 = x^3 + c$, alors l'équation n'est pas résoluble.

   (b) Si deux genres égalent le troisième, si leurs rangs sont proportionnels mais aucun d'eux n'est le rang des unités, alors on réduit le degré de l'équation afin d'obtenir un terme connu.

   Exemples :
   - $x^3 + 10x^2 = 24x$ et $x^4 + 10x^3 = 24x^2$. On réduit l'équation et on obtient $x^2 + 10x + 24$.
   - $x^3 + 6x = 5x^2$ et $x^4 + 6x^2 = 5x^3$. On réduit l'équation et on obtient $x^2 + 6 = 5x$.
   - $x^3 = 9x^2 + 10x$ et $x^4 = 9x^3 + 10x^2$. On réduit l'équation et on obtient $x^2 + 9x = 10$.

   (c) Si les rangs sont proportionnels et l'un d'eux est le rang des unités, alors on peut faire correspondre l'équation à l'une des six formes quadratiques.

   Exemples :
   - $x^4 + 5x^2 = 126$.
     On applique l'algorithme de résolution du quatrième problème algébrique. Ainsi, $(\frac{5}{2})^2 + 126 = 132 + \frac{1}{4}$; $\sqrt{132 + \frac{1}{4}} = 11 + \frac{1}{2}$ donc $11 + \frac{1}{2} - \frac{5}{2} = 9 = x^2$.

- $x^4 + 9 = 10x^2$.
  On applique l'algorithme de résolution du cinquième problème algébrique. Ainsi, $\sqrt{(\frac{10}{2})^2 - 9} = 4$ donc $\frac{10}{2} + 4 = 9 = x^2$ ou bien $\frac{10}{2} - 4 = 1 = x^2$.
- $x^4 = 2x^2 + 8$.
  On applique l'algorithme de résolution du sixième problème algébrique. Ainsi, $\sqrt{(\frac{2}{2})^2 + 8} = 3$ donc $3 + \frac{2}{2} = 4 = x^2$.

SECONDE SECTION

Dans cette dernière section, al-Zanjānī expose les règles traditionnelles de simplification afin d'obtenir l'une des six formes d'équation précédemment présentées.

Règle pour « ramener » l'équation, c'est-à-dire pour réduire à l'unité l'adjectif numéral du terme de plus haut degré.
Exemple :
- $x^2 + \frac{1}{2}x^2 + 12 = 9x$.
  Al-Zanjānī écrit qu'il faut rapporter « un *carré* à un *carré* plus un demi ». En effet, $\frac{x^2}{x^2 + \frac{1}{2}x^2} = \frac{2}{3}$ donc $\frac{2}{3}(\frac{3}{2}x^2 + 12) = \frac{2}{3}(9x)$. Il obtient l'équation $x^2 + 8 = 6x$ qui correspond au cinquième problème algébrique.

Règle pour « compléter » l'équation. Elle s'applique lorsque l'adjectif numéral du terme de plus haut degré est une fraction.
Exemple :
- $\frac{1}{5}x^2 = x + 10$.
  Al-Zanjānī calcule d'abord le défaut par rapport à l'unité du nombre de carrés, c'est-à-dire $1 - \frac{1}{5} = \frac{4}{5}$, et $\frac{\frac{4}{5}}{\frac{1}{5}} = 4$. Puis il multiplie $5(\frac{1}{5}x^2) = 5(x + 10)$ et obtient l'équation $x^2 = 5x + 50$.

Règle pour « restaurer » les termes de l'équation.
Exemples :
- $x^2 + 100 - 10x = 76$;
  $10x + (x^2 + 100 - 10x) = 10x + 76$ donc $x^2 + 100 = 10x + 76$
  et $(x^2 + 100) - 76 = (10x + 76) - 76$ donc $x^2 + 24 = 10x$.
- $100 - 10x = 80 - x^2 - x$;
  $x^2 + 10x + (100 - 10x) = x^2 + 10x + (80 - x^2 - x)$ donc
  $x^2 + 100 = 9x + 80$ et $(x^2 + 100) - 80 = (9x + 80) - 80$
  donc $x^2 + 20 = 9x$.

Méthode de « détermination des inconnues par algèbre et
al-muqābala ».
Exemples :
- Un bien a est tel que $(\frac{1}{3}a + 1)(\frac{1}{4}a + 1) = 20$.
  On pose $a = x$, donc $(\frac{1}{3}x + 1)(\frac{1}{4}x + 1) = \frac{1}{2}\frac{1}{6}x^2 + \frac{1}{3}x + \frac{1}{4}x + 1$
  et ceci est égal à 20. On obtient l'équation $x^2 + 7x = 228$ à
  laquelle on peut appliquer l'algorithme de résolution pour le
  quatrième problème algébrique :
  $$\sqrt{(\tfrac{7}{2})^2 + 228} = \sqrt{240 + \tfrac{1}{4}} = 15 + \tfrac{1}{2} \text{ et } 15 + \tfrac{1}{2} - \tfrac{7}{2} = 12 = x.$$
- Soient a et b deux nombres carrés tels que $a^2 - b^2 = 5$.
  On pose $b^2 = x^2$ et $a^2 = x^2 + 2x + 1$ de manière que
  $5 = 2x + 1$. On obtient $x = 2$; $b^2 = 4$ et $a^2 = 9$.
- $a^3 + 10a^2 = b^2$.
  On pose $a^3 = x^3$ donc $x^3 + 10x^2 = b^2$. On pose $b = 4x$
  de manière que $x^3 + 10x^2 = 16x^2$. On obtient $x = 6$ donc
  $x^3 = 216$ et $x^2 = 36$.
- $a^3 - 10a^2 = b^2$.
  On pose $a = x$ donc $x^3 - 10x^2 = b^2$. On pose également
  $b = x$ donc $x = 11$; $x^3 = 1331$ et $x^2 = 121$.
- L'exemple prévoit de répondre à la question : « Comment ra-
  mener trois à trois plus racine de cinq plus une unité ? »
  On cherche une grandeur x telle que $3x + \sqrt{5x^2} = 1$ donc
  $1 - 3x = \sqrt{5x^2}$. Cela veut dire que $9x^2 + 1 - 6x = 5x^2$, donc
  $4x^2 + 1 = 6x$. On obtient $x^2 + \tfrac{1}{4} = x + \tfrac{1}{2}x$ donc $x = \tfrac{3}{4} - \sqrt{\tfrac{5}{16}}$.

CHAPITRE IX

Ce chapitre est entièrement consacré aux problèmes. Al-Zanjānī y rassemble différents types de problèmes arithmétiques, résolus par l'algèbre. Sans donner un critère de classification explicite, il procède en regroupant les problèmes selon leur type d'énoncé. En effet, il est possible de distinguer les groupes suivants :

Problèmes IX, 1-15 et 18-53 Problèmes arithmétiques construits autour d'un bien (*māl*) directement engagé dans un calcul, c'est-à-dire sans aucune mention ultérieure du contexte concret. Bien que ses prédécesseurs aient formulé plusieurs problèmes de ce genre, al-Zanjānī en emprunte seulement neuf, et semble donc en avoir inventé la plus grande partie.

Problèmes IX, 54-113 Problèmes de division de 10 en deux parties. Dans ce groupe, nous retrouvons presque tous les problèmes de ce type considérés par Abū Kāmil, d'autres qui ont un correspondant dans *al-Fakhrī*, d'autres encore qui n'ont aucun correspondant dans les textes conservés des prédécesseurs. Un sous-groupe (problèmes 107 ; 108 et 110 à 113) est constitué par des problèmes qui prévoient de partager, au lieu de 10, 100 ou 20 unités en plusieurs parties selon certaines conditions données. Précisons que, comme dans le cas des exemples du chapitre VII, les auteurs entendent la division de dix en deux parties au sens additif. Cela veut dire que, si on appelle les deux parties a et b, on cherche toujours $10 = a + b$.

Problèmes IX, 114-129 Problèmes sur l'achat et la revente successive d'aliments. L'inconnue peut être la quantité de marchandise vendue, ou achetée, ou son prix. On y retrouve également des problèmes, empruntés d'Abū Kāmil, sur des unités de mesure telles que le *mithqāl*, la livre et le *qafīz*.

Problèmes IX, 130-132 Problèmes numériques que l'auteur précise avoir déjà résolu dans *L'appui des arithméticiens*. Il les propose à nouveau afin de montrer la correspondance entre l'arithmétique et l'algèbre.

Problèmes IX, 133 et 134 Deux problèmes qui traitent de la relation entre le nombre de têtes de bétail et la quantité de nourriture produite. Résolus à l'aide d'une proportion, ils figuraient aussi bien chez Abū Kāmil que chez al-Karajī.

Problèmes IX, 136-142 et 144-167 Division d'un bien, ou d'une quantité donnée de dirhams, entre *n*-hommes. En nombre plus grande que dans le sous-groupe 107 à 113, où il était aussi question de diviser une quantité donnée entre des hommes, les problèmes de ce groupe présentent un nombre élevé d'inconnues et des petites séries de variations sur l'énoncé de départ.

Problèmes IX, 16 et 17; IX, 135 et IX, 143 Dispersés dans le texte nous retrouvons aussi des problèmes dont l'énoncé concerne la relation salaire-jours de travail. IX, 16-17 correspondent à II, 20 et 21 d'*al-Fakhrī*. Les problèmes 135 et 143 sont deux problèmes indéterminés qui figurent, identiques, chez Abū Kāmil.

Problèmes IX, 168-181 Problèmes sur des suites arithmétiques élaborés autour du cas de la « troupe de soldats ». C'est l'un des types de problèmes concrets proposés par Abū Kāmil dans son écrit sur les problèmes indéterminés.

Problèmes IX, 182-189 Cas des « postiers ». Comme pour la troupe de soldats, ces problèmes sont inclus parmi les problèmes indéterminés d'Abū Kāmil et certains d'entre eux figuraient aussi chez al-Karajī.

Au lieu de détailler la résolution de tous les problèmes du chapitre, nous avons procédé à une sélection de ceux qui nous semblent représentatifs de leur propre groupe d'appartenance, ou qui présentent des spécificités intéressantes. Selon le choix adopté dans l'ensemble de ce commentaire, nous les transcrivons en langage symbolique moderne, cela afin de faciliter la lecture de l'ouvrage. Nous indiquons, le cas échéant, leur correspondant dans les écrits des prédécesseurs. Pour ce faire,

- concernant le corpus d'Abū Kāmil, nous suivons la distinction des problèmes établie par Rashed dans les quatre écrits *Livre d'algèbre*, *Le pentagone et décagone réguliers*, la collection de problèmes indéterminés, et *Livre sur les volatiles* ;
- concernant les problèmes d'al-Karajī, nous faisons référence aux sections I, II, III, IV, et V d'*al-Fakhrī*, selon la classification qui figure dans l'édition de Saʿīdān. Certains problèmes d'al-Zanjānī correspondent aux problèmes de la fin du Livre III d'*al-Badīʿ*. Dans ce cas, nous indiquons le numéro de folio correspondant, en suivant l'édition d'Anbouba.
- concernant les problèmes aux origines diophantiennes, nous nous référons à la version grecque du texte traduite par Paul Ver Eecke (pour les livres conservés en grec), ainsi qu'à la version arabe du Livre IV de Qusṭā ibn Lūqā selon l'édition et traduction de Rashed[37].

Rappelons encore une fois que les correspondances que nous repérons ne sont pas explicitées par al-Zanjānī. Nous avons construit une table des correspondances de l'ensemble de ces problèmes à la fin du commentaire mathématique.

ANALYSE DE CERTAINS PROBLÈMES DU CHAPITRE

Dans la formalisation des problèmes, les lettres $a, b, c, d, ...etc.$ indiquent les biens, nombres ou autres objets du problème, tandis que les lettres $x, y, z ...etc.$ indiquent des variables algébriques, que nous introduisons lorsqu'al-Zanjānī traduit le problème en termes algébriques.

Problèmes autour d'un bien directement impliqué dans le calcul

Le premier groupe de problèmes abordés concerne un, ou plusieurs biens (*māl*) que nous appelons a, b, c et ainsi de suite.

---

37   Voir Ver Eecke (1959) et Rashed (1984a).

1. $a + \frac{1}{2}a + 10 = a + \frac{2}{3}a$.

   On pose $a = x$, donc $x + \frac{1}{2}x + 10 = x + \frac{2}{3}x$; $\frac{1}{6}x = 10$ et $x = 60$.

6. $a + \frac{1}{4}b = b + \frac{1}{3}a$.

   On pose $a = 3$ et $b = x$. On a $x + \frac{1}{3}3$ et $3 + \frac{1}{4}x$. Ainsi, $x + 1 = 3 + \frac{1}{4}x$ donc $x = 2 + \frac{2}{3}$.

   Al-Zanjānī remarque que le même procédé s'applique à

   $$a - \frac{1}{4}b = b - \frac{1}{3}a.$$

8. Le problème peut être représenté par le système suivant :
   $$\begin{cases} a + \frac{1}{3}b = 3b \\ b + \frac{1}{4}a = 2a \end{cases}$$

   On pose $a = 2x + \frac{2}{3}x$ et $b = x$. Ainsi, $2x + \frac{2}{3}x + \frac{1}{3}x = 3x$.

   Or, $x + \frac{1}{4}(2x + \frac{2}{3}x) = \frac{2}{3}x$ et $x + \frac{2}{3}x \neq 2(2x + \frac{2}{3}x)$.

   Puisque la solution du problème serait une valeur numérique nulle, al-Zanjānī qualifie ce problème d'impossible. Il précise que le problème que nous pouvons représenter par

   $$a + \frac{1}{2}b - b = b + \frac{1}{3}a - a$$

   est également inconcevable.

   Remarque : ceci est le seul problème du traité qu'al-Zanjānī qualifie d'impossible. Contrairement à al-Karajī, qui étudie plusieurs problèmes impossibles, c'est-à-dire des problèmes qui auraient comme solution des valeurs nulles ou négatives, al-Zanjānī semble donc vouloir éviter ici toute sorte de problème qui n'a pas de solution exprimable.

   Problèmes sur des calculs de salaire

   Parmi les problèmes sur un bien, figurent aussi deux problèmes sur le calcul de salaire. Ils correspondent à une autre paire de problèmes du *Fakhrī*.

16. Nous posons x le salaire de 30 jours d'un employé, nous voulons déterminer la racine du salaire pour 5 jours de travail. Dans cet énoncé, al-Zanjānī sous-entend que la racine qu'il cherche est en fait le salaire de 5 jours de travail. En effet, il continue le problème en établissant la proportion

$$\sqrt{x} : x = 5 : 30$$

de laquelle il obtient $x = 6\sqrt{x}$. Ainsi, $\sqrt{x} = 6$ et $x = 36$. Ce problème est presque identique au problème II, 20 d'*al-Fakhrī*, dont l'énoncé est :

> Le salaire d'un mois d'un employé est une chose inconnue ; il travaille cinq jours et il demande la racine du salaire plus deux tiers de cette racine[38].

Al-Karajī avait lui-aussi résolu le problème à l'aide d'une proportion, à savoir $30 : x = 5 : (1 + \frac{2}{3})\sqrt{x}$.

17. Nous posons x le salaire d'un jour d'un employé. Nous voulons déterminer la racine du salaire de $\frac{1}{4}$ de jour de travail. Puisque $\sqrt{x} : x = \frac{1}{4} : 1$, le résultat est $x = 16$. Ce problème correspond au problème II, 21 d'*al-Fakhrī* .

Suite des problèmes concernant un bien directement impliqué dans un calcul

18. Al-Zanjānī veut trouver « un *bien* radicande », c'est-à-dire un carré parfait, qui est partagé entre un certain nombre d'hommes de manière non équitable. Nous appelons donc a^2 le bien radicande et b une deuxième inconnue non nommée par l'auteur. Le problème se traduit par le système suivant :

$$\begin{cases} (\frac{1}{2}b + \frac{1}{3}b + \frac{1}{4}b + \frac{1}{5}b + \frac{1}{6}b)a^2 = a^2 \\ \frac{1}{6}a^2b = 5a \end{cases}$$

Selon cette formalisation, $b = \frac{60}{87}$, donc la part de l'homme qui possède $\frac{1}{6}$ du bien est $\frac{b}{6} = \frac{10}{87}$, à savoir « dix parts ». Encore une fois, la résolution d'al-Zanjānī passe l'établisse-

---

38   Traduit à partir de Saʿīdān (1986), p. 193-194.

ment d'une proportion. Puisque $5a : \frac{10}{87} = a^2 : \frac{87}{87}$, nous aurons $5a : 10 = a^2 : 87$. Ainsi, $a = 43 + \frac{1}{2}$ et $b^2 = 1892 + \frac{1}{4}$.

30. $\begin{cases} a = 2 + b \\ ab = 20 \end{cases}$

On pose $a = x$ et $b = x + 2$ donc $x^2 + 2x = 20$.

Ainsi, $\sqrt{(\frac{2}{2})^2 + 20} - 1 = \sqrt{21} - 1 = x = a$ et $\sqrt{21} + 1 = b$.

Remarque : nous pouvons constater ici que, contrairement aux valeurs numériques nulles ou négatives, qui ne sont pas concevables, al-Zanjānī admet des solutions irrationnelles. Cependant, rien n'est précisé afin de décrire un tel type de solution.

34. $(a + 7)\sqrt{3a} = 10a$.

On pose $a = x$, donc $(x + 7)\sqrt{3x} = 10x$, c'est-à-dire que $\sqrt{3x^3} + 7\sqrt{3x} = 10x$. En divisant les deux termes par $\sqrt{3x}$, on obtient $x + 7 = \sqrt{33x + \frac{1}{3}x}$. Or, $x^2 + 14x + 49 = 33x + \frac{1}{3}x$, donc $x^2 + 49 = 19x + \frac{1}{3}x$ et $x = \frac{19+\frac{1}{3}}{2} \pm \sqrt{49 - \frac{19+\frac{1}{3}}{2}}$.

Une deuxième méthode de résolution est proposée. Cette fois-ci, il faut poser $a = \frac{1}{3}x^2$. Le problème devient alors

$$(\frac{1}{3}x^2 + 7)x = \frac{1}{3}x^3 + 7x$$

donc $\frac{1}{3}x^3 + 7x = 3x^2 + \frac{1}{3}x^2$ et $x^3 + 21x = 10x^2$.

En divisant les deux membres de l'équation par x, on obtient l'équation quadratique $x^2 + 21 = 10x$, qui est l'exemple traditionnellement reporté pour la cinquième forme d'équation quadratique et qu'al-Zanjānī avait aussi développé au chapitre VIII. Il calcule son discriminant et obtient :

– soit $\frac{10}{2} - \sqrt{(\frac{10}{2})^2 - 21} = 3 = x$ et $x^2 = 9$, donc $a = 3$;

– soit $\frac{10}{2} + \sqrt{(\frac{10}{2})^2 - 21} = 7 = x$ et $x^2 = 49$, donc $a = 16 + \frac{1}{3}$.

Ce problème correspond au problème 59 du *Livre d'algèbre* d'Abū Kāmil. Al-Zanjānī omet certains passages qui au contraire faisaient partie de la démarche de résolution entamée par son prédécesseur, cela en particulier lors de la deuxième méthode de résolution. Le problème correspond également au problème IV, 20 d'*al-Fakhrī*, mais al-Karajī développe uniquement la deuxième méthode et ne mentionne pas la première.

Problèmes de division de 10 en deux parties

54. Le premier problème de ce groupe prévoit de diviser 10 en deux parties, que nous appelons a et b selon la condition suivante :
$$\begin{cases} 10 = a + b \\ 2b = 3a \end{cases}$$

Al-Zanjānī pose $a = x$, donc $b = 10 - x$. Ainsi, $2(10 - x) = 20 - 2x$; $20 - 2x = 3x$ donc $x = 4$ et $b = 6$.

66. En plus de a et de b, al-Zanjānī considère trois nombres carrés n^2, p^2 et q^2 tels que
$$\begin{cases} a + b = 10 \\ n^2 + a = p^2 \\ n^2 + b = q^2 \end{cases}$$

On pose $n^2 = x^2$, $a = 2x + 1$ et $b = 4x + 4$.
Ainsi,
$$x^2 + 2x + 1 = (x + 1)^2 = p^2$$
et
$$x^2 + 4x + 4 = (x + 2)^2 = q^2.$$

Or, on sait que $(2x + 1) + (4x + 4) = 10$, donc $6x + 5 = 10$ et $x = \frac{5}{6}$. On obtient $x^2 = \frac{25}{36}$; $b = 2 + \frac{2}{3}$ et $a = 7 + \frac{1}{3}$.

67. $$\begin{cases} a + b = 10 \\ n^2 - a = p^2 \\ n^2 - b = q^2 \end{cases}$$

Al-Zanjānī pose $n^2 = x^2 + 4x + 4$; $a = 4x + 4$ et $b = 2x + 3$. Ainsi, $(x^2 + 4x + 4) - (4x + 4) = x^2$. On additionne a et b et on obtient $(4x + 4) + (2x + 3) = 6x + 7$. Donc $6x + 7 = 10$ et $x = \frac{1}{2}$. On obtient $a = 6$; $b = 4$ et $n^2 = 6 + \frac{1}{4}$.

Nous pouvons observer que la méthode de résolution est la même que dans le problème précédent. Al-Zanjānī appelle ces problèmes « fluides », c'est-à-dire indéterminés.

Un sous-groupe de problèmes de division de 10 en deux parties est à mettre en relation avec le problème 68 de l'algèbre d'Abū Kāmil. Il s'agit d'un problème qui se compose de plusieurs cas, ou sous-problèmes, pour la résolution desquels Abū Kāmil fait appel au problème 8 du même recueil. Ce dernier est à son tour un problème assez complexe, dont la résolution passe par plusieurs méthodes. Au chapitre IX, al-Zanjānī reprend toutes les méthodes de résolution du problème 8 d'Abū Kāmil (problème 82), puis il décompose les étapes de la résolution du problème 68 en cinq problèmes distincts (problèmes 83 à 87). Nous avons représenté ces correspondances au moyen d'un tableau, en indiquant aussi la proposition arithmético-algébrique qui rentre en jeu lors de la justification de la résolution du problème.

Problème d'al-Zanjānī	Problème d'Abū Kāmil	Proposition d'al-Zanjānī	Relation impliquée
IX, 82	8	VII, 15	$(\frac{a}{b} + \frac{b}{a})ab = a^2 + b^2$
IX, 83	68 (1er cas)	VII, 31	$\frac{10}{a} + \frac{10}{b} = 2 + \frac{a}{b} + \frac{b}{a}$
IX, 84	68 (2e cas)	VII, 30	$\frac{b+c}{b}\frac{b+c}{c} = \frac{b+c}{b} + \frac{b+c}{c}$
IX, 85	68 (3e cas)		$ab = 4(\frac{a}{2}\frac{b}{2})$
IX, 87	68 (5e cas)	VII, 29	$\frac{a}{b}\frac{c}{d} = \frac{ac}{bd}$

Le problème 68 présente aussi une autre particularité. En effet, Abū Kāmil y applique aussi bien des méthodes démonstratives géométriques, que « la voie de l'indication ». Cette dernière est une méthode caractérisée par une approche analytique au sens ancien, c'est-à-dire que la démonstration démarre en supposant vraie la conclusion et procède en déduisant les hypothèses de cette assomption[39]. Or, al-Zanjānī n'indique ni les démonstration géométriques ni celles qui passent par l'indication. Au contraire, il se sert des propositions du

---

39   Voir à ce propos Rashed (2012), p. 235-239.

chapitre VII selon la même démarche argumentative que nous avons vu à l'œuvre lors de l'établissement de la « cause » (*'illa*) pour les formes d'équation quadratiques du chapitre VIII. Nous retranscrivons ici l'ensemble de ce sous-groupe.

82 $\begin{cases} a + b = 10 \\ \frac{a}{b} + \frac{b}{a} = 4 + \frac{1}{4} \end{cases}$

Les quatre méthodes qu'al-Zanjānī propose afin de résoudre le problème sont toutes organisées selon la même démarche : après avoir paramétré a et b, il faut transformer la deuxième condition du problème afin de parvenir à une condition de la forme $a + b = ab(4 + \frac{1}{4})$. Nous allons maintenant détailler chaque méthode.

Première méthode :
On pose $a = x$ et on multiplie $x(10 - x) = 10x - x^2$. Ainsi, $(10x - x^2)(4 + \frac{1}{4}) = 42x + \frac{1}{2}x - (4x^2 + \frac{1}{4}x^2) = 2x^2 + 100 - 20x$.
En effet, selon la proposition VII, 15, $(\frac{a}{b} + \frac{b}{a})ab = a^2 + b^2$.
Après avoir restauré et ramené on parvient à $x^2 + 16 = 10x$ donc $x = 2$ ou bien $x = 8$.

Deuxième méthode[40] :
On pose $a = 5 + x$ et $b = 5 - x$. Ainsi,

$$(5 + x)(5 - x)(4 + \frac{1}{4}) = 106 + \frac{1}{4} - 4x^2 - \frac{1}{4}x^2$$

et

$$106 + \frac{1}{4} - 4x^2 - \frac{1}{4}x^2 = 2x^2 + 50$$

donc $x^2 = 9$ et $x = 3$. On aura $5 + 3 = 8 = a$ et $5 - 3 = 2 = b$.

Troisième méthode :
On pose $a = x$, donc $\frac{10-x}{x} = \frac{10}{x} - 1$ et $\frac{x}{10-x} = \frac{1}{10}x - 1$.
Ainsi, $\frac{10}{x} - 1 + \frac{x}{10-x} = 4 + \frac{1}{4}$, donc $2x^2 + 100 - 20x =$

$42 + \frac{1}{2} - 4x^2 - \frac{1}{4}x^2$. On obtient l'équation $x^2 + 16 = 10x$, donc $x = 2$ ou bien $x = 8$.

Quatrième méthode :

On pose $\frac{b}{a} = x$ donc $\frac{a}{b} = 4 + \frac{1}{4} - x$.

Ainsi, $x(4 + \frac{1}{4} - x) = 4x + \frac{1}{4}x - x^2 = 1$.

En effet, selon les propositions, $\frac{b}{c}\frac{c}{b} = 1$.

On calcule alors $x^2 + 1 = 4x + \frac{1}{4}x$ et $x = 4$ ou $x = \frac{1}{4}$.

On pose $4 = \frac{10-a}{a}$ donc $4a = 10 - a$ et $a = 2$ ou $a = 8$.

Remarque : les quatre méthodes font partie de la résolution du problème 8 du *Livre d'algèbre* d'Abū Kāmil. Ce dernier formule également une démonstration géométrique des propositions justifiant la première et la quatrième méthode de résolution.

83. Le problème 83 correspond à l'énoncé principal du problème 68 d'Abū Kāmil et peut être formalisé de la façon suivante :
$$\begin{cases} a + b = 10 \\ \frac{10}{a} + \frac{10}{b} = 6 + \frac{1}{4} \end{cases}$$

Al-Zanjānī explique que ce problème correspond à résoudre $\frac{a}{b} + \frac{b}{a} = 4 + \frac{1}{4}$, à savoir le problème IX, 82 que nous venons d'analyser. Il justifie cette correspondance en ayant recours à la proposition $\frac{10}{a} + \frac{10}{b} = 2 + \frac{a}{b} + \frac{b}{a}$ qui n'est toutefois pas énoncée au chapitre VII.

84. Ce problème est un cas particulier du précédent. En effet, on cherche
$$\begin{cases} a + b = 10 \\ \frac{10}{a}\frac{10}{b} = 6 + \frac{1}{4} \end{cases}$$

Afin de montrer que $\frac{10}{x}\frac{10}{y} = \frac{10}{x} + \frac{10}{y}$, Abū Kāmil avait développé deux démonstrations : l'une géométrique, l'autre par l'indication. Au contraire, al-Zanjānī s'appuie sur sa proposition VII, 30, qui consiste à montrer que, si $a = b + c$, alors $\frac{a}{b}\frac{a}{c} = \frac{a}{b} + \frac{a}{c}$. En raison de cela, cette proposition permet justement d'établir l'analogie entre les problèmes 83 et 84.

85. Ce problème se compose à son tour de quatre cas particuliers,

qui avaient été considérés par Abū Kāmil comme des corollaires à son deuxième sous-problème. Les quatre cas particuliers se fondent sur la proposition $ab = 4(\frac{a}{2}\frac{b}{2})$. Al-Zanjānī y montre que :

(a) $\begin{cases} a + b = 20 \\ ab = 25 \end{cases}$

Selon la susdite proposition, on aura $\frac{1}{4}25 = 6 + \frac{1}{4} = \frac{10}{a} + \frac{10}{b}$.

(b) $\begin{cases} a + b = 30 \\ ab = 25 \end{cases}$

Cette fois-ci on considère $\frac{1}{9}25$ et on procède comme auparavant.

(c) $\begin{cases} a + b = 40 \\ ab = 25 \end{cases}$

Cette fois-ci, on considère $\frac{1}{2}\frac{1}{8}25$ et on procède comme auparavant.

(d) $\begin{cases} a + b = 50 \\ ab = 25 \end{cases}$

On considère $4 \cdot 25$ et on procède comme auparavant.

86. $\begin{cases} a + b = 10 \\ \frac{50}{a}\frac{40}{b} = 125 \end{cases}$

D'après le problème 84, on sait que $\frac{1}{2}\frac{1}{10}125 = 6 + \frac{1}{4} = \frac{10}{a}\frac{10}{b}$.

D'après le problème 82, on sait aussi que $\frac{a}{b} + \frac{b}{a} = 4 + \frac{1}{4}$.

On pose alors $a = 5 + x$ et $b = 5 - x$. Au chapitre VII, al-Zanjānī avait montré l'identité remarquable

$$(5 + x)(5 - x) = 25 - x^2.$$

Il peut donc l'utiliser ici, puis calculer

$$(25 - x^2)(6 + \frac{1}{4}) = 156 + \frac{1}{4} - 6x^2 - \frac{1}{4}x^2.$$

Or, puisqu'il sait que cela est égal à 100, il obtient $x = 3$; $a = 8$ et $b = 2$.

87. $\begin{cases} a + b = 10 \\ \frac{40}{a}\frac{40}{b} = 100 \end{cases}$

Al-Zanjānī remarque que, si l'on pose $a = 5 + x$ et $b = 5 - x$, l'équation de ce problème devient $\frac{40}{5+x}\frac{40}{5-x} = 100$.

Or, $(5 + x)(5 - x) = 25 - x^2$ et $(25 - x^2)100 = 2500 - 100x^2$ donc $2500 - 100x^2 = 40 \cdot 40$.

Ce dernier passage est justifié par la proposition VII, 29, que nous pouvons ainsi reformuler : $\frac{a}{b}\frac{c}{d} = \frac{ac}{bd}$. Ainsi, $x^2 = 9$, donc $x = 3$; $a = 8$ et $b = 2$.

92. $\begin{cases} a + b = 10 \\ a + 2\sqrt{a} = b - 2\sqrt{b} \end{cases}$

On pose $a = 5 - x$ et $b = 5 + x$, donc

$$(5 - x) + 2\sqrt{5 - x} = (5 + x) - 2\sqrt{5 + x}.$$

On additionne des deux côtés $x + 2\sqrt{5 - x}$ et on soustrait des deux côtés 5. On obtient donc $2\sqrt{5 + x} + 2\sqrt{5 - x} = 2x$. Ainsi, $x = \sqrt{5 + x} + \sqrt{5 - x}$ et $x^2 = 10 + \sqrt{100 - 4x^2}$. On soustrait 10 des deux côtés et on met au carré. On obtient

$$x^4 + 100 - 20x^2 = 100 - 4x^2$$

donc $x^4 = 16x^2$; $x^2 = 16$; $x = 4$; $a = 1$ et $b = 9$.

Al-Zanjānī propose une deuxième méthode de résolution. Il pose $\sqrt{a} = x$ et $\sqrt{b} = y$. Selon la proposition VII, 11, $a^2 + na = b^2 - nb$. Donc $\sqrt{a} = \sqrt{b} - 2$ et $2x^2 + 4x + 4 = 10$. Il obtient $x = 1$ et $b = 3$.

Nous comprenons donc que cette méthode se base sur un argument de symétrie : si le couple (x, y) est une solution, le couple $(y - 2, x + 2)$ le sera aussi.

Ce problème correspond au problème 67 du *Livre d'algèbre* d'Abū Kāmil, pour lequel le mathématicien égyptien avait formulé plusieurs méthodes de résolution. Seulement la deuxième et la cinquième de ces méthode sont reprises, dépourvues de leurs démonstrations, par al-Zanjānī.

104. $\begin{cases} x + y = 10 \\ (\frac{x}{y} + 10)(\frac{y}{x} + 10) = 122 + \frac{2}{3} \end{cases}$

Afin de résoudre ce problème, al-Zanjānī introduit deux nouvelles inconnues, que nous appelons d et q, telles que $\frac{x}{y} = d$ et $\frac{y}{x} = q$. En les substituant dans la deuxième condition du problème, on obtient

$$(10 + d)(10 + q) = 100 + 10d + 10q + 1.$$

En effet, selon la proposition VII, 16, $\frac{x}{y}\frac{y}{x} = 1$. Ainsi, $101 + 10d+10q = 122+\frac{2}{3}$. Al-Zanjānī oublie d'écrire « deux tiers », mais résout correctement le problème en retranchant les termes communs. Il obtient $10d + 10q = 21 + \frac{2}{3}$ et $d + q = 2 + \frac{1}{6}$. Il remarque qu'il a déjà résolu cette équation. En effet, ce cas correspond à celui du problème 82. Les solutions sont alors $x = 4$ et $y = 6$.

Ce problème correspond au problème 35 du *Livre d'algèbre* d'Abū Kāmil, mais ce dernier appelle les deux nouvelles inconnues « une grande chose » et « une petite chose ». Le problème est également presque identique à *al-Fakhrī* III, 18, l'énoncé de ce dernier étant $(\frac{x}{y} + 10)(\frac{y}{x} + 10) = 143 + \frac{1}{2}$.

La stratégie d'introduire des inconnues supplémentaires représentant le rapport deux deux parties de 10 est aussi appliquée au problème 105, qui correspond au 36 du *Livre d'algèbre* d'Abū Kāmil et à *al-Fakhrī* III, 19.

106. $\begin{cases} a + b = 10 \\ (\frac{a}{b} + b)(\frac{b}{a} + a) = 36 + \frac{2}{3} \end{cases}$

Al-Zanjānī pose $a = 5 - x$ et $b = 5 + x$, donc

$$(5 + x + \tfrac{5-x}{5+x})(5 - x + \tfrac{5+x}{5-x}).$$

Le produit est $(25 - x^2) + \frac{x^2+10x+25}{5-x} + \frac{x^2+25-10x}{5+x} + 1$.

Dans cette multiplication, on reconnait l'identité remarquable $(a - b)(a + b) = a^2 - b^2$. Après l'addition, la deuxième condition du problème devient

$$26 - x^2 + \frac{x^2 + 10x + 25}{5 - x} + \frac{x^2 + 25 - 10x}{5 + x} = 36 + \frac{2}{3}$$

et

$$x^2 + 10x + 25 + \frac{15x^2 + 125 - x^3 - 75x}{5 + x} =$$

$$= 5x^2 + 53 + \frac{1}{3} - x^3 - 10x - \frac{2}{3}x.$$

On retranche $x^2 + 25x$, on ajoute $x^3 + 10x + \frac{2}{3}x$ et on multiplie le reste par $5 + x$. On obtient

$$x^4 + 4x^3 + 35x^2 + \frac{1}{3}x^2 + 28x + \frac{1}{3}x + 125 =$$

$$= 4x^3 + 20x^2 + 28x + \frac{1}{3}x + 141 + \frac{2}{3}.$$

On retranche des deux côtés $4x^3 + 20x^2 + 28x + \frac{1}{3}x + 125$ et il reste $x^4 + 15x^2 + \frac{1}{3}x^2 = 26 + \frac{2}{3}$.

La résolution de l'équation de quatrième degré passe par l'application de l'algorithme de résolution de l'équation quadratique. On calcule

$$\frac{15 + \frac{1}{3}}{2} - \sqrt{(\frac{15 + \frac{1}{3}}{2})^2 + 26 + \frac{2}{3}} = \frac{15 + \frac{1}{3}}{2} - \sqrt{78 + \frac{1}{4} + \frac{1}{9}}$$

$$= \frac{15 + \frac{1}{3}}{2} - (8 + \frac{5}{6}) = 1.$$

La solution est $a = 4$ et $b = 6$.

110. $\begin{cases} 20 = a_1 + a_2 + a_3 + a_4 \\ a_1 + \frac{1}{2}a_1 = a_2 + \frac{1}{3}a_2 = a_3 + \frac{1}{4}a_3 = a_4 + \frac{1}{5}a_4 \end{cases}$

On pose $a_1 = 2x$ donc $a_2 = 2x + \frac{1}{4}x$; $a_3 = 2x + \frac{2}{5}x$ et $a_4 = 2x + \frac{1}{2}x$ de manière que

$2x + \frac{1}{2}2x = 3x$;

$2x + \frac{1}{4}x + \frac{1}{3}(2x + \frac{1}{4}x) = 3x$;

$2x + \frac{2}{5}x + \frac{1}{4}(2x + \frac{2}{5}x) = 3x$;

et $2x + \frac{1}{2}x + \frac{1}{5}(2x + \frac{1}{2}x) = 3x$.

Al-Zanjānī commet une première faute en posant $a_3 = 2x + \frac{1}{5}$, ce qui ne validerait pas les données de départ. Ensuite, il additionne les valeurs posées :
$$2x + (2x + \frac{1}{4}x) + (2x + \frac{2}{5}x) + (2x + \frac{1}{2}x) = 9x + \frac{3}{20}x$$
ce qui correspond à $9x + (\frac{1}{10} + \frac{1}{2}\frac{1}{10})x$. Selon la première condition du problème, $9x + (\frac{1}{10} + \frac{1}{2}\frac{1}{10})x = 20$. Al-Zanjānī identifie comme solution de l'équation $x = 2 + \frac{200}{549}$ qui n'est toutefois pas le résultat correct de l'équation, ce dernier étant $x = 2 + \frac{34}{183}$. La suite des valeurs formulées par al-Zanjānī est donc également incorrecte.

Remarque : nous avons voulu signaler ce problème car il s'agit de l'un des rares cas dans lesquels al-Zanjānī développe un problème erroné.

Ce problème est presque identique à *al-Fakhrī* III, 46 dont l'énoncé pouvait être formalisé de la manière suivante
$$\begin{cases} 20 = a_1 + a_2 + a_3 + a_4 \\ a_1 + \frac{1}{2}a_1 = a_2 + \frac{1}{3}a_2 = a_3 + \frac{1}{4}a_3 = a_4 + \frac{1}{6}a_4 \end{cases}$$

Problèmes d'achat et/ou vente d'aliments

117. Le prix d'un canard est 3 dirham.
Le prix de 4 moineaux est 1 dirham.
Le prix de 1 poulet est 1 dirham.
Nous voulons en acheter pour 100 dirham[41].

Al-Zanjānī traduit le problème algébriquement en posant le nombre de canards « une chose » et celui des moineaux « une portion ». En langage symbolique, posons le nombre de canards x, donc son prix est $3x$, et le nombre de moineaux y, donc son prix est $\frac{1}{4}y$. Le prix des poulets sera $100 - 3x - \frac{1}{4}y$ et leur nombre $100 - x - y$.

On établit donc l'équation $100 - 3x - \frac{1}{4}y = 100 - x - y$.

Afin d'éliminer la variable y, on remarque que $2x = \frac{3}{4}y$ donc $y = (2 + \frac{2}{3})x$. Enfin, on pose x une grandeur quelconque à

41 Nous avons analysé ce problème dans Sammarchi (2019).

condition qu'elle soit un multiple de $\frac{1}{3}$.

Si on pose $x = 3$ alors $y = 8$ et les poulets sont 89.

Si on pose $x = 6$ alors $y = 16$ et les poulets sont 78.

Si on pose $x = 27$ alors $y = 72$ et les poulets sont 1 seul.

La même méthode est appliquée au problème 118, qui correspond au problème 3 du *Livre des volatiles* d'Abū Kāmil. Ce dernier élabora plusieurs étapes de résolution et fit appel à un tableau afin de marquer les 96 solution « correctes » du problème[42]. Al-Zanjānī se limite à indiquer la première solution repérée par son prédécesseur, et signale que plusieurs espèces de ces problèmes sont fluides. Remarquons que, puisqu'il s'agit de trouver le nombre de volatiles, ce genre de problèmes indéterminées n'admet que des solutions entières.

122. Soit p le nombre de pâtisseries et c le nombre de citrons. Selon les données du problème, 20 est le capital initial et 15 le bénéfice. L'énoncé du problème correspond à

$$\begin{cases} 2p + \frac{1}{2}c = 20 \\ \frac{1}{2}p + 2c = 20 + 15 \end{cases}$$

L'inconnue du problème étant un prix, al-Zanjānī pose le prix d'achat de c égal à x, donc $c = 2x$, et le prix d'achat de p égal à $20 - x$, donc $p = 10 - \frac{1}{2}x$. Le prix de vente de c est $4x$ et le prix de vente de p est $5 - \frac{1}{4}x$. Par conséquent,

$$4x + 5 - \frac{1}{4}x = 5 + (3 + \frac{1}{2} + \frac{1}{4})x = 20 + 15.$$

Ainsi $x = 8$ est le prix d'achat des citrons, tandis que le prix d'achat des pâtisseries est 12.

123. Un autre problème comme le précédent. Cette fois-ci, le capital est $20 + 5$, le bénéfice est $3\frac{1}{6}$ et il faut aussi considérer le prix unitaire de la marchandise, appelons-le u :

$$\begin{cases} 2p = 20 \\ uc = 5 \\ up + 2c == 20 + 5 + 3 + \frac{1}{6} \end{cases}$$

---

42 Rashed (2012), p. 740-748.

L'inconnue de ce problème étant le nombre de citrons, on pose $c = x$ donc le prix de vente des citrons est $2x$.

Ainsi, $up = 20 + 5 + 3 + \frac{1}{6} - 2x$ et $ux = 5$.

La résolution du problème passe par l'établissement de la proportion suivante

$p : (28 + \frac{1}{6} - 2x) = x : 5$, donc $10 : (28 + \frac{1}{6} - 2x) = x : 5$.

De cette façon $5p = 28x + \frac{1}{6}x + 2x^2$, donc $50 = 28x + \frac{1}{6}x + 2x^2$. Cela veut dire que $x^2 + 25 = 14x + \frac{1}{2} + \frac{1}{2}\frac{1}{6}x$. Le texte est ici lacuneux, car il est indiqué non pas $\frac{1}{2} + \frac{1}{2}\frac{1}{6}x$, mais seulement $\frac{1}{2}\frac{1}{6}x$. Les résultats sont toutefois correctement exprimés : on obtient soit $x = 12$, soit $x = 2 + \frac{1}{2}\frac{1}{6}$.

127. Soit a la quantité de farine, b la quantité d'orge, u le prix unitaire de la farine et v le prix unitaire de l'orge. Les inconnues sont dans la relation suivante :

$$\begin{cases} a + b = 10 \\ av + bu = (b - a) + (v - u) \end{cases}$$

Il s'agit d'un problème indéterminé à deux équations et quatre inconnues. Afin de le rendre déterminé, al-Zanjānī pose deux conditions supplémentaires. En effet, il pose la quantité de farine $a = 4$, de manière que $b = 6$. Ensuite il pose le prix unitaire de l'orge $v = \frac{1}{2}u$, en parvenant à $4\frac{u}{2} + 6u = 2 + u - \frac{1}{2}u$. En remplaçant ces valeurs dans la deuxième condition du problème on obtient $8u = 2 + \frac{1}{2}u$ donc $15u = 2$. Ainsi, $u = \frac{2}{15}$ et $v = \frac{4}{15} = \frac{1}{5} + \frac{1}{3}\frac{1}{5}$. Le prix total est donc $(a - b) + (v - u) = 2 + \frac{2}{3}\frac{1}{5}$.

Les problèmes 128 et 129 sont deux variantes de ce problème.

Problèmes numériques

130. On considère quatre nombres m, n, p et q tels que

$$\begin{cases} n_1 + n_2 + n_3 = 153 \\ n_2 + n_3 + n_4 = 350 \\ n_3 + n_4 + n_1 = 283 \\ n_4 + n_1 + n_2 = 273 \end{cases}$$

On pose $n_1 + n_2 + n_3 + n_4 = x$ donc $x - 153 = n_4$; $x - 350 = n_1$; $x - 283 = n_2$ et $x - 273 = n_3$. En les additionnant, on obtient $(x - 153) + (x - 350) + (x - 283) + (x - 273) = x$ c'est-à-dire $4x - 1059 = x$, donc $x = 353$ $n_4 = 200$; $n_1 = 3$; $n_2 = 70$ et $n_3 = 80$.

Al-Zanjānī précise qu'il avait déjà abordé ce problème dans son arithmétique, et que l'objectif est ici d'en montrer la résolution algébrique.

Problèmes sur les têtes de bétail

133. Un mois de nourriture pour dix bêtes est 400 mannā. On veut calculer une semaine de nourriture pour trois bêtes. Cela veut dire que, si $30 \cdot 10b = 400$, on cherche m tel que $7 \cdot 3b = m$. Al-Zanjānī pose x une semaine de nourriture pour 3 bêtes. 30 jours de nourriture pour ces trois bêtes est $30 \cdot 3b = 4x + \frac{2}{7}x$. Il établit la proportion

$$10 : 400 = 3 : (4x + \frac{2}{7}x)$$

donc $120 = 4x + \frac{2}{7}x$ et $x = 28$.

Ce problème correspond au problème II, 17 d'*al-Fakhrī*.

Répartition d'un bien entre des hommes

141. Soient x_1, x_2, x_3 la part de 50 dirhams à repartir entre trois hommes.

$$\begin{cases} 50 = x_1 + x_2 + x_3 \\ x_2 + \frac{1}{3}x_1 + 2 = x_3 + \frac{1}{4}x_2 + 3 = x_1 + \frac{1}{5}x_3 + 4 \end{cases}$$

Puisque $50 : 3 = 16 + \frac{2}{3}$, on pose x_2 tel que

$$x_2 - (\frac{1}{4}x_2 + 3) + \frac{1}{3}x_1 + 2 = 16 + \frac{2}{3}$$

donc

$$16 + \frac{2}{3} - \frac{1}{3}x_1 - 2 = 14 + \frac{2}{3} - \frac{1}{3}x_1 = \frac{3}{4}x_2 - 3$$

donc $x_2 = 23 + \frac{5}{9} - \frac{4}{9}x_1$.
On pose x_3 tel que :

$$x_3 - (\frac{1}{5}x_3 + 4) + \frac{1}{4}x_2 + 3 = 16 + \frac{2}{3}$$

donc

$$16 + \frac{2}{3} - \frac{1}{4}x_2 - 3 = 7 + \frac{7}{9} + \frac{1}{9}x_1 = \frac{4}{5}x_3 - 4$$

donc $x_3 = 14 + \frac{13}{18} + (\frac{1}{9} + \frac{1}{4}\frac{1}{9})x_1$.
On obtient

$$\frac{1}{5}(14 + \frac{13}{18} + \frac{1}{9}x_1 + \frac{1}{4}\frac{1}{9}x_1) + 4 + (x_1 - \frac{1}{4}x_1 + 3) =$$
$$= \frac{2}{3}x_1 + \frac{1}{4}\frac{1}{9}x_1 + 4 + \frac{17}{18} = 16 + \frac{2}{3}$$

et $\frac{1}{3}x_1 + \frac{1}{4}\frac{1}{9}x_1 = 14 + \frac{13}{18}$. Ainsi, $x_1 = \frac{422}{25} = 16 + \frac{4}{5} + \frac{2}{5}\frac{1}{5}$;
$x_2 = 16 + \frac{4}{75}$ et $x_3 = 17 + \frac{5}{75}$.

145. Soient a^2 et b^2 les parties du bien acquise par deux hommes.
On veut montrer que
$$\begin{cases} 4a + (b^2 - 6b) = \frac{1}{2}(a^2 + b^2) \\ 6b + (a^2 - 4a) = \frac{1}{2}(a^2 + b^2) \end{cases}$$

Al-Zanjānī pose $a^2 = x^2$ et $b^2 = 4x^2$. En remplaçant ces valeurs aux conditions du problème, il obtient

$$4x + 4x^2 - 6(2x) = 4x^2 - 8x$$

et $6(2x) + (x^2 - 4x) = x^2 + 8x$. Puisque ces deux valeurs s'égalent, il peut écrire $x^2 + 8x = 4x^2 - 8x$ donc $x^2 = 5x + \frac{1}{3}x$.
Ainsi, $x = 5 + \frac{1}{3}$ et $x^2 = 28 + \frac{4}{9}$. Les parties du bien sont donc $b^2 = 4(28 + \frac{4}{9}) = 113 + \frac{7}{9}$ et $b = 10 + \frac{2}{3}$. Le bien tout entier est $a^2 + b^2 = 142 + \frac{2}{9}$.
Al-Zanjānī remarque que ce problème est fluide.

147.
$$\begin{cases} \frac{1}{4}(a_1 + a_2 + a_3 + a_4) = (a_1 - \frac{1}{2}a_1) + \frac{1}{4}(\frac{1}{2}a_1 + \frac{1}{3}a_2 + \frac{1}{4}a_3 + \frac{1}{5}a \\ \frac{1}{4}(a_1 + a_2 + a_3 + a_4) = (a_2 - \frac{1}{3}a_2) + \frac{1}{4}(\frac{1}{2}a_1 + \frac{1}{3}a_2 + \frac{1}{4}a_3 + \frac{1}{5}a \\ \frac{1}{4}(a_1 + a_2 + a_3 + a_4) = (a_3 - \frac{1}{4}a_3) + \frac{1}{4}(\frac{1}{2}a_1 + \frac{1}{3}a_2 + \frac{1}{4}a_3 + \frac{1}{5}a \\ \frac{1}{4}(a_1 + a_2 + a_3 + a_4) = (a_4 - \frac{1}{5}a_4) + \frac{1}{4}(\frac{1}{2}a_1 + \frac{1}{3}a_2 + \frac{1}{4}a_3 + \frac{1}{5}a \end{cases}$$

AL-Zanjānī pose

$2x = \frac{1}{2}(a_1 + a_2 + a_3 + a_4)$;

$3y = \frac{1}{3}(a_1 + a_2 + a_3 + a_4)$;

$4z = \frac{1}{4}(a_1 + a_2 + a_3 + a_4)$;

et $5w = \frac{1}{5}(a_1 + a_2 + a_3 + a_4)$.

De cette manière,

$$x + \frac{1}{4}y + \frac{1}{4}z + \frac{1}{4}w + \frac{1}{4}x = 2y + \frac{1}{4}x + \frac{1}{4}z + \frac{1}{4}w + \frac{1}{4}y$$
$$= 3z + \frac{1}{4}x + \frac{1}{4}y + \frac{1}{4}w + \frac{1}{4}z$$
$$= 4w + \frac{1}{4}x + \frac{1}{4}y + \frac{1}{4}z + \frac{1}{4}w.$$

Dans cette succession d'égalités, al-Zanjānī oublie d'écrire les termes $\frac{1}{4}x$; $\frac{1}{4}y$; $\frac{1}{4}z$ et $\frac{1}{4}w$. Cependant, la suite du problème montre clairement qu'il les avait bien inclus dans le calcul. En effet, il remarque que, en supprimant les termes communs, cela est égal à $x = 2y = 3z = 4w$.

Si $x = 4w$ alors $y = 2w$ et $z = w + \frac{1}{3}w$.

Ainsi, $\frac{1}{2}(a_1 + a_2 + a_3 + a_4) = 8w$;

$\frac{1}{3}(a_1 + a_2 + a_3 + a_4) = 6w$;

$\frac{1}{4}(a_1 + a_2 + a_3 + a_4) = 5w + \frac{1}{3}w$;

et $\frac{1}{5}(a_1 + a_2 + a_3 + a_4) = 5w$.

Or, $a_1 + a_2 + a_3 + a_4 = 24w + \frac{1}{3}w$,

donc $\frac{1}{4}(a_1 + a_2 + a_3 + a_4) = (6 + \frac{1}{12})w$.

Afin d'éliminer la fraction, il propose de multiplier les deux termes de l'égalité par 12.

Dans le problème successif, al-Zanjānī rajoute la condition suivante :

$$a_1 + a_2 + a_3 + a_4 = 100.$$

De manière similaire à ces deux problèmes 147 et 148, le groupe sur la division d'un bien entre des hommes inclut des variations sur l'énoncé de départ d'un problème. Al-Zanjānī étudie notamment des triplets caractérisés par le fait que le même problème est dans la première formulation déterminé, dans la deuxième indéterminé et dans la troisième une condition de plus est intégrée à l'énoncé du problème. Sont ainsi conçues les séries de problèmes : 154, 155 et 156[43] ; 157, 158 et 159 ; 160, 161 et 162.

À titre d'exemple, analysons le problème 156, dans lequel al-Zanjānī rajoute une inconnue à l'énoncé du problème 155.

$$156. \begin{cases} \frac{1}{2}a_2 + a_1 = n \\ \frac{1}{3}a_3 + a_2 = n \\ \frac{1}{4}a_4 + a_3 = n \\ \frac{1}{5}a_1 + a_4 = n \\ \frac{1}{6}a_1 + a_5 = n \end{cases}$$

Il pose $a_1 = x$ et $a_2 = 1$, donc $n = x + \frac{1}{2}$.

Il pose $a_3 = d_1$ donc $\frac{1}{3}d_1 + 1 = x + \frac{1}{2}$ et $d_1 = 3x - (1 + \frac{1}{2})$.

Il pose $a_4 = d_2$ donc $\frac{1}{4}d_2 + 3x - (1 + \frac{1}{2}) = x + \frac{1}{2}$ et $d_2 = 8 - 8x$.

Il pose $a_5 = d_3$ donc $\frac{1}{5}d_3 + 8 - 8x = x + \frac{1}{2}$

et $d_3 = 45x - (37 + \frac{1}{2})$.

Ainsi, $\frac{1}{6}x + 45x - (37 + \frac{1}{2}) = x + \frac{1}{2}$, donc $44x + \frac{1}{6}x = 38$ et $x = \frac{228}{265}$.

Il obtient $a_1 = \frac{456}{530}$; $a_2 = \frac{530}{530} = 1$; $a_3 = \frac{573}{530}$; $a_4 = \frac{592}{530}$; $a_5 = \frac{545}{530}$ et $n = \frac{721}{530}$.

Le procédé est compliqué par le fait qu'al-Zanjānī appelle toutes les inconnues qu'il pose « un dinar ». Pour un souci de clarté, nous les avons distinguées en d_1 ; d_2 et d_3.

Une deuxième méthode est aussi développée. Il s'agit de poser $a_1 = x$ et $a_2 = 1$, donc $n = x + \frac{1}{2}$. Or, $n - a_2 = x - \frac{1}{2} = \frac{1}{3}a_3$, donc $a_3 = 3x - (1 + \frac{1}{2})$. Ainsi, $x + \frac{1}{2} - 3x + 1 + \frac{1}{2} = 2 - 2x = \frac{1}{4}a_4$, donc $a_4 = 8 - 8x$. Enfin, $x + \frac{1}{2} - (8 - 8x) = 9 - (7 + \frac{1}{2}) = \frac{1}{5}a_5$

---

43 Par ailleurs, le problème 156 est identique au problème 164.

donc $a_5 = 45x - (37 + \frac{1}{2})$. On calcule
$45x - (37 + \frac{1}{2}) + \frac{1}{6}x = x + \frac{1}{2}$ dont le résultat est $x = \frac{228}{265}$.
Ce problème correspond au problème 41 du recueil de problèmes indéterminés d'Abū Kāmil.

Problèmes sur la troupe de soldats

Posons n le nombre de la troupe et g le gain de chacun des soldats.

168. L'énoncé de ce problème affirme que $n(g + (g + 1)) = 210$.
Al-Zanjānī traduit le problème algébriquement en posant x le nombre de la troupe. En appliquant les règles développées au chapitre IV, il établi une série que nous pouvons ainsi réécrire : $\sum_{g=1}^{x} g + 1 = 210$. Cela lui permet d'obtenir l'équation déterminée $\frac{1}{2}x^2 + \frac{1}{2}x = 210$, dont la solution est $x = 20$.

169. Comme dans le cas précédent, l'énoncé algébrique qui traduit le problème devient $x + \sqrt{\frac{1}{2}x^2 + \frac{1}{2}x} = 14$.

Par la restauration, $\sqrt{\frac{1}{2}x^2 + \frac{1}{2}x} = 14 - x$. On met les deux expressions au carré et on obtient $\frac{1}{2}x^2 + \frac{1}{2}x = x^2 + 196 - 28x$, qui correspond à l'équation quadratique $x^2 + 392 = 57x$. Le résultat de l'équation est $x = 8$ et $\sum_{g=1}^{8} g + 1 = 36$.
L'équation présenterait aussi une deuxième solution, à savoir $x = 49$, qui n'est toutefois pas mentionnée car elle ne respecte pas la condition telle que $n + \sqrt{g} = 14$.

170. $(\frac{1}{2}x^2 + \frac{1}{2}x) : x = 10$.
L'équation est $\frac{1}{2}x^2 + \frac{1}{2}x = 10x$, donc $x^2 = \frac{19}{x}$ et $x = 19$.
Ce problème correspond au problème 44.3 du recueil de problèmes divers d'Abū Kāmil.

Problèmes sur les postiers

Le dernier groupe du chapitre se compose de huit problèmes sur des postiers qui doivent se rejoindre en partant l'un après l'autre. Les valeurs qui varient sont, selon le cas, le jour de départ du deuxième postier, le nombre de jours de chemin, ou la quantité de *farsakhs* parcourue[44]. Al-Zanjānī construit ces problèmes en prenant comme inconnue une ou deux de ces trois valeurs.

182. Soient p_1 et p_2 le parcours des deux postiers et n le nombre de jours de trajet dans lequel les deux postiers se rejoignent, si $p_1 = 10n$ et $p_2 = \sum_{j=1}^{n}(j+1)$ alors $10n = \sum_{j=1}^{n}(j+1)$.

On pose $n = x$ donc $10x = \sum_{j=1}^{x}(j+1) = \frac{1}{2}x^2 + \frac{1}{2}x$.

Ainsi, on obtient $x^2 = 19x$ et $x = 19$.

Ce problème correspond au problème II, 5 d'*al-Fakhrī*.

188. Soient p_1 et p_2 les deux postiers qui quittent la même ville à deux moments différents. On sait que p_1 parcourt 20 farsakhs par jour pour 15 jours et que p_2 part le seizième jour et parcourt la racine du nombre de farsakhs au bout duquel les deux postiers se rencontrent.

Ainsi, on pose le nombre de farsakhs au bout duquel p_1 et p_2 se rencontrent x^2, donc le nombre de jours jusqu'à la rencontre est $\frac{1}{2}\frac{1}{10}x^2$ et le nombre de jours de marche de p_2 est $\frac{1}{2}\frac{1}{10}x^2 - 15$. Ainsi, $(\frac{1}{20}x^2 - 15)x$ est le nombre de farsakhs que p_2 parcourt. Cela veut dire que $(\frac{1}{2}\frac{1}{10}x^2 - 15)x = x^2$, donc $\frac{1}{2}\frac{1}{10}x^3 - 15x = x^2$; $x^2 = 20x + 300$; $x = 30$ et $x^2 = 900$.

Ce problème correspond au problème indéterminé 45.5 du recueil d'Abū Kāmil.

CHAPITRE X

Le chapitre X se compose de deux sections. La première est consacrée à l'étude de l'égalisation, à savoir la substitution qui permet de rendre déterminée une équation indéterminée. Comme il a été expliqué dans l'introduction générale, lorsque le problème se traduit par une équation de la forme

$$ax^2 + bx + c = y^2$$

la stratégie des arithméticiens-algébristes consiste à remplacer y^2 par un nombre carré ou un carré parfait en x, de manière à rendre l'équa-

---

44 Le terme *farsakhs* désigne une unité de mesure des distances en vogue à l'époque.

tion déterminée. Dans cette première section, que l'on peut qualifier de théorique, al-Zanjānī explique au lecteur les critères à suivre afin d'effectuer cette substitution. Il montre que le choix du carré parfait à égaliser dépend de la forme – appelée « espèce » – de la grandeur algébrique à gauche du terme d'égalité. Al-Zanjānī identifie cinq espèces d'équations, selon que la grandeur algébrique en x soit :

1. une grandeur (simple ou composée) d'un seul rang ;
2. une grandeur composée de deux termes dont les rangs sont consécutifs, de la forme $ax^{2m} \pm bx^{2m \pm 1}$;
3. une grandeur composée de deux termes dont les rangs diffèrent de deux unités, comme $ax^{2m} \pm bx^{2m \pm 2}$, et dont l'un des deux termes est un carré ;
4. une grandeur composée de trois termes consécutifs dont l'un, ou deux d'eux sont des carrés, de la forme $ax^2 + bx + c$;
5. une grandeur composée de deux termes dont aucun n'est un carré.

À l'analyse du nombre de termes qui composent la grandeur, de la distance de leurs rangs et de la présence de carrés, s'ajoutent aussi des considérations sur les termes retranchés qui composent la grandeur. Sans l'expliciter, al-Zanjānī emprunte l'intégralité de cette section au Livre III d'*al-Badīʿ*. Un commentaire mathématique de cette partie du texte d'al-Karajī a été rédigé par Anbouba dans son édition d'*al-Badīʿ*, par Hebeisen dans sa traduction de cette dernière, ainsi que par Rashed dans son étude sur l'histoire de l'analyse indéterminée d'Abū Kāmil à Fermat[45]. C'est pourquoi nous ne reprenons pas le détail de cette partie et renvoyons à la lecture des travaux historiographiques mentionnés. En revanche, nous examinons certains des problèmes d'analyse indéterminée contenus dans la deuxième section du chapitre, cela afin de rendre compte des types de problèmes considérés et de mettre en évidence les méthodes typiques qui y sont employées. Les conventions d'écriture sont les mêmes que celles utilisées dans le chapitre précédent. Rappelons que l'habillage de ces problèmes est toujours le même : on cherche un ou plusieurs nombres (carrés ou cubiques) selon certaines conditions. Nous désignons par a, b, c, et

---

45 Voir respectivement Anbouba (1964), p. 42-47, Hebeisen (2009), vol. II, p. 187-224 et Rashed (2013), p. 36-59.

ainsi de suite les nombres mentionnées dans l'énoncé, et par x, y, z, etc. les inconnues algébrique posées lors de la résolution du problème.

PROBLÈMES SPÉCIFIQUES À L'ANALYSE INDÉTERMINÉE

1. $a^2 + b^2 = 9$

En posant $a^2 = x^2$, on obtient $b^2 = 9 - x^2$. Il s'agit d'une équation indéterminée de la troisième espèce. Al-Zanjānī choisit de poser $b = 2x - 3$ ou $b = 3 - 2x$, de manière que

$$b^2 = 4x^2 + 9 - 12x.$$

L'égalisation est alors $9 - x^2 = 4x^2 + 9 - 12x$. Le résultat est $x = 2 + \frac{2}{5}$, donc $x^2 = 5 + \frac{3}{5} + \frac{4}{5}\frac{1}{5}$ et $b^2 = 3 + \frac{1}{5} + \frac{1}{5}\frac{1}{5}$.

Ce problème est presque identique au problème 8, du Livre II des *Arithmétiques* de Diophante, l'énoncé de ce dernier étant

$$a^2 + b^2 = 16.$$

4. $\begin{cases} 4 - n = a^2 \\ 5 - n = b^2 \end{cases}$

Pour ce problème, al-Zanjānī développe deux méthodes de résolution.

La première méthode consiste à procéder par substitution et égalisation, comme dans le cas du problème précédent. Il pose $n = 4 - x^2$, de manière que $4 - (4 - x^2) = x^2$ et $x^2 = a^2$. Puis, $5 - (4 - x^2) = x^2 + 1$ et $x^2 + 1 = b^2$. Il s'agit d'une équation indéterminée de la troisième espèce. Par conséquent, il faut prendre $b = 2 - x$, de manière que $x < 2$. On peut donc égaliser $x^2 + 1 = x^2 + 4 - 4x$ et obtenir $x = \frac{3}{4}$ et $x^2 = \frac{1}{2} + \frac{1}{2}\frac{1}{8}$. Le nombre cherché est donc $n = 4 - (\frac{1}{2} + \frac{1}{2}\frac{1}{8}) = 3 + \frac{1}{4} + \frac{1}{8} + \frac{1}{2}\frac{1}{8}$.

La deuxième méthode consiste à appliquer l'égalité double : on pose $n = x$, donc $(5 - x) - (4 - x) = 1$.

Soit on calcule $[(3 - \frac{1}{3}) : 2]^2 = 4 - x$, donc $x = 2 + \frac{2}{9}$.

Soit on calcule $[(\frac{1}{3} + 3) : 2]^2 = 5 - x$, donc $x = 2 + \frac{2}{9}$.

Ce problème correspond au problème 12 du Livre II des *Arithmétiques*. Diophante n'avait toutefois pas procédé par égalité double, mais uniquement par substitution. Le problème est également inclus parmi les problèmes d'analyse indéterminée présentés par al-Karajī dans *Al-Badī*[46]. Enfin, signalons que les problèmes 3, 5, 6 et 11 sont également résolus en ayant recours aux deux méthodes, comme dans le cadre de ce problème.

7. $\begin{cases} n + 2 = a^2 \\ 3 - n = b^2 \end{cases}$

On sait que $3 + 2 = 5 = a^2 + b^2$ et que $2 < a$ et $b < 3$. On pose alors $a = x + 1$, donc $a^2 = x^2 + 2x + 1$.
Ainsi, $b^2 = 5 - (x^2 + 2x + 1) = 4 - x^2 - 2x$. Il s'agit d'une équation indéterminée de la quatrième espèce. Al-Zanjānī pose $b = 8x + -2$ ou $b = 2 - 8x$, de manière à obtenir l'égalisation $4 - x^2 - 2x = 64x^2 + 4 - 32x$. Par conséquent, $65x^2 = 30x$ et $x = \frac{6}{13}$. Puisque $a^2 = (x + 1)^2$, il obtient $a = \frac{19}{13}$ et $a^2 = \frac{361}{169}$.
Puisque $b^2 = 4 - x^2 - 2x$, il obtient $b^2 = \frac{484}{169}$ et $b = \frac{22}{13}$. Il peut donc conclure que $n = \frac{361}{169} - 2 = \frac{23}{169}$.
Ce problème fait partie des problèmes indéterminés de la tradition d'Abū Kāmil. En effet, il correspond au problème 15 de l'écrit sur les problèmes indéterminés du mathématicien égyptien.

10. $n + \sqrt{n^2 - n} = 2$

Ce problème est résolu en soustrayant n des deux côtés de l'égalité et en mettant au carré $[(n + \sqrt{n^2 - n}) - n]^2 = (2 - n)^2$.
Par conséquent, $n^2 - n = n^2 + 4 - 4n$ et $n = 1 + \frac{1}{3}$.
Contrairement au sujet du chapitre, il s'agit d'un problème déterminé.

11. $\begin{cases} n^2 + 5 = a^2 \\ n^2 - 5 = b^2 \end{cases}$

On pose $n^2 = x^2$ et on sait que $a^2 - b^2 = 10$. On divise 10 par une grandeur g telle que $[(10 : g + g) : 2]^2 - 5 = x^2$.
« Par l'analyse indéterminée », c'est-à-dire par des essais, on trouve $g = 1 + \frac{1}{2}$. Cela veut dire que $10 : (1 + \frac{1}{2}) = 6 + \frac{2}{3}$ et

---

46 Anbouba (1964), p. 75, f°116v°.

$$[(6 + \tfrac{2}{3} + 1 + \tfrac{1}{2}) : 2]^2 = 16 + \tfrac{1}{2} + \tfrac{1}{9} + \tfrac{1}{2}\tfrac{1}{8}.$$

Ainsi, $16 + \tfrac{1}{2} + \tfrac{1}{9} + \tfrac{1}{2}\tfrac{1}{8} = x^2 + 5$ et $x^2 = 11 + \tfrac{1}{2} + \tfrac{1}{9} + \tfrac{1}{2}\tfrac{1}{8}$.
D'origine diophantienne, ce problème fait partie des problèmes dits « des paires congruentes » qui seront transmis au monde latin à travers Fibonacci. Il figurait déjà dans *al-Badī*[47]. Une variante de ce problème est le problème 14, qui est identique au problème 18 de ce même chapitre[48]. Enfin, une version encore plus générale de cet énoncé est donnée au problème 56, ainsi qu'au problème 97.

22. $\begin{cases} n^2 + n = a^2 \\ n - n^2 = b^2 \end{cases}$

Le problème 22 fait partie d'un groupe de problèmes qui sont tous résolus de la même manière par al-Zanjānī et dont les origines proviennent de la tradition d'Abū Kāmil. Al-Zanjānī travaille d'abord sur un cas plus général, que l'on peut réécrire au moyen du système suivant :

$$\begin{cases} n_1^2 + m = a_1^2 \\ m - n_1^2 = b_1^2 \end{cases}$$

Il pose $n_1^2 = x^2$ et $m = 2x + 1$ de manière que $2x + 1 + x^2 = a_1^2$ et $2x + 1 - x^2 = b_1^2$.
Il prend $b_1 = x - 1$ ou bien $b_1 = 1 - x$. Ainsi, l'égalisation sera $2x + 1 - x^2 = x^2 + 1 - 2x$. Le résultat de l'équation est $x = 2$, donc $x^2 = 4$ et $m = 2x + 1 = 5$.
Or, al-Karajī avait expliqué que, puisque $x = \tfrac{x^2}{x}$, que $x^2 = n^2$ et que $2x + 1 = n$, il est possible d'affirmer que $n = \tfrac{4}{5}$ et $n^2 = \tfrac{16}{25}$.
Al-Zanjānī parvient à ces mêmes valeurs, mais son procédé passe par d'autres égalités, que l'on peut traduire par le système suivant :

---

47 Anbouba (1964), p. 77, f° 118v°-119°.

48 Pour le problème 14, al-Zanjānī développe cinq procédés de résolution alternatifs, lesquels figuraient tous dans le problème correspondant d'*al-Badī*. Pour une analyse détaillée de la résolution d'al-Karajī, voir Rashed (2013), p. 68-70.

$$\begin{cases} n^2 + (n^2 + \frac{1}{4}n^2) = a^2 \\ n^2 - (n^2 + \frac{1}{4}n^2) = b^2 \end{cases}$$

En procédant avec les substitutions, il obtient $\frac{5}{4}x^2 = x$ donc $x = \frac{4}{5} = n$

Or, $2x + 1 - x^2 = \frac{1}{4}x^2 + x + 1$ donc $n^2 = \frac{16}{25}$.

Ce problème correspond au onzième problème indéterminé d'Abū Kāmil, et aux problèmes II, 28 et IV, 27 d'*al-Fakhrī*.

34. $8n + 109 - n^2 = a^2$.

Puisqu'al-Zanjānī veut éviter les problèmes impossibles, il pose immédiatement une condition de validité pour l'énoncé : si l'équation est de la forme $bx + c - x^2 = y^2$, il faut que $(\frac{b}{2})^2 + c = d^2 + e^2$. Dans le problème en question on aura $(\frac{8}{2})^2 + 109 = 125$.

Al-Zanjānī prend d'abord les nombres carrés 25 et 100. Il prend aussi deux parties quelconques, à savoir 5 et 20, et calcule $x^2 + 25 = 8x + 109$. Il obtient

$$x^2 = 8x + 84$$

donc $x = 14$ et $x^2 = 196$.

En considérant l'autre carré, à savoir 100, il obtient

$$100 + x^2 = 8x + 109$$

donc $x^2 = 81$ et $x = 9$.

Ensuite, il prend deux autres parties carrées de 125, à savoir 4 et 121, et il pose $d^2 = 4$ et $e^2 = 121$. L'équation devient alors $x^2 + 4 = 8x + 109$, donc $x^2 = 225$ et $x^2 + 121 = 8x + 109$. Ainsi, $x^2 = 36$ ou bien $x^2 = 4$.

Al-Zanjānī remarque que 109 n'est pas un carré et précise que, si l'on veut un nombre carré, comme dans le cas du problème

$$2n + 49 - n^2 = a^2,$$

le procédé reste le même, mais il faut poser le nombre de racines x^2.

Ce problème correspond au problème indéterminé 19 d'Abū Kāmil, dans lequel l'importance d'établir la condition de validité est également soulignée, cela afin de parvenir à « des solutions innombrables » et éviter le cas impossible[49].

52. $\begin{cases} n^3 + 5n^2 = a^2 \\ n^3 + 10n^2 = b^2 \end{cases}$

On pose $n^3 = x^3$ donc $x^3 + 10x^2 - (x^3 + 5x^2) = 5x^2$ et $5x^2 : \frac{1}{2}x = 10x$.

Soit on calcule $(\frac{10x+\frac{1}{2}x}{2})^2 = 27x^2 + \frac{1}{2}x^2 + \frac{1}{2}\frac{1}{8}x^2$,
donc $27x^2 + \frac{1}{2}x^2 + \frac{1}{2}\frac{1}{8}x^2 = x^3 + 10x^2$.

Soit on calcule $(\frac{10x-\frac{1}{2}x}{2})^2 = 22x^2 + \frac{1}{2}x^2 + \frac{1}{2}\frac{1}{8}x^2$,
donc $22x^2 + \frac{1}{2}x^2 + \frac{1}{2}\frac{1}{8}x^2 = x^3 + 5x^2$.

Dans les deux cas on obtient

$$x^2 = 17x^2 + \frac{1}{2}x^2 + \frac{1}{2}\frac{1}{8}x^2$$

donc $x = 17 + \frac{1}{2} + \frac{1}{2}\frac{1}{8}$.

Pour ce problème, al-Zanjānī propose également une deuxième méthode de résolution, que nous pouvons reformuler de la manière suivante.

Si $x^3 + 5x^2 = p^2x^2$, il faut $p^2 > 5$. Si $x^3 + 10x^2 = q^2x^2$, il faut $q^2 > 10$. On aura $x^3 = p^2x^2 - 5x^2$ donc $x = p^2 - 5$ et $x^3 = q^2x^2 - 10x^2$ donc $x = q^2 - 10$.

Il faut donc que $p^2 - 5 = q^2 - 10$ c'est-à-dire que

$$p^2x^2 - 5x^2 = q^2x^2 - 10x^2.$$

On demande alors deux nombres carrés p^2 et q^2 tels que

$$q^2 - p^2 = 5 \text{ et } p^2 > 5.$$

On prend $p^2 = 22 + \frac{1}{2} + \frac{1}{2}\frac{1}{8}$ et $q^2 = 27 + \frac{1}{2} + \frac{1}{2}\frac{1}{8}$.
Soit $x^3 + 5x^2 = (22 + \frac{1}{2} + \frac{1}{2}\frac{1}{8})x^2$.

---

49 Rashed (2012), p. 616.

Soit $x^3 + 10^2 x^2 = (27 + \frac{1}{2} + \frac{1}{2}\frac{1}{8})x^2$.

Dans les deux cas, on aura $x = 17 + \frac{1}{2} + \frac{1}{2}\frac{1}{8}$.

Ce problème correspond au problème 37 du Livre IV des *Arithmétiques* selon la version de Quṣṭā Ibn Lūqā. Seulement la deuxième méthode détaillée par al-Zanjānī y était expliquée.

58. $\begin{cases} n^2 m^2 + n^2 = a^2 \\ n^2 m^2 + m^2 = b^2 \end{cases}$

On pose $n^2 = x^2$ et $m^2 = 1$, donc $x^2 + x^2 = a^2$ et $x^2 + 1 = b^2$.

On pose $b = x - 2$ ou $b = 2 - x$ et on égalise

$$x^2 + 1 = x^2 + 4 - 4x$$

de manière que $x = \frac{3}{4}$ et $x^2 = \frac{9}{16}$ ou, comme al-Zanjānī l'écrit, $x^2 = \frac{1}{2} + \frac{1}{2}\frac{1}{8}$.

Il faut maintenant substituer les valeurs obtenues dans les deux égalités de départ. Ainsi, $(\frac{1}{2} + \frac{1}{2}\frac{1}{8}) \cdot 1 + 1$ est un carré. Sa racine est $1 + \frac{1}{4}$.

Mais $(\frac{1}{2} + \frac{1}{2}\frac{1}{8})1 + (\frac{1}{2} + \frac{1}{2}\frac{1}{8})$ n'est pas un carré. Ce choix de substitution amène donc à un cas impossible.

Al-Zanjānī écrit qu'il faut donc recommencer le problème et poser $n^2 = y^2$ et $m^2 = \frac{1}{2} + \frac{1}{2}\frac{1}{8}$. Après la substitution, on aura $(\frac{1}{2}y^2 + \frac{1}{2}\frac{1}{8}y^2) + (\frac{1}{2} + \frac{1}{2}\frac{1}{8}) = b^2$. En multipliant les deux membres par 16, on obtient $9y^2 + 9 = 16b^2$.

On pose alors $4b = 3y - 4$ ou $4b = 4 - 3y$ et on égalise

$$9y^2 + 9 = 9y^2 + 16 - 24y.$$

Ainsi, $y = \frac{7}{24}$, c'est-à-dire $\frac{1}{6} + \frac{1}{8}$. Le résultat est alors $y^2 = \frac{49}{576}$ et $m^2 = \frac{1}{2} + \frac{1}{2}\frac{1}{8} = \frac{324}{576}$.

Ce problème correspond au problème IV, 7 d'*al-Fakhrī* lequel est à son tour identique au problème 28 du Livre II des *Arithmétiques*. L'exposé de notre auteur présente quelques imprécisions de calcul. Le problème est toutefois très intéressant afin d'examiner un choix de substitution qui ne produit pas une solution rationnelle et positive.

61. $n^2 + m^2 = a^3$

On pose $n^2 = x^2$ et $m^2 = 4x^2$. Ainsi, $x^2 + 4x^2 = a^3$. On pose $a = x$ et on obtient $5x^2 = x^3$, donc $x = 5$. Les deux nombres carrés sont alors $n^2 = 25$ et $m^2 = 100$.

Ce problème correspond au problème V, 3 d'*al-Fakhrī* et au problème 3 du Livre IV de la version arabe des *Arithmétiques*.

75. Si $m^3 > n^2$ alors $m^3 - n^2 = a^2$.

Si $n^2 > m^3$ alors $n^2 - m^3 = a^2$.

Dans le premier cas on pose $m^3 = x^3$; $n^2 = x^2$ et $a = 2x$. On peut donc égaliser $x^3 - x^2 = 4x^2$, c'est-à-dire que $x = 5$; $x^2 = 25$ et $x^3 = 125$.

Dans le deuxième cas, il faut poser une condition de validité supplémentaire, à savoir $a^2 < n^2$. On égalise $x^2 - x^3 = \frac{1}{4}x^2$ et le résultat est $x = \frac{3}{4}$.

Nous remarquons que seulement le premier cas du problème a une référence dans les textes connus des prédécesseurs. Il s'agit du problème V, 24 d'*al-Fakhrī*, dans lequel al-Karajī choisit de poser $a = 3x$.

87. $\begin{cases} (n^2)^2 + m^3 = a^2 \\ (n^2)^2 - m^3 = b^2 \end{cases}$

On pose $n = 2x$, donc $n^2 = 4x^2$, et on pose $m = 4x$, donc $m^3 = 64x^3$. La première condition du problème devient alors $16x^4 + 64x^3 = a^2$ et la deuxième $16x^4 - 64x^3 = b^2$. Il faut maintenant poser :

- $a^2 = p^2 x^4$ à condition que $p^2 > 16$
- $b^2 = q^2 x^4$ à condition que $q^2 < 16$.

Les deux carrés, p^2 et q^2, que Al-Zanjānī appelle « grand carré » et « petit carré », sont tels que $16 - q^2 = p^2 - 16$. De cette façon, le problème revient à résoudre l'équation indéterminée $32 = p^2 + q^2$. Il faut donc partager 32 en deux carrés. Al-Zanjānī choisit $q^2 = \frac{16}{25}$ et $p^2 = 31 + \frac{9}{25}$.

Ainsi, $a^2 = (31 + \frac{9}{25})x^4$ et on peut égaliser

$$16x^4 + 64x^3 = (31 + \frac{9}{25})x^4.$$

Ou bien $b^2 = \frac{16}{25}x^4$ et on peut égaliser $16x^4 - 64x^3 = \frac{16}{25}x^4$. Dans les deux cas on obtient $x = 4 + \frac{1}{6}$, donc $n = 8 + \frac{1}{3}$ et $m = 16 + \frac{2}{3}$.

Ce problème correspond au problème V, 41 d'*al-Fakhrī* et au problème 40 du Livre IV de la version arabe des *Arithmétiques*. Il s'agit d'un problème résolu par la méthode de la corde, de manière similaire aux problèmes 86 (correspondant au problème V, 36 d'*al-Fakhrī* et au problème 35 du Livre IV de la version arabe des *Arithmétiques*) et 88 (correspondant au problème V, 42 d'*al-Fakhrī* et au problème 41 du Livre IV de la version arabe des *Arithmétiques*).

91. $\begin{cases} 10 = n + m \\ 20 - n = a^2 \\ 90 - m = b^2 \end{cases}$

On pose $n = 20 - x^2$ de manière que $20 - 20 + x^2 = a^2$ et $10 = 20 - x^2 + m$, donc $m = x^2 - 10$. La troisième équation du problème devient alors $90 - (x^2 - 10) = b^2$, c'est-à-dire $100 - x^2 = b^2$. Afin de respecter les conditions posées et parvenir à un problème exprimable, il faut que $10 < x^2 < 20$. Al-Zanjānī pose $b = \frac{1}{5}x - 10$ ou $b = 10 - \frac{1}{5}x$ et égalise

$$100 - x^2 = \frac{1}{25}x^2 + 100 - 4x.$$

Le résultat est $x = 3 + \frac{11}{13}$, donc $x^2 = 14 + \frac{134}{169}$. On obtient $n = 20 - (14 + \frac{134}{169}) = 5 + \frac{35}{169}$; $m = 10 - (5 + \frac{35}{169}) = 4 + \frac{34}{169}$ et $b^2 = 90 - (4 + \frac{34}{169})$ c'est-à-dire $(9 + \frac{3}{13})^2$.

97. $\begin{cases} n^2 + m = a^2 \\ m^2 + n = b^2 \end{cases}$

On pose $n = x$ et $m = 2x + 1$. Les deux conditions se réécrivent alors ainsi :
$\begin{cases} x^2 + 2x + 1 = a^2 \\ 4x^2 + 5x + 1 = b^2 \end{cases}$

On prend $b = 2x - 2$ ou $b = 2 - 2x$, donc $b^2 = 4x^2 + 4 - 8x$.

On le substitue dans la deuxième équation du système $4x^2 +$
$5x + 1 = 4x^2 + 4 - 8x$ donc $x = \frac{3}{13}$ et $m = 1 + \frac{6}{13}$.
Ce problème correspond au problème X, 56, dans lequel al-
Zanjānī avait procédé par égalité double. Il figurait déjà dans
al-Fakhrī, problème III, 1. Ce dernier correspond à son tour au
problème 20 du Livre II des *Arithmétiques*.

103.
$$\begin{cases} nm + n = a^2 \\ nm + m = b^2 \\ nm + (n + m) = c^2 \end{cases}$$

Al-Zanjānī pose $n = x$ et $m = 4x - 1$.
De cette façon, $x(4x - 1) + x = 4x^2$ et $4x^2 = a^2$.
On aura aussi $x(4x - 1) + (4x - 1) = 4x^2 + 3x - 1$ et $4x^2 +$
$3x - 1 = b^2$. Enfin, $x + 4x^2 + 3x - 1 = 4x^2 + 4x - 1$ et
$4x^2 + 4x - 1 = c^2$. Cela veut dire que $c^2 - b^2 = x$.
Au chapitre VII, al-Zanjānī avait montré que $(c + b)(c - b) =$
x. Pour cette raison, il cherche deux nombres p et q tels que
$pq = x$. Il prend $4x$ et $\frac{1}{4}$. Or,

$$(\frac{4x + \frac{1}{4}}{2})^2 = (2x + \frac{1}{8})^2$$
$$= 4x^2 + \frac{1}{2}x + \frac{1}{8}\frac{1}{8}$$

On peut donc égaler $4x^2 + \frac{1}{2}x + \frac{1}{8}\frac{1}{8} = 4x^2 + 4x - 1$. Le résultat
est $x = \frac{65}{224}$ et $m = \frac{36}{224}$.
Ce problème correspond au problème IV, 57 d'*al-Fakhrī* et au
problème III, 17 des *Arithmétiques* de Diophante.

107.
$$\begin{cases} 10n = a^3 \\ 10m = a \end{cases}$$

On pose $m = x$ et $n = 200x^2$. Ainsi, $10x = a$ et
$10(200x^2) = a^3$. On obtient $10x = \sqrt[3]{2000x^2}$ donc
$1000x^3 = 2000x^2$. Le résultat est $x = 2$, donc $n = 800$.
Al-Zanjānī explique que l'on peut aussi prendre a^3, et son côté
a de manière que $\frac{a^3}{10} = n$ et $\frac{a}{10} = m$.

Ce problème correspond au problème V, 15 (selon la numérotation de Woepcke) ou au problème V, 14 (selon la numérotation de l'édition de Sa'īdān) d'*al-Fakhrī*. Il figurait également dans la version arabe des *Arithmétiques*, Livre IV, problème 16. Dans ce dernier texte, bien que la même méthode de résolution soit appliquée, on parvient à des solutions différentes.

108. $(n + m + p) - nmp = a^2$
On pose $n = 1$; $m = 2$ et $p = x$. Ainsi, $3 + x - 2x = 3 - x$ et $3 - x = a^2$. Il faut donc que $a^2 < 3$. Al-Zanjānī prend $a^2 = 2 + \frac{1}{4}$ et égalise $3 - x = 2 + \frac{1}{4}$. Le résultat est $x = \frac{3}{4}$.
Ceci est un problème que al-Zanjānī semble avoir inventé, ou avoir lu dans une source qui ne nous est pas parvenue.

112. $\begin{cases} n^2 - (n + m + p) = a^2 \\ m^2 - (n + m + p) = b^2 \\ p^2 - (n + m + p) = c^2 \end{cases}$

La résolution de ce problème se fonde sur le corollaire à la proposition 6 du chapitre VII, qui établit que,

$$\text{si } g = ef \text{ alors } \left(\tfrac{e+f}{2}\right)^2 - g = \left(\tfrac{e-f}{2}\right)^2 \text{ avec } e > f.$$

Al-Zanjānī travaille avec l'exemple numérique de ce corollaire, à savoir

$$12 = 4 \cdot 3 = 2 \cdot 6 = 12 \cdot 1.$$

Il prend le premier de ces produits, à savoir $12 = 4 \cdot 3$. Puisque $n^2 - (n + m + p) = a^2$, en suivant l'égalité de la proposition il substitue :
- $n^2 = \left(\tfrac{e+f}{2}\right)^2 = \left(\tfrac{4+3}{2}\right)^2 = \left(3 + \tfrac{1}{2}\right)^2$;
- $n + m + p = ef = 12$;
- $a^2 = \left(\tfrac{e-f}{2}\right)^2 = \left(\tfrac{4-3}{2}\right)^2$.

Il procède de la même manière pour les autres égalités du problème. En prenant, $12 = 2 \cdot 6$, il remplace $m^2 = \left(\tfrac{6+2}{2}\right)^2 = 4^2$ et $b^2 = \left(\tfrac{6-2}{2}\right)^2$. En prenant $12 = 12 \cdot 1$, il substitue $p^2 = \left(\tfrac{12+1}{2}\right)^2 = \left(6 + \tfrac{1}{2}\right)^2$ et $c^2 = \left(\tfrac{12-1}{2}\right)^2$.
Ensuite, le problème est traduit algébriquement en posant

$n = (3 + \frac{1}{2})x$; $m = 4x$ et $p = (6 + \frac{1}{2})x$ et $n + m + p = 12x^2$.
Cela veut dire que $3x + \frac{1}{2}x + 4x + 6x + \frac{1}{2}x = 14x$ et $12x^2 = 14x$. On obtient donc $x = 1 + \frac{1}{6}$; $n = 4 + \frac{1}{2}\frac{1}{6}$; $m = 4 + \frac{2}{3}$ et $p = 7 + \frac{1}{3} + \frac{1}{4}$.

Afin de faciliter la compréhension de la résolution du problème, nous avons reconstruit certains passages qui ne sont pas explicités par l'auteur. Le procédé est développé en suivant deux méthodes, l'une arithmétique, l'autre algébrique, que al-Zanjānī avait pu lire dans ses sources. En effet, le problème figurait déjà dans *al-Fakhrī* (problème IV, 14) et dans les *Arithmétiques* (problème 35 du Livre II).

119. $\begin{cases} nm + 12 = a^2 \\ mp + 12 = b^2 \\ np + 12 = c^2 \end{cases}$

On demande d'abord deux nombres carrés d^2 et e^2 tels que $d^2 + 12$ et $e^2 + 12$ soient à leur tour deux nombres carrés. Al-Zanjānī choisit de prendre $d^2 = \frac{1}{4}$ et $e^2 = 4$, de manière que $\frac{1}{4} + 12 = \frac{49}{4}$ et $4 + 12 = 16$.

Ensuite, al-Zanjānī pose $n = 4x$; $m = \frac{1}{x}$ et $p = \frac{1}{4}x$. Ainsi, $4x\frac{1}{x} + 12 = 16 = a^2$; $\frac{1}{x}\frac{1}{4}x + 12 = \frac{49}{4} = b^2$ et $(4x \cdot \frac{1}{4}x) + 12 = x^2 + 12 = c^2$. Il pose $c = x + 3$ et égalise $x^2 + 12 = x^2 + 6x + 9$. Le résultat est $x = \frac{1}{2}$, donc $n = 2$; $m = 2$ et $p = \frac{1}{8}$.

Ce problème correspond au problème IV, 50 d'*al-Fakhrī* et au problème 10 du Livre III des *Arithmétiques*. Dans ce dernier, Diophante avait introduit le terme « arithmoston » afin de désigner l'inverse de l'*arithme*[50].

126. Le dernier problème de la collection se traduit par un système à huit équations et seize inconnues.

---

50 Voir à ce propos les deux notes au problème diophantien de Ver Eecke (1959), p. 94.

$$\begin{cases} n + (n + m + p + q)^2 = a^2 \\ m + (n + m + p + q)^2 = b^2 \\ p + (n + m + p + q)^2 = c^2 \\ q + (n + m + p + q)^2 = d^2 \\ (n + m + p + q)^2 - n = e^2 \\ (n + m + p + q)^2 - m = f^2 \\ (n + m + p + q)^2 - p = g^2 \\ (n + m + p + q)^2 - q = i^2 \end{cases}$$

On sait que, si un nombre r est tel que $r^2 = s^2 + t^2$, alors $r^2 \pm 2st = (s \pm t)^2$. On demande alors r tel que

$$r^2 = s_1^2 + t_1^2 = s_2^2 + t_2^2 = s_3^2 + t_3^2 = s_4^2 + t_4^2.$$

Al-Zanjānī prend $5^2 = 3^2 + 4^2$ et $13^2 = 5^2 + 12^2$. En multipliant les deux termes de l'équation par le même facteur, l'égalité est encore vraie. On multiplie alors $13 \cdot 5 = 65$; $13 \cdot 4 = 52$ et $13 \cdot 3 = 39$. On obtient $65^2 = 52^2 + 39^2$. De la même manière, $65^2 = 25^2 + 60^2$.

On cherche maintenant deux autres nombres par lesquels le carré de 65 est divisible. On trouve 33^2, 56^2 et 16^2 et 63^2. Ainsi, $65^2 = 16^2 + 63^2 = 33^2 + 56^2 = 25^2 + 60^2 = 39^2 + 52^2$. On revient à l'énoncé et on pose $n + m + p + q = 65x$. Ainsi,

$$n = 2(16x \cdot 63x) = 2016x^2 \; ; \; m = 2(33x \cdot 56x) = 3696x^2 \; ;$$
$$p = 2(25x \cdot 60x) = 3000x^2 \text{ et } q = 2(39x \cdot 52x) = 4056x^2.$$

Donc $2016x^2 + 3696x^2 + 3000x^2 + 4056x^2 = 12768x^2$ et $12768x^2 = 65x$.

Le résultat est $x = \frac{65}{12768}$.

Ce problème correspond au problème IV, 61 d'*al-Fakhrī* et au problème 19 du Livre III des *Arithmétiques*. Dans la première partie du problème, Diophante cherche quatre triplets pythagoriciens, à savoir 3, 4 et 5 ; 5, 12 et 13 ; 39, 52 et 65 ; 25, 60 et 65. Les deux auteurs arabes imitent le procédé de résolution diophantien, mais leur manière de se référer à ces triangles numériques est différente : al-Karajī se réfère, comme Diophante, à l'addition (ou soustraction) de l'hypoténuse d'un triangle rectangle et du double produit des deux cathètes, tandis qu'al-Zanjānī élimine cette terminologie de son exposé et s'exprime uniquement en termes de « nombres » dont le carré est divisible en deux autres nombres carrés.

TABLE DES CORRESPONDANCES ENTRE LES PROBLÈMES D'AL-ZANJĀNĪ ET CEUX DE SES PRÉDÉCESSEURS

Nous avons indiqué dans cette table les correspondances que nous avons pu repérer entre les problèmes d'al-Zanjānī et ceux de ses prédécesseurs. Nous avons considéré les livres algébriques d'Abū Kāmil ; les deux livres d'al-Karajī *al-Fakhrī* et *al-Badī'* ; les *Arithmétiques* de Diophante, ainsi que la version arabe du texte diophantien. Cette table doit être interprétée comme un outil de travail utile au lecteur lors de l'analyse comparée de ces écrits.

AIDE À LA LECTURE DE LA TABLE

Le raccourci « al-F. » indique *al-Fakhrī* d'al-Karajī. Nous indiquons directement la section et le numéro de problème selon l'organisation du texte de l'édition de Sa'īdān et de Woepcke.

Le raccourci « al-F. » indique *al-Badī'* d'al-Karajī. Nous indiquons le numéro de folio correspondant, selon ce qui est reporté dans l'édition d'Anbouba.

Le raccourci « Abū K. » indique Abū Kāmil. Nous avons suivi le regroupement des écrits et la numérotation des problèmes adoptée par Rashed dans son édition du texte. Le recueil de problèmes du *Livre d'algèbre* est indiqué par I ; le recueil de problèmes indéterminés par III et le *Livre des volatiles* par IV.

Le raccourci « Dioph » indique le Diophante grec selon la traduction des six livres arithmétiques faite par Ver-Eecke.

Le raccourci « Dioph. ar. » indique le Diophante arabe, selon l'édition du Livre V de *L'art de l'algèbre* de Qusṭā Ibn Lūqā qui figure dans l'édition de Rashed.

Le raccourci « p.i. » est utilisé pour indiquer que certains problèmes sont presque identiques à d'autres.

Chap. IX	Correspondances Chapitre IX	Chap. X	Correspondances Chapitre X
1.		1.	p.i. Dioph. II, 8 et al-F. III, 36
2.		2.	p.i. Dioph. II, 9 et al-F. III, 37
3.		3.	p.i. Dioph. II, 11 et al-B. f° 115v°
4.	al-F. I, 32	4.	p.i. Dioph. II, 12 et al-B., f° 116v°
5.		5.	p.i. Dioph. II, 13 et al-B. f° 118r°
6.		6.	
7.		7.	Abū K. III, 15
8.	al-F. I, 33	8.	
9.		9.	Abū K. III, 18
10.		10.	
11.		11.	al-B., f° 118v°
12.		12.	al-B., f° 119r°
13.		13.	al-B., f° 119v°
14.		14.	X, 18 et Abū K. III, 22 et al-B., f° 122r°-126v°
15.		15.	
16.	p.i. al-F. II, 20	16.	al-B., f° 126r°
17.	al-F. II, 21	17.	al-B., f° 126v°
18.		18.	X, 14 et Abū K. III, 22 et al-B., f° 122r°-126v°
19.		19.	al-F. IV, 28 et Abū K. III, 23
20.		20.	Abū K. III, 7 et al-B., f° 127r°
21.		21.	
22.		22.	al-F. II, 28 et IV, 27 et Abū K. III, 11 et al-B., f° 127v°
23.		23.	al-B., f° 128r°
24.		24.	al-B., f° 128v°-129r°
25.		25.	al-B., f° 129r°-130r°
26.		26.	Abū K. III, 31et al-F. IV, 34

Chap. IX	Correspondances Chapitre IX	Chap. X	Correspondances Chapitre X
27.		27.	Abū K. III, 35 et al-F. IV, 36
28.		28.	Abū K. III, 36 et al-F. IV, 37
29.		29.	Abū K. III, 37 et al-F. IV, 38
30.		30.	Abū K. III, 38 et al-F. IV, 39
31.		31.	
32.		32.	al-F. IV, 35
33.	al-F. III, 21	33.	
34.	Abū K. I, 59 et al-F. IV, 20	34.	Abū K. III, 19
35.		35.	Abū K. III, 20
36.		36.	Abū K. III, 24 et al-F. IV, 32
37.		37.	Abū K. III, 25 et al-F. IV, 33
38.		38.	
39.	Abū K. I, 22 et al-F. III, 23	39.	
40.		40.	
41.		41.	
42.		42.	
43.		43.	al-F. IV, 45
44.	Abū K. I, 19	44.	
45.		45.	
46.		46.	(a) Dioph. ar. IV, 15 et al-F. V, 11 (b) Dioph. ar. IV, 14 et al-F. V, 12
47.		47.	Dioph. ar. IV, 20
48.	al-F. II, 35	48.	
49.		49.	Dioph. ar. IV, 22
50.		50.	Dioph. ar. IV, 34
51.		51.	Dioph. ar. IV, 36 et al-F. V, 37
52.		52.	Dioph. ar. IV, 37 et al-F. V, 38
53.		53.	Dioph. ar. IV, 38 et al-F. V, 39
54.		54.	Dioph. ar. IV, 39 et al-F. V, 40
55.		55.	Dioph. II, 8 et al-F. III, 3
56.		56.	X, 97 et Dioph. II, 20 et al-F. III, 1 et al-B. f⁰ 120r⁰
57.		57.	al-F. III, 4

Chap. IX	Correspondances Chapitre IX	Chap. X	Correspondances Chapitre X
58.		58.	Dioph. II, 28 et al-F. IV, 7
59.	p.i. al-F. III, 9	59.	Dioph. II, 29 et al-F. IV, 8
60.		60.	al-F. III, 39
61.		61.	Dioph. ar. IV, 3 et al-F. V, 3
62.		62.	Dioph. ar. IV, 4 et al-F. V, 4
63.		63.	Dioph. ar. IV, 5 et al-F. V, 5
64.	Abū K. I, 30	64.	Dioph. ar. IV, 17 et al-F. V, 16
65.		65.	Dioph. ar. IV, 23 et al-F. V, 21
66.		66.	Dioph. ar. IV, 24 et al-F. V, 22
67.		67.	Dioph. ar. IV, 1 et al-F. V, 1
68.		68.	Dioph. ar. IV, 2 et al-F. V, 2
69.		69.	Dioph. ar. IV, 8 et 9 et al-F. V, 8
70.		70.	Dioph. ar. IV, 18
71.		71.	p.i. Dioph. II, 19
72.		72.	Dioph. ar. 6 et IV, al-F. V, 6
73.		73.	Dioph. ar. IV, 7 et al-F. V, 7
74.		74.	Dioph. ar. IV, 34 et al-F. V, 23
75.	al-F. III, 8	75.	al-F. V, 24
76.	Abū K. I, 1	76.	Dioph. ar. IV, 13 et al-F. V, 25 et 27
77.		77.	al-F. V, 26
78.		78.	al-F. V, 13
79.		79.	Dioph. ar. IV, 27 et al-F. V, 28
80.		80.	Dioph. ar. IV, 28 et al-F. V, 27
81.		81.	Dioph. ar. IV, 29 et al-F. V, 30
82.	Abū K. I, 8	82.	Dioph. ar. IV, 30 et al-F. V, 31
83.	Abū K. I, 68 1er cas	83.	Dioph. ar. IV, 31 et al-F. V, 32
84.	Abū K. I, 68 2e cas	84.	Dioph. ar. IV, 32 et al-F. V, 33
85.	Abū K. I, 68 3e cas	85.	Dioph. ar. IV, 33 et al-F. V, 35
86.	Abū K. I, 68 5e cas	86.	Dioph. ar. IV, 35 et al-F. V, 36
87.	Abū K. I, 68 4e cas	87.	Dioph. ar. IV, 40 et al-F. V, 41
88.	IX, 83	88.	Dioph. ar. IV, 41 et al-F. V, 42
89.	Abū K. I, 70	89.	Abū K. III, 13 et al-F. II, 29
90.	Abū K. I, 9 et al-F. III, 11	90.	p.i. Abū K. III, 14

Chap. IX	Correspondances Chapitre IX	Chap. X	Correspondances Chapitre X
91.	Abū K. I, 17	91.	
92.	Abū K. I, 67 et al-F. IV, 24	92.	Dioph. II, 14 et III, 21 et al-F. III, 43
93.	al-F. III, 17	93.	Dioph. II, 15 et al-F. III, 44
94.	Abū K. I, 25 et al-F. III, 13	94.	Dioph. II, 16 et al-F. III, 45
95.	Abū K. I, 26 et al.K. III, 14	95.	X, 105 et Dioph. II, 22 et al-F. III, 50
96.	Abū K. I, 27	96.	Dioph. II, 23 et al-F. IV, 2
97.	al-F. III, 16 et Abū K. I, 28	97.	X, 56 et Dioph. II, 20 et al-F. III, 1
98.	Abū K. I, 29	98.	Dioph. II, 21 et al-F. III, 2
99.	Abū K. I, 33	99.	Dioph. II, 26 et al-F. IV, 5
100.	Abū K. I, 34	100.	Dioph. II, 27 et al-F. IV, 6
101.		101.	Dioph. II, 30 et al-F. IV, 9
102.	Abū K. I, 31	102.	Dioph. II, 31 et al-F. IV, 10
103.	Abū K. I, 32	103.	Dioph. III, 17 et al-F. IV, 57
104.	Abū K. I, 35	104.	Dioph. III, 18 et al-F. IV, 58
105.	al-F. III, 19 et Abū K. I, 36	105.	X, 95 et Dioph. II, 22
106.		106.	Dioph. II, 25
107.		107.	Dioph. ar. IV, 16 et al-F. V, 14
108.	al-F. III, 31	108.	
109.		109.	Dioph. II, 32 et al-F. IV, 11
110.		110.	Dioph. II, 33 et al-F. IV, 12
111.	al-F. III, 47	111.	Dioph. II, 34 et al-F. IV, 13
112.		112.	Dioph. II, 35 et al-F. IV, 14
113.	al-F. III, 20	113.	Dioph. III, 1 et al-F. IV, 42
114.		114.	Dioph. III, 2 et al-F. IV, 43
115.		115.	Dioph. III, 3 et al-F. IV, 44
116.		116.	Dioph. III, 7 et al-F. IV, 47
117.		117.	Dioph. III, 8 et al-F. IV, 48
118.	Abū K. IV, 3	118.	Dioph. III, 9 et al-F. IV, 49
119.	al-F. II, 10	119.	Dioph. III, 10 et al-F. IV, 50
120.	Abū K. III, 47	120.	Dioph. III, 11 et al-F. IV, 51
121.	Abū K. III, 49	121.	Dioph. III, 12 et al-F. IV, 52
122.		122.	Dioph. III, 14 et al-F. IV, 54
123.		123.	Dioph. III, 13 et al-F. IV, 53

Chap. IX	Correspondances Chapitre IX	Chap. X	Correspondances Chapitre X
124.		124.	Dioph. III, 15 et al-F. IV, 55
125.		125.	Dioph. III, 16 et al-F. IV, 56
126.		126.	Dioph. III, 19 et al-F. IV, 61
127.			
128.			
129.			
130.			
131.			
132.			
133.	al-F. II, 17		
134.	al-F. II, 18		
135.	Abū K. III, 68		
136.			
137.	Abū K. III, 60		
138.	Abū K. I, 10		
139.	Abū K. I, 14		
140.	Abū K. I, 11		
141.			
142.	Abū K. I, 16		
143.			
144.			
145.	al-F. III, 6 et Abū K. III, 43		
150.			
151.			
152.			
153.	al-F. I, 42		
154.			
155.			
156.	Abū K. III, 41		
157.			
158.			
159.			
160.			

Chap. IX	Correspondances Chapitre IX	Chap. X	Correspondances Chapitre X
161.	Abū K. III, 39		
162.			
163.			
164.	Abū K. III, 42 et al-F. III, 5		
165.	Abū K. I, 41 et p.i. al-F. III, 33		
166.			
167.			
168.			
169.			
170.	Abū K. III, 44.3		
171.	Abū K. III, 44.7		
172.			
173.			
174.			
175.			
176.			
177.			
178.			
179.			
180.			
181.	Abū K. III, 44.9		
182.	al-F. II, 5		
183.	Abūū K. III, 45.3		
184.			
185.			
186.	al-F. II, 8		
187.	Abū K. III, 45.4		
188.	Abū K. III, 45.5		
189.	Abū K. I, 45.6		

GLOSSAIRE

	أحد
unité, unités	أحد (ج) آحاد
	أدى
mener	أدّى
	أصل
origine, principe	أصل (ج) أصول
moins	اِلّا
premier, (nombre) premier	أوّل
	بسط
numérateur	بسط
distance	بُعد
	بعض
les uns par les autres	بعضها على بعض
	بقي
rester	بقي
	بلغ
parvenir, obtenir	بلغ
total	مبلغ
	بين
montrer	بيّن
	تمّ
compléter	تمّ
les deux complémentaires	المتمّمين
entier	تامّ

	ثلث
pris trois fois	مثلثه بالتكرير
mithqāl (unité de poids)	مثقال
	ثنى
retrancher	استثنى
le soustrait	الاستثناء
retranché	مستثنى
restaurer	جبر
	جذر
racine	جذر
radicande	مجذور
partie	جزء (ج) أجزاء
	جمع
additionner	جمع
combiner	جمع بين
expression, somme	جملة
genre	جنس (ج) أجناس
	جسم
le (nombre) solide	المجسم
chiffre	حرف (ج) حروف
	حسب
calculer	حَسَبَ
calcul	حساب
les arithméticiens	الحُسّاب
	حصل textbf
le résultat	حاصل
ramener	حطّ
	حال
inconcevable	محال
impossible	مستحيل
	خرج
obtenir, résulter	خرج
déterminer	استخرج

l'extraction de racine	إستخراج الجذر
le dénominateur	المخرج
	خلف
être différent	اختلف
différent, inégal	مختلف
dirham	درهم (ج) دراهم
	دنا
le plus bas (rang)	الأدنى
dinar	دينار (ج) دنانير
	ذهب
méthode, voie	مذهب
	ربح
gagner	ربح
bénéfice	رِبح (ج) أرباح
	ربع
mettre au carré	ربّع
carré	مربّع
rang	رُتبة , مرتبة(ج) مراتب
	رفع
élever	رفع
résultat	مرتفع
	ركب
composer	ركّب
(nombre, rapport) composé	مركّب
roṭl (unité de poids)	رطل
	زيد
ajouter, excéder	زاد على
ajout, ajouté	زائد
ajout, excédent	زيادة
après avoir ajouté et soustrait	بعد الزيادة والناقص
	سطح

le (nombre) plan	المسطّح
ligne, case	سطر (ج) أسطار
	سفل
inférieur, plus en bas	سقط أسفل
retrancher	سقط
enlever, ôter	أسقط
	سوي
égal	مساوٍ
égal	متساوٍ
l'égalité double	المساواة المثناة
	شبه
semblable, rationnel en puissance	متشابهة
	شرك
commun	مشترك
chose	شيء (ج) أشياء
	صحّ
être vrai, être valide	صحّ
(nombre) entier	صحيح (ج) صحاح
	صم
sourd	أصمّ
	ضرب
multiplier	ضرب في
multiplicande	مضروب
multiplicateur	مضروب فيه
	ضعف
double, multiple	ضعف (ج) أضعاف
côté	ضلع (ج) أضلاع
	ضيف
application, (dans le sens de juxtaposition)	إضافة
appliqué	مضافة
l'extrême	الطرف

méthode	طريق
	عبر
expression	عِبارة
	عدّ
mesurer	عدّ
la mesure, le comptage	العدّ
nombre	عدد (ج) أعداد
mesure, quantité, multitude	عِدة
	عدل
égaler	عدل
équation	معادل
	عظم
plus grand	أعظم
	علا
supérieur, plus en haut	أعلى
supérieur	علية
	عمل
procéder	عمل
procédé, opération	عمل (ج) أعمال
	فتح
(problème) ouvert, exprimable	مفتوح
farsakh	فرسخ
	فرق
soustraction	تفريق
	فنى
s'arrêter, terminer	فنى
	قبل
réduire, égaliser	قابل
réduction, égalisation	مقابلة
	قدر
grandeur	مقدار (ج) مقادير
	قدم

l'antécédent (terme d'une proportion)	المقدّمة
	قرى
examiner, passer en revue cas par cas	استقرى
analyse indéterminée	إستقراء
	قسم
diviser	قَسَمَ
partie	قِسم (ج) أقسام
division	قسمة
dividende	مقسوم
diviseur	مقسوم عليه
qafīz (mesure de grain)	قفيز (ج) أقفزة
	قلب
inversion	قَلْب
	كسر
fraction	كسر (ج) كسور
	كعب
cube	كعب (ج) كعاب
mettre au cube	كعّب
cube	مكعّب
en quantité quelconque	كم كانت
terme	لفظ (ج) ألفاظ
	لقي
ôter	ألقى
soustraction	القاء
	مثل
égal	مثل
égal, exemple,	مثل (ج) أمثال
pris deux fois	مثليه = مثناة بالتكرير
carré	مال (ج) أموال
le capital	رأس المال

	منع
impossible	ممتنع
	نسب
rapporter	نَسِبَ
rapport	نسبة
ce dont on prend le rapport, le numérateur	منسوب
ce à quoi on rapporte, le dénominateur	منسوب إليه
le rapport à égalité	نسبة المساواة
en proportion, proportionnels	متناسب
selon un même rapport	على نسبةٍ واحدةٍ
continûment proportionnel	متناسبة متوالية
	نطق
exprimable, prononçable, rationnel	منطق
	نظر
homologue	نظير
	نقس
soustraire	نقص
défaut, soustrait	ناقص
ce dont on soustrait	منقوس
ce qui est soustrait	منقوس منه
déplacer	نقل
espèce	نوع (ج) أنواع
	وحد
un, unité, seul	واحد
unité	واحدة
	وسط
moyen (terme)	وسطة
poser, écrire	**وقع** وضع
parvenir	وقع إلى
	ولف
composé	مؤلّف
	ولي
le conséquent	التالي (ج) التوالي

(nombres) successifs dans le rapport متوالية في النسبة

successifs dans le rapport متوالية على النسبة

BIBLIOGRAPHIE

Nous ne reprenons ici que les références citées dans le corps de l'ouvrage.

AHMAD, Salah, et RASHED, Roshdi, *Al-Bāhir en algèbre d'as-Samaw'al*, Damas, Presses de l'Université de Damas, 1972.

AL-BŪZJĀNĪ, Abū al-Wafā', *Kitāb al-manāzil al-sab'* éd., intro. et comm. par Aḥmad Salīm Sa'īdān, Amman, Jamyat al-Matabi al-Taawinia, 1971.

AL-FĀRISĪ, Kamāl al-Dīn Abū al-Ḥasan, *Asās al-qawā'id fī uṣūl al-Fawā'id*, éd. critique par Muṣṭafā Mawāldī, Cairo, Ma'had al-Makhṭūṭāt al-'Arabīyah, 1994.

AL-KHWĀRIZMĪ, Abū 'Abd Allāh Muḥammad ibn Mūsā, *Le calcul indien (Algorismus), histoire des textes, édition critique, traduction et commentaire des plus anciennes versions latines remaniées du XIIᵉ siècle par André Allard*, Paris, Blanchard, 1992.

ANBOUBA, Adel, *L'algèbre "al-Badī'" d'al-Karajī*, Beirut, Université Libanaise, 1964.

AVICENNE « Épître sur les parties des Sciences intellectuelles » traduction par Rabia Mimoune, dans *Études sur Avicenne*, éd. Jean Jolivet et Roshdi Rashed, Paris, Les Belles Lettres, 1984, p. 143-151.

AYDIN, Nuh et HAMMOUDI, Lakhdar *Al-Kāshī's Miftāḥ al-Ḥisāb*, Cham, Birkhäuser, 2019.

BELLOSTA, Hélène, « L'émergence du négatif », dans *De Zénon d'Elée à Poincaré : Recueil d'études en hommage à Roshdi Rashed*, éd. Régis Morelon et Ahmad Hasnaoui, Louvain-Paris, Peeters, 2004, p. 64-83.

BEN MILED, Marouane, « Le commentaire d'al-Māhānī et d'un anonyme du Livre X des "Éléments" d'Euclide », *Arabic Sciences and Philosophy*, 9(1), 1999, p. 89-156.

BEN MILED, Marouane, *Opérer sur le Continu. Traditions arabes du Livre X des "Éléments" d'Euclide, avec l'édition et la traduction du commentaire d'al-Māhānī*, Carthage, Académie tunisienne des sciences des lettres et des arts Beït al-Hikma, 2005.

BRENTJES, Sonja, « Observations on Hermann of Carinthia's Version of the "Elements" and its Relation to the Arabic Transmission », *Science in context*, 14(1/2), 2001, p. 39-84.

BRENTJES, Sonja, « An Exciting New Arabic Version of Euclid's "Elements" : Ms Mumbai, Mullā Fīrūz R.I.6 », *Revue d'Histoire des Mathématiques*, 12, 2006, p. 169-197.

BROCKELMANN, Carl, *Geschichte der Arabischen Litteratur*, Erster Suppl., Leiden, E. J. Brill, 1937.

CHALHOUB, Sami, *Al-Kāfī fī l-ḥisāb (Genügendes über Arithmetik) von Abū Bakhr Muhamad ben al-Hasan al-Karaǧī (4.-5. Jhd/10-11.Jhd.u.)*, Aleppo, Institute for the History of Arabic Science, 1986.

CROZET, Pascal, Aritmetica, dans *Enciclopedia italiana*, vol. 3 La Civiltà Islamica, dir. Roshdi Rashed, Roma, Istituto della Enciclopedia italiana, 2002, p. 498-506.

CROZET, Pascal, « Avicenna and Number Theory », dans *The Philosophers and Mathematics*, éd. Hassan Tahiri, New York, Springer, 2018, p. 67-80.

CROZET, Pascal, « About Aereal Calculation : Abū Bakr al-Karajī, Kamāl al-Dīn al-Fārisī, and some others », dans K. Chemla, A. Keller, C. Proust et M. Husson (dir.) *Practices of Mathematical Reasoning*, Berlin, Springer, à paraître.

DE BLOIS, François, *Persian Literature : A Bio-Bibliographical Survey*, vol. 5 « Poetry of the Pre-Mongol Period », New York, Routledge, 2004.

DE YOUNG, Gregg, « The Arithmetic Books of Euclid's "Elements" in the Arabic Tradition », thèse de doctorat, Harvard University, 1981.

DE YOUNG, Gregg, « The Arabic Textual Tradition of Euclid's "Elements" », *Historia Mathematica*, 11, 1984, p. 147-160.

DE YOUNG, Gregg, « The Latin Translation of Euclid's "Elements" attributed to Gerard of Cremona in relation to the Arabic Translation », *Suhayl*, 4, 2004, p. 311-384.

EUCLIDE, *Les Éléments. Traduction et commentaire par Bernard Vitrac*, vol. 1 « Introduction générale, Livres I-IV », Paris, Presses Universitaires de France, 1990.

EUCLIDE, *Les Éléments. Traduction et commentaire par Bernard Vitrac*, vol. 2 « Livres V-IX, Paris », Presses Universitaires de France, 1994.

EUCLIDE, *Les Éléments. Traduction et commentaire par Bernard Vitrac*, vol. 3 « Livre X », Paris, Presses Universitaires de France, 1998.

FERRIELLO, Giuseppina, *L'Estrazione delle acque nascoste. Trattato tecnico-scientifico di Karajī Matematico-ingegnere persiano vissuto nel Mille*, Torino, Kim Williams Books, 2007.

GALONNIER, Alain, *Le "De scientiis Alfarabii" de Gérard de Crémone. Contribution aux problèmes de l'acculturation au XIIᵉ siècle*, Turnhout, Brépols, 2015.

GILLOT, Claude, « Textes Arabes Anciens Édités en Égypte au Cours des Années 1990 à 1992 », *MIDEO*, 21, 1993, p. 385-562.

GILLSPIE, Charles Coulston, *Dictionnary of Scientific Biography*, New York, Charles Scribner's Sons, 1970.

HEBEISEN, Christophe, « L'algèbre "al-Badī'" d'al-Karağī », thèse de doctorat, École Polytechnique Fédérale de Lausanne, 2009.

HEINRICHS, Wolfhart, « The Classification of the Sciences and the Consolidation of Philology in Classical Islam », dans *Centres of Learning : Learning and Location in Pre-Modern Europe and the Near East*, dir. Jan Willem Drijvers et Alasdair MacDonald, Leiden, Brill, 1995, p. 119-140.

HOCHHEIM, Adolf, *Kâfi fîl hisâb (Genügendes über Arithmetik) des Abu Bekr Muhammed Ben Alhusein Alkarkhî*, Halle, L. Nebert, 1878.

HOGENDIJK, Jan P., « Sharaf al-Dīn al-Ṭūsī on the Number of Positive Roots of Cubic Equations », *Historia Mathematica*, 16, 1989, p. 69-85.

HOUZEL, Christian et RASHED, Roshdi, *Les "Arithmétiques" de Diophante*, Berlin-Boston, De Gruyter, 2013.

IBN AL-FUWAṬĪ, Kamāl al-Dīn 'Abd al-Razzāq ibn Aḥmad, *Al-juz' al-rābi' min Talkhīṣ majma' al-ādāb fī mu'jam al-alqāb*, éd. critique par Muṣṭafā Jawād, Dimashq, Wizārat al-thaqafat wa-al-irshād al-qawmī, 1962.

IHSANOĞLU, Ekmeleddin et ROSENFELD, Boris A., *Mathematicians, Astronomers and Other Scholars of Islamic Civilization and their Works (7th - 19th century)*, Istanbul, Research Center for Islamic History, Art and Culture (IRCICA), 2003.

JOLIVET, Jean, « Classifications des sciences arabes et médiévales », dans *Les doctrines de la science de l'Antiquité à l'Âge Classique*, éd. Roshdi Rashed et Joël Biard, Louvain, Peeters, 1999.

LEVEY, Martin, *The algebra of Abū Kāmil, (Kitāb fī al-jabr wa'al-muqābala) in a Commentary by Mordecai Finzi. Hebrew text, translation and commentary with special reference to the Arabic text*, Milwaukee-London, The University of Wisconsin Press, 1966.

LEVEY, Martin et PETRUCK, Martin, *Principles of Hindu reckoning*, Madison-Milwaukee, The University of Wisconsin Press, 1965.

LO BELLO, Anthony, *The Commentary of al-Nayrīzī on Books II-IV of Euclid's "Elements of Geometry"*, Leiden-Boston, Brill, 2009.

LORY, Pierre, « Al-Shahrazūrī », dans *Encyclopaedia of Islam* dir. C.E. Bosworth, E. Van Donzel, W. Heinrichs et G. Lecomte, Leiden, Brill, 1997, vol. 9, p. 219-220.

LUCKEY, Paul, « Thābit b. Qurra über den geometrischen Richtigkeitsnachweis der Auflösung der quadratischen Gleichungen », *Berichte über die Verhandlungen der Sächsischen Akademie der Wissenschaften zu Leipzig, Mathematisch-physische Klasse*, 93, 1941, p. 93-144.

MURDOCH, John Emery et SYLLA, Edith Dudley, *The Cultural Context of Medieval Learning*, Boston, D. Reidel Publishing Company, 1975.

NABULSI, Nader, *Miftah al-Ḥisāb d'al-Kāshī*, Damascus, University of Damascus, 1977.

OAKS, Jeffrey et ALKHATEEB, Haitam M., « Māl, Enunciations and the Prehistory of Arabic Algebra », *Historia Mathematica*, 32, 2005, p. 400-425.

OAKS, Jeffrey, « Polynomials and equations in Arabic algebra », *Archives for History of Exact Sciences*, 63, 2009, p. 169-203.

OAKS, Jeffrey, « The series of problems in al-Khwārizmī's Algebra », *Neusis*, 22, 2014, p. 149-167.

OAKS, Jeffrey, « Proofs and algebra in al-Fārisī's commentary », *Historia Mathematica*, 47, May 2019, p. 106-121.

RABOUIN, David, « The Problem of a "General" Theory in Ancient Greek Mathematics », dans *The Oxford Handbook of Generality in Mathematics and the Sciences* éd. Karine Chemla, Renaud Chorlay et David Rabouin, Oxford, Oxford Univeristy Press, 2016.

RAIMONDI, Giovanni Battista, *Liber tasriphi, et est liber conjugationis. Compositio est Senis Alemami. Traditur in eo compendiosa notitia coniugationum verbi Arabici. Addita est duplex versio Latina*, Roma, Typographia Medicaea Linguarum Externarum, 1610.

RASHED, Roshdi, *Diophante : Les Arithmétiques, Livre IV*, Paris, Les Belles Lettres, 1984.

RASHED, Roshdi, *Diophante : Les Arithmétiques, Livres V, VI, VII*, Paris, Les Belles Lettres, 1984.

RASHED, Roshdi, *Entre arithmétique et algèbre : recherches sur l'histoire des mathématiques arabes*, Paris, Les Belles Lettres, 1984.

RASHED, Roshdi, *Sharaf al-Dīn al-Ṭūsī, Œuvres mathématiques. Algèbre et géométrie au XIIe siècle*, Paris, Les Belles Lettres, 1986.

RASHED, Roshdi « L'algèbre », dans *Histoire des sciences arabes*, éd. R. Rashed, Paris, Le Seuil, 1997, vol. 2 Mathématiques et Physique, p. 31-54.

RASHED, Roshdi, *Al-Khwārizmī. Le commencement de l'algèbre*, Paris, Blanchard, 2007.

RASHED, Roshdi, *Thābit ibn Qurra : Science and Philosophy in Ninth-Century Baghdad*, Berlin-New York, De Gruyter, 2009.

RASHED, Roshdi, *D'al-Khwārizmī à Descartes : Études sur l'histoire des mathématiques classiques*, Paris, Hermann, 2011.

RASHED, Roshdi, *Abū Kāmil. Algèbre et Analyse Diophantienne*, Berlin-New York, De Gruyter, 2012.

RASHED, Roshdi, *Histoire de l'analyse diophantienne classique : D'Abū Kāmil à Fermat*, Berlin-New York, De Gruyter, 2013.

RASHED, Roshdi, *Lexique historique de la langue scientifique arabe*, Hildesheim, Georg Olms Verlag, 2017.

RASHED, Roshdi, *L'algèbre arithmétique au XIIe siècle : "al-Bāhir" d'al-Samaw'al*, Berlin-Boston, De Gruyter, 2021.

RASHED, Roshdi et VAHABZADEH, Bijan, *Al-Khayyām mathématicien*, Paris, Blanchard, 1999.

ROMMEVAUX, Sabine, DJEBBAR, Ahmed et VITRAC, Bernard, « Remarques sur l'histoire du texte des " Éléments " d'Euclide », *Archives for History of Exact Sciences*, 55, 2001, p. 221-295.

ROSEN, Frederich, *The Algebra of Mohammed Ben Musa*, London, London Printed for the Oriental Translation Fund and sold by J. Murray, 1831.

ROSENTHAL, Franz, « Ibn al-Fuwaṭī », dans *Encyclopaedia of Islam* dir. B. Lewis, V. L. Ménage, Ch. Pellat et J. Schacht, Leiden, Brill, 1986, vol. 3, p. 769-770.

SA'ĪDĀN, Aḥmad Salīm, « The Arithmetic of Abū l-Wafā' », *Isis*, 65(3), 1974, p. 367-375.

SA'ĪDĀN, Aḥmad Salīm, *The arithmetic of al-Uqlīdisī : the story of Hindu-Arabic arithmetic as told in Kitāb al-Fuṣūl fī al-Ḥisāb al-Hindī*, Dordrecht, Springer Netherlands, 1978.

SA'ĪDĀN, Aḥmad Salīm, *Tārīkh 'ilm al-jabr fī al-'ālam al-'arabī, vol. 1 Algebra in Eastern Islam : study built upon "Al-Fakhrī" of Al-Karajī*, Quwait, National Council for Culture, Art and Letters. Departement of Arab Heritage, 1986.

SA'ĪDĀN, Aḥmad Salīm, « Numération et arithmétique », dans *Histoire des sciences arabes*, éd. Roshdi Rashed, Paris, Le Seuil, 1997, vol. 2 Mathématiques et Physique, p. 11-29.

SAMMARCHI, Eleonora, « Les collections de problèmes algébriques dans le "Qisṭās al-mu'ādala fī 'ilm al-jabr wa-l-muqābala" d'al-Zanjānī », *Médiévales*, 77, 2019, p. 25-40.

SAYADI, Oussama Zeid Wehbé, *Sinān ibn al-Fath, œuvres mathématiques*, Beyrouth, Dar Bilal, 2004.

SELLHEIM, Rudolf, *Arabische Handschriften : Materialien zur arabischen Literaturgeschichte*, vol. 1, Stuttgart, Steiner, 1976.

SESIANO, Jacques, *Books IV to VII of Diophantus' Arithmetica*, New York, Springer, 1982.

SESIANO, Jacques, « Herstellungsverfahren magischer Quadrate aus islamischer Zeit », *Suddhof Archives*, 1987.

SESIANO, Jacques, *Les carrés magiques dans les pays islamiques*, Lausanne, Presses polytechniques et universitaires romandes, 2004.

SEZGIN, Fuat, *Geschichte des arabischen Schrifttums*, Leiden, Brill, 1967.

SUTER, Heinrich, *Die Mathematiker und Astronomen der Araber und ihre Werke*, n. 193, Leipzig, B. G. Teubner, 1900.

AL-SUYŪṬĪ, 'Abd al-Raḥmān ibn Abī Bakr, *Boghyat al-wo'āt fī ṭabaqāt al-loghawīyīn wa-l-nohāt*, Le Caire, al-Sa'āda, 1908.

AL-TAFTĀZĀNĪ, Mas'ūd ibn 'Umar ibn 'Abd Allāh, *Sharḥ taṣrīf al-'Izzī*, éd. Muḥammad Jāsim al-Muḥammad, Dār al-Minhāj, Jiddat al-Mamlakat al-'Arabiyyat al-Su'ūdiyyat, 2012.

VAHABZADEH, Bijan, « al-Māhānī's commentary on the concept of ratio », *Arabic Sciences and Philosophy*, 12(1), 2015, p. 9-52.

VAN DONZEL, Emeri, « Al-Zandjānī », dans Encyclopaedia of Islam, dir. P. J. Bearman, Th. Bianquis, C.E. Bosworth, E. Van Donzel et W. Heinrichs, Brill, Leiden, 2004, vol. 12 Supplement, p. 841-842.

VER EECKE, Paul, Diophante d'Alexandrie : Les six livres arithmétiques et le livre des nombres polygones, Paris, Blanchard, 1959.

VERNET, Juan, « Al-Karadjī », dans Encyclopaedia of Islam, dir. P. J. Bearman, Th. Bianquis, C.E. Bosworth, E. Van Donzel, E. et W. Heinrichs, Brill, Leiden, 1997, vol. 4, p. 841-842.

WOEPCKE, Franz, Extrait du "Fakhrî", Paris, Duprat, 1851.

YADEGARI, Mohammad, « The Binomial Theorem : a Widespread Concept in Medieval Islamic Mathematics », Historia Mathematica, 7, 1980, p. 401-406.

AL-ZANJĀNĪ, 'Abd al-Wahhāb b. Ibrāhīm, Kitāb Mi'yār al-nuẓẓār fī 'ulūm al-ashʿār, éd. par Muḥammad 'Alī Rizk al Khafādjī, vol. 1-2, Cairo, Dār al- Ma'ārif, 1991.

AL-ZIRIKLĪ, Khaīr al-Dīn, Al-aʿlām : qāmūs tarājim li-ashhar al-rijāl wa-al-nisāʾ min al-ʿArab wa-al-mustaʿribīn wa-al-mustashriqīn, Bayrūt, Dār al-ʿilm lil-malāyīn, 1989.

INDEX NOMINUM

TABLE DES MATIÈRES

Achevé d'imprimer par Corlet,
Condé-en-Normandie (Calvados),
en Novembre 2022
N° d'impression : 178565 - dépôt légal : Novembre 2022
Imprimé en France